그림으로 배우는

열·에너지 공학

Thermal Energy Engineering

김동진 · 김부기 · 박용완 공저

북스힐

머리말

20세기가 끝나고 2000년으로 21세기가 시작되는 첫날 아침,

우리나라 공학 서적의 해외 진출의 꿈을 갖고 원고 쓰기를 결심한 지 오늘까지 7년 반의 세월이 흘렀다.

왼편의 본문은 3년 걸려 완성했으나 오른편의 그림은 그보다 더 길게 4년 반의 세월이 걸렸다. 그림의 시나리오는 본인의 창작이지만 삽화로 완성시키는 것은 작가의 능력을 빌어 와야 했기 때문이다.

잉태의 고통이 클수록 출산의 기쁨은 더 크다고 하던가.

지나온 세월 동안 얽히고 설킨 사연과 에피소드들이 내일모레 첫 출산, 책 출간을 앞두고 명화 흑백 필름처럼 페이지 마다 기억이 새롭다.

그동안 고통스런 시간도 많았지만 곁에서 그리고 멀리서 격려해 주신 모든 분들께 머리말을 빌어 감사의 인사를 드립니다. 또한, 본서가 저자의 첫 출간인 만큼 책의 곳곳에 미진한 부분이 널려 있을 것이나 독자 여러분의 양해와 함께 지적을 부탁하는 바입니다.

우리 공학 서적의 해외 진출 실현(된다면, 첫 번 째?)이라는 원대한 꿈을 가지고 앞으로도 계속 수정·보완해 나갈 것입니다.

다시 한 번 독자 여러분의 날카로운 지적과 협조를 부탁드립니다. 감사합니다.

2007년 5월 신록의 어느 날, ‘Saddle the Wind’
마지막 교정보러 출판사 가는 서울행 버스 안에서
하남석의 노래 ‘바람에 실려’를 듣고 있다.

2007년 첫 출간을 하고 2017년 정년퇴임까지 10년간 2년에 한 번씩 4차례의 개정판을 발간하였다. 이번 본서의 교정이 원저자로서는 마지막 작업이겠으나 차후로도 개정판 수정·보완 작업은 계속되어야 할 것이다.

김부기 교수님, 박용완 대표님께 계속적인 지원을 부탁코자 하며 첫 발간부터 지속적인 관심과 격려로 성원을 보내준 김대준 후배님을 비롯해서 5차 개정판 발간에 도움을 주신 세 분께 감사드리는 바이다.

2022년 8월 26일, 하늘이 더 없이 높고 푸르다.

학창 시절 나뿐만 아니고 같은 학우들도 열역학은 어렵고 생소하며 왜 그렇게 중요한지를 깨닫지 못하고 힘들었다. 학교 졸업 후 막상 산업 현장에서 열을 이용한 여러 첨단 에너지 장치들을 접하면서 다시 공부를 해야 되어 서점을 들러 닥치는 대로 책을 사서도 보았다. 마침, 주니어 엔지니어 시절에 회사 배려로 스위스 슐츠사에서 열과 에너지분야에 상당 기간 기술 연수를 접하며 산학 잘 협동하는 그들 모습을 보며 우리도 "실무적 입장"에서 기술적 사항이 포함된 좋은 책을 접하고 싶었다. 그리하여 이 책을 통하여 학문이 어떻게 실생활에 적용 기여하는지를 최대한 반영하고자 하였다. 부족한 나를 공부시켜 주시고 돌아가신 나의 부모님 및 지금도 나의 산업 업무 활동을 잘 할 수 있게 배려하는 나의 훌륭한 인생 반려자(김인남)와 가족(용인, 용우) 서로 좋은 관심을 가져주는 형제자매(동생 박강완) 그리고 여러 지인들에게 이 책을 바치고자 한다.

2022년 10월

한국파워오엔엠㈜, 박용완 대표

2015년 2학기부터 공학도들의 전공필수 교과목인 열역학을 맡았다. 학생들의 수준과 교수자의 만족도를 고려하여 학기마다 교재를 매번 바꾸다 도립도서관에서 김동진 교수님의 열역학을 만났다. 소개된 저자의 연락처로 전화를 걸었다.

책을 보며 상상했던 섬세하고 타이트한 이미지가 아닌 중년신사의 온화한 음성과 친절함에 반했고, 열역학을 대하시는 진심과 책의 탄생비화에 감춰진 노고와 혼을 느낄 수 있어 한번 더 매력에 빠졌다.

당장 만나 아쉬운 부분을 설파하고 개정판을 주문하니 일이 돌아왔다. '태산도 한줌의 흙을 마다하지 않는다'고 한 장 한 장 500페이지가 넘는 분량을 검토, 수정하는 작업이 만만치가 않았다. 특히, 책의 절반을 차지하는 삽화를 현대식 감각으로 20대 대학생들의 눈높이에 맞춰야 한다. 재주가 없기에 바다에서 온 유리병 편지를 멋지게 장식해 준 62N 김지수 후배에게 사연을 털어 놓았다.

찰나의 망설임도 없이 힘을 보태겠다고 하니 이뿌고 고맙지 아니할 수 없다. 4개월간의 삽화작업, 10개월간의 개정작업을 거쳐 드디어 *그림으로 배우는* **『열·에너지공학』** 이 세상에 출판되어 우리 학생들이 조금 더 이해하기 쉽게 열역학을 학습할 수 있을 것으로 여겨져 감개무량하다.

다시 한번, 열역학(Thermodynamics)의 또 다른 이름, *그림으로 배우는* **『열·에너지공학』** 이 발간될 수 있도록 관심 가져주신 *EJ, YW, YC* & 모든 분들과 원주에 계시는 東舟 김동진 교수님께 감사드립니다.

바다가 보이는 *D*1 - 9417 연구실에서

국립목포해양대 김부기

차례

Chapter 1 열역학의 기초

Chapter 2 열역학 제 1 법칙

Chapter 4 열역학 제 2 법칙

Chapter 5 에너지의 유용성

Chapter 6 열에너지의 변환

기 호[Nomenclature]

기호	의미	기호	의미
A	단면적	L	길이
A_{eq}	일의 열당량(kcal / kg_f m)	m	질량(kg(m))
Const	상수, Constant	$\dot{M}$	질량흐름속도(kg / sec)
C	열용량(kcal / kg ℃)	M	분자량
c_p	정압비열 (등압비열 : kcal / kg ℃)	n	매분 회전수 (rpm)
c_v	정적비열 (등적비열 : kcal / kg ℃)	n	몰 수
c_{pm}	몰 당 정압비열(kcal / kmol K)	n	폴리트로픽 지수
c_{vm}	몰 당 정적비열(kcal / kmol K)	N	뉴턴 (Newton = kg · m/sec^2)
c_n	폴리트로픽 비열	p	압력(kg_f / cm^2)
e	비에너지(kg_f·m / kg, kcal / kg)	P	압력(N/m^2)
E	에니지 (kg_f·m, kcal)	P	동력(Watt)
F	힘 (kg_f, N)	q	비열량(kcal / kg)
F	자유에너지, Helmholtz 함수	Q	열량(kcal)
g	중력가속도	R	기체상수(kg_f · m / kg K)
G	중량(kg_f), 중량유량	R_u	일반 가스정수(kg_f · m / kmol K)
G	Gibbs 함수, 자유엔탈피	sec	시간, *Second*
h	비엔탈피(kcal / kg)	s	비엔트로피(kcal / kg K)
h_r	시간(hour)	S	엔트로피(kcal / K)
H	엔탈피(kcal)	T	절대온도(K), 섭씨온도(℃)
H_h	고위 발열량 (kcal / kg)	u	비내부에너지(kcal /kg)
H_l	저위 발열량 (kcal / kg)	U	내부에너지(kcal)
I	비가역성	v	비체적(m^3 / kg)
K	켈빈 (Kelvin)	V	체적(m^3)
Joule	줄 (1 J = 1 N · m = 1 kg · m^2/s^2)	v	속도(m / s)
J_{eq}	열의 일당량 (kg_f · m / kcal)	w	일률(kg_f · m / sec)
$\boldsymbol{k}$	비열비, 단열지수	W	일량(kg_f · m)
k	kilo (= ×1,000)	x, s	거리, distance
z	높이(낙차), 실린더 수	ν	동점성계수(m^2/s)

α	압력(상승)비	θ	온도
γ	비중량 (kg_f/m^3)	λ	마찰계수
ϵ	성적(능) 계수, ϵ_R, ϵ_H	μ	점성계수
ε	압축비	ν	동점성계수
ε_0	간극(체적)비	ρ	밀도(kg_m/m^3)
η	열효율, η_{th}	σ	단절비(차단비)
η_c	카르노 효율	τ	열역학적 절대온도
η_s	등엔트로피 효율	ϕ	(압축)압력비
η_{II}	엑서지 효율	ω	각속도, 유한속도

u	무용(un_available)
a	가용(available)
c	카르노(carnot)
ex	엑서지(exergy)
ane	아네르기, 아너지(anergy)
lg	액체상태에서 기체상태로의 변화
rev	가역적 공정
sl	고체상태에서 액체상태로의 변화
gen	생성(generation)
supp	압축(suppress)
surr	주위(surrounding)
sys	계(system)
boun	경계(boundary)
turb	터빈(turbine)

그리스 문자

영문이름	대문자	소문자	이름	영문이름	대문자	소문자	이름
Alpha	A	α	알파	Nu	N	ν	뉴
Beta	B	β	베타	Xi	Ξ	ξ	크시, 자이
Gamma	Γ	γ	감마	Omicron	O	o	오미크론
Delta	Δ	δ	델타	Pi	Π	π	파이
Epsilon	E	ϵ	입실론	Rho	P	ρ	로
Zeta	Z	ζ	제타	Sigma	Σ	σ	시그마
Eta	H	η	에타	Tau	T	τ	타우
Theta	Θ	θ	세타	Upsilon	Y	υ	웁실론
Iota	I	ι	아이오타	Phi	Φ	ϕ	화이
Kappa	K	κ	카파	Chi	X	χ	카이
Lambda	Λ	λ	람다	Psi	Ψ	ψ	프사이
Mu	M	μ	뮤	Omega	Ω	ω	오메가

Numerical Multiplier (Multiplier Affix)

Number	Multiplier	Number	Multiplier	Number	Multiplier
1	mono-(metha)	11	undeca	30	triaconta
2	di- (etha)	12	dodeca	32	dotriaconta
3	tri- (propa)	13	trideca	33	tritriaconta
4	tetra- (buta)	14	tetradeca	40	tetraconta
5	penta-	15	pentadeca	50	pentaconta
6	hexa-	16	hexadeca	90	hexaconta
7	hepta-	17	heptadeca	70	heptaconta
8	octa-	18	octadeca	80	octaconta
9	nona-	19	nonadeca	90	nonaconta
10	deca-	20	eicosa	100	hecta-(hecto)
200	dicta	300	tricta	400	tetracta
500	pentacta	600	hexacta	700	heptacta
800	octacta	900	nonacta	1,000	kilia-(kilo)
2000	dilia	3000	trilia	4000	tetralia
5000	heptalia	6000	hexalia	7000	heptalia
8000	octacta	9000	nonalia	10,000	mylia-
10^5	hecto-(kilo)	10^6	mega-	10^9	giga-
10^0	mono	10^{-1}	deci-	10^{-2}	centi-
10^{-3}	milli	10^{-6}	micro-	10^{-9}	nano-

국제단위 [SI] / 〈부록 1〉

양	단위이름	기호	
	SI 기본단위(7개)		
길이	meter	m	
질량	kilogram	kg	
시간	second	s	
열역학적 온도	kelvin	K	
물질의 양	mole	mol	
전류	ampere	A	
광도	candela	cd	
	SI유도단위	등가단위	
면적	square meter	m^2	
부피	cubic meter	m^3	
질량밀도(밀도)	kilogram per cubic meter	kg/m^3	
속력, 속도	meter per second	m/s	
각속도	radian per second	rad/s	
가속도	meter per second squared	m/s^2	
각가속도	radian per second squared	rad/s^2	
힘	newton	N	$kg \cdot m/s^2$
압력(역학적 변형력)	pascal	Pa	N/m^2
운동학적 점성	squared meter per second	m^2/s	
동역학적 점성	newton-second per square meter	$N \cdot s/m^2$	
일, 에너지, 열량	joule	J	$N \cdot m$
일률	watt	W	J/s
엔트로피	joule per kelvin	J/k	
비열용량	joule per kilogram kelvin	$J/kg \cdot K$	
열전도	watt per meter kelvin	$W/m \cdot K$	
복사세기(강도)	watt per steradian	W/sr	

국제단위계(International System of Units)는 무게와 측정에 관한 국제회의에서 개발된 단위이며, 전 세의 모든 산업국들이 채택하고 있다.

이 단위는 mksa(meter-kilogram-second-ampere) 단위에 기초를 두고 있다.

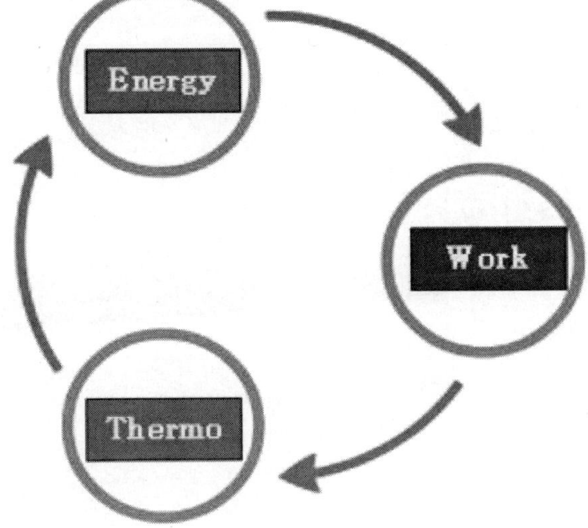

열과 역학에너지와의 관계를 바탕으로 열현상을 연구하는 분야를 열역학이라고 부른다(여기서 열역학 [Thermodynamics] 이란 뜻은 희랍어에서 열의 운동학이란 뜻이다). 열역학은 물질 내의 원자나 분자의 존재를 알기 전인 19세기 초에 발전된 분야이다. 열역학은 계를 구성하는 원자나 분자의 운동현상에 관한 미시적 지식이 없이도 계의 거시적 물리량의 변화를 알 수 있는 과학적 방법론을 제공한다. 열역학의 기초는 에너지 보존법칙과 열의 이동 방향에 관한 법칙이다. 이들 두 법칙으로 증기기관, 핵융합로 등의 열기관 또는 냉난방장치에 관한 기초이론을 확립할 수 있다.

Chapter 01

열역학의 기초

열역학은 열이라든가 온도를 다루는 학문으로 물리학 가운데서도 다루기 힘든 분야로 알려져 있다. 열에 관한 측정량으로서 따뜻하다든가 차다든가 하는 지표로서의 온도가 있다.

그리고 이 온도를 변화시키는 원인이 열이라고 함은 잘 알고 있는 그대로이다. 그러나 열의 근원이 되는 원소에 해당하는 물질이 없기 때문에 일반 역학의 경우에서의 물체나 전자기학 경우의 전하에 상당하는 구체적인 대상이 존재 하지 않는다.

이는 다시 말해 열역학에서는 추상적인 개념을 다루지 않으면 안 된다는 의미이기도 하다. 이것이 열역학을 어떻게 이해해야 하는지를 어렵게 하는 요인이다.

열역학은 기본적으로 열을 역학적 에너지로 변환시키는 문제와 관련되어 있다.

열을 역학적 에너지로 변환시키는 장치 또는 계를 열기관이라고 하는데 가솔린의 연소가 열원인 자동차 기관(Heat Eng.)이거나 원자로가 열원인 증기 터빈이거나 태양이 열원인 지구의 대기이거나 또는 먹는 음식이 열원인 사람(Heart Eng.)이거나 그 작동원리는 모두 같다.

대부분의 이용 가능한 자연 그대로의 에너지는 열의 형태이므로 열역학은 열기관과 관련된 기술 분야에서 중심적 역할을 한다.

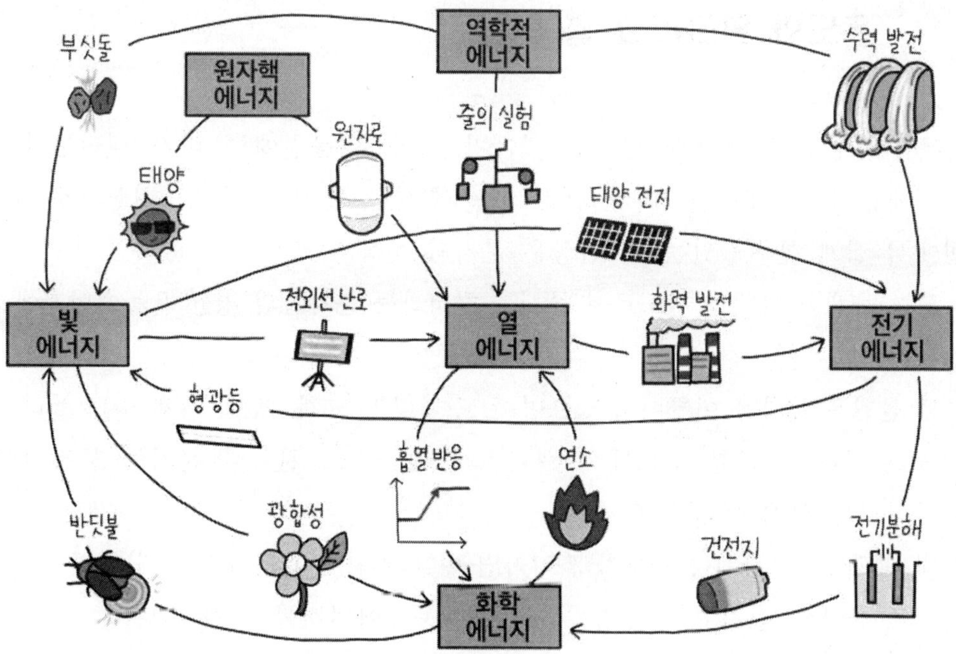

<에너지의 변환과 보존>

에너지의 형태는 기계적 에너지, 열에너지, 전기에너지, 화학적 에너지 등 여러 가지가 있는데, 이들은 본질적으로는 같으며 서로 변환시킬 수 있다. 즉 석탄이나 석유가 지닌 화학적 에너지는 보일러에 의해서 열에너지로, 열에너지는 터빈을 이용하여 기계적 에너지로 변환시킬 수 있고, 이 기계적 에너지는 다시 발전기를 이용하여 전기에너지로 변환시킬 수 있다.

기계적 에너지 : (역학적 에너지) 물체의 위치나 운동을 역학적으로 변화시키는 에너지

화학적 에너지 : 화합물의 구조 단위 내에 존재하는 것으로 이들이 반응에 참여할 때 이 에너지는 흡수, 방출되면서 빛이나 열을 발생하며 다른 형태에 에너지로 변환되기도 한다.

1.1 온도와 열그리고 열 현상

열(熱)은 우리의 생활과 밀접한 관계가 있다. 여름철에는 비가 내리는가 하면 겨울철에는 눈이 내린다. 이와 같은 자연 현상은 열에 의한 열 현상으로 우리의 주변에서 쉽게 볼 수 있는 열 현상은 분자의 운동과 관련되어 있다.

온도는 물체의 따뜻한 정도로서 물체를 구성하는 분자들의 평균 운동에너지에 의해 결정된다.

모든 물질은 분자로 이루어져 있으며 온도에 따라 고체, 액체, 기체 또는 플라즈마[1] 상태를 이룬다. 이러한 상태에서 끊임없는 진동으로 원자나 분자는 물질 내에서 운동에너지를 얻게 된다.

고체, 액체 또는 기체는 온도가 올라가면 이들의 원자나 분자가 보다 빨리 움직이게 된다. 즉, 물체의 원자나 분자가 보다 많은 운동에너지를 갖게 된다.[2]

개별 입자의 평균 운동에너지는 일상의 감각, 즉 물체의 뜨거운 정도와 직접적인 관계가 있다. 뜨거워지면 그것은 입자의 운동에너지가 크게 증가한 것이다.[3]

열은 에너지의 한 형태로서 물체에 열을 가하면 그 물체에는 분자 운동에너지에 의해 체적의 팽창이나 비등, 증발과 같은 변화가 일어난다.[4]

이와 같이 온도와 열은 서로 다른 개념이지만 매우 밀접한 관계가 있다.

열역학(thermo-dynamics)은 물체 내부에서의 분자운동과 열현상을 다루는 법칙으로 열에 의하여 물질이 한 형태로부터 다른 형태로 변화할 때 일어나는 물리적 변화의 상호관계를 연구하는 학문이다.

*) 얼음의 융해잠열 : 79.8 $[kcal/kg]$, 334.0 $[kJ/kg]$, 1cal = 4.186J

*) 물의 기화잠열 : 539 $[kcal/kg]$, 2,256.0 $[kJ/kg]$ / <부록 8> 참조

---

1) plasma : 원자핵과 전자가 분리되어 전기를 띤 이온.
고체, 액체, 기체 상태가 아닌 제 4 의 물질 상태로 태양을 비롯한 우주의 99 퍼센트 이상은 플라즈마 상태이며 번개나 오로라, 형광등, 네온사인도 이에 해당한다.

2) 분자의 여러 기지 운동 - 원자핵의 운동 : 병진, 회전, 진동

3) 만약 망치로 동전을 내려치면 금속 내의 분자가 보다 빨리 움직이게 되어 동전이 뜨거워진다.
액체를 데우면 뜨거워지고, 타이어 안의 공기를 압축하면 공기가 뜨거워진다.

4) 비등과 증발은 액체가 기체로 상태변화하는 동일한 열현상이다. 다만, 증발은 액체 표면에서, 비등은 표면 아래에서 일어난다는 것이 다를 뿐이다.

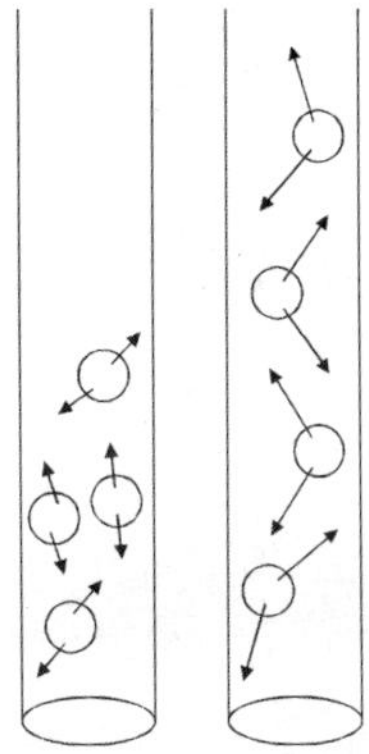

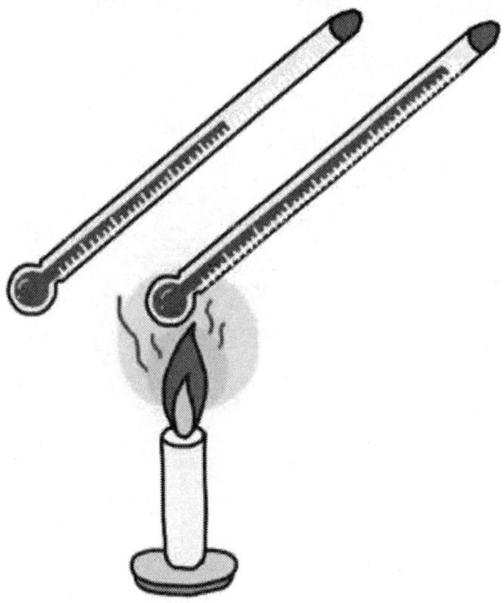

▶ 온도계의 수은(또는 착색한 알코올)은 가열될 때 유리보다 더 많이 팽창한다. 액체 온도계에서의 액체 기둥의 높이가 온도계 구상부의 온도의 척도가 된다.

▶ 물체는 에너지를 얻거나 잃으면 고체, 액체, 기체로 그 상태가 변한다.

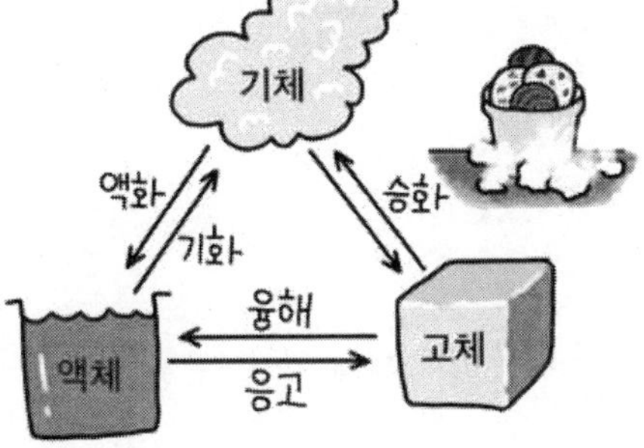

<상태의 변화>

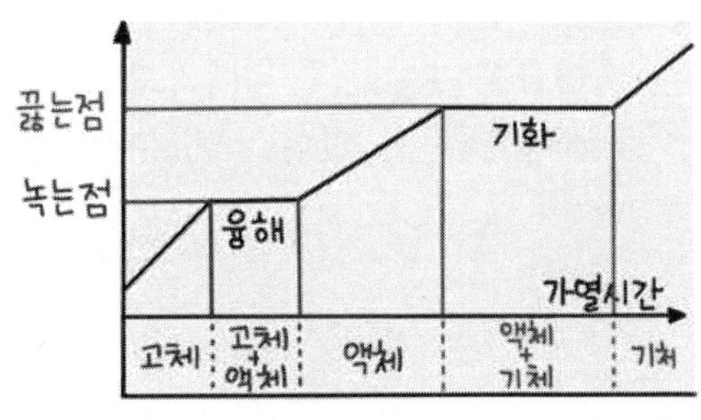

<상태 변화의 그래프>

(1) 온도(temperature)

물체의 차갑고 뜨거운 정도를 측정하는 기준으로 온도가 사용된다.

어떤 기준에 따라 물체의 뜨거운 정도를 숫자로 표기한 것이 온도이다. 거의 모든 물질은 온도가 오르면 팽창하고 내리면 수축된다. 수은이나 알코올과 같은 액체의 팽창과 수축을 이용하여 온도를 측정하는 도구를 온도계라고 부른다.

(표준대기압에서) 물이 어는 온도를 '0', 물이 끓는 온도를 '100' 으로 표시하고 그 사이를 100 등분한 온도계가 섭씨온도계[5]이다.

한편, 물이 어는 온도를 '32', 물이 끓는 온도를 '212' 로 표시하고[6] 그 사이를 180 등분한 온도계가 화씨온도계이다. 이들 섭씨나 화씨온도는 물리학적 개념의 기준이 될 수 없으므로 과학자들은 이와는 다른 온도척도, 즉 켈빈[7]척도를 사용한다.

켈빈척도는 물이 얼거나 끓는점을 사용하지 않고 에너지의 양으로 온도를 표기한 것이다. 이 온도에서는 가장 낮은 온도를 '0' 으로 표시하는데 운동에너지가 없으므로 절대영도라 부른다. 따라서 켈빈척도로 음의 온도는 있을 수 없다.

원칙적으로 온도의 상한은 없다. 그러나 온도의 하한에는 한계가 있다.

가열하면 기체는 팽창하고 냉각시키면 수축된다. 실험에 의하면 압력이 일정할 때 0 ℃ 의 기체의 온도를 1 ℃ 변화시키면 부피가 1/273 만큼 변하게 된다. 따라서 0 ℃ 의 기체를 273 ℃ 만큼 냉각시키면 부피는 273/273 만큼 수축되어 0 의 부피가 될 것이다. 그러나 어떤 물질도 부피가 0 이 될 수는 없다. 또한 그들의 실험에 의하면 부피가 일정할 때, 기체의 온도를 1 ℃ 변화시키면 압력이 1/273 만큼 변하게 된다.

따라서 부피가 일정한 기체를 영하 273 ℃ 만큼 냉각시키면 0 의 압력이 될 것이다. 그러나 모든 기체는 영하 273 ℃ 가 되기 전에 액화되어 버린다. 아무튼 부피나 압력이 1/273 만큼 줄어든다는 실험에서 온도의 하한이 −273 ℃ 임을 예상할 수 있다.

원자나 분자가 모든 운동에너지를 잃게 될 때의 온도를 절대영도라고 한다.

즉, 절대영도에서는 더 이상의 에너지가 없으며, 온도 또한 더 이상 낮출 수 없다.

절대영도는 정확히 섭씨 −273.15 ℃ 이며 화씨로는 −456.69 °F 이다.

절대온도눈금을 Kelvin 눈금이라고 부르고 절대영도를 0 K 로 표기한다. 물론 Kelvin 눈금[8]에 영하는 없다.

---

5) 스위스의 천문학자로 이와 같은 온도계를 제안한 Andres Celsius(1701~1744)를 기념하여 Celsius 온도계라고 부른다.

6) 사람이 대충 견딜 수 있는 온도의 하한을 0 °F(≒−18 ℃), 상한을 100 °F(≒38 ℃)로 표시한다.

7) 켈빈이란 용어는 스코틀랜드의 물리학자 Lord Kelvin(1824~1907)을 기념하기 위한 것이다.

8) Kelvin눈금에서 1 Kevin은 섭씨눈금 1 ℃ 와 같은 간격으로 설정되어 있다.
따라서 얼음이 녹는 점은 273 K 이고 물이 어는 점도 273 K 이다.

열에 대한 상태 변화는 고체에서 액체로, 액체에서 기체로 그리고 그 반대현상들은 내부에너지의 변화를 수반한다.

- 끓는 물 $2l$의 총 운동에너지는 끓는 물 $1l$의 총 에너지의 두 배가 되지만 온도는 동일하다. 왜냐하면 분자 하나의 평균 운동에너지가 같기 때문이다.
- 열운동이 증가하면 고체는 녹은 뒤 증발한다. 온도가 더 올라가면 분자들이 원자로 쪼개지고 원자는 다시 전자를 잃게 되어 전하 입자의 구름, 즉 플라즈마를 형성하게 될 것이다. 우주의 별들이 바로 플라즈마 상태로 온도는 섭씨로 수백만 도가 된다.

(2) 열(heat), 열에너지(thermal energy)

물체에 열을 가하면 상태의 변화가 일어난다는 사실을 우리는 경험을 통하여 알고 있다. 이렇게 열은 물질의 상태나 주위에 어떤 변화를 일으키는 일을 하는 능력[9]이 있으므로 열은 에너지이다. 예를 들어, 뜨거운 철편을 차가운 물에 넣으면 철편의 온도는 내려가고, 물의 온도는 올라가서 철편과 물의 온도가 같게 될 때까지 온도라는 상태의 변화가 일어난다. 이는 어떤 에너지가 철편으로부터 물로 이동했다는 것을 의미한다. 이 에너지는 물질의 상태[10]를 변화시킬 뿐 물체를 이동시키는 효과를 내지 않기 때문에 일이라고 부르지 않고 열이라 한다.

물이 높은 위치에서 낮은 위치로 흐르듯 열 역시 온도가 높은 곳에서 낮은 곳으로의 흐름이 있다. 그 흐름은 전도, 대류, 복사의 세 가지로 형태는 서로 다르지만 온도 차이에 의해 발생하는 공통점이 있다. 위의 예에서 철편을 하나의 계, 그리고 물을 외계로 설정하면, 열은 계[11]의 경계를 통과하는 물질의 이동이 없이도 계와 외계 사이의 온도 차이에 의해 열의 흐름이 발생하였으므로 열을 에너지의 형태로 정의할 수 있을 것이다. 이 정의에서 열이란 계의 경계를 통과할 때만 그 값을 가진다는 사실을 의미한다. 열은 흐르며 옮겨 다니는 에너지를 뜻하며[12], 일단 열로서의 이동이 끝나면 내부에너지[13]가 된다.

이때 열은 반드시 내부에너지가 많은 물체에서 적은 물체로 흐를 필요는 없다.

예를 들어, 작은 크기의 뜨거운 쇳조각보다 큰 물통의 미지근한 물이 더 많은 내부에너지를 갖고 있지만 뜨거운 쇳조각을 물통에 넣었을 때 열이 미지근한 물에서 뜨거운 쇳조각으로 흐르지는 않는다. 오히려 뜨거운 쇳조각에서 상대적으로 미지근한 물로 흐른다. 열은 결코 차가운 물체에서 뜨거운 물체로 흐르지 않는다. 다만 얼마나 많은 열이 흐르느냐는 물체의 온도 차뿐만 아니라 물질의 양과 관련이 있다.

예를 들어, 큰 통 속의 뜨거운 물이 작은 통 속의 뜨거운 물보다 더 많은 양의 열을 차가운 물질로 옮긴다. 왜냐하면 많은 양의 물에 더 많은 내부에너지가 있기 때문이다.

---

9) 에너지 : 일을 할 수 있는 능력

10) 어떤 물체나 물질로 이루어진 공간으로서 물리·화학적인 해석을 목적으로 관심을 두고 정해진 공간을 계(system)라고 하며, 어떤 물체나 물질의 특정한 시간에서의 물리적·화학적 특성을 계의 상태(state)라 하며, 계의 상태를 나타내는 양(量)들을 상태량(property)이라 한다.

11) 계(system) : 1.3 (1)절 참조

12) 열(heat), 열에너지(thermal energy); p17, p121 참조

13) 분자간의 상호위치에 의한 분자의 위치에너지와 분자들의 운동에 의한 분자의 운동에너지 등 물질 내의 모든 에너지의 총합

[그림 1-1] 열, 열에너지, 에너지

(3) 열의 이동

에너지는 레벨이 높은 곳에서 낮은 곳으로 흐른다. 열 역시 에너지의 일종으로 온도레벨이 높은 곳에서 낮은 곳으로 흐른다. 어떤 물체에 손을 대면 우리는 차갑거나 뜨거운 것을 느끼며, 차갑고 뜨겁다고 판단하는 데에는 우리 체온이 기준이 된다.

열이 온도가 높은 곳에서 낮은 곳으로 이동하는 현상을 전열(heat transfer)이라 하며, 전열은 전도, 대류, 복사의 세 가지 현상이 단독이나 혼합하여 일어난다.

(가) 전도(傳導, conduction)

서로 접촉되어 있는 물체 사이에서 열은 온도가 높은 곳에서 낮은 곳으로 이동한다. 이때, 열이 전도하기 쉬운 물체를 도체(conductor)라 하고, 전도하기 힘든 물체를 부도체(insulator)라 한다. 금속은 도체이고 석면이나 공기 등은 부도체이다.

(나) 대류(對流, convection)

액체나 기체에 열을 가하면 열을 가한 부분의 온도가 상승하고 가볍게 되어 움직이므로, 저온부에 열을 이동시키는 현상이다. 즉, 물을 끓일 때 하부의 물은 고온으로 가볍게 되어, 저온인 상부로 이동하는 현상이다.

(다) 복사(輻射, radiation)

난로에서 열이 직접 전달되어 따뜻함을 느끼는 것과, 태양열이 우주 공간의 진공을 거쳐 지구에 전달되는 것처럼, 열이 중간에 다른 물체를 통하지 않고 직접 이동하는 현상을 복사라 한다.

(4) 내부에너지

물체는 열을 갖고 있는 것이 아니라 내부에너지를 갖고 있는 것이다. 물체가 열을 얻거나 잃으면 내부에너지가 바뀌게 된다. 이때 물체는 열을 얻었거나 잃으면서 분자의 운동에만 영향을 주는 것은 아니다[14]. 물질이 열적으로 접촉되어 있을 때 열은 높은 온도의 물체에서 낮은 온도의 물체로 흐른다.

---

14) 얼음이 녹을 때처럼 분자의 평균운동에너지의 변화 없이 열을 흡수하기도 한다. 이때에도 물질의 상태가 변한다. 분자의 운동에너지는 개별 분자의 질량과 이동속도에 의존하며 분자의 위치에너지는 분자들의 인정한 정도와 상호위치에 따라 크게 달라진다.

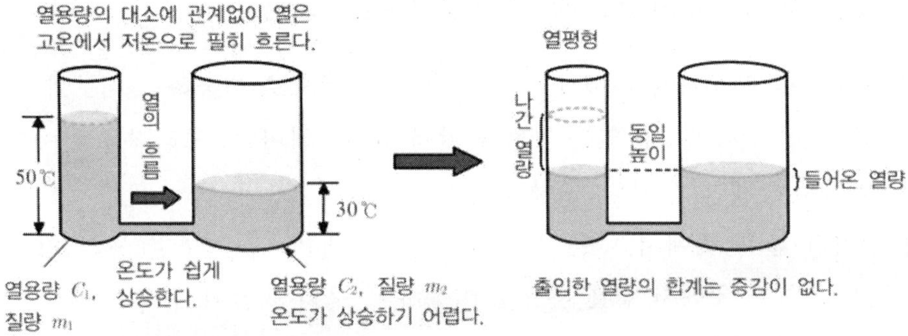

<열의 흐름과 열평형>

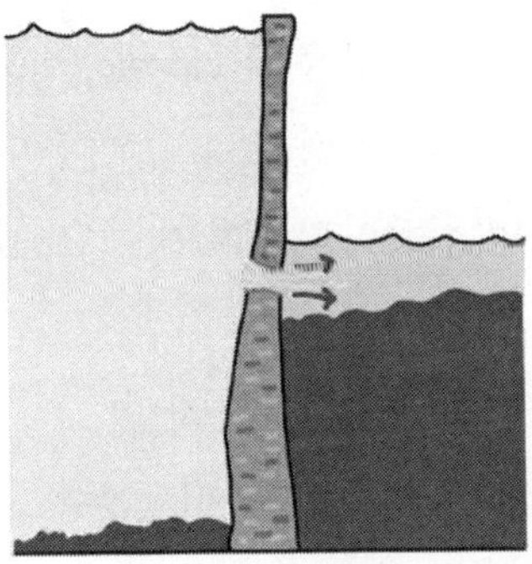

(a) 물의 이동

(a) 전도

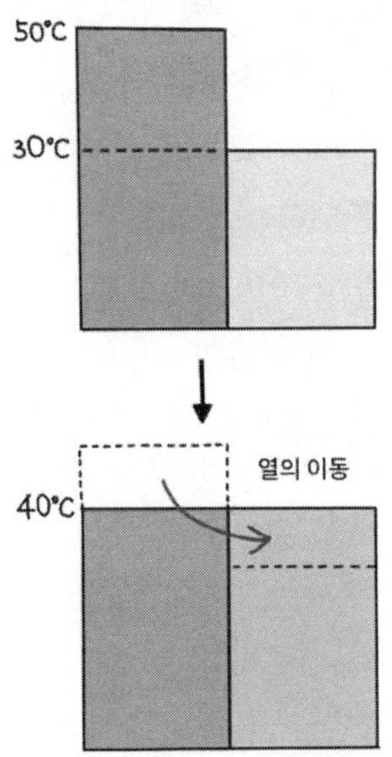

(b)열의 이동. 열의 이동이 이루어진 후
열적평형에 도달한 두 물체

(b) 대류

(c) 복사

(4) 열량(heat quantity)과 열용량(heat capacity)

앞 절에서 열을 온도차에 의해서 한 곳에서 다른 곳으로 이동하는 내부에너지[15]라고 정의하였다. 열이 일을 할 수 있는 능력을 열에너지라 하며 그 물리량을 열량이라 한다. 온도와 열량의 관계는 수위와 수량과 같다.

물이 수위가 높은 곳에서 낮은 곳으로 흐르듯, 열의 이동 또한 물의 이동과 마찬가지로 온도가 높은 곳에서 낮은 곳으로 이동하며, 물의 이동이 수량의 많고 적은 것에 관계없듯이 열의 이동 또한 열량의 많고 적음에 관계되지 않는다.

어떤 물체가 지니고 있는 열의 양, 즉 열에너지의 양이 열량이므로 열량의 단위는 어떤 표준량만큼의 변화를 가져오는 에너지량으로 선택하는 것이 편리하다.

에너지량으로 가장 많이 쓰이는 열량의 단위는 칼로리(calorie, cal.)이다.

1 cal 는 물 1 gr 의 온도를 1 ℃ 높이는 데 필요한 열량으로 정의한다. 한편, 물질의 온도를 1 ℃ 올리는 데 필요한 열량을 열용량이라 하며, 단위질량(중량)당의 열용량을 비열(4.186 kJ/kg.℃ or 4.186 kJ/kg.K)이라 한다.

1 gr_f 의 물을 1 ℃ 높이는 데 1 cal 의 열량이 필요하지만 1 gr_f 의 쇳조각인 경우에는 1/8 cal의 열량이면 된다.[16] 왜냐하면 물이 보다 많은 열을 흡수하기 때문이다.

이때 물의 열용량이 8배 크다. 혹은, 물의 비열이 8 배 높다고 한다.[17]

물질의 종류에 따라 비열이 다른데 이는 내부에너지를 저장하는 용량이 다르기 때문이다. 즉, 동일 질량(중량)을 동일 온도만큼 올린다고 해도 물질의 종류에 따라 필요한 열량이 다른 것이다. 이는 물질에 따라 에너지를 흡수하는 방법이 다르기 때문이다. 한편, 어떤 물질이 동일한 양의 에너지를 흡수하더라도 어떤 경우에는 흡수된 에너지로 인하여 분자의 좌우 진동이 증가되어 온도가 상승되지만,[18] 어떤 경우에는 흡수된 에너지가 분자의 내부운동이나 회전운동을 변화시킬 뿐으로 온도가 변하지 않는[19] 경우도 있다.

---

15) 간단한 물질이라도 내부에너지의 형태는 매우 복잡하다. 물질 내의 여러 형태의 모든 에너지를 통틀어서 내부에너지라고 부른다. 그러나 열역학에서는 단지 열의 변화나 흐름에 따른 내부에너지의 변화만을 조사한다. 이러한 내부에너지의 변화가 바로 온도의 변화로 나타난다.

16) 난로에서 물을 데우기 위해서 약 15분 정도가 걸린다고 하면, 쇳조각의 온도를 같은 정도로 올리는 데는 불과 2분이면 족하다. 은수저인 경우에는 단지 1분이면 충분하다.

17) 질량(중량) m kg (G kg$_f$) 인 물질이 열량 Q 를 흡수하여 온도가 ΔT 만큼 변할 때, 열용량 C 는 $C = m \cdot c$ (혹은 $G \cdot c$) 로 정의된다. 즉, 열량 = 열용량 × 온도변화량 = 질량(중량) × 비열 × 온도변화량

18) 현열(顯熱, sensible heat) : 물질의 상태변화가 없이 온도변화에만 필요한 열량

19) 잠열(潛熱, latent heat) : 물질의 온도변화가 없이 상태변화에만 필요한 열량

▶ 후라이팬에 담긴 적은 양의 뜨거운 기름보다 큰 냄비에 담긴 많은 양의 미지근한 물의 총 분자 운동에너지가 더 크다.

▶ 비록 같은 양의 열이 더해져도 물의 양이 적은 쪽의 온도가 더 올라간다.

온도와 열의 관계는 수위와 수량의 관계와 같다.
물이 수위가 높은 곳에서 낮은 곳으로 흐르듯 열의 이동도 이와 같이
온도가 높은 곳에서 낮은 곳으로 이동하며 열량의 많고 적음에 무관하다.
어떤 물체가 보유하는 열에너지의 세기는 온도로서,
열에너지의 크기는 열량으로 나타내진다.

열 = heat, 열에너지 = thermal energy

(5) 열역학 제 0 법칙

어떤 온도의 한 물체를 온도가 다른 물체에 접촉시키면, 열은 높은 온도의 물체로부터 낮은 온도의 물체로 전달되어 양쪽 물체의 온도가 동일하게 될 때 열전달이 멈추어지게 된다. 열이 이동한다는 것은 두 물질이 가지는 그 무엇의 크기에 차이가 나기 때문이며, 그 무엇이 동일해질 때 두 물질 사이에 열의 이동은 없어지게 된다. 「열역학 제 0 법칙」에서는 그 무엇을 바로 온도라고 규정하였다.[20] 이때 두 물체는 열적평형 상태[21]에 있다고 말한다.

동일한 온도는 열유동에 대한 구동력인 온도차를 가지고 있지 않으므로 열적평형의 조건이 된다.

지금 물체 A와 B가 평형을 이루고 있을 때, 「$A \sim B$」로 나타내기로 하자.

우리는 $A \sim C$이고, $B \sim C$라면, $A \sim B$가 됨을 경험법칙으로 알고 있다.

이 3 체계 간의 열적평형의 법칙을 「열역학 제 0 법칙」이라 한다.

열적평형 상태란 온도가 다른 2 개의 물체를 접촉시켜 열이 이동하게 하여 얼마 후 양쪽 물체의 온도가 같게 되었을 때의 상태를 말한다.

여기서, 두 물체가 제 3 의 물체와 열적평형에 있다면 이 물체들은 서로 열적평형에 있다는 것을 의미한다.

열은 이동 중인 내부에너지로서 물체로부터 물체로의 열 전달이다.

물체의 온도 상승은 물체가 열을 받았다는 것을 의미한다.

열평형(thermal equilibrium) : 온도가 다른 두 물체를 접촉시키면 접촉면에 있는 두 물체의 입자가 서로 충돌하여 빠른 입자의 속력은 느려지고 느린 입자의 속력은 빨라져 결과적으로 두 물체의 평균 운동에너지는 같아진다. 즉 고온의 물체는 온도가 내려가고 저온의 물체는 온도가 올라가서 결국 계[22]를 이루는 물체는 온도가 같아지는 열평형 상태에 이른다.

---

20) 두 물질이 가지는 다른 물성이 말라도 두 물질이 온도만 같으면 두 물질 사이에 열의 이동은 없다. 두 물체의 온도는 같아도 차갑고 뜨거운 정도는 다르다. 즉 온도는 어떤 물체가 주위와 열을 교환하는지의 여부를 나타내는 열역학적 물성이다.

21) 기계적 평형 : 힘의 평형
화학적 평형 : 농도 또는 기체 성분 등의 평형
열 적 평형 : 온도 평형

22) 계 : 에너지 평형, 힘의 평형 등의 열역학적 사고의 대상이 되는 물질의 집합체
(1.3절 / 열역학의 용어와 정의 참조)

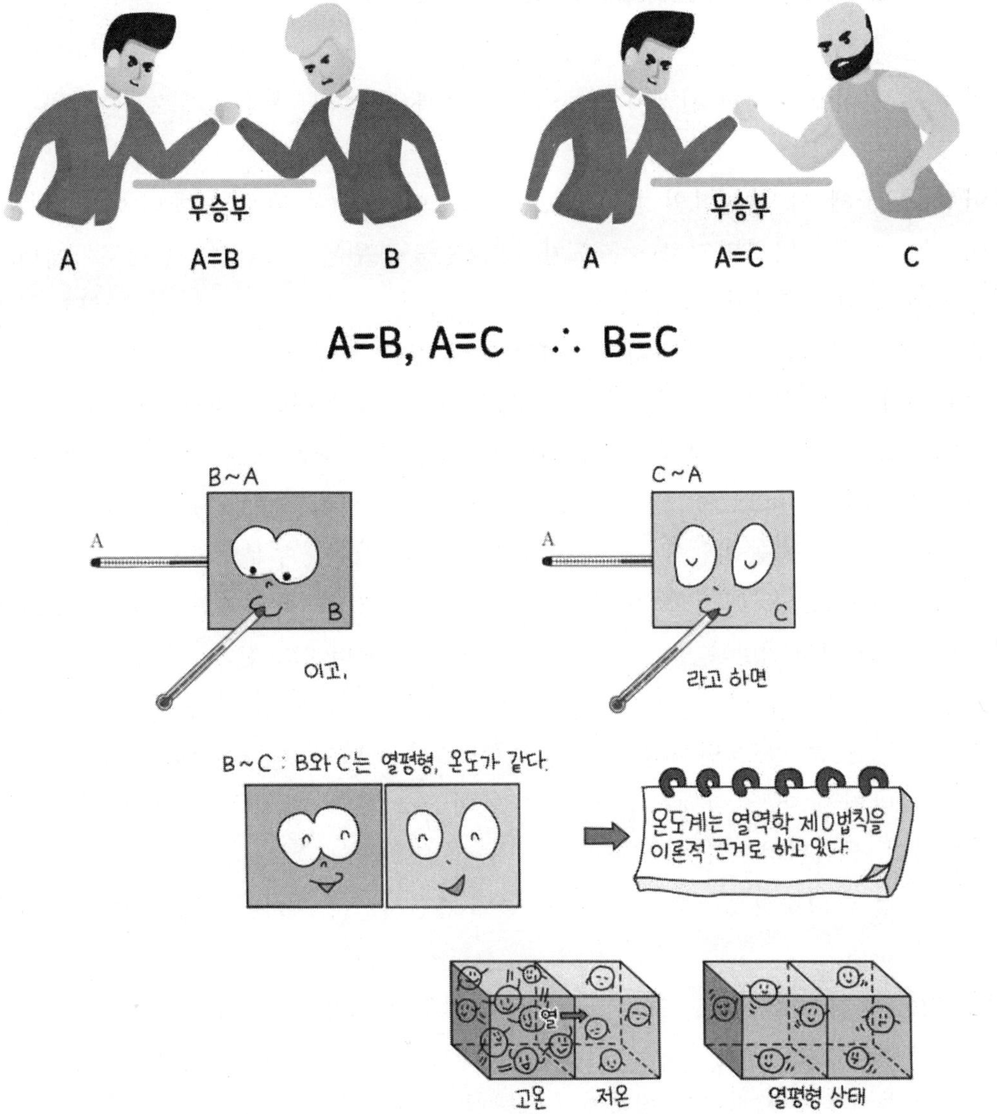

<열평형의 법칙, 온도계의 법칙>

같은 방 안에 있는, 즉 온도가 같은 나무판과 철판을 양손으로 동시에 만졌을 때 나무판은 미지근한 반면 철판은 차갑다고 느낄 것이다. 온도가 동일한 두 물체와 우리 손이 닿았을 때 그 차갑고 뜨거운 정도가 다른 이유는 우리 손에서 물체로 이동하는 열의 전달 속도가 다르기 때문이다. 열전도도가 큰 철판이 손으로부터 훨씬 빨리 열을 빼앗아간다.

1.2 일(work)과 열(heat) 그리고 열역학

열과 일 사이에 어떠한 관계가 있는가를 다음과 같은 몇 가지 실제 보기를 들어 알아보기로 한다.

어떤 두 물체 사이에 힘의 차이가 있는 경우에 역학적 일로서 에너지의 이동[23]이 일어나는 것과 마찬가지로, 온도차가 있는 경우에는 열의 형태로 에너지가 이동하게 된다. 타이어 속에 들어 있는 공기에 외력을 가하여 압축하면 공기의 온도는 압축과 더불어 올라간다. 이러한 성질을 이용한 것이 피스톤 왕복동식 열기관이다. 디젤기관의 경우를 살펴보면, 이는 실린더 내로 흡입된 공기를 압축하여 고온고압이 되게 한 다음, 공기의 압축열로 미립으로 분사된 연료에 자연 착화시켜 연소시킴으로써 일을 얻는 기관이다. 또 하나의 간단한 예로, 철사를 구부렸다 폈다 하는 일을 되풀이하면 구부러지는 부분이 뜨거워지는 것을 경험으로 알고 있다. 이러한 간단한 현상[24]으로부터 열과 일과는 불가분의 관계가 있음을 알 수 있다. "열과 일은 그 현상은 다르지만 에너지의 한 가지 형태로서는 같은 성질을 갖는다."

열은 운동 또는 일로 변환할 수 있는 양으로서 에너지의 한 형태임을 알 수 있다. 따라서 에너지가 어느 상태로부터 다른 상태로 전환할 때 이들 사이에는 에너지의 보존법칙이 성립된다.

"일과 열은 에너지의 한 형태로서 일을 열로 변환시키는 것이나 열을 일로 변환시키는 것이 가능하다."

열역학이 어렵게 느껴지는 이유는 에너지라는 것이 추상적인 개념이기 때문일 것이다. 그러나 에너지는 모든 과학에서 중심이 되는 개념으로 물체와 에너지가 결합된 것이 우주이다. 물체는 실체적이고 에너지는 실체를 움직이게 한다. 물체는 볼 수 있고 느낄 수 있는 실체적인 것으로 질량을 가지고 공간을 차지한다. 물체에 반해 에너지는 추상적인 개념이다. 이렇게 에너지는 추상적 개념일 뿐 아니라 물리적 과정이기 때문에 정의하기가 쉽지 않다.

모든 공간과 모든 물체는 에너지를 가지고 있지만 에너지의 형태가 전환될 때에만 에너지는 관측이 가능하다.[25]

---

23) 두 물체 사이에 에너지 이동이 존재하는 것은 두 물체 사이에 강도성 상태량[1.3절]의 차이가 존재하기 때문이다. 흐르는 열의 양은 *Joule*로 측정되며, 열의 흐름속도는 *Watt* $(= Joule/\mathrm{sec.})$로 측정된다.

24) 선반에서 절삭가공을 할 때 공작물과 바이트(공구) 모두가 절삭 열로 뜨거워진다.

25) 식물은 태양으로부터 에너지를 흡수하여 물질을 만들고 동물은 음식물로부터 에너지를 얻는다.

(더운 날 열팽창으로 휘어진 철로)

열 이 장난을 쳤구만!

(**일** 을 저질렀구만!!)

[*선박 엔진의 예 : Tappet Clearance*]

열은 다음과 같은 방법으로 물체 또는 계에 더해진다.

- 뜨거운 물체와의 접촉에 의하여
- 뜨거운 물체로부터의 복사에 의하여

또한 다음과 같은 방법으로 제거될 수 있다.

- 차가운 물체와의 접촉에 의하여
- 차가운 주위로의 복사에 의하여

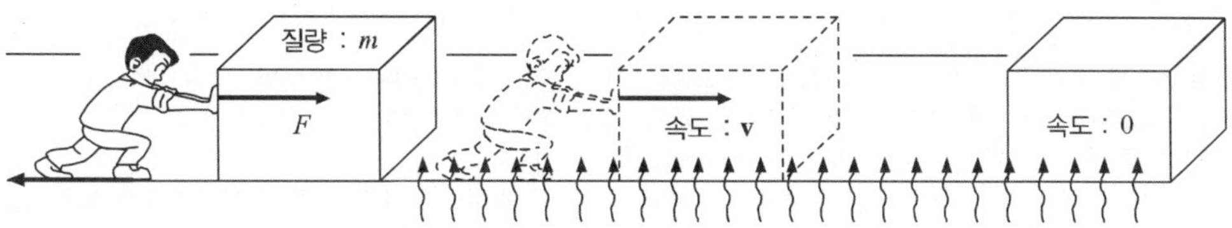

(1) 일(work)

Newton 에 의해 도입된 기본적인 일의 정의[26]에 따르면,

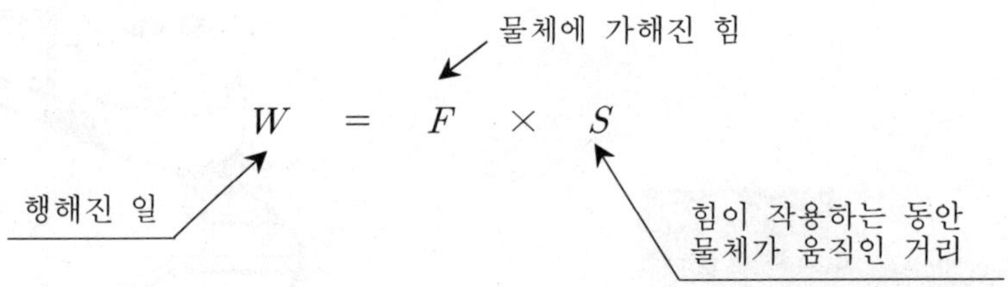

W(행해진 일) = F(물체에 가해진 힘) × S(힘이 작용하는 동안 물체가 움직인 거리)

로 주어진다. 일반적인 경우로서 힘 F 가 거리 S 의 함수[27]로서 S 에 따라 변하면서 어떤 경로 C 를 따라 작용한다고 하면,

$$W = \int_c \delta W \tag{1-1}$$

로 나타내어진다.

여기서, 일 W 의 미소량을 $\delta W = F \cdot dS$ 로 나타낸 것은 온도 T 나 압력 P 가 어느 순간에 있어서의 상태를 나타내는 상태량[28]인 것과는 다르게, 일 W 나 열량 Q 는 현재의 상태에 달하기까지 거쳐온 경로(path)에 따라 그 값이 변화하는 양이므로, 이러한 함수를 경로함수(path function)라고 부르고 그 미분치는 dT 나 dP 와 같은 완전미분의 형태로 표시할 수 없으며, δW 나 δQ 와 같은 불완전미분[29]의 형태로 나타내어야 한다.

---

26) 일상생활에서 무거운 짐을 들고 서 있는 사람은 힘든 일을 하고 있다고 말한다.
그러나 물리에서는 이 사람은 아무런 일도 하지 않고 있다고 말한다.
우리는 흔히 "일"이라고 하면, 피곤을 먼저 떠올리곤 한다.
근무시간을 정해놓고 하는 "일", 즐겨하는 일이라도 하지 않을 수 없기에 하는 "일" [힘이 드는 일!!],
즉, '일이 힘들다'라고 하는 말은 [일 = 힘 × 거리]라는 개념을 알고 있기 때문일 것이다.

27) = 위치의 함수로서

28) 점함수(point function)라고도 한다.

29) inexact differential

축구선수가 공을 차는 것은 노는 게 아니고 일을 하는 것이다.

(2) 일의 표기 <u>$F \cdot S$ 일</u>

앞 절에서 논의한 일, $[W]$ork = $[F]$orce × di$[S]$tance 를 $F \cdot S$ 일이라고 한다.

어떤 물체에 거리 S의 함수로서 S에 따라 변하면서 작용하는 힘 $\vec{F}$를 가하여 변위 $\overrightarrow{dS}$가 생겼다면 이때, 일 $\delta\overline{W}$는

$$\delta \overline{W} = \vec{F} \cdot \overrightarrow{dS} \tag{1-2}$$

여기서, $\vec{F}$와 $\overrightarrow{dS}$는 각각 벡터량이고 두 벡터의 곱은 scalar product[30] 이다. 그림에서 경로 c를 따르는 일은

$$W = \int_c \delta W = \int_c \vec{F} \cdot \overrightarrow{dS} = \int |\vec{F}| \cdot \cos\theta \cdot |\overrightarrow{dS}| \tag{1-3}$$

로 나타내진다.

상태 1 과 2 사이에 어떤 경로를 따라 이루어진 일을 W_{1-2}로 표시하며[31], 다음 식으로 주어진다.

$$W_{1-2} = \int_1^2 \delta W = \int_{s_1}^{s_2} F \cdot dS \tag{1-4}$$

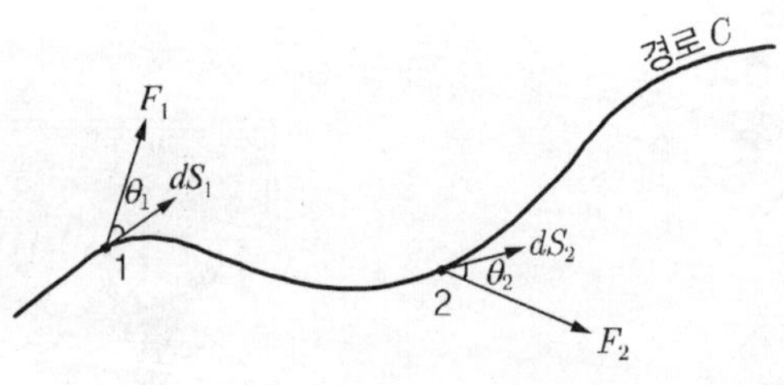

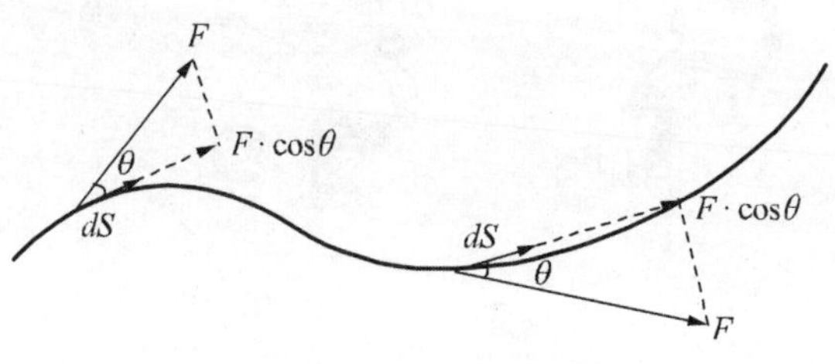

30) 곱셈계산 결과, 결과물(제조생산품); scalar량

31) W_{1-2}를 W_{12} 또는 ${}_1W_2$로 표기하기도 한다. (부록 13) 참조

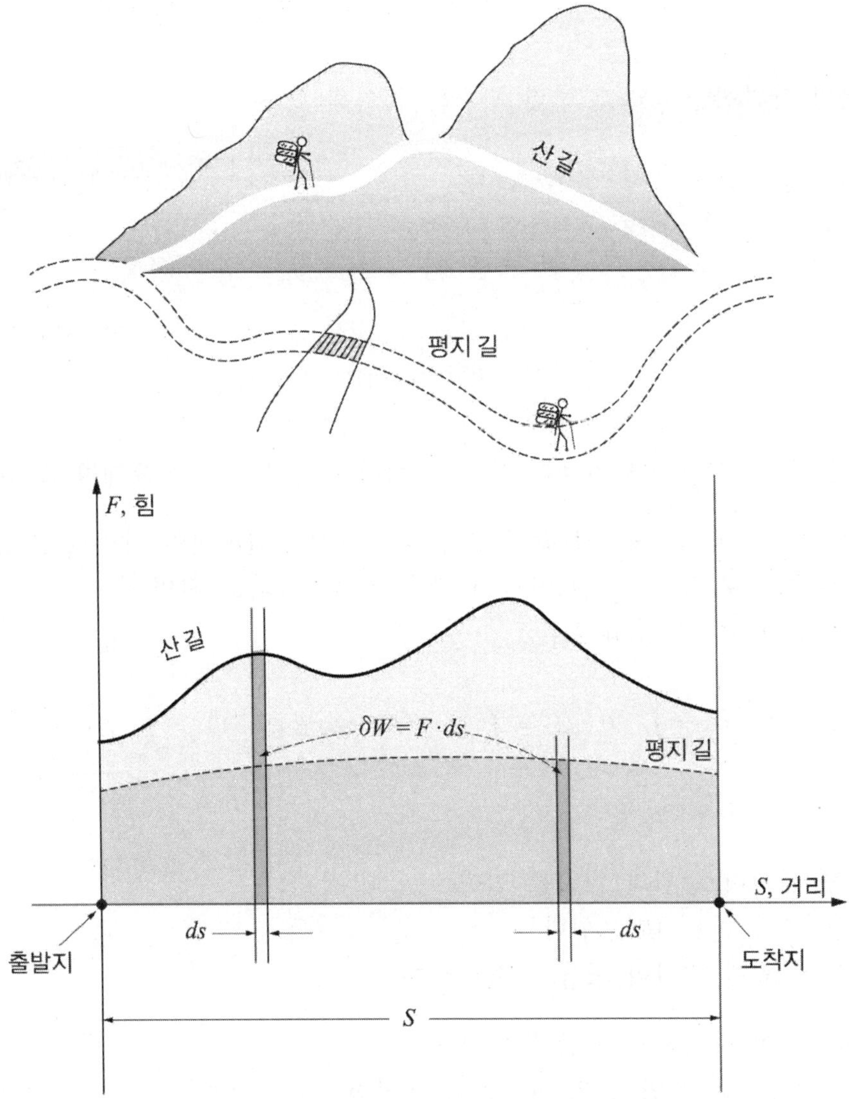

인생은 상태함수(state function)가 아닌 경로함수(path function)이다.

(2) 일의 표기 <u>$P \cdot V$ 일</u>

$P \cdot V$ 일은 실린더 내에 갇혀 있는 공기가 압축·팽창할 때의 공정에 대하여 유용한 일의 정의이다.

피스톤이 움직임에 따라 기체에 의하여 행해진 일은 실린더에서 기체의 압력과 부피를 재면 알 수 있다.

피스톤의 단면적을 A 라고 하면 피스톤에 의해 행해진 일은,

피스톤에 가해진 압력 / 피스톤을 미는 기체의 힘

$$W = P \times V = F/A \times A \times S = F \times S$$

행해진 일 / 압력이 작용하는 동안 실린더 내 공기의 체적

W(행해진 일) = F(물체에 가해진 힘) × S(힘이 작용하는 동안 물체가 움직인 거리)

로 주어지므로 결국, $F \cdot S$ 일과 같게 됨을 알 수 있다. 일반적인 경우로서, 압력 P가 체적 V의 함수로서[32] V가 V_1에서 V_2까지 변화하였다고 하면,
기체에 의해 이루어진 일 W 는,

$$W_{1-2} = \int_1^2 \delta W = \int_{V_1}^{V_2} P \cdot dV = \int_{(s_1 \cdot A)}^{(s_2 \cdot A)} (F/A) \cdot d(S \cdot A) = \int_{s_1}^{s_2} F \cdot dS \qquad (1\text{-}5)$$

로 나타내진다. 이 일은

- 일부는 실린더 주위의 대기를 밀어내는 데 쓰인다.
- 일부는 축을 미는 데 쓰인다.
- 일부는 마찰에 의하여 열을 발생시킨다.

만일 피스톤이 왕복운동을 한다고 하면,
대기를 밀어내는 데 쓰인 일은 피스톤이 출발점으로 되돌아올 때 되돌려진다.
따라서 이 항의 일은 소거되므로 무시할 수 있다.
또한 마찰은 무시될 수 있는 정도로 작은 양이다.
그러므로 피스톤-실린더 공정에서 기체가 한 일은 대부분 축으로 전달된다고 할 수 있다.

32) $P \cdot V$ 일 : 일반적인 경우로서, 압력 P가 체적 V의 함수로서 V에 따라 변하면서 작용한다고 하면,

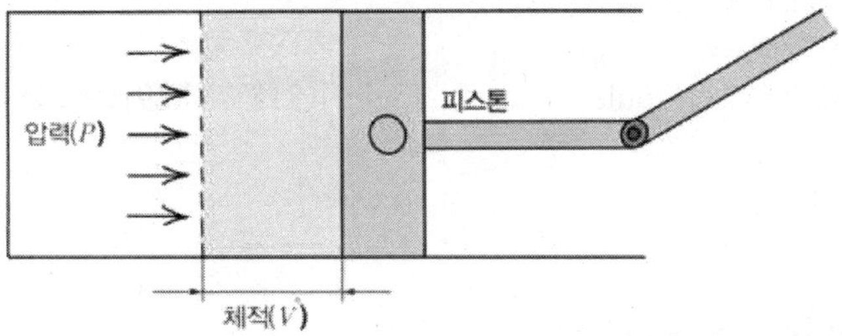

: $P \cdot V$ 일

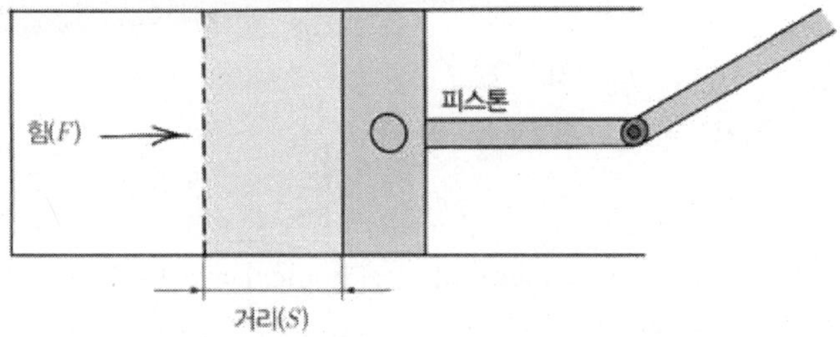

: $F \cdot S$ 일

힘 [N] × 거리 [m] = 일 [Joule]
압력 [N/m^2] × 체적 [m^3] = 일 [Joule]
F · S 일이나 P · V 일이나 이름만 다르지 똑같은 일이다.

성 명 Name	장 보 고
국 적 Nationality	대한민국
성 별 Sex	남

성 명 Name	Bo-Go Jang
국 적 Nationality	KOREA
성 별 Sex	Male

한국이나 KOREA나 다 대한민국이잖아!!

(3) 일의 열당량, 열의 일당량

열과 일 사이의 관계에 대하여 Joule(James P. Joule, 1818 ~ 1889)은 그의 실험에서 열과 일 사이에는

$$Q\,(kcal) \;\Leftrightarrow\; W\,(kg_f \cdot m) \tag{1-6}$$

의 관계가 있음을 밝혔다.

$Q\,[kcal]$ 와 $W\,[kg_f \cdot m]$ 사이에는

$$Q = A_{eq} \cdot W \quad [kcal] \tag{1-7}$$

$$W = J_{eq} \cdot Q \quad [kg_f \cdot m] \tag{1-8}$$

의 관계가 있다.

여기서, A_{eq} 는 일의 열당량 (heat equivalent of mechanical work) 이고,
J_{eq} 는 열의 일당량 (mechanical work equivalent of heat) 으로서,

$$\begin{aligned} J_{eq} &= 426.80\ kg_f \cdot m\,/\,kcal \ \ (J_{eq} \fallingdotseq 427\ kg_f \cdot m\,/\,kcal) \\ &= 4.1855\ kJ\,/\,kcal \ \ (J_{eq} \fallingdotseq 4.2\ kJ\,/\,kcal) \end{aligned} \tag{1-9}$$

이다. A_{eq} 는 J_{eq} 의 역수로서,

$$A_{eq} = \frac{1}{427}\ kcal\,/\,kg_f \cdot m = \frac{1}{4.2}\ kcal\,/\,kJ \tag{1-10}$$

이다. 한편, SI 단위계에서는

$Q\,(Joule)$과 $W\,(N \cdot m)$ 사이에

$$Q = A_{eq} \cdot W \quad [Joule] \tag{1-11}$$

$$W = J_{eq} \cdot Q \quad [N \cdot m] \tag{1-12}$$

의 관계가 있다. 여기서,

$$J_{eq} \fallingdotseq 1 \quad N \cdot m\,/\,Joule \tag{1-13}$$

$$A_{eq} \fallingdotseq 1 \quad Joule\,/\,N \cdot m \tag{1-14}$$

이므로, 결국 SI 단위계에서는,

$W\,[N \cdot m] = Q\,[Joule] = W\,[Joule]$가 됨을 알 수 있다.

[1 kJ =102 $kg_f m$, 1 $kg_f m = 9.8\ N.m = 9.8\ J$]

<물의 온도를 올리는 방법>

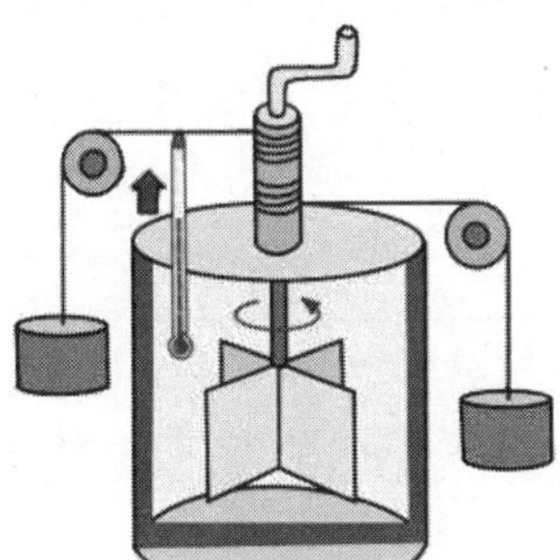

▶ 추가 내려가면서 물을 교반한 일이 열로 변환되어 가해진 일의 양만큼 열량이 물에 공급되어 물의 온도가 상승한다.

열과 일은 그 현상은 다르지만 에너지로서 같은 기능을 한다.
이와 같이 열의 본질은 에너지이며 미시적으로 보면 분자의 운동에너지 그 자체이다.
분자의 운동이 커지면 열에너지가 커지고 따라서 온도가 높아지게 된다.

(4) 에너지(energy, erg)

앞 절에서, 열은 주어진 온도에 있는 어떤 계의 경계를 넘어 보다 낮은 온도에 있는 또 하나의 계로 온도차에 의하여 전달되는 에너지의 한 형태라고 정의하였다. 물체는 열이 아니라 분자의 운동에너지를 갖고 있으며, 열은 물체의 온도를 변화시키는 원인이 된다. 물이 수위가 높은 곳에서 낮은 곳으로 수위 차에 의해 흐르는 것과 마찬가지로 열은 보다 높은 온도의 계에서 낮은 온도의 계로 계 사이의 온도차에 의해 흐른다.[33] 물이 낮은 곳으로 흘러가서 더 이상 갈 곳이 없으면 그곳에 모여 있는 것과 같이 열 역시 흘러갈 곳이 없으면 그곳에 고이게 되어 계의 내부에너지를 증가시킨다.

이러한 열의 성질은 다음과 같은 양면성을 지닌다. 먼저 열은 온도라는 낙차를 만들어 놓으면 틀림없이 저절로 흐른다는 점이다. 이때, 흐름이 있으면 유동에너지에 의한 일이 있게 되므로 흐름은 긍정적인 면을 지니고 있다. 열의 흐름은 하류를 향해서 나아가기만 할 따름으로 이 열을 다시 모아서 상류로 돌려보내는 일은 불가능하며 저절로 돌이킬 수 없다. 이것이 이번에는 열이 지닌 부정적인 면이다. 일을 얻기 위해서는 고온과 저온이라는 2 개의 열원이 필요하게 되고 저온열원이 열의 종착역이기는 하나, 이론상 저온이라고 하더라도 저온이라는 온도레벨의 분자의 운동에너지는 있기 마련이므로 저온의 열원이 보다 낮은 온도를 지니고 있으면 두 열원 사이에서 일로 이용 가능한 폭은 더 커지게 된다. 그러나 상온이 되면 이 시점에서 저온의 열원은 종착역에 닿았다고 할 수 있다. 결국, 저온열원에 다다른 열은 쓸모없는 존재라 할 수 있다.

이를 바꾸어,

고온의 열원은 가치가 높은 에네르기원 저온의 열원은 가치가 낮은 에네르기원

라고 말할 수 있다. 즉, 열은 이동에 따라 점점 가치를 떨어뜨리는 것이다. 만일 가능한 일의 폭을 키우고자 상온 이하의 열원을 또 다시 마련하려고 하면 냉장고와 같이 밖에서 동력을 끌어와서 일부러 온도를 낮추지 않으면 안 된다. 열은 같은 열량을 가지고 있어도 온도라는 요인을 고려하지 않으면 안 된다.[34] 이런 이유로 열역학에서 열량과 온도는 떼려야 뗄 수 없는 관계라는 점을 인식해야 한다.

---

33) 따라서 흐름이 없으면 이것은 열이라는 말로 표현할 수 없다.

34) 바다처럼 물의 온도가 낮아도 양이 엄청나기 때문에 전체로서의 열량은 크지만 그것만으로는 이용가치가 작은 것이다.

물의 흐름을 이용

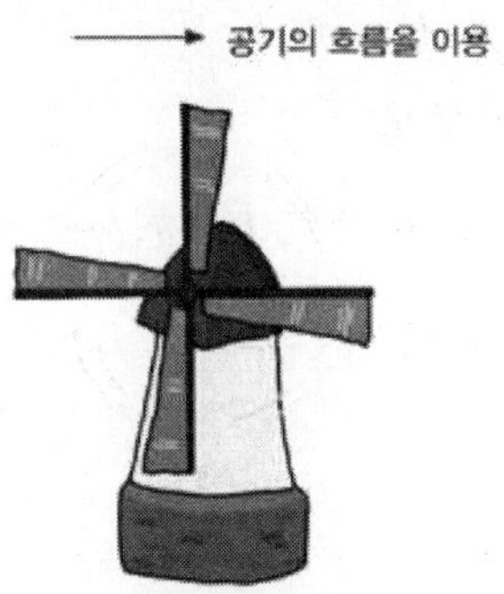
공기의 흐름을 이용

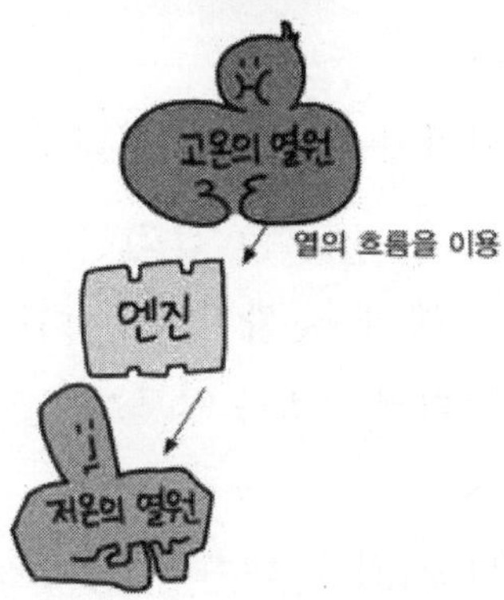
고온의 열원
열의 흐름을 이용
엔진
저온의 열원

흐르는 것은
다 좋은 것이여!!!
흐른다고
다 좋은 것일까?

(5) 외부에너지(external energy[35]))

I. 위치에너지(potential Energy)

어떤 물체가 지금 기준면의 높이에 정지하고 있다고 생각하자.

$$\delta W = \vec{F} \cdot \vec{ds} \cdots\cdots (1\text{-}2)$$

이 물체에 수직력 F를 가하여 h_1에서 h_2까지 dh만큼 높이 범위가 생겼다면, 이때의 일 δw는 $d(PE)$이므로

$$d(PE) = F \cdot dh \tag{1-15}$$

이고, 여기서 $F=m \cdot a=m \cdot g$ 이므로

$$PE = \int d(PE) = \int_{PE_1}^{PE_2} d(PE) \ ^{36)} \tag{1-16}$$

따라서,

$$PE = \int m \cdot g \cdot dh = \int_{h1}^{h_2} m \cdot g \cdot dh = m \cdot g \cdot [h]_{h_1}^{h_2} = m \cdot g \cdot (h_2 - h_1) \tag{1-17}$$

II. 운동에너지(Kinetic Energy)

지금 어떤 물체가 기준점의 위치에 정지하고 있다고 생각하자

$$\delta W = \vec{F} \cdot \vec{ds} \cdots\cdots (1\text{-}2)$$

이 물체에 외력 F를 가하여[37] x_1에서 x_2까지 dx 만큼 위치 변위가 생겼다면, 이때의 일 δw는 운동에너지의 변화량 $d(KE)$ 이므로

$$d(KE) = F \cdot dx = m \cdot a \cdot dx \tag{1-18}$$

이고, 여기서 가속도 a는 속도의 시간에 대한 미분이므로,

$$d(KE) = m \cdot \frac{dv}{dt} \cdot (\frac{dx}{dt} \cdot dt) = m \cdot \frac{dv}{dt} \cdot v \cdot dt \tag{1-19}$$

$$= m \cdot v \cdot dv$$

따라서,

$$KE = \int_{KE_1}^{KE_2} d(KE) = \int_{v_1}^{v_2} m \cdot v \cdot dv = \frac{1}{2} \cdot m \cdot [v^2]_{v_1}^{v_2} \tag{1-20}$$

$$= \frac{1}{2} \cdot m \cdot (v_2^2 - v_1^2)$$

35) (내부에너지와 구별하여, 외부에서 계에 행하여진) 외부일과 같은 역학적 에너지를 가리킨다.

36) $m \cdot \int_{z_1}^{z_2} g \cdot dz = m \cdot g \cdot \int_{z_1}^{z_2} dz$

37) 위치에너지 및 내부에너지의 변화 없이 (외력을 가한다고 가정)

일을 할 수 있는 능력을 에너지라고 하며,

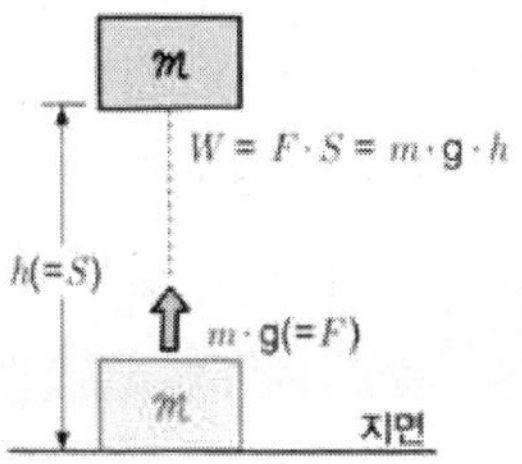

위치 에너지 : PE

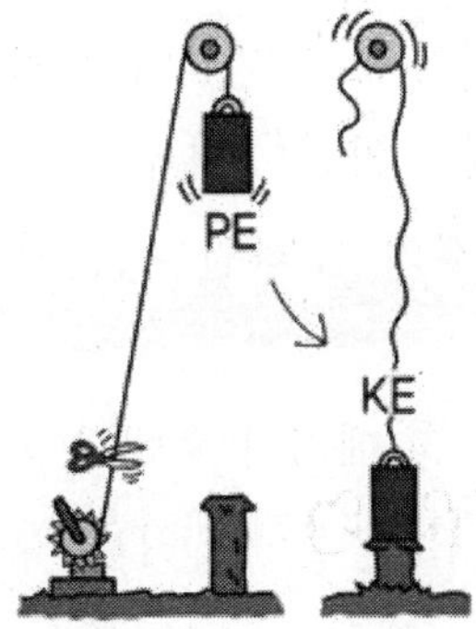

높이 올라간 해머의 위치에너지는
해머를 놓을 때 운동에너지로 전환된다.

$$KE = \int_{x=0}^{x=x} F \cdot dx$$

$$= \int_{x=0}^{x=x} m \cdot a \cdot (dx)$$

$$= \int_{\mathrm{v}=0}^{\mathrm{v}=\mathrm{v}} m \cdot \frac{d\mathrm{v}}{dt} \cdot (\mathrm{v} \cdot dt)$$

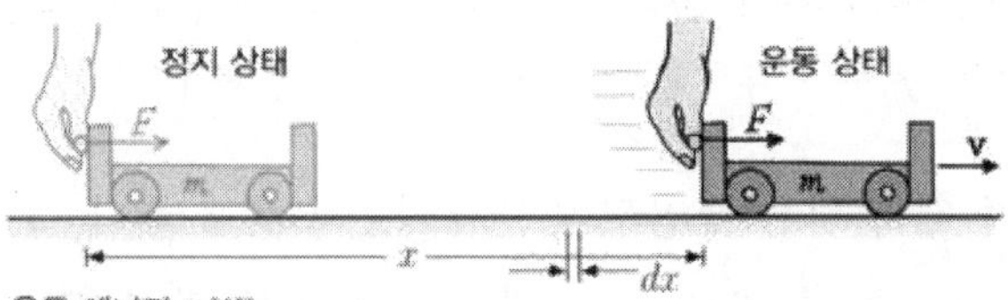

운동 에너지 : KE

움직이는 물체는 일을 할 수 있는 능력이 있다.
흐르는 물은 수차를 돌리기도 하고
돌덩어리를 옮겨 놓기도 한다.
이와 같이 움직이는 물체가 가지고 있는
에너지를 운동에너지라 한다.

$$\int \delta w = \int F(x) \cdot dx = \int m \cdot a \cdot dx = \int m \cdot \frac{d\mathrm{v}}{dt} \cdot \mathrm{v}(t) \cdot dt = m \cdot \int \mathrm{v} \cdot d\mathrm{v}$$

[그림 1-2] 외부에너지

외부에너지란, (내부에너지와 구분하여) 계의 외부에서 계에 행하여진 외부일을 가리킨다.
; 물체에 일을 하면 물체의 역학적 에너지를 변화시킬 수 있다. 즉, 역학적 에너지

위치에너지의 양은 물체가 기준점까지 이동하면서 하는 일로 나타내는데,
일을 하는 힘의 종류에 따라 중력에 의한 위치에너지, 탄성력에 의한 위치에너지, 만유인력에 의한 위치에너지 등이 있다.

(6) 내부에너지(internal energy)

물체(계, system) 보유하는 총 에너지는 외부 에너지와 내부 에너지로 대별된다. 전자인 외부 에너지는 역학적 에너지와 전기장이나 자기장에서의 전기·자기 에너지 같은 물체의 외부와의 관계에 의해 좌우되는 에너지를 말하며, 후자인 내부에너지는 온도나 압력 등 물체의 내적인 조건에 따라 그 자신의 내부에 갖는 에너지를 말한다.[38)]

따라서 내부에너지는 물체가 갖는 총 에너지 중에서 역학적 에너지 등의 외부에너지를 제외한 에너지를 말하며, 다음과 같이 쓸 수 있다.

물체가 보유하는 총 에너지 = [외부 에너지] + [내부 에너지]

E = [(*역학적 에너지*) + *전기·전자 에너지 등*] + [*내부 에너지*]

E = [(E_p , E_k) + E_{etc}] + [U]

물체는 미소한 많은 분자로 구성 되며, 각 입자는 끊임없이 불규칙한 운동을 한다. 물체의 내부에너지는 물체를 구성하는 모든 분자들의 내부 운동 에너지와 내부 위치에너지의 합이다.

일반적으로 온도가 높아지면 분자운동도 활발해지므로 온도가 상승함에 따라 물체의 내부에너지는 상승한다. 물체가 가열되거나 냉각되면 그 상태(P, V 등)가 변하므로 그 내부에너지도 변화한다. 그러나 온도를 측정함으로써 반드시 내부에너지가 측정되는 것은 아니다. 그 이유는 증발열이나 융해열 등 잠열은 온도에 비례하지 않는 내부에너지로서 잠재에너지이기 때문이다. 입자들의 운동에너지의 변화는 물체의 온도를 변화시키고, 위치에너지의 변화는 물체의 상을 변화시킨다. 실린더장치에 열을 가하면 가해진 열은 피스톤을 미는 일, 즉 내부에 대하여 외적인 기계적 일을 하고 나머지 열은 실린더 내 공기의 온도를 상승시키는 데 쓰인다. 이와 같이 물체의 온도를 상승시켜 분자운동을 활발하게 하는 일, 즉 에너지의 형태가 내부에너지이다.[39)]

---

38) 모든 물질은 여러 가지 형태의 에너지를 내장하고 있으며 분자들은 모두 일정한 운동상태에 있다. 주변 분자들과의 상호위치에 의한 분자 위치에너지와 분자운동에 따른 분자 운동에너지가 있다. 연료 등의 화학적 에너지도 위치에너지에 속한다고 할 수 있다. 왜냐하면, 화학적 변화가 일어날 때 분자 내에서 전하의 위치가 변하면서 위치에너지가 다른 형태의 에너지로 전환되기 때문이다. 이와 같은 여러 형태의 에너지를 합한 물질 내의 모든 에너지를 통틀어서 내부에너지라고 부른다.

39) 우리는 다른 사람으로부터 흔히 스트레스를 받을 때 '열 받는다'고 말한다. 이는 열역학적 관점에서 매우 적절한 표현이라 하겠다. 스트레스로 가슴 속이 끓어오르면 얼굴이 벌게지면서 온도가 오르는 것을 느끼게 된다.
그러다가 어디엔가 화풀이라도 하고 나면 얼굴색이 조금은 가라앉아 있을 것이다.

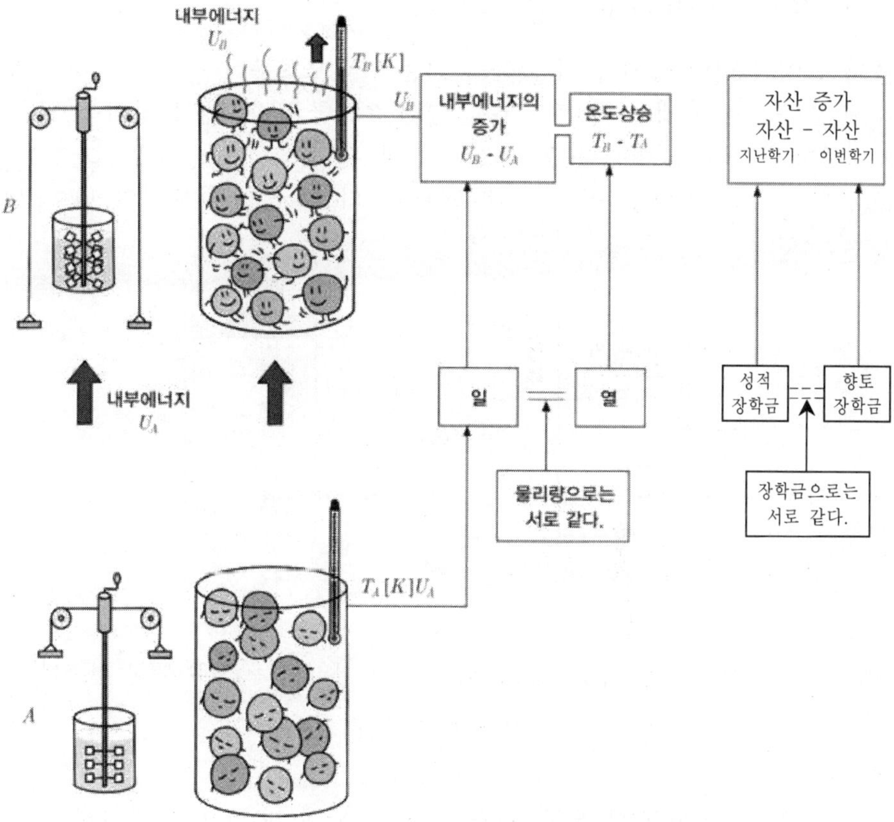

[그림 1-3] 내부에너지(줄의 실험)

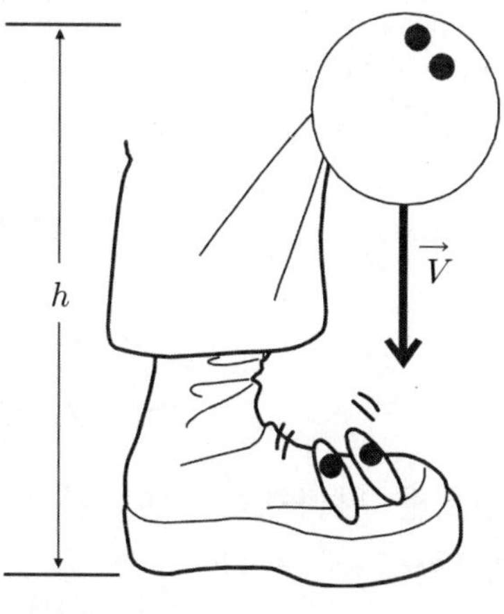

총에너지 = [외부에너지] + [내부에너지]

$$E = \left[\underbrace{m \cdot g \cdot h}_{E_P} + \underbrace{\frac{1}{2} \cdot m \cdot v^2}_{E_K}\right] + [U]$$

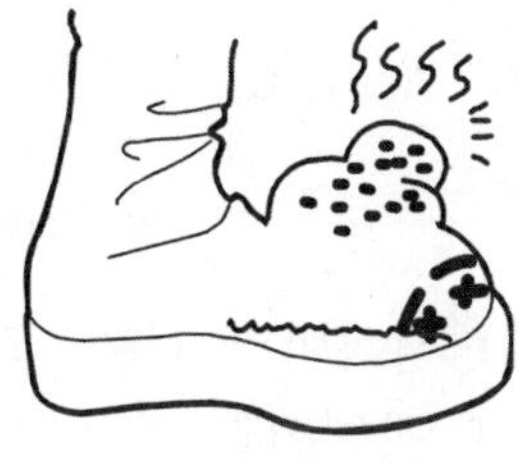

열과 열은 내부에너지를 증감시키는 동일한 물리량이지만 에너지 효율은 서로 다르다.

(7) 에너지방정식(equation of energy)

그림 1-4 와 같이 실린더 속에 들어 있는 공기를 밑면으로부터 가열하는 경우, 공기는 열을 받아 팽창하면서 무게 G 의 피스톤을 높이 Z 만큼 밀어 올리는 외부 일을 하고 나머지는 내부에너지의 증가로 온도가 상승하게 된다.

이때 공기에 가해진 열량은 공기의 내부에너지의 증가와 외부일의 합이 된다.

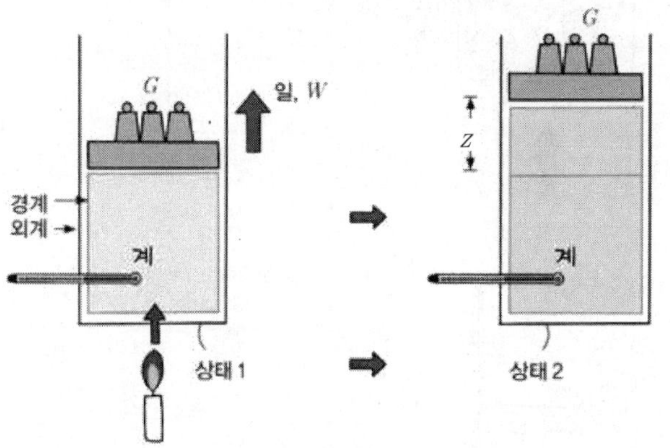

(실린더에 가해진 열량, Q) = (내부에너지의 증가, U) + (외부에 한 일, W)

[그림 1-4] 내부에너지와 에너지방정식

즉, 정지하고 있는 물체(계)에 열량 Q 를 가하여 물체(계)의 내부에너지가 U_1 에서 U_2 로 변화하였을 때 외부에 대하여 한 일을 W_{12} 40) 라 하면,

$$Q = (U_2 - U_1) + W_{12} \tag{1-21}$$

의 관계가 있다. 이때의 Q, U, W 는 모두 *Joule* 로 나타내었다.41)

미소 변화를 생각하면,

$$\delta Q = dU + \delta W \tag{1-22}$$

가 된다. 한편, 단위중량(질량)에 관하여는,

$$\delta q = du + \delta w \tag{1-22'}$$

이들 식을 에너지방정식이라 하며, 열역학 제 1 법칙을 나타내는 식이 된다.

열역학 제 1 법칙에 관해서는 제 2 장에서 자세히 다루기로 한다.

---

40) $W_{12} = G(kg_f) \cdot Z(m) = G \cdot Z(kg_f \cdot m)$

41) Q 와 U 를 $kcal$, W 를 $kg_f \cdot m$ 로 나타낼 경우, $\delta Q = dU + A_{eq} \cdot \delta W \quad [kcal]$

가해진 열량 : Q

내부에너지의 증가 : ΔU

외부에 행한 일 : W

1.3 열역학의 용어와 정의

열역학(thermo-dynamics)은 열에 의한 물리적 변화, 즉 에너지의 전달 및 변환에 의한 어떤 물질의 열적·기계적 그리고 화학적 거동의 상호관계를 연구하는 학문이다.

자연계에서의 모든 변화에는 항상 에너지 전달 및 에너지 변환과정이 따른다.

그 변화는 열에 의한 체적의 팽창이나 증발과 같은 물리적 변화와 연소 등과 같은 화학적 변화이다. 그러면, 이러한 현상이 왜 일어날까. 그것은 물질마다 가지고 있는 고유의 에너지가 다르기 때문이다.

물질이 가지고 있는 고유의 에너지량을 그 물질의 엔탈피(enthalpy) 또는 열함량이라 한다.

열은 18 세기까지만 해도 물질의 일종[42]이라고 하는 등, 그 본성에 관한 여러 가지 설이 있었으나 19 세기에 이르러 Mayer, Joule 등에 의해 열은 일과 같이 에너지의 일종으로 열을 일로 변화시킬 수도, 또 그 역도 가능하다는 것이 밝혀졌다.

일과 열은 둘 다 경로함수로서 많은 점에서 비슷하지만 각기 에너지 밀도가 다른 고유의 에너지로 구분된다.

이러한 에너지는 변환과정에서 다른 여러 형태의 에너지로 바뀐다.

즉, 변환 전 에너지 = (변환 후) 이용 가능한 에너지 + (변환 후) 이용 불가능한 에너지로 바뀐다. 여기서, 변환 후 이용 가능한 에너지가 자유에너지(free energy)로서 이는 압력과 온도가 일정한 조건하에서 일을 할 수 있는 계 전체 에너지의 일부이다.[43]

한편, 사용 불가능한 에너지의 척도를 엔트로피(entropy)라고 한다. 물체를 구성하는 물질의 변화는 엔탈피가 감소하는 방향 즉, 엔트로피가 증가하는 방향으로 진행한다. 얼음 속의 물 분자는 결정구조 속에 속박되어 있어 진동운동에 의해서만 에너지를 저장할 수 있으나 물로 되면 물 분자는 회전운동과 병진운동에 의해 에너지 저장이 가능해진다. 이렇듯 다양한 방식으로 에너지를 저장 할 수 있는 분자 운동의 다양화가 이루어지면 엔트로피도 이에 따라 증가되는 것이다.

---

42) 열소(熱素)

43) 5.19절 참조

열역학 제 1 법칙 : 에너지는 생성되거나 파괴되지 않는다.
(에너지의 형태가 바뀌어도 새로 만들어지거나 없어지지 않는다./닫힌계)

열역학 제 2 법칙 : 모든 에너지는 이용될 수 있는 것이 아니며 무질서 정도는 증가하려는 경향이 있다.

(1) 열역학적 계(system)

어떤 물질이나 공간의 물리·화학적인 현상을 해석하기 위해서는 우선 계(system)를 설정하게 되는데, 계는 해석을 목적으로 관심을 두고자 하는 정해진 어떤 양의 물질이나 혹은 공간으로 정의한다. 계가 설정되면, 계에 대하여 계의 밖에 있는 모든 것들은 외부가 되며 계와 외부 사이의 구분을 경계(system boundary)라고 한다.

계의 설정은 실질적으로 모든 열역학적 문제의 해석에 있어서 필수적 조건으로 계는 고정되어지거나 움직일 수 있는 경계에 의해 가상적으로 만들어진 열역학적 구분 영역이다.

검사질량(control mass)이라고도 하는 밀폐계(closed system)는 고정된 양의 질량으로 구성되므로 물질은 계의 경계를 통과하여 출입할 수 없다. 그러나 물질과 달리 에너지는 열이나 일의 형태로 계의 경계를 통과하여 출입할 수 있다.[44]

그림 1-4 에서와 같이 피스톤-실린더 장치를 가열하였을 때 계 안에 있는 기체의 변화에 대하여 알아보자. 관심의 대상이 기체이므로 계는 기체영역이 되어야 한다.

이때 피스톤과 실린더의 내부표면이 경계를 이루며 물질은 이 경계를 통과하여 출입할 수 없으므로 이는 밀폐계에 해당한다.

에너지는 계의 경계를 통과하고 이에 따라 경계의 일부인 피스톤이 움직이게 되고, 피스톤-실린더장치 바깥의 모든 공간은 외부가 된다. 이러한 외부는 다시 주위(adjacent surroundings)와 환경(environmental surroundings)으로 나누어 취급한다.[45]

검사체적(control volume)이라고도 하는 개방계(open system)에 있어서는 계가 질량이 아니고 공간이 된다. 일반적으로 이것은 터빈, 보일러, 내연기관과 같이 질량 유동을 포함하는 장치를 둘러싼 공간 내의 영역이다. 이들 장치를 통하여 유입되고 분출되는 유체유동을 해석하고자 한다면 장치 내의 영역을 검사체적으로 설정하여야 한다.

개방계에서는 경계의 일부가 외부로 열려져 있어 에너지뿐만 아니라 물질까지 검사체적의 경계를 출입할 수 있으며 이때의 경계를 검사면이라 한다.

한편, 물질뿐만 아니라 에너지조차 계의 경계를 통과하여 출입할 수 없는 계는 고립계 (isolated system)[46]라고 한다.

---

44) 밀폐계는 질량이 고정이지만 체적까지 고정되어야 하는 것은 아니다.

45) 5.8절 참조. 열역학적 계는 그 계를 둘러싼 외부와의 열전달과 일에 의해서 상호 작용을 한다. 이러한 주위, 환경과의 에너지 교환의 결과로서 계의 내부에너지는 변할 수 있다.

46) 절연계라고도 한다. (단열계/adiabatic system : 경계를 통한 열의 출입이 없는 계)

▲ 움직이는 경계를 가진 밀폐계

▼ 고정된 경계를 가진 개방계

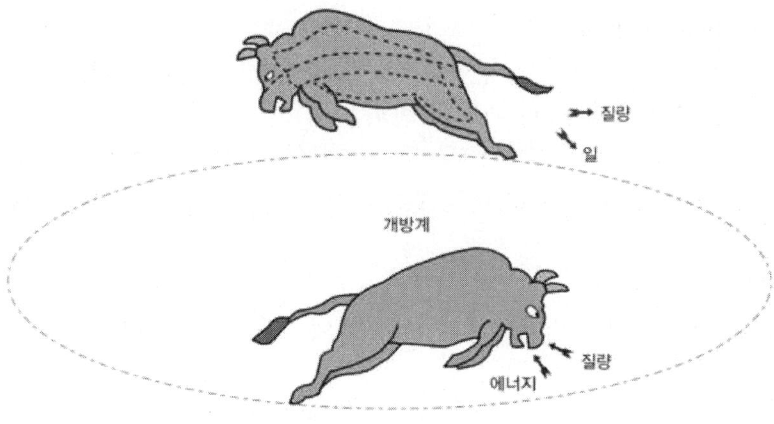

계는 관심의 대상이 고정 질량인가 아니면 고정 체적인가에 따라
밀폐되어 있거나 개방되어 있다.
밀폐계와 개방계에 적용할 수 있는 열역학적 관계식은 서로 다르다. 그러므로,
시스템(계)을 해석하기 전에 시스템(계)의 형태를 파악하는 것이 매우 중요하다.

(2) 상태(state) 및 상태량(property)

계의 특정한 시간에서의 물리적·화학적 특성을 상태라 하며, 계의 상태는 어떤 관찰 가능한 물리적 특성값들로서 나타내지게 된다. 상태를 나타내는 量들을 상태량이라 하는데 예를 들어, 온도, 압력, 체적, 질량 등이 그것이며 이외에도 속도, 높이, 전기저항, 탄성률, 열전도율 등이 계의 물리적 특성을 나타내는 값이다.[47] 계의 상태량이란 계의 특정한 시간에서의 상태를 나타내는 量으로 정의되므로 그 계가 과거로부터 현재 상태에 도달될 때까지의 경력을 제시해 주는 것은 아니다.[48] 따라서 상태량은 수학적으로 점함수(point function)의 특성을 지니게 된다. 하나의 보기로서 온도 T 를 생각하자. 물체의 온도가 처음 1 의 상태로부터 최종 2 의 상태까지 변화하는 사이의 온도변화량은,

$$\int_{T=T_1}^{T=T_2} dT = T_2 - T_1 \tag{1-23}$$

으로 표시할 수 있다. 여기서 T_1과 T_2는 각각 변화 초와 변화 말의 온도이다.

이 적분식과 그 결과는 적분의 도중 경로에 관한 언급은 없이 적분값이 변화의 처음상태와 최종상태에만 의존하고 있음을 의미하고 있다. 즉, 온도 T 는 점 1 과 점 2 를 잇는 경로에는 관계없이 두 점에만 의존하는 점함수[49]임을 알 수 있다. 온도 T 가 점함수이면, T_1 과 T_2 사이의 온도차 $T_2 - T_1$ 을 온도의 미소증분 ΔT 의 합으로 나타낼 때 온도 변화의 경로에 관계가 없이 결과가 동일하여야 하며 이러한 경우의 ΔT 를 dT 로 나타낸다. 이것을 수학적으로 dT 가 T 의 전미분(全微分, total differential) 혹은 완전미분(完全微分, exact differential)이라 한다.

온도와 마찬가지로, 압력, 체적 등의 변화량도 도중의 경로에는 무관하게 처음과 최종 상태의 값에만 의존하므로, 압력과 체적의 변화는

$$\Delta V = V_2 - V_1 = \int_{V=V_1}^{V=V_2} dV, \qquad \Delta P = P_2 - P_1 = \int_{P=P_1}^{P=P_2} dP \tag{1-24, 25}$$

로 나타내어진다.

그러나 일이나 열의 변화량은 상태 1과 상태 2 뿐만 아니라 변화하는 도중의 경로에 따라서도 달라지므로,

$$W_{1-2} = \int \delta W \neq W_2 - W_1 \tag{1-26}$$

$$W_{1-2} + (U_2 - U_1) = Q = \int_c \delta Q \neq Q_2 - Q_1 \tag{1-27}$$

---

47) 상태량들은 모두가 독립적인 상태량인 것은 아니다. 어떤 상태량들은 다른 상태량의 함수로 정의된다. 예를 들어, 비체적(specific volume)은 단위질량당 체적이다.

48) 상태량이란 과거의 상태에서 현재의 상태까지 도달되는 경력에는 무관하다는 것을 의미한다.

49) 점함수는 어떤 정해진 시점에서의 상태만을 나타내므로 상태함수라고도 한다.

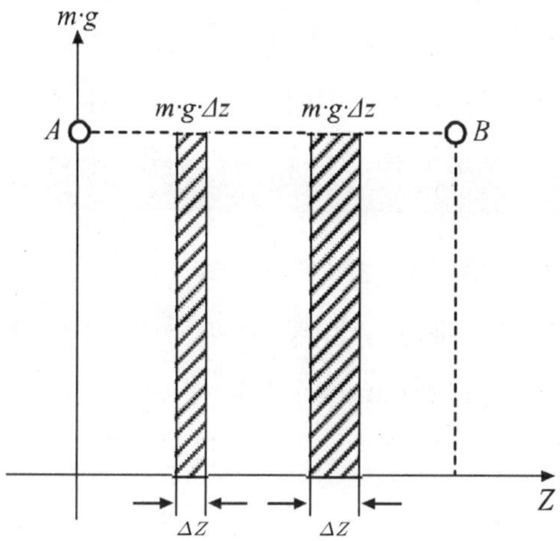

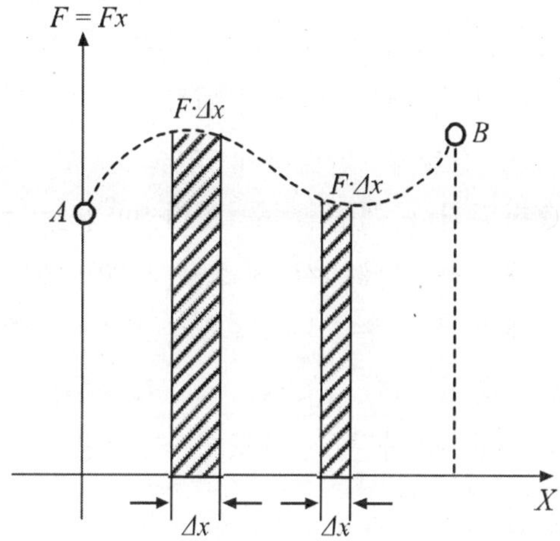

$$\Delta PE = m \cdot g \cdot \Delta z$$
$$PE = \int m \cdot g \cdot dz$$
$$= m \cdot g \cdot \int dz$$
$$= m \cdot g \cdot z$$

$$m \neq m(z)$$
$$g \neq g(z)$$

$$\Delta W = F(x) \cdot \Delta x$$
$$W = \int F(x) \cdot dx$$
$$= \int F \cdot dx$$

$$F = F(x)$$

▲ 점 A 와 B 사이의 퍼텐셜 에너지 (PE)는 경로에 무관하다.
점 A 와 B 사이의 경로에서 한 일(W)은 경로에 의존한다.

상태(점)함수 : 지금, 현재 몇 시냐?
지금, 무슨 일을 하느냐?
경로 함수 : 지금까지 몇 시간이나 걸렸냐?
지금까지 공부는 얼마나 했냐?

(3) 상평형(phase equilibrium)과 상태량의 종류

평형상태에서는 시스템의 내부에 불균형력, 즉 상태를 변화시키는 구동력이 없으므로 평형상태에 있는 시스템이 주위로부터 고립될 때에 시스템은 아무런 변화도 겪지 않는다.

어떤 시스템이 아무런 변화도 하지 않고 있다고 생각하면 그 시점에서의 시스템의 조건 또는 상태를 완벽하게 기술할 수 있는 모든 상태량들은 전체 시스템을 통하여 측정되거나 계산할 수 있다.[50)]

주어진 상태에서 시스템(계)의 모든 상태량들은 고정된 값을 갖는다.

계가 두 가지 이상의 상으로 존재하고 있는 경우에는, 각 상의 질량이 평형에 도달하여 머물러 있을 때 시스템은 상평형(phase equilibrium)에 있게 된다.[51)]

계의 상태량은 강도성 상태량과 질량의존성 상태량으로 구분하여 생각할 수 있다.[52)]

강도성 상태량(intensive property)은 온도, 압력 및 밀도와 같이 계의 크기와 무관한 상태량이며, 종량성 상태량(extensive property)은 계의 크기에 따라 값이 변하는 상태량 이다. 질량 m, 체적 V 및 에너지 E 는 종량적 상태량의 예이다.[53)]

그림에서와 같이 계를 동일한 2 부분으로 나누어 보면, 어떤 상태량이 강도성인지 종량성인지를 쉽게 알 수 있다.

어떤 계를 2 등분하였을 때 각 부분의 질량은 전체 계의 질량의 반이 된다. 이 경우 각 부분의 압력과 체적을 관찰해 보면, 각 부분의 압력은 전체 계의 압력과 같고, 체적은 전체 계의 체적의 반이 된다.[54)]

압력이나 온도와 같이 계의 질량에 무관한 상태량을 강도성 상태량이라 하고,[55)] 체적과 같이 계의 질량에 정비례하는 상태량을 종량성 상태량이라고 한다.

즉, 각 부분의 강도성 상태량은 원래의 시스템에서와 같은 상태량 값을 갖지만, 종량성 상태량은 원래 값의 반이 된다.[56)]

열역학에서는 압력 P, 체적 V(레벨 L), 온도 T, 이들 3 개의 변수를 열역학적

---

50) 계의 상태량이란 말은 계 전체에 대하여 의미를 가진다.
이는 계를 구성하고 있는 입자들 간에 열역학적 평형이 이루어져 있다는 의미를 내포하고 있다.

51) 평형상태가 이루어지기 위해서는 관련되는 모든 평형조건이 만족되어야 한다.

52) 일반적으로, 대문자는 종량성 상태량을 나타내며, 소문자는 강도성 상태량을 나타내는 데 사용된다.

53) 표기원칙에 따르면, 질량은 대문자로 나타내어야 하나 예외로 소문자 'm'으로 표기한다.

54) 압력은 계의 질량에 무관하지만, 체적은 질량에 정비례하여 변한다.

55) 강도성 상태량인 온도에 대해서는 예외로 대문자 'T'로 표기한다.
강도성 상태량인 압력에 대해서는(이 책에서는) 소문자 'p'와 대문자 'P'를 혼용한다.

56) 단위 질량당 종량성 상태량을 비상태량(specific property)이라고 부른다.
이에 대한 몇 가지 예로는, $(v = V/m)$, 비에너지$(e = E/m)$ 및 비내부에너지$(u = U/m)$가 있다.

상태량(상태변수) 이라 한다.

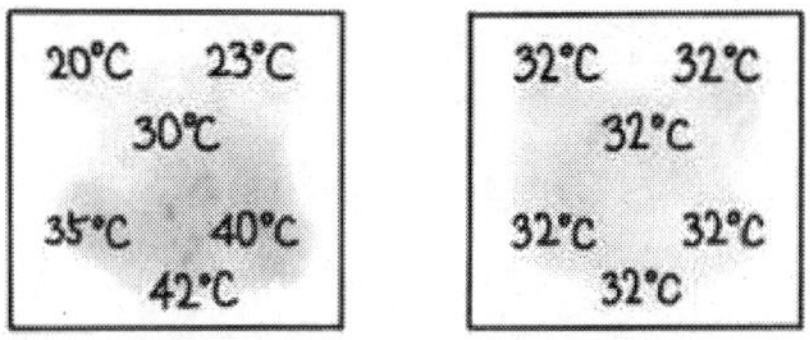

(a) 전 (b) 후

열적 평형에 도달한 (밀폐)시스템

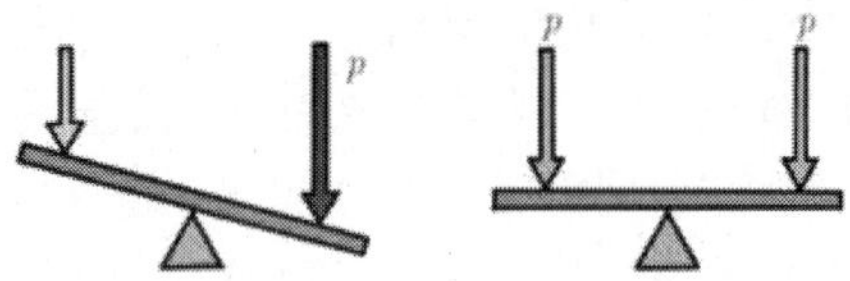

(a) 전 (b) 후

역학적 평형에 도달한 시스템(계)

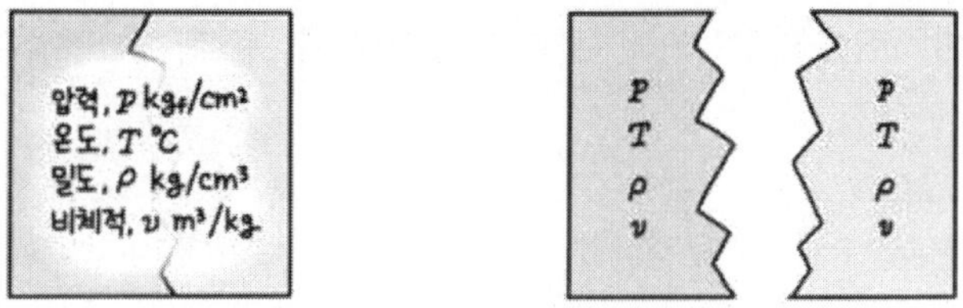

▶ 강도성 상태량은 시스템의 크기와 무관하다.

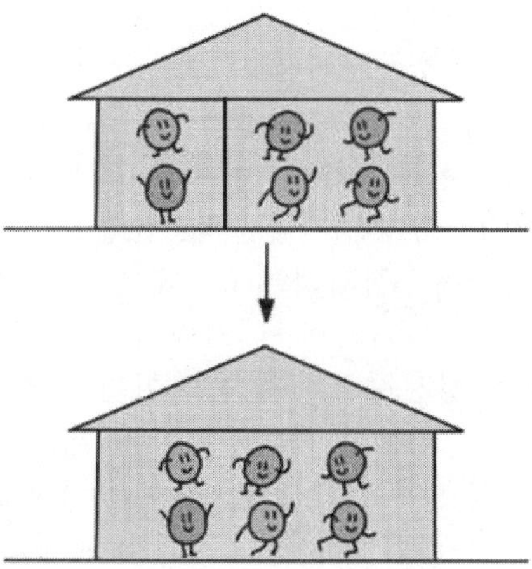

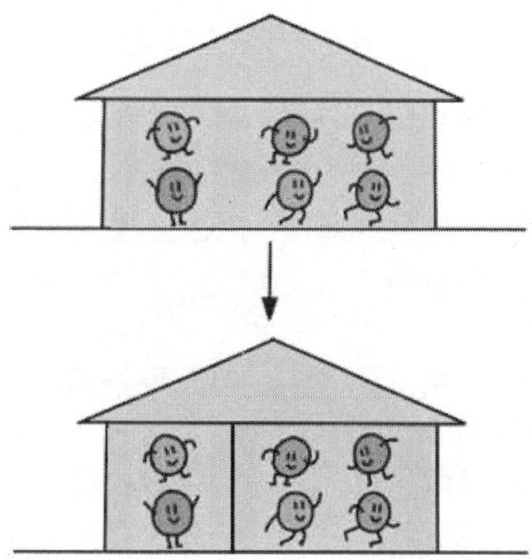

▶ 에너지는 계의 크기에 정비례하는 종량성 상태량이다.

▶ 에너지는 질량의 크기에 정비례하는 종량성 상태량이다.

▶ 압력은 계의 크기와 무관한 강도성 상태량이다.

▶ 압력은 질량의 크기와 무관한 상태량이다.

(4) 열역학적 평형상태(thermodynamic equilibrium state)

열역학에서 우리가 상태를 다룰 수 있는 경우는 계의 상태가 열역학적으로 1) 기계적, 2) 열적, 3) 화학적 평형을 이루고 있을 경우에 한한다. 평형을 이루는 경우의 하나로서 기계적 평형에 대하여 알아보기로 한다. 그림 1-5(a)와 같이 중력장에서 기준면으로부터 연직 상방으로 물체를 h 만큼 끌어올리는 데에는 얼마만 한 일이 필요한가를 생각하여 보자. 먼저, 물체의 중량 G에 상당하는 힘

$$F = G = m \cdot g \cdots\cdots (a)$$

를 가하는 경우에 소요되는 일량은 중력장에서 물체가 높이 h 만큼 자유낙하는 경우의 일량

$$W = \int m \cdot g \cdot \cos\theta \cdot dh \cdots\cdots (1\text{-}3)$$
$$= m \cdot g \cdot \int dh = G \cdot h$$

와 같게 될 것이다. 그러나 $m \cdot g = F$ 만큼의 힘을 가하면 중력에 의한 무게와 힘이 평형을 취하므로 물체는 영원히 움직이지 못하고 따라서 일도 하지 못할 것이다.

그러므로 적어도 물체를 움직이기 위하여 연직상방으로 가하여야 할 힘을

$$F = G = m \cdot (g + a) \cdots\cdots (b)$$

로 나타낸다고 하면 이때 물체를 연직상방으로 움직이는 순수한 힘은 $m \cdot a$가 될 것이며 a가 매우 작으면 가속도 또는 물체가 움직이는 속도는 매우 느려서 h 만큼 끌어올리는 데에는 무한한 시간이 소요될 것이다. 이 경우 극한적으로는 $a = 0$ 이 되어 식 (a)와 식 (b)는 일치하게 된다. 시간이 경과하여도 계의 열역학적 성질(변수)이 변함이 없는 상태를 알기 위하여 그림 1-5 (b)에서 기체의 팽창과정을 생각하여 보기로 한다. 피스톤이 임의의 위치에서 정지하였다가 움직이기 시작하는 순간에 피스톤이 유한한 속도로 움직이면 피스톤 근처 분자의 수는 다른 위치에 비하여 적어진다. 그러므로 실린더 끝 근처 P_{mean} 사이에는 $P_1 > P_{mean} > P_2$의 관계가 성립할 것이다. 따라서 이와 같은 경우에는 계의 상태가 전술한 열역학적 평형(특히, 힘의 평형)을 유지하지 못하므로 계의 상태를 논할 수 없고 피스톤이 상태 ① 에서 상태 ② 까지 움직이는 동안에 한 일량이 식 (1-5)

$$W = \int_{V_1}^{V_2} P \cdot dV = \int_{S_1}^{S_2} F \cdot dS \cdots\cdots (1\text{-}5)$$

와 같이 표현되지 못한다. 따라서 이와 같은 문제를 해소하기 위한 방법으로 열역학 전반에서는 준정적(quasi-static)과정이라는 중요한 과정을 도입한다.[57)]

57) 준정적 과정: 어떤 계가 상태 ① 에서 상태 ② 까지 도달하는 과정이 무한히 긴 시간에 걸친 열역학적 평형상태의 무한소 과정을 통하여 조금씩 상태가 변하여 종국적으로 상태 ② 에 도달하는 것을 말하는 것으로 준평형 과정이라고도 한다.

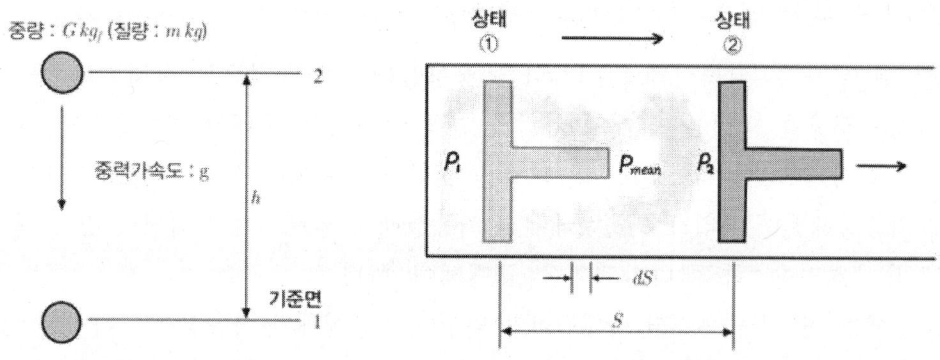

(a) 물체의 자유낙하 (b) 기체의 준평형 팽창과 압축

그림에서 실린더 내 기체의 팽창과정을 통하여 준정적과정을 알아보자.
열역학적 평형이라 함은 계가 어떤 상태를 막론하고 시간이 경과하여도

1) 기계적 평형 : 힘의 평형
2) 열 적 평형 : 온도 평형
3) 화학적 평형 : 농도 또는 성분 등의 평형

을 취하고 있어 계의 열역학적 성질이 변함이 없는 상태를 말한다.
피스톤이 정지상태에 있으면 실린더 내의 기체분포는 고르게 분포되고 각 부의 압력 사이에는 사이에는 $P_1 = P_{mean} = P_2$ 의 관계가 성립되어 힘의 평형이 유지된다. 단, 여기에서는 (이해를 돕기 위하여) 열역학적 평형 중에서 온도 평형 및 화학적 평형은 항시 유지된다고 가정한다. 이와 같은 상태에서는 피스톤이 움직이기 시작하여도 힘의 평형을 유지시키는 문제는 마치 중력장에 대하여 무한히 긴 시간에 걸쳐 물체를 연직 상방향으로 끌어 올리는 문제와 유사하다. 즉, $P_1 = P_{mean} = P_2$ 의 관계가 유지되어 힘의 평형이 깨지지 않도록 피스톤을 무한히 그리고 천천히 무한소 거리 dS 만큼 이동하는 것을 되풀이하여 결국 상태 ② 에 도달하는 가상적인 과정을 생각할 수 있다. 피스톤이 이와 같이 매우 천천히 이동한다는 것은 실제로는 피스톤의 외측에는 대기압이 작용하지만 피스톤의 외측에도 내부 측과 마찬가지 크기의 압력이 작용한다고 가정함을 의미한다. 그러므로 이와 같은 준정적과정에서는 피스톤이 어느 순간이든 간에 반대 방향으로 움직일 수 있다는 것을 또한 의미한다.
이는 마치 $F = G = m \cdot (g + a)$ …… (b) 에서 만약 $a = 0$ 이면 연직 상방향으로 움직이려는 힘과 무게가 힘의 평형을 취하므로 어느 방향으로든 미소한 힘을 가하여 힘의 차이를 생기게 하면 무한히 그리고 천천히 그 방향으로 움직일 수밖에 없다는 사실로 미루어 유추할 수 있다.

(5) 과정(process)과 사이클(cycle)

과정이란 계가 한 평형상태로부터 다른 평형상태로 연속적으로 상태변화하는 계와 주위의 상호작용을 의미하며, 계가 과정 동안에 통과하는 상태의 연속을 과정의 경로(path)라고 한다. 따라서 계의 어떤 한 과정을 완벽하게 표현하기 위해서는 그 계의 처음 상태와 최종상태뿐만 아니라 처음상태에서 최종상태에 이르기까지 과정의 경로 및 계와 주위와의 상호작용, 즉 에너지교환을 규명해야 한다.

과정 중에는 처음상태로부터 상태변화가 일어나 최종상태가 처음상태로 다시 돌아오는 경우가 있는데, 이와 같은 과정을 사이클이라고 한다.

우리가 앞으로 다룰 여러 가지 과정을 관찰해 보면, 계의 여러 가지 상태량 중에서 한 가지의 상태량이 변하지 않고 일정하게 유지되는 경우가 많다.

이와 같은 과정 중 대표적인 과정은 온도가 일정하게 유지되는 등온(정온)과정, 압력이 일정하게 유지되는 등압(정압)과정[58], 체적이 일정하게 유지되는 등적(정적)과정[59] 등이 있다.

그림 1-6 과 같은 진공에서의 진자의 진동이나 피스톤-실린더 장치에서 기체의 팽창이 마찰이 없이 진행된다면 과정이 끝난 다음 진자와 피스톤은 원래의 자리로 되돌아올 수 있다. 이와 같은 과정을 내부적 가역과정이라 한다.

그러나 진자가 공기 중에서 진동하면서 공기저항에 의한 마찰로 인해 마찰열이 발생하였다면 진자의 운동은 방향은 반대로 할 수는 있어도 진자와 피스톤은 더 이상 원래의 자리로 돌아오지 못할 것이다. 이를 비가역적[60]이라 하며, 이러한 상태변화 과정을 비가역과정이라고 한다.

등온변화는 온도 차가 없는 열의 이동이므로 가역변화이다. 그러면 온도 차가 없는데 어떻게 열이 이동하는 것일까? 이는 수위 차가 없는데 물이 흐르는 것과 같이 일견 불가한 현상으로 보일 수 있을 것이다. 그러나 등온변화과정에서 행하여진 일로 내부에너지가 감소하였다면 이로 인하여 온도 차가 발생[61]하므로 고인 물에 수위 차이가 생겨 물이 흐르는 것과 같이 열이 이동하는 것이다.

---

58) isobaric process

59) static process

60) 비가역성 = 가역의 불완전성, 가역을 단순히 글자 그대로 읽으면, 역회전이 가능한 모터처럼 생각되기 쉬우나 이는 단순히 역으로 돌린다는 의미가 아니다. 가역변화는 과정 중에 손실이 발생되지 않는 변화를 의미한다. 즉, 가역변화 = 원래의 제자리로 돌아올 수 있는 변화

61) 열의 공급이 없이 내부에너지가 자신의 에너지를 사용하여 일을 한 만큼 내부에너지가 저하된다. 이것은 온도의 저하를 의미한다. 그러면 온도가 저하한 만큼 열량의 이동이 가능해진다. (온도 차에 따른 열의 이동은 한 방향으로만 변화하는 비가역변화이다.)

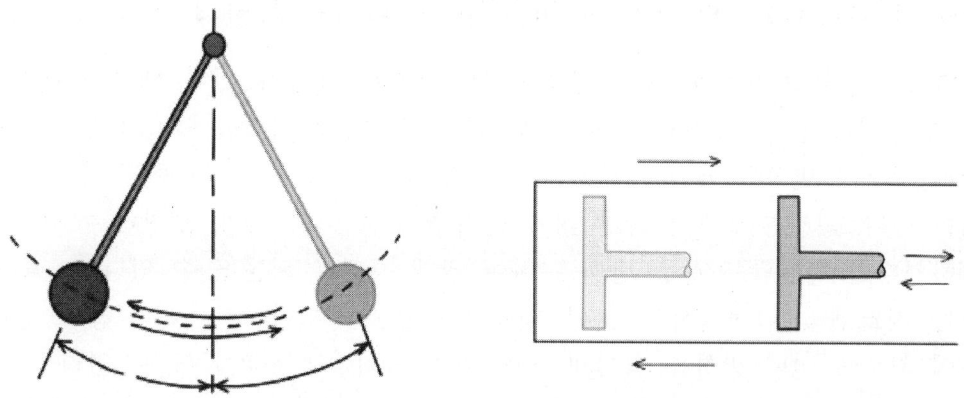

(a) 마찰이 없는 진자

(b) 기체의 준평형 팽창과 압축

[그림 1-6] 두 개의 효과적인 가역과정

(6) 가역(reversible)과정과 비가역(irreversible)과정

가역과정은 완전 가역과정과 내부적 가역과정으로 나눌 수 있다. 내부적 가역과정 중의 계는 연속적인 평행상태가 진행된다. 그리고 과정의 방향을 역전시키면 그 계는 아무런 영구적 변화를 남기지 않고 처음 그대로의 평형상태로 돌아갈 수 있다.

예를 들어, 피스톤-실린더 장치 내에 들어 있는 기체가 가열, 팽창하여 피스톤이 상승하였다면 열전달 방향을 반대로 하여 원래 상태로 되돌릴 수 있다.

이는 시스템의 관점에서만 보면 내부적으로는 가역이지만 장치 밖의 상태가 변하여 외부에 어떤 변화를 남기게 되어 완전한 가역과정[62]이 될 수 없다.

지금, 장치와 그 주위 사이에서 일어나는 열전달과정을 살펴보면, 장치 안에 있는 기체가 가열되는 동안에는 에너지는 그 계보다 높은 온도의 외부 에너지원으로부터 전달되었다. 이번에는 앞의 과정을 역으로 하면 계는 기체가 가진 에너지를 외부에 전달함으로써 초기 평형상태로 되돌아갈 수 있을 것이다.

이러한 열전달과정을 통하여 계 자체로서는 원래의 상태로 돌아갈 수 있으나 계의 외부, 즉 주위에는 영구적인 변화가 남게 된다.[63]

공업열역학의 특징은 평형열역학, 즉 열역학적 평형상태(thermodynamic equilibrium state)를 취급한다는 것이다. 이것은 주목하고 있는 계의 상태가 변화는 과정 중에 있다 할지라도 계는 경로의 모든 순간마다 기계적 평형, 열적 평형 및 화학적 평형이 모두 성립하여 계에 어떤 불균형력, 즉 상태를 변화시키는 구동력이 없는 상태임을 의미한다. 여기서 기계적 평형이란 계의 모든 점에서 압력이 균일하여 내부유동이 일어나지 않는 상태, 열적 평형이란 모든 위치에서 온도가 동일하여 열이동이 일어나지 않는 상태, 화학적 평형이란 계가 2 상(기체+액체)으로 구성된 경우에 각 상의 질량이 변하지 않는 상태를 의미한다. 따라서, 열역학에서 상태 1 에서 상태 2 로 변화하였다 함은 계가 1 이라는 평형상태에서 2 라는 평형상태로 변화하였다는 것을 의미한다.

실제 열기관은 이 과정이 아주 빠르게 진행되고, 계의 내부에 마찰 및 온도구배가 존재하여 평형상태를 이루지 않으면서 상태가 변화하지만, 해석 시에는 과정이 아주 천천히 일어나 순간마다 계의 상태가 열역학적 평형상태에 근접하면서 일어난다고 고려한 준평형과정(quasi-equilibrium process)으로 취급한다.[64]

---

62) 완전히 가역적인 과정에서는 내부적으로도 가역과정이면서 동시에 외부와의 상호작용 또한 가역적이어야 한다.
과정을 역으로 진행시켜 처음의 평형상태로 돌릴 경우, 계와 외계 모두에 아무런 변화를 남기지 않고 초기의 평형상태로 돌아갈 수 있어야 한다.

63) 에너지의 이동방향을 역으로 할 경우, 원래의 상태로 되돌릴 수는 있으나, 그렇게 하기 위해서는 방출 때와 같은 양의 에너지가 아닌, 방출 때보다 훨씬 많은 에너지를 필요로 한다.

64) 준평형과정은 모두 가역과정으로 취급한다.

<방향성의 힘, 에너지의 방향성>

(7) 준평형 / 정적 과정(quasi-equilibrium / statical process)

계가 상태변화를 하는 어떤 과정에서는 급격한 변화로 인하여 계의 한 부분의 상태량이 다른 부분의 상태량보다 빨리 변하여 계가 부분적으로 불균형상태에 놓임으로써 계가 내부적으로 상태변화에 순응할 수 없게 된다. 그러나 과정의 상태변화 속도가 충분히 느려 계가 내부적으로 변화에 순응할 수 있다고 가정할 때 이러한 상태변화의 과정을 준평형과정이라고 한다.

그림 1-7 에서와 같이 피스톤-실린더장치 내에 들어 있는 기체가 갑자기 팽창될 때, 피스톤 근처에 있는 분자들이 미처 따라갈 수 있는 충분한 시간을 갖지 못하게 되면 기체의 분자들이 피스톤 전면의 영역에서 떨어지게 되어 이 부분은 매우 낮은 압력의 영역으로 된다. 즉, 장치 내에 압력 차가 생기게 된다. 이 압력의 차이 때문에 계는 더 이상 평형상태에 있다고 할 수 없으며, 이것이 전 과정을 비평형과정(non-equilibrium process)으로 만든다. 그러나 분자들이 피스톤을 따라갈 수 있는 속도만큼만 피스톤이 천천히 움직인다면 충분한 시간 동안, 분자들이 재분포할 수 있으므로 피스톤 전면에 빈 공간이나 소용돌이가 생기지 않을 것이다. 결과적으로 실린더 내의 압력은 공간적으로는 전체적으로, 그리고 시간적으로도 항상 균일하게 된다. 따라서 압력은 모든 위치에서 같은 비율로 상승할 것이다. 이러한 과정은 제한된 조건 하에서, 계의 상태가 평형을 유지하기 때문에 준평형과정이 된다.[65)]

준평형과정은 어디까지나 이상적인 과정에 불과하며 실제과정의 참된 표현은 아니다.

그러나 많은 실제 과정은 평형과정에 매우 가까우므로 준평형과정은 실제과정을 묘사하는 표준으로서의 역할을 한다고 할 수 있다.

열역학에서는 다음 세 가지 이유 때문에 준평형과정에 관심을 갖는다.

첫째로, 그 오차가 무시할 수 있을 정도로 작고,

둘째로, 준평형과정은 해석하기가 쉽고,

다음으로, 일을 발생시키는 장치는 준평형과정으로 작동할 때 가장 많은 일을 전달하기 때문이다.

과정의 경로는 계가 과정 동안에 통과하는 연속된 평형상태를 나타내므로 준평형과정에 대해서만 의미를 가진다.[66)] <부록 14> 참조

---

65) 평형상태에서는 시스템(계)의 내부에 불균형력, 즉 상태를 변화시키는 구동력이 없으므로 평형상태에 있는 시스템이 주위로부터 고립될 때에 시스템은 아무런 변화도 겪지 않는다[1.3 (3)절 참조].

66) 비평형과정에서는 과정 동안에 시스템이 통과하는 상태를 상술할 수가 없어서 과정의 경로에 대해서는 말할 수 없다. 비평형 과정은 최초 상태와 최종 상태 사이를 실선이 아닌 점선으로 나타낸다.

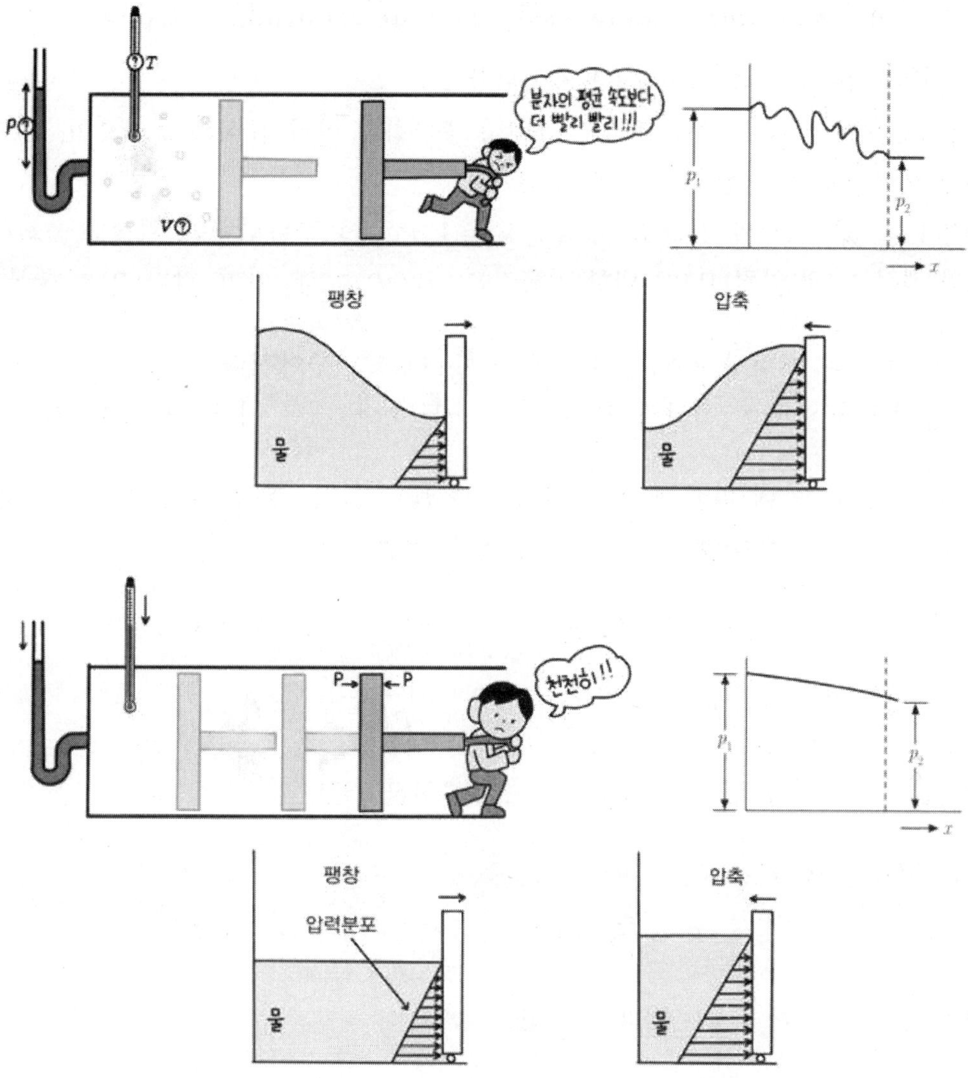

비(非)평형 과정 : 계 내부에 기체 소용돌이나 공백이 생김으로써 열평형이 부분적으로 깨지면서 변화하는 과정.
→ (열평형을 전제로 한) $P.V.T$의 정의가 불가함.

준(準)평형 과정 : 계의 전체가 항상 열적 평형을 유지(가정)하면서 변화하는 과정.
→ (열평형을 전제로 한) $P.V.T$의 정의가 가능함.

[그림 1-7] 비평형 과정/준평형 과정

(8) 열역학(thermodynamics)과 미분(differential) − 1/3

Ⅰ. 편미분(partial differential)과 체적변화율

그림 1-8 에서 어떤 물체의 체적은 압력이 증가함에 따라 감소하고 있으며, 온도의 상승에 따라 체적이 팽창함을 알 수 있다.

체적(V)를 압력(P)와 온도(T)의 함수 $V = V(P,\ T)$ 로 나타내면, 일정한 온도(T)에서의 체적(V)의 압력(P)에 대한 기울기는 $(\partial V/\partial P)_{T\,=\,\text{일정}}$ 이며, 압력(P)의 증분 dP 에

의한 체적(V)의 변화량 $dV(P)_{T\,=\,\text{일정}}$ 은 $\left(\dfrac{\partial V}{\partial P}\right)\cdot dP$ 로 주어진다.

한편, 일정한 압력(P)에서의 체적(V)의 온도(T)에 대한 기울기는 $(\partial V/\partial T)_{P\,=\,\text{일정}}$ 이며,

온도(T)의 증분 dT 에 의한 체적(V)의 변화량 $dV(T)_{P\,=\,\text{일정}}$ 은 $\left(\dfrac{\partial V}{\partial T}\right)\cdot dT$ 로 주어진다.

만일, V 가 $V = V(P, T) = a\cdot P^{-1}\cdot T$ 라고 하면,

$$\frac{\partial V}{\partial P} = a\cdot(-1)\,P^{-2}\cdot T, \qquad \frac{\partial}{\partial T}\left(\frac{\partial V}{\partial P}\right) = a\cdot(-1)\cdot P^{-2}$$

$$\frac{\partial V}{\partial T} = a\cdot P^{-1}, \qquad \frac{\partial}{\partial P}\left(\frac{\partial V}{\partial T}\right) = a\cdot(-1)\cdot P^{-2}$$

가 되고, $dV = dV(P)_{T\,=\,\text{일정}} + dV(P)_{T\,=\,\text{일정}}$ 이어야 하므로,

$$dV = dV(T)_{P\,=\,\text{일정}} + dV(P)_{T\,=\,\text{일정}}$$

$$\frac{\partial V}{\partial T}\cdot dT + \frac{\partial V}{\partial P}\cdot dP = a\cdot P^{-1}\cdot dT + a\cdot(-1)\,P^{-2}\cdot T\cdot dP$$

만일, $T = P^{0.5}\,(P = T^2)$ 이라고 하면,

$$V = a\cdot P^{-1}\cdot P^{0.5} = a\cdot P^{-0.5} = a\cdot(T^2)^{-1}\cdot T = a\cdot T^{-1}$$

$$dT = 0.5\cdot P^{-0.5}\cdot dP, \qquad dP = 2\cdot T\cdot dT \text{ 이므로}$$

따라서, $dV = a\cdot P^{-1}\cdot 0.5\,P^{-0.5}\cdot dP + a\cdot(-1)\,P^{-2}\cdot P^{0.5}\cdot dP = -0.5\cdot a\cdot P^{-1.5}\cdot dP$

$$= a\cdot T^{-2}\cdot dT - a\cdot T^{-4}\cdot T\cdot 2T\cdot dT = -a\cdot T^{-2}\cdot dT$$

$$= -0.5\cdot a\cdot P^{-1.5}\cdot dP$$

$$\therefore \int dV = \int dV(T)_{P\,=\,\text{일정}} + \int dV(P)_{T\,=\,\text{일정}} = \int \frac{\partial V}{\partial T}\cdot dT + \int \frac{\partial V}{\partial P}\cdot dP$$

$$= \int -0.5\cdot a\cdot P^{-1.5}\cdot dP \qquad = a\cdot P^{-0.5} = a\cdot T^{-1}$$

$$= \int -a\cdot T^{-2}\cdot dT = a\cdot T^{-1} \qquad = a\cdot T^{-1} = a\cdot P^{-0.5}$$

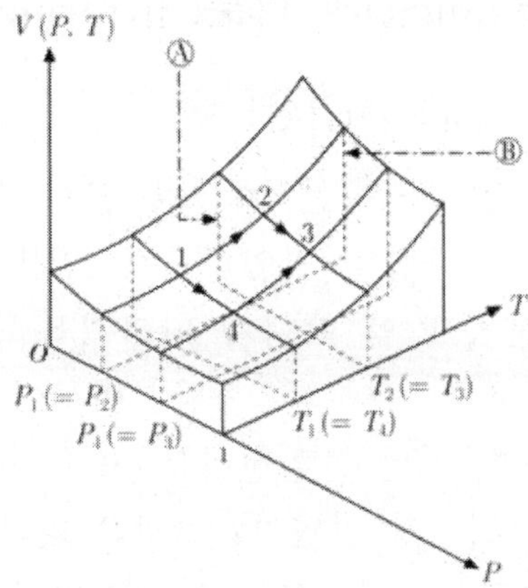

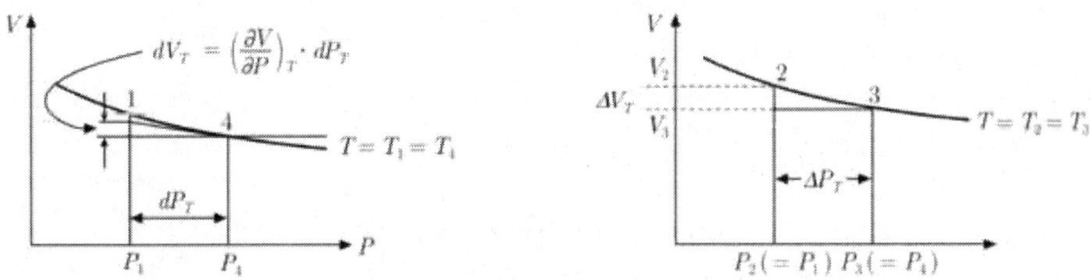

(a) : 압력 증가에 따른 체적 감소

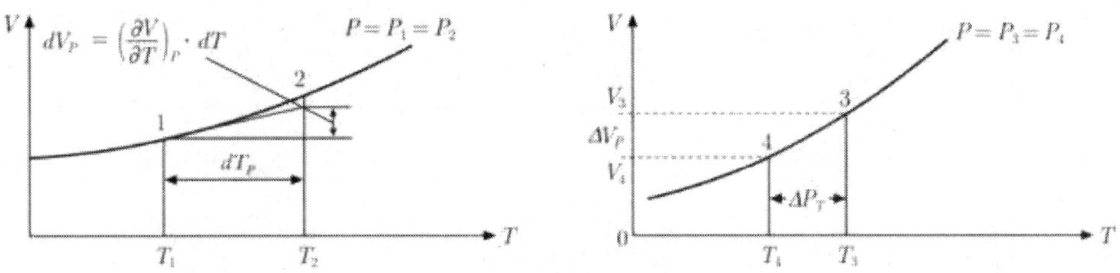

(b) : 온도 상승에 따른 체적 증가

[그림 1-8] 압력이 증가함에 따른 체적의 감소율과 온도의 상승에 따른 체적의 증가율

$$\left(\frac{\partial V}{\partial P}\right)_T$$

$T = T_1$ 일 때의 곡선의 기울기

$$= \frac{V_4 - V_1}{P_4 - P_1} = \frac{\Delta V_T}{\Delta P_T}$$

$$\lim_{\Delta P_T \to 0} \frac{\Delta V_T}{\Delta P_T} = \left(\frac{\partial V}{\partial P}\right)_T$$

$$dV_T = \left(\frac{\partial V}{\partial P}\right)_T \cdot dP_T$$

$$\left(\frac{\partial V}{\partial T}\right)_P$$

$P = P_1$ 일 때의 곡선의 기울기

$$= \frac{V_2 - V_1}{T_2 - T_1} = \frac{\Delta V_p}{\Delta T_p}$$

$$\lim_{\Delta T_P \to 0} \frac{\Delta V_P}{\Delta T_P} = \left(\frac{\partial V}{\partial T}\right)_P$$

$$dV_P = \left(\frac{\partial V}{\partial T}\right)_P \cdot dT_P$$

(8) 열역학(thermodynamics)과 미분(differential) – 2/3

II. 불완전미분(inexact differential)과 [**일**]

앞 절에서 일($W = P \cdot V$)[67]의 크기는 처음과 끝의 두 상태점뿐만 아니라 두 점을 연결하는 경로에 따라 달라짐을 알았다. 즉, 일의 미분형($P \cdot dV$)이 주어질 경우, 적분 경로에 따라 적분치 W 의 크기가 달라짐을 알았다. 이렇게 일과 같이 확정된 적분값이 얻어지지 않는 미분을 불완전미분이라 한다. 따라서 일 W 의 미분은 완전미분 형태의 dW 가 아닌 불완전미분 δW 의 형태로 나타내어져야 한다. 그러면, 일이 불완전미분인 까닭은 무엇인가? 그것은 일과 열, 내부에너지의 관계가 규명되어야 알 수 있다. 이는 다음 장 「열역학 제 1 법칙」에서 설명될 것이다.

압력 P 가 체적 V 와 온도 T 의 함수로서 다음과 같이 주어질 때, $P = P(V,T) = \dfrac{V^2}{T}$

A) 경로 a : $V = T\,(dV = dT)$를 따르는 일 W_a 는,

$$P = P(V,T) = \frac{V^2}{T} = \frac{T^2}{T} = T$$

$$\delta W_a = P \cdot dV = T \cdot dT$$

$$\therefore W_a = \int_c \delta W_a = \int_0^4 T \cdot dT = \left| \frac{1}{2} \cdot T^2 \right|_0^4 = 8.0$$

B) 경로 b : $V = \frac{1}{4} \cdot T^2 \left(dV = \frac{1}{2} \cdot T \cdot dT \right)$를 따르는 일 W_b 는,

$$P = P(V,T) = \frac{V^2}{T} = \frac{1/16 \cdot T^4}{T} = \frac{1}{16} \cdot T^3$$

$$\delta W_b = P \cdot dV = \frac{1}{16} \cdot T^3 \cdot \frac{1}{2} \cdot T \cdot dT$$

$$\therefore W_b = \int_c \delta W_b = \int_0^4 \frac{1}{32} \cdot T^4 \cdot dT = \left| \frac{1}{160} \cdot T^5 \right|_0^4 = 6.4$$ 68)

<$P.V$ 일의 예>

실린더 내 기체의 부피, $V(\times 10^{-3}\ m^3)$	실린더 내 기체의 압력 ($\times 10^5$ Pascal)		순 압력, P ($\times 10^5$ Pascal)
2.0	7.20	1 기압에서의 공기저항	6.20
4.0	5.25		4.25
6.0	3.80		2.80
8.0	2.85		1.85
10.0	2.25		1.25
12.0	1.80		0.80

$$W = \int_{V=2.0}^{V=12.0} P \cdot dV = (37.3 - 10) \times 10^2\ [m^3 \cdot \text{pascal}] = 2{,}730\ [\text{Joule}]$$

---

67) 열역학의 주역은 기체이므로 $F \cdot S$ 일의 힘 F 대신에 압력 P 를 사용하여 $P \cdot V$ 일을 구하기로 한다.
68) 부록 15 참조

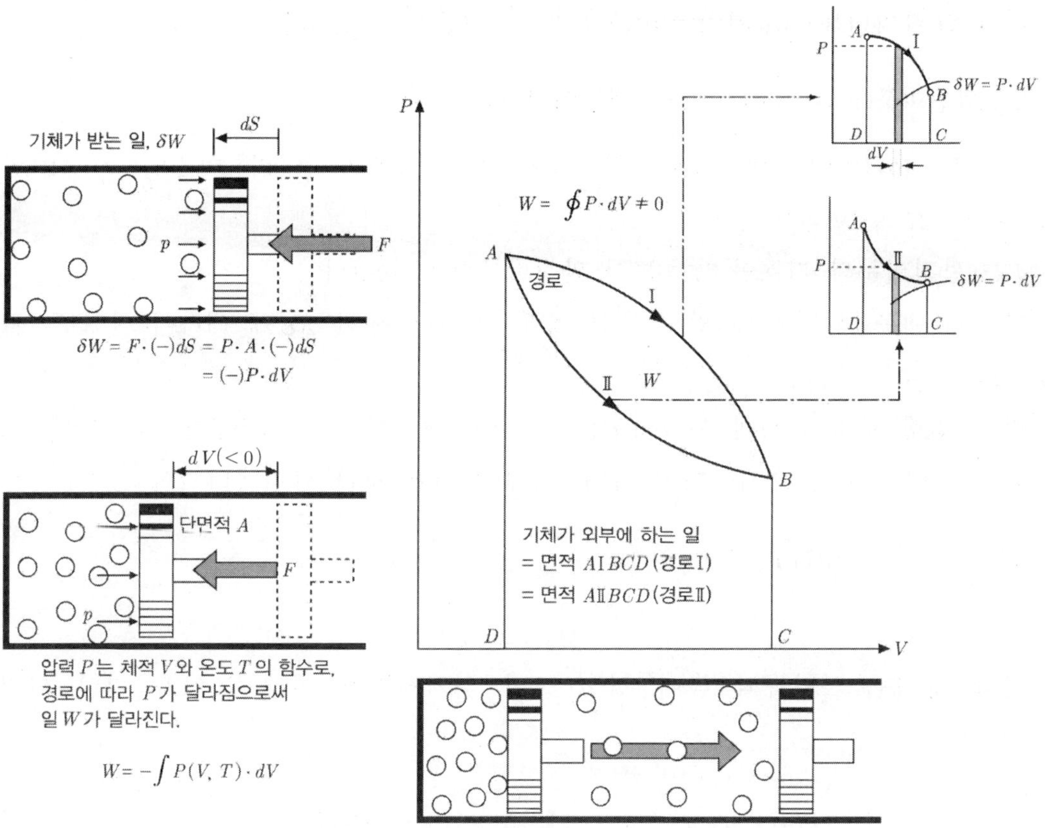

기체가 받는 일, δW
dS
p
F
$\delta W = F \cdot (-)dS = P \cdot A \cdot (-)dS$
$= (-)P \cdot dV$
$dV(<0)$
단면적 A
F
p
압력 P는 체적 V와 온도 T의 함수로,
경로에 따라 P가 달라짐으로써
일 W가 달라진다.
$W = -\int P(V, T) \cdot dV$
$W = \oint P \cdot dV \neq 0$
경로
Ⅰ
Ⅱ
W
A
B
C
D
P
V
기체가 외부에 하는 일
= 면적 $A\mathrm{I}BCD$(경로Ⅰ)
= 면적 $A\mathrm{II}BCD$(경로Ⅱ)
$\delta W = P \cdot dV$
dV

<P. V 일의 예>

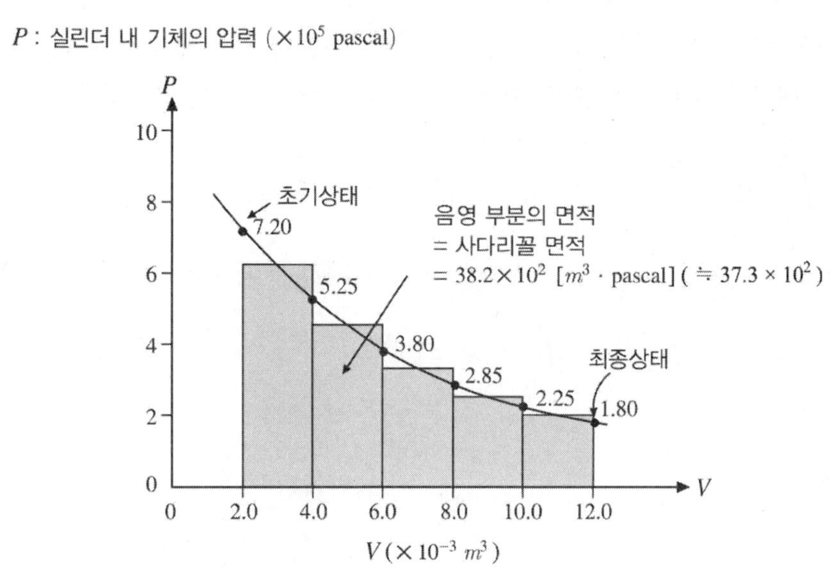

P : 실린더 내 기체의 압력 ($\times 10^5$ pascal)
P
0
2
4
6
8
10
초기상태
7.20
5.25
3.80
2.85
2.25
1.80
최종상태
음영 부분의 면적
= 사다리꼴 면적
$= 38.2 \times 10^2$ [$m^3 \cdot$ pascal] (≒ 37.3×10^2)
0
2.0
4.0
6.0
8.0
10.0
12.0
V
$V(\times 10^{-3}\ m^3)$

(8) 열역학(thermodynamics)과 미분(differential) - 3/3

III. 완전미분(exact differential)과 [**에너지**]

1.2 (5), (6)절에서 내부에너지의 미소량은 열량이나 일의 미소량 δQ, δW 와 구분하여 dU 로 나타내었다.

d 는 완전미분의 기호이고, δ 는 불완전미분의 기호이다.

여기서, 내부에너지 U 에 앞서 우선 역학적에너지 PE 와 KE 에 대하여 살펴보기로 한다.

지금, 질량 m 의 물체에 수직력 $F(=m \cdot g)$가 작용하여 점 A(기준면 z_1)로부터 dz 만큼의 높이 점 b 에 옮겨졌다고 하면, 이때 물체가 지닌 위치에너지의 크기는

$$d(PE) = F \cdot dz = m \cdot g \cdot dz \qquad \cdots\cdots \text{(1-15)}$$

가 된다.

만약, 물체를 z 만큼의 높이 점 $B(z_2)$에 위치시키면 이때 물체가 지닌 위치에너지의 크기는

$$PE = m \cdot g \cdot (z_2 - z_1) \qquad \cdots\cdots \text{(1-17)}$$

가 된다.

그러나 물체를 다시 점 A 에 위치시키면 위치에너지는 영의 값이 된다.

내부에너지 역시 위치에너지나 운동에너지와 마찬가지로 물체가 지닌 에너지이다.

그러므로 내부에너지의 미분은 완전미분이며, 이를 식으로 나타내면 다음과 같다.

$$\int_A^B dU = U_B - U_A \qquad \text{(도중의 경로에는 무관계)} \qquad \text{(1-28)}$$

$$\oint dU = 0 \qquad (A\text{에서 } B\text{로, } B\text{에서 } A\text{로 다시 돌아감}) \qquad \text{(1-29)}$$

$$= \int_A^B dU + \int_B^A dU = (U_B - U_A) + (U_A - U_B)$$

$$\oint \delta W \neq 0$$ [69]

69) <부록 16> 참조

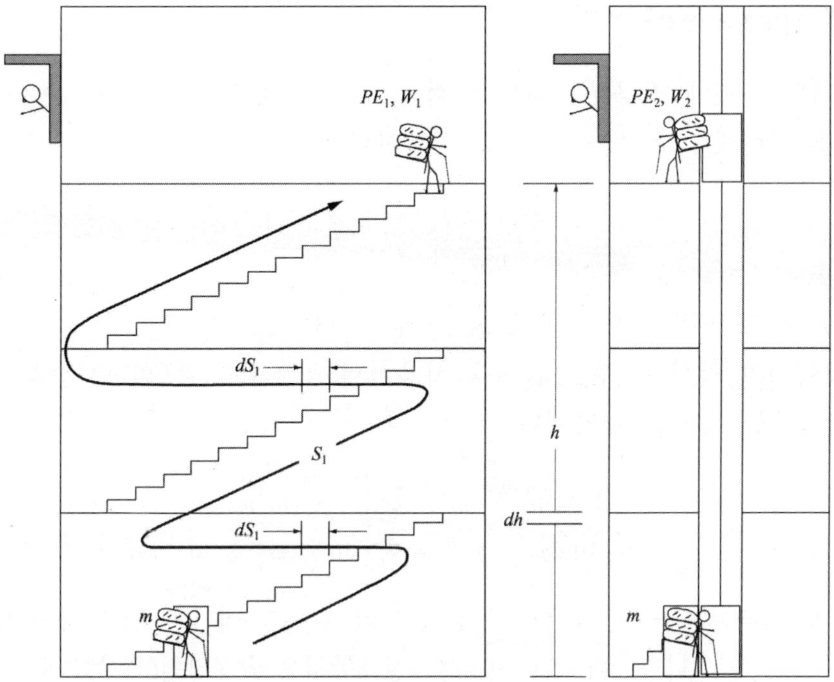

$$S_1 = \int dS_1 \qquad\qquad S_2 = \int dS_2$$

$$h = \int dh$$

$$W_1 = \int \delta W_1 = \int_{S_1} F \cdot dS \qquad\qquad W_2 = \int \delta W_2 = \int_{S_2} F \cdot dS$$

$$W_1 \neq W_2$$

$$PE_1 = \int d(PE) = m \cdot g \cdot \int dh = m \cdot g \cdot h \qquad PE_2 = \int d(PE) = m \cdot g \cdot \int dh = m \cdot g \cdot h$$

$$PE_1 = PE_2$$

(9) 압력(pressure)

압력은 계의 표면에 작용하는 단위면적 당 수직응력으로 정의한다.[70] 평형상태하의 유체에 대한 압력은 다음 식으로 정의한다.[71]

$$P = \frac{F_n}{A} \tag{1-30}$$

여기서, F_n 은 표면적 A에 수직한 힘을 의미한다.

SI 단위계에서의 압력단위는 *Pascal*을 사용하며, 1 *Pa* 은 1 m^2 의 면적에 1 *Newton* 의 힘이 작용하는 압력을 나타낸다.[72]

$$\begin{aligned} 1\ Pa &= 1\ N/m^2\ (= 10^5\ dyne\ /\ 10^4\ cm^2) \\ &= 10\ dyne\ /\ cm^2 = 10 \cdot 10^{-6}\ bar = 10^{-5}\ bar \end{aligned} \tag{1-31}$$

일반적으로 압력계 또는 진공계로 측정되는 압력은 그 계기가 있는 곳의 대기압과 계의 절대압력의 차로 나타난다. 따라서 계의 절대압력은 측정압력(계기압)에 측정 시의 대기압을 더한 값으로 구해진다(그림 1-9 참조).

$$\text{절대압력(ata)} = \text{계기압(gauge)} + \text{대기압(atm)} \tag{1-32}$$

대기압에 비하여 큰 차이가 없는 압력은 주로 액주계(manometer)를 이용하여 측정하는 것이 비교적 간단하다. 그림 1-9 와 같은 액주계에서 액면의 높이 차 L 을 측정하여 계기압 P_{gauge} 를 구하는 식은 다음과 같다.

$$P_{gage} = \rho \cdot L \cdot g \tag{1-33}$$

여기서, ρ : 액주계 내에 담겨 있는 액체의 밀도

g : 중력 가속도

이 식에 밀도는 kg/m^3, 길이는 m, 중력가속도는 m/sec^2 단위의 값을 대입하면, 계산된 수치에 대한 압력단위는 *Pa(scal)*이 된다.

---

70) 유체(기체나 액체)로 구성된 계에 대해서는 유체가 채워진 용기 안쪽 벽면에 작용하는 압력은 개개의 분자들이 용기의 벽면에 충돌하는 축적된 효과에 의한 것이며 벽면에 수직력으로 작용한다.

71) 점성이 큰 유체를 다룰 때는 각 방위에 따른 응력(stress) 상태의 변화가 중요한 고려사항이 되지만, 이 책에서 다루는 물질들은 점성이 매우 적은 물질을 다루기 때문에 점성의 효과를 고려하지 않기로 한다.

72) 표준대기압, 1 atm: 1,033 at(a) = 1,013 milli-bar = 1,013 hecto-pascal = 760 mmHg
1 공학기압, 1 at(a): 1 $kg_f/cm^2 = 0.98 \times 10^5$ pa =735.6 mmHg

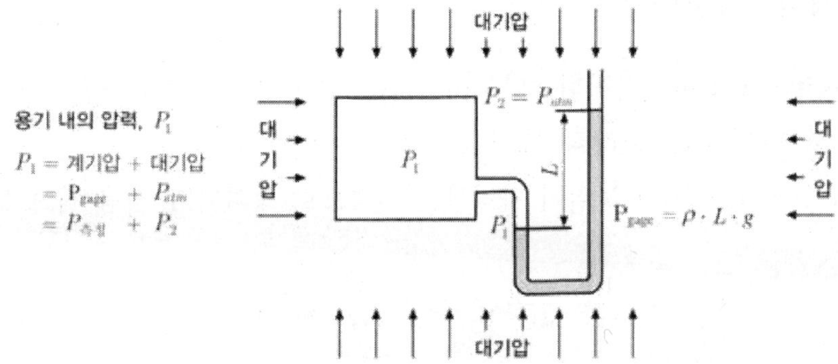

[그림 1-9] 액주계를 사용한 압력측정

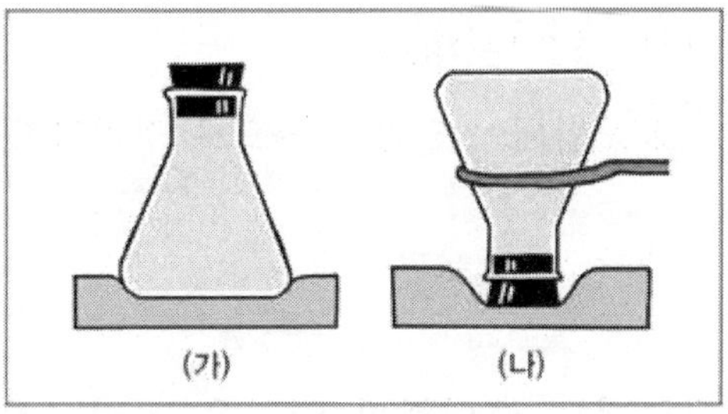

<힘의 크기가 같을 때는 힘을 받는 면의 넓이가 좁을수록 압력은 커진다. $P=\dfrac{F}{A}$>

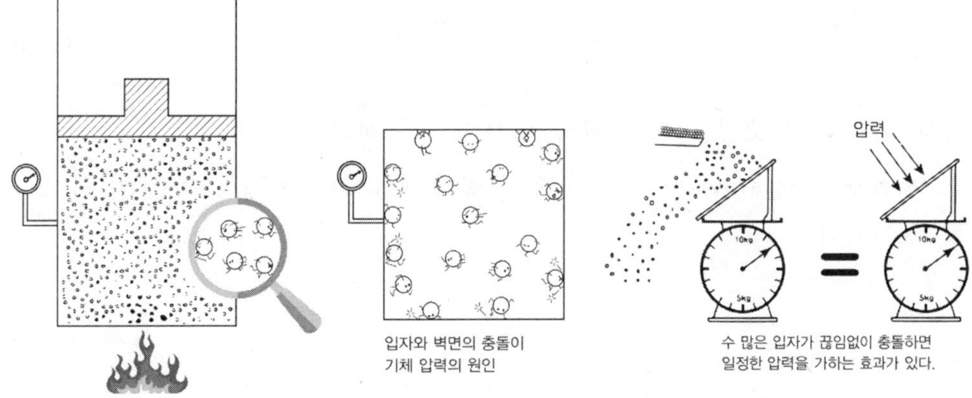

(10) 비체적, 비중량 및 밀도

비체적(specific volume, ν)이나 밀도(density, ρ)는 계를 구성하고 있는 물질의 조밀한 정도를 나타내는 물리적 특성값이다.

비체적은 단위질량(중량)의 물질이 차지하는 체적으로 정의되며, 다음 식으로 주어진다.

$$v = \frac{V}{m} \quad [\frac{m^3}{kg_m}], \qquad v = \frac{V}{G} \quad [\frac{m^3}{kg_f}] \tag{1-34}$$

여기서, V : 계의 체적, m : 계의 질량, G : 계의 중량

중력장에서의 계의 비체적은 계 내의 각 지점에 따라 변할 수 있다.

그러나 우리가 고려하는 중력장 내의 대부분의 계는 비교적 공간이 작기 때문에 높이에 따른 비체적의 변화를 고려할 필요는 없다.

밀도는 물질의 단위체적 내에 포함되어 있는 질량으로 정의되며, 다음 식으로 주어진다.

$$\rho = \frac{m}{V} \tag{1-35}$$

이 책에서는 밀도 ρ에 대하여도 중력장의 영향을 고려하지 않기로 한다.

계의 비체적이 작을수록, 혹은 밀도가 클수록 계를 구성하고 있는 물질이 조밀한 상태에 있다는 의미를 지닌다. SI 단위계에서 비체적의 단위는 m^3/kg와 $m^3/kmol$ 이고, 밀도의 단위는 kg/m^3와 $kmol/m^3$ 이다.[73)]

비중량(specific weight)은 물질의 단위체적당 중량으로 정의되며, 비체적의 역수로서, 다음 식으로 주어진다.

$$\gamma = \frac{G}{V} = \frac{1}{v} \quad [\frac{kg_f}{m^3}], \tag{1-36}$$

여기서, G : 계의 중량, V : 계의 체적, v : 계의 비체적,

또한, 비중(specific gravity)의 의미는 어떤 물질과 물(4 ℃)과의 질량비(중량비)를 말하며, 단위는 무차원이다.

---

73) $\frac{kg_{(m)}}{m^3} = \frac{kg_{(m)} \cdot g}{m^3 \cdot g} = \frac{kg_{(f)}}{m^3 \cdot 9.8 \frac{m}{\sec^2}} = \frac{kg_{(f)} \cdot \sec^2}{9.8 \cdot m^4}$

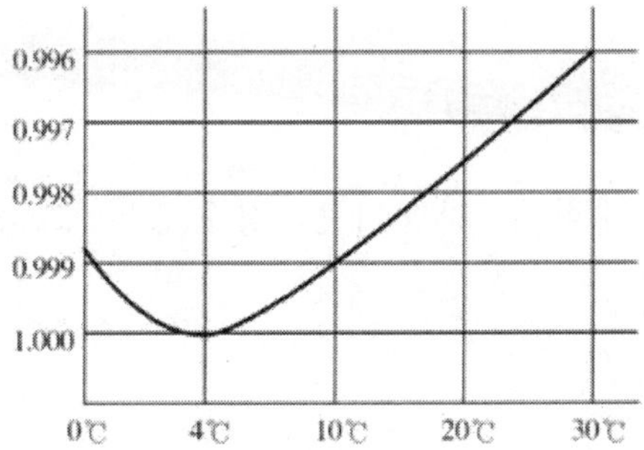

<온도에 따른 물의 부피변화>

▶ 물 표면의 온도가 4℃가 되면 무거워져서 밑으로 가라앉으므로 겨울철 연못은 바닥이 윗부분보다 온도가 더 높다. 따라서 얼음은 표면에서부터 얼기 시작한다.

대부분의 물체는 온도가 상승하면 부피가 늘어난다. 그러나 물의 경우 0~4 ℃ 사이에는 온도가 상승할수록 부피가 감소하여 4 ℃에서 부피가 가장 작게 된다.

비체적 : 단위 질량의 물질이 차지하는 체적

$$단위 = \frac{m^3}{kg_{(m)}}$$

: 단위 중량의 물질이 차지하는 체적

$$단위 = \frac{m^3}{kg_{(f)}}$$

비중량 : 단위 체적이 지니는 물질의 중량

$$단위 = \frac{kg_f}{m^3}$$

(11) 비열(specific heat)/정적비열, 정압비열

질량 m kg 의 물체에 열량 δQ 가 가해진 경우, 물체의 온도 상승이 dT ℃ 라 하면, δQ 는 dT ℃ 에 비례하고 질량 m 에 반비례함을 우리는 경험으로부터 알고 있다.

이를 식으로 표시하면,

$$\delta Q = m \cdot c \cdot dT = C_{onst} \cdot dT \tag{1-37}$$

가 되며, 여기서 비례상수 c 는 물체의 재질에 관계되는 정수로서 그 물체의 비열이라 한다. 또,

$$C = m \cdot c \tag{1-38}$$

는 질량 m kg 를 1 ℃ 높이는 데 필요한 열량으로서, 이것을 열용량이라 한다.

물체의 온도를 T_1 으로부터 T_2 까지 가열하는 데 필요한 열량 Q_{12} 는 비열 c 가 일정한 경우에는,

$$Q_{12} = m \cdot c \cdot (T_2 - T_1) \tag{1-39}$$

으로 표시되며, 비열 c 가 온도 T 의 함수관계를 가질 때에는,

$$Q_{12} = m \cdot \int_{T_1}^{T_2} c \cdot dT = m \cdot c_m \cdot (T_2 - T_1) \tag{1-40}$$

$$c_m = \frac{1}{T_2 - T_1} \cdot \int_{T=T_1}^{T=T_2} c \cdot dT \tag{1-41}$$

로 표시된다.

여기서, c_m 은 온도 T_1 으로부터 T_2 까지 사이의 평균비열(mean specific heat)이다.

이 평균비열은 온도 범위 및 온도의 고저에 따라 다르며, 물체에 가해진 열량은 그 일부가 물체의 내부에너지 증가에 소비되며, 나머지 열량은 외부에 대해서 하는 일을 위해서 소비된다. 따라서 체적을 일정하게 유지하면서 가열한 경우와 압력을 일정하게 유지한 채 가열한 경우는 가열량에 있어서 그 크기가 다르다. 즉, 상태의 변화에 따라 비열은 달라지며, 특히 기체에 있어서는 그 차가 심하게 나타난다. P, V, T 계에서 체적을 일정하게 한 상태에서 온도 1 ℃ 높이는 데 필요한 열량을 정적비열(constant volume specific heat)이라고 하며 c_v 로 표시한다.

$$c = c_v = \left(\frac{\delta q}{dT}\right)_{V=const} \tag{1-42}$$

또한, 압력을 일정하게 한 상태에서 온도 1 ℃ 높이는 데 필요한 열량을 정압비열(constant pressure specific heat)이라고 하며 c_p 로 표시한다.

$$c = c_p = \left(\frac{\delta q}{dT}\right)_{P=const} \tag{1-43}$$

문제 : 물과 모래 중 어느 것의 비열이 더 높은가? 답 : 물의 비열이 더 높다.
태양빛이 쪼이는 해변의 모래는 뜨겁지만 바닷물은 뜨겁지 않다.
이런 이유로 한낮에 뜨거워진 모래가 새벽에는 쉽게 차가워진다.
물의 비열이 더 높고 빛이 잘 투과하므로 육지보다 온도가 덜 변한다.
육지에 쪼인 태양에너지는 표면에만 모이지만 바다인 경우에는 표면 아래까지도 태양에너지가 전파된다.

(12) 단위(unit) 및 단위계(unit system) – 1/2

I. 단 위

물질의 열역학적 특성값들을 측정 가능한 양으로 다루기 위해서는 각 특성 값들에 대한 척도(scale)가 필요하다. 척도의 눈금을 정하기 위해서는 얼마만큼의 변화량을 1로 취하느냐 하는 정의가 필요한데, 이와 같은 각 특성값들의 변화량 1에 대한 정의가 단위(unit)이다.

이들 단위 중, 계의 열역학적 변화를 측정하기 위한 기본단위로는 질량, 길이 및 시간에 대한 단위이다.

이 책 전체를 통하여 사용될 단위계는 *SI* 단위라 불리는 국제단위계(international system unit)이다.

국제단위계에서는 질량의 기본 단위를 킬로그램(kilogram : kg), 길이의 기본단위를 미터 (meter : m), 시간의 기본단위를 초(second : s)로 하고 있다.

우선, 우리가 다루게 될 여러 가지 단위들에 대하여 좀더 쉽게 이해할 수 있도록 단위에 관한 기본정의를 살펴보기로 한다.

단위의 목적은 앞에서 언급한 바와 같이 측정 가능한 물리적 현상들에 있어서의 변화량을 수치적으로 다룸으로써 해석적으로 설명할 수 있도록 하는 데 있다.

계의 특성과 거동을 설명하는 데 사용되는 물리적 기본변수는 길이, 질량, 시간, 온도, 전기 대전량(electric charge) 등이 있다. 이들 기본변수들에 대한 단위를 어떻게 정하느냐에 따라 물리적 특성값들에 대한 단위계는 여러 종류가 될 수 있다. 따라서 우리가 다루는 물리적 현상을 해석하는 데 있어서는 단위계의 선택이 가장 우선되어야 한다.

국제 단위계의 접두어($10^0 = 1$)

배 수	접 두 어	기 호	배 수	접 두 어	기호
10^{12}	tera	T	10^{-1}	deci	d
10^9	giga	G	10^{-2}	centi	c
10^6	mega	M	10^{-3}	milli	m
10^3	kilo	k	10^{-6}	micro	μ
10^2	hecto	h	10^{-9}	nano	n
10	deka	da	10^{-12}	pico	p

너! 처음 보는 애인데 누구니?
저의 특성과 거동을 설명하는 데 사용되는
물리적 기본 변수를 말씀드리겠습니다.
키는(조금 보태서)
길이 : 168cm
몸무게는(조금 더 빼서)
질량 : 50 kg(f)
(세상에 나온)
2007. 07. 07
(사랑의 열병을 앓고 있는)
온도: 100˚F
(찌릿 찌릿)
전기 대전량 : 520 columb
나한테
반했니?!
??...!

(12) 단위(unit) 및 단위계(unit system) – 2/2

II. 단위계

기계적 현상에 대한 단위계는 뉴턴의 운동 제 2 법칙과 만유인력의 법칙을 기초하여 구성한다. 뉴턴의 운동 제 2 법칙은 다음과 같다.

$$F \approx d(m \cdot \mathrm{v})/dT \tag{1-44}$$

여기서, F : 힘, m : 질량, v : 속도, T : 시간

식 (1-44) 에 비례상수 C_{onst}를 취하고 다시 정리하면,

$$F = C_{onst} \cdot m \cdot a \tag{1-45}$$

여기서, a는 가속도로서 $d\mathrm{v}/dT$ 이다. 이제 기본변수에 대한 단위를 정하여 힘의 단위를 결정하면 된다. 질량, 길이, 시간의 단위를 각각 $kg_{(m)}$, m, s 로 취할 경우, $1\,kg_{(m)}$의 질량을 $1\,m/s^2$ 의 가속을 나타내는 데 필요한 힘은 다음과 같다.

$$F \equiv C_{onst} \cdot 1\ kg_{(m)} \cdot m/s^2 \tag{1-46}$$

식 (1-46) 에서의 비례상수 C_{onst} 는 우리가 적당히 취할 수 있으므로, C_{onst} 를

$$C_{onst} = 1\ N/(kg_{(m)} \cdot m/s^2) \tag{1-47}$$

으로 취하면 다음과 같이 된다.

$$F = 1\ N/(kg_{(m)} \cdot m/s^2) \times 1\ kg_{(m)} \cdot m/s^2 = 1\ N \tag{1-48}$$

즉, 힘 1 *Newton* 은 $1\,kg_{(m)}$의 질량이 $1\,m/s^2$ 의 가속도를 갖는 데 필요한 힘의 단위가 된다. $1\ kg_{(m)}$가 지구 중력장 내에서의 평균 중력가속도 $9.8\ m/s^2$ 과 같은 가속을 내는 데 필요한 힘을 정의해 보면, 식 (1-46) 에서

$$F = K \cdot 9.8\ kg_{(m)} \cdot m/s^2 \tag{1-49}$$

와 같다. 식 (1-49) 에서 비례상수 K 를

$$K = 1\ kg_f/(9.8\ kg_{(m)} \cdot m/s^2) \tag{1-50}$$

로 취하면 다음과 같다.

$$F = 1\ kg_f/(9.8\ kg_{(m)} \cdot m/s^2) \times 9.8\ kg_{(m)} \cdot m/s^2 = 1\ kg_f \tag{1-51}$$

즉, 힘 $1\ kg_f$ 는 $1\ kg_m$ 의 질량이 $9.8\ m/s^2$ 의 가속도를 갖는 데 필요한 힘의 단위가 된다. 따라서 힘의 단위를 *Newton* 으로 정한 단위계와 kg_f 로 정한 단위계에서 같은 수치로 주어진 힘 사이에는 9.8 배의 차이가 생긴다.

단위 변환 인자

◐ 길이

1 m = 100 cm = 10^3 mm = 10^6 μm = 10^9 mm

1 km = 1000 m = 0.6212 mi

1 m = 3.28 ft = 39.37 in.

1 cm = 0.3937 in

1 in. = 2.540 cm

1 ft = 30.48 cm

1 Å = 10^{-10} m = 10^{-8} cm = 10^{-7} mm

1 nautical mile = 1,852 m

1 광년 = 9.461 × 10^{15} m

◐ 면적

1 cm^2 = 0.155 in^2

1 m^2 = 10^4 cm^2 = 10.76 ft^2

1 in^2 = 6.452 cm^2

1 ft^2 = 144 in^2 = 0.0929 m^2

◐ 부피

1 L = 1,000 cm^3 = 10^{-3} m^3

1 ft^3 = 0.02832 m^3 = 28.32 L = 7.477 gallons

1 gallon = 3.788 L

◐ 시간

1 min = 60 s

1 h = 3,600 s

1 일 = 86,400 s

1 년 365.24 일 = 3.156 × 10^7 s

◐ 각도

1 rad = 57.30° = 180°/π

1° = 0.01745 rad = π/180 rad

1 회전 = 360° = 2 π rad

1 rev/min(rpm) = 0.1047 rad/s

◐ 속력

1 m/s = 3.281 ft/s

1 ft/s = 0.3048 m/s

1 km/h = 0.2778 m/s

1 mi/h = 1.466 ft/s = 0.4470 m/s = 1.609 km/h

◐ 가속도

1 m/s^2 = 100 cm/s^2 = 3.281 ft/s^2

1 cm/s^2 = 0.01 m/s^2 = 0.03281 ft/s^2

1 ft/s^2 = 0.3048 m/s^2 = 30.48 cm/s^2

◐ 질량

1 kg = 10^3 g = 0.0685 slug

1 g = 6.85 = 10^{-5} slug

1 slug = 14.59 kg

* g = 9.80 m/s^2 일 때,
1 kg의 무게 = 2.205 ℓb_f

◐ 힘

1 N = 10^5 dyne = 0.2248 ℓb_f

1 ℓb_f = 4.448 N = 4.448 × 10^5 dyne

◐ 압력

1 pa = 1 N/m^2 = 1.45 × 10^{-4} $\ell b_f/in^2$

1 bar = 10^5 Pa

1 $\ell b_f/in^2$ = 6,8914 Pa

1 atm = 1.013 × 10^5 Pa = 1.013 bar
= 14.7 $\ell b_f/in^2$

◐ 에너지

1 J = 10^7 ergs = 0.239 cal

1 cal = 4.185 J

(based on 15° calorie)

1 ft · ℓb_f = 1.356 J

1 Btu = 1,055 J = 252 cal = 778 ft · ℓb_f

1 kWh = 3.600 × 10^6 J

◐ 질량-에너지 등가

1 kg ↔ 8.988 × 10^{16} J

◐ 일률

1 W = 1 J/s

1 hp = 746 W = 76 kg_f · m/s

1 ps = 735 W = 75 kg_f · m/s

1 Btu/h = 0.293 W

(13) 일(work), 열(heat) 및 동력(power)의 단위

앞으로 다룰 열역학적 현상 중에서 대표적인 일과 열에 관한 단위는 다음과 같다.
일의 단위는 단위계에 따라 *Joule*, $kg_f \cdot m$, $lb_f \cdot ft$ 등이 있다.
1 *Joule* 은 1 *Newton* 의 힘으로 1 *meter* 를 움직이는 데 필요한 에너지량이고, 1 $kg_f \cdot m$는 1 kg_f 의 힘으로 1 *meter* 를 움직이는 데 필요한 에너지량이며, 1 $lb_f \cdot ft$ 는 1 lb_f 의 힘으로 1 *feet* 를 움직이는 데 필요한 에너지량이다.
따라서 이들 단위들 사이의 환산 값은 다음과 같이 된다.

$$1\ kg_f \cdot m = 9.8\ N \cdot m = 9.8\ J \tag{1-52}$$

한편, 열의 단위로는 *Joule*, *kcal* 등이 있다.
1 *kcal* 는 20 ℃ 의 물 1 kg_f 을 1 ℃ 상승시키는 데 필요한 열량으로 정의하고 있다.
이들 단위들 간의 환산 값도 일의 경우와 같은 방법으로 구할 수 있다.
다음 장에서 다시 학습하게 되겠지만, 1 *kcal* 는 427 $kg_f \cdot m$ 와 같은 에너지량이다.

$$\begin{aligned} 1\ kcal &= 427\ kg_f \cdot m \\ &= 427 \times 9.8\ J = 4{,}185\ Joule \end{aligned} \tag{1-53}$$

또한, 동력(power)은 단위시간 동안 할 수 있는 일로 정의한다.
따라서 동력의 단위는 다음과 같이 정의하고 있다.

$$\begin{aligned} 1\ Joule/\mathrm{sec} &= 1\ Watt \\ 75\ kg_f \cdot m/s &= 1\ PS \end{aligned} \tag{1-54}$$

그러므로 이들 단위 사이의 환산 값은 다음과 같이 된다.

$$\begin{aligned} 1\ PS &= 75\ kg_f \cdot m/s \\ &= 75 \times 9.8\ J/s = 735\ Watt \end{aligned} \tag{1-55}$$

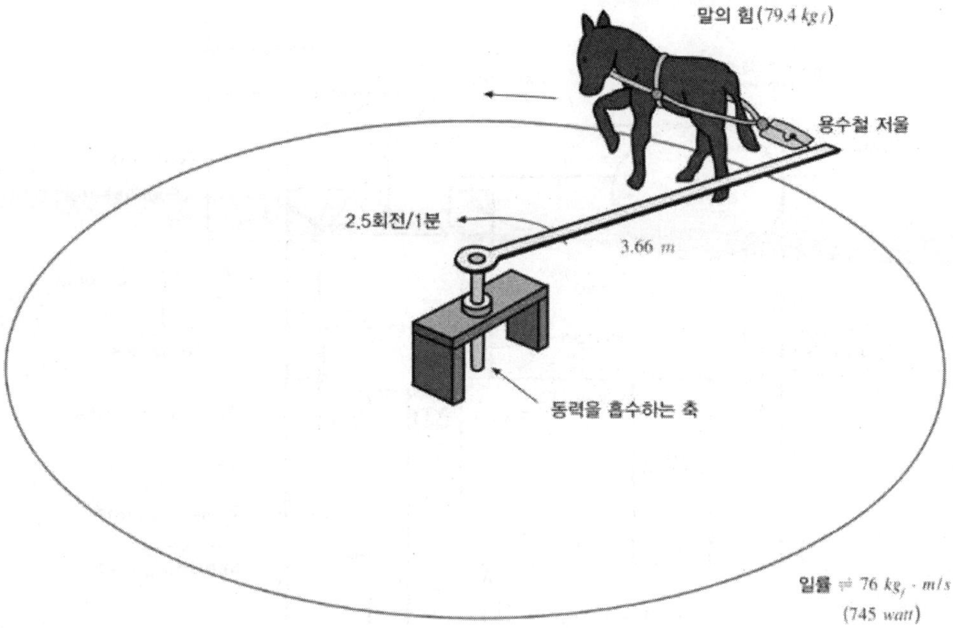
말의 힘(79.4 kg_f)
용수철 저울
2.5회전/1분
3.66 m
동력을 흡수하는 축
일률 ≑ 76 $kg_f \cdot m/s$
(745 $watt$)

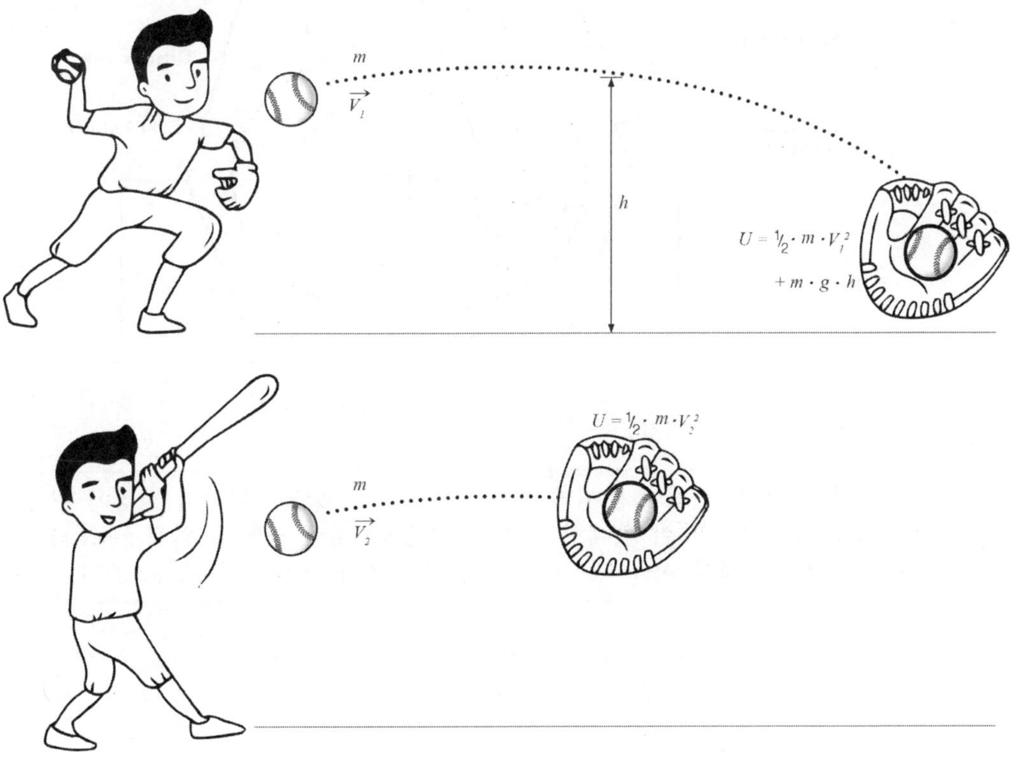
m
$\overrightarrow{V_1}$
h
$U = \frac{1}{2} \cdot m \cdot V_1^2 + m \cdot g \cdot h$
$U = \frac{1}{2} \cdot m \cdot V_2^2$
m
$\overrightarrow{V_2}$

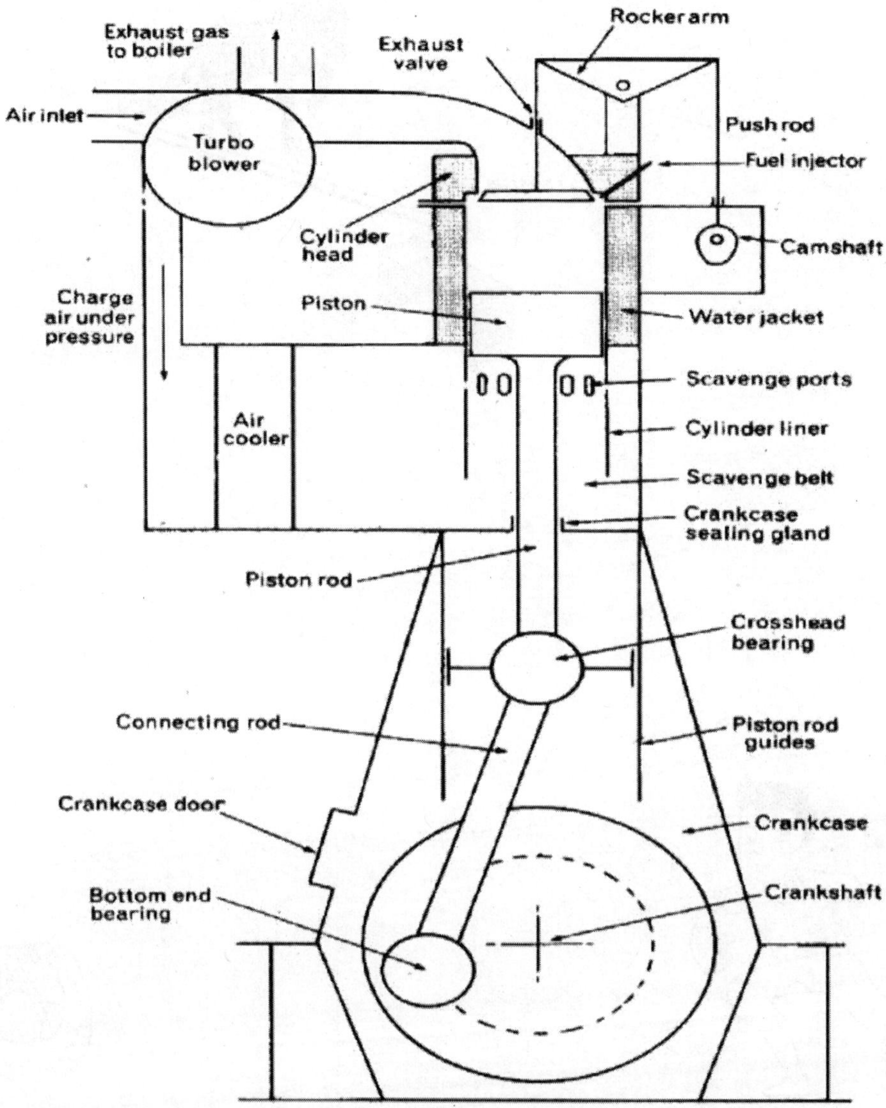

열역학에서는 미시적 관점에서 원자나 분자의 운동으로도 열역학적 현상에 관한 설명이 가능하겠지만 이 책에서는 거시적 관점에서의 열, 일, 압력, 온도와 에너지의 전달로 인하여 이들 거시적 물리량이 어떻게 변하는지 조사하겠다.

Exercise 연 습 문 제

01 온도와 열은 어떻게 다르며, 그 단위는 무엇인가?

02 일과 열은 어떻게 서로 전환되는가?

03 기체가 고체로 되거나 액체가 고체로 될 때 열을 밖으로 방출하는 원인이 무엇인가? 물체에 힘이 작용하여도 일을 하지 않는 경우의 예를 들어 보아라.

04 증발(evaporation)과 비등(boiling)의 같은 점와 다른 점에 대하여 설명하라.

05 다음 진술들에 관하여 잘못된 것들을 지적하라.

(1) TV 뉴스 해설자가 '유인 우주선이 지구 대기권에 재돌입할 때 표면 열은 1,400 ℃에 이른다' 고 말한다.

(2) 포장상자에 「무게 = 250 *kg*」라는 말이 새겨져 있다.

(3) 신문사진에 무더운 여름 동안 건물을 짓고 있는 일꾼들이 '110 ℉ 열에 시달리고 있다'고 말하고 있다.

(4) 우유에 대한 새로운 저온살균과정이 신문에 보도되었다. 그 기사는 「살균하지 않은 우유는 약 280 ℃까지 수 초 동안 가열-정상적 살균우유에 필요한 열의 2배」라고 쓰여져 있다.

(5) 소방활동을 다룬 한 기사에 의하면 소방관들이 40 ℃의 열에 견디기 어렵다고 한다.

(6) 한 신문 기사에 의하면 '혜성이 목성 표면에 충돌할 때 발생하는 순간적인 열은 약 30,000 ℃에 달할 것'이라고 한다.

01 온도 변화의 원인을 열이라고 한다. 열을 주거나 빼앗으면 온도가 변한다. ℃, K 등은 온도의 단위이며 calorie, Joule 등은 열의 단위이다.

02 어떤 장치의 도움이 없이도 일이 열로 바뀔 수 있으나, 열이 일로 전환되기 위해서는 열기관 등의 장치가 필요하다. 일찍이 줄(J. P. Joule)은 일이 열로 바뀌는 관계를 명확히 밝힌 바 있다.

03 분자의 운동에너지가 감소하며, 이때 줄어든 분자들의 운동에너지가 열로 방출된다. 이동거리가 없는 경우, 부피의 변화가 없는 경우 등

04 증발(evaporation)과 비등(boiling)의 같은 점과 다른 점에 대하여 설명하라.
같은 점 : 액체 상태에서 증기상태로의 상변이(相變異, phase change)를 일으키는 형상.
다른 점 : • 비등(沸騰) : 증기의 발생이 액체의 내부에서 일어난다.
• 증발(蒸發) : 증기의 발생이 액체의 표면에서 일어난다.

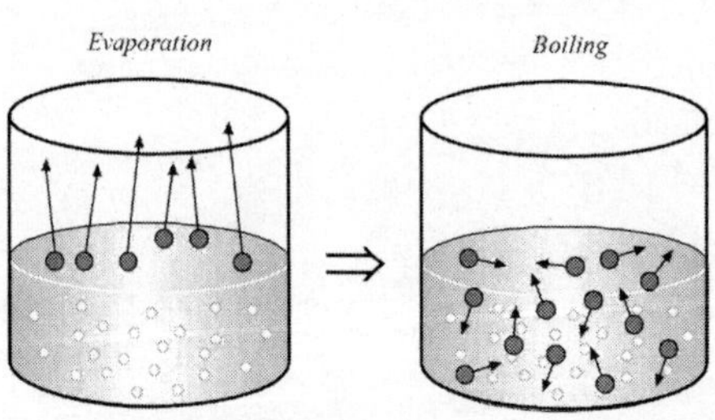

물의 경우,
100℃가 아니더라도 물분자가 물표면에서 튀어나와 주변 용기로 흩어진다.

05 (1) 표면 '열'이 아니고 표면 '온도'이어야 한다.
(2) kg 은 「무게」 단위가 아니다.
(3) 110 °F 의 「온도」에 시달리고 있다.
(4) 2 배의 「온도」라고 해야 한다. 열의 2 배인 경우는 동일온도로 가열시간을 연장한다는 의미가 된다.
(5) 40 ℃ 의 「온도」라면 누구나 견디기 힘들 것이다.
(6) 열, 즉 에너지라면 단위가 Joule, kJ, cal 등이어야 한다.

06 매끄러운 수평면 위에서 $6\ m/s$ 의 속도로 운동하는 질량 $2\ kg$ 인 물체에 일정한 힘을 계속 작용 시켰더니 $10\ m/s$ 의 속도가 되었다.

(1) 물체의 운동에너지는 얼마나 증가하였는가?

(2) 물체가 $8\ m$ 의 거리를 이동하였다면, 물체에 작용한 힘은 몇 N 인가?

Hint

$$\frac{1}{2} \cdot m \cdot v_0^2 + F \cdot S = \frac{1}{2} \cdot m \cdot v^2$$

07 다음 문제의 풀이 중 잘못된 부분을 지적하라.

[문제] : 어떤 병사가 $40\ kg$ 의 군장을 하고 평지 길을 걸어서 $10\ km$ 를 행군하였다면 병사가 한 일은 얼마인가?

[풀이] : 병사가 물리적으로 한 일은 $0\ kg$ 이다. 그 병사의 움직인 방향과 그 병사가 군장에 가한 힘은 서로 방향이 수직이기 때문이다.

$$W = F \cdot S \cdot \cos\theta = F \cdot S \cdot \cos(90°) = 0$$

08 질량 $10\ kg$ 의 물체에 대하여 다음 양들을 계산하라.

(1) 해수면에서 물체의 중량, 뉴턴 단위로.

(2) $g = 9.4\ m/s^2$ 인 곳에서 물체의 중량, 뉴턴 단위로.

06 (1) 운동 에너지의 변화량 $= \frac{1}{2} \cdot m \cdot v^2 - \frac{1}{2} \cdot m \cdot v_0^2$

$$= \frac{1}{2} \times 2 \times (10^2 - 6^2) = 64\ [J]$$

(2) $F \cdot (8\,m) = \frac{1}{2} \cdot m \cdot v^2 - \frac{1}{2} \cdot m \cdot v_0^2$ 에서 $F = 8\ [N]$

07 그 병사의 움직인 방향과 그 병사가 군장에 가한 힘은 서로 방향은 수직이 아니고 θ 의 각도를 이룬다. 따라서 한 일도 0 이 아니다. $\cos(\theta) \neq 0$

$$W = F \cdot \cos\theta \cdot S = F \cdot S \cdot \cos\theta$$

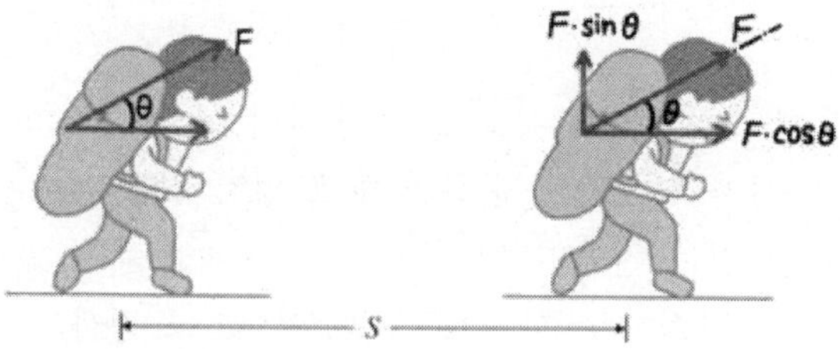

힘과 이동 거리가 각 θ 를 이룰 때

08 (1) 중량은 무게, 즉 힘의 단위이므로 식 (1-45) 를 이용하면,

$$W = F = m \cdot g = (10\,kg) \times (9.8\,m/s^2) = 98\ [kg \cdot m/s^2]$$

을 얻는다. 변환계수를 사용하여 단위를 변경하면 다음과 같다.

$$W = \frac{98\,kg \cdot m/s^2}{1\,kg \cdot m/N \cdot s^2} = 98\ [N]$$

(2) $g = 9.4\,m/s^2$ 인 위치에서 중량은 다음과 같다.

$$W = \frac{(10\,kg) \times (9.4\,m/s^2)}{1\,kg \cdot m/N \cdot s^2} = 94\ [N]$$

SI 계는 사용하기에 편리하며 자연과학계에서 광범위하게 쓰이고 있다.
그러므로 예제들과 각 장의 끝에 있는 문제들은 모두 SI 계로 사용하였다.

09 그림과 같이 마노미터가 압력 용기에 부착되어 있다.
마노미터의 한쪽 끝이 대기에 노출되어 있으며, 국부 대기압은 760 $mmHg$ 이다.
다음 조건에서 용기의 안쪽면에 작용하는 절대압력을 계산하라.

(1) 마노미터 유체의 높이가 420 mm 이고 유체의 비중이 1.6 일 때,

(2) 마노미터 유체의 높이가 850 mm 이고 유체의 밀도가 1,100 kg/m^3 일 때,

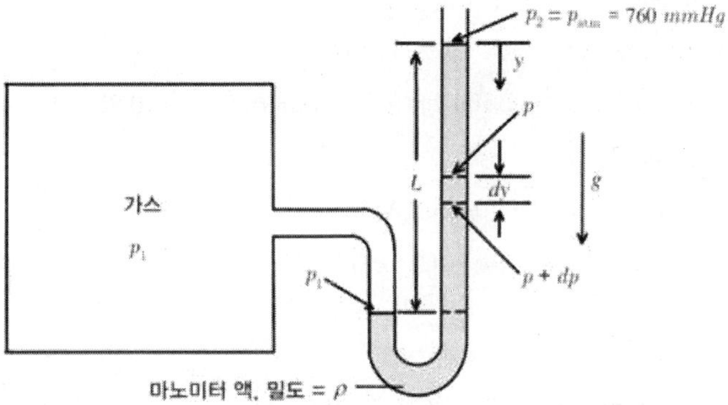

<유체 입력측정을 위한 간단한 마노미터>

10 90 ℃ 커피 0.20 kg 을 20 ℃, 질량 0.30 kg 인 유리컵에 부었다.
외부로 열전달이 없었다고 가정하면 커피의 나중 온도는 얼마인가?
단, 유리의 비열은 0.84 kJ/kg℃ 이며, 커피의 비열은 물의 비열과 같다고 한다.

09 마노미터는 게이지 압력을 나타내고 절대압력은 마노미터 압력에 대기압을 더해야 한다. 식 (1-33)으로부터,

(1) p_{gauge} = (유체밀도) · (중력가속도) · (액주계 높이)

$= (1.6 \times 10^3\, kg/m^3) \times (9.8\, m/\sec^2) \times (0.42\, m)$

$= 6{,}586\ [N/m^2]$

$p_{abs} = p_{gauge} + p_{atm}$

$= 6{,}586\, N/m^2 + 101{,}300\, N/m^2$

$= 107{,}886\, N/m^2 = 107.9\ [kPa]$

(2) $p_{gauge} = \rho \cdot g \cdot \mathrm{L} = (1{,}100\, kg/m^3) \times (9.8\, m/s^2) \times (0.85\, m)$

$= 9{,}163\ [N/m^2]$

$p_{abs} = 9{,}163\, N/m^2 + 101{,}300\, N/m^2$

$= 110{,}463\, N/m^2 = 110.5\ [kPa]$

10 $Q_{얻은} = Q_{잃은}$ / 컵이 얻은 열 = 커피가 잃은 열

커피와 컵의 나중 온도가 T이면 컵이 얻은 열은

$$Q_{얻은} = m_{컵} \cdot c_{컵} \cdot (T - 20\,℃)$$
$$= (0.30\, kg) \times \left(0.84\, \frac{kJ}{kg \cdot ℃}\right) \times (T - 20\,℃) = (0.25 \cdot T - 5.04)\ [kJ]$$

커피가 잃은 열은 [$Q = mC\triangle T$, 물의 비열 C : 4.185kJ/kg.℃]

$$Q_{잃은} = m_{커피} \cdot c_{물} \cdot (90\,℃ - T)$$
$$= (0.20\, kg) \times \left(4.185\, \frac{kJ}{kg \cdot °C}\right) \times (90\,℃ - T) = (75.42 - 0.84)\ [kJ]$$

이제 컵이 열과 커피가 잃은 열을 같다고 놓고 T에 관해 풀면 :

$$Q_{얻은} = Q_{잃은}$$
$$0.25 \cdot T - 5.04 = 75.42 - 0.84\,T$$
$$T = 73.8\ [℃]$$

이다. 컵을 데우느라 커피의 온도가 16 ℃가량 낮아졌다.
뜨거운 커피를 마시기 위해서는 반드시 커피잔을 미리 데워야 한다는 것은 명확하다.

11 잘 단열된 방 안에서 양초가 타고 있다.
공기와 양초를 포함한 방을 시스템으로 잡고, 양초가 타고 있는 동안의

(1) 열전달량

(2) 내부에너지의 변화를 구하라.

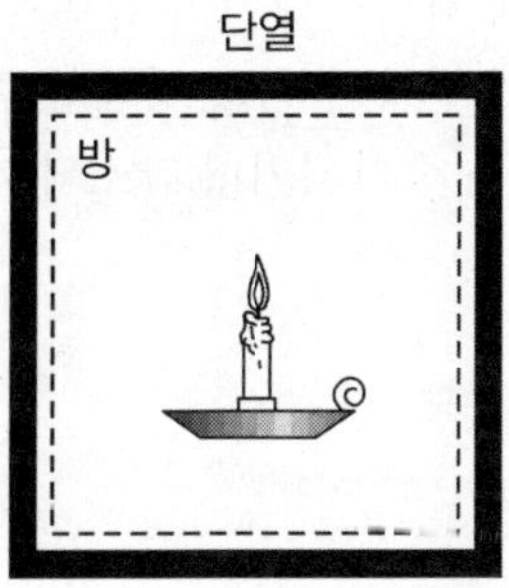

12 과정 1−2가 P-V선도에 도시된 것 같이 A과정과 B과정으로 수행된다.

(1) 1 − 2과정을 A 경로로 수행할 때의 일이 B경로의 일과 비교할 때 큰가? 같은가? 또는 작은가?

(2) 1 − 2과정을 A 경로로 수행할 때의 온도 차가 B경로의 온도 차와 비교할 때 큰가? 같은가? 또는 작은가?

(3) 1 − 2과정을 A 경로로 수행할 때의 압력 차가 B경로의 압력 차와 비교할 때 큰가? 같은가? 또는 작은가?

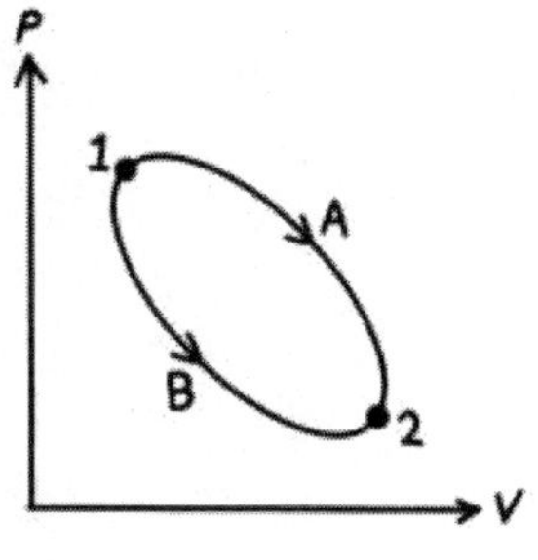

10 (1) 그림에서 점선으로 표시된 것처럼 방의 내부 면은 시스템의 경계를 형성한다. 열은 시스템의 경계를 통과할 때만 관찰된다. 시스템의 경계가 잘 단열되어 있으므로, 이 시스템은 단열 시스템이고 열은 시스템의 경계를 통과할 수 없다. 그러므로 이 과정에서 $Q = 0$ 이다.

(2) 내부 에너지는 분자 위치에너지, 분자 운동에너지, 잠재에너지, 화학에너지, 질량에너지 등의 여러 가지 형태로 존재하는 에너지이다.
위에서 기술된 과정 동안에 화학에너지의 일부가 감지 가능한 에너지로 변환된다.
즉, 시스템의 내부에너지의 일부가 서로 형태만 변환된다.
시스템의 전체 내부에너지는 증가되거나 감소되지 않기 때문에 이 과정에 대한 $\Delta U = 0$ 이다.

11 $\Delta U = Q - P \cdot \Delta V = 4.2 \times 10^2 - 1.01 \times 10^5 \times 2 \times 10^{-3}$
$= 2.18 \times 10^2 \ [J]$

12 (1) 일은 경로에 따라 달라지므로,

$$W_{12A} > W_{12B}$$

(2) 온도는 경로와 무관계한 상태량이므로,

$$\Delta T_{12A} = \Delta T_{12B}$$

(3) 압력 역시 점함수이므로,

$$\Delta P_{12A} = \Delta P_{12B}$$

13 문제 11) 의 과정 선도를 생각하자. 상태 1−2−1 을 통과하는 가역사이클이다.

(1) 사이클을 먼저 A 경로로, 다음 B 경로로 수행할 때의 일이 먼저 B 경로를, 다음에 A 경로를 수행할 때의 일과 비교할 때 큰가? 작은가? 또는 같은가?

(2) 사이클을 먼저 A 경로로, 다음 B 경로로 수행할 때의 온도차가 먼저 B 경로를, 다음에 A 경로를 수행할 때의 온도차와 비교할 때 큰가? 작은가? 또는 같은가?

(3) 사이클을 먼저 A 경로로, 다음 B 경로로 수행할 때의 압력차가 먼저 B 경로를, 다음에 A 경로를 수행할 때의 압력차와 비교할 때 큰가? 작은가? 또는 같은가?

14 밀폐된 피스톤−실린더 계 내에 연소가스는 다음의 가스압력−실린더체적의 관계를 갖는 경로로 팽창한다.

$$P \cdot V^{1.5} = C_{\text{onst}}$$

동력 행정이 시작할 때 가스의 압력은 3 MPa, 실린더 내의
체적은 50 cm^3 이고, 행정이 끝났을 때 실린더 체적은 1,200 cm^3 이다.
피스톤의 단 행정 동안의 일과 이 행정이 초당 20회 이루어졌을 때 계의 평균동력을 계산하라.

15 일반적으로 사우나의 온도는 98 ℃~102 ℃ 정도로 물의 끓는 점과 비슷하나 화상을 입지 않는다. 그 이유는 설명하라.

13 (1) 어떤 사이클을 따르더라도 P - V 선도의 면적은 동일하므로, 같다.

(2) 온도 차는 제로로서 똑같다.

(3) 압력 차는 제로로서 똑같다.

14 팽창 가스의 일은 식 (1-5) 로부터 결정된다. P - V 경로 관계를 대입하고 주어진 상태 사이를 적분하면

$$W_{12} = \int_1^2 P \cdot dV = \int_1^2 \frac{C}{V^{1.5}} \cdot dV = -2 \times C \times \left[V_2^{-0.5} - V_1^{-0.5} \right]$$

$$= -2 \times P_1 \times V_1^{1.5} \times \left[V_2^{-0.5} - V_1^{-0.5} \right]$$

$$= -2 \times (3\ MPa) \times (50\ cm^3)^{1.5} \times \left[1{,}200^{-0.5} cm^3 - 50^{-0.5} cm^3 \right]$$

$$= -2 \times 3 \times (50)^{1.5} \times \left[1{,}200^{-0.5} - 50^{-0.5} \right] \times \left(\frac{10^6\ N/m^2}{MPa} \right) \times \left(\frac{m^3}{10^6\ cm^3} \right)$$

$$= 238.5\ [N \cdot m] = 238.5\ [J]$$

이 된다. 가스에 의해 얻어진 동력은

$$W = \left[238.5\ \frac{J}{\text{행정}} \right] \times \left[20\ \frac{\text{행정}}{S} \right] = 4{,}774\ J/S = 4{,}774\ [W]$$

이다. 일은 초기, 최종 상태뿐만 아니라 경로를 알아야 계산할 수 있다.

15 공기나 수증기는 온도가 높아도 인체에 땀의 막이 형성되어 땀이나 수분이 증발열로 냉각되기 때문에 인체에 주어지는 열량이 적다.
100 ℃의 끓는 물은 인체에 그 열량을 그대로 전달하므로 바로 화상을 입게 된다.
열은 온도와 달리 직접 측정 가능한 양(量)이 아니다.

수백 년 전에는 [열]이 더운 곳에서 찬 곳으로 물처럼 흐르는, 그러나 볼 수는 없는 열소로 이루어졌다고 잘못 생각하였다. 열소는 상호작용이 있어도 보존된다고도 하였는데 이는 에너지 보존법칙의 초기개념이었다. 1880년대 중반에 비로소 열의 흐름이 바로 에너지의 흐름인 것을 깨닫게 됨에 따라 열의 열소이론은 사라지게 되었다.
계(시스템)에 열을 가하면 같은 양의 다른 형태의 에너지로 바뀐다는 사실로부터 열은 에너지의 한 형태이며 에너지가 스스로 생성되거나 소멸되지 아니함을 열역학계의 에너지보존의 법칙(열역학 제 1 법칙)이라고 한다.

Chapter 02

열역학 제1법칙

우리는 앞에서 열역학 제1법칙의 개념을 이미 배워서 알고 있다. 다만 그것을 '제1법칙'이라고 부르지 않았을 따름이다.

열역학 제1법칙은 에너지보존의 법칙(Law of Conservation of Energy)으로도 불린다. 질량보존의 법칙에서의 질량과 마찬가지로 에너지는 보존되는 상태량이다.
그것은 저절로 생성되거나 소멸되지 않고, 다만 그것의 형태가 바뀔 수 있을 뿐이라는 것이다. 우리는 에너지를 어떤 형태에서 다른 형태로 변화시킬 수 있을 뿐이고, 또 계의 외부로부터 계로 더해줄 수 있을 따름이다. 이를 달리 표현하면 다음과 같다.

「어떤 계가 외부와 에너지의 주고받음이 없을 때는 계가 지닌 에너지의 총량(= 내부에너지)은 일정하게 보존된다. 한편 에너지의 수수가 있어 내부에너지가 증가했을 때 그 증가분은 계로 옮겨진 열량과 일의 합계와 같다.」

여기서 '계(系)'란 원자, 분자, 입자 또는 다른 개체로 구성된 무리를 뜻한다. 증기 기관의 증기, 지구의 대기 또는 생물의 몸체 등도 계로 볼 수 있다. 단지 계 내부의 물체와 외부를 명확히 정의할 수 있으면 열역학계로 볼 수 있다. 증기 기관의 증기, 지구의 대기 또는 생물의 몸체 등에 열에너지를 가하면 이들 계의 내부에너지가 증가할 것이다. 이때 들어온 에너지 때문에 계는 외부에 일을 할 것이다. 즉,

(1) 에너지가 계에 머물면서 계의 내부에너지를 증가시키거나

(2) 계가 외부에 대해서 일을 하게 작용하거나

(3) 일부는 내부에너지를 증가시키고 나머지는 일을 할 것이다.

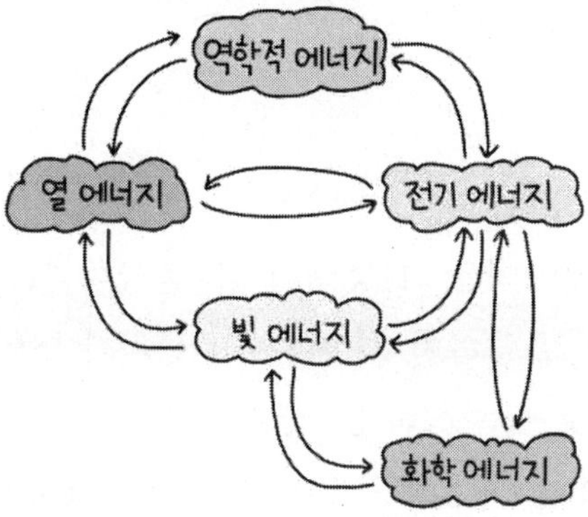

<에너지의 종류와 그 전환>

마찰이 없을 때 물체의 역학적 에너지는 보존되지만, 마찰이 있는 경우에는 역학적 에너지가 감소하여 이때 감소한 역학적 에너지의 양만큼 열에너지가 발생한다.
이와 같이 에너지는 소멸되는 것이 아니고, 다른 형태의 에너지로 전환된다. 예를 들면, 화력발전소에서는 석유나 석탄 등의 화학 에너지를 열에너지로 바꾸고 이를 이용하여 전기 에너지를 얻는다.
수력발전소에서는 높은 곳에 저장되어 있는 물의 위치에너지가 터빈을 돌리는 운동에너지로 전환되고, 이 운동 에너지는 다시 전기 에너지로 전환된다. 전기 에너지는 전열기에서 열에너지로, 전동기에서 역학적 에너지로, 전기분해 과정에서 화학 에너지로 전환된다.
그림은 여러 가지 에너지의 전환을 보여 주는 예이며, 이러한 사실로 어떤 종류의 에너지가 감소할 때에는 에너지가 소멸되는 것이 아니고, 다른 종류의 에너지로 전환되는 것을 알 수 있다. 자연계에는 여러 형태의 에너지가 있고 이들은 서로 전환된다. 이때 어떤 종류의 에너지가 감소하면, 반드시 다른 형태의 에너지가 그만큼 증가한다.
그러나 전체적으로 보면 에너지의 총량은 증가도 감소도 하지 않는다.
일반적으로 어떤 물체계(서로 작용하는 물체들의 모임)와 외부와의 에너지 교환이 없을 때 물체계가 가지고 있는 에너지의 총합은 변하지 않고 일정하다. 이것을 에너지보존의 법칙이라 한다. 이 법칙은 자연과학에서 가장 폭넓게 사용되는 기본적인 법칙 중의 하나로 자연현상을 체계적으로 이해하는 데 매우 유용할 뿐 아니라 새로운 물리현상을 이해하는 길잡이 역할을 하는 법칙이다.

2.1 열역학 제 1 법칙의 의미

계를 은행의 구좌로 비유하면 어떨까?

지금 구좌에 들어 있는 예금액은 그 총액이 입·출금이 없는 한 항상 일정액이 보존될 것이다.[1] 그리고 매번 입금·출금하면서 얼마짜리 동전과 얼마짜리 지폐로 입금했는지는 구분할 수 없으며 또한 그것은 의미도 없다.

단지 구좌의 예금액이 예의 내부에너지일 따름이다. 예금을 동전으로 했든지, 지폐로 했든지 그것은 잔고와는 상관이 없으며, 구좌에 예금 잔고가 없으므로 출금을 할 수 없음은 계의 내부에너지가 없으므로 일을 할 수 없음과 같고, 예금 잔고만 있다면 원하는 대로 출금할 수 있듯이 내부에너지도 열량이나 일의 형태로 출입할 수 있다.

또 다른 예를 들어보자. 컵의 커피를 데우고자 할 때 간단하게 전기코일을 컵 속에 넣어 전기 에너지를 이용할 수도 있고 커피 컵 아래에 우아하게 알코올 램프를 켜서 열에너지를 이용할 수도 있을 것이다.

열역학 제 1 법칙(the first law of thermodynamics)은 열역학의 기본법칙[2]으로서 다음과 같은 여러 가지 표현으로 열과 일 사이의 에너지보존의 법칙을 나타내고 있다.

(1) 열은 에너지의 한 형태로서 일을 열로 변환하는 것과 또 일을 열로 변환하는 것이 가능하다.

(2) 열을 일로 변환할 때 또는 일을 열로 변환할 때 에너지의 총량은 변하지 않고 일정하다.

---

1) 「어떤 계가 외부와 에너지의 주고받음이 없을 때는 계가 지닌 에너지의 총량(=내부에너지)은 일정하게 보존된다. 한편 에너지의 수수가 있어 내부에너지가 증가했을 때 그 증가분은 계로 옮겨진 열량과 일의 합계와 같다.」

2) 열역학은 4 개의 법칙으로 구성되며, 제 0 법칙에 관하여는 이미 제 1.1 절에서 설명하였다.
제반 열역학 법칙이 규정하는 내용을 요약하면 다음과 같다.
(1) 제 0 법칙 .... 온도계에서의 온도에 대한 규정
(2) 제 1 법칙 .... 계의 에너지보존의 법칙 규정
(3) 제 2 법칙 .... 계의 에너지변환의 방향성 규정
(4) 제 3 법칙 .... 절대온도에서의 물질의 상태 규정

열 = 내부에너지 + 일

(공급된 열량 = 내부에너지의 증가 + 기계적인 일)

2.2 열역학 제 1 법칙과 에너지보존의 법칙

(1) 열역학 제 1 법칙

디젤엔진은 실린더 내에 공기를 흡입하여 압축하고 압축된 고압, 고온의 공기에 중유를 분무한다. 중유가 착화하여 폭발적으로 연소하면서 발생한 고온의 연소가스는 피스톤을 아래로 눌러 내리는 기계적 일을 행한다. 즉,
가해진 열에너지 Q는 내부에너지의 증가량 ΔU와 기계적인 일 W로 변환한다.[3)]
이를 식으로 나타내면 다음과 같이 된다.

$$Q = \Delta U + W \tag{2-1}$$

$$q = \Delta u + w \tag{2-1'}$$

이처럼, 에너지는 보존되는 양(量)이고, 그것은 물체 간의 상호작용을 통하여 다른 물체로 이동할 수 있고 다른 형태로 바뀔 수는 있으나, 그동안 에너지는 창조되거나 소멸되지 않으므로 에너지의 총량은 항상 일정하다.

이 사실을 법칙으로 나타낸 것이 에너지보존의 법칙으로[4)] "어떤 계(system)가 보유하는 총에너지는 외부와 교환이 없을 때에는 불변이고, 외부와 교환이 있을 때는 그 대수합은 제로(zero)이다"라고 표현되는 것이 물리학에서 말하는 에너지 보존의 법칙(the law of conservation of energy)이다.

열역학 제 1 법칙은 이 에너지보존의 원리를 열에너지를 포함하여 확장한 법칙이다.

위 식을 사용하여 열역학적 현상을 해석하기 위한 하나의 계, 즉 시스템이 되는 영역은 가열 또는 방열의 대상이 되는 물체, 동작유체 혹은 열·에너지변환장치 등이다.[5)]

이러한 열역학적 계는 밀폐계와 개방계에 따라 적용할 수 있는 열역학적 관계식이 서로 다르다. 그러므로 시스템을 해석하기 전에 계의 형태를 파악하는 것이 매우 중요하다.

---

3) 식 (2-1)은 열역학 제 1 법칙의 표현이지만 이는 계가 사이클을 이룰 때에 한해서만 적용되는 식이다.
열이나 일이 계의 경계를 통과하여 사이클이 아닌 어떤 과정 동안 계의 상태가 변할 때에는 계의 경계를 지나는 열이 일과 반드시 같고, 일이 반드시 열과 같지 않다.
즉, 에너지(열과 일)의 총화는 반드시 영이 아니며 그 차이가 계의 내부에너지이다.

4) 헬름홀츠(H. Helmholtz); 에너지는 열 및 일 이외에 역학적(위치, 운동)에너지, 전기에너지, 자기에너지, 화학에너지 등 여러 종류가 있다.
이들 여러 가지 에너지는 단지 그 형태만 다를 뿐 본질은 동일한 것으로 한 형태에서 다른 형태로 변환할 수 있다.
그러나 그 어떤 에너지도 스스로 창조되거나 소멸되지 않는다.

5) 열·에너지 공학을 학습하는 중요한 목적 중의 하나는 열역학적 장치들이 어떻게 변환하는가를 이해하는 데 있다. 예를 들면, 어떻게 화력발전소에서 석탄을 연소시켜 전기를 만들어내는가에 관한 것이다.
이러한 에너지변환을 이해하기 위해서는 열역학적 과정(process)이란 개념을 정의할 필요가 있다.
[계(시스템)가 하나의 열역학적 상태로부터 다른 열역학적 상태로 변하게 될 때마다 열역학적 과정을 수반하게 된다.]

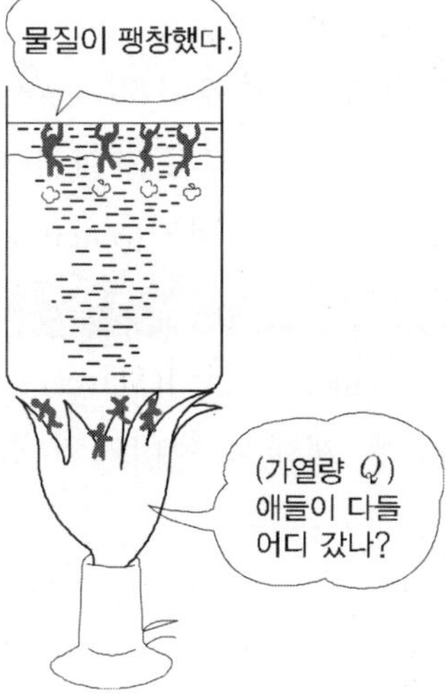

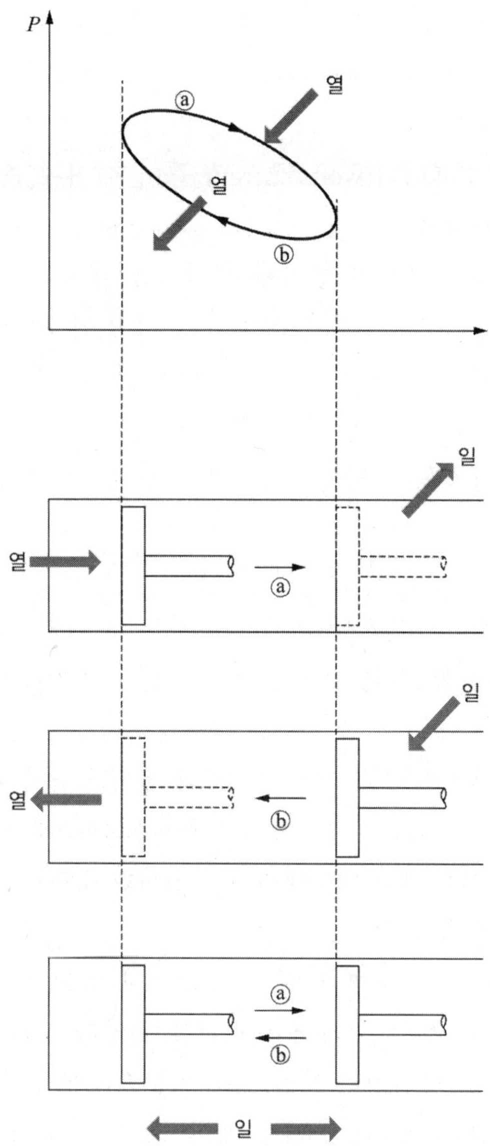

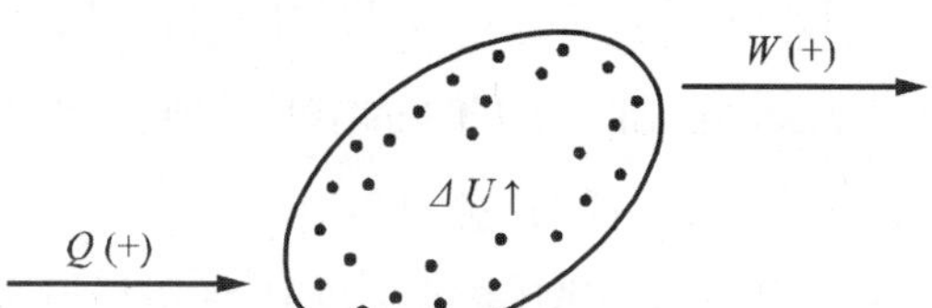

가열량 Q = 물질의 온도 상승 + 물질의 팽창

= (내부에너지의 증가량, ΔU) + (팽창이 행한 기계적인 일, W)

(공급된) 열량 = 내부에너지(의 증가) + (기계적인) 일

(2) 제 1 종 영구기관

에너지는 효과를 일으키는 능력, 즉 일을 할 수 있는 능력이다. 공학상 우리가 필요한 것은 에너지의 변환량이고, 열역학에서 취급하는 에너지는 내부에너지(internal energy) 및 열에너지(heat energy), 기계적 에너지(mechanical energy)가 있다. 기계적 에너지는 역학적 에너지라고도 하는데 운동에너지(kinetic energy), 위치에너지(potential energy) 및 일에너지(work energy) 등이 여기에 속한다.

열에너지와 일에너지는 등가관계라는 사실로부터 줄(Joule), 메이어(Mayer) 등에 의해 에너지 보존의 법칙이 성립됨을 알았다. 따라서 '독립된 계에서 에너지의 합은 항상 일정하며, 이는 창조될 수도 소멸될 수도 없다.[6)]

에너지보존의 법칙을 동력을 발생시키는 기계에 적용하면, 기계가 동력을 발생시킬 때에는 동시에 다른 형태의 에너지를 소비하지 않으면 안 된다. 즉,

기관을 움직여 일을 얻기 위해서는 어떤 형태이건 에너지의 공급이 필요하다.

"에너지의 소비 없이 계속하여 일을 할 수 있는 기계는 존재하지 않는다."

만약, 이와 같은 기계가 존재한다고 하면 이러한 기계를 제 1 종 영구기관이라 한다. 따라서 에너지보존의 법칙은 제 1 종 영구기관(perpetual machine of the 1st kind)의 존재를 부정한다. 열기관은 「열」, 「내부에너지」, 「일」의 관계를 이용해서 움직인다.

가까운 예로, 엔진은 연료와 공기를 폭발적으로 반응시켜 이때에 발생한 대량의 열량을 동작유체에 줌으로써 동작유체의 내부에너지를 증가시키고 증가한 내부에너지가 일로 바뀐다. 이때 내부에너지를 소화하여(단열변화) 유효하게 쓰인 일이 많을수록 방열량은 적게 된다.[7)]

그러면 최초에 열을 공급하지 않고 언제까지나 일을 만들어 낼 수는 없을까?

결론부터 말하면 답은 [불가]이다. 내부에너지란 무진장한 에너지가 아니다.

내부에너지란 물질 내부의 분자레벨의 운동에너지, 분자레벨의 위치에너지로서 어떤 물질이 처음에는 많은 에너지를 가지고 있다고 할지라도 언젠가는 그 물질이 지니고 있던 내부에너지를 다 써버리고 말 것이기 때문에 결국 외부로부터 열이나 일 등의 에너지를 공급받지 않고 계속 움직이는 기관은 존재할 수 없다는 것이 된다. 즉, 제 1 종 영구기관은 있을 수 없다.

---

6) 이 법칙은 이론적으로 증명된 일은 없으나 지금까지 자연 현상의 관찰 결과 이 법칙에 어긋나는 사실은 발견되지 않았다.

7) 배기온도가 낮아진다.

실제 그런 인간은
존재할 수 없다.

☜

나는 안 먹고도
살 수 있어!

☜

제1종
영구기관
인간

(3) 에너지보존의 법칙

열역학 제 1 법칙이라 함은 이와 같은 에너지 보존의 법칙을 특히 열에너지에 주목하여 확장시킨 것에 불과하다. 그림 (2-1) 에 나타낸 바와 같이 위치에너지와 운동에너지가 불변인 정지되어 있는 물질(계)에 열량 $\delta Q\,kcal$ 를 가하면, 계의 내부에너지 증가에 $dU\,kcal$ 만큼, 외부에 대한 일로서 $A_{eq} \cdot \delta W\,kcal$ 가 각각 쓰인다. 이를 식으로 쓰면 다음과 같다.

$$\delta Q = dU + A_{eq} \cdot \delta W \tag{2-2}$$

이 관계를 양적으로 열량 Q 를 $kcal$ 로, W 를 $kg_f \cdot m$ 로 나타낼 때,[8)]

$$W = J_{eq} \cdot Q, \qquad \frac{W}{Q} = J_{eq} = \frac{1}{A_{eq}} \quad \left(W = \int_c \delta W\right) \tag{2-3}$$

$$Q = A_{eq} \cdot W, \qquad \frac{Q}{W} = A_{eq} = \frac{1}{J_{eq}} \quad \left(Q = \int_c \delta Q\right) \tag{2-3'}$$

이 식에 있어서 A_{eq} 는 일의 열당량, 역으로, J_{eq} 는 열의 일당량이다.

이처럼, 「열은 본질상 일과 같은 에너지의 한 형태로서, 열은 일로, 또한 일은 열로 변환하는 것이 가능하다.」[9)]

계에 에너지 보존의 원리를 적용하려면, 계를 출입하는 열이나 일에 대하여 이를 물리량의 正, 負, 즉 그 부호를 정할 필요가 있다. 일반적으로 계에 열을 가하면 계의 온도가 상승하고 외부에 대하여 일을 하게 된다.[10)] 이와 같이 열은 계의 경계를 통과하여 계로 들어가기도 하며 나가기도 한다. 또 계가 외부에 일을 하기도 하며 이와는 반대로 냉동기와 같이 계가 외부로부터 열을 빼앗아오기 위해 일을 외부로부터 공급받기도 한다. 그림 (2-1) 에서 계를 출입하는 열과 일의 부호를 나타내었다.

계로 들어가는 열은 「+」, 계에서 나가는 열은 「−」, 계가 외부에 대해 하는 일은 「+」, 계가 외부로부터 받는 일은 「−」로 정하였다.[11)]

---

8) A_{eq} 와 J_{eq} 가 필요한 것은 Q 와 W 를 서로 다른 공학단위로 나타냈을 경우이고, 열과 일을 같은 [*Joule*] 단위로 나타내면 A_{eq} 와 J_{eq} 가 다 같이 1.0 으로서 A_{eq} 와 J_{eq} 를 고려할 이유가 없다.

$$Q = W, \quad W = Q \tag{2-3''}$$

9) 「열은 본질상 일과 같은 에너지의 한 형태이다.
따라서 열에너지는 다른 에너지로, 다른 에너지는 열에너지로 전환할 수 있다.」

10) 외부에너지(external energy)

11) 계가 흡열하여 가열되면 「+열량」, 방열하여 냉각되면 「−열량」으로 하고, 열기관이 외부에 일을 하면 「+일」, 열펌프가 외부로부터 일을 받으면 「−일」로 정한다.

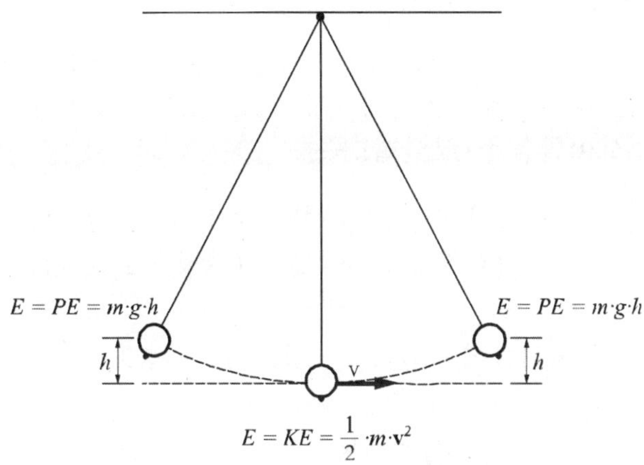

▶ 진자가 좌우로 흔들리면서 위치 에너지는 운동 에너지로 바뀌고 운동 에너지는 다시 위치 에너지로 계속 바뀐다.

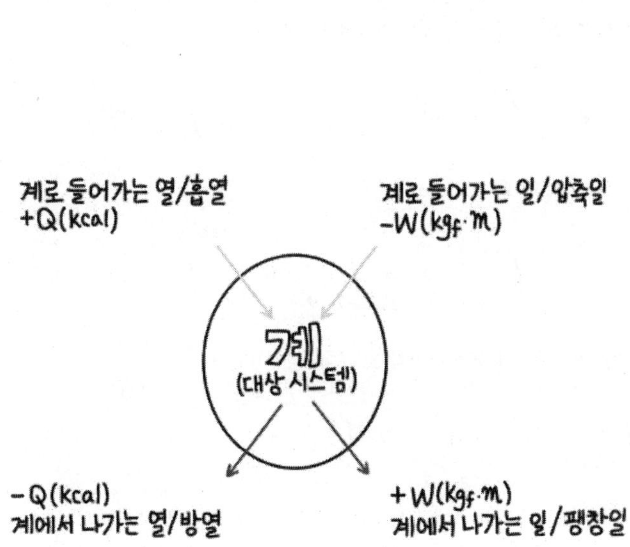

[그림 2-1] 계를 출입하는 열과 일의 부호

일과 열의 부호를 정하는 데에는 일정한 법칙이 있다.

2.3 밀폐계에 대한 열역학 제 1 법칙

(1) 열역학 제 1 법칙의 기본식

그림 (2-2) 의 P - V 선도에서 계는 경로 A 를 통해 상태 1 에서 상태 2 까지의 과정을 이룬 다음, 다시 상태 2 에서 경로 B, 또는 경로 C 를 거쳐 상태 1 로 되돌아옴으로써 한 사이클을 완성한다. 즉,

사이클 1-2-1 = (과정 : 1 - A - 2) + (과정 : 2 - B - 1)
= (과정 : 1 - A - 2) + (과정 : 2 - C - 1)

를 두 개로 분리된 위의 사이클에 적용하면, 경로 A 와 경로 B 로 이루어진 사이클에서는,

$$\int_{1-A}^{2} \delta Q + \int_{2-B}^{1} \delta Q = \int_{1-A}^{2} \delta W + \int_{2-B}^{1} \delta W \qquad (2\text{-}4)$$

또한, 경로 A 와 경로 C 로 이루어진 사이클에서는,

$$\int_{1-A}^{2} \delta Q + \int_{2-C}^{1} \delta Q = \int_{1-A}^{2} \delta W + \int_{2-C}^{1} \delta W \qquad (2\text{-}5)$$

지금, 식 (2-4) 에서 식 (2-5) 를 빼면,

$$\int_{2-B}^{1} \delta Q - \int_{2-C}^{1} \delta Q = \int_{2-B}^{1} \delta W - \int_{2-C}^{1} \delta W \qquad (2\text{-}6)$$

위 식 (2-6) 을 B 과정과 C 과정의 과정별로 나누어 정리하면,

$$\int_{2-B}^{1} (\delta Q - \delta W) = \int_{2-C}^{1} (\delta Q - \delta W) \qquad (2\text{-}6')$$

여기서, 경로 B 와 경로 C 는 상태 1 과 상태 2 에서 임의로 선택된 과정이므로 $(\delta Q - \delta W)$ 의 값은 상태 1 과 상태 2 의 모든 과정의 변화경로에 관계없이 일정하다는 것을 알 수 있다. 이는 $(\delta Q - \delta W)$ 의 값이 처음상태 1 과 최종상태 2 의 상태값에만 의존하며, 따라서 상태변화의 경로에는 무관한 점함수임을 나타낸다. 이러한 성질을 가진 $(\delta Q - \delta W)$ 를 계의 에너지변화로 정의하며 완전미분 dE 로 나타내면 다음과 같은 밀폐계에 대하여 열역학 제 1 법칙과 관련하여 다음의 관계식을 얻을 수 있다.

$$\delta Q - \delta W = dE$$

또는

$$\delta Q = dE + \delta W \cdots\cdots (2\text{-}1'') \qquad (2\text{-}7)$$

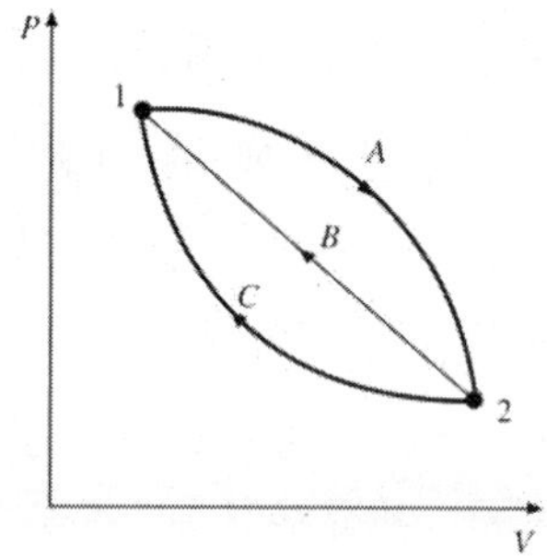

[그림 2-2] $P-V$ 선도

부피나 온도는 점함수로서 단지 주어진 상태에만 관계되는 상태량이므로 그 미분은 dV 나 dT 로 표시되는 완전미분(exact differential)이다. 한편 열이나 일은 어떤 상태에서 어떻게 도달하느냐에 따라 달라지므로, 이는 경로함수로서 그 미분은 δQ 나 δW 로 표시되는 불완전미분(in-exact differential)이다.
예를 들어, 그림 2-2.1에서 나타낸 것처럼 1-2 과정 동안의 체적변화는 경로에 관계없이 항상 상태 2 에서의 체적과 상태 1 에서의 체적의 차이다. 그러나 1-2 과정 동안 행해진 일은 아래의 식과 같다.

$$\int_c \delta W = W_{12} \quad (\neq \Delta W)$$

한편, 미소 체적변화는 dV로 표시되고, 상태 1과 상태 2 사이의 과정 동안 전체 체적변화는 아래의 식과 같다.

$$\int_{V=V_1}^{V=V_2} dV = V_2 - V_1 = \Delta V$$

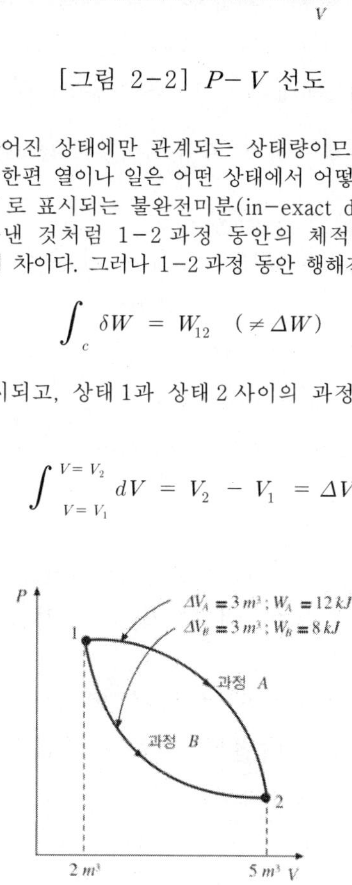

[그림 2-2.1] 경로에 따른 일

전체 일은 과정의 경로를 따라 행해진 일의 미분량(δW)을 합함으로써 구해진다.
δW의 적분은 상태 2 의 일에서 상태 1의 일을 뺀 $W_2 - W_1$ 이 아니다.
일은 상태량이 아니며, 시스템은 어떤 상태에서도 일을 가지고 있지 않기 때문에 $W_2 - W_1$ (, ΔW) 은 무의미하다.

(2) 에너지 관련 변형식

물체를 가열하면 에너지보존의 법칙에 의해 그 가열량은 물체의 내부에너지를 증가시키고, 동시에 물체를 팽창시키는 기계적인 일을 행한다.12)

기계적인 일의 하나의 예로서, 1.2 (2) 절에서 언급한 P - V 일에 관해 알아보자.

기체의 상태가 ① 에서 ② 까지 변화하였을 경우, 계의 에너지 E 의 변화량은 에너지 상태가 결정되면 계산될 수 있다. 즉, 에너지는 상태량 (property, state variable)이므로 변화의 경로에 관계없이 다음과 같이 쓸 수 있다.

$$\int_1^2 dE = E_2 - E_1 \quad \cdots\cdots \text{(1-28)} \qquad (2\text{-}8)$$

기체의 상태가 ① 에서 ② 까지 변화하였을 경우,

식 (2-7) 을 처음상태 1 에서 최종상태 2 까지의 과정에서 적분하면,

$$\begin{aligned} Q_{1-2} &= \Delta E + W_{1-2} \\ &= (E_2 - E_1) + W_{1-2} \end{aligned} \qquad (2\text{-}9)$$

가 된다. 여기서, 상태량 E 는 물리적으로 계의 주어진 상태에서의 모든 에너지를 포함하는 것으로서, 계 전체로서의 외부 역학적에너지와 내부 운동에너지13)와 내부 위치에너지14) 그리고 원자구조에 관계되는 에너지 등의 여러 가지 형태로 존재할 수 있다.

열역학에서는 계의 에너지는 계 전체의 외부15) 역학적 에너지를 별도로 생각하고, 계가 갖는 기타 에너지를 한데 묶어 내부에너지로 취급한다.

열역학에서는 열에 의한 내부에너지의 변화만을 따지므로 계가 가진 절대적인 크기는 의미가 없다. 즉, 내부에너지의 상태변화 전후의 상대적인 크기에 주목한다.

E = [물체의 분자 내부 에너지16), U] + [물체의 외부에너지17)]
= [물체의 분자 내부 운동, 위치에너지] + [물체의 역학적 에너지]

---

12) 이 둘의 변화가 동시에 일어난다는 사실은 경험을 통해 알고 있는 그대로이다.
이 사실을 간단히 「물체를 가열하면 그 물체의 엔탈피가 증가한다.」라고 표현한다.

13) 우리가 [외계(혹은, 주위)]라고 하는 계의 외부로부터 계에 행해진 일과 같은 기계적 에너지를 외부에너지라고 한다.

14) 계가 갖는 내부에너지를 미시적인 관점에서 보면 계를 이루는 물질은 수많은 미소한 분자로 구성되고 각 분자는 질량을 갖고 있으므로 내부운동에너지와 내부위치에너지를 지니고 있다.
따라서 계의 내부에너지는 내부운동에너지와 내부위치에너지의 총화로서 물질 속에 저장된다고 생각하는 것이다.
대개의 물질은 온도가 올라가면 분자의 운동이 활발해지므로 온도의 상승에 따라 내부에너지도 상승한다.

15) 절대온도에 비례하는 분자의 운동에너지

16) (1) 온도상승이라는 현상으로 나타나는 분자의 평균적인 운동에너지를 증가시키거나,
(2) 고체, 액체, 기체 등과 같이 계 내 분자의 집합상태를 변화시키면서 물질 내부에 축적된다.

17) 물질 전체가 갖는 운동에너지, 위치에너지, 유동에너지, 압축, 팽창 등과 같은 역학적인 에너지

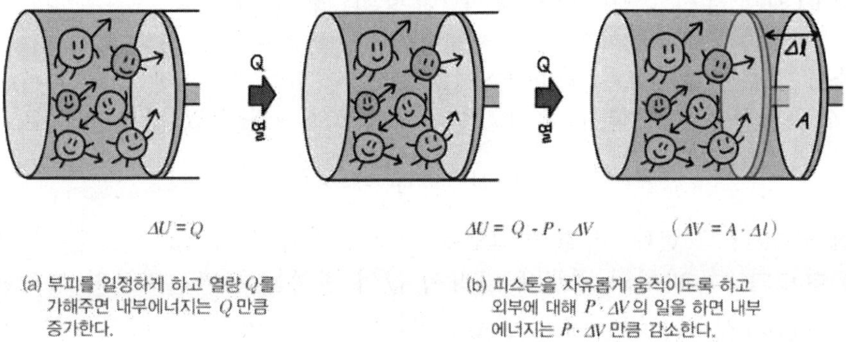

<내부에너지의 변화>

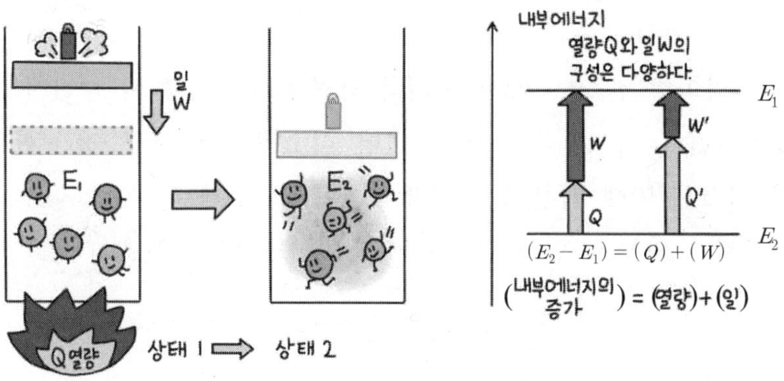

<내부에너지의 증가와 열역학 제 1 법칙>

자연현상에서는,
역학적 에너지가 보존되지 않고 감소한 역학적 에너지가 열 에너지로 나타나는 경우가 대부분이다. 역학적 에너지(위치에너지와 운동에너지)는 질량, 거리, 속도, 중력가속도 등으로 나타낼 수 있으나, 내부에너지(모든 형태의 에너지)는 구분하여 나타내기 힘들다.

(3) 에너지방정식 / 열역학 제 1 법칙의 제 1 공식

그림 [2-3] 의 P - V 선도 ($P-V$ *diagram*) 에서와 같이, 어떤 기체가 압력 P_1, 체적 V_1 의 상태 T,1 로부터 팽창하여, P_2, V_2 의 상태 B,2 에 도달하였을 동안에 한 일 W를,

$$W_{1-2} = \int_1^2 \delta W = \int_1^2 P \cdot dV \tag{2-10}$$

로 나타낼 수 있다. 그런데 이 값은 그림에서 보는 바와 같이 경로 ⓐ, ⓑ 에 따라서 그 적분치가 다르다. 즉 변화의 경로에 따라서 값이 변하는 불완전미분의 경로함수이다. 그러므로 식 (2-2) 에서 우변 제 1 항은 완전미분의 점함수이지만 제 2 항 때문에, 좌변의 δ_Q 역시 경로함수가 된다.

가열량으로 인해 기체의 압력 P 와 체적 V 가 변하는 상태를 P - V 직각 좌표상에서 P 를 세로축에, V 를 가로축에 취하면 그림 [2-3] 의 곡선 $T \sim B$ 와 같이 나타낼 수 있을 것이다.

변화 중의 임의의 한 점 b 에서 이때의 압력 P 가 피스톤의 표면적 A 에 작용하고 평형을 유지하면서 피스톤을 가만히 밀어 미소거리 dx 만큼 점 t 까지 움직였다고 하면 이때 피스톤 면에 작용하는 전체 힘은 $P \times A$ 가 된다.

따라서 기체가 외부로 향해서 피스톤을 밀어낸 일의 양은

$$\delta W = P \times A \times dx \tag{2-11}$$

이고,

여기서 $A \times dx = dV$ 이므로, 식 (2-2) 는 다음과 같이 나타낼 수 있다.

$$\delta Q = dU + \delta W = dU + P \times dV \tag{2-12}$$

한편, 단위질량에 관해서는,

$$\delta q = du + p \times dv \tag{2-12'}$$

으로 된다.

식 (2-12) 를 『열역학 제 1 법칙의 「제 1 공식」』[18] 혹은, 단순히 『에너지방정식』이라 한다.

18) 「비유동 에너지방정식」, 「단순 에너지방정식」이라고도 한다.

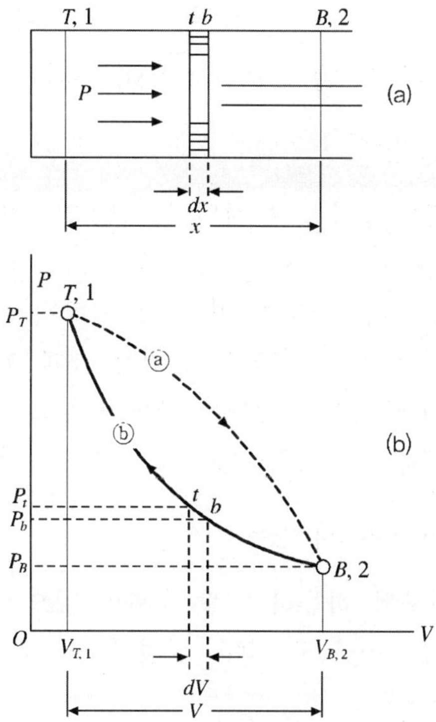

[그림 2-3] Piston Cylinder 장치의 P-V 선도

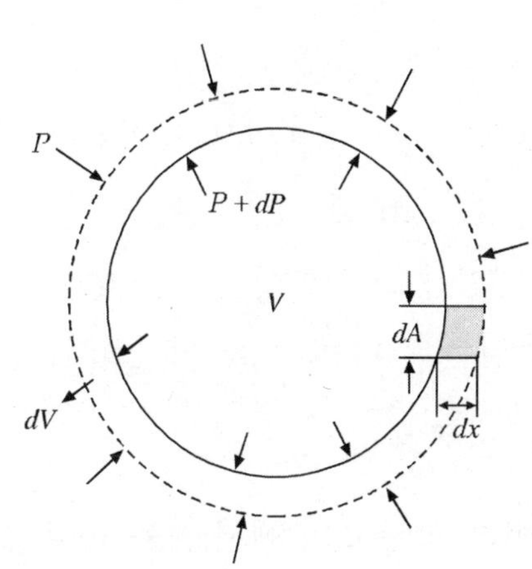

$$\delta W = P \cdot dA \cdot dx = P \cdot dV$$

(4) 밀폐계에 대한 열역학 제 1 법칙의 고찰

이 절에서는 식 (2-2) 와 같이 표현되는 열역학 제 1 법칙에 관하여 몇 가지의 기본적인 고찰을 하기로 한다.

$$\delta Q = dU + A_{eq} \cdot \delta W \quad \cdots\cdots (2\text{-}2) \qquad (2\text{-}12')$$

1) 내부에너지가 일정한 경우

내부에너지 U 는 온도만의 함수로서 계의 온도가 일정하면 $dU = 0$ 이 된다.
이 경우 식 (2-13) 은,

$$\delta Q = \delta W \qquad (2\text{-}13)$$

가 된다. 이 식이 의미하는 바는, 온도가 불변인 계에 외부로부터 δQ 의 열량을 받으면 자신의 내부에너지 증가에는 하나도 쓰이지 않고 모두 외부에 대한 일로서 소모된다는 것을 의미한다.

2) 고립된 계(isolated system)의 경우

고립된 계라는 것은 외부와 하등의 열량 교환이 없으며 외부에 대하여도 일을 주고받지 않는 $\delta Q = 0$, $\delta W = 0$ 인 시스템을 말한다. 이 경우 식 (2-12) 에서

$$dU = 0 \qquad (2\text{-}14)$$

가 되어야 한다.

위 식이 의미하는 바는 외부와 고립된 계는 내부에너지가 영원히 변하지 않는다는 것을 뜻한다.

3) 단열상태인 경우

어떤 계가 단열상태에 있으면 $\delta Q = 0$ 이므로 식 (2-12) 는

$$\delta W = -dU \qquad (2\text{-}15)$$

단열된 계는 외부로부터 하등의 에너지 공급이 없으므로 계 자체가 보유하는 내부에너지를 소모하여 외부의 일을 한다는 것을 의미한다.

4) 사이클(cycle)의 경우

열역학에서 사이클(cycle)이라 함은, 그림에서 보는 바와 같이 기체가 상태변화하여 원래의 상태로 되돌아오는 과정이 되풀이 되는 것을 말한다.

한 사이클 동안에 계에 가해진 순 (純, net) 열량은 한 사이클 동안에 외부에 대하여 행한 유효한 일량과 같게 된다.

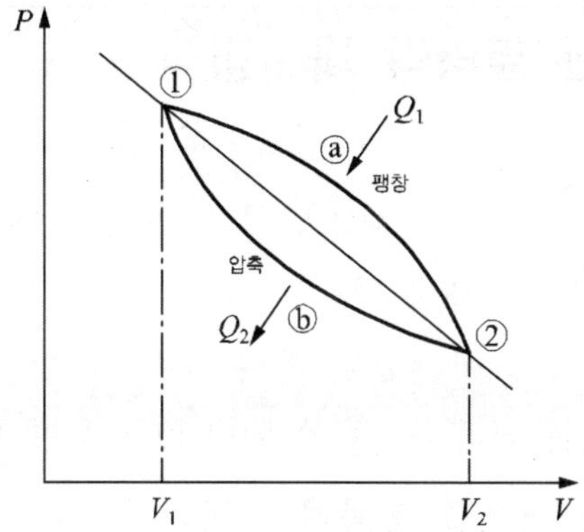

P - V 선도상에서 기체가 ① 의 상태로부터 출발하여 경로 ⓐ 를 거쳐 ② 에 도달한 다음 경로 ⓑ 를 거쳐 원래의 ① 의 상태로 되돌아오는 경우, 식 (2-13) 을 사이클 적분하면,

$$\oint \delta Q = \oint dU + \oint P \cdot dV \tag{2-16}$$

위 식을 경로 ⓐ 및 ⓑ 에 따라서 두 개의 식으로 나누어 쓰면,

$$\oint_{1-a}^{2} \delta Q = \oint_{1-a}^{2} dU + \oint_{1-a}^{2} P \cdot dV$$

$$\oint_{2-b}^{1} \delta Q = \oint_{2-b}^{1} dU + \oint_{2-b}^{1} P \cdot dV \tag{2-17}$$

위 두 식 좌변의 출입한 열량을 각각 Q_1, $-Q_2$ 라고 하고, 우변의 제 1 항에 관하여는 식 (1-28) 에서 설명한 바와 같이 내부에너지 U가 상태에만 의존하는 상태량인 점을 감안하면 위 두식은 각각 다음과 같이 고쳐 쓸 수 있다.

$$Q_1 = (U_2 - U_1) + \int_{1-a}^{2} P \cdot dV \cdots\cdots\cdots ①$$

$$-Q_2 = (U_1 - U_2) + \int_{2-b}^{1} P \cdot dV \cdots\cdots\cdots ② \tag{2-18}$$

단, 위 식에서 Q_1 이 [+]인 것은 계에 들어온 열을, Q_2 가 [−]라는 것은 계로부터 유출한 열량을 의미하므로 위 두 식을 연립하여 변끼리 더하면 다음 식과 같이 된다.

$$Q_1 - Q_2 = \int_{1-a}^{2} P \cdot dV - \int_{2-b}^{1} P \cdot dV \tag{2-19}$$

위 식의 좌변은 결국 한 사이클 동안에 계에 출입한 열량의 합을 나타내며, 우변의 괄호 안은 사이클 내부의 면적을 나타낸다. 그러므로 한 사이클 동안에 계에 가해진 순 (純) 열량은 한 사이클 동안에 외부에 대하여 행한 유효한 일량과 같다는 것을 알 수 있다.

2.4 개방계에 대한 열역학 제 1 법칙

지금까지는 밀폐계에서의 열역학 제 1 법칙에 관하여 살펴보았다.

열에너지는 물질의 온도를 변하게 하는 원인으로 온도가 다른 두 물체 사이에서 이동하는 에너지로서 단순히 열이라고도 한다.

밀폐계에서는 에너지는 일과 열의 형태로서 계의 경계를 통과하여 이동하였으나 물질은 그 경계 내에 있으며 계의 경계를 통과하지 못하였다.[19]

그러나 터빈 등 공학적인 시스템은 대부분의 경우, 물질도 계의 경계를 통과하여 이동한다. 따라서 밀폐계 만으로는 열역학적 해석이 불가하므로 개방계로 해석해야 한다.

개방계에서는 유체가 유동하고 있으므로 유체는 대상이 되는 경계를 통과하며, 이때 유동에너지는 경계를 통과하여 계를 넘나들게 된다.

따라서, 이러한 계의 에너지는 열, 일 및 경계를 통과하는 물질에 의해서 영향을 받는다. 이 때문에 개방계에 제 1 법칙을 적용하기 위해서는 먼저 경계를 통과하는 유체의 물질이 어느 정도의 에너지를 갖고 출입하는가를 알아야 한다.[20]

개방계에서 계의 경계를 통과하여 이동하는 물질과 함께 이동하는 에너지에는 다음과 같은 형태가 있다.

1) 내부에너지(internal energy, U)
2) 유동에너지(flow energy, W_f)
3) 운동에너지(kinetic energy, E_k)

즉, 계의 경계를 통과하는 물질이 가지는 총에너지 E_T는

$$E_T = U + W_f + E_k \tag{2-20}$$

된다.

19) 개방계에서는 에너지가 일과 열의 형태로서 계의 경계를 통과하여 출입하는 동시에 물질도 계의 경계를 통하여 이동하므로 유동계라고도 한다.

20) 밀폐계에서는 계의 에너지가 계의 경계를 통과하여 이동하는 열과 일에 의해서만 영향을 받으나, 개방계에서는 계의 경계를 통과하는 물질에 의해서도 영향을 받는다. 유동일(flow work)과 같은 말이다.

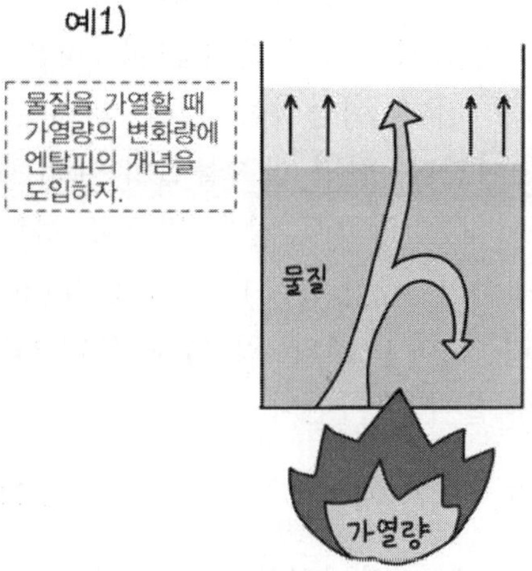

가열량의 쓰임/정압변화

= [물질의 온도 상승에 쓰임] + [물질을 팽창시키는 데 쓰임]

⇓

정압변화의 경우, 가열량은 물질의 [엔탈피]를 증가시키는 데 사용된다.

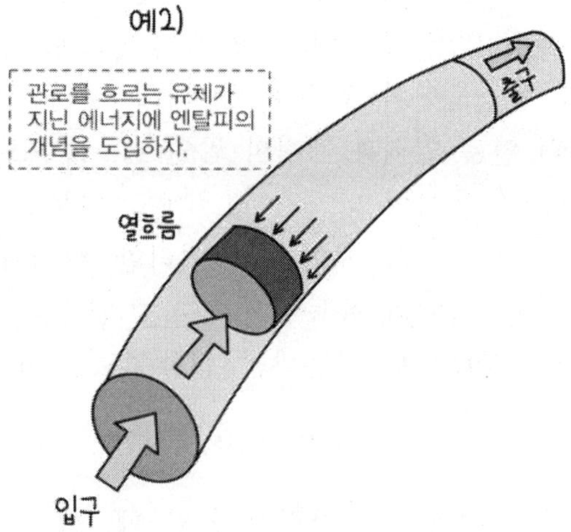

유체는 [내부에너지]와 [삽입 일]을 지니고 관로 속을 흐르고 있다.

⇓

유체는 [엔탈피]를 지니고 관로 속을 흐르고 있다

$$\Delta H = H_2 - H_1 = (U_2 + P_2 \cdot V_2) - (U_1 + P_1 \cdot V_1) = Q_{12}$$

$$H = U + W_f = U + P \cdot V$$

엔탈피란 U와 $P \cdot V$를 한데 합쳐서 H라 부를 따름이다. 즉, H=U+PV
열역학적 계(thermodynamic system)가 지닌 열에너지량을 뜻하며 열함량이라고도 한다. (열은 이동하는 에너지의 형태이지 어떤 곳에 함유되어 있는 대상이 아니므로 열함량이란 말은 단어 자체에 어패가 있어 더 이상 사용하지 않기로 한다.)

(1) 유동일과 엔탈피

계의 경계를 넘어 물질이 이동할 때 물질은 유동에너지가 포함되어 이동한다. 그림 2-4 에서와 같이 계의 입구 (상태 1)를 통하여 유체가 계 내로 들어가기 위해서는 유체를 경계 내로 밀어 넣는 역학적인 일을 필요로 한다. 즉, 유체가 계로 들어온다는 것은 체적 V_1 의 동작물질이 압력 P_1 에 의해 계의 경계를 넘어 이동하는 것을 의미하므로 이때의 일은 압력과 체적의 곱인 $P_1 \cdot V_1$ 으로 주어진다. 한편 동작물질이 계의 출구 (상태 2)를 통하여 나가는 경우에도 외부로 밀어내는 역학적 일을 필요로 하며 그 크기는 $P_2 \cdot V_2$ 로 주어진다. 이러한 압력과 체적의 곱인 $P \cdot V$ 를 유동일 (W_f)로 정의하며, 이때의 유동일은 $P \cdot dV$ 일[21]과 달리 상태 1 (계의 입구)과 상태 2 (계의 출구)의 상태에만 의존하는 점함수로서 다음과 같이 주어진다.

$$\Delta W_f = W_{f\_2} - W_{f\_1} = P_2 \cdot V_2 - P_1 \cdot V_1 \tag{2-21}$$

물체에 작용하는 압력이 P 일 때, 그 물체 자체가 차지하는 공간을 만드는 데 필요한 일은 다음과 같다.

$$W = \int_0^V P \cdot dV = P \cdot V$$ [22]

따라서 (용기에 있는 기체와 같은) 물체의 총에너지는 내부에너지에 압력 P 를 더한 것으로 부피 V 를 가짐으로써 생성되는 가외의 에너지로서 이 총에너지를 엔탈피 H 라 부른다. 부피 V, 압력 P 를 가지는 계에 대하여 엔탈피를 다음과 같이 정의한다.

$$H = U + P \cdot V \tag{2-22}$$

(internal energy: U, pressure in system: P, volume in system: V)

그리고 상태 1과 2 사이에서 엔탈피의 차는 다음과 같다.

$$\begin{aligned} \Delta H &= H_2 - H_1 = \Delta U + \Delta(P \cdot V) \\ &= (U_2 + P_2 \cdot V_2) - (U_1 + P_1 \cdot V_1) \end{aligned} \tag{2-23}$$

---

21) 경로함수 : 압력 P 가 체적 V 의 함수이다.

22) $P \cdot V$ 항은 압력에너지(pressure energy)라고도 한다.

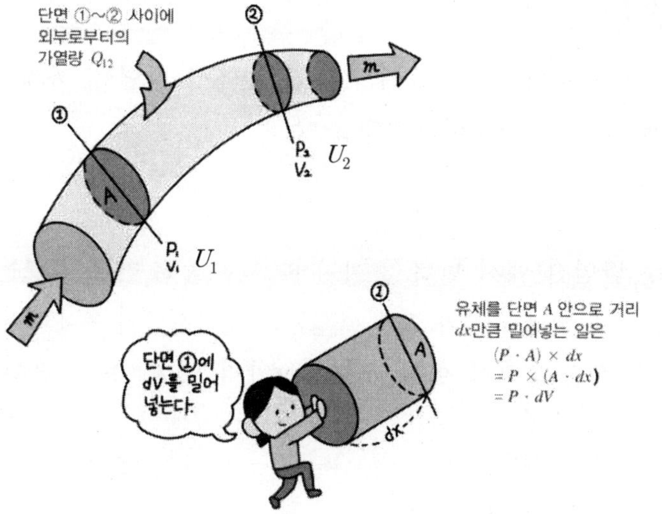

▶ 질량 m 의 유체가 단면 ①을 가로질러 통과할 때는 내부에너지 U_1 이 유체에 실려 들어가기도 하지만, 이 유체를 경계 내에 밀어넣기 위한 기계적 일도 필요하게 된다.
이 일은 압력과 용적의 곱으로 나타내지는 기계적인 일 $P_1 \cdot V_1$ 이다.
또 출구단면②를 통과해 나갈 때 유체는 내부에너지 U_2 를 지니고 있기도 하지만 외부로 밀어내는 기계적인 일 $P_2 \cdot V_2$ 를 행한다.

$$Q_{12} = (U_2 + P_2 \cdot V_2) - (U_1 + P_1 \cdot V_1)$$

[그림 2-4] 관로를 흐르는 유체가 지닌 에너지와 엔탈피

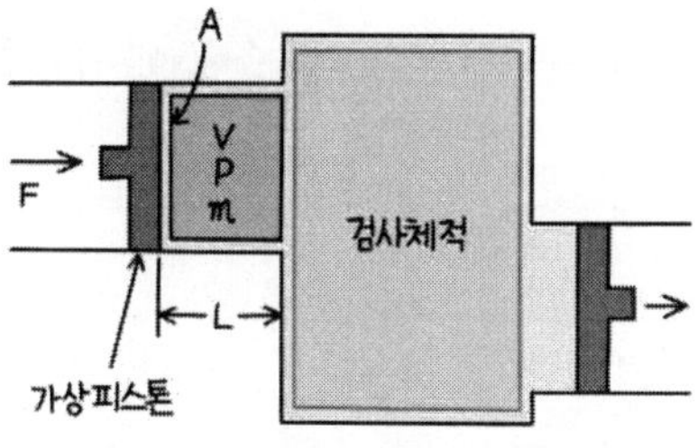

<유동 일의 개략도>

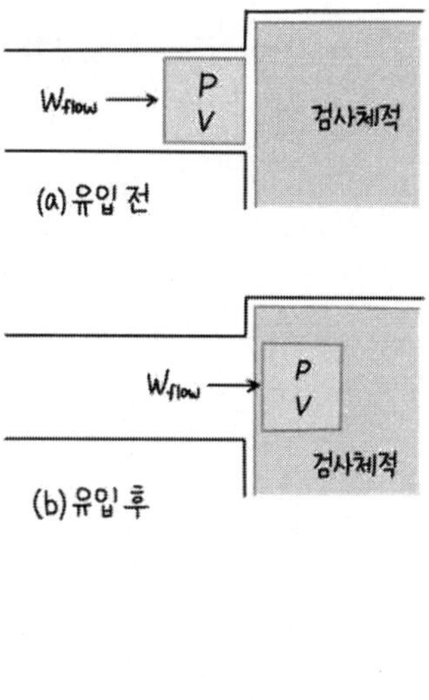

▶ 유동일은 유체를 검사체적 안으로 밀어 넣거나 검사체적 밖으로 밀어내는 데 필요한 에너지이며, $P \cdot V$ 와 같다.

(2) 총에너지량

그림 2-5 에서 보는 바와 같이, 유체가 단면 ① 에서 단면 ② 까지 흘러가는 dt 시간 동안 유체와 함께 흐르는 내부에너지량 dU 는,

$$dU = G \cdot u \cdot dt \tag{2-24}$$

와 같다. 다음으로 단면 ① 에서 단면 ② 까지 $dl = \omega \times dt$ 만큼 흐르는 동안 유로 내에 가상적인 피스톤을 놓아두고 유체와 함께 흐르는 단위시간당의 총에너지량을 생각하여 보자. 먼저 피스톤을 거리 dl 만큼 이동시키는 동안의 일 δW 는 다음과 같다.

$$\delta W = \delta W_f = p \cdot \pi \cdot r^2 \cdot \omega \cdot dt = p \cdot V \cdot dt^{23)}$$

$$= p \cdot \frac{G}{\gamma} \cdot dt = G \cdot p \cdot \frac{1}{\gamma} \cdot dt = G \cdot p \cdot v \cdot dt \tag{2-25}$$

이를 보통 유체가 보유하는 유동에너지 (flow energy)라고 한다. 위 식에서 $G\ kg/\sec$ 는 중량유량으로서 $G = \gamma \cdot \omega \cdot \pi \cdot r^2 = \gamma \cdot V$ 이며, $V\ m^3/\sec$ 는 체적유량이고, $v\ m^3/kg$ 은 유체의 비체적을 나타낸다.

또한, 같은 시간 동안의 운동에너지량 E_k 는 다음과 같다.

$$dE_k = \frac{G}{2 \cdot g} \cdot \omega^2 \cdot dt \tag{2-26}$$

dt 시간동안 유체와 함께 흐르는 총에너지량은 식 (2-24), (2-25), (2-26) 의 합이므로, 그림과 같은 유로 내를 흐르는 유체와 함께 단위시간당 흐르는 총에너지량 $E_T\ kcal/\sec$ 는 식 (2-20) 과 같이 정의되는 엔탈피와 운동에너지의 합과 같다는 것을 의미한다.

$$E_T = G \cdot \left(u + p \cdot v + \frac{\omega^2}{2 \cdot g}\right) \cdots\cdots \text{(2-20)}$$

23) 1 bar(1 atm = 1.013 bar)인 대기에서 $1\ m^2$ 에 작용하는 대기의 힘은 $10\ t$ 으로 결코 무시할 수 없는 크기이다. 체중계 눈금에 표시된 수치는 인체의 무게만을 나타내지 않는다. 이 체중계는 사람과 옷의 합계 무게를 나타낸다. 마찬가지로, 부피 V 인 물체의 에너지를 계산하고자 할 때에는 그 자체가 차지할 부피도 함께 계산되어야 한다.

▶ 유체가 관로를 흐르고 있을 경우에는 유체 자신이 지닌 에너지뿐만이 아니고 흐름에 의해서 관내로 전해지는 에너지가 있을 것이다.
이 에너지는 유체와 함께 흐르는 에너지로서 전방에 있는 유체를 미는 기계적 일로서 그 크기는 압력 P 와 체적 V 의 곱으로 주어진다.

[그림 2-5] 유동에너지의 상태량

(3) 에너지 입·출량

그림 2-6 과 같은 계의 입구단면에 압력 p_1, 비내부에너지 u_1, 비체적 v_1, 위치에너지 z_1, 유속 V_1 인 1 kg_m 의 물질이 이동하여 통과한다고 하면,
이때 계로 들어가는 단위질량 당의 유입에너지 e_1 은 다음과 같이 주어진다.

$$e_1 = u_1 + p_1 \cdot v_1 + ke_1 + pe_1 = h_1 + ke_1 + pe_1 = h_1 + \frac{1}{2} \cdot \mathrm{v}_1^2 + g \cdot z_1 \qquad (2\text{-}27)$$

한편, 물질이 출구단면을 통과하여 이동하는 경우 계를 떠나는 단위질량 당의 유출에너지 e_2는 다음과 같이 주어진다.

$$e_2 = u_2 + p_2 \cdot v_2 + ke_2 + pe_2 = h_2 + ke_2 + pe_2 = h_2 + \frac{1}{2} \cdot \mathrm{v}_2^2 + g \cdot z_2 \qquad (2\text{-}28)$$

만일, m kg_m 의 물질이 이동하여 통과한다고 하면,
이 경우의 유입에너지 E_1 과 유출에너지 E_2 는 다음과 같다.

$$E_1 = m_1 \cdot e_1, \quad E_2 = m_2 \cdot e_2$$

개방계에 대한 에너지수송식은 개방계의 입구 단면과 출구 단면을 통하여 유·출입 하는 물질에 의해 나타나는 에너지 변화에 의해서 다음과 같이 표현할 수 있다.

[계로 들어가는 전(全) 에너지] − [계를 떠나는 전(全) 에너지] = [계의 전(全) 에너지 변화]

이 관계를 그림의 개방계에 적용하여 보면, 계로 들어가는 유입에너지는
열량 Q 와 입구단면을 통과하는 물질이 가지는 에너지 E_1 의 합으로 주어진다. 즉,

$$[\text{계로 들어가는 전(全) 에너지}] = Q + E_1 \qquad (2\text{-}29)$$

한편, 계를 떠나는 유출에너지는 일 W 와 출구단면을 통하여 물질이 가지고 나가는 에너지 E_2 와의 합으로 다음과 같이 주어진다. 즉,

$$[\text{계를 떠나는 전(全) 에너지}] = W + E_2 \qquad (2\text{-}30)$$

여기서, 계의 경계를 통과하여 유·출입하는 전(全) 에너지에 의하여 일어나는 계 내의 에너지 변화 ΔE_{sys} 는 계 내의 물질이 지닌 엔탈피와 운동에너지 및 위치에너지의 합의
변화이므로 다음과 같이 나타내어진다.

$$\Delta E_{sys} = \Delta\{ H + (KE + PE)_{sys} \} \qquad (2\text{-}31)$$

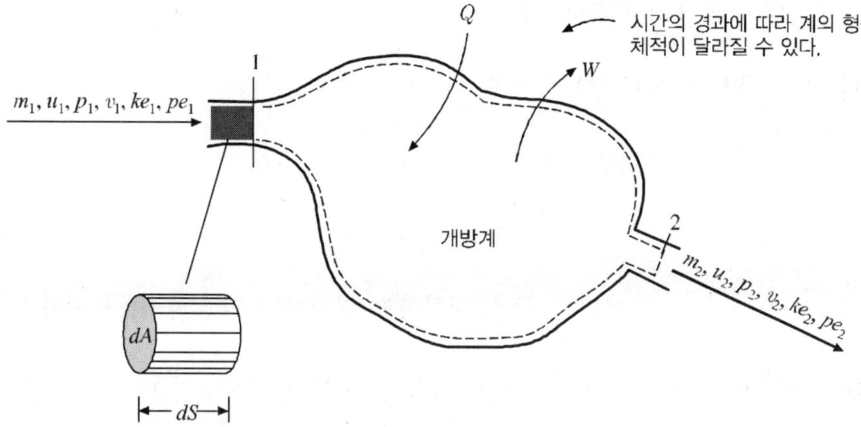

$$\text{전체 에너지 입열량} = \text{전체 에너지 출력량}$$

$$(E_1 + Q) = (E_2 + W)$$

$$E_2 - E_1 = \Delta E_{sys}$$

$$E_{유입} - E_{유출} = \Delta E_{sys}$$

열, 일 및 질량에 의한 순수 에너지 전달	시스템 내부 입자의 운동, 위치에너지 변화

[그림 2-6] 개방계의 일반적 표시

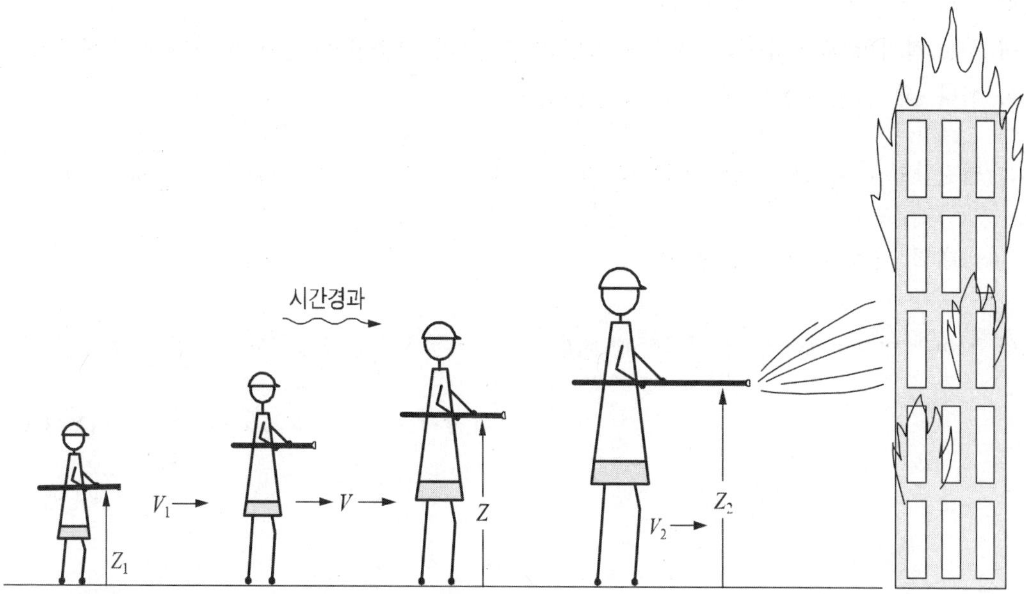

(4) (일반) 에너지보존의 식

식 (2-29), (2-30) 을 식 (2-31) 에 대입하면 다음 식을 얻는다.

$$[Q + E_1] - [W + E_2] = \Delta E_{sys} \tag{2-32}$$

$$\Delta E_{sys} = Q - W \tag{2-32'}$$

위 식 (2-32) 에 각각의 에너지 항을 대입하고 정리하면 다음과 같이 된다.

$$Q + m_1 \cdot (u_1 + p_1 \cdot v_1 + \frac{\mathrm{v}_1^2}{2} + g \cdot z_1) = W + m_2 \cdot (u_2 + p_2 \cdot v_2 + \frac{\mathrm{v}_2^2}{2} + g \cdot z_2) + \Delta(H + m \cdot \frac{\mathrm{v}^2}{2} + m \cdot g \cdot z) \tag{2-33}$$

식 (2-33) 은 개방계에 대한 에너지보존의 식으로 열역학 제 1 법칙의 일반적인 표현이다.

개방계와 밀폐계를 망라하여 식 (2-33) 을 「열역학 제 1 법칙의 (일반) 에너지보존의 식」이라 함은 이 식이 개방계에서만 적용될 수 있는 식이 아니고, 밀폐계에서도 적용될 수 있기 때문이다.

즉, 밀폐계에서는 물질의 이동이 없다고 하였으므로, $m_1 = m_2 = 0$[24] 으로 놓으면, 밀폐계의 경우의 에너지방정식 (2-12) 와 같게 됨을 알 수 있다.

단, 밀폐계의 경우 계의 에너지 변화에서 운동에너지와 위치에너지의 변화의 크기는 내부에너지 변화의 크기에 비해 미소하므로 대개 무시되나, 개방계의 경우는 에너지 간에 변화의 크기를 비교할 필요가 있다.

여기서, 열역학 제 1 법칙을 시간 dt 동안의 각 항의 변화율의 형태로 나타내면 다음과 같이 된다. 위 식 (2-33) 을 시간에 대해 미분하고,

$$\text{열전달률} = \frac{d}{dt} Q = \dot{Q}, \quad \text{시간당 일} = \frac{d}{dt} W = d\dot{W}, \quad \text{질량 유동률} = \frac{d}{dt} m = \dot{m}$$

로 나타내면 다음 식으로 표현된다.

$$\dot{Q} + \dot{m}_1 \cdot (u_1 + p_1 \cdot v_1 + \frac{\mathrm{v}_1^2}{2} + g \cdot z_1) = \dot{W} + \dot{m}_2 \cdot (u_2 + p_2 \cdot v_2 + \frac{\mathrm{v}_2^2}{2} + g \cdot z_2) + \frac{d}{dt}(H + m \cdot \frac{\mathrm{v}^2}{2} + m \cdot g \cdot z) \tag{2-33'}$$

---

24) $(m \neq 0)$

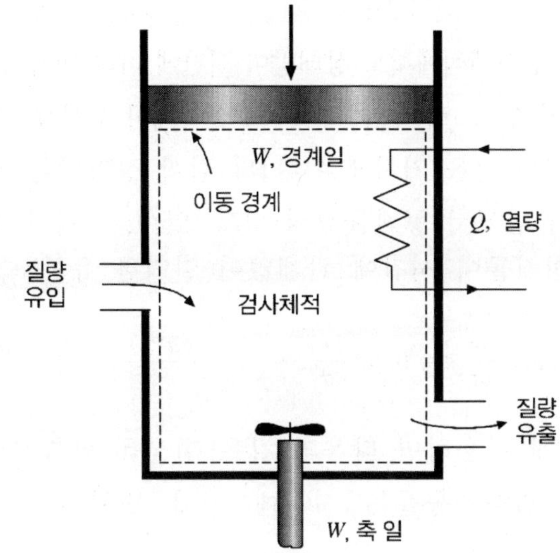

▶ 검사체적은 전기 일과 축 일뿐만 아니라 경계 일을 포함할 수 있다.

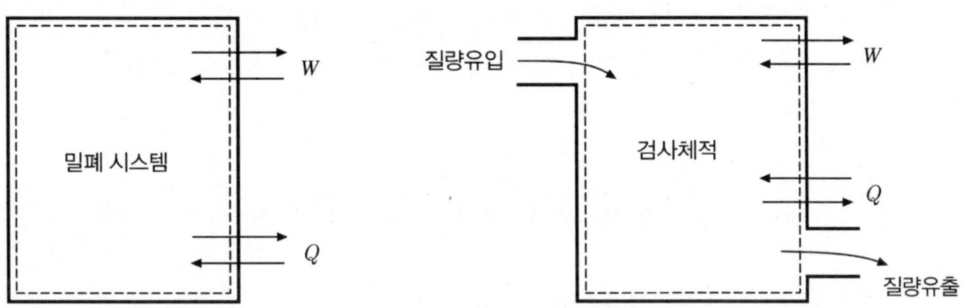

▶ 검사체적의 에너지량은 열과 일 교환뿐만 아니라 질량유동에 의해서도 변화될 수 있다.

$$E_{유입} - E_{유출} = \Delta E_{system}$$

$E_{유입} - E_{유출}$	ΔE_{system}
열, 일 및 질량에 의한 순수 에너지 전달	내부, 운동, 위치 에너지 등의 변화

또는 시간율 형태로는

$$\dot{E}_{유입} - \dot{E}_{유출} = \Delta \dot{E}_{system}$$

$\dot{E}_{유입} - \dot{E}_{유출}$	$\Delta \dot{E}_{system}$
열, 일 및 질량에 의한 순수 에너지 전달	내부, 운동, 위치 등의 에너지 변화

(5) 정상유동 과정(steady flow process)

계(시스템)에서와 같이 검사체적에서도 상태량이 시간에 따라 변하지 않는 정상상태유동[25] 에서의 유동과정을 [검사체적으로 유입되는 유체의 상태와 검사체적에서 유출되는 유체의 상태가 다를 때마다 유동과정을 거치게 된다]와 같이 정의[26]할 수 있다.

정상유동이란 임의의 점에서 동작물질의 밀도, 압력, 비체적, 내부에너지(엔탈피), 속도 등의 열역학적 성질들이 시간에 관계없이 일정한 유동 즉,

$$\frac{\partial \rho}{\partial t} = 0, \quad \frac{\partial p}{\partial t} = 0, \quad \frac{\partial v}{\partial t} = 0, \quad \frac{\partial u(h)}{\partial t} = 0, \quad \frac{\partial \mathrm{v}}{\partial t} = 0$$

이므로 이를 식 (2-33) 에 적용하면 다음과 같은 현상을 만족시키는 과정이 된다.

(1) 계에 들어가는 질량유동률은 시간에 따라 변하지 않으며, 계를 떠나는 질량유동률과 같다.

$$\dot{m}_1 = \dot{m}_2 = \dot{m}$$

(2) 계의 입구와 출구에서의 상태, 그리고 계에 들어가고 나가는 동작물질의 속도, 위치가 시간에 따라서 변하지 않는다. 즉, 시간의 함수가 아니다.

$$(u,\ \mathrm{v},\ z) \neq f(t)$$

(3) 계 내의 全에너지가 시간에 따라 변하지 않는다.

$$\frac{d}{dt}(E) = \frac{d}{dt}(U + P \cdot V + 1/2 \cdot m \cdot \mathrm{v}^2 + m \cdot g \cdot z) = 0$$ [27]

(4) 계의 경계를 이동하는 열과 일의 변화율이 시간에 따라 변하지 않는다.

$$\dot{Q} \neq f(t), \qquad \dot{W} \neq f(t)$$

실제로 이러한 조건들을 완전히 만족시키는 계는 있을 수 없으나 이러한 조건하에서 계를 해석한 후, 오차수정을 통하여 실제적인 사항에 접근시키는 것이 열역학문제를 해결하는 순서이다.

---

25) 정상유동이 이루어지려면, (장소가 달라지면 유동의 상태가 달라져도) 유동의 상태가 같은 장소에서는 시간에 따라 변화하지 않아야 한다.

26) 물질이 계의 경계를 통하여 이동하는 유동계에 대한 열역학적 문제를 다룰 때는 먼저 유동에 관한 합리적인 과정을 고려하는 것이 요구된다. 이러한 요구에 적합한 과정으로 정상유동 과정을 적용한다.

27) $E = m(u + p \cdot v + 1/2 \cdot \mathrm{v}^2 + g \cdot z) = m(h + 1/2 \cdot \mathrm{v}^2 + g \cdot z)$

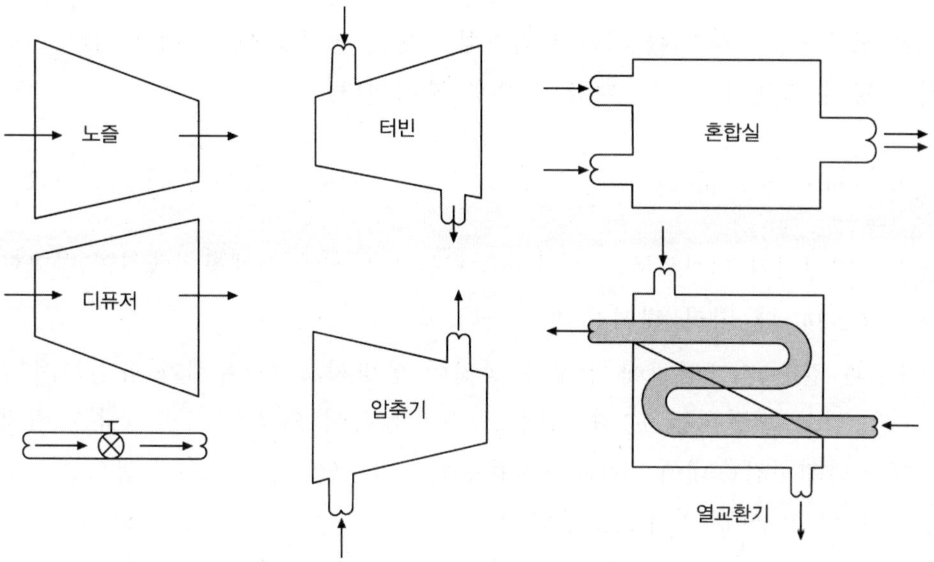

(a)　(b)　(c)

정상유동 장치

(a) 증기를 주기관으로부터 노즐을 통해 터빈에 보내는 장치
(b) 냉매를 압축기로부터 콘덴서로 보내는 장치
(c) 냉각수를 엔진으로부터 라디에이터로 보내는 장치

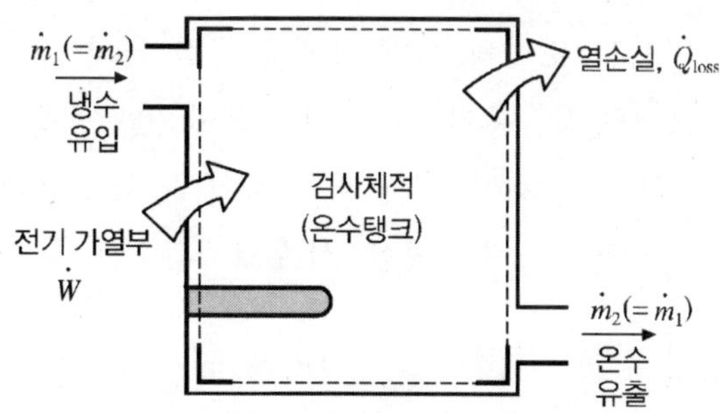

정상유동 장치는 장시간 동안 일상적으로 운전한다.

(a) 증기를 주기관으로 부터 노즐을 통해 터빈에 보내는 장치
(b) 콘덴서
(c) 엔진

(6) (정상유동 과정의) 에너지 유입·유출

정상유동을 하는 유체가 관 내에서 임의의 단면을 통과할 때, 유체가 지니고 흐르는 단위시간 당의 全에너지 E는 다음 식으로 주어진다.

$$E = m \cdot [(u + p \cdot v) + \frac{v^2}{2} + g \cdot z)] = m \cdot [(h) + \frac{v^2}{2} + g \cdot z)] \quad (2\text{-}34)$$

개방계의 일반적인 예시로부터 정상 유동하는 일반적인 기계장치에서의 열역학적인 문제를 식 (2-34) 에 따라 해석하고자 한다.

그림 2-7 과 같은 기계장치에 입구를 통하여 엔탈피 h_1 의 유체가 유입하여 일 W^t $[Joule/s]$을 하고, 엔탈피는 h_2 가 되어 출구를 통하여 외부로 유출된다고 하자.

이 때, 단위시간 내에 기계장치로부터 열전달 등으로 손실되는 열량을 $\dot{Q}_{loss}\,[J/s]$라 하면, 식 (2-33) 으로부터

$$\dot{m}_1 \cdot h_1 = \dot{m}_2 \cdot h_2 + \dot{W} + \dot{Q}_{loss} \; [Joule/s] \quad (2\text{-}35)$$

로 되며, 이 식에서 W 는 공업일 W^t [28]이라 불리는 개방계의 일이다.

만일, 유입할 때와 유출할 때의 상태량이 다르고, SI 단위를 사용하지 않으면,

$$\dot{m}_1 \cdot (h_1 + \frac{v_1^2}{2} + g \cdot z_1) = \dot{m}_2 \cdot (h_2 + \frac{v_2^2}{2} + g \cdot z_2) + A_{eq} \cdot \dot{W}^t + \dot{Q}_{loss} \; [kcal/s] \quad (2\text{-}35')$$

와 같이 된다. 지금, 단위질량 $1\,kg_m$ 의 유체가 계의 입구(단면 ①)와 단면 ② 의 출구를 가로질러 출입하면서도 도중에 계의 경계를 통한 일의 출입이 없다고 하고, 운동에너지·위치에너지는 고려하지 않기로 하면, 단면 ② 를 통과하는 유체가 지닌 에너지는 단면 ①을 통과하는 유체가 지닌 에너지와 도중에서 보태진 열량 q_{1-2} 와의 합계가 되어야 하므로 가열량 q_{1-2} 는 다음 식으로 나타낼 수 있다.

$$q_{1-2} = (u_2 + p_2 \cdot v_2) - (u_1 + p_1 \cdot v_1) \quad (2\text{-}36)$$

위 식에서, $u_1 + p_1 \cdot v_1 = h_1, \quad u_2 + p_2 \cdot v_2 = h_2$

이므로, 식 (2-36) 을 엔탈피 h [29]를 이용하여 다음과 같이 간단히 나타낼 수 있다.

$$q_{1-2} = h_2 - h_1 \quad (2\text{-}36')$$

28) 공업일(technical work) / 제 2.7절 참조

29) 엔탈피 ⊂ 열에너지 / 제 2.5절 참조

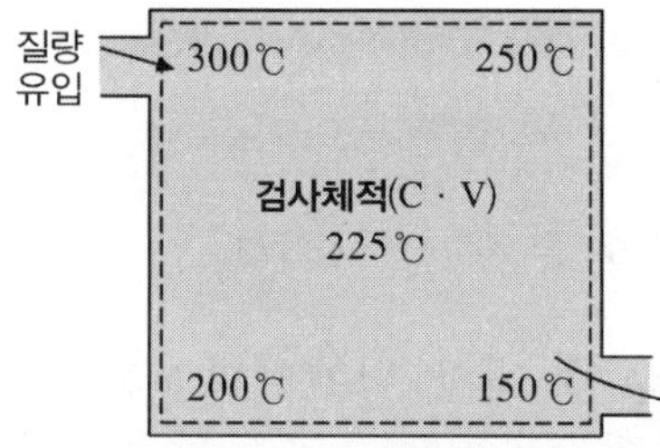

시간 : 오전11시

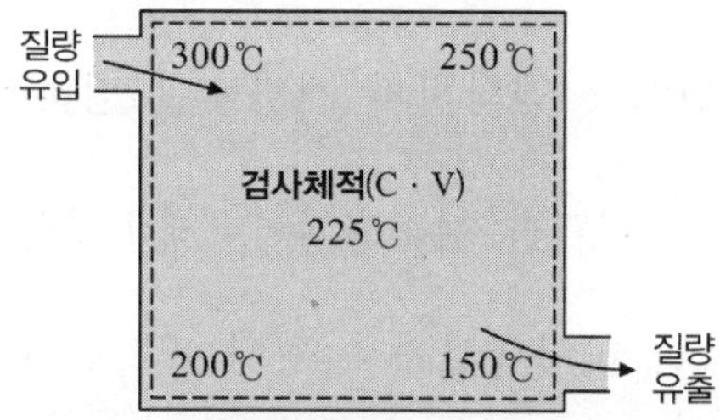

시간 : 오후13시

▶ 정상유동 과정 동안, 체적 내의 상태량은 위치에 따라 다를 수도 있으나 시간에 따라 변하지 않는다.

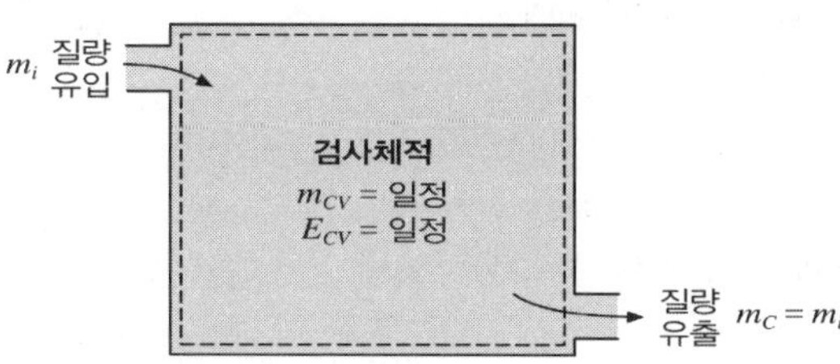

▶ 정상유동 조건에서 검사체적의 질량과 에너지는 일정하게 유지된다. 유입질량은 유출질량과 같다.

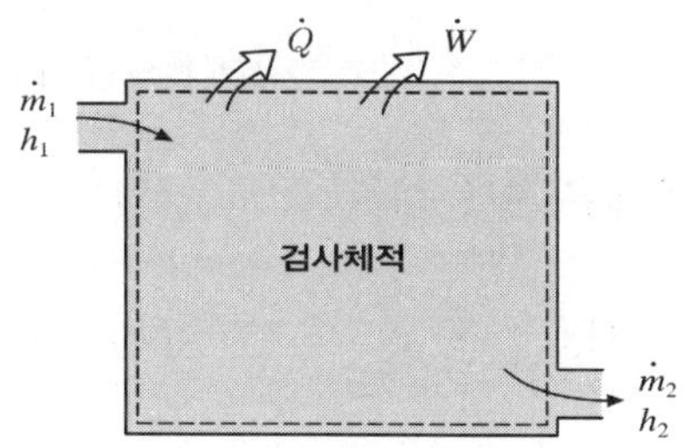

▶ 정상유동 조건에서 입구나 출구의 유체 상태량은 시간에 따라 변하지 않으며 일정하다.

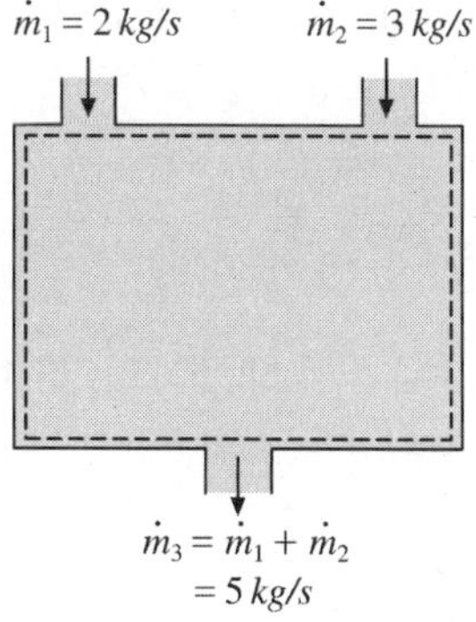

▶ 2 개의 입구와 1 개의 출구를 가진 정상 유동 시스템에 대한 질량 보존 법칙

[그림 2-7] 정상유동하는 개방계 기계 장치

(7) 에너지방정식 / 열역학 제 1 법칙의 제 2 공식

이번에는 엔탈피의 개념을 도입하여,

『열역학 제 1 법칙의 「제 1 공식」』 : $\delta q = du + p \times dv$ …… (2-12)

을 달리 나타내보기로 한다. 앞 절에서 동작유체 1 kg 에 대한 비엔탈피 h 를

$$h = u + p \cdot v \ [J/kg] \quad \cdots\cdots (2\text{-}22)$$

으로 정의하였다. 여기서, h, u, p 및 v 는 어느 것이나 상태량이므로,[30] 이들의 미소량은 식 (2-22) 를 미분하여,

$$d(h) = d(u) + d(p \cdot v) \quad \cdots\cdots (2\text{-}22') \qquad (2\text{-}37)$$

의 관계를 얻는다.

여기서, $d(p \cdot v) = v \cdot dp + p \cdot dv$

이므로, 그 결과 $d(h)$ 는

$$dh = du + (v \cdot dp + p \cdot dv) = (du + p \cdot dv) + v \cdot dp \ ^{31)} \qquad (2\text{-}38)$$

이므로 즉, $(du + p \cdot dv) = dh - v \cdot dp$ (2-39)

과 같이 된다. 식 (2-39) 에 $du + p \cdot dv = \delta q$ / 제 1 공식을 대입하고 정리하면

$$\delta q = dh - v \cdot dp \qquad (2\text{-}40)$$

이 얻어진다.

식 (2-40) 을『열역학 제 1 법칙의「제 2 공식」』이라 하며, 제 1 공식과 함께 에너지방정식이라 한다.

---

30) (완전)미분 가능

31) 한편, 정압과정에서는 $dp = 0$ 이므로, $dh = du + p \cdot dv$

$p \cdot v$ 의 미소변화량 $d(p \cdot v)$을 구하기 위한 미분은 p 도 v 도 변수이므로 편미분이어야 한다. 먼저, $(p \cdot v)$의 p 방향으로의 미소변화량은, ($p \cdot v$ 의 p 방향의 구배) × (p 방향의 변화량)

$$\left(\frac{\partial (p \cdot v)}{\partial p}\right)_v \cdot dp = v \cdot dp \qquad \text{(a)}$$

v 방향으로의 미소변화량은, ($p \cdot v$ 의 v 방향의 구배) × (v 방향의 변화량)

$$\left(\frac{\partial (p \cdot v)}{\partial v}\right)_p \cdot dv = p \cdot dv \qquad \text{(b)}$$

해설

$\delta q = du + p \cdot dv$ ······ (2-12) 체적의 변화가 일어나지 않았다면 가열량의 크기, δq = 내부에너지의 증가량, du	$\delta q = dh - v \cdot dp$ ······ (2-40) 압력의 변화가 일어나지 않았다면 가열량의 크기, δq = 엔탈피의 증가량, dh

$$\delta Q = dH - V \cdot dP = d(U + P \cdot V) - V \cdot dP = dU + P \cdot dV + V \cdot dP - V \cdot dP$$
$$\delta Q = \qquad = dU + P \cdot dV$$

제 1 공식 / 에너지방정식	=	제 2 공식 / 에너지방정식
$(\delta Q = dU + P \cdot dV)$ ······ (2-12)		$(\delta Q = dH - V \cdot dP)$ ······ (2-40)
압력의 변화가 없으면, $(dP = 0)$		체적의 변화가 없으면, $(dV = 0)$
내부에너지를 기초로 하는 열역학 제 1 법칙의 제 1 공식		엔탈피를 기초로 하는 열역학 제 1 법칙의 제 2 공식

(8) 개방계에 대한 열역학 제 1 법칙의 고찰

개방계의 기계장치를 실제적인 피스톤 - 실린더 장치로 구체화시키면, 한 사이클 동안 장치에 출입하는 열에 의한 에너지 변환은 다음과 같다.

$$\oint du = \int_{0(-1-2-3)}^{0} du = \Delta u_1 + \Delta u_2 + \Delta u_3 + \Delta u_4 = 0 \ : \text{점함수}$$

$$\Delta u_1 = u_1 - u_0$$

$$\Delta u_2 = u_2 - u_1$$

$$\Delta u_3 = u_3 - u_2$$

$$\Delta u_4 = u_0 - u_1$$

$$\oint dh = \int_{0(-1-2-3)}^{0} dh = \Delta h_1 + \Delta h_2 + \Delta h_3 + \Delta h_4 = 0 \ : \text{점함수}$$

$$\Delta h_1 = h_1 - h_0$$

$$\Delta h_2 = h_2 - h_1$$

$$\Delta h_3 = h_3 - h_2$$

$$\Delta h_4 = h_0 - h_1$$

$$w = \oint \delta w = \int_{0(-1-2-3)}^{0} \delta w = q_1 + q_2 - q_3 - q_4 \ : \text{경로함수}$$

$$w = q_{in} - q_{out} = (q_1 + q_2) - (q_3 + q_4) = q_1 + q_2 - q_3 - q_4$$

$$\oint \delta q = \oint du + \oint \delta w$$

$$q = 0 + (q_{in} - q_{out}) = 0 + w = w$$

$$\oint \delta q = \oint dh - \int v \cdot dp$$

$$q = 0 - \int v \cdot dp = 0 - (-w) = w$$

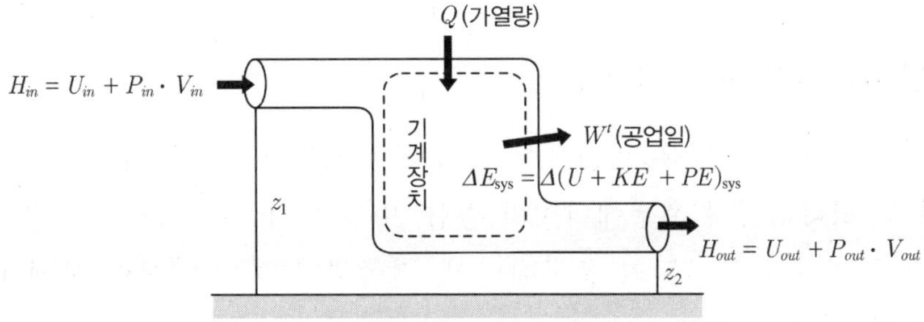

<개방계의 기계장치>

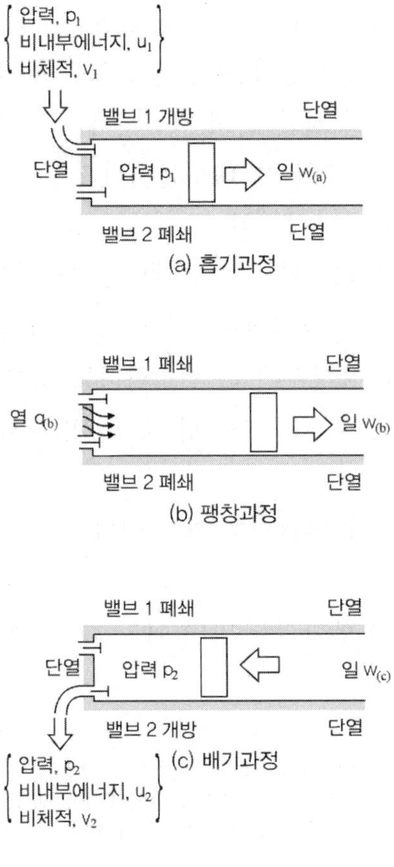

<개방계의 에너지 변환>

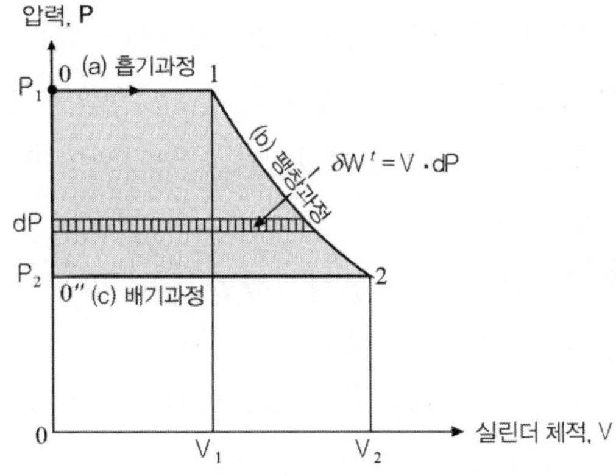

<실린더 체적과 압력의 관계>

2.5 엔탈피(enthalpy)

(1) 엔탈피와 내부에너지

어떤 물질의 안에는 수많은 원자들이 결합되어 있으며 그 각 원자 혹은 분자들이 움직이면서 그 하나하나의 운동에너지의 총합, 또는 각각 전기력으로 결합되어 있다. 물질의 이러한 원자나 분자들의 운동에너지, 결합에너지 등등 어떤 물체 내의 모든 에너지의 총합을 그 물체의 내부에너지로 정의하였다.32)

에너지보존의 법칙에 의하면 물질이 지니게 되는 열에너지의 변화량은 물질계에 가해진 열량에서 물질계에 의해서 수행된 일의 양을 뺀 것과 같은 값으로 다음 두 가지 경우에 대하여 생각할 수 있다.

내부에너지의 경우, 부피를 일정하게 하고 온도를 증가시키면 가해준 열량만큼 내부에너지가 증가한다. 즉, [가해준 열량 = 늘어난 내부에너지]의 공식이 성립한다. 이 공식은 부피가 일정해야 한다는 조건 하에서만 성립하는 것으로 우리가 사는 실제 현실에서는 부피가 일정한 경우보다는 압력이 대기압 1 기압으로 일정한 경우가 대부분이다.

엔탈피 역시 내부에너지와 마찬가지로 에너지의 개념이지만,
엔탈피의 경우, 압력을 일정하게 하고 온도를 증가시키면 가해준 열량만큼 엔탈피가 증가한다. 즉, [가해준 열량 = 늘어난 엔탈피]의 공식이 성립한다. 이 공식의 의미는 내부에너지보다 엔탈피의 쪽이 그 증감을 공학적으로 측정하기 더 편리하다는 것이다. 즉, 엔탈피는 압력이 대기압으로 고정되어 있을 경우에는 가해준 열량만 계산하면 구해질 수 있다.33)

원래 내부에너지는 절대값을 얻기 힘든 양이므로 보통 엔탈피도 열적 변화에 따르는 증감만을 문제 삼는다.

엔탈피는 상태함수이기 때문에34) 반응물과 생성물의 엔탈피를 알면 어느 화학변화에 대한 엔탈피를 계산할 수 있다.

---

32) 1.2절 참조, 만약 물체를 가열하면 물체의 구성 원소들의 운동이 활발해짐으로써 그 물체의 내부에너지는 높아지게 된다. 물질을 구성하는 원자에는 핵이 이룩될 때 축적된 에너지와 핵 주위의 전자의 운동에너지가 있으며, 그리고 원자가 모여 분자를 이룰 때에는 결합에너지가 축적되고 분자나 그것을 구성하는 원자의 진동·회전·병진 등의 운동에너지가 있다.

33) 내부에너지를 계산하려면 부피를 고정해야 하나 이는 현실적으로 어려울 뿐 아니라 번거로운 일이다. 그래서 공학적 편리함 때문에 도입한 것이 엔탈피이다.

34) 물이 되는 얼음이 녹아 물이 되든 그 경로에 관계없이 예를 들어, 증기에서 결과물로서의 물의 엔탈피 크기는 같다. 처음물질과 최종물질이 같은 경우에는 어떤 경로를 통해서 만들어지더라도 그 경로에 관여한 엔탈피 변화의 합은 같다. / Hess의 법칙.

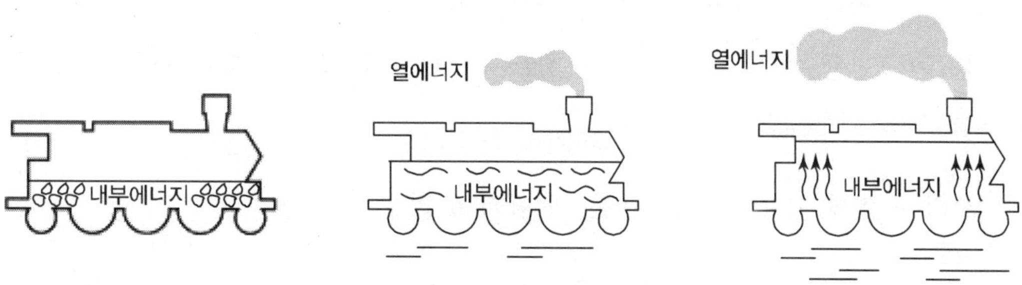

엔탈피는 현실적으로도 중요하다. 예를 들면 우주선 추진로켓의 경우, 발생하는 열은 물을 기화시키고 이 수증기와 이산화탄소의 팽창은 로켓에 추진력을 제공한다. 따라서 어떤 물질이 연소할 때 얼마만큼의 열을 내는가 하는 것은 중요한 문제가 된다. 이와 같이 어떤 화학반응에서 얼마만큼의 열이 발생할지를 예측하기 위해서는 각 물질의 엔탈피를 알고 있어야 한다.

(2) 엔탈피의 열역학적 특성함수

엔탈피는 열역학적 특성함수의 하나로 물질 속에 축적된 양으로서 열함량 또는 열함수[35] 라고도 한다. 압력을 일정하게 유지하고 물체의 온도를 기준온도에서 다른 온도까지의 상태로 변화시킬 때 외부에서 주어야 하는 열량이 엔탈피(enthalpy)이다. 대기압(1 기압) 상태에서 0 ℃의 물 1 *kg* 을 100 ℃의 증기로 만들려면 639 *kcal / kg* 의 열량을 주어야 한다. 즉, 대기압 상태에서 물을 0 ℃에서 100 ℃까지 상승시키는 데 필요한 열량(현열)은 100 *kcal / kg*, 다시 100 ℃의 증기로 상태변화 시키는데 필요한 열량(숨은 열)[36]인 539 *kcal / kg* 이 각각 엔탈피[37]가 된다.

한편, 이러한 대부분의 과정은 일정한 부피보다는 일정한 압력(대기압)조건에서 수행되어진다. 따라서 일정압력 하에서 전달되는 열 Q 를 내부에너지 U 와 유사한 어떤 상태(상태함수)와 결부시키는 게 바람직하다.

만일 외부압력이 일정하고 계가 외부에 행한 일이 전부 압력-부피 일이라면 다음 관계식이 성립한다.[38]

$$\Delta U = Q - W = Q - P_{\text{외부}} \cdot \Delta V \tag{2-41}$$

여기서 외부압력이 계의 내부압력 P 와 같다고 가정하면 다음과 같이 쓸 수 있다.

$$\Delta U = Q - W = Q - P \cdot \Delta V, \quad Q = \Delta U + P \cdot \Delta V \tag{2-42}$$

여기서 P 는 상수이므로 $P \cdot \Delta V = \Delta(P \cdot V)$이고 위 식은 다음과 같이 된다.

$$Q = \Delta(U + P \cdot V) \tag{2-43}$$

이 식의 우변에 있는 $U + P \cdot V$ 를 '엔탈피 H'라고 정의한다.

$$\therefore \ \Delta(U + P \cdot V) = \Delta H \tag{2-44}$$

이때, U, P 및 V 가 상태함수이므로 H 도 상태함수이어야 한다.

여기서 한 가지 중요한 것은 위 식은 일정압력 하에서만 성립한다는 것이다. 압력이 변하는 일반적인 경우는 보다 일반적인 다음 관계식을 사용해야 한다.

---

35) heat content or heat function

36) 잠열(latent heat)은 물체의 분자 상호 간의 저항력에 이겨 내부적으로 일을 하고 분자의 집합상태를 변화시키는 데 필요한 열량이며, 물체의 분자운동의 에너지 증가에 쓰이고 물질이 온도를 상승시키는 데 필요한 열량을 현열 또는 감열(sensible heat)이라고 한다.

37) 현열과 잠열(숨은 열)의 합계가 엔탈피이다. 부록 7 ~ 10 참조.

38) 물의 증발 → 수증기는 대기를 밀어내며 일을 함.

$$\Delta H = \Delta U + \Delta(P \cdot V)$$

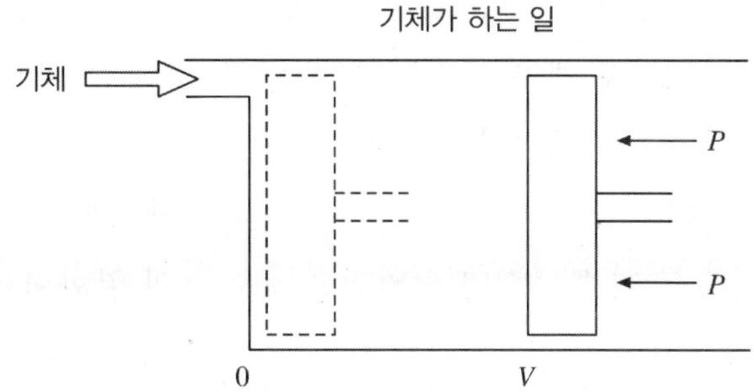

그림과 같이 어느 일정량의 기체가 외부 압력 $P(Pa)$ 가 걸리는 피스톤을 밀어서 부피가 0 으로부터 $V(m^3)$ 로 되었다고 하면, 이 기체가 외부에 대하여 한 일은 $P \cdot V$ 가 된다.

일반적으로, 일정한 압력 P 와 부피 V 를 가지는 기체의 열에너지는 그 내부 에너지 $U(J)$ 외에 그 압력 아래에서 그 부피를 유지하기 위하여 필요한 기계적 에너지 $P \cdot V(J)$ 를 가지고 있게 된다. 이와 같이 기체가 가지고 있는 열에너지 중에서 내부 에너지 U 와 기계적인 에너지 $P \cdot V$ 를 합한 것을 엔탈피(enthalpy) $H(J)$ 라고 한다. 즉,

엔탈피는 열역학적 계가 지닌 열에너지를 뜻한다.

어느 기체가 압력 2,000 kPa, 0.5 m^3 의 상태로부터 압력 700 kPa, 체적 1.5 m^3 로 상태 변화 하였다. 이 변화에서 기체 내부의 에너지 변화가 없다고 하면 엔탈피의 변화는 얼마인가?

처음과 나중에 상태를 각각 첨자 1, 2 로 나타내면

$$H_1 = U_1 + P_1 \cdot V_1 \qquad H_2 = U_2 + P_2 \cdot V_2$$

문제에서, $U_2 = U_1 = 0$ 이므로 $H_2 - H_1$ 은

$$H_2 - H_1 = P_2 \cdot V_2 - P_1 \cdot V_1$$

이 된다.

여기서, $P_1 = 2{,}000\,kPa$, $P_2 = 700\,kPa$, $V_1 = 0.5\,m^3$, $V_2 = 1.5\,m^3$

$$\begin{aligned} H_2 - H_1 &= P_2 \cdot V_2 - P_1 \cdot V_1 \\ &= 700 \times 1.5 - 2{,}000 \times 0.5 = 50\,kJ \end{aligned}$$

따라서, 엔탈피는 50 kJ 만큼 증가하였다.

(3) 엔탈피, 열화학 방정식

엔탈피 H는 물리적으로 에너지와 같은 단위를 가지며 내용적으로는 일정압력 하에서 어떤 과정이 일어날 때 계가 흡수한 열량은 계의 내부에너지 변화뿐만 아니라 계의 부피팽창에 필요한 에너지를 합해 준 일종의 보정된 내부에너지에 해당한다.

그러므로 P, V만 있는 일정압력 과정에서의 Q의 값은 상태함수인 엔탈피의 변화 ΔH와 같다. 예를 들면, 탄소를 연소시키면 발열하는데 이것의 열화학반응식은

$$C + O_2 => CO_2 + 94.05\ [kcal/mole]$$

즉, 발열반응이다.[39] 이때 각각의 엔탈피는

$$C = 0,\quad O_2 = 0,\quad CO_2 = -94.05\ [kcal/mole]$$

즉, CO_2의 값은 음이 된다. 여기서, 엔탈피 정의 :

[엔탈피 = 생성물질의 총 엔탈피 - 반응물질의 총 엔탈피] (2-45)

에 따르면,
탄산가스는 탄소가 가지고 있던 열을 밖으로 내놓고 낮은 엔탈피의 물질로 변한 것이므로 탄산가스의 표준생성열은 $-94.05\ [kcal/mole]$, 즉 탄산가스의 엔탈피가 된다.

$$\Delta H = -94.05 - (0 + 0) = -94.05\ [kcal/mole]$$

반응열의 정의 :

[반응열 = 반응물질의 결합에너지의 합 - 생성물질의 결합에너지의 합] (2-46)

에 따르면,

$$\text{반응열} = (0 + 0) - (-94.05) = +94.05\ [kcal/mole]$$

로서 열이 발생되는 것을 알 수 있다.

반응열은 반응물·생성물의 상태, 즉 고상·액상·기상에 따라 열량이 다르기 때문에 필요하다면 이것을 함께 나타낸다.

---

39) 물질이 화학변화를 하는 동안에는 그 주위가 뜨거워지거나 차가워지는 등 온도의 변화가 생긴다. 손난로의 똑딱이 핀을 누르거나 흔들면 갑자기 손난로가 뜨거워진다.

예를 들면,

$$H_2O(s) + 6.05\,kJ = H_2O(l)$$
$$H_2O(l) + 44.1\,kJ = H_2O(g)$$
$$H_2(g) + 1/2\,O_2(g) = H_2O(g) + 241.8\ [kJ/mole]$$
$$H_2(g) + 1/2\,O_2(g) = H_2O(l) + 285.5\ [kJ/mole]$$

또한 반응의 온도를 함께 나타내는 경우도 있다(발생열은 25 ℃ 기준). 예를 들면,

$$NaCl\,(s) + 2\,H_2O = NaCl\,(aq) + 1.26\,kcal\ (25℃)$$

와 같이 나타낸나.

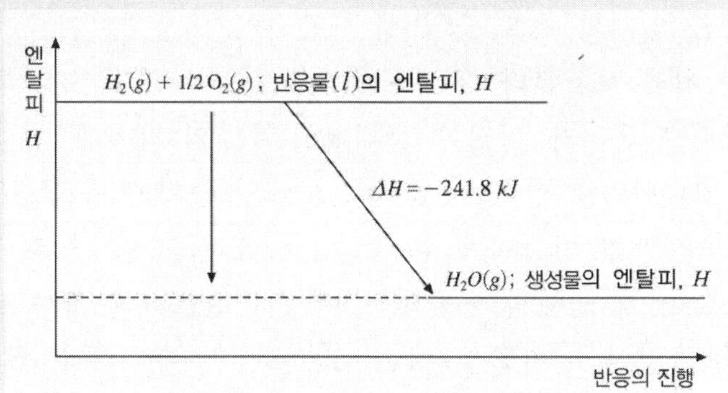

반응열 Q로 표시 : $H_2 + 1/2\,O_2 \rightarrow H_2O + 241.8\ [kJ]$
엔탈피 변화량 ΔH : $H_2 + 1/2\,O_2 \rightarrow H_2O, \quad \Delta H = -241.8\ [kJ]$

[해설] 열에 관한 분자 운동에 있어서, 분자가 일제히 같은 운동을 하고 있는 것이 아니라 어떤 분자의 운동은 왕성하나 어떤 분자의 운동은 그렇지 아니하다. 그러나 높은 온도 상태에 있는 이들 분자 운동은 전체적으로 왕성한 상태에 있다고 한다. 분자의 움직임이 적으면 화학에서는 안정되었다고 하고 물질의 엔탈피는 고체 < 액체 < 기체의 순으로 각기 다르다. 또한 이 운동은 기체, 액체, 고체라는 상태에 관계없이 이웃해서 합쳐져 있으면 차례로 주고받으면서 점점 전해져 간다.

(4) 엔탈피의 공학적 활용

앞 절에서는 엔탈피를 밀폐계의 정압과정으로 해석하였으나, 반드시 계의 상태변화가 압력이 일정한 정압과정에서만 의미를 가지는 것은 아니다. 엔탈피는 상태량으로서 상태함수, 즉 점함수이므로 진행 중인 과정과는 무관계하게 엔탈피로부터 같은 상태의 내부에너지를 계산할 수 있다.

열역학에서 엔탈피를 중요하게 다루는 이유는 열역학 상태량에 대한 수표 혹은 도표에서 엔탈피가 있으면 내부에너지는 나타나지 않는 경우가 많기 때문이다.

내부에너지가 없는 경우에는 주어진 엔탈피 값을 이용하여 다음과 같이 계산하여 구해야 한다.

$$u = h - p \cdot v \quad \cdots\cdots \text{(2-22)}$$

일반적으로, 대개의 물질은 가열되면 온도에 따라 상변화가 일어난다. 액체를 가열하면 열량은 액체의 온도 상승에 사용되어 내부에너지를 증가시키며 동시에 일부는 증발을 위해 사용된다.

압력이 일정하고 온도가 일정한 상태에서 1 kg 의 액체를 증발시키는 데 필요한 열량을 증발잠열[40]이라고 한다. 동일한 온도에서 증기가 응축하는 경우에는 반대로 같은 양의 응축잠열을 방출하게 된다. 이와 같은 증발 혹은 응축잠열은 동일한 압력, 온도의 증가, 즉 기체의 엔탈피와 액체의 엔탈피의 차가 된다. 이 밖의 융해, 응고, 승화 등 물질이 상변화를 하는 모든 경우에는 각각 특유의 잠열을 흡수, 방출한다.

모든 열역학 표의 내용이 마찬가지이지만 엔탈피와 내부에너지는 어디까지나 같은 기준상태에 대한 상대적인 값이므로 기준상태의 엔탈피와 내부에너지의 차이는 $p \cdot v$이다.[41] 과열증기 영역에서는 내부에너지 u가 나타나 있지 않은 열역학 표를 흔히 볼 수 있다. 이런 경우의 하나의 예로서, 0.1 MPa, 90 °C, 포화증기(H_2O)의 내부에너지를 관계식 $u = h - p \cdot v$ 로부터 계산에 의해 구하면 다음과 같다.[42]

$$u = h - p \cdot v = 2660.1\ [kJ/kg] - 70.14 \cdot 10^3\ [N/m^2] \times 2.361\ [m^3/kg] = 2494.5\ [kJ/kg]$$
$$= 2494.5/9.8 = 254.54\ [kg_f \cdot m/kg] = 2494.5\ [kJ/kg]\,/\,4.18\ [kJ/kcal] = 596.2\ [kcal/kg]$$

---

40) latent heat of evaporation

41) 액체(혹은 고체)는 비체적이 매우 작으므로 표의 유효숫자 내에서 $P \cdot V$ 값을 무시할 수 있다. 그러나 그 값이 충분히 클 때는 무시해서는 안 된다.

42) 열역학적 과정의 해석에 있어서, 계와 주위의 압력이 같지 않은 경우, 압력은 계의 압력이 사용되어야 한다. 이것은 엔탈피가 그렇게 정의되었기 때문이다.

〈부록 10〉 포화증기표(온도 기준)

온도 °C T	포화 압력	비체적		내부에너지			엔탈피			엔트로피		
		포화액 v_f	포화증기 v_g	포화액 u_f	증 발 u_{fg}	포화증기 u_g	포화액 h_f	증 발 h_{fg}	포화증기 h_g	포화액 s_f	증 발 s_{fg}	포화증기 s_g
	kPa p_{sat}	m^3/kg		kJ/kg			kJ/kg			$kJ/kg \cdot K$		
0.01	0.6113	0.001000	206.14	0.00	2375.3	2375.3	0.01	2501.3	2501.4	0.0000	9.1562	9.1562
10	1.2276	0.001000	106.38	42.00	2347.2	2389.2	42.01	2477.7	2519.8	0.1510	8.7498	8.9008
20	[illegible]9	0.001002	57.79	83.95	2319.0	2402.9	83.96	2454.1	2538.1	0.2966	8.3706	8.6672
30	[illegible]6	0.001004	32.89	125.78	2290.8	2416.6	125.79	2430.5	2556.3	0.4369	8.0164	8.4533
40	7.384	0.001008	19.52	167.56	2262.6	2430.1	167.57	2406.7	2574.3	0.5725	7.6845	8.2570
50	12.349	0.001012	12.03	209.32	2234.2	2443.5	209.33	2382.7	2592.1	0.7038	7.3725	8.0763
60	19.940	0.001017	7.671	251.11	2205.5	2456.6	251.13	2358.5	2609.6	0.8312	7.0784	7.9096
70	31.19	0.001023	5.042	292.95	2176.6	2569.6	292.98	2333.8	2626.8	0.9549	6.8004	7.7553
80	47.39	0.001029	3.407	334.86	2147.4	2482.2	334.91	2308.8	2643.7	1.0753	6.5369	7.6122
90	70.14	0.001036	2.361	376.85	2117.7	2494.5	376.92	2283.2	2660.1	1.1925	6.2866	7.4791
100	0.10135	0.001044	1.6729	418.94	2087.6	2506.5	419.04	2257.0	2676.1	1.3069	6.0480	7.3549
110	0.14327	0.001052	1.2102	461.14	2057.0	2518.1	461.30	2230.2	2691.5	1.4185	5.8202	7.2387
120	0.19853	0.001060	0.8919	503.50	2025.8	2529.3	503.71	2202.6	2706.3	1.5276	5.6020	7.1296
130	0.2701	0.001070	0.6685	546.02	1993.9	2539.9	546.31	2174.2	2720.5	1.6344	5.3925	7.0269
140	0.3613	0.001080	0.5089	588.74	1961.3	2550.0	589.13	2144.7	2733.9	1.7391	5.1908	6.9299
150	0.4758	0.001091	0.3928	631.68	1927.9	2559.5	632.20	2114.3	2746.5	1.8418	4.9960	6.8379

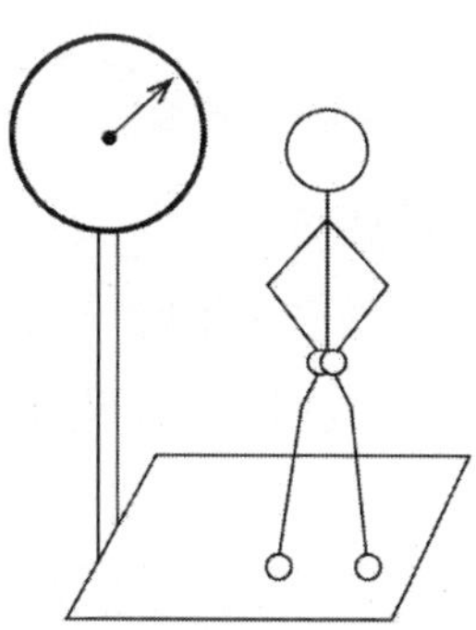

몸 무게 ≠ 알몸 무게

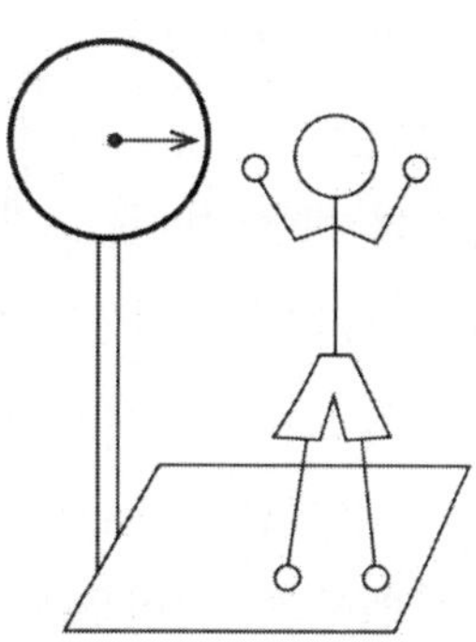

몸 무게 = 알몸 무게(U)+
최소 에티켓($P \cdot V$)

2.6 열역학 제 1 법칙[에너지보존의 법칙]의 응용

(1) 정상유동 과정의 일

열역학 제 1 법칙을 식 (2-12, 40) / [에너지방정식] 또는 (2-33) / [에너지보존의 식]의 어떤 형식의 식을 빌어 나타내더라도 그 내용은 에너지보존의 법칙을 설명하고 있다.

일반적으로 가스를 동작유체로 하는 내연기관, 가스압축기 등의 열기관이나 열기구의 기계적인 일, 기관의 강도, 치수 및 운전경제성 등을 계산하고 해석하기 위해서는 해석의 대상이 되는 동작유체의 상태변화를 추적해서 그 기초가 되는 상태변화량을 열역학 제 1 법칙에 따라 산출해서 고찰하는 것이 기본이다.

지금, 동작유체(이상기체)가 외부로부터 열량을 공급받아 상태가 변화하면서 하나의 사이클을 이루는 정상유동 과정의 경우를 생각하자.[43)]

그림 2-8의 이상적인 기계장치[44)]는 기체를 압축하는 펌프나 고압의 기체로부터 일을 생성하는 기관으로 작동한다.

기관의 실린더는 비어 있고, 두 밸브는 잠겨 있는 경우로부터 시작하여 그림에서의 P - V 선도(diagram)상의 순환을 따라가자.

단계 1 : 열린 흡입밸브를 통해 피스톤이 0의 위치에서 동작유체가 P_1의 압력으로 압입되면서 일이 시작된다. 피스톤이 위치 1까지 이동하여 체적이 V_1이 되고, 흡입밸브가 닫힌다.[45)]

단계 2 : 동작유체가 출구압력 P_2까지 팽창되면서 피스톤이 위치 1에서 2까지 이동하여 체적이 V_2가 되고, 배기밸브가 열린다.

단계 3 : 열린 배기밸브를 통해 배압 P_2의 피스톤은 외부로부터 일을 받아서[46)] 위치 2에서 3까지 이동한다. 체적이 0이 될 때까지 실린더 안에 있는 모든 기체를 밀어낸다.

단계 4 : 배기밸브가 닫히면서 순환이 완성된다.

---

43) 또한, 열과 일의 기호는, $G\ kg_f(m\ kg_m)$에 대하여는 각각 Q, W의 대문자로 표기하고, 단위중량 $1\ kg_f\ (1\ kg_m)$에 대하여는 q, w의 소문자로 나타낸다.

44) 마찰이 없고 잘 단열되었다고 가정한다.

45) 피스톤이 0의 위치에서 흡입밸브가 열려 압력 P_1의 위치에서 1까지 이동하여 체적이 V_1이 되는 동안은 압력이 일정하다.

46) 기관에 의하여 한 일 = 음(–)의 일

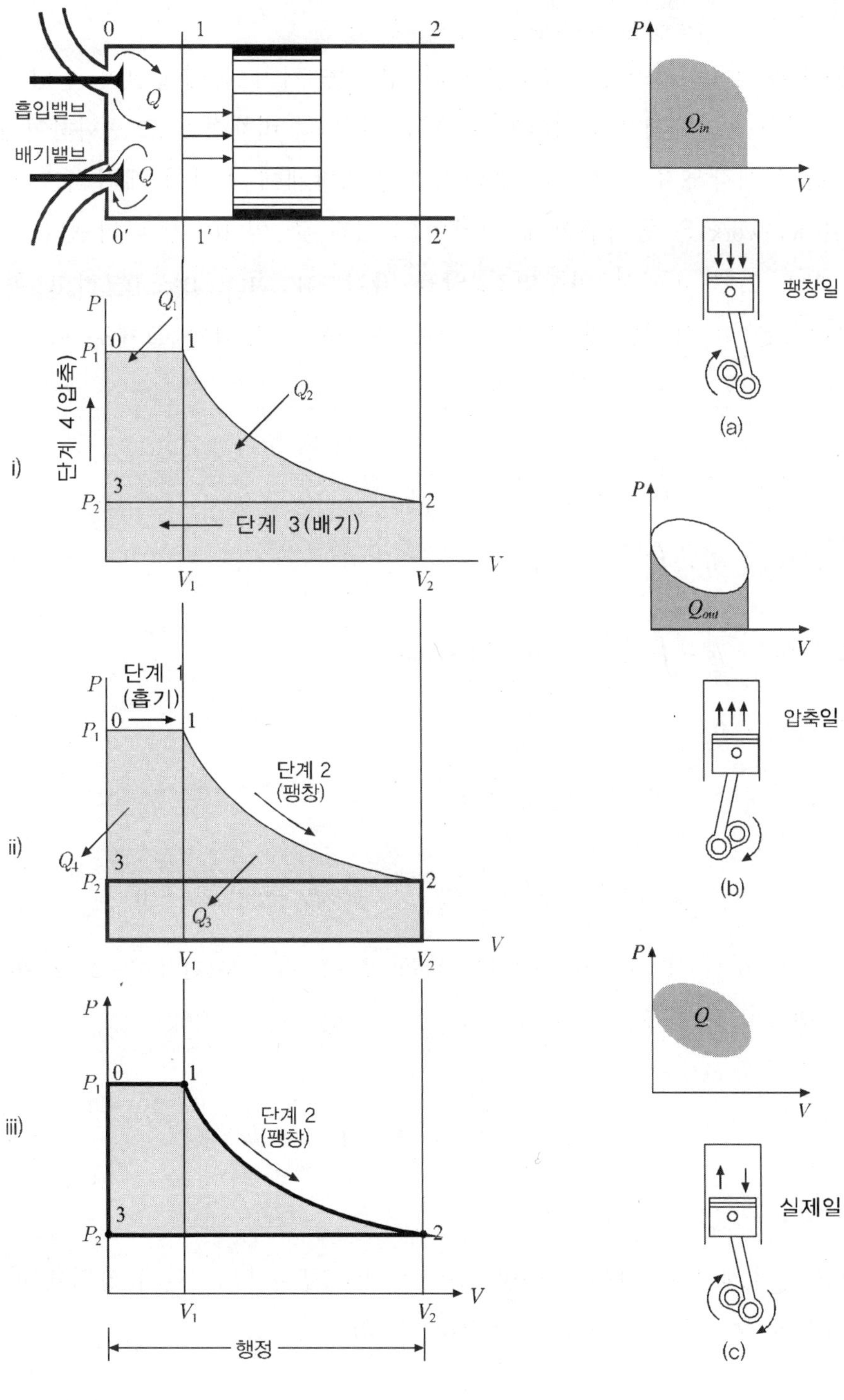

$Q = (Q_1 + Q_2) - (Q_3 + Q_4)$ $\qquad$ $Q = Q_{in} - Q_{out}$

[그림 2-8] 이상적인 기계장치

(2) 정상유동 과정의 일 해석

그림 2-8.1 과 같은 피스톤-실린더기관의 경계를 거쳐 동작물질이 질량 m, 압력 p_1, 비체적 v_1 의 동작유체가 유입되어 질량 m, 압력 p_2, 비체적 v_2 로 변화하여 유출되는 과정에 대하여 생각하자. 피스톤-실린더기관의 개방계에 의하여 계의 주위에 이루어진 실제일(net work)은 동작유체에 의하여 행해진 축 일 W_{sh}를 나타낸다.47)

즉, 단계 1, 2, 3, 4 에서 이루어진 일을 각각, W_1, W_2, W_3, W_4 라고 할 때, 네 단계 일의 합은 한 사이클 동안 이 기관을 통과하는 유체가 실제로 행한 축 일이 되므로,

단계 1 : $W_1 = m \cdot \int_{(v=)0}^{(v=)v_1} p_1 \cdot dv = (+)\, p_1 \cdot v_1$

단계 2 : $W_2 = m \cdot \int_{(v=)v_1}^{(v=)v_2} p \cdot dv$

단계 3 : $W_3 = m \cdot \int_{(v=)v_2}^{(v=)0} p_2 \cdot dv = (-)\, p_2 \cdot v_2$

단계 4 : $W_4 = 0$

따라서 단위질량 당의 축 일, w_{sh} 는48)

$$w_{sh} = w_1 + w_2 + w_3 + w_4 = p_1 \cdot v_1 + \int_{(v=)v_1}^{(v=)v_2} p \cdot dv - p_2 \cdot v_2 + 0$$

$$= (\text{면적}\, 0-1-1'-0'-0) + (\text{면적}\, (1-2-2'-1'-1) - (\text{면적}\, 0''-2-2'-0'-0'')$$

$$= \text{면적}\, 0-1-2-0''-0$$

$$w_{sh} = \int_{(p=)p_2}^{(p=)p_1} v \cdot dp = -\int_{p_1}^{p_2} v \cdot dp \tag{2-47}$$

이다.

이렇게 동작유체가 한 사이클 동안 각 단계별로 행한 일은 일의 성격에 따라 절대일과 공업일의 두 가지로 나누어 생각할 수 있다.

---

47) 2.8절 참조

48) 면적 $0''-2-2'-0'-0''$ 는 한 사이클 동안 기관이 주위로부터 받은 일을 나타낸다.

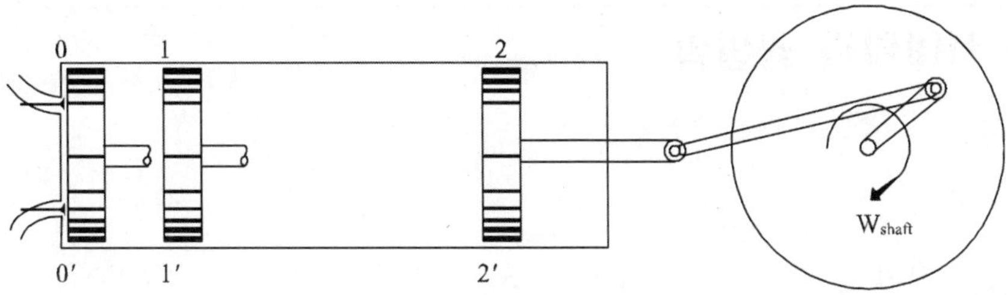

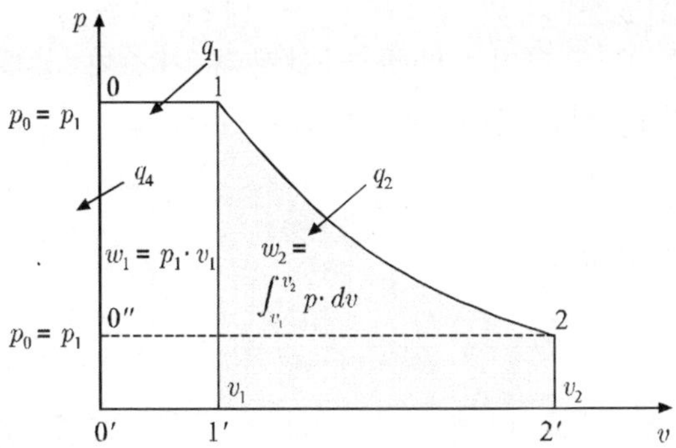

단계 1 (흡입) : 0−1
단계 2 (팽창) : 1−2
단계 3 (배기) : 2−3
단계 4 (압축) : 3−0

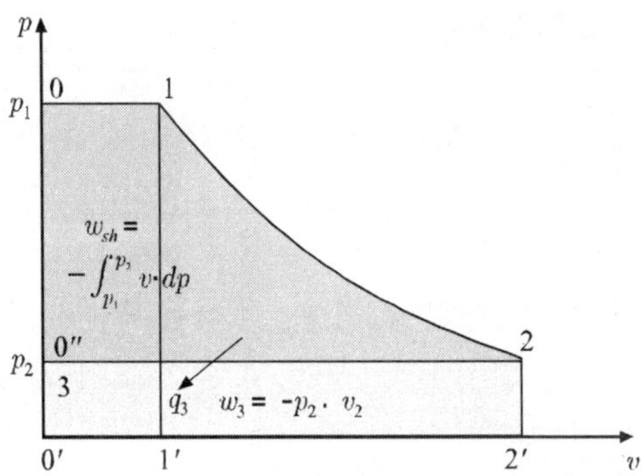

[그림 2-8.1] 이상적인 기계장치

단계 1 : $\delta q = du + \delta w = du + p \cdot dv = dh - v \cdot dp$

$$\Rightarrow q_1 = (u_1 - u_0) + (p_1 \cdot v_1 - p_0 \cdot v_0) = (h_1 - h_0) - v \cdot \int dp$$

단계 2 : $\delta q = du + \delta w = du + p \cdot dv = dh - v \cdot dp$

$$\Rightarrow q_2 = (u_2 - u_1) + \int_{v_1}^{v_2} p \cdot dv = (h_2 - h_1) - \int_{p_1}^{p_2} v \cdot dp$$

단계 3 : $\delta q = du + (-)\delta w = du + (-)p \cdot dv = dh - (-)v \cdot dp$

$$\Rightarrow q_3 = (u_3 - u_2) + (-)(p_2 \cdot v_2 - p_3 \cdot v_3) = (h_3 - h_2) - (-)v \cdot \int dp$$

단계 4 : $\delta q = du + (-)\delta w = du + (-)p \cdot dv = dh - (-)v \cdot dp$

$$\Rightarrow q_4 = (u_0 - u_3) + \int_{v_o}^{v_0} p \cdot dv = (h_0 - h_3) + (-)\int_{p_2}^{p_1} v \cdot dp \quad (+$$

단계 1→2→3→4 : $(u_1 - u_0) + (u_2 - u_1) + (u_3 - u_2) + (u_0 - u_3)$

(0→1→2→3→0) $\quad -v \cdot \int dp - \int_{p_1}^{p_2} v \cdot dp + v \cdot \int dp - \int_{p_2}^{p_1} v \cdot dp$

2.7 절대일과 공업일

(1) 절대일

계의 상태변화 중에서 그림 2-9 에 보인 바와 같이 정적변화를 하는 경우, 봄베(bombe)와 같은 닫힌 밀폐계에서는 부피의 변화가 일어나지 않는다.

피스톤-실린더 계에 밀폐된 $G\,kg_{(f)}$ 의 완전가스[49]를 가열하여 가스가 상태 1 에서 상태 2 로 변화할 때 가스가 어떤 일을 하는가를 살펴보면,

(1) 처음 상태 : $p_1 \cdot v_1 = R \cdot T_1$ 에서
(2) 나중 상태 : $p_2 \cdot v_2 = R \cdot T_2$ 로 되고

여기서, $v_1 = v_2$ 이므로

$\frac{p_1}{p_2} = \frac{T_1}{T_2}$ 에 의해서 압력과 온도와는 서로 비례해서 변화는 것을 알 수 있다. 이 경우 체적이 변하지 않으므로, ($dv = 0$ 이므로)

$$W_{1-2} = G \cdot \int_1^2 p \cdot dv = 0 \tag{2-48}$$

이 때의 W_{1-2} 를 절대일, W_{abs} 이라 한다.

이로부터 용적의 변화가 없이 동작유체를 가열할 경우, 동작유체는 절대일을 하지 않는다. 그렇다면 가열량은 어디로 숨은 것인가.

일반적으로 열역학(제 1 법칙의) 제 1 공식

$$\delta_q = du + p \bullet dv \cdots\cdots \text{(2-12)}$$

에서, $dv = 0$ 이면, 따라서

$$\delta_q = du$$

가 되므로

$$\int_1^2 \delta_q = \int_1^2 du$$

$$q_{12} = u_2 - u_1$$

가 된다. 즉, 두 단면 사이에 체적 변화가 없는 경우의 가열량은 동작유체 자신의 내부에너지 증가에만 쓰일 뿐이라는 것을 알 수 있다.

동작유체에 가해진 열량은 외부에 대하여 아무 일도 하지 않음을 알 수 있다.

49) 완전가스의 상태변화 / 3.6절 참조

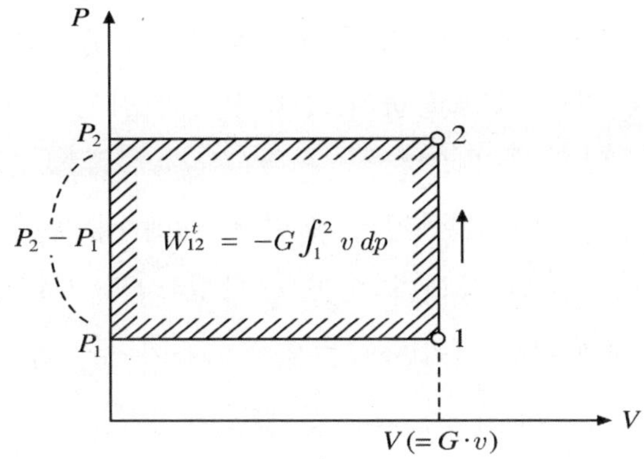

[그림 2-9] 외부로부터 공급받는 일, W^t

$$\text{절대일 : } W_{abs} = G \cdot \int_1^2 p \cdot dv = 0$$

$$\text{공업일 : } W^t = G \cdot \left(-\int_1^2 v \cdot dp\right) = -G \cdot v \cdot (p_2 - p_1)$$

그림 2-9 은 상태 1 의 동작유체가 그 용적이 불변인 채로 가열 및 일을 받아 압력이 이전보다 높은 상태 2 로 되었음을 보이고 있다. 이때 계가 하는일 W_{1-2} 을 공업일 W^t 라 하고 공업일은 동작유체가 압축일을 받는 것이므로 음의 값이 된다.

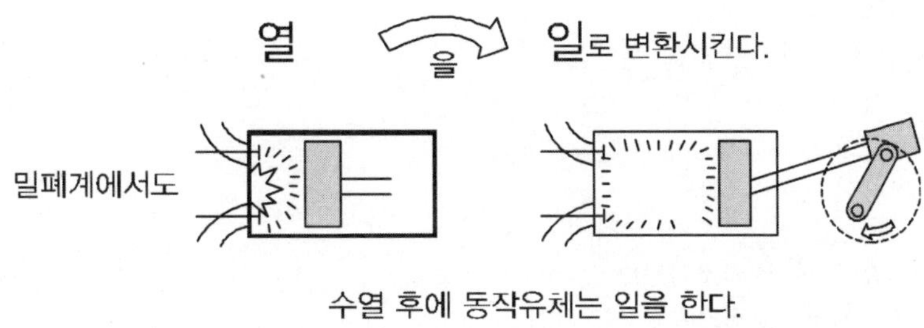

<밀폐계에서의 절대일>

(2) 밀폐계에서의 절대일

절대일의 하나의 예로서 밀폐계에서 동작유체가 하는 일에 주목하여 보자.

지금 그림 2-10 에서와 같이 피스톤-실린더 장치의 계는 흡, 배기밸브에 의해 밀폐되어 있고, 동작유체는 계의 경계를 통해 외부로부터 흡열된 열에 의해 팽창하면서 계의 경계가 이동하는 일을 한다고 하자. 절대일은 이러한 대상으로 하는 계에 의해 이루어지는 경계이동 일을 가리킨다.

단계 2 과정에서와 같이, 피스톤엔진의 실린더 내에 $m\ [kg_{(m)}]$의 가스를 밀폐하고 압축하여 압력 P_1, 체적 V_1의 상태가 되도록 하고 이를 상태 1 (P_1, V_1)이라 하자.

이 상태에서 동작유체에 일을 시키면[50] 고온의 압축가스는 피스톤을 외부로 밀어내는 일을 하게 된다. 따라서 상태 1 가스의 체적은 팽창하고 압력은 저하하여 상태 2 (P_2, V_2)로 된다.

이 경우, 피스톤-실린더 장치의 계에서 피스톤을 위치 1에서 2 까지 이동시키는 동안 $m\ [kg_{(m)}]$ 의 동작유체가 하는 일은 다음 식으로 주어진다.

$$W_{12} = m \cdot \int_{(v=)v_1}^{(v=)v_2} p \cdot dv = (\text{면적 } 1-2-2'-1'-1) \tag{2-49}$$

위 식의 W_{12} 는 밀폐계가 준정적과정[51]에서 하는 일로서 절대일 W_{ab}[52]이라 한다.

절대일과 공업일의 구체적인 예가 3.6 절 완전가스의 상태변화에 예시되어 있다.

---

50) 점화해서 순간적으로 폭발·연소시킨다

51) 준정적 과정 = 가역과정 + 열평형과정
- 가역과정 : 열손실이 없다.
- 열평형과정 : 도중의 어떤 시각의 어느 장소에서든지 압력이나 온도가 하나의 값으로 주어진다.

52) '팽창일' 이라고도 한다. 그림 2-8 참조

외부에 행해진 일의 크기

$$W_{12} = \int_1^2 P \cdot dV$$

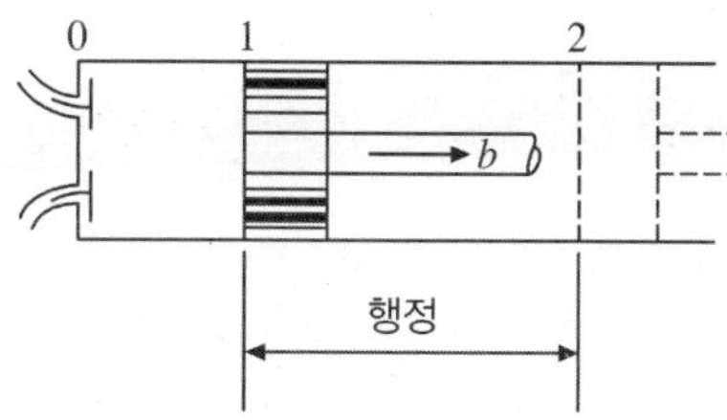

▶ 닫혀진 상태에서 일을 시작한다.

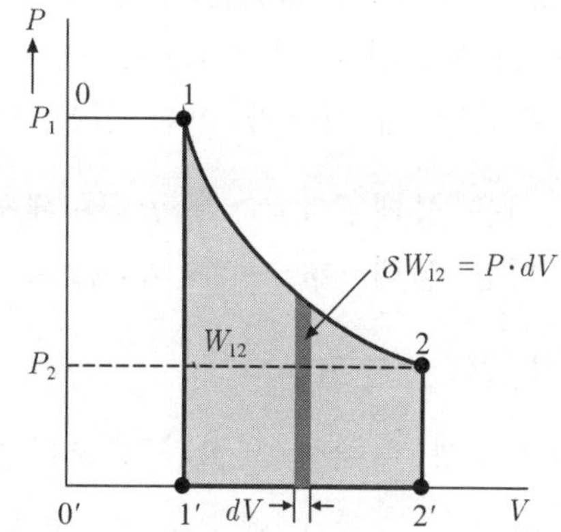

절대일 (W_{ab}), W_{12} = 면적 1 2 2′ 1′ 1

[그림 2-10] 절대일

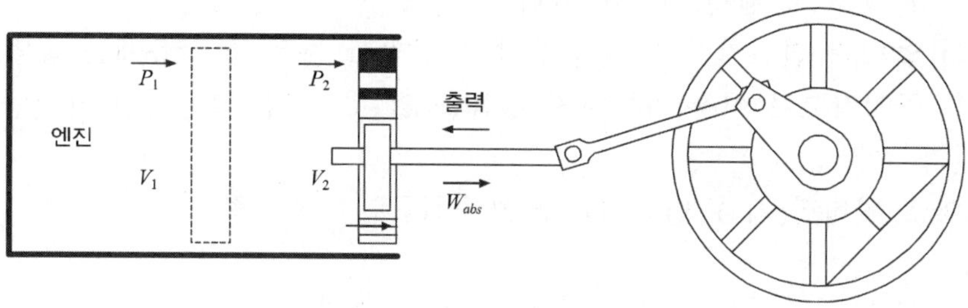

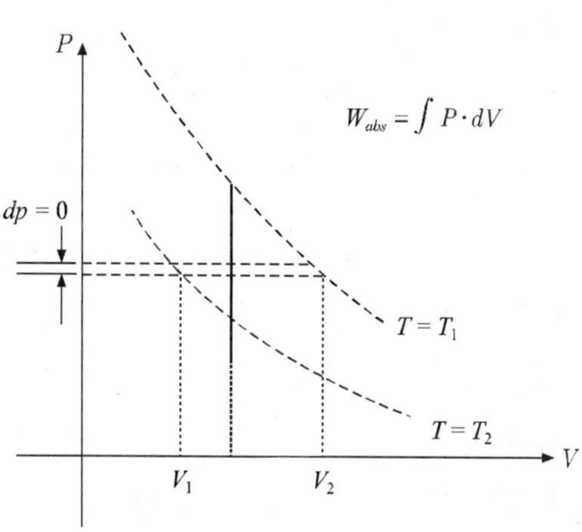

<밀폐계에서의 절대일>

(3) 공업일

계의 상태변화 중에서 그림 2-11 에 보인 바와 같이 정압변화를 하는 경우, 열린 개방계에서는 노즐(nozzle)과 같이 압력의 변화가 일어나지 않는다.

피스톤-실린더계 내의 $G\,kg_{(f)}$ 의 완전가스[53]가 팽창하여 가스가 상태 1 에서 상태 2 로 변화할 때 가스가 어떤 일을 하는가를 살펴보면,

(1) 처음 상태 : $p_1 \cdot v_1 = R \cdot T_1$ 에서
(2) 나중 상태 : $p_2 \cdot v_2 = R \cdot T_2$ 로 되고

여기서, $P_1 = P_2$ 이므로

$\dfrac{v_1}{v_2} = \dfrac{T_1}{T_2}$ 에 의해서 체적과 온도와는 서로 비례해서 변화는 것을 알 수 있다. 이 경우 압력이 변하지 않으므로, ($dp = 0$ 이므로)

$$W_{1-2} = \int_1^2 v \cdot dp = 0 \tag{2-50}$$

이 때의 W_{1-2} 를 공업일, W^t 라 한다.

이로부터 압력의 변화가 없이 동작유체가 팽창할 경우, 동작유체는 공업일은 하지 않는다. 즉, 공업적으로 이용 가능하지 않음을 알 수 있다. 그렇다면 가열량은 어디로 숨은 것인가.

일반적으로 열역학(제 1 법칙의) 제 2 공식

$$\delta_q = dh - v \cdot dp \cdots\cdots \text{(2-40)}$$

$$\delta_q = dh$$

에서, $dp = 0$ 이면, 따라서
가 되므로

$$\int_1^2 \delta q = \int_1^2 dh$$

$$q_{12} = h_2 - h_1$$

가 된다. 즉, 두 단면 사이에 압력의 변화가 없는 경우의 가열량은 동작유체 자신의 엔탈피 증가에만 쓰일 뿐이라는 것을 알 수 있다.

동작유체에 가해진 열량은 공업적으로 이용 가능하지 않음을 알 수 있다.

53) 완전가스의 상태변화 / 3.6절 참조

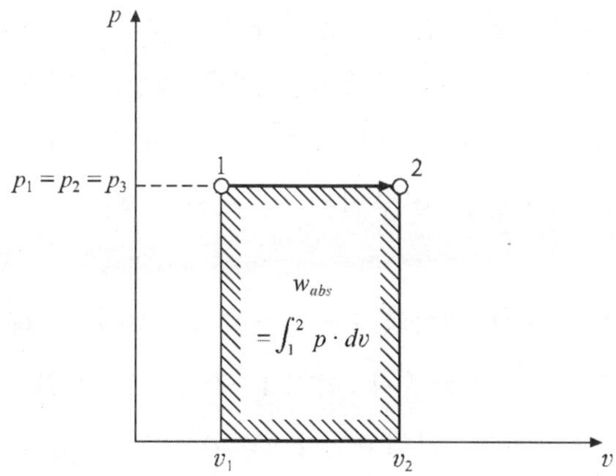

[그림 2-11] 외부에 대하여 하는 일, w_{abs}

$$\text{절대일} : W_{abs} = \int_{v=v_1}^{v=v_2} p \cdot dv = p \cdot (v_2 - v_1)$$

$$\text{공업일} : W^t = \int_{p=p_1}^{p=p_2} v \cdot dp = 0$$

그림 2-11 은 상태 1 의 동작유체가 그 압력이 불변인 채로 가열 및 일을 받아 체적이 이전보다 큰 상태 2 로 되었음을 보이고 있다. 이때 계가 하는 공업일, W_{abs} 는 동작유체의 절대일이 된다.

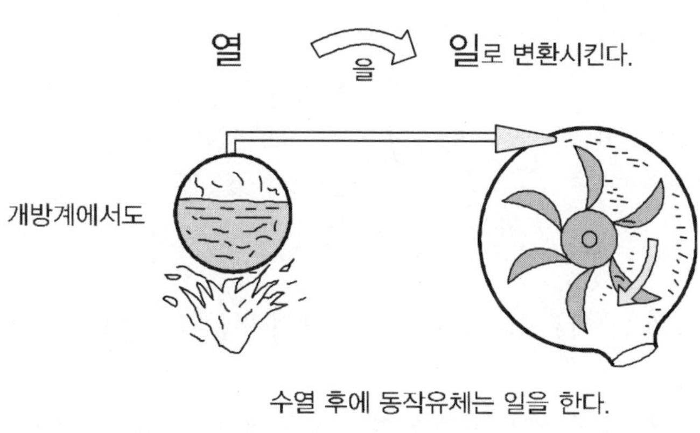

<개방계에서의 공업일>

(4) 개방계에서의 공업일

공업일의 하나의 예로서 개방계에서 동작유체가 하는 일에 주목해 보자.

피스톤-실린더계의 실제 엔진사이클에서는 압축-팽창의 부분적 행정만이 아니고, 흡입-압축-팽창(폭발)-배기의 행정이 반복적으로 이루어지면서 동력을 발생시킨다. 즉, 전체 행정 동안 하나의 사이클을 이루면서 일을 하게 된다.

피스톤-실린터 계는 외압 P_2 에 대항하면서 가스를 압입하고, 그때까지 면적 0－1－1′－0′－0 의 일을 하고서 가스를 팽창시켜 면적 1－2－2′－1′－1 의 (절대일에 상당하는) 일을 한다. 그러나 그 뒤에는 면적 0″－2－2′－0′－0″의 일을 외부에서 받아들여 배기를 하고 최초의 상태로 되돌아가기 때문에, 그것에 상당하는 일만큼을 뺀 면적 0－1－2－0″－0 의 일이 공업일이 된다. 이때 절대일은 처음부터 외력에 의해서 가스가 압축된 다음, 닫혀진 상태로부터 일을 시작하여 그 가스가 가진 내부에너지에 의하여 팽창하고, 면적 1－2－2′－1′－1 의 일을 한다. 또 일이 끝나면 다시 외력에 의하여 같은 만큼의 일을 받아 최초의 상태로 되돌아간다.[54)]

이렇게 공학에서 실제 유체는 사이클을 행함에 의해서 연속된 일을 하게 된다.

이와 같이, 계가 하나의 사이클을 이루기 위해서는 대상으로 하는 계의 경계 내에서의 팽창일 뿐만 아니라 계의 경계 안으로 동작유체를 밀어 넣기 위한 일[55)]과 경계 밖으로 배출시키는 일[56)]까지 모두를 포함하여야 한다.

공업일 W^t 는 이러한 계가 하나의 사이클을 이루기 위해 흡입일, 배출일이 합쳐진 계 내의 전체 일로 정의되며, 그림 2-12 를 참고하여 수식으로 전개하면 다음과 같이 된다.

$$
\begin{aligned}
\text{공업일, } W^t &= P_1 \cdot V_1 + \int_{V_1}^{V_2} P \cdot dV - P_2 \cdot V_2 \\
&= \oint_{0-1-2-0''-0} \delta W^t
\end{aligned}
\tag{2-51}
$$

공업일과 절대일의 구체적인 예가 3.6 절 완전가스의 상태변화 에 예시되어 있다.

---

54) 이와같이, 최초의 상태로 돌아간 가스의 내부 에너지는 다시 원상태로 축적된다.

55) 외부로부터 계에 하는 일, $(+)P_1 \cdot V_1$

56) 계가 외부에 하는 일, $(-)P_2 \cdot V_2$

동작유체(: 연료가스)는 실린더 밖(: 주위)으로부터 실린더(라고 하는: 계)에 유입되어 (: 흡입행정) 가열(: 압축/폭발행정) 된 다음, (: 배기과정)을 거쳐 실린더 밖(: 주위)으로 유출되는(: 배기행정) 연속적인 작동을 반복한다.

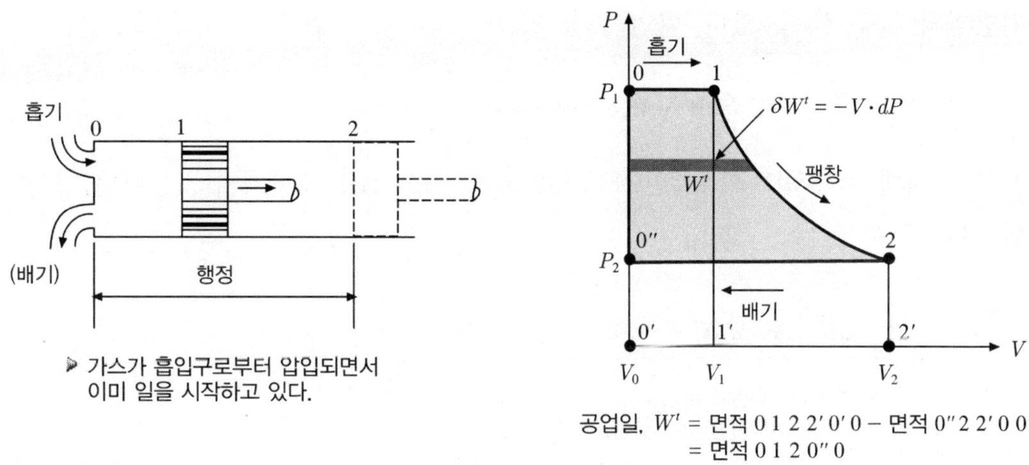

[그림 2-12] 공업일

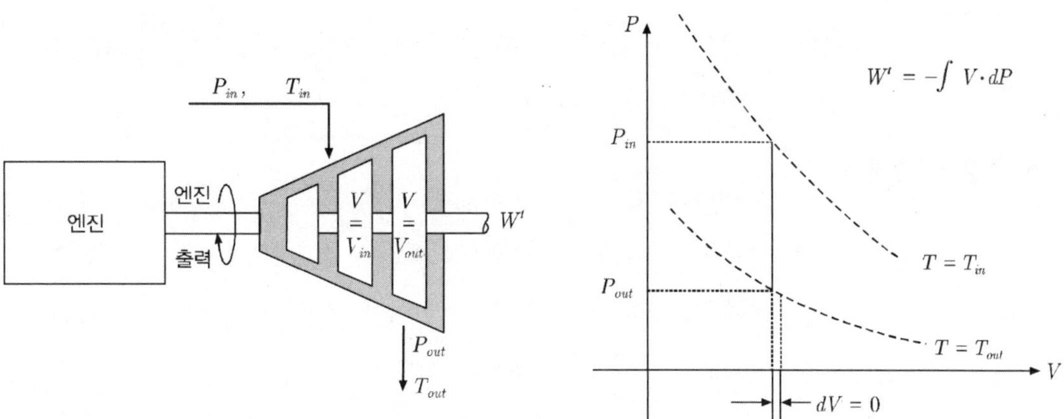

<개방계에서의 공업일>

2.8 열역학 제 1 법칙에 의한 일·에너지 해석

계가 사이클을 이루면서 한 상태에서 다른 상태로 움직일 때, 계는 축을 돌리거나 전기를 일으키는 등의 일을 할 수 있다. 이를 축 일(W_{sh})이라 한다. 계는 공업일의 크기만큼의 일을 할 수 있다. 따라서 총 일($(W_{tot})_{tot}$) $_{tot}$은 두 가지 형태 일의 합이다.

$$W_{tot} = W^{t} + W_{abs} = W_{sh} + W_{abs} \tag{2-52}$$

지금, 열역학 제 1 법칙의 (일반)에너지보존의 식(2-33)을 개방계에 적용하면 다음과 같이 나타낼 수 있다.

$$\boxed{\Delta H\ (+\ \Delta KE\ +\ \Delta PE)\ =\ Q\ -\ W_{sh}\ -\ W_{abs}\quad [J]} \tag{2-53}$$

W_{sh}: 축을 돌리거나 전기를 일으키는 등의 일

W_{abs}: $\int P \cdot dV$

이 일반적인 표현은

- 일정 부피에서

$$\begin{aligned} Q &= \Delta H\ (+\ \Delta PE\ +\ \Delta KE)\ +\ W_{sh}\ +W_{abs} \\ &= \Delta H\ (+\ \Delta PE\ +\ \Delta KE)\ +\ W_{sh}\ +\ O \end{aligned} \tag{2-54}$$

- 일정 압력에서

$$\begin{aligned} Q &= \Delta H\ (+\ \Delta PE\ +\ \Delta KE)\ +W_{abs}\ +\ W^{t} \\ &= \Delta H\ (+\ \Delta PE\ +\ \Delta KE)\ +W_{abs}\ +\ O \\ &= \Delta H\ (+\ \Delta PE\ +\ \Delta KE)\ +\ P\cdot(V_2\ -\ V_1) \end{aligned} \tag{2-55}$$

와 같이 나타낼 수 있다.

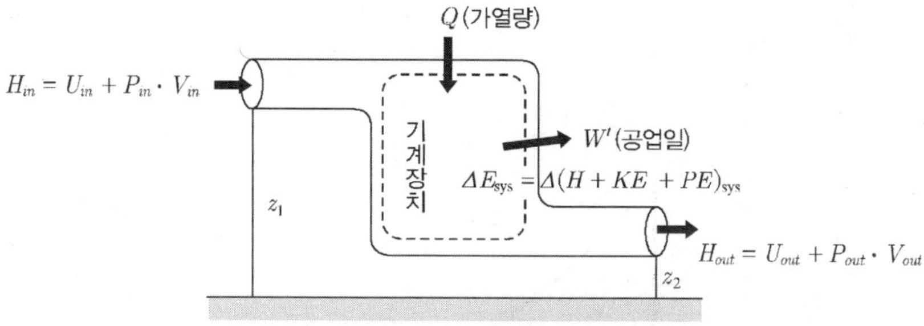

<개방계의 기계장치>

- <u>일정 부피에서</u>

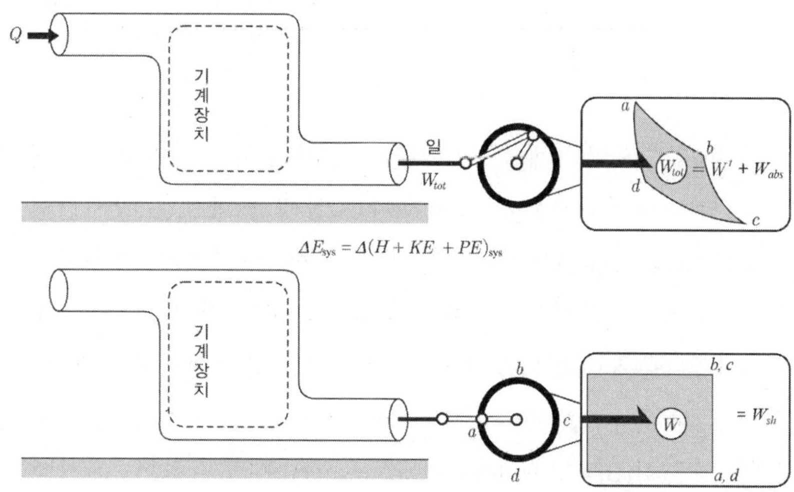

- <u>일정 압력에서</u>

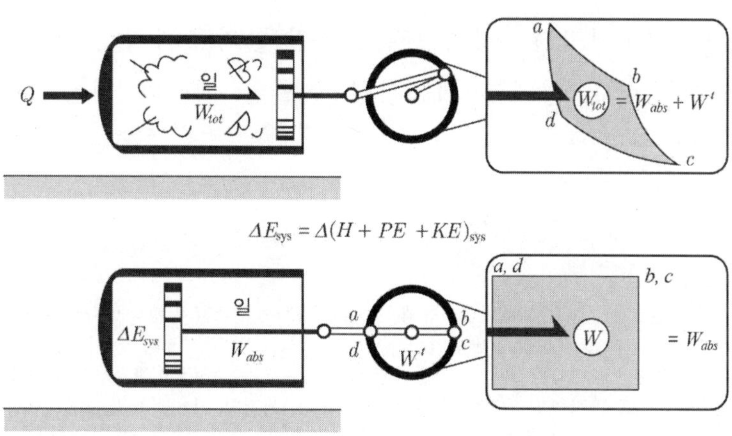

실제의 가솔린 기관에서의 각 과정을(P - V 선도와 실린더를 대응시키면서) 생각하여 보자.

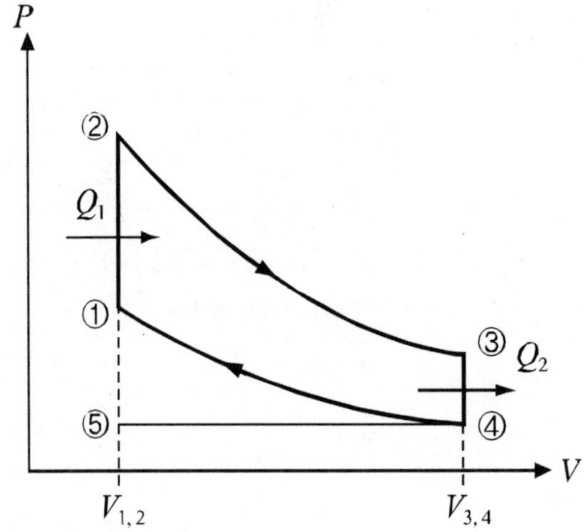

공기와 가솔린의 혼합기체를 대기압 상태에서 흡입하여 상태 ④로부터 혼합기체를 거의 단열적으로 압축하여 상태 ①에 도달시킨다. 피스톤이 상사점(TDC, top dead center) ①에 도달하면 점화 플러그가 작동하여 연소속도가 빠른 휘발유는 거의 순간적으로 연소하여 체적이 일정한 상태에서 압력만이 급상승하여 상태 ②에 도달한다. 실린더 밖의 압력은 대기압인데 비하여 실린더 내의 연소 가스는 고압이므로 피스톤은 빠른 속도로 거의 단열적으로 뒤로 밀리게 된다. 피스톤이 하사점(BDC, bottom dead center)에 도달하면 배기밸브가 열리어 실린더 내의 연소가스가 대기 중으로 배출되어 실린더 내는 대기압 상태 ④에 도달한다. 실제로 비교적 고속의 가솔린 기관에서는 과정 ③~④만을 통하여는 충분한 배기가 이루어지지 못하므로, 과정 ④와 과정 ⑤에서 흡기밸브와 배기밸브를 대기압 상태 하에서 작동시켜 원활한 배기와 다음 사이클을 위한 새로운 공기를 흡입한다.

실제 연소가 일어나는 실린더 내의 동작유체(working fluid)는 연소가 진행됨에 따라서 가스의 성분이 매우 복잡하게 시시각각 변하며, 또한 한 사이클 동안의 기체의 중량도 변화한다. 그러나 피스톤은 매우 빠른 속도로 작동하므로 동작유체는 준정적과정으로 상태변화를 하지 않는 것으로 가정한다. [선박용 대형 2-Stroke 엔진의 적용 : Indicator 선도]

Exercise 연습문제

01 실린더 내의 기체에 $4.2 \times 10^2\,J$ 의 열량을 가해주었더니, 그 기체가 1 기압 하에서 부피가 $2.0 \times 10^{-3}\ m^3$ 만큼 팽창하였다. 피스톤의 마찰을 무시할 때, 기체의 내부에너지의 증가량은 얼마인가?

Hint

$Q = \Delta U + P \cdot \Delta V$

02 정상과정으로 100 kPa, 280 K 의 공기를 600 kPa, 400 K 까지 압축한다.
공기의 질량 유량은 0.02 kg/s 이고, 이 과정 동안 열손실은 16 kJ/kg 이다.
운동에너지와 위치에너지 변화를 무시할 수 있다고 가정하고 압축기에 필요한 입력 동력을 구하라.

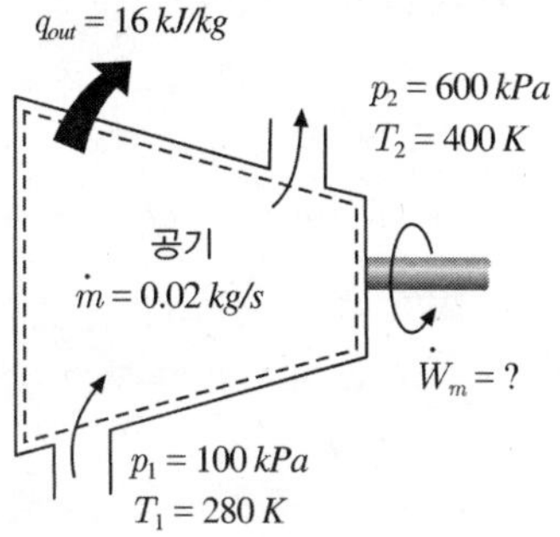

가정 1: 임의의 점에서 시간에 따른 변화가 없으므로 정상 유동과정이고, 따라서 $\triangle m_{cv} = 0$ 이고 $\triangle E_{cv} = 0$ 이다.

가정 2: 운동에너지와 위치에너지 변화가 없으므로, $\triangle KE = 0$, $\triangle PE = 0$ 이다.

01 $\triangle U = Q - P \cdot \triangle V = 4.2 \times 10^2 - 1.013 \times 10^5 \times 2.0 \times 10^{-3}$ [N.m]

$= 2.17 \times 10^2 [J]$

02 그림과 같이, 압축기를 시스템으로 잡는다. 과정 동안 질량이 시스템의 경계를 통과하므로 이 시스템은 검사체적이다. 입구와 출구가 각각 하나씩으로 $m_1 = m_2 = m$ 이다.
또한, 열은 시스템으로부터 손실되고, 일은 시스템에 공급된다.
가정 1, 2 하에, 이 정상유동 시스템에 대한 에너지평형은 다음과 같이 시간율 형태로 나타낼 수 있다.

$$\underbrace{\dot{E}_{in} - \dot{E}_{out}} = \underbrace{\triangle \dot{E}_{system}}_{} \overset{0\,(\text{정상유동})}{=} 0$$

으로부터,
열, 일 및 질량에 의한 순수(net) 에너지 전달률과 내부, 운동, 위치 등의 에너지 변화율은

$$\dot{E}_{in} = \dot{E}_{out}$$

이므로,

$$\dot{W}_{in} + \dot{m} \cdot h_1 = \dot{Q}_{out} + \dot{m} \cdot h_2$$

와 같이 나타낼 수 있다.
여기서, 이상기체의 엔탈피는 온도에 따라서만 변하고, 주어진 온도에서 공기의 엔탈피는 부록의 공기표로부터,

$$h_1 = h_{@280K} = 280.13\ [kJ/kg]$$
$$h_2 = h_{@400K} = 400.98\ [kJ/kg]$$

이므로
이상을 위 식 $\dot{W}_{in} = \dot{Q}_{out} + \dot{m} \cdot (h_2 - h_1)$ 에 대입하면, 압축기 입력 동력은 다음과 같이 구해진다.

$$\dot{W}_{in} = (0.02\ kg/s) \times (16\ kJ/kg) + (0.02\ kg/s) \times (400.98 - 280.13\ kJ/kg)$$
$$= 2.74\ [kW]$$

03 질량이 10 *kg* 인 돌과 100 *kg* 의 물이 들어있는 물동이가 있다.
처음에 돌이 물 위 10.2 *m* 에 있으며 물과 돌의 온도는 같다. 이를 상태 1 이라고 하자.
이제 돌이 물 위로 떨어진다.
다음 각 상태변화에 대한 ΔU, ΔKE, ΔPE, Q 및 W 를 계산하라.
단, 표준 중력가속도는 9.80665 m/s^2 이다.

(1) 돌이 물 속으로 들어가는 순간(상태 2).

(2) 돌이 물동이 속에서 정지하는 순간(상태 3).

(3) 물과 돌의 온도가 처음 온도 T_1 과 같아지도록 외부로 열전달이 일어난 후(상태 4).

Ideal-gas properties of air

T K	h kJ/kg	P_r	u kJ/kg	v_r	$s°$ kJ/(kg·K)	T K	h kJ/kg	P_r	u kJ/kg	v_r	$s°$ kJ/(kg·K)
200	199.97	0.3363	142.56	1707.0	1.29559	580	586.04	14.38	419.55	115.7	2.37348
210	209.97	0.3987	149.69	1512.0	1.34444	590	596.52	15.31	427.15	110.6	2.39140
220	219.97	0.4690	156.82	1346.0	1.39105	600	607.02	16.28	434.78	105.8	2.40902
230	230.02	0.5477	164.00	1205.0	1.43557	610	617.53	17.30	442.42	101.2	2.42644
240	240.02	0.6355	171.13	1084.0	1.47824	620	628.07	18.36	450.09	96.92	2.44356
250	250.05	0.7329	178.28	979.0	1.51917	630	683.63	19.84	457.78	92.84	2.46048
260	260.09	0.8405	185.45	887.8	1.55848	640	649.22	20.64	465.50	88.99	2.47716
270	270.11	0.9590	192.60	808.0	1.59634	650	659.84	21.86	473.25	85.34	2.49364
280	280.13	1.0889	199.75	738.0	1.63279	660	670.47	23.13	481.01	81.89	2.50985
285	285.14	1.1584	203.33	706.1	1.65055	670	681.14	24.46	488.81	78.61	2.52589
290	290.16	1.2311	206.91	676.1	1.66802	680	691.82	25.85	496.62	75.50	2.54175
295	295.17	1.3068	210.49	647.9	1.68515	690	702.52	27.29	504.45	72.56	2.55731
300	300.19	1.3860	214.07	621.2	1.70203	700	713.27	28.80	512.33	69.76	2.57277
305	305.22	1.4686	217.67	596.0	1.71865	710	724.04	30.38	520.23	67.07	2.58810
310	310.24	1.5546	221.25	572.3	1.73498	720	734.82	32.02	528.14	64.53	2.60319
315	315.27	1.6442	224.85	549.8	1.75106	730	745.62	33.72	536.07	62.13	2.61803
320	320.29	1.7375	228.42	528.6	1.76690	740	756.44	35.50	544.02	59.82	2.63280
325	325.31	1.8345	232.02	508.4	1.78249	750	767.29	37.35	551.99	57.63	2.64737
330	330.34	1.9352	235.61	489.4	1.79783	760	778.18	39.27	560.01	55.54	2.66176
340	340.42	2.149	242.82	454.1	1.82790	780	800.03	43.35	576.12	51.64	2.69013
350	350.49	2.379	250.02	422.2	1.85708	800	821.95	47.75	592.30	48.08	2.71787
360	360.58	2.626	257.24	393.4	1.88543	820	843.98	52.59	608.59	44.84	2.74504
370	370.67	2.892	264.46	367.2	1.91313	840	866.08	57.60	624.95	41.85	2.77170
380	380.77	3.176	271.69	343.4	1.94001	860	888.27	63.09	641.40	39.12	2.79783
390	390.88	3.481	278.93	321.5	1.96633	880	910.56	68.98	657.95	36.61	2.82344
400	400.98	3.806	286.16	301.6	1.99194	900	932.93	75.29	674.58	34.31	2.84856
410	411.12	4.153	293.43	283.3	2.01699	920	955.38	82.05	691.28	32.18	2.87324
420	421.26	4.522	300.69	266.6	2.04142	940	977.92	89.28	708.08	30.22	2.89748
430	431.43	4.915	307.99	251.1	2.06533	960	1000.55	97.00	725.02	28.40	2.92128
440	441.61	5.332	315.30	236.8	2.08870	980	1023.25	105.2	741.98	26.73	2.94468

[해설]
각 단계에 대한 열역학 제 1 법칙, 식 (2−12) 는

$$Q = \Delta U + \Delta KE + \Delta PE + W$$

과 같으며, 각 상태변화에 따라 각 항을 판별하여야 한다.

03 (1) 돌이 Z_1 에서 Z_2 로 떨어졌으며 이때 열전달이 없다고 가정한다. 물의 상태는 변하지 않았으므로 다음과 같다.

$$\Delta U \ (\fallingdotseq \Delta H) = 0, \quad {}_1Q_2 = 0, \quad {}_1W_2 = 0$$

제 1 법칙은

$$\begin{aligned} \Delta KE + \Delta PE &= 0 \\ \Delta KE &= -\Delta PE = -m \cdot g\,(Z_2 - Z_1) \\ &= -10\,kg \times 9.80665\,m/s^2 \times (-10.2\,m) \\ &= 1{,}000\ [J] = 1\ [kJ] \end{aligned}$$

이다. 즉 상태 1 에서 상태 2 로 가는 동안 다음과 같이 된다.

$$\Delta KE = 1\,[kJ], \quad \Delta PE = -1\,[kJ]$$

(2) 상태 2 에서 운동에너지가 0 인 상태 3 으로 가는 동안(물의 깊이를 무시하면) 다음과 같다.

$$\Delta PE = 0, \quad {}_2Q_3 = 0, \quad {}_2W_3 = 0$$

따라서 다음과 같은 결과를 얻는다.

$$\begin{aligned} \Delta U + \Delta KE &= 0 \\ \Delta U + \Delta KE &= 1\,[J] \end{aligned}$$

(3) 따라서, 최종상태에서 운동에너지와 위치에너지가 0 이며 내부에너지는 상태 1 과 같다. 따라서 다음과 같이 계산된다.

$$\Delta U = -1\,[kJ], \quad \Delta KE = 0, \quad \Delta PE = 0, \quad {}_3W_4 = 0$$

$${}_3Q_4 = \Delta U = -1\,[kJ]$$

04 어느 터빈에 750 *kcal/kg* 의 비엔탈피를 갖는 유체가 매초 5 *kg* 의 비율로 유입되어서 650 *kcal/kg* 의 비엔탈피로 유출된다. 이때의 열손실을 100 *kcal/s* 로 한다면 매초 발생하는 일량은 얼마인가?
단, 이 터빈에서의 유동은 정상유동으로서 유입 및 유출 시의 속도는 거의 같으며, 30 *m/s* 이고 효율은 무시한다.

05 어느 터빈에 매시 10 *t* 의 증기가 유입되어서 1400 *kW* 의 동력을 발생한다.
이 증기가 유입 시에는 비엔탈피 700 *kcal/kg*, 속도 900 *m/s* 이고, 유출 시에는 비엔탈피 650 *kcal/kg*, 속도 400 *m/s* 이다.
이 터빈의 매초 당 손실열량은 얼마인가?
단, 터빈에서의 유동은 정상유동이고 효율은 무시한다.

04 1. 식 (2-35′) 을 변형하여 공업일 (률) $\dot{W}^t$ 를 구한다.

2. $\dot{m} = 5\ kg_m/s$, $h_1 = 750\ kcal/kg_m$, $h_2 = 650\ kcal/kg_m$, $Q_{loss} = 100\ kcal/s$ 이고,

3. 식에서 $\mathrm{v} = 30\ m/s \leq 400\ m/s$ 이므로, 운동에너지 $A \cdot \dfrac{\mathrm{v}^2}{2 \cdot g}$ 의 항을 무시하면

$$\dot{m} \cdot h_1 = \dot{m} \cdot h_2 + A \cdot \dot{W}_t + Q_{loss}$$

$$\therefore\ A \cdot \dot{W}_t = \dot{m} \cdot (h_1 - h_2) - Q_{loss}$$

$$= 5\ kg/s \times (750 - 650)\ kcal/kg - 100\ kcal/s$$

$$= 400\ [kcal/s]$$

따라서 구하는 공업일 (률) $\dot{W}^t$ 는 $A \cdot \dot{W}^t \times \dfrac{1}{A}$

$$\dot{W}^t = 400\ kcal/s \times 427\ kg_f \cdot m/kcal = 170{,}800\ [kg_f \cdot m/s]$$

단위시간당의 일량을 동력(power)이라 한다.

05 1. 식 (2-35′) 을 변형하여 손실열 $\dot{Q}_{loss}$ 를 구한다.

2. 먼저 유입하는 증기량 $\dot{m}$ 를 매초 당으로 환산하지 않으면 안 되므로

$$\dot{m} = 10\ t/h = 10{,}000\ kg_m/h = \frac{10{,}000}{3{,}600}\ kg_m/s = \frac{25}{9}\ [kg_m/s]$$

$$h_1 = 700\ kcal/kg_m,\quad h_2 = 650\ kcal/kg_m,\quad \mathrm{v}_1 = 900\ \mathrm{m/s},\quad \mathrm{v}_2 = 400\ [\mathrm{m/s}]$$

그리고 $A \cdot W^t$ 에 상당하는 열당량은 식 (1-53), (1-54) 에서 $1\ kWh = 859.8\ kcal$ 이므로 $1{,}400\ kW$ 의 출력의 열당량은

$$\frac{1{,}400 \times 859.8}{3{,}600} = 334\ [kcal/s]$$

3. 따라서 구하는 손실열량 $\dot{Q}_{loss}$ 는 식 (2-35′) 을 변형하여

$$\dot{Q}_{loss} = \dot{m} \cdot (h_1 - h_2) + \dot{m} \cdot \frac{A}{2g} \cdot (\mathrm{v}_1^2 - \mathrm{v}_2^2) - A \cdot W^t$$

$$= \frac{25}{9} \times (700 - 650) + \frac{25}{9} \times \frac{1}{2 \times 9.8} \cdot \frac{1}{427} \times (900^2 - 400^2) - 334$$

$$= 20.6\ [kcal/s]$$

06 밀폐계가 3 개의 개별적인 과정들로 구성된 사이클을 수행한다.
처음 과정 동안 계로 8 kJ의 열전달이 일어나고 계는 2 kJ의 일을 한다. 두 번째 과정은 단열과정이다. 세 번째 과정 동안 3 kJ의 일이 계에 행해지고, 계의 총에너지는 2 kJ 만큼 감소한다.
처음 두 과정 동안 각 과정에서 계의 총에너지의 변화와 마지막 과정에서의 열전달, 그리고 두 번째 과정에서의 일을 구하라. [보일러 : 랭킨사이클]

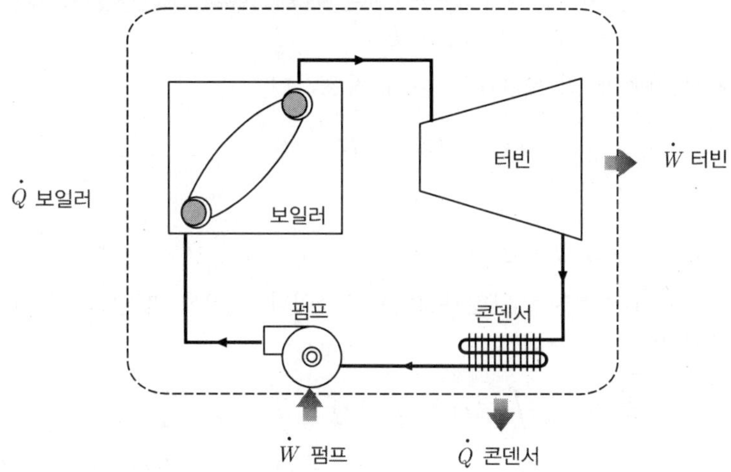

[해설]

밀폐된 열역학적 계에는 많은 예들이 있다.
어떤 것들은 실제이고, 나머지는 단지 실제 장치를 이상화한 것이다.
예를 들어, 백열전구, 팽창된 자동차 타이어, 저장탱크, 그리고 고체 블록은 모두 밀폐계의 예들이다.
반면에, 내연기관의 피스톤-실린더 계는 연료와 공기가 계로 들어오고 연소물이 떠나기 때문에 실제로는 개방계로 작동한다 할지라도 피스톤-실린더는 간단한 열역학적 해석을 위해 종종 밀폐계로 이상화된다.
밀폐계는 실제 열역학적 해석에 있어서 개방계처럼 자주 대하는 문제는 아니다.
그럼에도 불구하고, 밀폐계의 해석은 공업열역학에서 중요하다. 이러한 계들은 종종 매우 단순하고 명료하므로 불필요한 복잡성에 의해 문제의 풀이가 지장을 받지 않는다.
그러므로 밀폐계의 해석에서 얻어진 경험은 좀더 어려운 문제들을 해석할 수 있는 능력을 키워주는 데 도움을 줄 것이다. 게다가, 밀폐계의 개념은 큰 계의 전체거동을 해석하는 데 있어서 이로움을 줄 수 있다.
문제의 단순 증기원동소는 4 개의 장치(보일러, 터빈, 콘덴서, 펌프)로 구성되어 있는데, 이 장치들은 모두 하나의 개방계 장치로서 각각 해석될 수 있다.
그러나 만일 계의 경계가 4 개의 장치를 모두 포함하면, 전체증기원동소는 계의 경계를 통과하는 질량이 없으므로 밀폐계로서 해석될 수 있다.

6 이 문제에서 계의 정체에 대하여 명확하게 알려져 있지 않지만, 우리는 문제의 계가 밀폐계이고 완전한 사이클을 수행한다는 것을 알고 있다. 그러므로 식 (2-32) 는 각각의 개별적인 과정에 적용되고 이를 처음 과정에 적용하면, 우리는 다음을 얻을 수 있다.

$$Q + E_1 - W - E_2 = \Delta E_{sys} = O \qquad (2\text{-}32)$$
$$\therefore\ Q_{12} - W_{12} = E_2 - E_1$$

또는

$$E_2 - E_1 = 8\,kJ - 2\,kJ$$
$$E_2 - E_1 = 6\,kJ\,(\text{증가})$$

마지막 과정 산출에 식 (2-32) 를 다시 적용하면

$$Q_{31} - W_{31} = E_1 - E_3$$

또는

$$Q_{31} = -3\,kJ - 2\,kJ = -5\,kJ\,(\text{계로부터 전달된 열량})$$

두 번째 과정에서 열전달은 단열과정이므로 0 이다. 그리고 열전달의 사이클적분은 다음과 같이 계산된다.

$$\oint \delta Q = \int_1^2 \delta Q + \int_2^3 \delta Q + \int_3^1 \delta Q$$
$$= Q_{12} + Q_{23} + Q_{31} = +8\,kJ + 0 - 5\,kJ = +3\,kJ$$

밀폐계가 사이클을 수행할 때, 사이클의 에너지 해석은

$$\oint \delta Q - \oint \delta W = \oint dE = 0$$

이어야 하므로, 이를 밀폐계를 이루는 전체 사이클에 적용하면 다음과 같이 된다.

$$\oint \delta Q = \oint \delta W$$

또는

$$3\,kJ = 2\,kJ + W_{23} + (-3\,kJ)$$
$$W_{23} = 4\,kJ\,(\text{주위로 행한 일})$$

식 (2-32) 는 두 번째 과정 중의 전 에너지변화를 알아내는 데 이용될 수 있다.

$$Q_{23} - W_{23} = E_3 - E_2$$
$$E_3 - E_2 = 0 - 4\,kJ = -4\,kJ\,(\text{감소})$$

마지막으로, 전 에너지변화의 순환적분은 합계가 0 이 됨을 주의하자. 이 조건으로 이전의 계산을 검산할 수 있다.

$$\oint dE = (E_2 - E_1) + (E_3 - E_2) + (E_1 - E_3)$$
$$= +6\,kJ - 4\,kJ - 2\,kJ$$
$$= 0\ (\text{확인})$$

07 열역학 제 1 법칙을 다음 각 경우에 있어서 고찰하라.

(1) 내부에너지가 일정한 경우

(2) 고립된 계(isolated system)의 경우

(3) 단열상태의 경우

(4) 사이클(cycle)의 경우

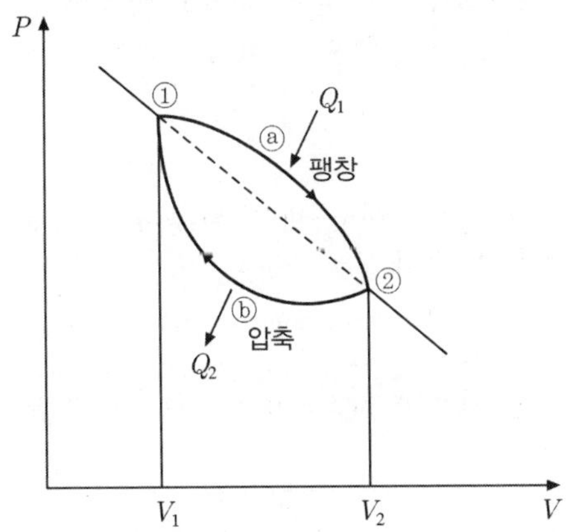

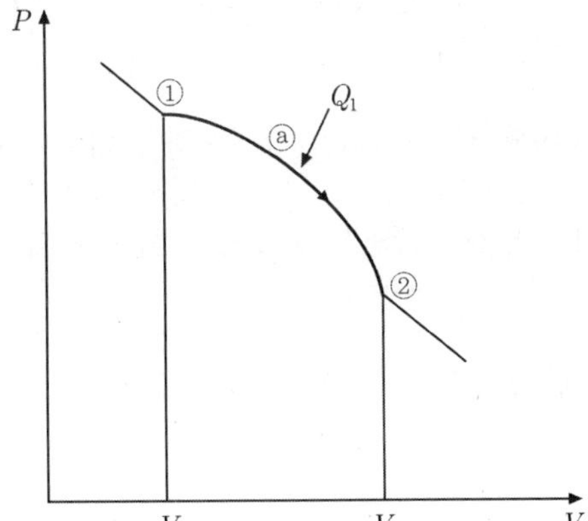

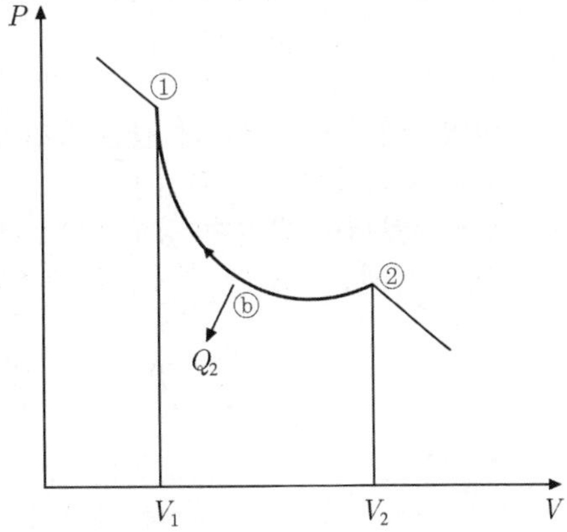

07 (1) 내부에너지가 일정한 경우

내부에너지 u 는 온도만의 함수로서 계의 온도가 일정하다면 $dU = 0$ 이 된다. 이 경우 식 (2-12) 는

$$\delta Q = \delta W$$

가 된다. 이 식이 의미하는 바는 온도가 불변인 계에 외부로부터 dQ 의 열량을 받으면 자신의 내부에너지 증가에는 하나도 쓰이지 않고 모두 외부에 대한 일로서 소모된다는 것을 의미한다.

(2) 고립된 계(isolated system)의 경우

고립된 계라는 것은 외부와 하등의 열량 교환이 없으며 외부에 대하여도 일을 주고받지 않는 $\delta Q = 0$, $\delta W = 0$인 시스템을 말한다. 이 경우 식 (2-12) 에서

$$\delta U = 0$$

가 되어야 한다. 이 식이 의미하는 바는 외부와 고립된 계는 영원히 내부에너지가 변하지 않는다는 것을 뜻한다.

(3) 단열상태의 경우

어떤 계가 단열상태에 있으면 $\delta Q = 0$ 이므로 이 경우 식 (2-12) 는

$$\delta W = (-)\, dU$$

가 된다. 이 식이 의미하는 바는 외부와 단열된 계는 외부로부터 에너지공급이 전혀 없으므로 계 자체가 보유하는 내부에너지를 소모하여 외부에 일을 한다는 것을 의미한다.

(4) 사이클(cycle)의 경우

열역학에서 사이클이라 함은 그림에서 보는 바와 같이 기체가 상태변화를 하여 원래의 상태로 되돌아오는 과정이 되풀이되는 것을 가리킨다. P-V 선도 상에서 기체가 ①의 상태로부터 출발하여 경로 ⓐ를 거쳐 ②에 도달한 다음 경로 ⓑ를 거쳐 원래의 ①의 상태로 되돌아오는 경우, 식 (2-12) 를 사이클 적분하면

$$\oint \delta Q = \oint dU + \oint P \cdot dV$$

이 된다.

위 식을 경로 ⓐ 및 ⓑ 에 따라서 두 개의 식으로 나누어 쓰고 정리하면,

$$Q_1 - Q_2 = \int_{1-a}^{2} P \cdot dV + \int_{2-b}^{1} P \cdot dV$$

위 식의 좌변은 결구 한 사이클 동안에 계에 출입한 열량의 합을 나타내며, 우변의 괄호 안은 사이클 내부의 면적을 나타낸다.

그러므로 한 사이클 동안에 계에 가해진 순수한 열량은 한 사이클 동안 외부에 대하여 행한 유효한 일의 양과 같다는 것을 알 수 있다.

발전소는 1차 에너지로부터 전기를 생산하는 산업 시설이다. 대부분의 발전소는 사회의 전기 수요를 위해 전력망에 전력을 공급하기 위해 기계적 에너지를 전기 에너지로 변환하는 하나 이상의 발전기를 사용한다. 예외적으로 태양열 발전소는 이 전기를 생산하기 위해 태양열 발전소를 사용한다.

• Examples of Power Plants

Coal-fired power plant

Nuclear power plant

Wind power farm

발전소에 1차 에너지를 공급하는 1차 연료 또는 1차 에너지 흐름의 유형은 다양하다. 가장 일반적인 연료는 석탄, 천연 가스, 우라늄(원자력)이다.

역학적 에너지의 변환에 따른 초기의 대부분의 전기를 생산하기 위해 실질적으로 사용되는 1차 에너지 흐름은 수력 발전이었다. 신재생에너지를 비롯한 또 다른 에너지원으로는 바람, 태양열, 지열 및 조수가 포함된다.

〈출처 : energy_education.ca〉

• 열에너지의 변환

Hydroelectric power plant

Natural gas power plant

Solar panel farm

Chapter 03

이상기체(완전가스)

열역학 기관에서는 이상기체가 동작유체가 된다.

이상기체 법칙은 제한된 상황에서만 해당된다.

그 이유는 해석이 간단하다는 데 있다.

동작유체가 이상기체라는 가정 하에서는 상태방정식1)을 사용할 수 있다고 하는, 즉 압력과 체적을 알면 온도를 알 수 있는 등 상태변화의 해석이 간단하다는 것이다.

이 장에서는 완전가스의 성질과 이에 관계된 기체상수, 비열관계식, 상태변화 중의 일 또는 열에 대한 열역학적 상태량의 관계식 등의 여러 법칙이 다루어질 것이다.

---

1) $P\left[\frac{kg_f}{m^2}\right] \times V\,[m^3] = p\left[\frac{kg_f}{m^2}\right] \times v\left[\frac{m^3}{kg}\right] \times m\,[kg] = m\,[kg] \times R\left[\frac{kg_f \cdot m}{kg \cdot K}\right] \times T\,[K]$

$\therefore\ p \times v = R \times T$

$\therefore\ p_1 \times v_1 = R \times T_1 = p_2 \times v_2 = R \times T_2$

완전유체 : 압축성과 점성을 생각하지 않는 이론상의 유체를 말한다.

3.1 완전가스(perfect gas)

열역학기관의 동작유체로 주로 사용되는 기체로서 열기관[2]에서는 공기, 수증기, 연소가스 등이 있으며, 열펌프에서는 암모니아 및 프레온가스 등이 사용되고 있다.

열역학 기관에서 실제로 공업상 사용하는 동작유체에 열을 주는 경우 유체의 상태변화가 어떻게 일어나는가를 해석하기 위해서는 이들 동작유체의 역학적 성질을 알아야 할 필요가 있다.

보통 기관의 연소가스, 공기, 산소, 질소, 수소 등은 넓은 온도 범위에 걸쳐 기체상태로 존재하며 대체로 기체상태방정식에 따른 상태변화를 하므로 이들 기체들을 이상적인 상태변화를 하는 가상적인 기체, 즉 완전가스 또는 이상기체(ideal gas)로 취급하고 있다.

이상기체란 문자 그대로 실제로 존재하지 않는 완전가스로서 이상적인 기체를 말한다.

즉, 이상적인 기체는 분자 사이의 거리가 멀고 분자의 크기와 분자 간에 작용하는 분자력의 크기가 충분히 작아서 분자력을 무시할 수 있는 기체로서 이와 같은 기체는 열역학적 상태량인 압력, 온도, 체적 사이의 관계식인 기체 상태방정식을 잘 만족한다.

바꾸어 말하면, 어떤 가스가 기체의 상태방정식을 만족하면서 이상적인 상태변화를 하면 이러한 가스를 완전가스라 할 수 있다. 그러나 액체는 기체보다 분자 간의 거리가 가깝기 때문에 쉽게 액화되는 기체는 기체가 된 후라도 분자의 크기나 분자 간의 힘을 무시할 수 없다. 이와 같은 기체를 불완전가스(imperfect gas)라 한다.

그러나 이러한 불완전가스도 과열도가 높아지면 완전가스의 성질에 접근한다고[3] 알려져 있다.

H_2, O_2, N_2, CO, He 등과 같이 원자수가 1~2 개인 가스 또는 공기와 같은 실제가스는 완전가스로 취급한다. H_2O, CO_2, NH_3, 프레온가스[4] 등과 같이 원자수가 3 개 이상인 것은 불완전가스이다.

---

2) 이상기체를 사용하여 기관을 동작시킬 때에는 이상적인 상태에서의 열의 주고받음이 진행된다고 간주한다. 실제의 엔진에서는 동작유체에 열을 주는 폭발연소와 열을 흘리기 위해, 또 일을 마친 동작유체를 원래의 상태로 되돌리기 위해 배기밸브를 열고서 배기시키는 행정이 이루어진다.
이러한 행정이 반복적으로 이루어지면 실린더 내벽에 남아 있는 열로 인하여 순수하게 원래의 상태로 돌리기는 불가능하다. 그러나 열역학 상의 기관에서는 [수열]이라는 형으로 열을 받고 [방열]이란 형으로 열을 내놓는 사이 열의 일부가 일로 변하지만 실린더 내벽을 통해 외부로 열이 도망가지는 않는다고 가정한다.

3) 물(H_2O)도 증기(H_2O)가 된 후 과열도가 높아지면 점차 완전가스의 성질에 접근한다.

4) CCl_2F_2 : 다이클로로다이플루오로메테인_기존 냉매를 대체할 프레온 가스

야호~
완전가스
휘유~
완전하게 공부했더라면...
존경스럽다..!
불완전가스

3.2 완전가스의 특성식(equation of state)

(1) Boyle의 법칙

1662년 영국의 물리학자 Robert Boyle은,
"온도가 일정한 상태에서, 모든 가스의 체적 V[5]는 압력 P에 반비례하여 변화한다"라고 발표하였다.

즉, Boyle의 법칙은, $[T \propto C]$

$$P \cdot V = C_{\text{onst.}}\,(kg_f \cdot m) \quad \text{또는} \quad p \cdot v = C_{\text{onst.}}\,(\frac{kg_f \cdot m}{kg}) \tag{3-1}$$

여기서, C는 비례상수이며, 그림 3-1 에서와 같이 처음의 압력 P_1, 체적 V_1 인 가스가 등온 하에서 압력 P_2, 체적 V_2인 상태로 변했다면 식 (3-1) 로부터,

$$P_1 \cdot V_1 = P_2 \cdot V_2 \qquad (p_1 \cdot v_1 = p_2 \cdot v_2)$$
$$\frac{V_1}{V_2} = \frac{P_2}{P_1} \qquad (\frac{v_1}{v_2} = \frac{p_2}{p_1}) \tag{3-2}$$

의 관계식을 얻으며 P-V선도 상에서 등온선은 직각 쌍곡선이 됨을 알 수 있다.

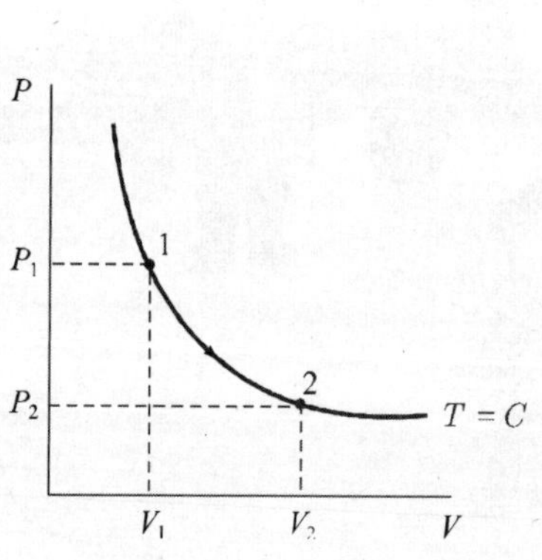

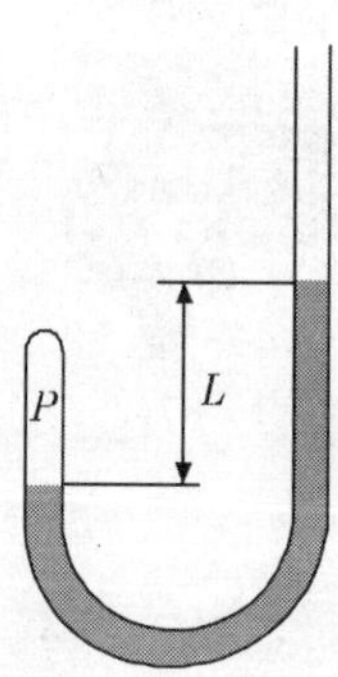

보일, *R. Boyle* (1627~1691)의 *J* 자관
유리 *J* 자관에 수은을 넣어 보일의 법칙을 확인했다.

5) 또는, 비체적 v

[그림 3-1] Boyle의 법칙

(2) Charles의 법칙

1783년 프랑스의 Charles은, 「압력 P가 일정한 상태에서, 모든 기체의 체적 V[6] 는 온도 1 ℃ 변화할 때마다 0 ℃ 에서의 체적의 $\frac{1}{273}$ 만큼 변화한다.」는 것을 발견하였다. $[P \propto C]$

즉, 온도가 1 ℃ 상승하면 체적은 0 ℃ 체적의 1/273 씩 증가하게 된다는 것이다.[7]

m kg 의 어떤 기체가 일정한 압력 하에서 온도가 0 ℃ 일 때의 체적이 V_0 라고 하고 변화 전의 온도와 체적이 t_1(℃), V_1, 변화 후의 온도와 비체적을 t_2(℃), V_2 라 하면,

$$V_1 = V_0 + \frac{V_0}{273} \cdot t_1 = V_0 \cdot (1 + \frac{t_1}{273}) \tag{3-3}$$

$$V_2 = V_0 + \frac{V_0}{273} \cdot t_2 = V_0 \cdot (1 + \frac{t_2}{273}) \tag{3-4}$$

이므로,

$$\frac{V_1}{V_2} = \frac{273 + t_1}{273 + t_2} \tag{3-5}$$

이 된다. 여기서, $273 + t_1$, $273 + t_2$ 는 t_1 °C, t_2 °C 의 절대눈금을 나타내고 있으므로 이것을 T_1 $[K]$, T_2 $[K]$로 하면, 식 (3-5) 는

$$\frac{V_1}{V_2} = \frac{T_1}{T_2} = C_{onst.} \tag{3-6}$$

로부터

$$\frac{V_1}{T_1} = \frac{V_2}{T_2} = \frac{V}{T} = m \cdot C_{onst.} \tag{3-7}$$

또는

$$\frac{v_1}{T_1} = \frac{v_2}{T_2} = \frac{v}{T} = C_{onst.} \tag{3-7$'$}$$

와 같이 나타낼 수 있으며, 여기서 $C_{onst.}$ 는 일정한 값의 상수이다. 즉, Charles의 법칙[8]은 「모든 기체는 압력이 일정할 때 그 체적은 절대온도에 비례한다.」고 표현되며 이 관계는 T-$V(v)$선도 상에서 직선으로 나타난다.

---

6) 또는 비체적 v

7) 이 동일한 법칙은 1802년 프랑스의 게이 뤼삭(Gay-Lussac)에 의해 논문으로 발표되었으므로 Charles의 법칙 또는 Gay Lussac의 법칙이라고 한다.

8) Charles의 법칙은 다음과 같은 두 가지로도 표현된다.
"압력이 일정할 때 기체의 체적은 절대온도에 비례한다. ($V/T = C_{onst.}$)"
"체적이 일정할 때 기체의 압력은 절대온도에 비례한다. ($P/T = C_{onst.}$)"

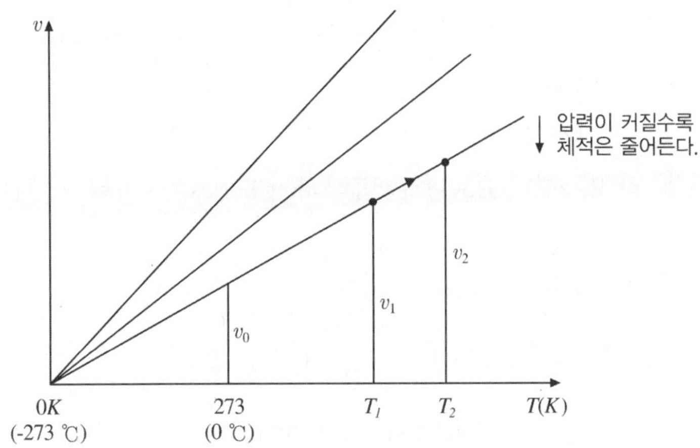

v
압력이 커질수록
체적은 줄어든다.
v_0
v_1
v_2
0K
(-273 ℃)
273
(0 ℃)
T_1
T_2
$T(K)$

[그림 3-2] 샤를의 법칙

나, 돌턴!
그림 3-2는 반년 전에
내가 발견한
그대로잖아 ~!!
영국
프랑스
샤를
(1787년)
게이뤼삭
(1802년)
내 연구
검토 좀 해줘!!
논문 발표는
내가... 슬쩍..

(3) 이상 기체의 상태방정식 (완전가스의 특성식)

그림 3-3 과 같이 P - V 선도에서 이상기체가 상태 1 에서 2 로 변화할 때, 먼저 그림 3-1 과 같이 상태 1 에서 등온과정 하에 중간상태까지 변화하고, 다음으로 그림 3-2 와 같이 중간상태에서 등압과정 하에 상태 2 까지 변화하는 것으로 생각한다.

여기서, 상태 1의 상태량을 P_1, V_1, T_1, 중간상태의 상태량을 P_i, V_i, T_i, 상태 2 의 상태량을 P_2, V_2, T_2 라고 하고 Boyle의 법칙과 Charles의 법칙을 적용하면 다음과 같이 된다.

상태 1 에서 중간상태까지는 Boyle의 법칙에서,

$$P_1 \cdot V_1 = P_i \cdot V_i = P_2 \cdot V_i \quad \cdots\cdots \text{(3-2)}$$

중간상태에서 상태 2 까지는 Charles의 법칙에서,

$$\frac{V_i}{T_i} \left(= \frac{V_i}{T_1} \right) = \frac{V_2}{T_2} \quad \cdots\cdots \text{(3-7)}$$

식 (3-2), (3-7) 로부터, $\dfrac{V_i}{T_1} = \dfrac{P_1 \cdot V_1 / P_2}{T_1} = \dfrac{V_2}{T_2}$

$$\frac{P_1 \cdot V_1}{T_1} = \frac{P_2 \cdot V_2}{T_2} = \frac{P \cdot V}{T} = C_{\text{onst}}\ (R) \tag{3-8}$$

$$\text{즉,}\ \frac{P \cdot V}{T} = C_{\text{onst}} = m \cdot R \tag{3-8$'$}$$

따라서,

$$P \cdot V = m \cdot R \cdot T \tag{3-9}$$

여기서, $V = m \cdot v$, 즉 V는 질량 $m\ kg$ 의 기체가 차지하는 부피이므로 윗식 (3-9)를

$$p \cdot m \cdot v = m \cdot R \cdot T \tag{3-9$'$}$$

으로 고쳐 쓰면, 단위질량에 대해서는

$$p \cdot v = R \cdot T \tag{3-10}$$

으로 나타낼 수 있다. 또한 중량 $G\ kg_f$ 의 기체에 대해서는

$$P \cdot V = G \cdot R_G \cdot T \tag{3-11}$$

가 된다.

식 (3-9), (3-10) 을 기체의 상태방정식(equation of state) 혹은 Boyle−Charles의 법칙, 완전가스의 특성식이라고 한다.

[그림 3-1] Boyle의 법칙

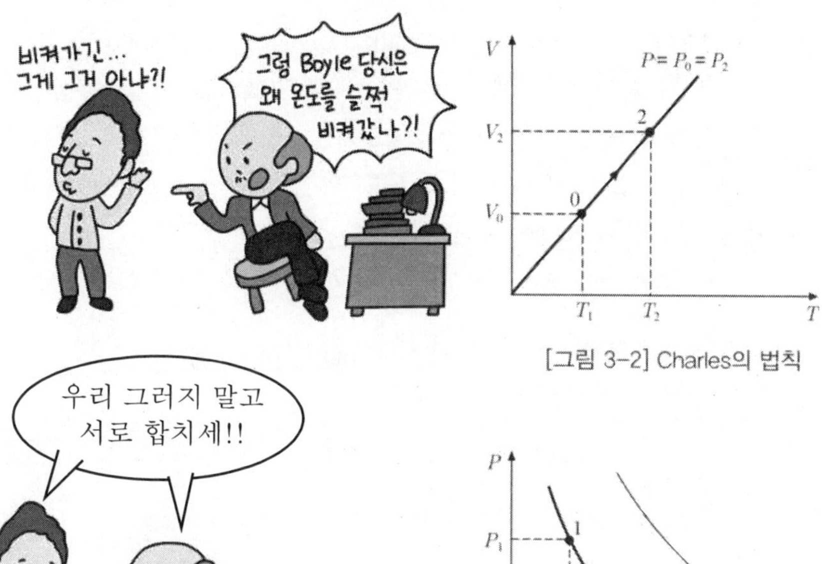

[그림 3-2] Charles의 법칙

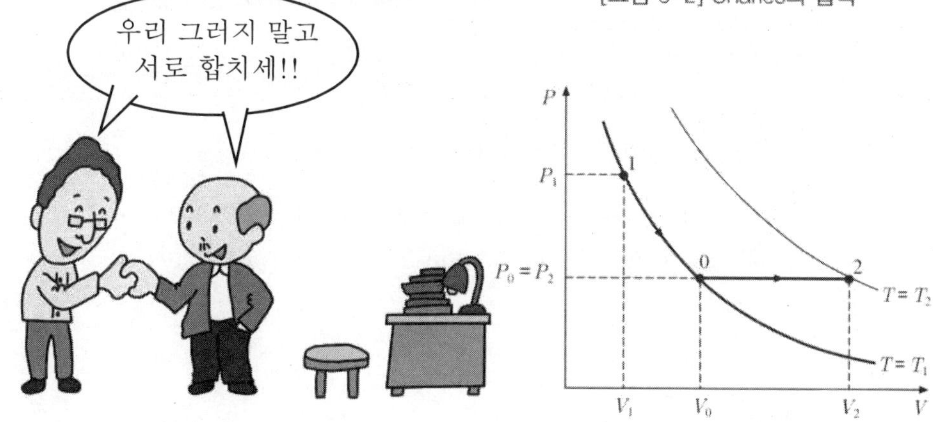

[그림 3-3] Boyle−Charles의 법칙

3.3 기체상수(gas constant, 가스정수)

(1) 일반 가스정수 - 1/3

앞 절의 식 (3-9) 에서 기체상수 R의 값을 구하자.

$$R = \frac{P \cdot V}{m \cdot T} \quad (\frac{kg_f \cdot m}{kg \cdot K}) \tag{3-12}$$

이므로 이 식에서 압력 P, 절대온도 T, 비체적 v (V/m)를 알면 기체상수 R을 구할 수 있다. 가스의 상태변화를 취급할 때의 단위는 질량(kg) 외에 $kmol$과 단위체적 $1\,Nm^3$
(0 ℃, 760 $mmHg$ 의 표준상태에서의 1 m^3의 체적)을 쓰면 편리하다.9)

$kmol$은 「기체의 종류에 관계없이 모든 기체가 압력과 온도가 일정하면 같은 체적 안에서의 분자 수는 같다」고 하는 Avogadro의 법칙에 기초한 단위이다.

이 법칙에 따르면 1 $kmol$이란 표준상태(101.3 kpa, 273.15 K)에 있어서는 이상기체의 종류에 관계없이 분자량 M의 기체 $M\,[kg]$의 체적은 22.4 m^3으로 항상 일정하며, 이 속에 들어 있는 분자의 수는 $Na \times 10^3$ $[Na = 6.02 \times 10^{23}]$개이다.10)

지금, 기체 상태방정식 식 (3-9) 에서, 1 $kmol$ 에 대한 완전가스의 특성식은 체적 V 대신 22.4 $m^3/kmol$ 을, 질량 m kg 대신 $M kg/kmol$ 을 대입하면,

$$P \cdot 22.4\,[m^3/kmol] = M\,[kg/kmol] \cdot R \cdot T \quad \cdots\cdots \text{(3-9')}$$

가 성립한다. 여기서, 22.4 $m^3/kmol$ 의 용적을 V_N이라 하면,
위 식 (3-9′)는 다음과 같이 나타낼 수 있다.

$$P \cdot V_N = M \cdot R \cdot T \tag{3-13}$$

여기서, 용적 $V_N[kg/kmol]$대신 질량$[kg]$을 도입하면

$$1\ [kg]\text{의 경우} : \quad p \cdot v = R \cdot T \quad \cdots\cdots \text{(3-10)}$$
$$m\ [kg]\text{의 경우} : \quad m \cdot p \cdot v = m \cdot R \cdot T \quad \cdots\cdots \text{(3-10')}$$

와 같이 정리된다.

---

9) $m^3(normal)$ 등으로 표시하기도 한다.
표준상태에서 기체의 체적을 $[m^3]$으로 표시한 표준 입방메타(normal cubic meter)임을 의미한다.
*) 22.4 $m^3{}_N$: 22.4 $kmol$

10) 단, 표준상태에서 멀지 않을 경우,
M $[gr]$ 의 체적은 22.4 $litre$ (분자수 = 6.02 × 10^{23}개)

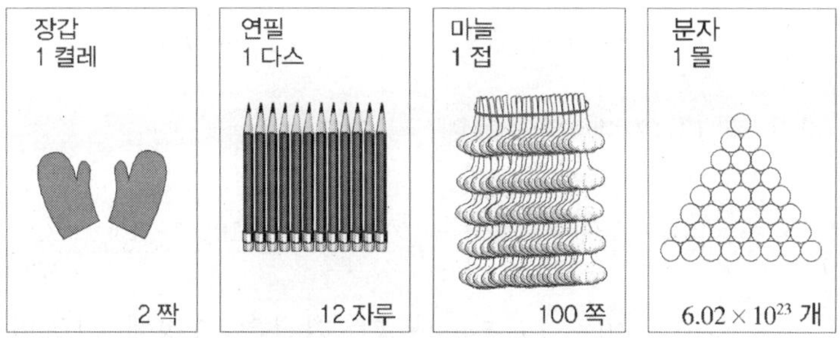

〈물질의 수량을 묶어서 표시하는 단위〉

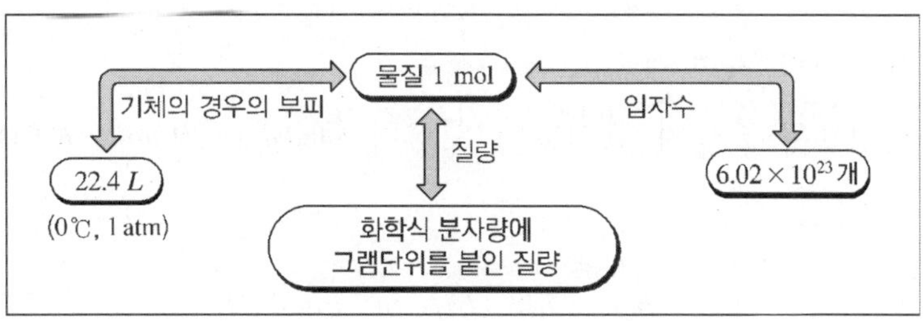

〈물질 1 mol 이 나타내는 의미〉

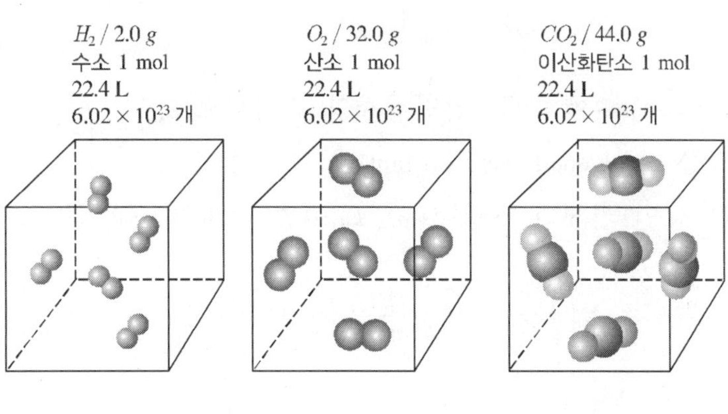

(1) 일반 가스정수 – 2/3

이번에는 식 (3-13)을 이용하여 $M \cdot R$ 의 값을 산출해 보자. 표준상태에서의

$$P = 101.3\ [kPa]$$

$$T = 0\,℃ = 273.15\ [K], \quad V_N = 22.4\ [m^3/kmol]$$

이므로, 이들 값을 식 (3-13)에 대입하면,

$$M \cdot R = \frac{P \cdot V_N}{T} = \frac{101.3\ [kPa] \times 22.4\ [m^3/kmol]}{273.15\ [K]} = \frac{101.3 \cdot 10^3\ [N/m^2] \times 22.4\ [m^3/kmol]}{273.15\ [K]}$$

$= 8.307 \times 10^3 \quad [J/kmol \cdot K]$, 최근의 측정에 의하면,

$$= 8.314 \times 10^3 \quad [J/kmol \cdot K]$$

$$= 848 \quad [kg_f \cdot m\ /\ kmol \cdot K] \tag{3-14}$$

즉, 이상기체이기만 하면,
$M \cdot R$ 의 값은 기체의 종류에 관계없이 일정치 $848\ kg_f \cdot m/kmol \cdot K$ 이다.
여기서,

$$M \cdot R = R_u = 848\ [kg_f \cdot m\ /\ kmol \cdot K] \tag{3-14'}$$

이라 두면, 식 (3-13)은 다음과 같이 간단히 표기할 수 있다.

$$P \times V_N = R_u \times T \tag{3-15}$$

위 식 (3-15) 는 $1\ kmol$ 에 대한 완전가스의 특성식으로,
R_u 를 일반가스정수(universal gas constant)라 부른다.
또, 분자량이 M 인 기체의 질량이 $M'\ kg$ 이면 기체의 mol 수 n 은,

$$n = M'\ [kg]\ /\ M\ [\frac{kg}{kmol}] = M'\ /\ M\ [kmol] \tag{3-16}$$

이므로, 식 (3-13)은 다음과 같이 된다.

$$P \cdot V_n = n \cdot R_u \cdot T \tag{3-17}$$

여기서, V_n 은 기체 $n\ kmol$ 이 차지하는 부피이다.

수소(분자량/2.016)의 가스정수 ; $\dfrac{848 \dfrac{kg_f \cdot m}{kmol \cdot K}}{2.016 \dfrac{kg}{kmol}} = 420.62 \left[\dfrac{kg_f \cdot m}{kg \cdot K}\right]$

산소(분자량/31.99)의 가스정수 ; $\dfrac{848}{31.99} = 26.49 \left[\dfrac{kg_f \cdot m}{kg \cdot K}\right]$

질소(분자량/28.01)의 가스정수 ; $\dfrac{848}{28.01} = 30.28 \left[\dfrac{kg_f \cdot m}{kg \cdot K}\right]$

공기(분자량/28.97)의 가스정수 ; $\dfrac{848}{28.97} = 29.27 \left[\dfrac{kg_f \cdot m}{kg \cdot K}\right]$

이상기체(분자량, M)의 상태방정식

1 kg 에 대하여 : $p \cdot v = R \cdot T$ ······ (3-10)

m kg 에 대하여 : $P \cdot V = m \cdot R \cdot T$ ······ (3-10′)

1 $kmol$ 에 대하여 : $P \cdot V_N = M \cdot R \cdot T$ ······ (3-13)

〃 : $P \cdot V_N = R_u \cdot T$ ······ (3-15)

n $kmol$ 에 대하여 (R_{kmol}) : $P \cdot V_n = n \cdot R_u \cdot T$ ······ (3-17)

일반 가스정수 $R_u = 8314 \left[\dfrac{J}{kmol \cdot K}\right]$

$= 848 \left[\dfrac{kg_f \cdot m}{kmol \cdot K}\right]$

$\fallingdotseq 2 \left[\dfrac{kcal}{kmol \cdot K}\right]$

가스정수 $R = \dfrac{848 \left(\dfrac{kg_f \cdot m}{kmol \cdot K}\right)}{M \left(\dfrac{kg}{kmol}\right)}$

$= \dfrac{848}{M} \left[\dfrac{kg_f \cdot m}{kg \cdot K}\right]$

$= \dfrac{8314}{M} \left[\dfrac{J}{kg \cdot K}\right]$

중량($G\,kg_f$)을 기준으로 하면

$P \cdot V = G \cdot R_G \cdot T$ ······ (3-11)

$(R_G = R \cdot \dfrac{1}{g})$

(2) 일반 가스정수 – 3/3

이상기체는 실제 존재하지 않는 이론적인 기체로서 기체를 이루는 입자들이 크기를 가지지 아니하고 탄성충돌을 하는 것 이외에는 서로 상호작용을 하지 않는다.

Items	이상기체	실제기체
분자의 크기	없 음	있 음
분자의 질량	있 음	있 음
0 K 에서의 부피	0	0 K 이전에 액체나 고체로 변함
기체 관련 법칙	모든 법칙을 따른다.	고온, 저압에서 거의 일치함
분자 사이의 인력이나 반발력	없 음	있 음

주요 이상가스의 물성치 <부록 6>

가스의 종류	분자 기호	분자량 M	가스정수 R		공기에 대한 비중	원자수
		$[kg/kmol]$	$\left[\frac{kg_f \cdot m}{kg \cdot K}\right]$	$\left[\frac{kJ}{kg \cdot K}\right]$		
헬륨	He	4.0026	211.80	2.0772	0.138	1
아르곤	Ar	39.9480	21.22	0.2081	1.379	1
수소	H_2	2.0156	420.62	4.1249	0.0695	2
질소	N_2	28.0134	30.28	0.2969	0.968	2
산소	O_2	31.9898	26.49	0.2598	1.105	2
일산화탄소	CO	27.9949	30.29	0.2970	0.967	2
일산화질소	NO	29.9980	28.27	0.2772	1.037	2
염화수소	HCI	36.4648	23.25	0.2280	1.268	2
수증기	H_2O	18.0106	47.07	0.4616	0.622	3
탄산가스	CO_2	43.9898	19.27	0.1890	1.530	3
산화질소	N_2O	44.0011	19.27	0.1890	1.538	3
아황산가스	SO_2	63.9625	13.26	0.1300	2.264	3
암모니아	NH_3	17.0265	49.79	0.4883	0.596	4
아세틸렌	C_2H_2	26.0156	32.59	0.3196	0.906	4
네탄	CH_4	16.0313	52.89	0.5187	0.554	5
메틸클로라이	CH_3CI	50.4805	16.79	0.1647	1.785	5
에틸렌	C_2H_4	28.0313	30.25	0.2966	0.975	6
에탄	C_2H_6	30.0469	28.20	0.2765	1.049	8
프로판	C_3H_8	44.0600	19.24	0.1887	1.521	11
공기	-	28.9500	29.29	0.2872	1.000	-

가스의 종류	0 ℃ 에서의 값 (760$mmHg$ 에서의)					
	밀도 ρ	정압비열 c_p		정적비열 c_v		$k=\frac{c_p}{c_v}$
	$[kg/m^3]$	$\left[\frac{kcal}{kg \cdot K}\right]$	$\left[\frac{kJ}{kg \cdot K}\right]$	$\left[\frac{kcal}{kg \cdot K}\right]$	$\left[\frac{kJ}{kg \cdot K}\right]$	
헬륨	0.1786	1.2514	5.2381	0.7550	3.1602	1.658
아르곤	1.7821	0.1240	0.5198	0.0746	0.3128	1.662
수소	0.0899	3.392	14.2000	2.4069	10.0754	1.409
질소	1.2499	0.2482	1.0890	0.1773	0.7421	1.400
산소	1.4276	0.2186	0.9150	0.1565	0.6551	1.397
일산화탄소	1.2495	0.2485	1.0403	0.1776	0.7433	1.400
일산화질소	1.3388	0.2385	0.9983	0.1723	0.7211	1.384
염화수소	1.6265	0.1910	0.7997	0.1366	0.5717	1.398
수증기	1.8036	0.4446	1.8610	0.3340	1.3979	1.331
탄산가스	1.9634	0.1952	0.8169	0.1500	0.6279	1.301
산화질소	1.9637	0.2032	0.8507	0.1581	0.6618	1.285
아황산가스	2.8581	0.1455	0.6092	0.1145	0.4792	1.271
암모니아	0.7598	0.4911	2.0557	0.3744	1.5674	1.312
아세틸렌	1.1607	0.3614	1.5127	0.2850	1.1931	1.268
네탄	0.7152	0.5151	2.1562	0.3912	1.6376	1.317
메틸클로라이	2.2522	0.1760	0.7369	0.1367	0.5722	1.288
에틸렌	1.2506	0.3851	1.6115	0.3142	1.3153	1.225
에탄	1.3406	0.4130	1.7289	0.3470	1.4524	1.190
프로판	2.1002	0.3705	1.5513	0.3254	1.3620	1.139
공기	1.2922	0.2400	1.0050	0.1713	0.7171	1.400

3.4 완전가스의 내부에너지

(1) Joule의 법칙

이미 1.2 (5) 절에서 언급한 바와 같이 가스의 내부에너지 역시 다른 상태량과 마찬가지로 열역학적 상태량의 하나이므로 $P(p)$, $V(v)$, T 중의 어느 상태량의 함수로 표시할 수 있을 것이다.

1844년, 영국의 물리학자 Joule(James P.)은 내부에너지와 압력, 비체적, 절대온도의 관계를 밝히기 위하여 다음과 같은 실험을 하였다. 실험은 그림 3-4.1 과 같이 두 개의 용기 A, B 를 밸브로 연결하여 단열된 큰 수조[11] 속에 넣고, 용기 A 에 일정압력(22 기압)의 가스를 넣고 용기 B 는 진공으로 하여 열평형이 된 상태에서 밸브를 열어 A 용기의 가스가 B 용기로 자유팽창[12] 되게 하였다.

가스는 A 에서 B 로 흘러 두 용기의 압력이 같게 되어 다시 열평형이 이루어진 후 실험 전·후의 수조의 온도를 측정하였다. 실험을 하는 동안 가스는 외부로부터 열의 수수가 없었고 외부에 대해 한 일도 없었으며[13] 온도의 변화도 없었다.

이 실험으로부터 다음과 같은 결론을 얻을 수 있다.

열역학 제 1 법칙의 공식 $\delta q = du + \delta w$ 에서 수조의 수온변화가 없었기 때문에 용기 A, B 와 물 사이에는 열교환이 없었으므로 $\delta q = 0$ 이다. 또, 가스는 자유팽창을 하였으므로 또한 $\delta w = 0$ 이다. 따라서 $du = 0$ 이 된다. 이것은 실험의 전(全) 과정을 통하여 내부에너지는 가스의 압력과 비체적이 변화하였음에도 불구하고 가스의 내부 에너지는 그 크기가 변화하지 않았다는 사실로부터,

「내부에너지는 완전가스가 차지하는 비체적이나 압력과는 무관하며 절대온도만의 함수이다」

라는 결론을 얻었다. 이것을 완전가스에 대한 Joule의 법칙이라 한다.

완전가스에 대한 Joule의 법칙을 식으로 표시하면 다음과 같다.

$$u = u(T), \qquad \left(\frac{\partial u}{\partial v}\right)_{T=const} = 0, \qquad \left(\frac{\partial u}{\partial p}\right)_{T=const} = 0$$

$$\left(\frac{\partial T}{\partial v}\right)_{u=const} = 0, \qquad \left(\frac{\partial T}{\partial p}\right)_{u=const} = 0$$

---

11) 열량계의 역할

12) free expansion : 이 현상은 방치해 두어도 가스는 원래의 용기 A 에는 전부 돌아오지 않으므로 비가역과정이다.
가역단열과정(팽창)이라면 가스의 온도는 내려간다(다음 절 참조).

13) 만일 '있었다면' 용기가 팽창할 것이다.

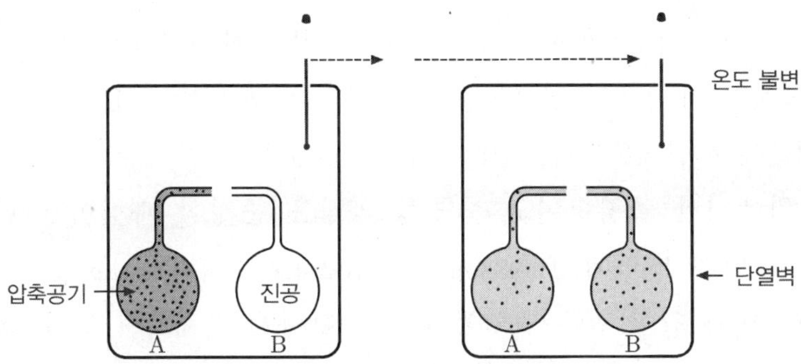

(a)

☞ 경우 (a)와 같이 하나의 수조 내에서는 물의 온도가 불변이다.

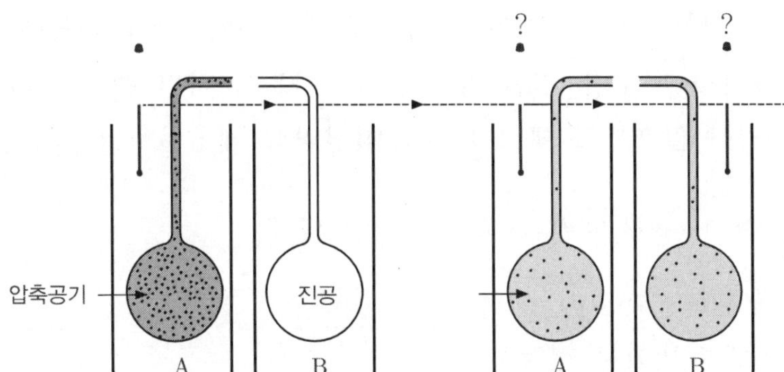

(b)

☞ 그러면 경우 (b)에서 두 수조의 온도 눈금은 어떻게 될까?

[그림 3-4.1] Joule의 실험 장치

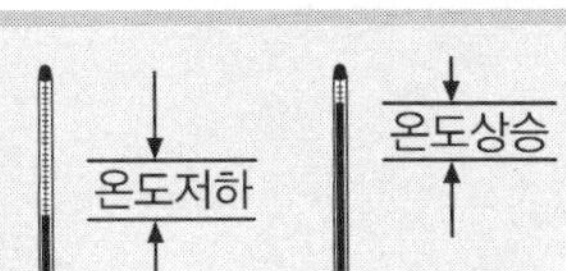

A 수조의 온도가 저하한 만큼 B 수조의 온도가 상승한다.
절대치가 같으므로 전체로서의 온도변화는 없다.

(2) Joule－Thomson의 효과

앞 절 Joule의 실험의 자유팽창에서는 코크를 열어 공기를 급격히 팽창시키기 때문에 도중의 압력변화나 일에 관해서는 제대로 규명되지 못한 문제점이 있었다. 그림 3-4.1 의 Joule의 실험에서 물의 온도가 변하지 않은 이유는 기체에 비해서 용기나 물의 열용량이 극히 크기 때문에[14] 실제로는 온도가 내려가고[15] 있는 것이 검출되지 못하였다. 더구나 처음과 마지막에서만 열평형이고 도중의 과정은 준정적 과정이 아니었다. 이러한 결점을 없애기 위해 Joule과 Thomson은 그림 3-4.2 와 같은 장치를 고안하였다.

그림에 보인 바와 같이 관에 단열성의 코르크 마개가 채워져 있다. 좌측 방 기체의 압력을 P_A, 체적을 V_A 라 하자. 우측방의 압력 P_B 를 이리저리 변화시키면 기체가 코르크마개에 나 있는 작은 구멍을 통해서 천천히 조금씩 우측의 피스톤을 누르게 된다. 이렇게 하여 좌측의 기체가 우측에 전부 이동했을 때의 온도 T_B 를 측정한다. P_A 는 P_B 보다 크지만 코르크마개가 소밀하게 압축되어 있기 때문에 마개 속의 각부의 압력이 평형을 이루며, 점차 압력이 내려가도록 하면 준정적 과정이 된다.

이때, 열의 출입이 없으므로 에너지 기초식(열역학 제 1 법칙의 제 1 공식)

$$\delta Q = dU + P \cdot dV \cdots\cdots\cdots (2.10)$$

의 $\delta q = 0$ 이므로, $dU + P \cdot dV = 0$ 이다.

상태 A 에서 B 로의 변화를 생각하면,

$$\int_A^B dU = -\int_A^B P \cdot dV, \quad U_B - U_A = -(P_B \cdot V_B - P_A \cdot V_A) \qquad (3\text{-}18)$$

즉, $U_A + P_A \cdot V_A = U_B + P_B \cdot V_B = H$ 이므로 상태 A 와 B 의 엔탈피는 같다.

이때 기체의 팽창일, $P_B \cdot V_B - P_A \cdot V_A$ 에 상당하는 만큼 내부에너지가 감소하여 기체의 온도 T_B 는 T_A 보다 강하하게 된다. 이와 같이 팽창을 동반하는 일에 의해[16] 기체의 온도가 변화하는 것을 Joule-Thomson 효과라 한다.

14) 가스의 양에 비해 물이 너무 많았다는 사실이 후에 실시한 정밀한 실험결과 밝혀졌다.

15) 완전가스에 가까울수록 온도변화가 작다.

16) 즉, 단열팽창 시키면

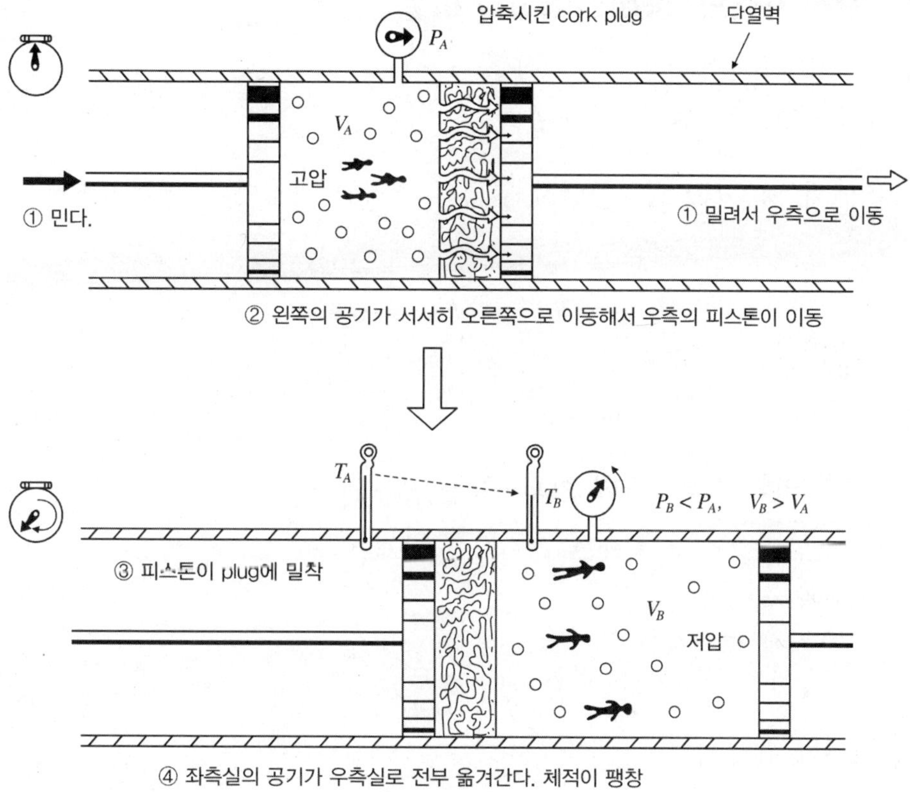

[그림 3-4.2] Joule-Thomson의 cork plug 실험장치

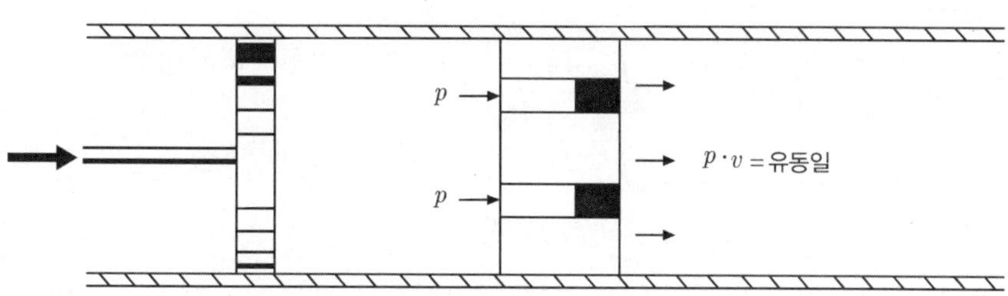

$$h = u + p \cdot v, \quad u = u(T) = h - p \cdot v$$

엔탈피 h 가 일정할 때, 내부에너지 u 는 유동일 $p \cdot v$ 만큼 감소한다.

(1) $U_B < U_A$, 온도저하(실온의 수소는 예외)

(2) $P_A \cdot V_A - P_B \cdot V_B = U_B - U_A$

[외부에서 공기에 보탠 일] − [공기가 외부에 한 일] = [내부에너지의 변화]

⇨ $U_A + P_A \cdot V_A = U_B + P_B \cdot V_B = H$ (엔탈피는 불변)

3.5 완전가스의 상태변화 [I] / 비열

(1) 정적비열 ($A-B$ 의 상태변화)

그림 3-5 에서, $A-B$는 정적하에서 압력이 변하는 과정이다. 에너지방정식

$$\delta q = du + p \cdot dv \;\cdots\cdots\; (2\text{-}12)$$
$$= dh - v \cdot dp \;\cdots\cdots\; (2\text{-}40)$$

에서 $dv = 0$ 이므로,

$$\delta q = du \qquad \cdots\cdots \text{①}$$

와 같이 된다. 이를 비열방정식 식 (1-42) 에 대입하면,

$$\delta q = c_v \cdot dT \;\cdots\cdots\; \text{②}$$

이므로, 식 ①과 ②에서,
단위 kg 의 가스에 대해서는,

$$du = c_v \cdot dT \quad [kcal/kg] \tag{3-19}$$

$G\ kg_f$ 의 가스에 대해서는,

$$dU = G \cdot c_v \cdot dT \quad [kcal] = C_v \cdot dT \quad [kcal] \tag{3-19'}$$

이다. 위의 식 (3-19) 를 적분하면,

$$\Delta u = (u_2 - u_1) = \int_1^2 du = c_v \cdot (T_2 - T_1) \quad [kcal/kg] \tag{3-20}$$

$$\Delta U = (U_2 - U_1) = \int_1^2 dU = C_v \cdot (T_2 - T_1) \quad [kcal] \tag{3-20'}$$

이다.

식 (3-20) 은 내부에너지의 변화량을 구하는 일반식으로 내부에너지는 온도만의 함수임을 알 수 있다.

완전가스의 내부에너지는 온도만의 함수이며 열량이나 일량과 같이 경로(path)에 관계되는 경로함수(path function)가 아니라 변화 전후의 절대값에만 관계되는 점함수(point function)이므로 그림 3-5 에서 등온선 T_1과 T_2 의 어느 점에서나 온도가 같으면 내부에너지는 같다.

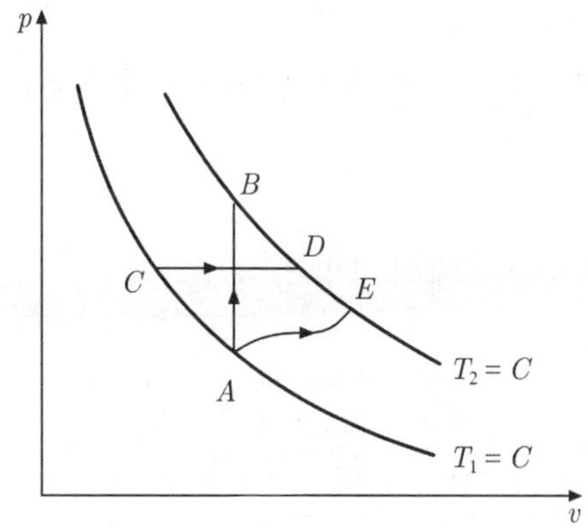

[그림 3-5] 두 개의 등온선 사이의 상태변화

즉, A 와 C 의 내부에너지는 온도가 T_1 이므로 서로 같으며 B, D, E 의 내부에너지도 서로 같다. 여기서 T_1 인 임의의 상태점 A 에서 T_2 인 상태 E 로 상태변화하는 경우를 생각하면 경로와 관계없이 내부에너지는 온도만의 함수이므로 $A-B$ 변화와 $C-D$ 변화의 내부에너지의 변화량은 서로 같다.

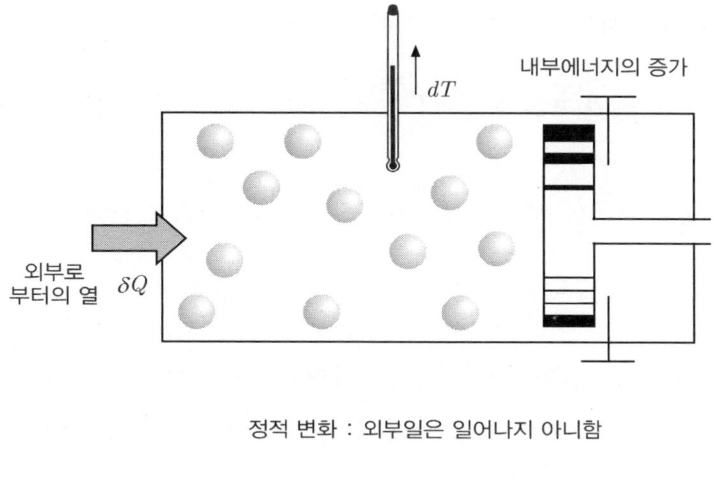

정적 변화 : 외부일은 일어나지 아니함

(2) 정압비열($C-D$의 상태변화)

그림 3-5에서, $C-D$는 정압 하에서 비체적이 변하므로 내부에너지의 변화뿐만이 아니라 외부에 대해 일을 하게 된다. 즉, 제 1 기초식 / 에너지방정식

$$\delta q = du + p \cdot dv \quad \cdots\cdots \text{(2-12)}$$

에서, $dv \neq 0$ 이며, 제 2 기초식 / 에너지방정식

$$\delta q = dh - v \cdot dp \quad \cdots\cdots \text{(2-40)}$$

에서, 압력 P가 일정한 정압변화, 즉 $dp = 0$ 이므로,

$$\delta q = dh \quad \cdots\cdots \text{③}$$ [17]

또, 비열방정식 $\delta q = c \cdot dT$ 에서 비열 c 에 정압비열 c_p 를 대입하면,

$$\delta q = c_p \cdot dT \quad \cdots\cdots \text{④}$$

이므로, 식 ③과 ④ 에서, 단위 kg 에 대해서는

$$dh = c_p \cdot dT \quad [kcal/kg] \tag{3-21}$$

$$\Delta h = (h_2 - h_1) = \int_1^2 dh = c_p \cdot (T_2 - T_1) \quad [kcal/kg] \tag{3-22}$$

$G\ kg_f$ 의 가스에 대해서는,

$$dH = G \cdot c_p \cdot dT = C_p \cdot dT \quad [kcal] \tag{3-21'}$$

$$\Delta H = (H_2 - H_1) = \int_1^2 dH = C_p \cdot (T_2 - T_1) \quad [kcal] \tag{3-22'}$$

이다.

식 (3-22) 는 엔탈피의 변화량을 구하는 일반식으로 엔탈피도 온도만의 함수임을 알 수 있다.[18] 엔탈피의 변화량은 내부에너지의 변화량 식 (3-20) 에 계가 외부에 하는 외부일이 보태진 양(量)이다.

---

17) 엔탈피의 변화량은 압력이 일정하게 유지되는 과정에서 이동된 열량과 같다.

18) $h = u + p \cdot v = u + R \cdot T$ 에서, R 이 상수이므로, u 가 온도만의 함수이면, 엔탈피 h 또한 온도만의 함수이다.

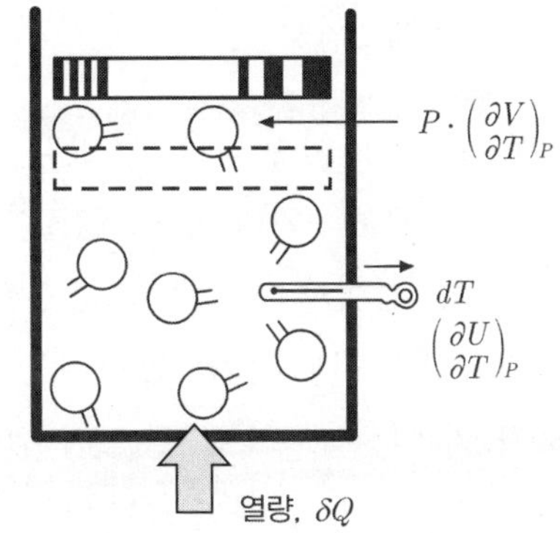

기체의 엔탈피 증가

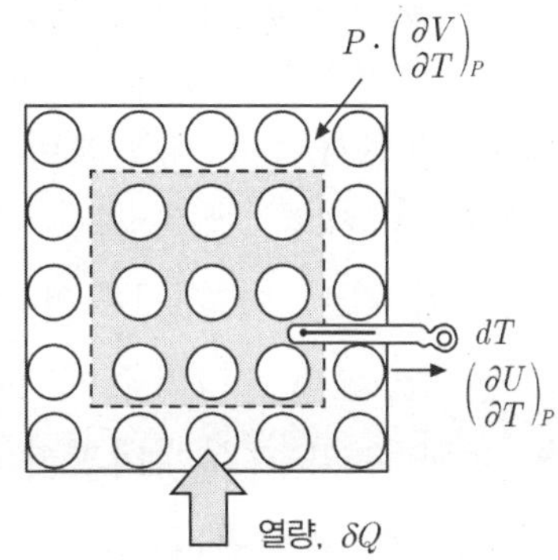

고체의 엔탈피 증가

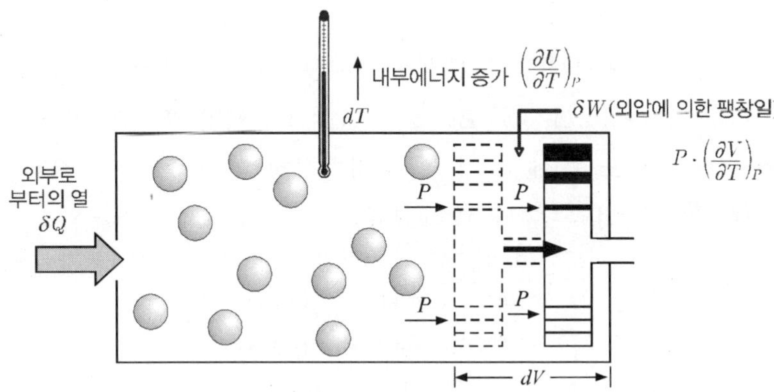

정압변화 : 외압에 의한 팽창일 δW를 한다.

Joule의 법칙 / $(\frac{\partial T}{\partial v})_{u\,=\,Const.} = 0$ $\quad (\frac{\partial T}{\partial v})_u = \frac{dT}{dv} = \frac{(\frac{\partial u}{\partial v})_T}{(\frac{\partial u}{\partial T})_u} = 0$

정적비열 $c_v = (\frac{\partial q}{\partial T})_v$ 이고, $\partial q = du + p\cdot dv$ 에서 정적과정이므로 $\delta q = du$ 가 되어 위 식은 $c_v = (\frac{\partial u}{\partial T})_v$ 로 되며, $\frac{1}{c_v}(\frac{\partial u}{\partial v})_T = 0$ 가 된다. $(\frac{\partial u}{\partial v})_T = 0$

즉, 내부에너지는 식에서 나타난 바와 같이 체적변화($\neq$체적 자체)에 무관함을 알 수 있다. 그러므로, $u = u(T)$, 즉 내부에너지 온도만의 함수임을 알 수 있다.

따라서, 정적비열 $c_v = (\frac{\partial u}{\partial T})_v = \frac{du}{dT}\left[\frac{kg_f\cdot m}{kg\cdot K}\right]$ 가 되며 $\left[C_P = (\frac{\partial q}{\partial T})_P = (\frac{\partial h}{\partial T})_P\right]$ 단위 kg 에 대해서는 $du = c_v\cdot dT$ 로 표시되며, $m\,kg$ 에 대해서는 $du = m\cdot c_v\cdot dT$ 가 된다. 또한, 엔탈피 $h = u + p\cdot v$ 이고, 기체의 상태방정식에서 $p\cdot v = R\cdot T$ 이므로 $h = u + p\cdot v = u + R\cdot T$ 가 된다. 이 식에서 $u = u(T)$, $h = h(T)$, 즉 온도만의 함수이다.

(3) 비열 差/정압비열(c_p)과 정적비열(c_v)의 관계

앞 절에서 완전가스의 내부에너지와 엔탈피는 온도만의 함수임을 알았다. 또한 이러한 내부에너지와 엔탈피는 열이나 일과 같이 경로에 관계되는 경로함수가 아니라, 온도와 같이 변화 전후의 절대값에만 관계되는 점함수이므로 그림 3-5 에서 등온선 T_1 과 T_2 상의 어느 점에서나 온도가 같으면 내부에너지와 엔탈피는 같게 된다. 즉, A 와 C 의 내부에너지와 엔탈피는 온도가 T_1 이므로 서로 같으며 B, D, E 의 내부에너지와 엔탈피도 서로 같다. 여기서, 온도가 T_1 인 임의의 상태점 A 에서 T_2 인 상태 E 로 상태변화를 하는 경우를 생각하면 내부에너지와 엔탈피는 경로와 관계없이 온도만의 함수이므로, $A-B$ (정적변화)와 $C-D$ (정압변화)의 내부에너지 변화량은 서로 같아야 한다.

그러나, $C-D$ 의 정압변화에서는 내부에너지 더하기 외부일 ; $\Delta(u)+\Delta(p \cdot v)$

$\Delta(u)+\Delta(p \cdot v)=\Delta u+p \cdot \Delta v+v \cdot \Delta p_{(=0)}=\Delta h$, 즉, 엔탈피의 변화량이 된다.

이렇게 이상기체가 온도 T_1 에서 T_2 로 상태변화하는 경우, 그 변화과정이 정적변화인가 정압변화인가에 따라 δq 가 달라진다.

$$\delta q = du = c_v \cdot dT \cdots\cdots (3\text{-}19)$$

$$\delta q = dh = c_p \cdot dT \cdots\cdots (3\text{-}21)$$

식으로부터 이상기체의 정압비열과 정적비열 간에 중요한 관계식이 있으며 엔탈피의 정의와 이상기체의 상태방정식으로부터 다음과 같이 유도할 수 있다.

$$h = u + p \cdot v = u + R \cdot T \cdots\cdots (2\text{-}22),\ (3\text{-}10) \qquad (3\text{-}23)$$

이 식을 미분하면

$$dh = du + R \cdot dT \qquad (3\text{-}23')$$

$$c_p \cdot dT = c_v \cdot dT + R \cdot dT \qquad (3\text{-}23'')$$

가 되고, 양변을 dT 로 나누면 다음 식이 구해진다.

$$c_p = c_v + R$$

혹은,

$$c_p - c_v = R \qquad (3\text{-}24)$$

이는 정압비열과 정적비열의 차이가 기체상수와 같다는 의미이다.

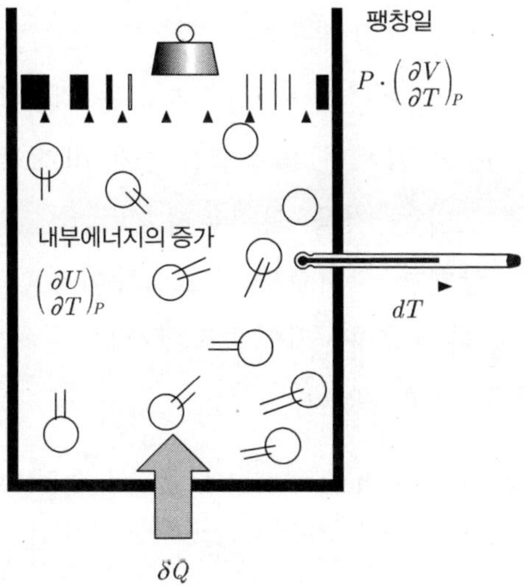

$$C_p = \left(\frac{\partial U}{\partial T}\right)_P + P \cdot \left(\frac{\partial V}{\partial T}\right)_P$$

내부에너지의 증가	+	내부에 이루어진 팽창일

온도 T가 일정한 상태에서,

기체의 체적 V는 압력 P에 반비례하여 변화한다. : Boyle의 법칙

$$P_1 \cdot V_1 = P_2 \cdot V_2 = \text{일정}$$

압력 P가 일정한 상태에서,

기체의 체적 V는 절대온도 T에 반비례하여 변화한다. : Charles의 법칙

$$\frac{V_1}{T_1} = \frac{V_2}{T_2} = \text{일정}$$

+) (+

: Boyle−Charles의 법칙

$$P_1 \cdot V_1 = G \cdot R \cdot T_1$$: 기체의 상태방정식

(4) 비열 比 / 정압비열(c_p)과 정적비열(c_v)의 관계

식 (3-24) 는 가스의 c_p 와 c_v 의 관계를 나타내는 식으로, 두 비열 사이에는 항상 $c_p > c_v$ 의 관계가 있음을 알 수 있다.

즉, 이상기체 1 *kg* 을 정압 하에서 1 ℃ 상승시키는 데 필요한 열용량(C_p)이 정적 하에서 1 ℃ 상승시키는 데[19] 필요한 열용량(C_v)에 비해서 계가 외부에 하는 외부 일에 상당하는 열량만큼 크다는 것을 의미한다.[20]

이는 가열 후의 가스의 상태를 살펴보면 온도상승이 1 ℃ 인 점은 양쪽이 동일하나 압력과 체적은 동일하지 아니하다. 정압과정에서는 용적이 ΔV 만큼 변화하였고, 정적 과정에서는 ΔP 만큼 변화하였다.

여기서 비열비(ratio of specific heat) $k = \dfrac{c_p}{c_v}$ 를 식 (3-24) 에 대입하고 정리하면,

$$c_p = \frac{k \cdot R}{k - 1}, \qquad c_v = \frac{R}{k - 1} \tag{3-25}$$

비열비 k는 분자를 구성하는 원자수에 관계되며, 가스종류에 관계없이 원자수가 같으면 비열비는 같다.

1 원자 분자인 가스 : $k = 1.67$ (예 : He, Ar 등)
2 원자 분자인 가스 : $k = 1.40$ (예 : Air, O_2, H_2, N_2, CO, HCl 등)
3 원자 분자인 가스 : $k = 1.33$ (예 : H_2O, CO_2, SO_2 등)[21]

$$\begin{aligned} c_p &= \left(\frac{\partial U}{\partial T}\right)_P + P\left(\frac{\partial V}{\partial T}\right)_P \\ &= \left(\frac{\partial U}{\partial T}\right)_P + \left(\frac{\partial (P \cdot V)}{\partial T}\right)_P \\ &= \left(\frac{\partial H}{\partial T}\right)_P \end{aligned}$$

---

19) 1 *K* 상승시키는 데(∵ 섭씨와 절대온도는 온도눈금이 같다.)
20) 가스정수, R = 정압비열, c_p − 정적비열, c_v
= 팽창에 사용된 열량
21) 열역학에서는 모든 비를 1.0 이상이 되도록 정의하고 있다.

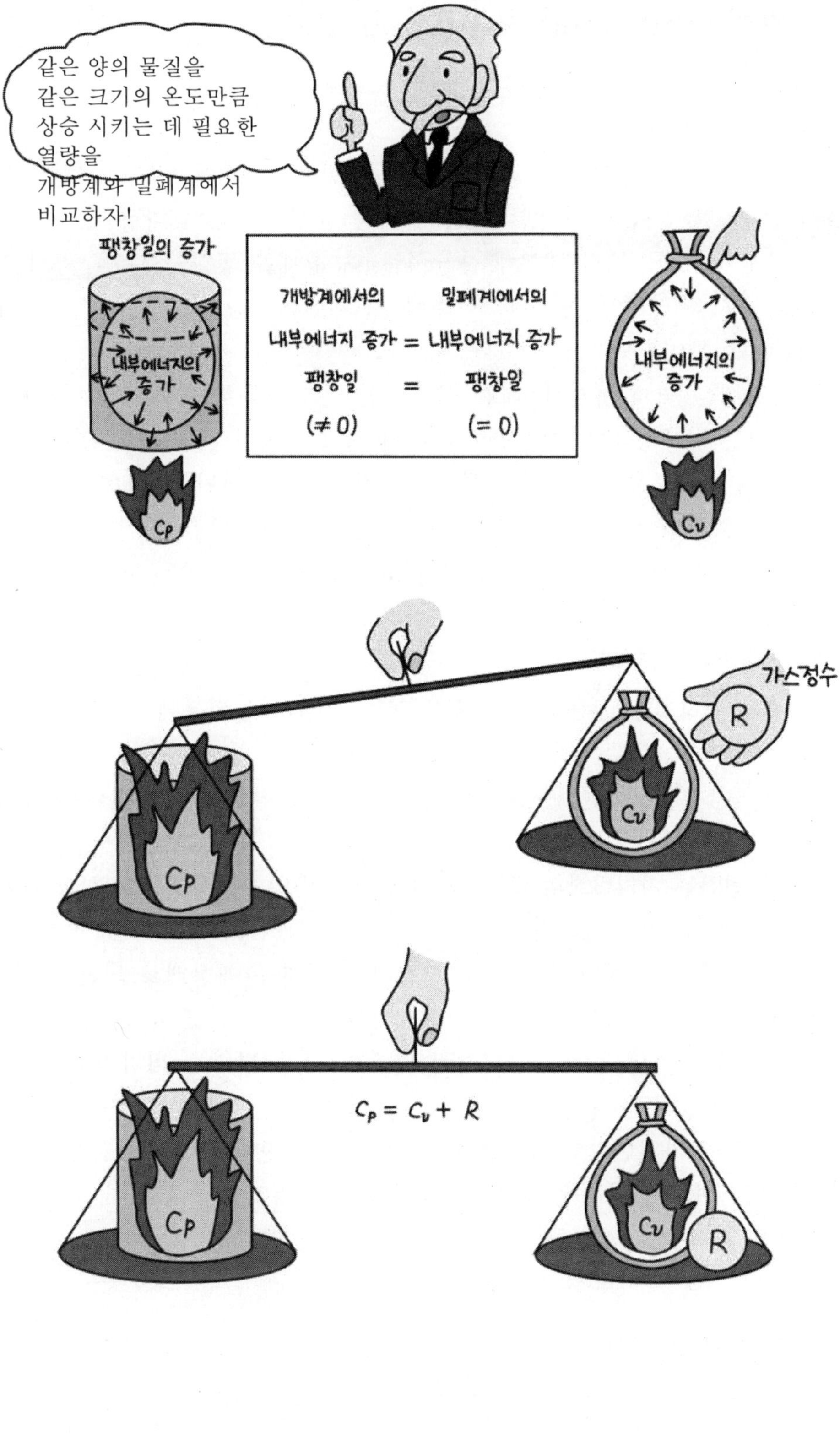
같은 양의 물질을
같은 크기의 온도만큼
상승 시키는 데 필요한
열량을
개방계와 밀폐계에서
비교하자!
팽창일의 증가
내부에너지의 증가
개방계에서의 밀폐계에서의
내부에너지 증가 = 내부에너지 증가
팽창일 = 팽창일
(≠ 0) (= 0)
내부에너지의 증가
Cp
Cv
가스정수
R
Cp
Cv
$C_p = C_v + R$
Cp
Cv
R

3.6 완전가스의 상태변화 [II] / 가역변화

① 열역학의 기본개념

열역학은 열에 의한 시스템의 물리적 상태변화를 연구하는 학문으로 시스템의 평형상태(equilibrium state)를 다룬다. 평형이라는 단어는 균형상태를 의미한다.

평형 상태에서는 시스템의 내부에 불균형력, 즉 상태를 변화시키는 구동력이 없다. 그림 3-6(a)에서와 같이 온도가 시스템 전체에서 동일하면 열적평형(thermal equilibrium)이 이루어진다.

즉, 이 시스템은 열의 유동에 대한 구동력인 온도차를 가지고 있지 않다.[22]

시스템의 모든 상태량들이 어떤 변화도 하지 않고 고정된 값을 가진다고 하면 이 점에서 모든 상태량들은 전체 시스템을 통하여 측정되거나 계산될 수 있으며 만일 하나의 상태량이라도 값이 변한다면 시스템은 다른 상태로 변한다.

그림 3-6(b)는 2개의 서로 다른 상태에 있는 시스템을 보여준다.

② 가역변화와 비가역변화

기체에 열을 가하면 내부에너지가 증가 또는 팽창하여 외부에 대해서 일(work)을 한다. 공업상으로는 기체를 팽창시켜서 일을 하는 경우가 많다.

기체(gas)의 팽창에 의해서 이루어지는 일은 팽창을 하는 방식, 즉 상태변화(state change)의 방법에 따라서 변한다.

가스의 상태변화는 가역변화와 비가역변화로 나누어진다. 가역변화란 항상 역학적 및 열적으로 평형상태를 유지하면서 이루어지는 변화이므로 이것은 진행방향에서 역방향으로 동일한 평형상태를 유지하는 것과 완전히 원래상태로 되돌아오는 것이 가능하며, 계나 주위에 아무런 변화를 일으키지 않는다.

실제로는 이러한 가역변화란 존재하지 않으며 모든 변화는 비가역변화이다.

그러나 압력, 온도차 등에 따른 비평형은 그 차이가 무한히 적은 경우를 생각할 수 있으므로 근사적인 가역변화로 가정할 수 있다. 이를 준정적변화라 한다. 열역학에서는 일반적으로 가역변화의 경우에 대하여 취급하고 비가역적인 요소에 대하여는 수정을 기함으로써 실제의 비가역변화에 대한 결과를 얻고 있다.

22) 역학적 평형(mechanical equilibrium)은 압력과 관계되며 시간에 따라 시스템의 임의의 점에서 압력변화가 없다면 시스템은 역학적 평형에 있다.
화학변화가 일어나지 않을 때 시스템은 화학적 평형(chemical equilibrium)에 있다고 한다.
평형상태에 있는 시스템이 주위로부터 고립될 때에 시스템은 아무런 변화도 겪지 않는다.

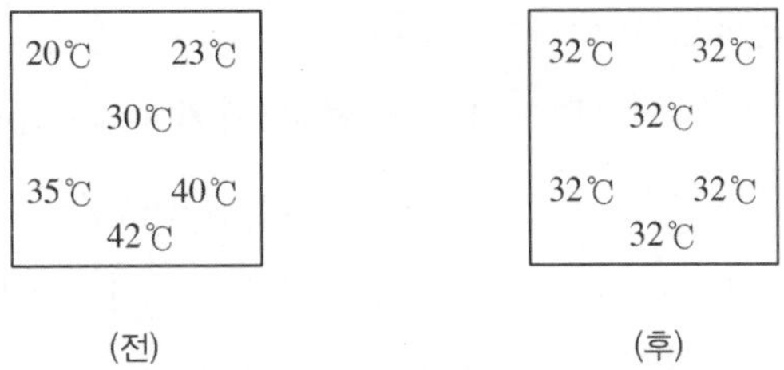

(a) 열적 평형에 도달한 밀폐 시스템 (밀폐계)

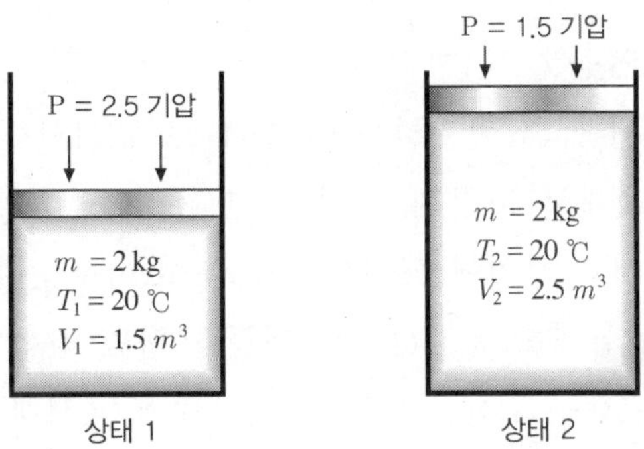

(b) 2 개의 서로 다른 상태에 있는 시스템 (계)

[그림 3-6]

가역과 비가역

옛날에 유행한 뒤집어 입을 수 있는 코트를 리버시블(reversible)이라 불렀다.
열기관의 가역도 영어로 말하면 리버시블(reversible)이지만 이에 대해 수차와 펌프의 상사(analogy)를 이용하여 생각해 보자. 다음 그림은 물의 고저차를 이용해서 일을 얻는 수차와, 같은 날개차를 역회전시켜 동일한 고저차의 물을 퍼올리는 펌프를 조합해 놓은 것이다.
물의 퍼텐셜 에너지가 수차에서 마찰 없이 일로 변환되었다고 하면 여기서 얻어진 일을 사용해서 펌프로 물을 원래 상태로 되돌리는 것이 가능하다.
그러나 수차에 마찰이 있으면 얻어지는 일량은 줄어들고, 펌프에서 물을 원상태로 돌려주지 못하는 비가역(irreversible)이 된다. 이를테면, 수차의 출력은 모든 진행과정 및 에너지의 출입을 정확히 역전하는 것이 가능할 때 최대가 된다. 이와 같이 가역인지 아닌지를 조사하면 수차가 완전한지 아닌지를 알 수 있게 된다.

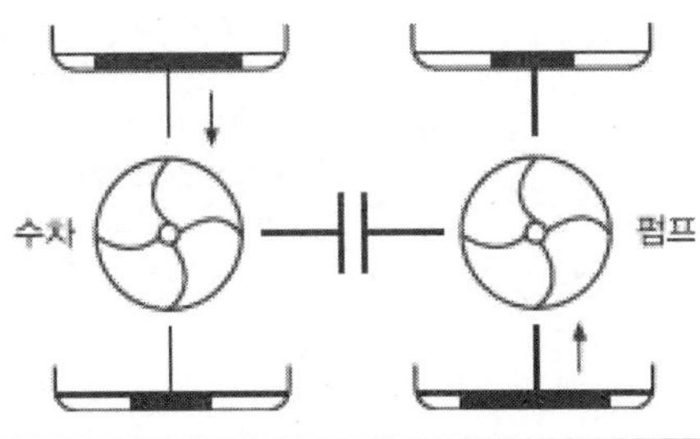

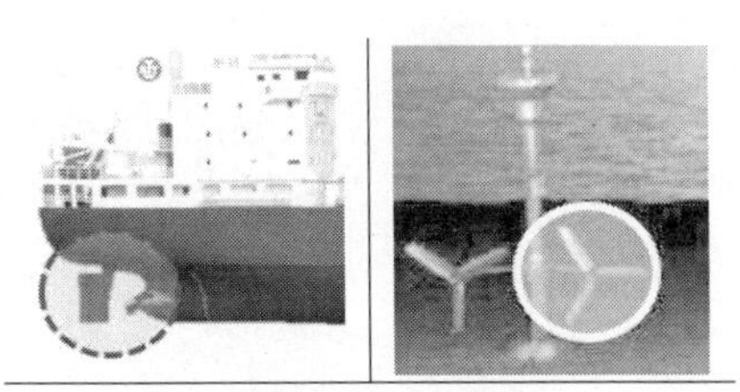

Propeller Vs Turbine

③ 완전가스의 상태변화(II) / 가역변화[23)]

실제가스의 대부분은 완전가스와 근사한 성질을 가지므로, 이상화된 완전가스의 각종 상태변화에 대해서 검토한다는 것은 실제가스의 응용상 중요한 뜻을 갖는다.

상태 1 의 완전가스에 가역적으로 열을 가하여 일을 하고 상태 2 로 변화시킬 때의 가역변화는 등적변화, 등압변화, 등온변화, 단열변화 및 폴리트로픽 변화가 있으며, 비가역 변화로는 비가역 단열변화, 교축변화 및 가스의 혼합 등이 있다.

이 절에서는 가역변화만을 취급하여 가스의 P, V, T 관계, 절대일과 공업일,[24)] 그리고 계를 출입하는 열량 Q 및 내부에너지와 엔탈피의 변화량을 알아본다.

기체가 비가역변화를 할 때의 외부일은 식 (2-11) 로 표시되는 가역변화 시의 일보다 항상 작다. 이 사실에 대해서 고찰해 보기로 한다.

만일 그림 3-7(b) 에 표시한 장치에 있어서, 피스톤이 아주 천천히 우측으로 운동하고 실린더 내의 가스가 평형상태를 유지하면서 팽창을 하는 경우에는 실린더 내의 어떤 위치에서 가스의 압력은 모두 같다. 그러나 그림 (c) 에 표시하는 바와 같이 피스톤이 유한한 속도 ω 로 좌측에서 우측으로 이동했다고 하면, 피스톤에 접하고 있는 가스분자는 정지하고 있으며, 그 중간에 존재하는 가스는 ω 보다 작은 속도로 운동한다.

물체를 가속하는 데는 힘이 필요하므로, 실린더 내에서는 피스톤의 이동방향으로 압력의 강하가 일어나고, 따라서 실린더 헤드의 압력 P_1 은 피스톤면의 압력 P_2 보다 크다. 이 운동을 역방향으로 하면 가스분자는 우측에서 좌측으로 가속되며, 따라서 압축할 때는 피스톤면의 가스의 압력은 실린더 헤드의 압력보다 커진다.

즉, 팽창 시와 압축 시에 있어서의 실린더 내의 가스의 상태는 완전히 달라진다.

따라서 피스톤이 유한한 속도로 움직이는 경우에는 상태변화가 이미 가역이 아니다.

팽창 시 실린더 내의 가스가 하는 일은 $\delta W = P_2 \cdot dV$ 이며, 실린더 내의 가스의 평균 압력 P 는 P_2 보다 크므로, $P_1 \cdot dV > P_2 \cdot dV$ 가 된다.

---

23) 카르노사이클(4.8절)의 경우, 열의 이동은 항시 등온으로 이루어지기 때문에 사이클의 전 과정의 역(逆)이 허용된다. 이 때문에 카르노사이클을 가역(可逆)사이클이라 한다.
계와 주위 사이의 열의 이동이 등온이 아닌(온도차를 가지고 이루어지는) 상태변화는 비가역변화이다. (열 이동의 역방향성이 허용되지 않으므로)

24) 절대일 : $w_{ab} = (+)\int_{v=v_1}^{v=v_2} p \cdot dv$: 체적이 변하면서 일을 함.

공업일 : $w^t = -\int_{p=p_1}^{p=p_2} v \cdot dp$: 압력이 변하면서 일을 함.

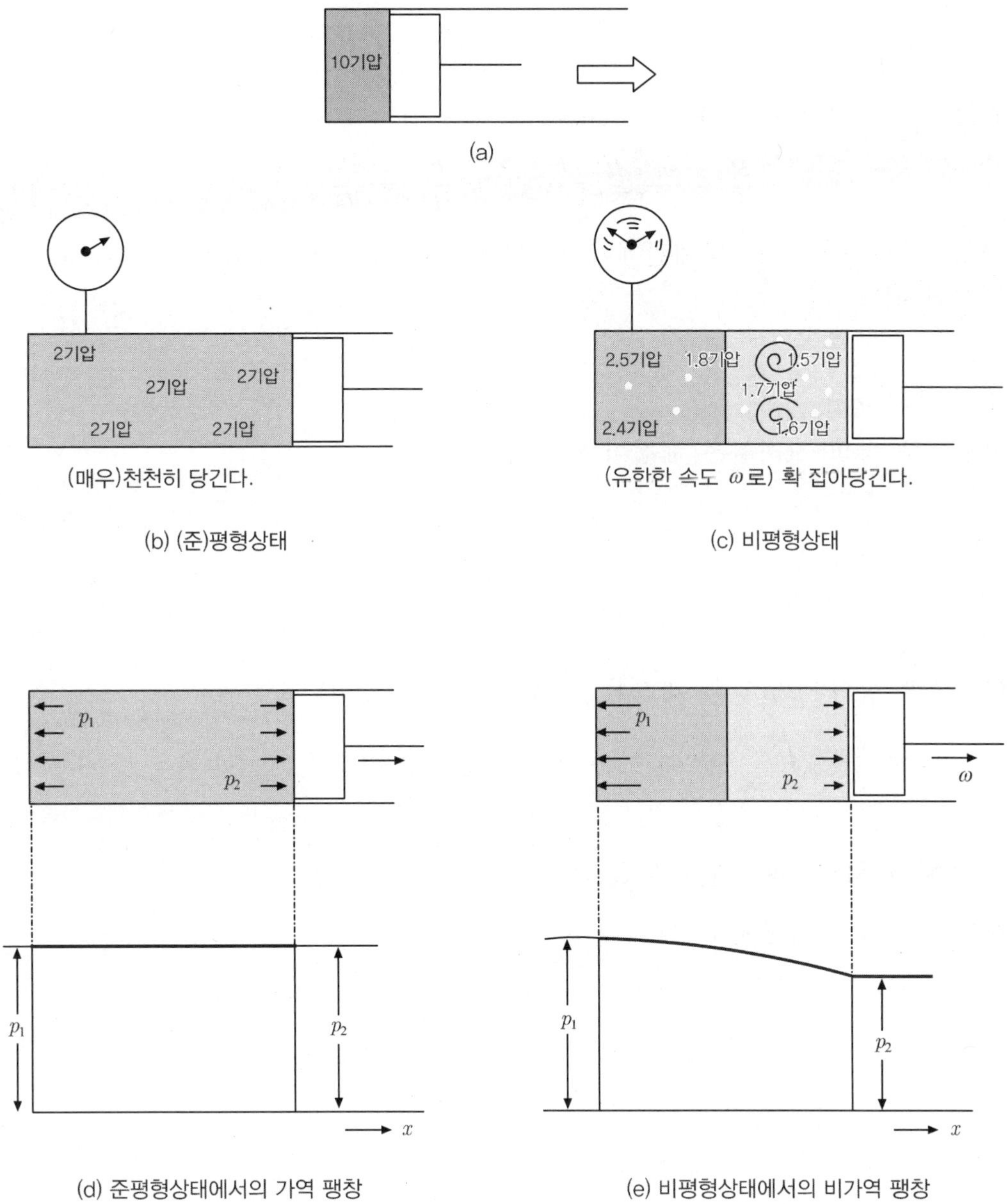

[그림 3-7] 가역팽창과 비가역팽창

(1) 정적변화(constant volume change)

일정용적 내에서 가스를 가열(또는 연소)시키는 경우 가열과 함께 압력이 상승한다.

① P, V, T 관계

완전가스의 상태식 $P \cdot V = m \cdot R \cdot T$ (또는 $p \cdot v = R \cdot T$)에서

$$\frac{P}{T} = \frac{m \cdot R}{V} = C_{onst.} = \frac{P_1}{T_1} = \frac{P_2}{T_2} \tag{3-26}$$

가 되어 압력과 온도는 비례관계가 성립하며, p-v (P-V) 선도는 그림 3-8 과 같이 수직선이 된다.

② 절대일

단위중량 당의 절대일은 체적이 일정하므로 ($dv = 0$)

$$w_{ab} = \int_{v=v_1}^{v=v_2} p \cdot dv = 0 \tag{3-27}$$

③ 공업일

단위중량 당의 공업일은 체적이 일정하므로 (v = 일정)

$$w^t = -\int_{p=p_1}^{p=p_2} v \cdot dp = -v \cdot (p_2 - p_1) = R \cdot (T_1 - T_2)^{25)} \tag{3-28}$$

④ 공급된 열량 / 내부에너지 변화량

계에 출입하는 열량 δq 는

$$\delta q = du + p \cdot dv = du \ (dv = 0) \ \cdots\cdots\cdots \ (2\text{-}12)$$

에서 정적비열 c_v 가 일정하므로

$$du = c_v \cdot dT \ \cdots\cdots\cdots\cdots\cdots\cdots\cdots\cdots\cdots\cdots\cdots \ (3\text{-}19)$$

이고, 따라서

$$u_2 - u_1 = \int du = \int_1^2 c_v \cdot dT \ \cdots\cdots\cdots \ (3\text{-}20)$$

$$= c_v \cdot (T_2 - T_1) = q_{1-2} \tag{3-29}$$

25) $c_v \cdot (T_2 - T_1) = -c_v \cdot (T_1 - T_2) = (0 - c_v) \cdot (T_1 - T_2) = (c_p - c_v) \cdot (T_1 - T_2) = R \cdot (T_1 - T_2) < 0$

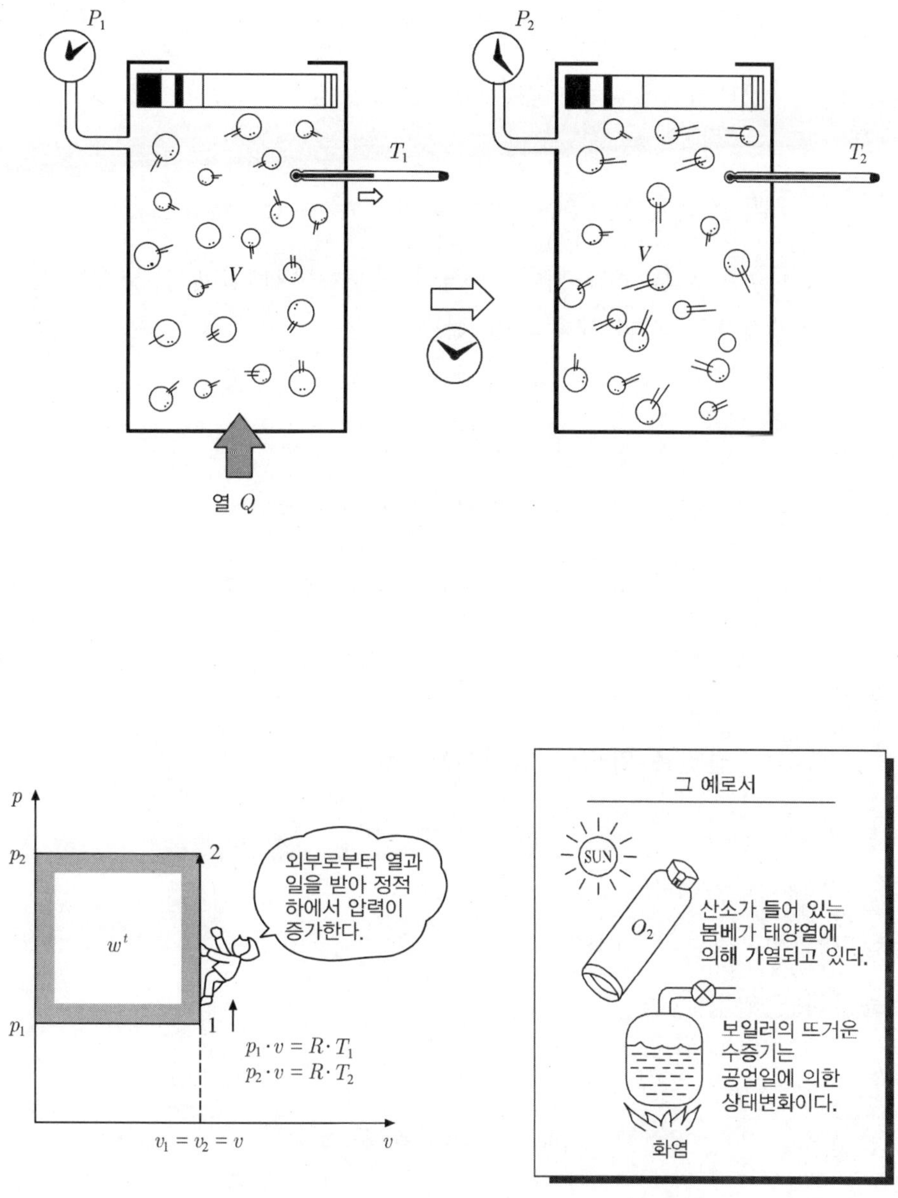

[그림 3-8] 정적(constant, volume)변화

(2) 정압변화(constant pressure change)

그림 3-9 와 같이 상태 1 에서 2 까지 일정한 압력 하에서 변화하는 것을 정압변화[26]라 하며, 정압연소 과정 등이 여기에 해당한다.

① P, V, T 관계

완전가스의 상태식 $P \cdot V = m \cdot R \cdot T$ (또는 $p \cdot v = R \cdot T$)에서 압력 p 가 일정하므로,

$$V/T = G \cdot R/P = C_{onst.} = V_1/T_1 = V_2/T_2 \tag{3-30}$$

또는, $V_1/T_1 = V_2/T_2 = Const.$ 가 되어, 체적과 온도는 비례관계가 성립하며, p - v (P - V) 선도는 그림 3-9 와 같이 수평선이 된다.

② 절대일

단위중량 당의 절대일은 압력이 일정하므로 (p =일정)

$$w_{ab} = \int_1^2 p \cdot dv = p \cdot (v_2 - v_1) = R \cdot (T_2 - T_1) \tag{3-31}$$

③ 공업일

단위중량 당의 공업일은 압력이 일정하므로($dp = 0$)

$$w^t = -\int_1^2 v \cdot dp = 0 \tag{3-32}$$

④ 공급된 열량 / 엔탈피 변화량

계에 출입하는 열량 δq 는

$$\delta q = dh - v \cdot dp = dh \ (dp = 0) \text{ [27] ...... (2-40)}$$

에서 정압비열 c_p 가 일정하므로 $dh = c_p \cdot dT$ 이고, 따라서

$$h_2 - h_1 = \int_1^2 dh = \int_1^2 c_p \cdot dT \text{ ...... (3-22)}$$

---

26) 혹은 등압변화(isobaric change)

27) $\delta q = du + p \cdot dv$ 에서,

$$q_{1-2} = \int_1^2 du + \int_1^2 p \cdot dv = (u_2 - u_1) + p \cdot (v_2 - v_1) = h_2 - h_1 = c_p \cdot (T_2 - T_1)$$

$$= c_p \cdot (T_2 - T_1) = q_{1-2} \qquad (3\text{-}33)$$

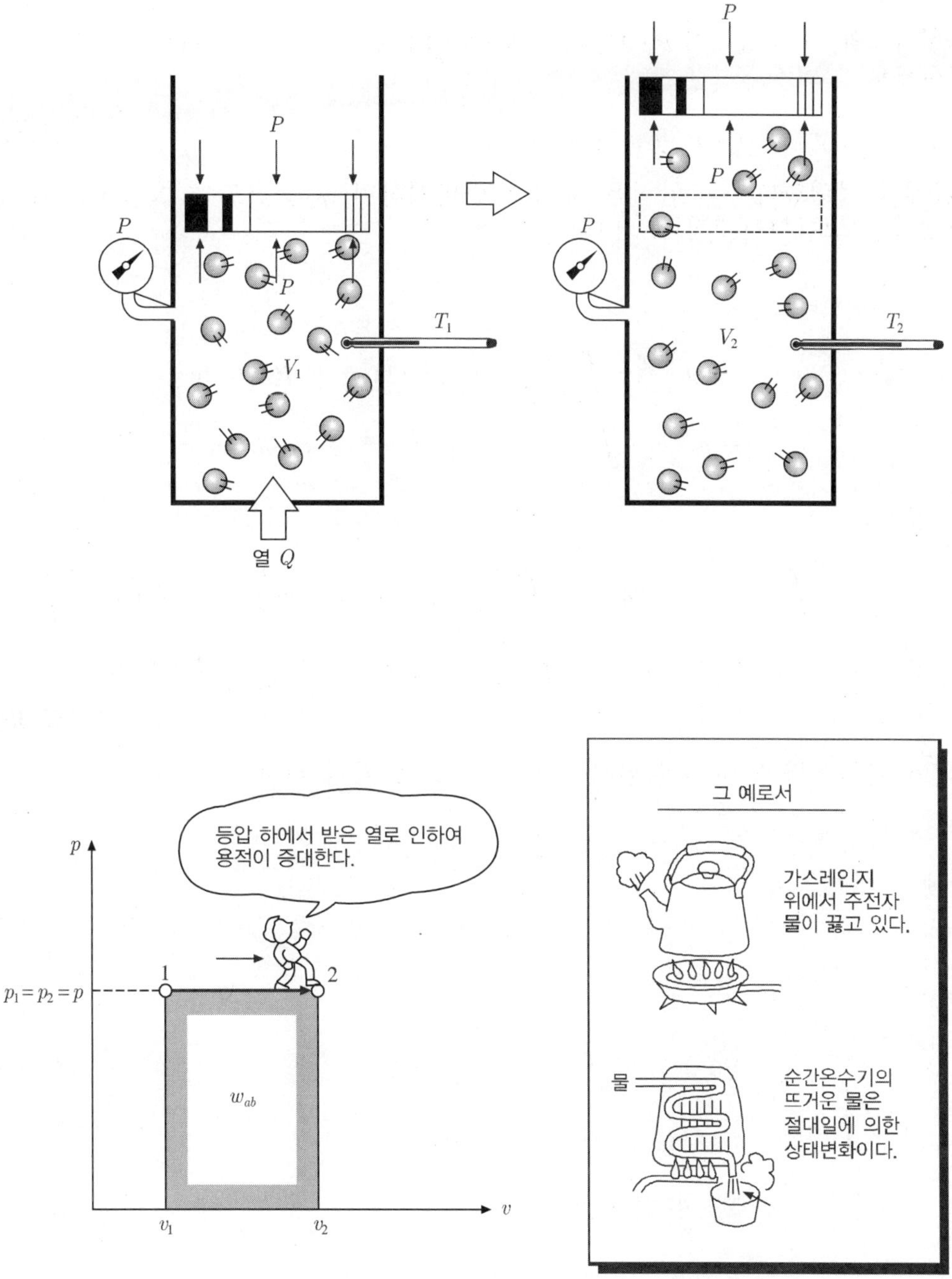

[그림 3-9] 정압(constant. pressure)변화

(3) 등온변화(constant temperature change)

그림 3-10 과 같이 가스의 온도를 일정하게 유지시키면서 상태 1 에서 2 까지 변화하는 것을 등온변화라 한다. 계가 외부에 대하여 일을 함과 동시에 상당하는 열량을 주위로 부터 받아들인다면 상태변화는 일정온도 하에서 진행된다.

① P, V, T 관계

완전가스의 상태식 $P \cdot V = m \cdot R \cdot T$(또는 $p \cdot v = R \cdot T$) 에서 온도 T가 일정하므로,

$$p \cdot v = C_{\text{onst.}} = p_1 \cdot v_1 = p_2 \cdot v_2 \tag{3-34}$$

의 관계가 성립한다. 즉, 압력은 체적에 반비례하며, p - v 선도는 그림 3-10 과 같이 직각쌍곡선으로 나타내진다.

② 절대일

$$\begin{aligned} w_{ab} &= \int_1^2 p \cdot dv = p_1 \cdot v_1 \cdot \int_1^2 \frac{dv}{v} = p_1 \cdot v_1 \cdot \ln\frac{v_2}{v_1} = R \cdot T \cdot \ln\frac{p_1}{p_2} \\ &= p_2 \cdot v_2 \cdot \int_1^2 \frac{dv}{v} = p_2 \cdot v_2 \cdot \ln\frac{v_2}{v_1} = R \cdot T \cdot \ln\frac{p_1}{p_2} \end{aligned} \tag{3-35}$$

③ 공업일

$$\begin{aligned} w^t &= -\int_1^2 v \cdot dp = -p_1 \cdot v_1 \cdot \int_1^2 \frac{dp}{p} = -\, p_1 \cdot v_1 \cdot \ln\frac{p_2}{p_1} = -R \cdot T \cdot \ln\frac{p_2}{p_1} \\ &= -p_2 \cdot v_2 \cdot \int_1^2 \frac{dp}{p} = (+)\, p_2 \cdot v_2 \cdot \ln\frac{p_1}{p_2} = R \cdot T \cdot \ln\frac{v_2}{v_1} \\ &= w_{ab} \end{aligned} \tag{3-36}$$

가 되어 단위중량 당의 공업일과 절대일은 같은 값이 된다.

④ 공급된 열량

계에 가해진 열량 δq 는

$$\delta q = du + p \cdot dv = c_v \cdot dT + p \cdot dv = p \cdot dv \ (dT = 0) \ \cdots\cdots \ (2\text{-}12)$$

에서 온도의 변화가 없으므로,

$$q_{1-2} = \int_1^2 p \cdot dv = w_{ab} = w^t \tag{3-37}$$

이다. 따라서 가해진 열량은 모두 일로 변한다.

⑤ 내부에너지와 엔탈피 변화량

$$dU = C_v \cdot dT = 0 \quad \text{또는} \quad U_1 = U_2 \tag{3-38}$$

$$dH = C_p \cdot dT = 0 \quad \text{또는} \quad H_1 = H_2 \tag{3-39}$$

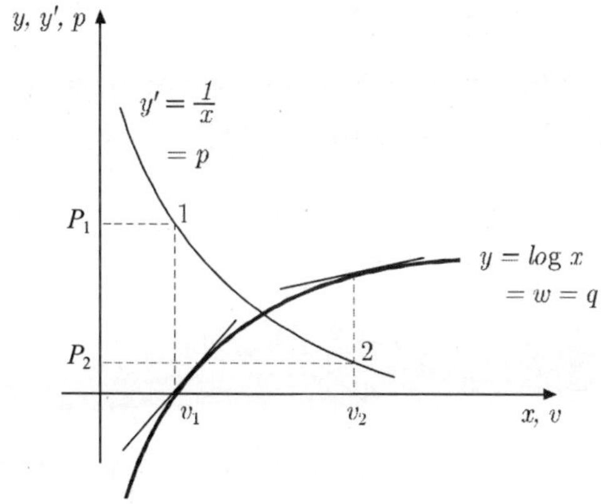

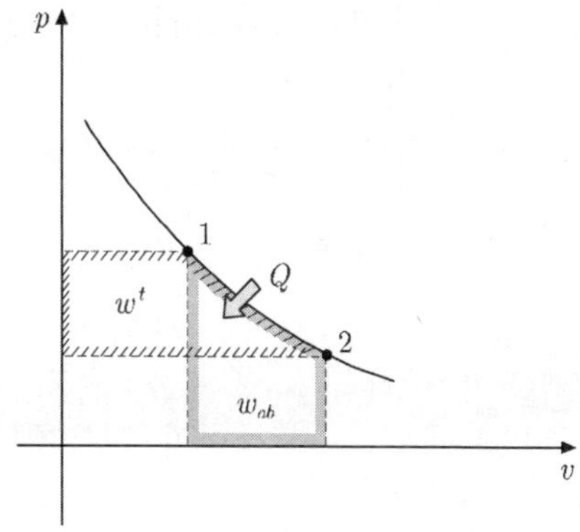

$$Q(= q_{12}) = w^t = w_{ab}(= w_{12}) = \int_{v2}^{v2} p\,(v,\ T) \cdot dv = R \cdot T \cdot \log\left(\frac{v_2}{v_1}\right)$$

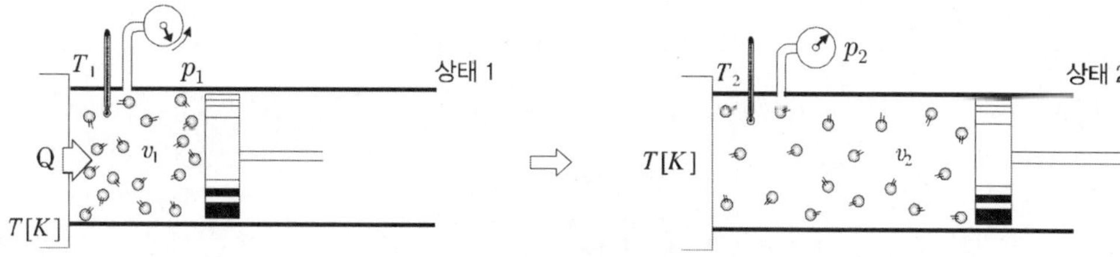

[그림 3-10] 등온(等溫)변화

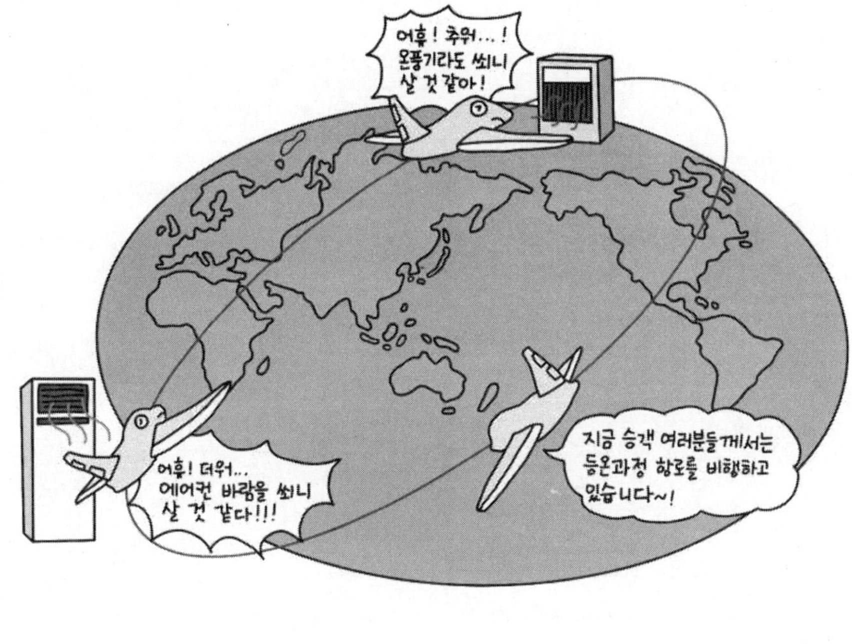

(4) 단열변화(adiabatic change)[28) - 1/3

계와 주위와의 사이가 완전히 단열되어 있으며, 열의 출입이 없는 경우의 변화로서 실린더와 피스톤 사이에 들어 있는 가스의 압축 및 팽창이 여기에 속한다.

① $P,\ V,\ T$ 관계

이 경우의 P, V, T 사이의 관계는 에너지방정식 $\delta q = c_v \cdot dT + p \cdot dv$ 와 완전가스의 상태식 $p \cdot v = R \cdot T$ 로부터 구할 수 있다. (단위질량 당)

단열변화에서는 $\delta q = 0$ 이므로, 에너지식은

$$c_v \cdot dT + p \cdot dv = 0 \tag{3-40}$$

과 같이 된다. 그리고 $p \cdot v = R \cdot T$ 에서 이를 미분하면,[29)]

$$P \cdot dv + v \cdot dp = R \cdot dT \tag{3-41}$$

가 되며, 식 (3-41) 의 dT 를 식 (3-40) 에 대입하면,

$$c_v\,(p \cdot dv + v \cdot dp) + R \cdot p \cdot dv = 0 \tag{3-42}$$

이며, $c_p - c_v = R,\quad c_p / c_v = k$ 이므로,[30)]

$$c_p \cdot p \cdot dv + c_v \cdot v \cdot dp = 0 \tag{3-43}$$

$$v \cdot dp + k \cdot p \cdot dv = 0 \tag{3-44}$$

이 되고, 양변을 $p \cdot v$로 나누면,

$$\frac{dp}{p} + k \cdot \frac{dv}{v} = 0 \tag{3-45}$$

가 된다. 이를 적분하면,

$$\ln p + k \cdot \ln v = C_{\text{onst.}}\ (= \ln C) \tag{3-46}$$

$$p \cdot v^k = C_{\text{onst.}} = p_1 \cdot v_1^k = p_2 \cdot v_2^k \tag{3-47}$$

가 된다. 또, $p \cdot v = R \cdot T$이므로 이것과 식 (3-47)에서
p를 소거하면,

$$T \cdot v^{k-1} = C_{\text{onst.}} = T_1 \cdot v_1^{k-1} = T_2 \cdot v_2^{k-1} \tag{3-48}$$

v를 소거하면,

$$T \cdot p^{\frac{1-k}{k}} = C_{\text{onst.}} = T_1 \cdot p_1^{\frac{1-k}{k}} = T_2 \cdot p_2^{\frac{1-k}{k}} \tag{3-49}$$

---

28) 등엔트로피 변화 / Isentropic change

29) $p \cdot v = R \cdot T,\ f(T) = f(p \cdot v)$이므로, $df = \left(\frac{\partial f}{\partial p}\right)_v \cdot dp + \left(\frac{\partial f}{\partial v}\right)_p \cdot dv$

$d(R \cdot T) = \left(\frac{\partial (p \cdot v)}{\partial p}\right)_v \cdot dp + \left(\frac{\partial (p \cdot v)}{\partial v}\right)_p \cdot dv$

$\therefore\ R \cdot dT = v \cdot dp + p \cdot dv$

30) k(kappa) = '비열비'를 '단열지수'(adiabatic exponent)라고도 한다.

고공에서 외부의 기온은 −35 ℃ 정도이지만 비행기 안은 쾌적하다.
그 이유는 흥미롭게도 난방이 아니라 냉방 때문이다. 비행기 안의 기압은 해수면과 같으므로 외부의 공기를 이 수준으로 압축하면 온도가 55 ℃가 되어 뜨거워진다. 따라서, 냉방기를 작동하여 가압공기로부터 열을 빼내야만 한다.

(4) 단열변화(adiabatic change) − 2/3

② 절대일

단위중량 당의 절대일은 다음과 같다.

$$w_{ab} = \int_1^2 p \cdot dv = p_1 \cdot v_1^k \cdot \int_1^2 \frac{dv}{v^k} = \frac{p_1 \cdot v_1^k}{-k+1} \cdot (v_2^{-k+1} - v_1^{-k+1})$$
$$= \frac{p_1 \cdot v_1^k}{k-1} \cdot [1-(\frac{v_1}{v_2})^{k-1}] = \frac{p_1 \cdot v_1^k}{k-1} \cdot [1-(\frac{p_2}{p_1})^{\frac{k-1}{k}}]$$
$$= \frac{R \cdot T_1}{k-1} \cdot [1-(\frac{v_1}{v_2})^{k-1}] = \frac{R \cdot T_1}{k-1} \cdot [1-(\frac{p_2}{p_1})^{\frac{k-1}{k}}] = \frac{R}{k-1} \cdot (T_1 - T_2) \quad (3\text{-}50)$$

윗 식에서 계가 상태 1 에서 상태 2 로 단열팽창을 하면 일은 외부에 대해서 한 것이므로 (+) 값이 되고, 이때 온도는 $T_1 > T_2$ 가 되어 팽창 후의 온도는 내려간다. 그리고 압력비 (p_2 / p_1)가 일정하거나 체적비 (v_1 / v_2) 가 일정하면 일은 절대온도 T_1 에 비례한다.

③ 공업일

가스가 유동하면서 단열변화를 할 때의 단위중량 당 공업일은 다음과 같다.

$$w^t = -\int_1^2 v \cdot dp = -p_1^{\frac{1}{k}} \cdot v_1 \cdot \int_1^2 \frac{dp}{p^{\frac{1}{k}}} = -p_1^{\frac{1}{k}} \cdot v_1 \cdot \int_1^2 p^{\frac{1}{k}} \cdot dp$$

$$= \frac{-p_1^{\frac{1}{k}} \cdot v_1}{\frac{-1}{k}+1} \cdot (p_2^{\frac{1}{k}+1} - p_1^{\frac{1}{k}+1}) \qquad = \frac{k}{k-1} \cdot (p_1 \cdot v_1 - p_2 \cdot v_2)$$
$$= \frac{k \cdot R}{k-1} \cdot (T_1 - T_2) \qquad = \frac{k \cdot p_1 \cdot v_1}{k-1} \cdot [1-(\frac{v_1}{v_2})^{k-1}]$$
$$= \frac{k \cdot p_1 \cdot v_1}{k-1} \cdot [1-(\frac{p_2}{p_1})^{\frac{k-1}{k}}] \qquad = \frac{k \cdot R \cdot T_1}{k-1} \cdot [1-(\frac{v_1}{v_2})^{k-1}]$$
$$= \frac{k \cdot R \cdot T_1}{k-1} \cdot [1-(\frac{p_2}{p_1})^{\frac{k-1}{k}}] \quad (3\text{-}51)$$

이 되며, 식 (3-50) 의 절대일과 비교하면

$$w^t = k \cdot w_{ab} \quad (3\text{-}52)$$

가 됨을 알 수 있다.

④ 공급된 이동열량은 단열변화이므로, $\delta q = 0$, 즉 $q_{1-2} = 0$ 이다.

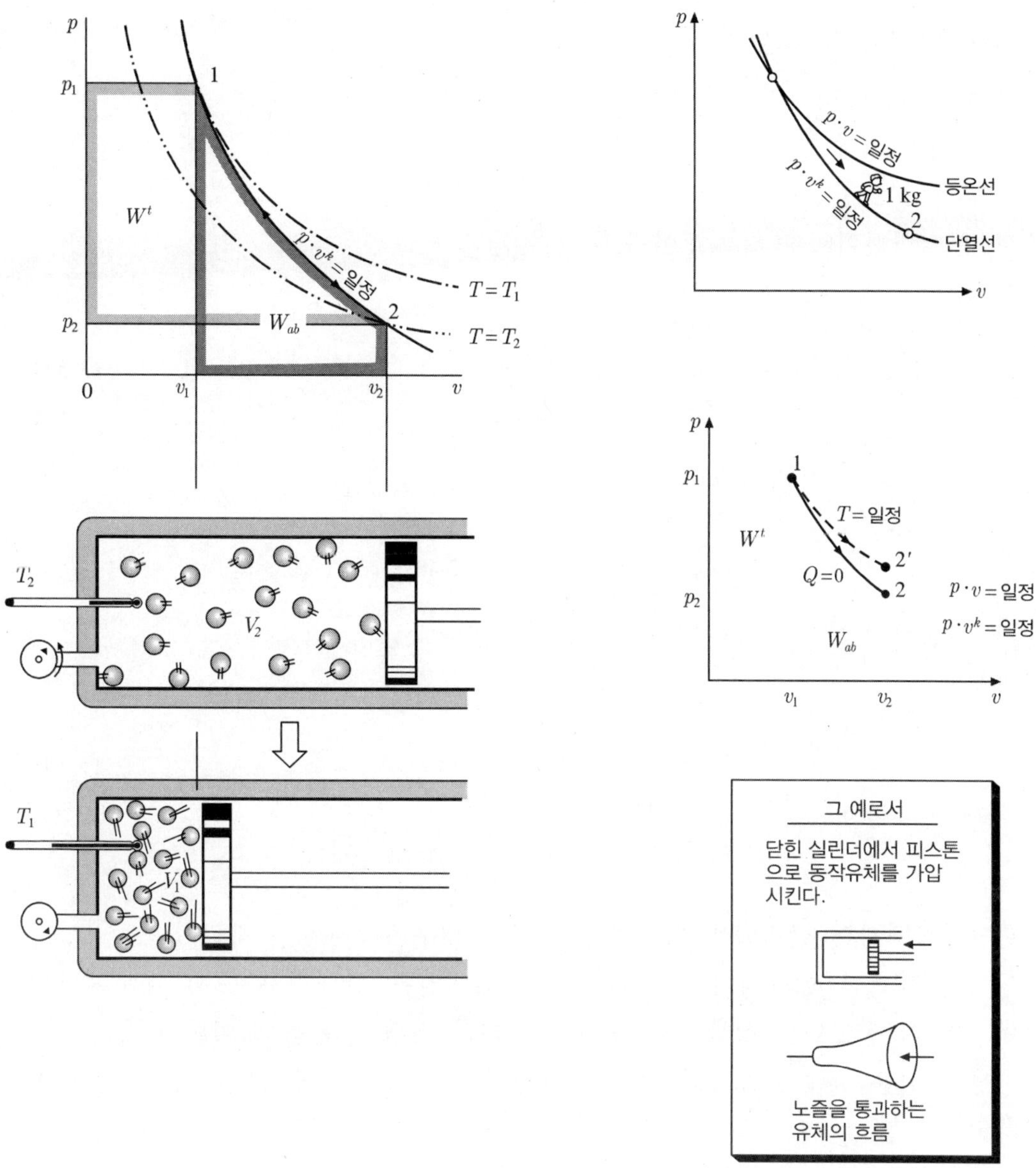

[그림 3-11.1] 단열변화

실제로는 완전한 단열을 실현시키기는 어렵지만 각종 내연기관이나 공기기계, 냉동기 등에서는 압축행정이나 팽창행정 등의 과정은 상태변화가 순간적으로 일어나지만 열의 이동은 이보다 늦으므로 단열변화에 가까운 변화를 한다고 볼 수 있다.

(4) 단열변화(adiabatic change) – 3/3

⑤ 내부에너지와 엔탈피 변화량

내부에너지는 에너지방정식

$$\delta q = du + p \cdot dv \cdots\cdots (2\text{-}12)$$

에서, 단열변화이므로 $\delta q = 0$ 이다.
따라서,

$$du = -p \cdot dv = -\delta w_{ab} \quad (3\text{-}53)$$

$$u_2 - u_1 = -w_{12} \quad (3\text{-}53')$$

가 되고, 엔탈피는 에너지방정식

$$\delta q = dh - v \cdot dp \cdots\cdots (2\text{-}40)$$

에서, 마찬가지로 $\delta q = 0$ 이다.
따라서,

$$dh = v \cdot dp = -\delta w^t \quad (3\text{-}54)$$

$$h_2 - h_1 = -w^t \quad (3\text{-}54')$$

가 된다.

단열변화에서는 절대일에 상당하는 양만큼 내부에너지가 변화하며, 또 공업일에 상당하는 양만큼 엔탈피가 변화한다. 즉, 절대일은 상태변화 중의 내부에너지의 차와 같으며 공업일은 상태변화 중의 엔탈피의 차와 같음을 의미한다.

이상과 같은 P, V, T 관계를 갖는 단열변화를 P-V 선도에 표시하면 그림 3-11 과 같다.

동작유체의 상태가 변화하는 과정에서 계가 외부와 열의 출입이 없고 마찰 등의 내부 열의 발생이 없으므로 가역단열 변화[31]라 한다.

이 변화 과정에서는 기체가 이미 가지고 있는 내부에너지에 의하여 외부에 일을 한다.[32]

31) 등엔트로피 변화

32) 등온변화에서는 실린더의 피스톤이 팽창하여 외부에 일을 하면, 이때 기체의 온도가 강하하므로 그에 상당하는 열을 가하면서 팽창시킨다.

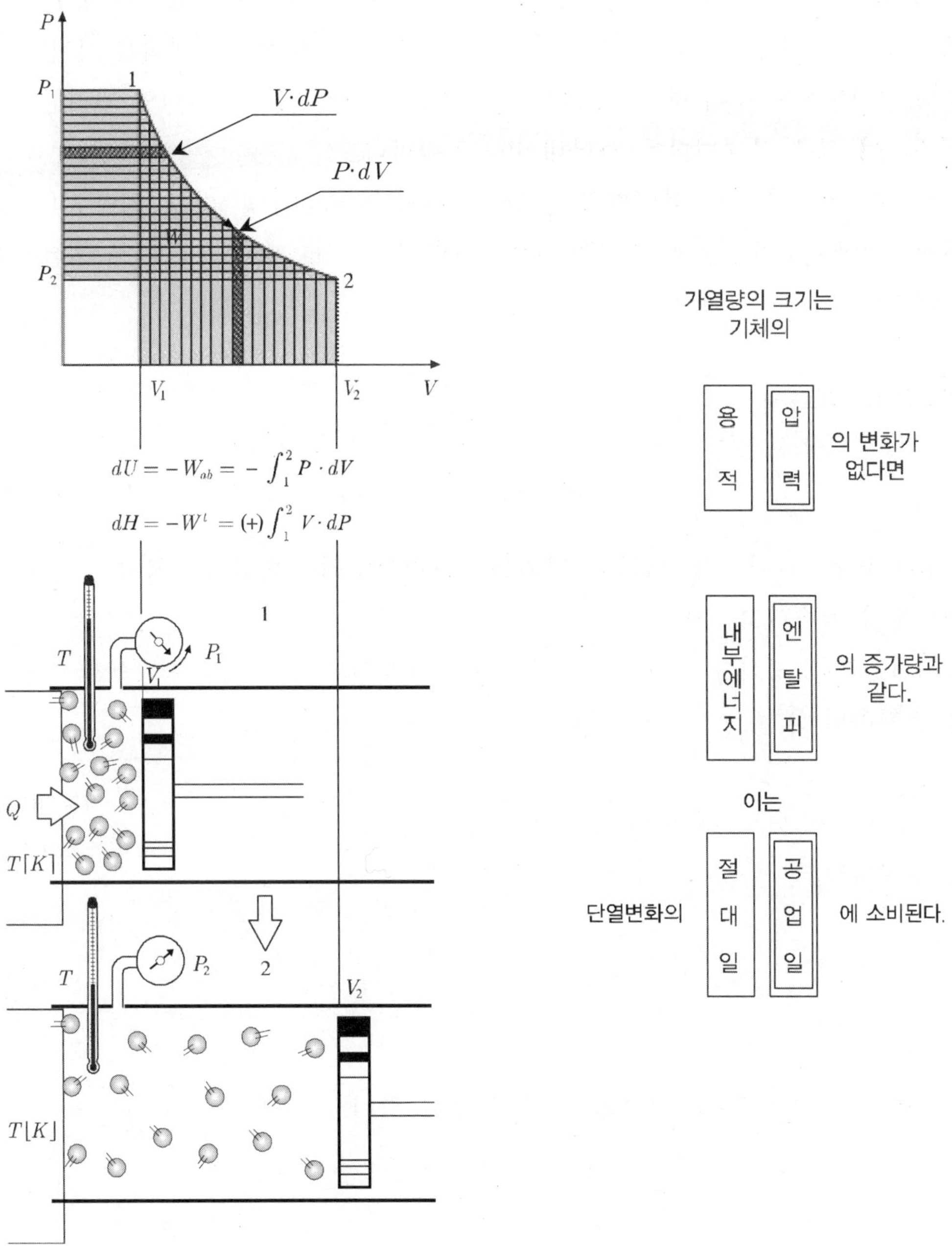

[그림 3-11.2] 단열(adiabatic)변화

(5) 폴리트로픽 변화(polytropic change) – 1/6

내연기관이나 냉동기 등에서 실제로 다루어지는 가스는 앞에서 거론한 4 가지 기본 형태의 변화만을 하는 것이 아닌 다른 형태의 변화를 하게 되는 경우가 대부분이다.

예를 들면, 내연기관에서 동작유체가 부분적으로 정압 또는 정적변화를 하지만 등온 변화나 단열변화는 대개 하지 않는다. 따라서 등적, 등압, 등온 및 단열 과정만으로는 내연기관의 실제 상태변화를 나타내기가 곤란하다.

Zeuner는 완전가스의 상태변화를 단열변화의 단열지수 k 대신 지수 n 의 값을 적당히 택함으로써 실제 상태변화를 나타내는 데 보다 가까운 표현방법을 제시하였다.

① $P,\ V,\ T$ 관계

$$p \cdot v^n = Const. = p_1 \cdot v_1^n = p_2 \cdot v_2^n \qquad (3\text{-}55)$$

식 (3-55) 와 같이 표시되는 변화를 폴리트로픽 변화라 하고, 지수 n 을 폴리트로픽 지수라고 한다.

기체의 상태방정식 $p \cdot v = R \cdot T$ 와 식 (3-55) 에서,
p 를 소거하면,[33]

$$T \cdot v^{n-1} = Const. = T_1 \cdot v_1^{n-1} = T_2 \cdot v_2^{n-1} \qquad (3\text{-}56)^{34)}$$

v 를 소거하면,

$$T \cdot p^{\frac{n-1}{n}} = Const. = T_1 \cdot p_1^{\frac{n-1}{n}} = T_2 \cdot p_2^{\frac{n-1}{n}} \qquad (3\text{-}57)$$

가 된다.

폴리트로픽 과정의 $p-v$ 선도는 그림 3-12 와 같다.

---

33) $p = R \cdot T / v \Rightarrow R \cdot T \cdot v^{n-1} = Const.\ (Const. / R = Const.)$

34) $T_1 \cdot \dfrac{v_1^{n-1}}{v_2^{n-1}} = T_1 \cdot (\dfrac{v_1}{v_2})^{n-1} = T_2$

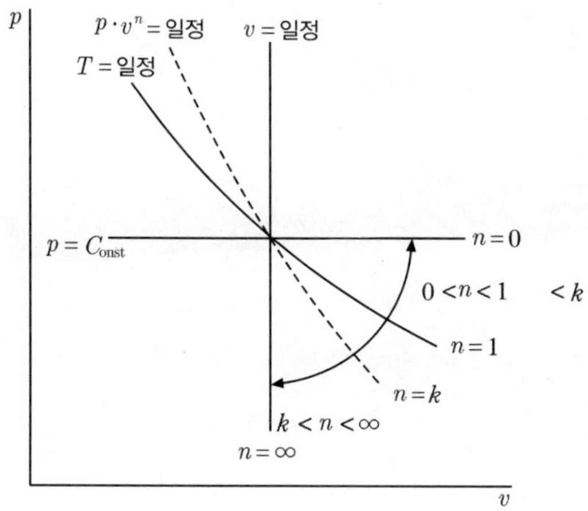

▶ 폴리트로픽 변화는 일반적인 변화이므로 n의 특정한 값에 따라 위의 4가지 변화가 된다.

① $n=0$ 이면 정압변화
② $n=1$ 이면 등온변화
③ $n=$ k 이면 단열변화
④ $n=\infty$ 이면 정적변화

[그림 3-12] n에 따른 변화곡선

$y = f(x)$ 에 있어서

$$y' = \frac{dy}{dx} = \lim_{\Delta x \to 0} \frac{\Delta y}{\Delta x}$$

는 곡선상의 점 (x, y) 에서의
접선의 기울기의 크기를 나타낸다.

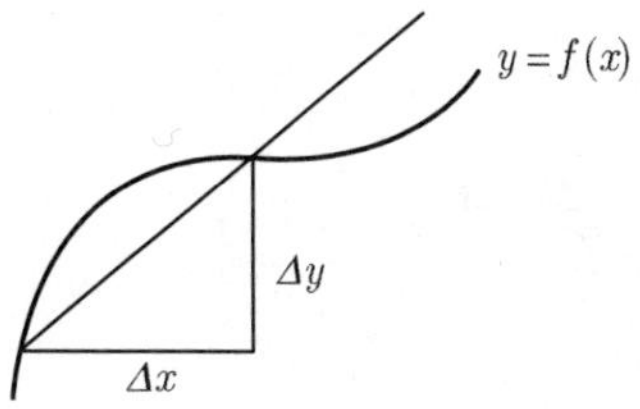

따라서, 등온선 '$p \cdot v$ = 일정 = $R \cdot T$'인 곡선의 기울기는
$p \cdot dv + v \cdot dp = 0$ 로부터

$$\frac{dp}{dv} = -\left(\frac{p}{v}\right)$$

여기서, $k > 1$ 이므로 단열선의 기울기 쪽이 더 크게 된다.

단열선 '$p \cdot v^k$ = 일정 = $R \cdot T$' 인 곡선의 기울기는
$p \cdot k \cdot v^{k-1} \cdot dv + v^k \cdot dp = 0$ 로부터

$$\frac{dp}{dv} = -\frac{k \cdot p \cdot v^{k-1}}{v^k} = -k\left(\frac{p}{v}\right)$$

(5) 폴리트로픽 변화(polytropic change) – 2/6

② 절대일

$$w_{ab} = \frac{1}{n-1} \cdot [p_1 \cdot v_1 - p_2 \cdot v_2] = \frac{R}{n-1} \cdot (T_1 - T_2)$$ [35)]

$$= \frac{R \cdot T_1}{n-1} \cdot [1 - (\frac{v_1}{v_2})^{n-1}] = \frac{R \cdot T_1}{n-1} \cdot [1 - (\frac{p_2}{p_1})^{\frac{n-1}{n}}] \quad (3\text{-}58)$$ [36)]

③ 공업일

폴리트로픽 변화에서의 단위중량당의 공업일은 다음과 같다.

$$w_t = \frac{n}{n-1} \cdot (p_1 \cdot v_1 - p_2 \cdot v_2) = \frac{n \cdot R}{n-1} \cdot (T_1 - T_2)$$

$$= \frac{n \cdot R \cdot T_1}{n-1} \cdot [1 - (\frac{v_1}{v_2})^{n-1}] = \frac{n \cdot R \cdot T_1}{n-1} \cdot [1 - (\frac{p_2}{p_1})^{\frac{n-1}{n}}] \quad (3\text{-}59)$$

이고, 식 (3-58) 의 절대일과 비교하면,

$$w^t = n \cdot w_{ab} \quad (3\text{-}60)$$

가 됨을 알 수 있다.

---

35) $p \cdot v^n = Const. \; (= p_1 \cdot v_1^n = p_2 \cdot v_2^n)$

$$w_{12} = \int_1^2 p \cdot dv = \int_1^2 C \cdot \frac{dv}{v^n} = Const. = C \cdot [\frac{v^{-n+1}}{-n+1}]_2^1$$

$$\frac{C}{1-n} \cdot (v_2^{1-n} - v_1^{1-n}) = \frac{p_2 \cdot v_2^n \cdot v_2^{1-n} - p_1 \cdot v_1^n \cdot v_1^{1-n}}{1-n} = \frac{p_2 \cdot v_2 - p_1 \cdot v_1}{1-n}$$

36) $p_1 \cdot v_1^n = p_2 \cdot v_2^n$ 에서 이항정리하면,

$\frac{v_1^n}{v_2^n} (= \frac{v_1}{v_2})^n = \frac{p_2}{p_1}$ 이므로,

$$(\frac{v_1}{v_2})^{n-1} = [(\frac{v_1}{v_2})^n]^{\frac{n-1}{n}} = (\frac{p_2}{p_1})^{\frac{n-1}{n}}$$

정적변화에서는 절대일은 없고 : 0

공업일만 있다 : $-v \cdot (p_2 - p_1) = R \cdot (T_1 - T_2)$

정압변화에서는 공업일은 없고 : 0

절대일만 있다 : $p \cdot (v_2 - v_1)$

등온변화에서는 절대일 = 1.0 × 공업일 : $p_1 \cdot v_1 \cdot ln \frac{v_2}{v_1} = R \cdot T_1 \cdot ln \frac{p_1}{p_2}$

단열변화에서는 공업일 = k × 절대일 : $\frac{k \cdot R \cdot T_1}{k-1} \cdot \left[1 - \left(\frac{v_1}{v_2}\right)^{k-1}\right]$

상태변화	밀폐계의 일(절대일), w_{ab}	개방계의 일(공업일), w^t
등압 (정압)	$p \cdot (v_2 - v_1)$만큼의 일을 외부에 한다.	하지 않는다. 바깥에서 가해진 열량은 모두 엔탈피의 증가에 쓰인다.
등적 (정적)	하지 않는다. 바깥에서 가해진 열량은 모두 내부에너지의 증가에 쓰인다.	$-v \cdot (p_2 - p_1)$의 일을 외부에 한다. 즉, $+v \cdot (p_2 - p_1)$의 일을 외부에서 받는다.
등온	외부에서 가해진 열량은 모두 일($w_{ab} = w^t$)로서 방출된다.	
단열	일을 하면 이에 상당하는 만큼 내부에너지가 소비된다.	일을 하면 이에 상당하는 만큼 엔탈피가 소비된다.

등적변화에서는 : $\frac{P}{T} = \frac{P_1}{T_1} = \frac{P_2}{T_2}$

등압변화에서는 : $\frac{V}{T} = \frac{V}{T_1} = \frac{V}{T_2}$

등온변화에서는 : $P \cdot V = P_1 \cdot V_1 = P_2 \cdot V_2$

단열변화에서는 : $T \cdot V^{k-1} = T_1 \cdot V_1^{k-1} = T_2 \cdot V_2^{k-1}$

단열변화에서는 : $T \cdot P^{\frac{k-1}{k}} = T_1 \cdot P_1^{\frac{k-1}{k}} = T_2 \cdot P_2^{\frac{k-1}{k}}$

(5) 폴리트로픽 변화(polytropic change) – 3/6

④ 공급된 열량

폴리트로픽 변화에서의 이동열량은 가역단열변화에서와는 달리 열의 출입이 있으며, 다음과 같이 구한다. 식 (2-12) 에서,

$$\delta q = du + p \cdot dv = c_v \cdot dT + p \cdot dv$$

이므로, 이동열량은

$$q_{1-2} = \frac{R}{k-1} \cdot (T_2 - T_1) + \frac{R}{n-1} \cdot (T_1 - T_2)$$

$$= \frac{R \cdot (n-k)}{(k-1)(n-1)} \cdot (T_2 - T_1) = c_v \cdot \frac{n-k}{n-1} \cdot (T_2 - T_1) \qquad (3\text{-}61)$$

으로 주어진다.

여기서,

$$c_v \cdot \frac{n-k}{n-1} = c_n \qquad (3\text{-}62)$$

라고 하면,

$$q_{1-2} = c_n \cdot (T_2 - T_1) \text{ [37] ......(3-35)} \qquad (3\text{-}63)$$

이 되며, 이때 c_n 을 폴리트로픽 비열(specific heat of polytropic)이라 한다.

⑤ 내부에너지와 엔탈피 변화량

$$du = c_v \cdot dT \quad \therefore U_2 - U_1 = \int_1^2 C_v \cdot dT \text{ ...... (3-20)} \qquad (3\text{-}64)$$

$$dh = c_p \cdot dT \quad \therefore H_2 - H_1 = \int_1^2 C_p \cdot dT \text{ ...... (3-22)} \qquad (3\text{-}65)$$

37) $w_{1-2} = \frac{R}{n-1} \cdot (T_1 - T_2) = c_v \cdot \frac{k-1}{n-1} \cdot (T_1 - T_2)$ 이므로,

$$\therefore \frac{w_{1-2}}{q_{1-2}} = -\frac{\frac{k-1}{n-1}}{\frac{n-k}{n-1}} = \frac{k-1}{k-n}$$

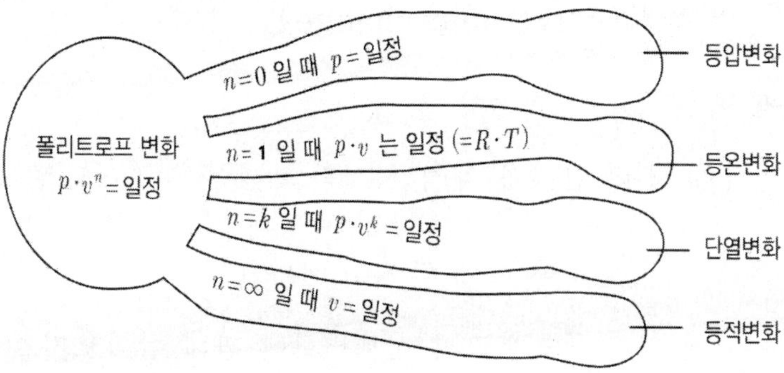

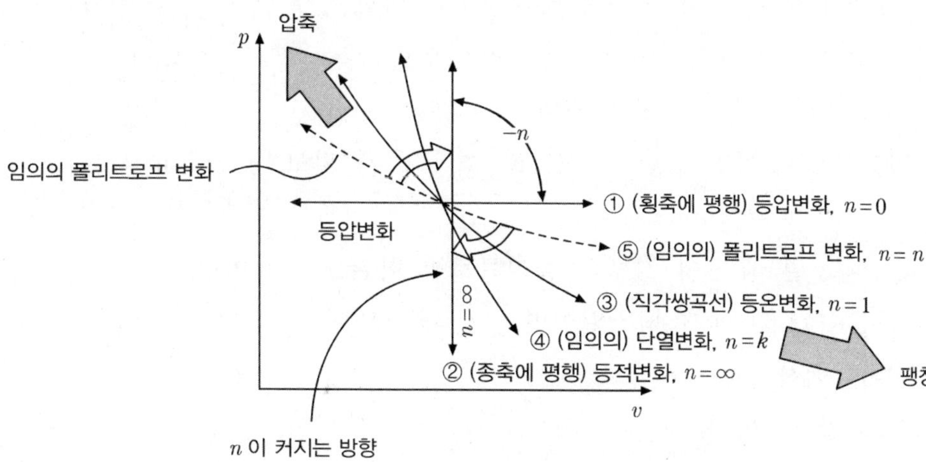

$$c_n = \frac{n-k}{n-1} \cdot c_v$$

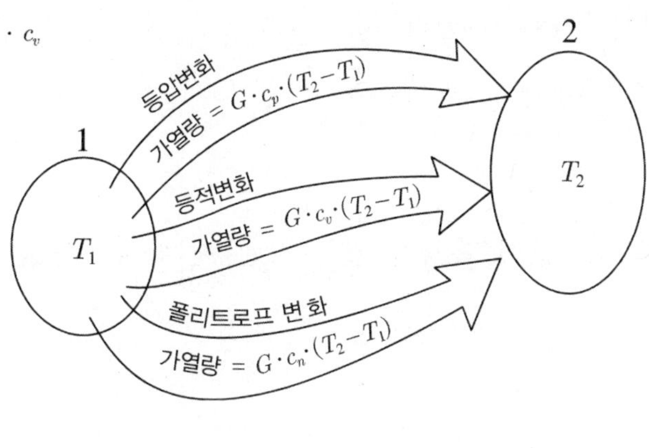

<각종 상태변화의 가열량 계산식>

(5) 폴리트로픽 변화(polytropic change) – 4/6

⑥ 폴리트로픽 지수

폴리트로픽 변화의 경우, 압력과 체적 사이의 관계는 식 (3-55) 로 주어졌다.

$$p \cdot v^n = C\text{onst.} \quad \cdots\cdots \ (3\text{-}55)$$

지금, 변화지수 n 에 따른 폴리트로픽 상태변화에 관해 알아보기로 한다.

1) $0 < n < 1$ 일 때 : 이 경우의 폴리트로픽 비열 $c_n = c_v \cdot \dfrac{n-k}{n-1} > 0$ 이다.
식 (3-58)[38]에서 팽창일이면, $w_{ab} > 0$ 이므로 $T_1 < T_2$ 가 되고,
식 (3-63)[39]에서 $q_{1-2} > 0$ 가 된다.
그리고 압축일이면, $w_{ab} < 0$ 이므로 $T_1 > T_2$ 가 되고, $q_{1-2} < 0$ 가 된다.

2) $1 < n < k$ 일 때 : 이 경우의 폴리트로픽 비열 $c_n < 0$ 이다.
따라서 식 (3-58) 에서 팽창일이면, $w_{ab} > 0$이므로 $T_1 > T_2$ 가 되고,
식 (3-63) 에서 $q_{1-2} > 0$ 가 된다.
그리고 압축일이면, $w_{ab} < 0$ 이므로 $T_1 < T_2$가 되고, $q_{1-2} < 0$ 가 된다.

3) $k < n < \infty$ 일 때 : 이 경우의 폴리트로픽 비열 $c_n > 0$ 이다.
따라서 식 (3-58) 에서 팽창일이면, $w_{ab} > 0$ 이므로 $T_1 > T_2$ 가 되고,
식 (3-63) 에서 $q_{1-2} < 0$ 가 된다.
그리고 압축일이면, $w_{ab} < 0$ 이므로 $T_1 < T_2$ 가 되고, $q_{1-2} > 0$ 가 된다.

4) 위의 관계로부터
폴리트로픽 지수 n 의 값이 특정한 값을 가질 때는 다음과 같은 변화가 된다.

---

38) $w_{1-2} = \dfrac{R}{n-1} \cdot (T_1 - T_2)$

39) $q_{1-2} = c_n \cdot (T_2 - T_1)$

등적변화

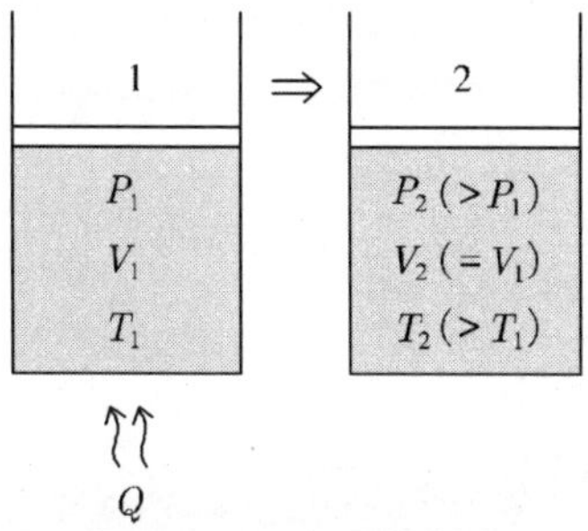

$$\frac{P_1}{T_1} = \frac{P_2}{T_2} \quad \cdots\cdots \text{(3–26)}$$

등압변화

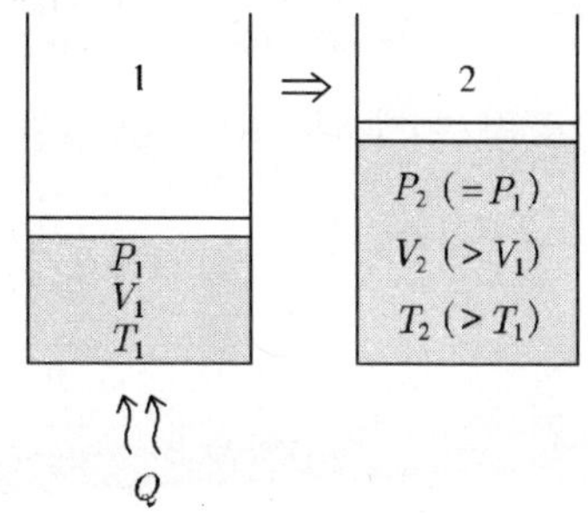

$$\frac{V_1}{T_1} = \frac{V_2}{T_2} \quad \cdots\cdots \text{(3–30)}$$

등온변화

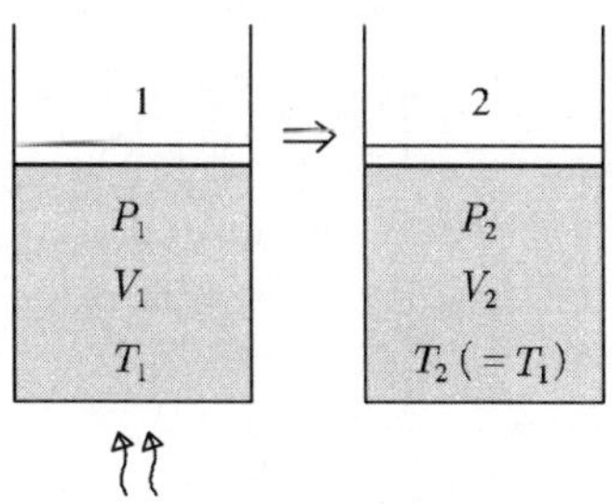

$$P_1 \times V_1 = P_2 \times V_2 \quad \cdots\cdots \text{(3–34)}$$

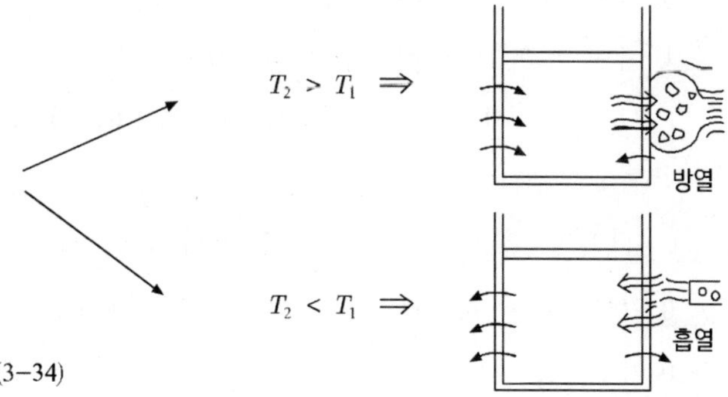

단열변화

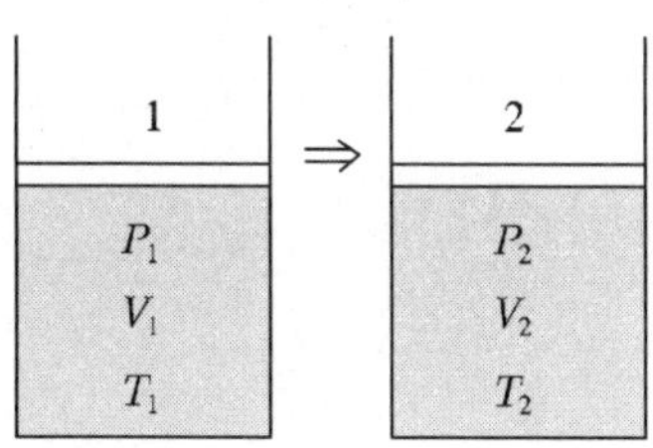

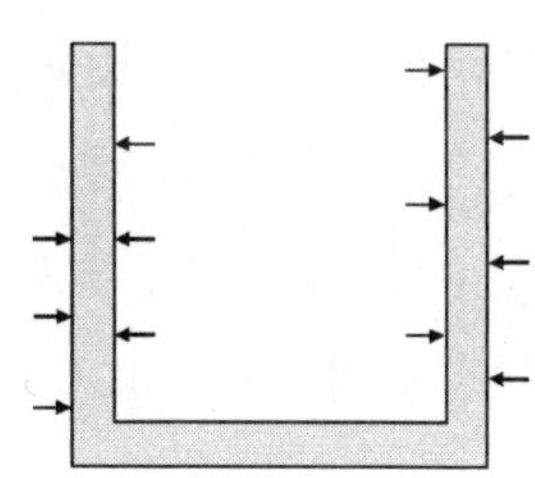

$$T_1 \times V_1^{k-1} = T_2 \times V_2^{k-1} \quad \cdots\cdots \text{(3–48)}$$

$$T_1 \times P_2^{\frac{1-k}{k}} = T_2 \times P_2^{\frac{1-k}{k}} \quad \cdots\cdots \text{(3–49)}$$

(5) 폴리트로픽 변화(polytropic change) – 5/6

⑦ 폴리트로픽 지수와 비열과의 관계

$$n = k \quad \rightarrow \quad p \cdot v^k = constant \text{ (단열과정)}$$

$$n = 0 \quad \rightarrow \quad p \cdot v^0 = constant \text{ (등압과정)}$$

$$n = 1 \quad \rightarrow \quad p \cdot v = constant \text{ (등온과정)}$$

$$n = \infty \quad \rightarrow \quad p^{1/n} \cdot v = constant \text{ (등적과정)}$$

이와 같은 변화를 $p-v$ 선도에 도시하면 그림 3-13 과 같이 된다.

1) $n = \mathrm{k}$ 이면, $q_{1-2} = 0$ 이 되므로 단열변화이고,
$n < \mathrm{k}$ 이면, $q_{1-2} > 0$ 이 되어 열량이 방출된다.
이 관계를 p-v 선도에 나타내면 그림 3-13(a)와 같다.

2) $n = 0$ 이면, $p_1 = p_2$ 가 되어 정압변화이고,
$n < 0$ 이면, $p_1 < p_2$ 가 되어 압력이 상승되고,
$n > 0$ 이면, $p_1 > p_2$ 가 되어 압력이 낮아진다.
이 관계를 p-v 선도에 나타내면 그림 3-13(b) 와 같다.

3) $n = 1$ 이면, $T_1 = T_2$ 가 되어 등온변화이고,
$n < 1$ 이면, $T_1 < T_2$ 가 되어 온도가 상승되고,
$n > 1$ 이면, $T_1 > T_2$ 가 되어 온도가 강하한다.
이 관계를 p-v 선도에 나타내면 그림 3-13(c) 와 같다.

4) $n = \infty$ 이면, 압력에 관계없이 체적이 항상 일정하다.
$n = \infty$ 에 있어서는, $-\infty < n < 0$ 인 경우에 한하여,
$-\infty < n < -1$ 과 $-1 < n < 0$ 으로 나눌 수 있으며,
이 관계를 p-v 선도에 나타내면 그림 3-13(d) 와 같다.

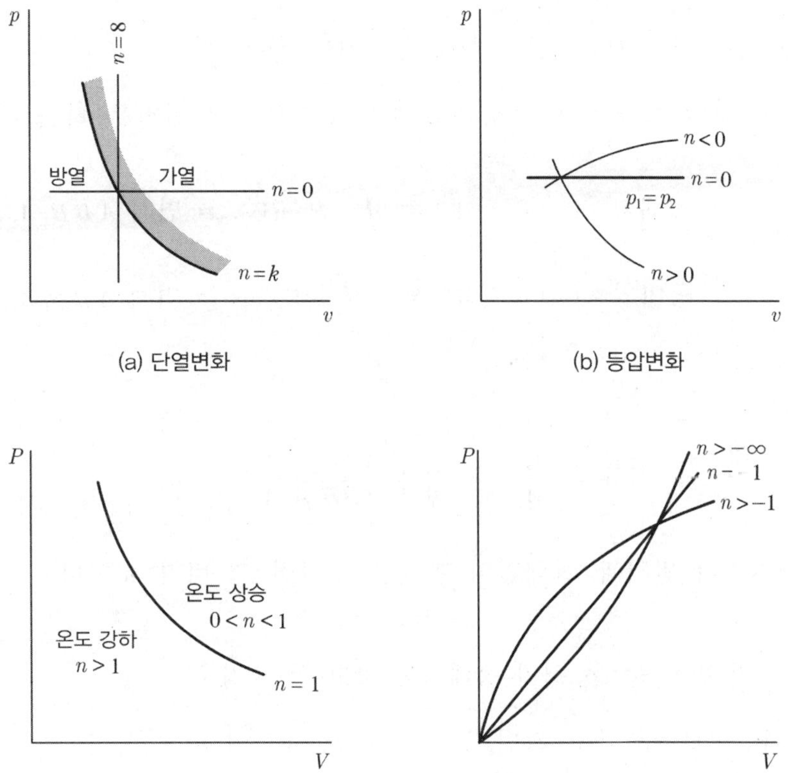

(a) 단열변화　(b) 등압변화

(c) 등온변화　(d) $-\infty < n < 0$인 경우

[그림 3-13]

대수함수와 지수함수

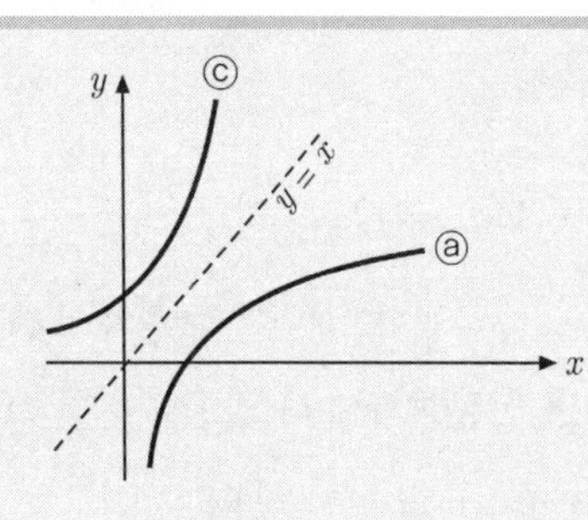

대수함수

$y = a \cdot \log_n x$ .... ⓐ

를 지수함수형으로 나타내면

$x = n^{\frac{x}{a}}$ .... ⓑ

여기서, x 와 y 와의 문자를 바꾸어 보면

$y = n^{\frac{y}{a}}$ .... ⓒ

식 ⓒ는 ⓐ의 역함수이므로 그래프는 직선 $y = x$에 관해서 대칭으로 된다.

(5) 폴리트로픽 변화(polytropic change) – 6/6

⑧ 폴리트로픽 지수 $\boldsymbol{n}$ 을 구하는 법

I. 폴리트로픽 곡선이 P - V 선도 상에 주어지는 경우

그림 3-14 와 같이 상태 A 에서 상태 B 까지 폴리트로픽 변화를 하는 경우,

$$\text{절대일} \quad \cdots\cdots \quad W_{ab} = \int_A^B P \cdot dV = \text{면적 } A\,B\,B_2\,A_2\,A$$

$$\text{공업일} \quad \cdots\cdots \quad W^t = -\int_A^B V \cdot dP = \text{면적 } A\,B\,B_1\,A_1\,A$$

이 되고, $w^t = n \cdot w_{ab}$ 이므로,

$$n = \frac{W^t}{W_{ab}} = \frac{\text{면적 } ABB_2A_2A}{\text{면적 } ABB_1A_1A} \tag{3-66}$$

따라서 공업일의 면적과 절대일의 면적을 구하면 그 비가 n 이다.

II. 폴리트로픽 변화 중 두 점의 상태점을 알고 있는 경우

2 개의 상태를 '1', '2' 라고 하면, $P_1 \cdot V_1^n = P_2 \cdot V_2^n$ 이 되므로,

$$\ln P_1 + n \cdot \ln V_1 = \ln P_2 + n \cdot \ln V_2$$

따라서,

$$n = \frac{\ln P_1 - \ln P_2}{\ln V_2 - \ln V_1} = \frac{\ln (P_1/P_2)}{\ln (V_2/V_1)} \tag{3-67}$$

III. $\boldsymbol{P \cdot V^n = C}$onst. 의 경우

$P \cdot V^n = C$ 에서 대수를 취하면 $\ln P + n \cdot \ln V = C$ 가 되므로 그림 3-14(a) 와 같이 로그 좌표계에서 직선으로 나타내지는 방정식이다. 이 직선의 기울기 α 를 구하면 n 을 구할 수 있다.

여러 상태변화를 대수좌표계에 표시하면 그림 3-14(b) 와 같으며, 그림에서 보면 $\alpha = 0$ 일 때는 정압변화, $\alpha = 90°$ 일 때는 정적변화, $\alpha = 45°$ 일 때는 등온변화, $\alpha > 45°$ 일 때는 단열변화이다.

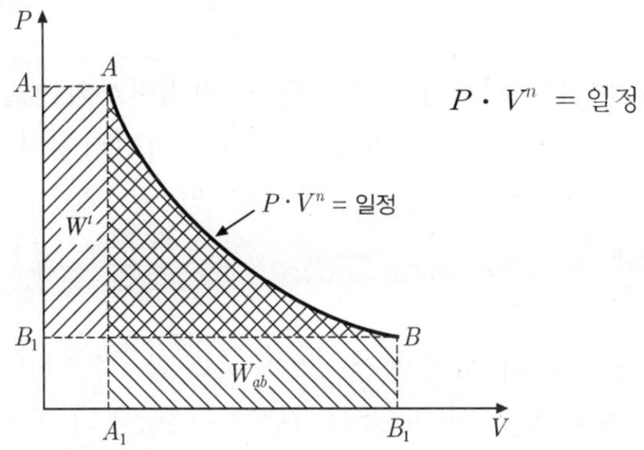

[그림 3-14] P - V 좌표계

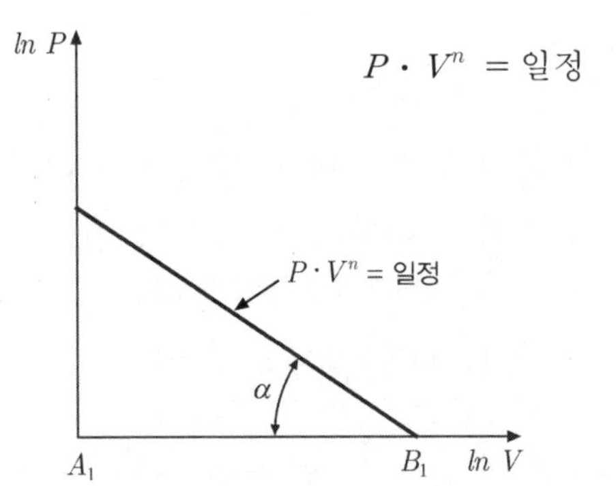

[그림 3-14(a)] 대수 좌표계 *(ln P - ln V)*

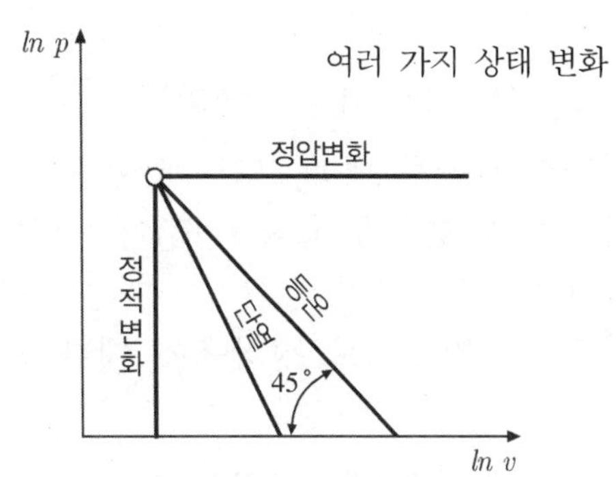

[그림 3-14(b)] 대수 좌표계 *(ln p - ln v)*

n 이 무한대인 경우 : $p \cdot v^n = C$

양변의 n 승 근을 취하면, $\sqrt[n]{p \cdot v^n} = \sqrt[n]{C}$

$\therefore\ p^{1/n} \cdot v = C^{1/n}$ = 일정

여기서, $n \to \infty$ 이라 함은 n 이 무한히 커지는 것을 의미한다.

따라서, $\dfrac{1}{n}$ 은 무한히 작아지게 되므로

$n \to \infty$ 일 때 $p^{1/n} \cdot v \to v$ = 일정

3.7 완전가스의 상태변화(Ⅲ)/비(非)가역 변화

가스의 실제 상태변화는 지금까지 취급해 온 가역변화와는 달리 상태 변화하는 도중에 마찰이나 와류 등에 의해 열손실이 수반되는 비가역변화이다. 이와 같은 비가역 변화의 대표적인 예에는 다음과 같은 상태변화들이 있다.

① 비가역 단열변화

가스가 압축기나 기관의 내부에서 고속 유동할 경우 외부와의 사이에 열교환이 없는 단열변화라 해도 와류와 마찰 등으로 인한 에너지가 열의 형태로 소비된다. 그러나 유체 속에서 일어나는 현상이므로 이 발생열은 유체를 가열하여 에너지로 환원된다. 따라서 외부와의 열교환이 없이 흘러도 내부적으로는 비가역 변화가 된다. 왜냐하면 흐름방향을 역방향으로 하여도 마찬가지 열손실 현상이 나타나기 때문이다.

② 교축(throttling) 변화

가스가 관로 내를 흐를 때 관로의 일부가 좁아지면 흐름의 방향으로 압력이 저하하는데 이 현상을 교축(絞縮)이라 하며, 비가역 변화의 하나이다. 그림과 같이 교축이 발생하는 경우에 대해 살펴보면 정상유동을 하는 교축과정에서는 외부에 하는 일이 없으며 열교환도 없으므로 정상류에 대한 일반 에너지식 (2-33)[40]으로부터,[41]

$$u_1 + p_1 \cdot v_1 + \frac{1}{2} \cdot \mathrm{v}_1^2 = u_2 + p_2 \cdot v_2 + \frac{1}{2} \cdot \mathrm{v}_2^2 = h_1 + \frac{1}{2} \cdot \mathrm{v}_1^2 = h_2 + \frac{1}{2} \cdot \mathrm{v}_2^2$$

와 같이 된다. 만일 유속 v_1, v_2 의 차이[42]가 작거나 유속 자체가 작은 경우에는 운동에너지를 무시할 수 있으므로 위의 식에서 $h_1 = h_2$ 가 되어 교축변화를 하는 동안 계는 등엔탈피($dh = 0$)상태로 비가역 팽창을 한다. ($dh = c_p \cdot dT = 0$, $\therefore\ T$ = 일정)

③ 완전가스의 혼합

정상유동을 하는 가스가 혼합실에서 혼합되는 경우, 속도가 크지 않고 혼합 전후에 있어서 외부에 대한 일 및 열교환이 없다면 혼합 전후의 엔탈피와 운동에너지의 합이 변하지 않는 비가역변화가 된다.

---

40) 식 (2-33) : 개방계에 대한 에너지보존의 식
$$Q + m_1 \cdot (u_1 + p_1 \cdot v_1 + 1/2 \cdot \mathrm{v}_1^2 + g \cdot z_1) = W + m_2 \cdot (u_2 + p_2 \cdot v_2 + 1/2 \cdot \mathrm{v}_2^2 + g \cdot z_2)$$

41) $Q = 0$, $W = 0$

42) 만일 운동에너지의 차이가 발생하였다면, 운동에너지의 차이 = 엔탈피의 차이 $\frac{1}{2}(\mathrm{v}_2^2 - \mathrm{v}_1^2) = h_2 - h_1$

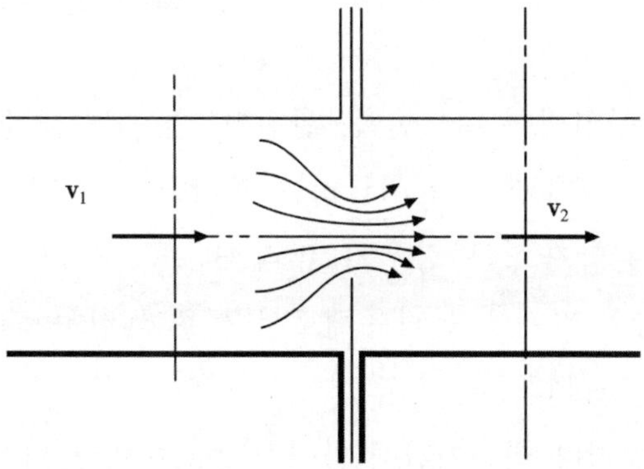

가스의 교축

▶ 교축변화는 그림과 같이 작업유체가 관로가 급격히 좁아지는 곳을 흐를 때 나타나며, 증기압축 냉동기관이나 기체액화장치, 증기의 건도 측정장치 등에서 작업유체가 교축밸브나 오리피스를 지날 때 볼 수 있다. 또 다른 예로는, 압축한 공기를 저장한 탱크의 밸브를 열거나 수도의 꼭지를 열 때와 같은 팽창으로 정상류 과정으로 해석한다. 기체가 노즐과 같이 유로 단면적(flow cross section)이 서서히 좁아지는 곳을 흐르면 기체의 압력이 저하한다. 그 원인은 유속이 증가하기 때문이다. 그러나 유로 단면적이 급격하게 좁아지는 교축밸브에서는 교축부분을 지나서도 속도(에너지)가 증가하지 않을 뿐 아니라 마찰이나 와류(swirling)가 발생하기 때문에 압력에너지로 환원되지도 않으므로 교축현상 후의 속도와 압력은 항상 낮아진다. 이때 속도에너지의 감소는 열에너지로 바뀌어 유체에 회수되므로 엔탈피는 원래의 상태로 복귀되어 등엔탈피 과정이 된다. 그러나 유속의 증가 없이 감소된 압력에너지는 마찰과 난류에 의하여 엔트로피로 변환된다. 이로 인해 교축밸브에서는 비가역 압력강하(팽창) 현상과 함께 유용에너지의 손실(loss of available energy)이 나타난다.

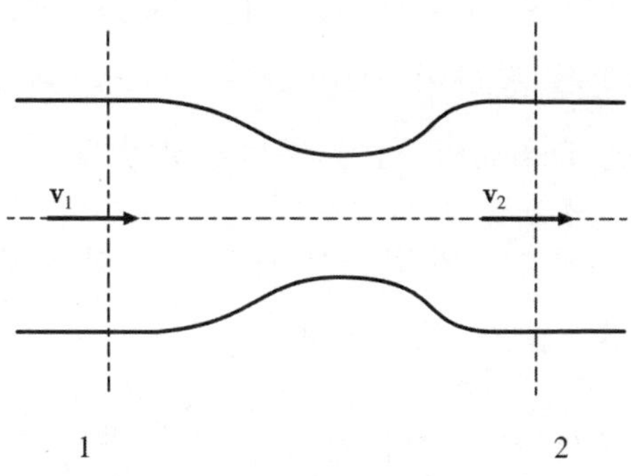

관로가 서서히 좁아지는 노즐

▶ 관로가 좁아진 곳에서 유속은 증가하고 압력이 감소하며, 이때 발생하는 마찰이나 와동은 이로 인한 일부의 속도에너지가 압력에너지로 환원할 뿐 결국 기체의 압력이 흐름방향으로 강하하므로 비가역 변화이다. 왜냐하면 흐름의 방향을 역으로 하여도 압력이 상승하지 않고 강하하기 때문이다.

3.8 혼합가스(mixed gas)

지금까지 열역학을 공부하면서 다루어 온 완전가스는 순수물질[43]의 한 종류의 가스에 관한 내용을 다루었으나, 실제 우리가 취급하는 가스들은 공기나 연소가스와 같이 여러 종류의 순수물질들의 혼합가스인 경우가 많다.[44]

실제로 가스를 실용상의 기기에 동작유체로서 응용할 경우, 각각의 가스가 단독으로 작동하는 경우는 극히 드물다.

예를 들면, 공기는 보일러나 내연기관에 있어서 연료를 연소시키기 위한 작업가스로서 매우 중요한 역할을 하고 있지만 이 공기도 산소와 질소의 혼합가스이며, 다시 내연기관 실린더 내의 연소가스나 보일러 화로 내의 연소가스는 더욱이 많은 가스의 혼합가스이다.

서로 화학반응을 일으키지 않는, 종류가 다른 완전가스를 혼합하면 확산에 의해서 균일한 혼합가스가 되며, 일단 혼합된 가스는 처음 상태의 가스로는 분리될 수 없는 이러한 상태변화는 비가역과정이다.[45]

이와 같은 경우에 혼합되기 전의 각각의 가스의 성질에서부터 혼합 후의 혼합가스의 열역학적 특성을 이해할 필요가 있다.

가스의 경우, 질량 대신 몰(mol)로 다루는 것이 훨씬 편리하다.

따라서 몰(mol)분율, 부피분율, 분압 등이 훨씬 편리할 수 있다.

몇 가지 기체가 별도로 나누어져 들어 있는 용기의 격벽을 제거하면 기체는 확산에 의하여 혼합하는 것을 경험을 통하여 알고 있다. 이 확산에 의한 혼합기체에 대하여 영국의 J. Dalton은 1801년 Dalton의 법칙을 발견하였다.

「동일 용기 내에 여러 종류의 가스가 존재할 경우, 그들의 성분가스는 마치 다른 성분이 존재하지 않는 것처럼 용기 전체에 확산된다.」

즉, 이상기체의 혼합물에서는 각 성분기체는 서로 간에 간섭하는 일이 없이, 마치 혼합실 내에 단독으로 존재하는 것과 같은 성질을 나타낸다는 것이다.

---

43) 1.3 (4) 절 참조

44) 액체와 고체상에서의 혼합물 : 용액(solution)

45) 두 가지 이상의 가스가 혼합될 때 연소나 열해리와 같은 화학적 변화가 없이 확산에 의해 혼합되면(체적이 일정한 혼합) 외부일과 열교환도 없으므로 혼합 전후 내부에너지도 변하지 않는 비가역변화가 된다.

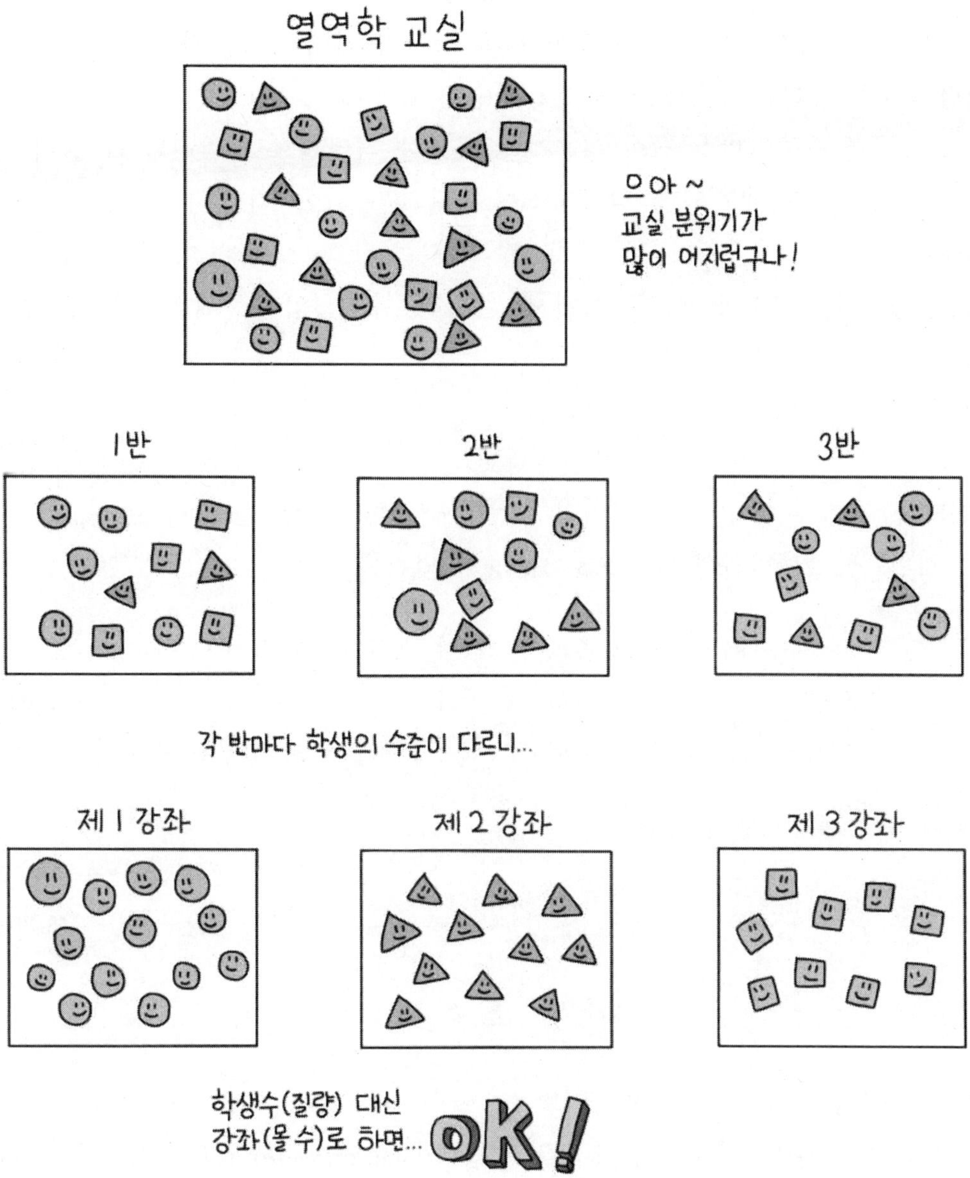
열역학 교실
으아~
교실 분위기가
많이 어지럽구나!
1반
2반
3반
각 반마다 학생의 수준이 다르니...
제 1 강좌
제 2 강좌
제 3 강좌
학생수(질량) 대신
강좌(몰 수)로 하면...
OK!

(1) Dalton의 법칙

「이상기체의 혼합물에서는, 각 성분기체는 서로 간에 간섭하는 일이 없이, 마치 혼합실 내에 단독으로 존재하는 것과 같은 성질을 나타낸다.」

이 법칙이 가리키는 성질에 관하여 다음의 조건 하에서 고찰해보자.

그림 3-15 와 같이 중량, 체적 및 가스정수가 G_i, V_i, R_i $(i = 1,2,3,\cdots\cdots,n)$이고 압력과 온도가 동일한 n 종류의 성질이 다른 완전가스를 격리판으로 격리된 각 실에 넣고 각 실의 격리판을 제거하면 각 가스는 확산·혼합되어 결국 1 종의 혼합가스가 된다.[46)]

지금, 동일한 온도와 압력 하에서 혼합된 후의 압력, 체적, 온도, 중량을 P, V, T, G 라고 하면 전체의 중량은,

$$G = G_1 + G_2 + \cdots\cdots + G_n \tag{3-68}$$

으로 되며, 혼합 후의 각 성분가스의 부분압력[그림 3-15(c)]을 각각 $P_1, P_2, \cdots\cdots P_n$ 이라 하면 온도가 변하지 않으므로 Boyle의 법칙에 따라,

$$\begin{aligned} &P \cdot V_1 = P_1 \cdot V \ (= G_1 \cdot R_1 \cdot T)\text{에서,} \quad &P_1 = P \cdot V_1 / V \\ &P \cdot V_2 = P_2 \cdot V \ (= G_2 \cdot R_2 \cdot T)\text{에서,} \quad &P_2 = P \cdot V_2 / V \\ &P \cdot V_n = p_n \cdot V \ (= G_n \cdot R_n \cdot T)\text{에서,} \quad &P_n = P \cdot V_n / V \end{aligned} \tag{3-69}$$

가 되고, 위 식을 모두 합하면

$$P_1 + P_2 + \cdots\cdots + P_n = P \cdot \left(\frac{V_1 + V_2 + \cdots\cdots + V_n}{V}\right) = P \tag{3-70}$$

$$\therefore \ P = \sum_{i=1}^{n} P_i$$

여기서, 혼합된 후 각 가스의 압력 $P_1, P_2, \cdots\cdots P_n$ 을 부분압력(partial pressure) 또는 분압이라 하며 전체의 압력 P를 전압력(total pressure)이라 한다. 식 (3-69) 는 「완전 가스를 혼합할 때, 혼합가스의 全 압력은 각 성분가스의 부분압력의 합과 같다.」는 것을 뜻하며 이것을 Dalton의 법칙이라 한다.

---

46) 가스의 체적은 $V_1, V_2, \cdots\cdots V_n$ 으로부터 용기의 체적인 $V = V_1 + V_2 + \cdots\cdots + V_n$ 으로 되며, 각 가스의 압력은 혼합 전의 압력인 P 보다 낮아지게 된다.

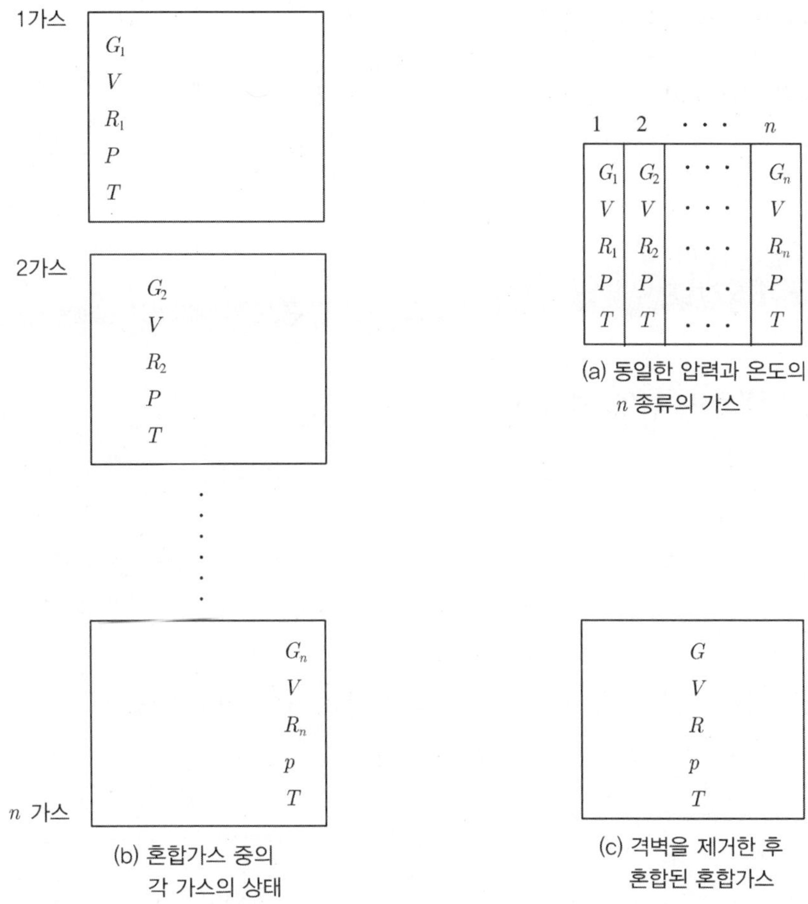

[그림 3-15] 등온, 등압 하에서의 가스의 혼합

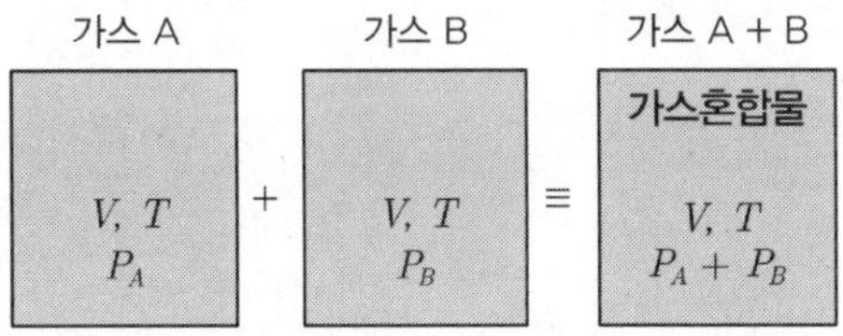

두 개의 이상기체에 대한 Dalton의 압력 합산 법칙

Dalton의 압력합산의 법칙 : 기체 혼합물은 기체 각각의 온도와 부피를 유지하면서 압력은 각각 기체의 압력의 합과 같다.

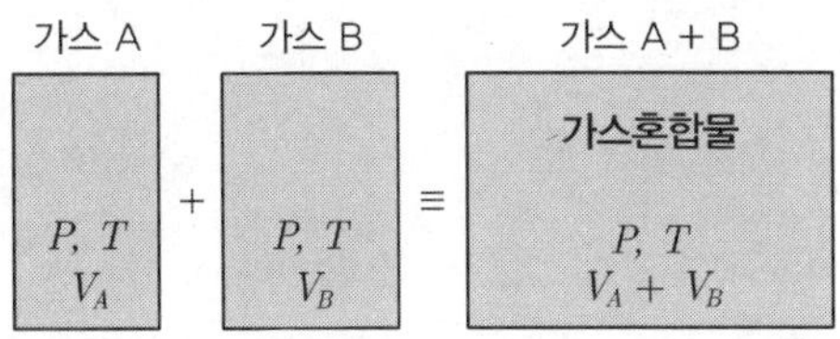

두 개의 이상기체에 대한 Amagat의 압력 합산 법칙

Amagat의 부피합산의 법칙 : 기체 혼합물은 기체 각각의 압력과 온도를 유지하면서 부피는 각각 기체의 부피의 합과 같다.

기체 혼합물의 P-V-T 해석은 일반적으로 두 가지 모델에 기초한다. 즉, Dalton의 압력합산의 법칙(Dalton's law of additive pressures)과 Amagat의 부피합산의 법칙(Amagat's law of additive volumes)이다.

(2) 혼합가스의 가스정수

혼합가스의 질량(m) 및 체적(V)은 분압(식 3-70)과 같이

$$P = P_1 + P_2 + \cdots\cdots + P_n = \sum_{i=1}^{n} P_i \tag{3-70$'$}$$

$$m = m_1 + m_2 + \cdots\cdots + m_n = \sum_{i=1}^{n} m_i \tag{3-71}$$

$$V = V_1 + V_2 + \cdots\cdots + V_n = \sum_{i=1}^{n} V_i \tag{3-72}$$

이며, 따라서 질량비 i_i 및 체적비 j_i는

$$i_i = m_i / m \tag{3-73}$$

$$j_i = V_i / V \tag{3-74}$$

가 된다. 한편, 상태식은 $P \cdot V_i = m_i \cdot R_i \cdot T$, $P_i \cdot V = m_i \cdot R_i \cdot T$이므로

$$\frac{P_i}{P} = \frac{V_i}{V} = j_i \tag{3-75}$$

가 되어 압력비는 체적비와 같아진다. 각 성분기체의 상태식에서

$$m_i = \frac{P \cdot V_1}{R_i \cdot T} = \frac{P \cdot V}{R_i \cdot T} \cdot \frac{V_i}{V} = \frac{P \cdot V}{T} \cdot \frac{j_i}{R_i} \tag{3-76}$$

의 관계가 얻어지므로, 따라서 혼합가스의 질량 m은

$$m = \sum_{i=1}^{n} m_i = \frac{P \cdot V}{T} \cdot \sum_{i=1}^{n} \frac{j_i}{R_i} = m \cdot R \cdot \sum_{i=1}^{n} \frac{j_i}{R_i} \tag{3-77}$$

가 된다. 위 식에서 혼합가스의 기체상수 R은 체적비 j_i를 사용해서 나타내면

$$R = \frac{1}{\sum_{i=1}^{n} \frac{j_i}{R_i}} \tag{3-78}$$

을 얻는다. 또한, R을 질량비 j_i로 나타낸 것은 V와 V_i와의 관계에서

$$V = \sum_{i=1}^{n} V_i = \frac{T}{P} \cdot \sum_{i=1}^{n} m_i \cdot R_i$$

$$= \frac{m \cdot T}{P} \cdot \sum_{i=1}^{n} \frac{m_i}{m} \cdot R_i = \frac{V}{R} \cdot \sum_{i=1}^{n} i_i \cdot R_i \tag{3-79}$$

따라서,

$$R = \sum_{i=1}^{n} i_i \cdot R_i \tag{3-80}$$

이다.

각 성분의 비중량을 γ_1, γ_2, …… γ_n이라 하면,

$$G = G_1 + G_2 + \cdots\cdots + G_n = \gamma_1 \cdot V_1 + \gamma_2 \cdot V_2 + \cdots\cdots + \gamma_n \cdot V_n \quad (3\text{-}81)$$

이므로 혼합가스의 비중량 γ 는

$$\gamma = \frac{G}{V} = \frac{\sum G_1}{V} = \sum_{i=1}^{n}(\gamma_i \cdot \frac{V_i}{V}) = \sum_{i=1}^{n}(\gamma_i \cdot j_i) \quad (3\text{-}82)$$

마찬가지 방법으로, 각 가스의 비열을 c_1, c_2, ……… $+ c_n$ 이라 하고, 혼합가스의 비열을 c 라고 하면, 혼합가스 1 $kg_{(m)}$ 의 온도를 1 ℃ 올리는 데 필요한 열량은 정적과 정압 어느 경우라도 혼합의 전이나 후에도 다같이 각 가스의 온도를 1 ℃ 올리는 데 필요한 열량과 같아야 하므로 각 가스에 필요한 열량의 합은

$$G \cdot c = G_1 \cdot c_1 + G_2 \cdot c_2 + \cdots\cdots + G_n \cdot c_n = \sum_{i=1}^{n} G_i \cdot c_i \quad (3\text{-}83)$$

따라서,

$$c = \frac{G_1}{G} \cdot c_1 + \frac{G_2}{G} \cdot c_2 + \cdots\cdots + \frac{G_n}{G} \cdot c_n = \sum_{i=1}^{n} i_i \cdot c_i \quad (3\text{-}84)$$

로 주어진다.

혼합가스는 동일한 온도 T 하에서 균등하게 혼합된 것으로 간주하였으므로 내부에너지와 엔탈피는 온도만의 함수이므로 혼합가스의 내부에너지 및 엔탈피는 혼합 전이나 후에도 같아야 한다. 따라서,

$$m \cdot u = m_1 \cdot u_1 + m_2 \cdot u_2 + \cdots\cdots + m_n \cdot u_n = \sum_{i=1}^{n} m_i \cdot u_i \quad (3\text{-}85)$$

따라서,

$$u = \frac{m_1}{m} \cdot u_1 + \frac{m_2}{m} \cdot u_2 + \cdots\cdots + \frac{m_n}{m} \cdot u_n = \sum_{i=1}^{n} i_i \cdot u_i \quad (3\text{-}86)$$

로 주어진다.

[해설]

혼합가스의 가스정수 R_G 는 식 (3−69) 와 기체상태방정식: $P \cdot V = G \cdot R_G \cdot T$ 로부터,

$$P_1 = \frac{G_1 \cdot R_{G1} \cdot T}{V} = P \cdot \frac{G_1 \cdot R_{G1}}{G \cdot R}$$

$$P_2 = \frac{G_2 \cdot R_{G2} \cdot T}{V} = P \cdot \frac{G_2 \cdot R_{G2}}{G \cdot R}$$

$$P_n = \frac{G_n \cdot R_{Gn} \cdot T}{V} = P \cdot \frac{G_n \cdot R_{Gn}}{G \cdot R}$$

이 된다. 따라서, 위 식을 모두 합치면,

$$P_1 + P_2 + \cdots\cdots + P_n = \frac{P}{G \cdot R} \cdot (G_1 \cdot R_{G1} + G_2 \cdot R_{G2} + \cdots\cdots + G_n \cdot R_{Gn})$$

$$\therefore R = \sum_{i=1}^{n} \frac{G_i}{G} \cdot R_{Gi} = \sum_{i=1}^{n} \frac{m_i}{m} \cdot R_{Gi} \quad (m\,;\text{질량})$$

(3) 혼합가스의 분자량

혼합가스를 하나의 단일가스로 간주하여 혼합가스의 겉보기분자량 M 을 구한다.

그림 3-16 과 같이 성분가스의 분자량을 $M_1,\ M_2,\ \cdots\cdots,\ M_n\ kg_f/kmol$ 이라 하고 동일한 온도 T 하에서 균등하게 혼합된 것으로 간주한다.

$$M \cdot R = R_u = 848\ [kg_f \cdot m / kmol \cdot K] \cdots\cdots \text{(3-14')}$$

이므로,

$$p \cdot v = R \cdot T = \frac{R_u}{M} \cdot T \tag{3-87}$$

$$\rho = \frac{1}{v} = \frac{p}{R \cdot T} = \frac{p \cdot M}{R_u \cdot T}, \qquad \rho_n = \frac{p \cdot M_n}{R_u \cdot T} \tag{3-88}$$

$$\therefore\ \frac{\rho_n}{\rho} = \frac{M_n}{M} \tag{3-89}$$

이 된다. 여기서 $m = \rho \cdot V$ 이므로 식 (3-71) 에 따라서

$$\rho = \frac{m}{V} = \frac{\rho \cdot V_1}{V} + \frac{\rho \cdot V_2}{V} + \cdots\cdots + \frac{\rho_n \cdot V_n}{V}) \tag{3-90}$$

$$\rho = \rho \cdot \left(\frac{M_1 \cdot V_1}{M \cdot V} + \frac{M_2 \cdot V_2}{M \cdot V} + \cdots\cdots + \frac{M_n \cdot V_n}{M \cdot V} \right) \tag{3-90'}$$

$$\therefore\ M = M_1 \cdot \frac{V_1}{V} + M_2 \cdot \frac{V_2}{V} + \cdots\cdots + M_n \cdot \frac{V_n}{V} = \sum_{i=1}^{n} M_i \cdot j_i \tag{3-91}$$

가 된다. 또 식 (3-75) 에 따라서

$$\therefore\ M = M_1 \cdot \frac{P_1}{P} + M_2 \cdot \frac{P_2}{P} + \cdots\cdots + M_n \cdot \frac{P_n}{P} = \sum_{i=1}^{n} M_i \cdot j_i \tag{3-91'}$$

이 되어 식 (3-91) 로부터 혼합가스의 분자량을 구할 수 있다.

공기의 분자량은 28.97, 기체상수는 29.27 $[kg_f \cdot m / kg \cdot K]$ or $[0.287 kJ/kg \cdot K]$ 이다.

성분/분자량 조성	N_2 / 28	O_2 / 32	Ar / 40	CO_2 / 44	H_2 / 2	Ne / 20	He / 4
체적(%)	78.030	20.990	0.933	0.030	0.010	1.8×10^{-3}	5.2×10^{-4}
중량(%)	75.47	23.20	1.280	0.046	0.001	1.2×10^{-3}	0.7×10^{-4}
압력(%)	78.030	20.990	0.993	0.030	0.010	1.8×10^{3}	5.2×10^{-4}

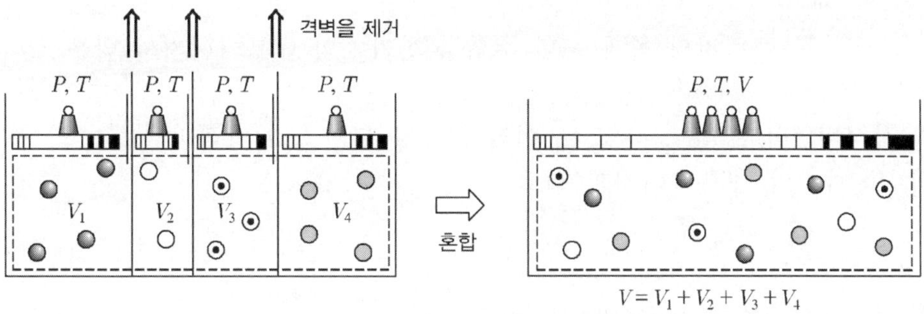

몰 수	n_1	n_2	n_3	n_4
분자량	M_1	M_2	M_3	M_4
질 량	m_1	m_2	m_3	m_4

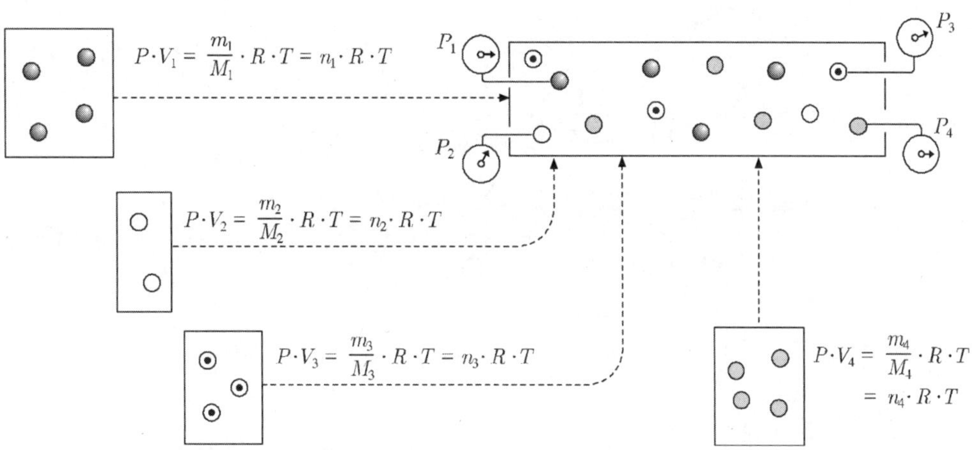

[그림 3-16] 온도와 압력이 같은 가스의 혼합

(4) 온도와 압력이 다른 가스의 혼합 / 일정체적 하의 밀폐계에서의 혼합

이번에는 온도와 압력이 각각 다른 가스를 그림 3-17 과 같이 격벽이 설치된 용기에 넣고 격벽을 제거하여 충분히 혼합되도록 한다. 혼합된 가스의 온도를 T 라 하면 각 가스는 체적의 변화가 없으므로 정적변화 하에서 혼합된다. 앞에서 설명한 바와 같이,

정적변화를 할 때에는 외부에 대한 일이 없고 혼합 시 열의 출입이 없으므로 혼합 전의 각 가스의 내부에너지의 합과 혼합 후의 혼합가스의 내부에너지의 합은 같아야 한다.

각 가스의 정적비열을 c_{v1}, c_{v2}, ……, c_{vn} 이라 하고 혼합가스의 정적비열을 c_v 라 하면, 혼합 전의 각 가스의 내부에너지의 합은,

$$G_1 \cdot c_{v1} \cdot T_1 + G_2 \cdot c_{v2} \cdot T_2 + \cdots\cdots + G_n \cdot c_{vn} \cdot T_n \tag{3-92}$$

이며, 혼합 후 혼합가스의 내부에너지는 온도가 T 이므로,

$$G_1 \cdot c_{v1} \cdot T + G_2 \cdot c_{v2} \cdot T + \cdots\cdots + G_n \cdot c_{vn} \cdot T \tag{3-93}$$

가 된다. 즉,

$$G_1 \cdot c_{v1} \cdot (T - T_1) + G_2 \cdot c_{v2} \cdot (T - T_2) + \cdot\ \cdot + G_n \cdot c_{vn} \cdot (T - T_n) = 0 \tag{3-94}$$

$$\begin{aligned}(G_1 \cdot c_{v1} + G_2 \cdot c_{v2} + \cdots\cdots + G_n \cdot c_{vn}) \cdot T \\ = G_1 \cdot c_{v1} \cdot T_1 + G_2 \cdot c_{v2} \cdot T_2 + \cdots\cdots + G_n \cdot c_{vn} \cdot T_n\end{aligned} \tag{3-95}$$

$$\begin{aligned}\therefore\ T &= \frac{G_1 \cdot c_{v1} \cdot T_1 + G_2 \cdot c_{v2} \cdot T_2 + \cdots\cdots + G_n \cdot c_{vn} \cdot T_n}{G_1 \cdot c_{v1} + G_2 \cdot c_{v2} + \cdots\cdots + G_n \cdot c_{vn}} \\ &= \frac{\sum_{i=1}^{n} (G_i \cdot c_{vi} \cdot T_i)}{\sum_{i=1}^{n} (G_i \cdot c_{vi})} = \frac{\sum_{i=1}^{n} (C_{vi} \cdot T_i)}{\sum_{i=1}^{n} (C_{vi})}\end{aligned} \tag{3-96}$$

또한, 혼합 후 혼합가스의 압력 P 는 $P \cdot V = G \cdot R_G \cdot T$ 로부터

$R = \dfrac{\sum (R_i \cdot G_i)}{G}$, $G = \sum G_i$, $V = \sum V_i$ 을 대입하여 정리하면,

$$P = \frac{G \cdot R_G \cdot T}{V} = \frac{\sum_{i=1}^{n} (G_i \cdot R_G)}{\sum_{i=1}^{n} V_i} \cdot T = \frac{T}{V} \cdot \sum_{i=1}^{n} \frac{P_i \cdot V_i}{T_i} \tag{3-97}$$

가 되어 혼합 후의 용기 전체의 압력 P 가 구해진다.

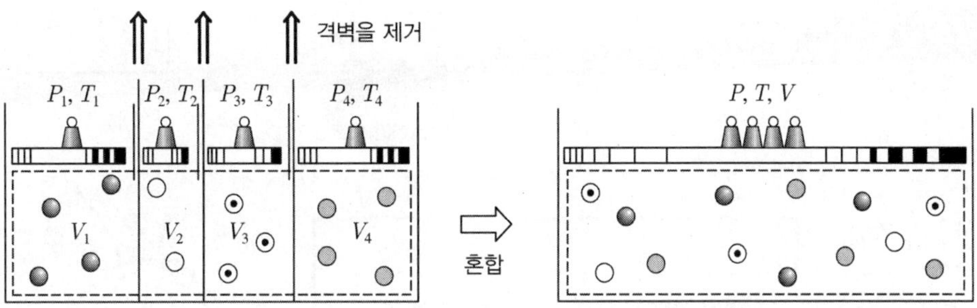

몰 수	V_1	V_2	V_3	V_4
분자량	G_1	G_2	G_3	G_4
질 량	m_1	m_2	m_3	m_4

$$V = V_1 + V_2 + V_3 + V_4$$
$$G = G_1 + G_2 + G_3 + G_4$$
$$m = m_1 + m_2 + m_3 + m_4$$

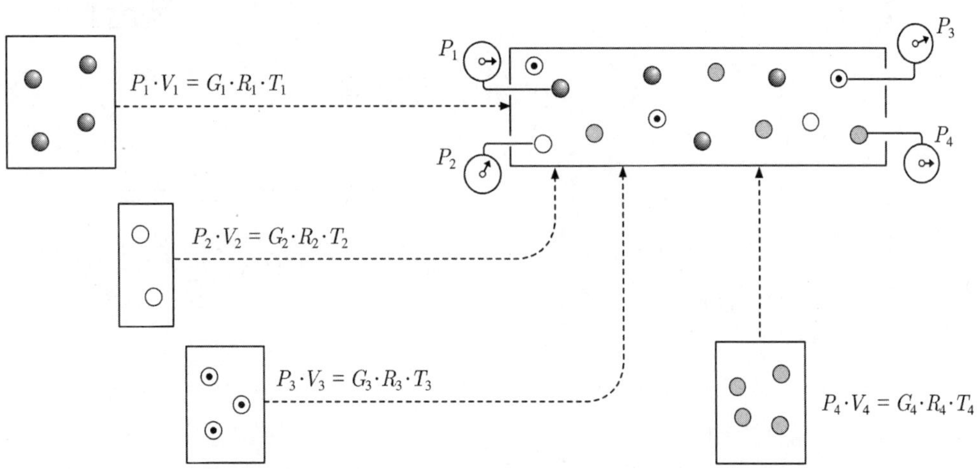

[그림 3-17] 온도와 압력이 다른 가스의 혼합

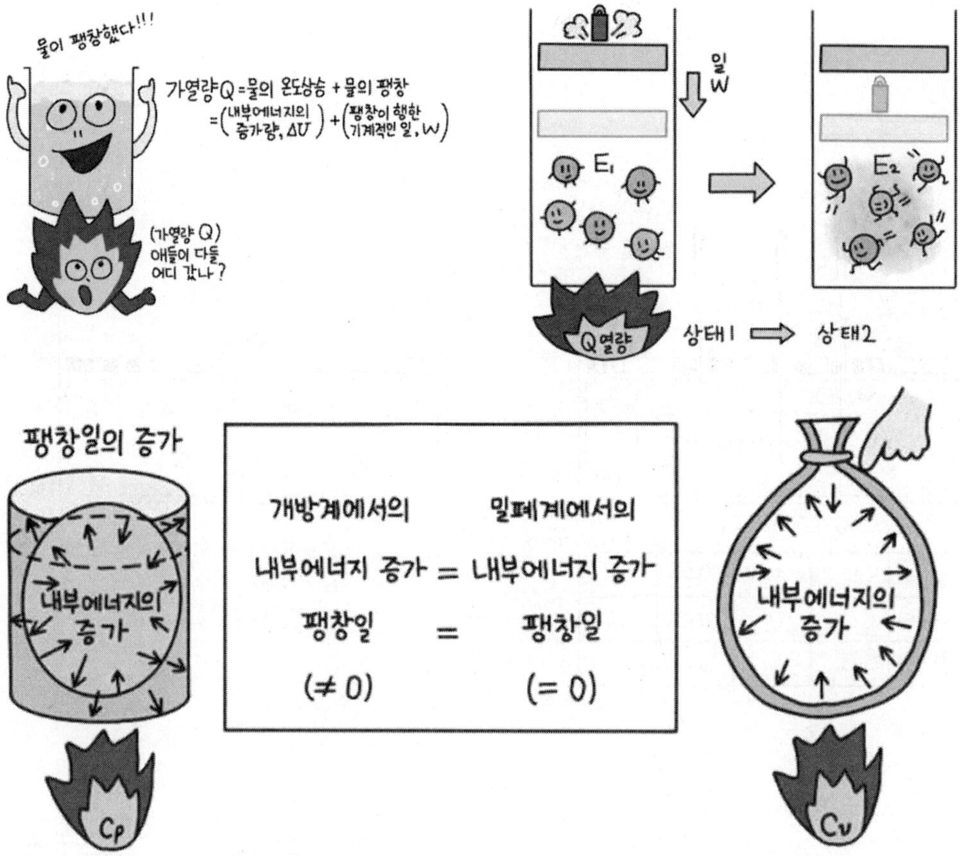

<내부 에너지 변화의 예>

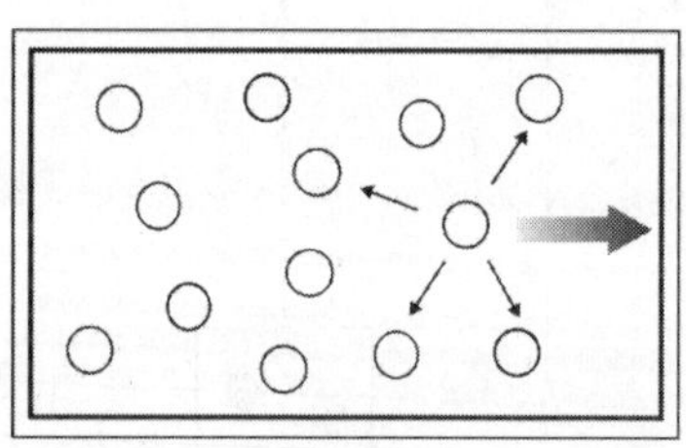

[이상기체]

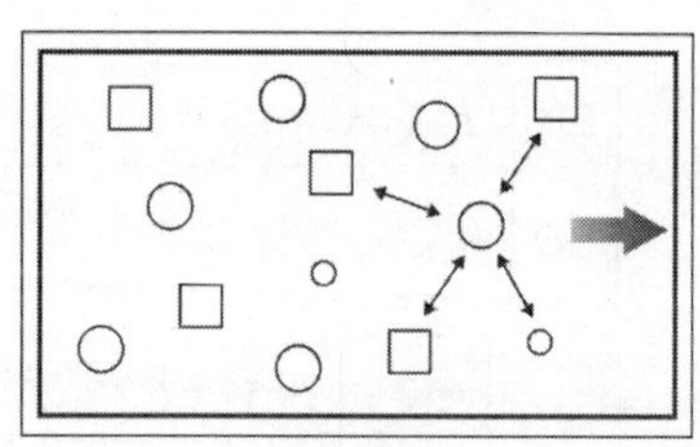

[실제기체]

실제기체는 이상기체와 달리 기체를 구성하는 입자들은 각기 자체의 크기를 가지며 입자들 사이에는 인력과 척력이 작용한다. 실제기체 입자 사이의 인력으로 인하여 단위 시간 당 벽면에 부딪히는 입자의 수가 줄어들며 부딪히는 속도가 느려진다.

기체의 입력은 기체 분자가 벽면에 부딪힐 때 운동량의 크기이다. 따라서 실제기체를 이상기체라고 가정했을 때 계의 압력은 낮아지게 된다.

Exercise 연 습 문 제

01 0 ℃, 1 atm 에서 5.6 L 의 프로판 C_3H_8 이 있다. 이 기체의,

(1) mol 수

(2) 분자의 수

(3) 질량

을 계산하여라.

[참고] 아보가드로수는 얼마나 큰 수인가를 계산해 보자.
한 사람이 1 분 동안에 100 개의 입자를 셀 수 있다고 가정한다.
지구 상의 모든 사람(약 50억)이 하루에 8 시간씩 센다면 1 mol 의 입자를 세는 데 몇 년 걸릴까?

[풀이]

$$\frac{6.02\times10^{23}\text{ 개}}{100\text{ 개}/\text{분}\times60\text{ 분}/\text{시간}\times8\text{ 시간}/\text{일}\times365\text{ 일}/\text{년}\times5\cdot10^{9}\text{ 명}} \fallingdotseq 7\times10^{6}\text{ 년 (700만 년)}$$

02 $P_1 = 1.2\,MPa$, $T_1 = 450$ ℃ 의 상태인 1 kg 의 공기가 $P_2 = 0.12\,MPa$ 까지 가역 단열팽창을 하였다. 다음을 구하여라.

(1) 팽창 후의 온도

(2) 팽창비(체적비율)

(3) 엔탈피의 변화

(4) 가역 비유동일

01 (1) 0 °C, 1 atm에서 기체 1 mol 이 차지하는 부피가 22.4 L 이므로 5.6 L 의 프로판의 mol 수는

$$\frac{5.6\,L}{22.4\,L\,/\,mol} = 0.25\ [mol]$$

(2) 분자수는 0.25 mol × 6.02 × 1,023 개/mol = 1.5×10^{23} [개]

(3) C_3H_8 mol 의 질량이 44 g 이므로 프로판의 질량은

$$0.25\ mol \times 44\ g\,/\,mol = 11\ [gr]$$

02 (1) 공기의 기체상수는 $R = 287.1\,kJ/\,kg \cdot K$ 이고, 비열비 $k = 1.4$ 이므로 팽창 후의 온도는 식 (3-49)에서

$$T_2 = T_1 \left(\frac{P_2}{P_1} \right)^{\frac{k-1}{k}} = 723\,K \left(\frac{0.12\ MPa}{1.2\ MPa} \right)^{0.4/1.4}$$
$$= 374K$$

(2) 팽창비는 초기체적과 최종체적의 비율로서 식 (3-47) 에서

$$\frac{V_2}{V_1} = \left(\frac{P_1}{P_2} \right)^{1/k} = \left(\frac{1.2\,MPa}{0.12\,MPa} \right)^{1/1.4} = 5.18$$

(3) 엔탈피의 변화식 (3-54), (3-51) 에서

$$h_2 - h_1 = c_p \cdot (T_2 - T_1) = \frac{k \cdot R}{k-1} \cdot (T_2 - T_1)$$
$$= \frac{1.4 \times 287.1\ kJ/\,kg \cdot K}{1.4 - 1} \cdot (374 - 723)\ K = -350{,}190\,[kJ/kg]$$

(4) 가역비유동일은 식 (3-50) 에서

$$w_{12} = \int_1^2 p \cdot dv = \frac{R}{k-1} \cdot (T_1 - T_2)$$
$$= \frac{287.1\,kJ/\,kg \cdot K}{1.4 - 1} \times (723 - 374)\,K$$
$$= 250{,}136\,[kJ/kg]$$

03 팽창하는 기체가 한 전체 일

2 lit 의 탄산수 병에 300 K, 11.5 bar 의 게이지 압력에서 공기를 담고 있다.
만약 1 bar 로 감압시켜 공기를 팽창하게 한다면 이 기체는 얼마나 많은 일을 할까?

(1) 등온이고 가역적인 경우

(2) 단열이고 가역적인 경우

04 폭발 : 팽창하는 기체가 한 순수한 일

앞의 예제에서 팽창하는 기체가 한 일을 계산하였다. 이 일은 기체가 행한 전체 일로서 기체가 팽창하는 과정에서 기체는 1 bar 의 대기를 밀어내야만 한다. 기체가 행한 전체 일에서 대기를 밀어내는 데 쓰인 일을 빼면, 이 공정에서 얻을 수 있는 가용(축) 일이 구해진다.
다음 각 경우에 대하여 계산하라.

(1) 등온팽창

(2) 단열팽창

03 우선 다루고자 하는 공기의 몰 수를 결정하자.

$$n = \frac{P \cdot V_m}{R_u \cdot T} = \frac{(12.5 \times 10^5) \times (0.002)}{(8.314) \times (300)} = 1.00\ [mol]$$

이제는 팽창하는 공기가 한 일을 계산할 준비가 되어 있다.

(1) 등온팽창 식 (3-35) 로부터 다음을 얻을 수 있다.

$$W_{abs} = n \cdot R \cdot T \cdot \ln\frac{p_1}{p_2} = (1) \times (8.314) \times (300) \times \left(\ln\frac{12.5}{1.0}\right) = 6{,}300\ [J]$$

(2) 단열팽창 식 (3-50) 으로부터 다음을 얻을 수 있다.

$$W_{abs} = \frac{n \cdot R \cdot T}{k-1} \cdot \left[1-\left(\frac{P_2}{P_1}\right)^{(k-1)/k}\right]$$
$$= \frac{(1.00) \times (8.314) \times (300)}{1.4-1} \times \left[1-\left(\frac{1.0}{12.5}\right)^{0.4/1.4}\right] = 3{,}205\ [J]$$

팽창된 기체는 냉각된다. (등온팽창이 단열팽창보다 더 많은 일을 한다.)

04 (1) 등온팽창 :

대기를 미는 데 필요한 일은 다음과 같다.

$$W_{abs} = P_0 \cdot (V_2 - V_1) = (1.0 \times 10^5) \times (12.5 \times 0.002 - 0.002) = 2{,}300\ [J]$$

따라서, 얻을 수 있는 가역 축 일은 다음과 같다.

$$W_{sh} = 6300 - 2300 = 4{,}000\ [J]$$

(2) 단열팽창 :

우선 팽창된 공기의 최종온도가 300 K 가 아님에 주목하자.

식 (3-49) 에서 최종온도는 다음과 같이 된다.

$$T_2 = T_1 \cdot \left(\frac{P_2}{P_1}\right)^{(k\ \ 1)/k} = 300 \times \left(\frac{1.0}{12.5}\right)^{0.4/1.4} = 146\ [K]$$

주위를 미는 데 필요한 일은 다음과 같다.

$$W_{abs} = P_0 \cdot (V_2 - V_1) = (1.0 \times 10^5) \times \left[12.5 \times \left(\frac{146}{300}\right) \times 0.002 - 0.002\right] = 1{,}015\ [J]$$

이와 같은 경우 기체가 한 일은 예제 3 의 3,205 J 의 가역적인 값보다 작아야 한다.

따라서 기체가 팽창할 때의 축 일은 다음과 같다.

$$W_{sh} = 3{,}205 - 1{,}015 = 2{,}190\ [J]$$

05 분자량이 44인 이상기체 5 kg을 정압 하에서 10 ℃ 에서 80 ℃ 까지 가열하는 데 280 kJ의 열량이 사용되었다. 다음을 구하여라.

(1) 이 기체를 정적 하에서 10 ℃ 에서 100 ℃ 까지 가열하는 데 필요한 열량

(2) 정적 하에서 10 ℃ 에서 100 ℃ 까지의 과정 중의 내부에너지 및 엔탈피의 변화

06 중량비로서 $H_2 = 25\,\%$, $CO_2 = 75\,\%$인 혼합가스의 압력이 $1\,kg_f/cm^2$ 일 때 H_2의 분압 및 CO_2의 분압은 몇 kg_f/cm^2 인가?

05 (1) 먼저 정압비열 및 기체상수를 구하자. 식 (1-39) 에서

$$c_p = \frac{Q}{m \cdot (T_2 - T_1)} = \frac{280\, kJ}{5\, kg \times (353 - 283)K} = 0.800\ [kJ/kg \cdot K]$$

기체상수 R은 식 (3-14′) 에서

$$R = \frac{R_u}{M} = \frac{8.314\, kJ/kmol \cdot K}{44\, kg/kmol} = 0.189\ [kJ/kg \cdot K]$$

따라서 정적비열은 식 (3-24)에서

$$c_v = c_p - R = 0.800\, kJ/kg \cdot K - 0.189\, kJ/kg \cdot K = 0.611\ [kJ/kg \cdot K]$$

정적 하에서 10 ℃ 에서 100 ℃ 까지 필요한 열량은 식 (1-39) 에서

$$Q = m \cdot c_v \cdot (T_2 - T_1) = 5\, kg \times 0.611\, kJ/kg \cdot K \times (353 - 283)K = 214\ [kJ]$$

(2) 내부에너지 및 엔탈피 변화는 식 (3-20′) 와 (3-22′) 에서

$$U_2 - U_1 = m \cdot c_v \cdot (T_2 - T_1) = 5\, kg \times 0.611\, kJ/kg \cdot K \times (353 - 283)K = 214\ [kJ]$$

$$H_2 - H_1 = m \cdot c_p \cdot (T_2 - T_1) = 5\, kg \times 0.800\, kJ/kg \cdot K \times (353 - 283)K = 280\ [kJ]$$

06

$$n = \frac{G}{m}, \quad n_{H_2} = \frac{25}{2} = 12.50, \quad n_{CO_2} = \frac{75}{44} = 1.70$$

$$n = n_{H_2} + n_{CO_2} = 14.20$$

전압력 $P = 1.0\, kg_f/cm^2$

∴ 분압 $P_{H_2} = P \cdot \frac{V_{H_2}}{V} = P \cdot \frac{n_{H_2}}{n} = 1.0 \times \frac{12.5}{14.20} = 0.88\ [kg_f/cm^2]$

$P_{CO_2} = P \cdot \frac{V_{CO_2}}{V} = P \cdot \frac{n_{CO_2}}{n} = 1.0 \times \frac{1.705}{14.20} = 0.12\ [kg_f/cm^2]$

07 고압의 공기($\dot{m}$ = 20 lit/s, T = 300 K, P = 10 atm) 가 유용한 성분의 아무런 회수도 없이 대기 중으로 방출되고 있다. 현재 손실되고 있는 에너지 중에서 유용한 일부를 회수하기 위하여 다음 두 가지 종류의 팽창 일을 하는 터빈을 장착하는 것을 고려해보기로 한다.
각각의 터빈이 가역적인 동작을 할 때의 이상적인 일률을 구하라.

(1) 가역 단열팽창

i) 가열단열팽창

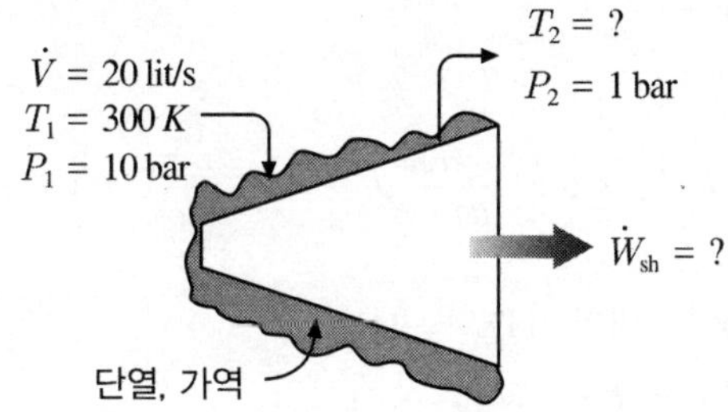

(2) 가역 등온팽창

ii) 가열등온팽창

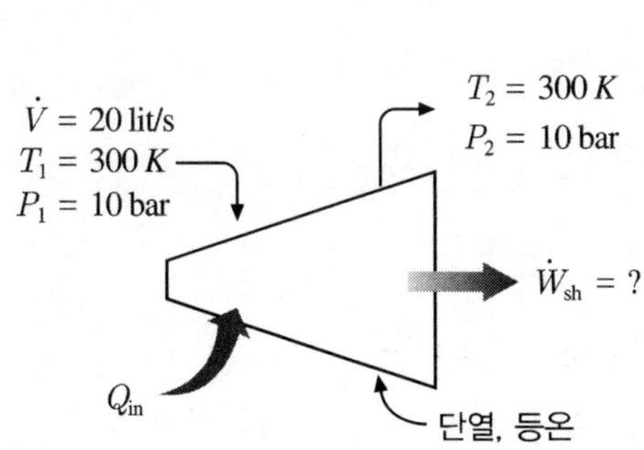

7 먼저, 공기의 유량을 구하면,

$$\dot{m} = \frac{P \times \dot{V}}{R \times T} = \frac{10.33 \dfrac{kg_f}{cm^2} \times 20 \cdot 10^3\, cm^3/s}{29.27 \dfrac{kg_f \cdot m}{kg \cdot K} \times 300\, K} = 0.2353\ [kg/s]$$

(1) 가역 단열팽창에 대하여는,

$$T_2 = T_1 \cdot \left(\frac{p_2}{p_1}\right)^{\frac{k-1}{k}} = 300 \times \left(\frac{1}{10}\right)^{\frac{0.4}{1.4}} = 155\ [K]$$

$$\dot{W}_{rev} = -\Delta\dot{H} = -\dot{m} \cdot c_p \cdot (T_2 - T_1)$$

$$= -0.235\ kg/s \times 0.24 \frac{kcal}{kg \cdot K} \times 4185 \frac{J}{kcal} \times (-\ 145\, K) = 34{,}273\ [Watt]$$

(2) 가역 등온팽창에 대하여는,
식 (3-35) 로부터 다음의 값이 구해진다.

$$\dot{W}_{rev} = -\dot{m} \cdot R \cdot T \cdot \ln\left(\frac{P_2}{P_1}\right) = -0.2353\, kg/s \times 29.27 \frac{kg_f \cdot m}{kg \cdot K} \times 300\, K \times \ln\left(\frac{1}{10}\right)$$

$$= 4{,}757\, kg_f \cdot m/s = 46{,}624\ [Watt]$$

앞의 두 가지 결과들을 비교하면, 등온 가역적인 팽창이 단열 가역적인 팽창에 비하여 $\frac{46{,}624}{34{,}273} = 1.36$, 즉 36% 향상된 일률을 가져다 줄 수 있음을 알 수 있다.

[해설]

이 예제는 엄청난 절약을 보여 준다. 출구공기는 155 K (-118 ℃) 로 매우 차가우며, 이로부터 어느 정도의 에너지가 회수될 수 있을 것으로 생각할 수 있다. 이것은 가능하다.

08 온도와 압력이 다른 가스의 혼합/정상유동을 하는 개방계에서의 혼합 후의 온도를 구하라.

[참고]

P_1, T_1 $\dot{m}_1$	P_2, T_2 $\dot{m}_2$	....	P_{n-1}, T_{n-1} $\dot{m}_{n-1}$	P_n, T_n $\dot{m}_n$

⬇

$P = \sum P_i$, T, $\dot{m}$

그림과 같이 혼합 전에 각 성분기체의 압력, 온도, 체적이 각각 다른 경우, 그림에서와 같이 각 실 사이의 칸막이를 조용히 제거하여 확산에 의한 혼합을 하며, 그 반대방향의 분리도 마찬가지로 자유롭다고 가정한다.

08 전체의 중량은 각 성분기체 중량의 합과 같고, 전체 체적은 혼합 전 각 성분기체가 점유하는 체적의 합과 같으며, Dalton의 분압법칙이 성립하므로,

$$G = \sum_{i=1}^{n} G_i \quad \cdots\cdots\cdots\cdots\cdots \text{(3-68)}$$

$$V = \sum_{i=1}^{n} V_i \quad \cdots\cdots\cdots\cdots\cdots \text{(3-72)}$$

$$P = \sum_{i=1}^{n} P_i \quad \cdots\cdots\cdots\cdots\cdots \text{(3-70)}$$

로 나타낼 수 있다. 혼합기체가 외부에 일을 하지 않고 열교환이 없다면 혼합실 전후의 기체의 엔탈피와 그 운동에너지의 합은 변화하지 않는다.
이때 운동에너지를 무시하면

$$\dot{m}_1 \cdot h_1 + \dot{m}_2 \cdot h_2 + \ldots = \dot{m}\,(h)$$

혼합 후의 질량유량 $\dot{m}$ $[kg/s]$

$$\dot{m} = \dot{m}_1 + \dot{m}_2 + \ldots = \sum \dot{m}_i$$

이므로,
혼합 후의 온도 $T\,[K]$ 는

$$T = \frac{\sum \dot{m}_1 \cdot c_{pi} \cdot T_i}{\sum \dot{m}_i \cdot c_{pi}} = \frac{\sum \dfrac{k_i}{k_i - 1} \cdot P_i \cdot \dot{V}_i}{\sum \dfrac{k_i}{k_i - 1} \cdot \dfrac{P_i \cdot \dot{V}_i}{T_i}}$$

여기서 $\dot{m}$ 은 질량유량 $[kg/s]$, $\dot{V}$ 는 체적유량 $[m^3/s]$, c_p 는 정압비열 $[J/kg \cdot K]$ 이다.

Exh. gas from Exh. valves of each cylinder goes into the turbo charger after making equilibrium. (고온의 폐열은 대열량 열저장소인 대기와 열평형을 이룸)

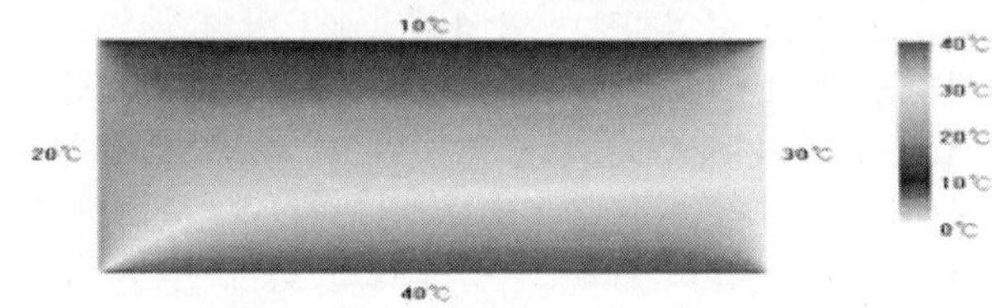

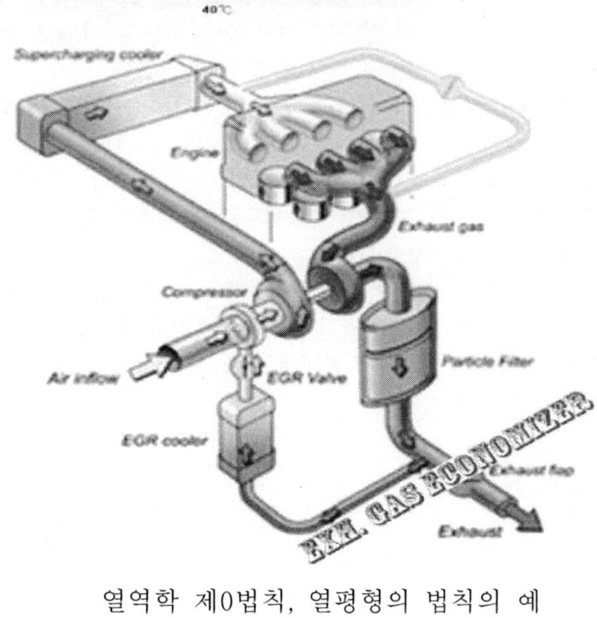

열역학 제0법칙, 열평형의 법칙의 예

가역과정 중의 계는 연속된 평형상태로 진행된다. 그리고 만약 그 진행방향이 그 과정 중의 어느 점에서라도 역전되면 그 계는 아무런 영구적 변화를 남기지 않고 초기의 평형상태로 되돌아갈 수 있다.

Chapter 04

열역학 제 2 법칙

열역학 제 1 법칙은 열과 일은 동일한 에너지의 일종으로 서로 변환된다는 가역과정을 설명한 것으로 열과 일의 정량적 관계에 대한 해석이 그 내용이었다.[1] 열역학 제 1 법칙은 우주 에너지의 총량이 보존된다는 것으로, 화학반응이나 물리적인 변화에서 에너지가 그 형태는 바뀌어도 창조나 소멸되지는 않는다고 하였다. 그렇다면 에너지는 계속 사용하더라도 줄어들지 않으므로 영원히 에너지 걱정을 하지 않아도 될 것이다. 과연 그럴까? 예를 들어, 난방을 하기 위해 석유를 태우면 같은 양의 에너지를 가진 열과 탄산가스나 수증기 등의 기체로 변하여 날아가기 때문에 에너지의 손실은 없더라도 그들을 모아 사람이 쓸 수 있는 석유로 다시 만들 수 없다. 이는 산산조각이 난 그릇은 그 조각이 저절로 합쳐져서 그 형태를 되찾을 수 없음과 같다. 이와 같이 에너지의 물질의 형태 변화는 한 방향으로만 자발적(spontaneous)으로 일어난다. 물질세계의 이러한 현상을 설명하기 위한 것이 열역학 제 2 법칙[2]인 엔트로피 법칙이다. 에너지의 형태가 질서 있는 상태에서 질서 없는 상태로 한 방향으로만 일어나기 때문에 에너지는 사용할 수 있는 형태에서 사용할 수 없는 형태로 점점 변화한다. 여기서 엔트로피의 고전 열역학적 정의는 일로 변환할 수 없는 에너지의 양을 나타내고, 통계 열역학적 정의는 열역학적 계의 통계적인 무질서(disorder)도를 나타낸다고 볼 수 있다.

---

1) [열]에 의해 생긴 결과와 [일]을 함으로써 생긴 결과를 구분하지 않는다.

2) 열역학 제 2 법칙 : 열과 일의 변환법칙
열과 일은 에너지가 어떤 이동형태로 나타난 것으로서 어느 두 계 사이에 에너지 이동이 일어나는 것은 두 계 사이에 강도성 상태량의 차이가 존재하기 때문이다. 두 계 사이에 힘의 차이가 있을 경우에는 역학적 일로 에너지가 이동하게 되고 전위차가 존재하는 경우에는 전기적인 일로 에너지가 이동하게 된다. 또한, 온도차가 있는 경우에는 열의 형태로 에너지가 이동하게 된다.

예1) 뜨거운 커피는 찬 방에서 더 뜨겁게 되지 않는다.

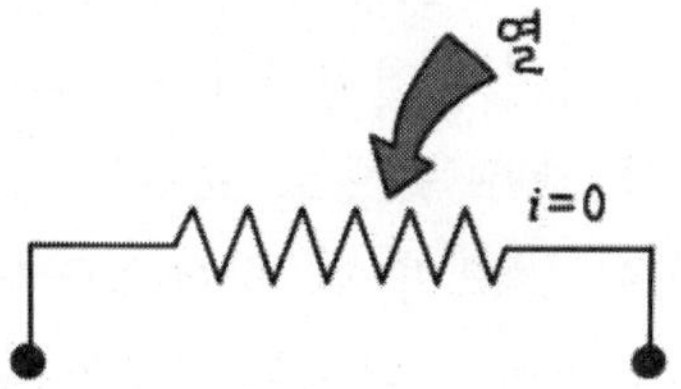

예2) 전선에 열을 가하여도 전기가 일어나지 않는다.

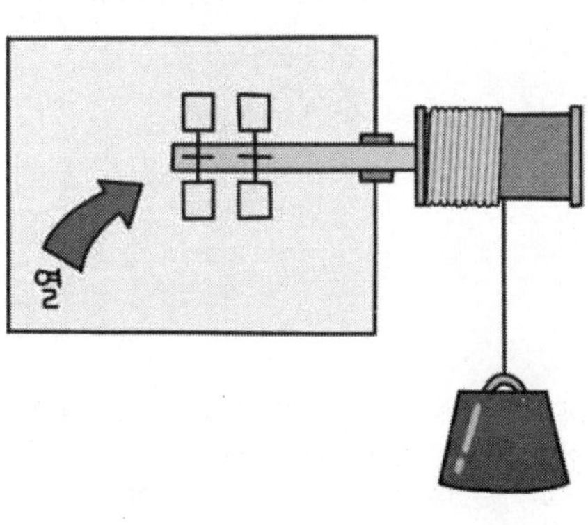

예3) 날개 바퀴에 열을 가하여도 축이 회전하지 않는다.

4.1 열의 흐름 (flow of heat)

열역학 제 1 법칙에서 에너지가 보존된다는 사실을 알았으나 보존된다는 의미가 관찰 대상인 계가 에너지를 계속 사용해도 없어지지 않고 남아 있다는 뜻은 아니다. 계가 에너지를 쓰면 그곳의 에너지는 감소한다. 그러나 대상으로 하고 있는 계의 에너지뿐만이 아니라 계에서 외부로 열이나 일의 형태로 이동한 만큼의 에너지이든지 이동된 곳의 에너지를 포함하면 계와 외부의 에너지는 총량적으로 보존된다는 의미이다. 단, 이때 열이나 일의 형태로 이동하는 에너지는 방향성을 지닌다. 예를 들어, 교반기로 물을 휘저으면 물이 데워지나 그 과정을 반대방향으로 진행시키는 것, 즉 물을 식혀서 교반기를 동작시키는 등의 일을 하는 것은 불가능하다.[3] 열역학 제 1 법칙에서는 열과 일은 서로 변환된다고 했으므로 열이 일로 바뀌는 것도 가능해야 하나 일이 얻어지기 위해서는 두 개의, 즉 고온과 저온의 열원과 두 열원 사이의 흐름을 필요로 한다. 만일 흐름이 자유롭다면 열은 고온에서 저온으로 흐를 뿐, 저온의 열원에서 고온의 열원으로의 이동이 불가함은 자연현상으로 물이 높은 곳에서 낮은 곳으로 흐르는 것과 마찬가지이다.

이렇게 이동방향에는 방향성이 있으며 한 방향으로의 이동만이 일어난다.

이와 같은 과정은 한번 진행된 과정이 역으로 진행될 수 없으므로 비가역과정이다.

열역학은 에너지가 열이나 일의 형태로 이동하는 현상에 관한 학문으로 제 2 법칙은 이동에 있어서의 방향성을 제시한다. 일은 100 % 열로 변환이 가능하나 열을 100 % 일로 변환시키는 것은 불가하다. 왜냐하면 열을 일로 변환시키는 데는 에너지를 공급받는 고온 열원과 에너지를 버리는 저온의 열원을 필요로 하지만, 저온열원의 온도를 절대 영도에 절대로 도달시킬 수 없으므로,[4] 어떻게 하더라도 열을 100 % 일로 변환시키는 것은 불가하다. 이때, 사용 불가능한 에너지의 척도를 엔트로피라 한다.

3) 열은 본질적으로 조직화되어 있는 일과 달리, 조직화되지 않은 에너지 형태이며 비조직성(엔트로피)이 열과 함께 흐른다. 에너지는 흐름에 따라 저급화된다.
따라서 일은 열로 바뀔 수 있으나 열은 그 에너지의 일부분만이 열기관을 이용하여 재조직함으로써 일로 변환될 수 있다.
에너지의 양은 과정 중에 항상 보존 (제 1 법칙) 되나, 질은 감소하는 것으로 제한 (제 2 법칙) 된다.
에너지의 질의 감소는 항상 엔트로피 증가를 수반한다. : 엔트로피 증가의 법칙

4) 열역학 제3법칙, 네른스트(Nernst)의 열정리

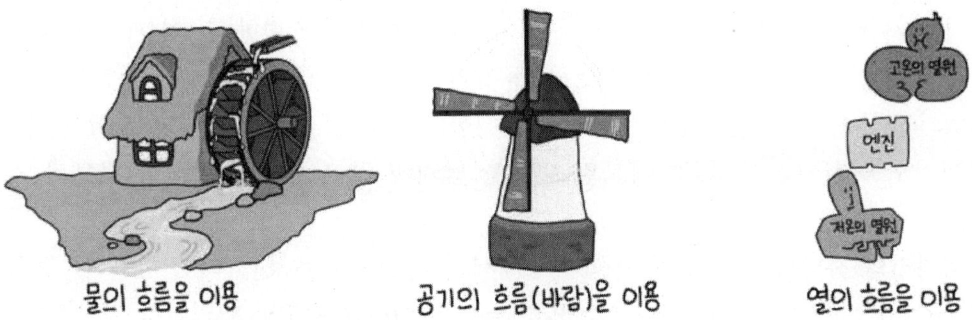

<열역학 법칙의 배경>

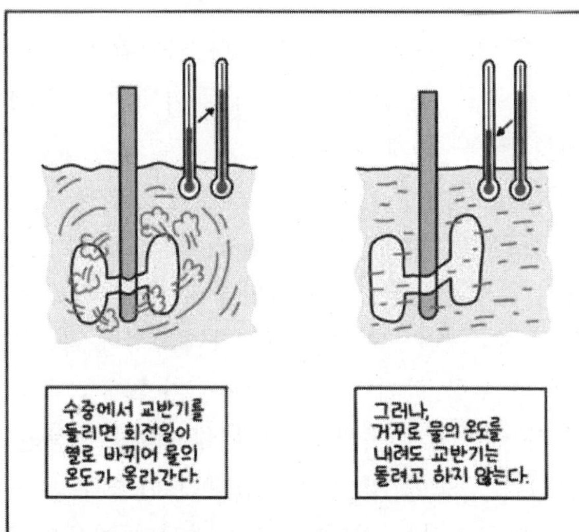

→ 일은 열로 쉽게 변하지만 열이 일로 변하기는 쉽지 않다.

물체를 구성하는 물질의 변화는 엔탈피가 감소하는 방향 즉, 엔트로피가 증가하는 방향으로 진행한다. 고체 상태의 물분자는 결정구조에 속박되어 있어 진동에 의해서만 에너지를 저장할 수 있으나 액체 상태의 물분자는 회전과 병진운동에 의해서만 에너지 저장이 가능해 진다. 이렇듯 다양한 방식으로 에너지를 저장할 수 있는 분자운동의 다양화가 이루어지면 엔트로피도 이에 따라 증가한다.

4.2 가역과정(reversible process) / 준정적과정(quasi-static process)[5]

가역과정이란 어떤 과정에 의해 계와 주위의 열역학적 상태가 변한 후, 이 과정의 역과정을 취하여 계와 주위를 이전의 상태로 되돌아가게 할 수 있는 과정을 말한다.

가역과정 중의 계는 연속된 평형상태로 진행한다. 그리고 진행방향이 그 과정 중의 어떤 점에서라도 역전되면 그 계는 아무런 변화도 남기지 않고 초기의 평형상태로 되돌아갈 수 있다.

가역과정의 하나의 예로서, 완전한 진공에서의 마찰이 없는 진자의 진동을 들 수 있다. 만약, 진자의 운동이 위치에너지 +운동에너지 = 일정 이라는 순수한 열역학적 평형을 이루고 있다고 하면, 어떤 점에서 진자의 운동을 반대로 하여도 진자의 운동은 가역적이다. 가역과정의 또 하나의 예로서, 그림 4-1 의 피스톤-실린더 장치의 팽창·압축과정을 살펴보기로 한다.

장치 속의 기체를 시스템(계)으로 정의하고 피스톤 위에는 작은 크기의 수많은 추가 놓여 있다. 피스톤 위의 추를 한 번에 한 개씩 들어내면 시스템의 기체는 팽창하면서 피스톤을 밀어 올리는 일을 하게 된다.

이번에는 들어낸 추를 하나씩 피스톤 위에 올려놓으면 추는 기체를 압축시키는 일을 하게 된다. 이때 추의 크기를 점점 작게 만들면서 그 수를 늘려 가면 기체에 어떠한 추가적인 일을 가하지 않고도 들어낸 숫자만큼의 추를 피스톤 위에 올려놓음으로써 원래의 상태로 되돌릴 수 있을 것이다. 즉, 가역과정에 접근할 수 있다.[6]

이때 만약 피스톤 위의 추를 한꺼번에 들어내어 가스가 급속히 팽창된다면 그 과정은 연속된 평형상태를 통해 진행되지 못하고, 따라서 그러한 팽창은 비가역적이 된다. 또한 시스템이 팽창 일을 하는 도중에 열이 발생했다면 압축과정 동안에는 팽창과정 동안 행해진 일보다 마찰열에 상당하는 양만큼 더 소비해야 처음의 상태로 되돌릴 수 있다. 바꾸어 말하면, 시스템이 초기에 지녔던 것과 같은 양의 내부에너지를 가지려면 회복과정 동안 마찰열에 상당하는 양의 열이 기체로부터 외부에 전달되어야 한다. 이때 시스템 자체는 그 과정을 반대로 해서 처음의 평형상태로 돌아왔지만 시스템을 압축하는 데 소요된 일과 주위로 전달된 열에 의해 주위는 변했으며 영구적인 변화가 주위에 남아 있다.

이렇게 주위에 아무런 영향도 남기지 않고 처음의 과정이 역으로 진행될 수 없는 과정이 비가역과정이다.

---

5) 준 평형과정(quasi-equilibrium process)이라고도 한다.

6) 추를 옮기는 각 순간 열평형을 이루고 있다.

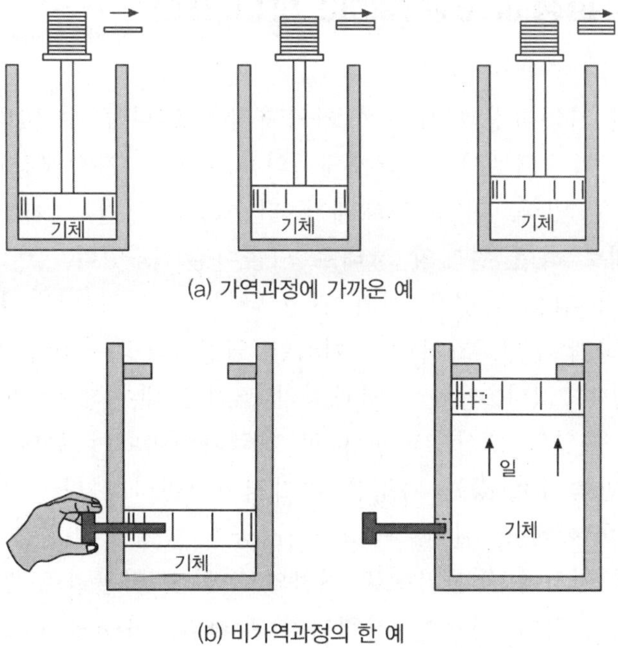

[그림 4-1] 가역과정과 비가역과정

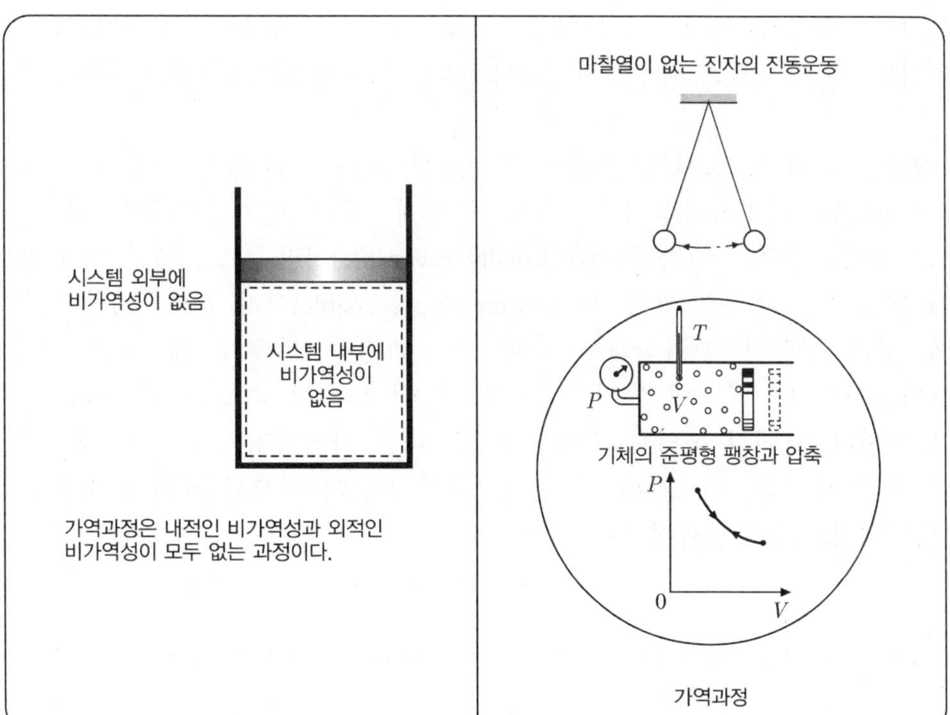

4.3 비가역 과정(irreversible process)

가역과정은 완전 가역과정과 내부적 가역과정으로 나눌 수 있다.

내부적 가역과정의 예로서 밀폐계에서의 기체의 저속팽창과 같은 준평형 열전달과정을 들 수 있다. 만약 밀폐계가 단순하게 천천히 가열된다면 그 계는 열전달방향을 반대로 하여 원래의 상태로 되돌아갈 수 있다.

이 실험에서 계가 겪는 과정은 계의 관점에서는 내부적으로 가역적이지만 계의 주위는 상태가 변하게 된다. 그러므로 이러한 열전달과정은 내부적 가역과정이지만 완전 가역과정이 될 수 없다. 완전 가역과정의 조건은 내부적으로도 가역과정이어야 하고 동시에 계와 주위와의 상호작용 또한 가역과정이어야 한다.

이러한 조건이 만족되지 않는 과정을 비가역과정이라 한다.[7)]

진자의 진동 운동 예에서, 실제로는 진자가 공기 중에서 마찰을 일으킴으로 인해 에너지가 마찰열에 의하여 소산되므로 진자의 운동은 마찰열로 인하여 역학적으로 연속된 평형상태를 통하여 과정이 진행되지 못한다. 이렇게 마찰열 등의 효과가 주위에 영향을 미치게 되면 진자의 운동방향을 반대로 하여도 가역적이 아니다.[8)]

물체의 영구변형, 마찰을 수반하는 일로부터 열로의 에너지전환, 고온물체로부터 저온 물체로의 열이동 등은 비가역변화의 예이다.

냉동기에 있어서 저온도 물체의 열을 고온도 물체에 이동시키는 것이 가능하지만, 이 경우에는 외부일의 소비를 필요로 하게 되므로 계에 변화를 남기게 된다.

즉, 열은 그 자신으로서는 저온도 물체에서 고온도 물체로 흐를 수 없으므로 이것은 명백히 비가역과정이다. 과정 동안에 계의 경계 내에서 비가역성이 일어나지 않는 과정을 내적 가역(internally reversible)이라 하고, 계의 경계 밖에서 비가역성이 없는 과정을 외적 가역(externally reversible)이라 한다. 내적 가역과정 동안에 계는 일련의 평형상태로 진행하며, 과정을 되돌릴 때 계는 정확하게 평형상태를 밟는다. 즉, 내적 가역과정은 한 과정과 그 과정을 되돌리는 과정의 길이 일치한다. 앞에서 논의한 준평형과정은 내적 가역과정의 하나의 예이다.

한편, 계와 열저장조의 경계면이 열저장조의 온도와 같으면 계와 열저장조 간의 열전달은 외적으로 가역과정이다.

---

7) 가역과정이든 비가역과정이든 상관없이 시스템은 그 진행과정을 거꾸로 함으로써 원래의 상태로 되돌아갈 수 있다.

8) 계와 그 주위에 비가역성이 없는 과정을 완전 가역(totally reversible) 또는 단순히 가역(reversible)이라 한다. 완전 가역과정은 유한한 온도차를 갖는 열전달, 비준평형변화, 마찰 등이 없는 과정이다.

그림과 같은 정압 상변화(등온)과정을 밟고 있는 동일한 두 계 사이의 열전달을 살펴보자.
두 과정은 등온과정이며 똑같은 평형상태를 밟기 때문에 둘 다 내적 가역이다.
그림 (a) 는 열전달이 미소한 온도차 dT 로 일어나기 때문에 외적으로도 가역 과정이다. 그러나,
그림 (b) 는 열전달이 유한한 온도차 ΔT 로 일어나기 때문에 외적으로는 비가역 과정이다.

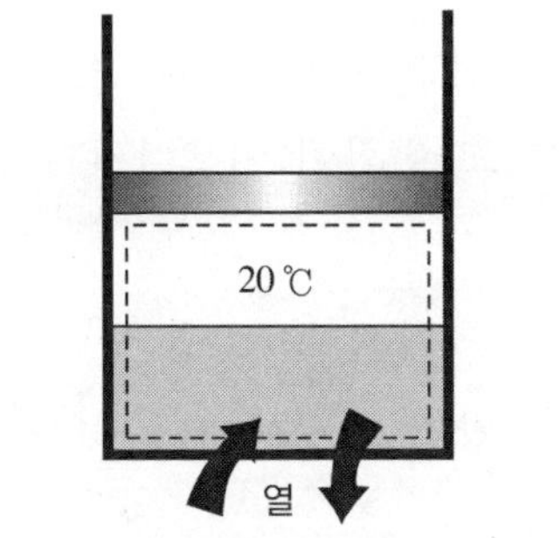

(a) 완전 가역과정

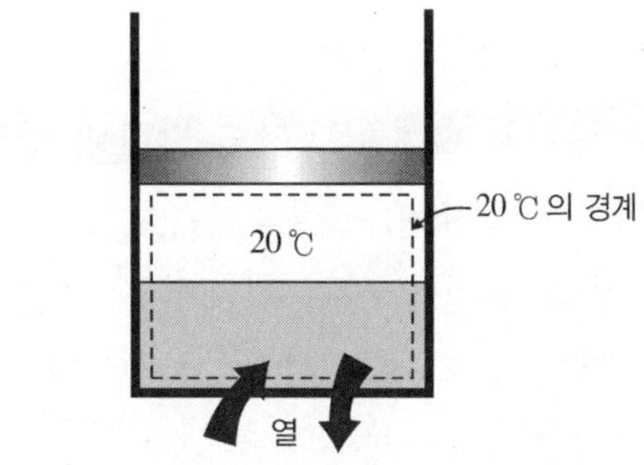

(b) 내적 가역과정

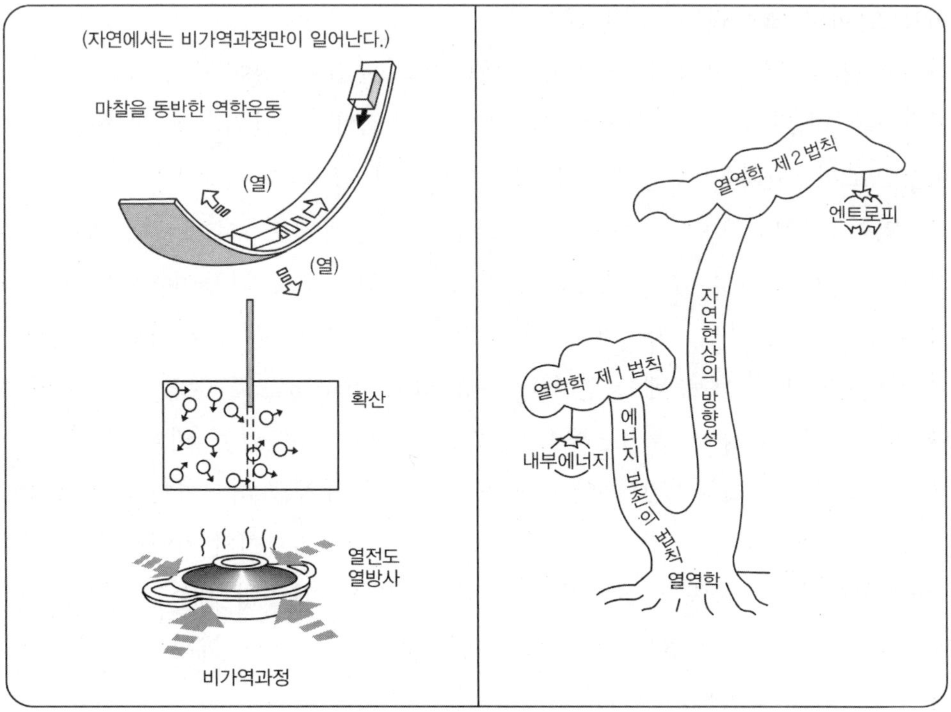

4.4 열역학 제 2 법칙의 여러 가지 표현

(1) 에너지의 가치변화와 방향성

열역학 제 1 법칙은 열과 일의 상호 변환을 나타내는 법칙이다. 그러나 이것은, 다만 열과 일의 양적인 관계를 명확히 나타낸 것으로, 실제로 그 변환이 이루어지기 위해서는 반드시 다음의 조건이 수반되어야 한다.

열을 이용하여 일을 하기 위해서는 고열원과 저열원, 그리고 두 열원 사이에서 일을 하는 열기관이 필요하다. 이와 같이, 고열원에서 열을 받아 외부에 대하여 일을 하는 기계가 열기관이다.

열기관이 외부에 대하여 일을 하기 위해서는 고온의 열원으로부터 열을 받아서 일로 변환하고, 그 나머지는 낮은 온도의 열원에 방열해야 한다.

일이나 열은 에너지가 이동할 때 나타날 수 있는 하나의 형태로서 이동하지 않는 에너지를 일이나 열이라고 하지 않는다.

에너지를 일로 변환시키기 위해서는 에너지의 흐름이 있어야 한다.[9)]

열이 높은 온도의 고열원으로부터 낮은 온도의 저열원으로 이동되는 것은 자연현상으로서, 우리는 일상생활의 경험으로부터 잘 알고 있다.

만약, 열이 자연적으로 저온도에서 고온도로 옮겨지는 것이 가능하다고 하면 무진장의 열원을 가지고 있는 바닷물의 열이 열기관으로 흘러들어가 이것으로 배를 추진시킬 수 있어야 한다. 만약 이동하는 열의 양이 서로 같다고 하면 열역학 제 1 법칙에 위배되지 않으므로 배는 연료의 사용 없이 영구적으로 달릴 수 있어야 한다. 그러나 이와 같은 현상이 불가능함을 경험으로부터 알고 있는 바이다.

열역학 제 1 법칙이 에너지 보존의 법칙을 설명하는 가역을 허용하는 데 반하여 제 2 법칙은 에너지변환에 대한 조건을 부여하는 법칙으로 에너지가치와 자연현상의 방향성에 따른 비가역현상의 존재를 설명하고 있다. 열역학 제 2 법칙은 고열원, 저열원, 열기관들의 관계를 명확히 한 것으로서 그동안 많은 학자들에 의해 연구되어 왔으며 다음과 같은 표현 방법들이 있다.

---

9) 이는 풍력이나 수력과 같은 자연의 에너지 역시 마찬가지이다.
고여 있는 물은 에너지로 이용될 수 없고 물의 흐름이 있어야 에너지로 활용될 수 있다.

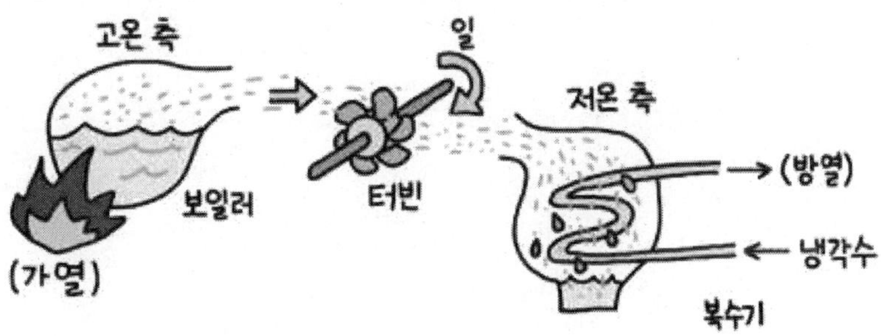

→ 열이 이동할 때 그 일부가 일로 변한다.

(2) Clausius의 서술

『열은 그 자체만으로는−주위에 아무런 변화도 남기지 않고−저온의 물체로부터 고온의 물체로 이동할 수 없다.』

1850년 독일의 물리학자 Clausius에 의한 이 표현은 열에너지 이동의 방향성을 제시한 것으로 열전달의 비가역변화를 자연과학의 입장에서 설명한 것이다.

가역과정은 실제로 자연현상에서 일어나지 않으며 실제과정을 이상화한 과정이다. 실제 장치로 근사적인 가역과정을 밟을 수 있으나 결코 가역과정을 이룰 수는 없다. 즉, 자연 현상에서 일어나는 과정은 모두 비가역과정이다. 그렇다면 왜 가상적인 과정인 가역과정을 이야기하는가? 그 이유는, 먼저 가역과정 동안에는 계(시스템)가 일련의 평형상태로 과정을 밟아 가기 때문에 해석하기가 쉽게 되고, 둘째는 실제과정과 비교될 수 있는 이상적인 모델이 되기 때문이다.

열이 고온의 물체에서 저온의 물체로 이동하는 것은 자연의 순리이나 이와 역방향으로 열이 이동하려면 다른 에너지의 도움이 필요하게 되는데, 이는 이때 계가 주위에 어떠한 형태이든지 변화를 남기게 된다는 뜻이다.[10)]

예를 들면, 냇물이 위에서 아래로 흐르는 것은 자연현상이나 물을 퍼 올리려면 펌프에 일을 가해야 하는 것과 마찬가지로 열을 저온의 물체로부터 고온의 물체로 이동시키려면 에너지가 필요하게 된다.[11)]

열은 그 자체만으로는 저온의 물체에서 고온의 물체로 이동할 수 없음은 분명하나 『 ~ 주위에 아무런 변화를 남기지 않고 ~ … 할 수 없다』 의 의미는 무엇인가?

이는 열펌프를 운전하게 되면 필히 주위에 어떤 변화를 남긴다는 의미이다.

10) 다른 것으로부터의 도움을 빌리지 않으면 주위에 아무런 변화를 남기지 않는다.
11) 이러한 펌프를 열펌프라 하며, 냉장고나 냉방기가 이에 해당한다.

예를 들어, 수력발전이라면 소비전력에 상당하는 댐의 수위가 저하하는 변화가 남고 화력발전이라면 연료의 연소와 온수의 배수에 의한 해수온도의 상승변화를 남기게 된다.

(3) Kelvin[12)](Thomson)－Planck의 서술

『동작유체가 사이클에 의해서 연속적으로 일을 발생시키는 데는 고온의 물체와 이보다 저온인 물체의 양자를 필요로 한다.』

Clausius보다 1년 늦은 1851년 영국의 물리학자 Thomson과 독일의 물리학자 M. Planck에 의한 이 표현은 열에너지의 이동과정에서 그 일부만이 일로 변환됨을 제시하고 있다.

발전소 등의 터빈시스템을 열역학적 관점에서 고찰하여 보자.

터빈시스템은

고온 측 : 고열의 화염이 보일러의 물을 비등시킨다.
→ 고온, 고압의 증기(동작유체)를 만든다.

열 기관(heat engine) : 동작유체(고온, 고압의 증기)가 터빈을 돌린다.
→ 에너지를 터빈에 공급한다.

저온 측 : 저온, 저압의 증기(동작유체)가 된다.
→ 보다 저온의 대기 중에 방출된다.

와 같이 두 개의 열원과 열기관으로 구성된다. 이를 요약하면,

동작유체에 열을 가해 내부에너지를 증가시킨다.

⇓

증가한 내부에너지의 일부를 이용하여 일을 얻는다.

⇒

받은 열량 = 외부에 행한 일 + 내부에너지의 증가량

과 같이 된다. 이 식은 내부에너지를 가진 동작유체가 열을 일로 변환시키는 데 있어 내부에너지의 존재[13)]로 인해 열이 전부 일로 변환되지 아니함을 나타내고 있다.

고온물체의 열을 계속해서 일로 바꾸기 위해서는 저온의 물체가 마련되어 열의 흐름이 있어야 한다. 다시 말하면 열기관의 경우, 동작유체가 고열원으로부터 열을 일로 바꾸려면 반드시(저열원으로) 열을 버려야만[14)] 가능하며, 이 때문에 효율이 100%인 열기관은 존재할 수 없다.

12) Kelvin 경으로 추대됨. 절대영도를 나타내는 절대온도계인 켈빈 온도계의 기본단위(K)

13) 내부에너지를 비축할 수 있는 동작유체를 이용할 필요가 있다.

14) 즉, 열손실이 있어야만

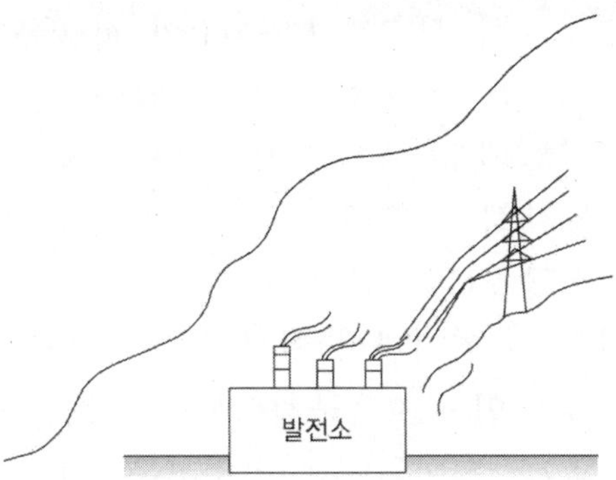
발전소

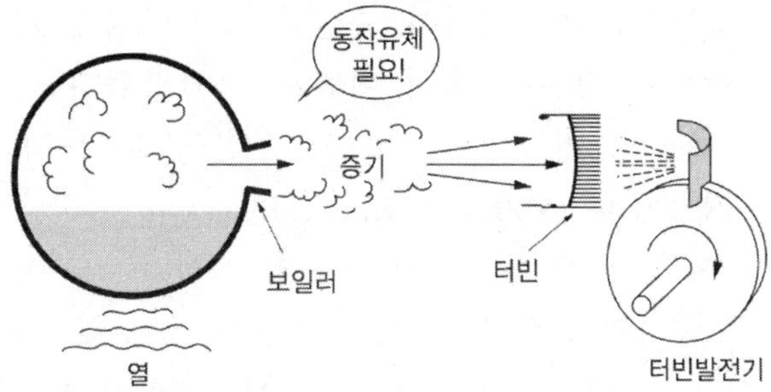
동작유체
필요!
증기
보일러
터빈
열
터빈발전기

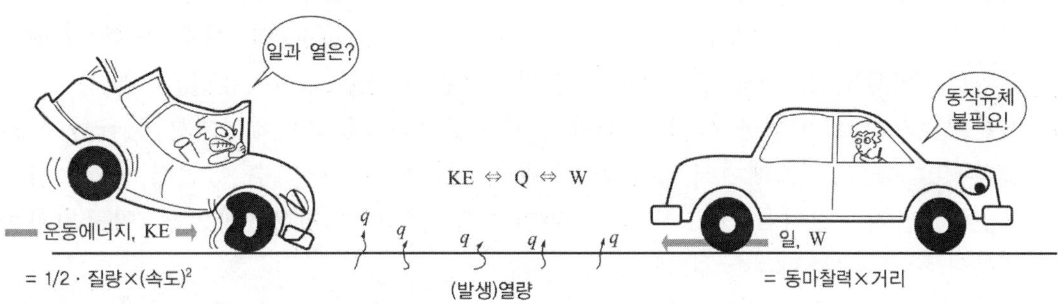
일과 열은?
동작유체
불필요!
KE ⇔ Q ⇔ W
운동에너지, KE
= 1/2 · 질량×(속도)²
q
(발생)열량
일, W
= 동마찰력×거리

4.5 제 2 종 영구기관 / Ostwald의 서술

앞의 두 표현은 그 방법이 다르나 열역학 제 2 법칙에 대한 설명이 같음을 다음 그림으로부터 알 수 있다. 그림 4-2에서 Clausius는 열의 이동방향을 왼쪽과 같이 저온물체에서 고온물체로 이루어지는 것에 대하여 표현[15]한 데 반하여 Kelvin은 그와 반대로 오른쪽과 같이 고온물체에서 저온물체로 이루어지는 것에 대하여 표현[16]하였다. 결국, 열역학 제 2 법칙의 Kelvin-Planck의 서술과 Clausius의 서술은 동등하고 이것은 둘 중의 하나는 한 서술의 추론이 될 수 있음을 알 수 있다.

열역학 제 2 법칙의 증명은 제 1 법칙과 마찬가지로 매우 힘이 드므로 한 서술의 위반이 다른 서술의 위반으로 귀결된다는 방식을 택하고 있다.

예를 들어, 온도가 T_H 인 고온물체로부터 Q_{H1} 의 열을 전달받아 W_{net} 만큼 일을 하는 효율 100 % 의(Kelvin-Planck의 서술에 위배되는) 열기관이 있다고 가정하자.

이 열기관의 출력일은 그림과 같이 온도 T_L 인 저온물체로부터 Q_L 을 냉동기(열펌프)로 보내고 냉동기로부터 열전달량 Q_{H2} 를 온도 T_H 인 고온물체로 보내는 냉동기를 구동하는 데 쓰인다고 하자. 만약 열기관과 냉동기의 결합을 하나의 장치로 생각한다면 이 장치는 저온물체에서 고온물체로 열량 Q_L 만이 전달되며 장치의 주위에는 아무런 영향도 남기지 않는 사이클로 작동하게 될 것이다. 이는 Kelvin-Planck의 서술을 위배했기에 Clausius의 서술 또한 위배하는 결과를 만들었다. 즉, 가정에 도입된 기관이 Kelvin의 표현을 부정 하는 기관이었으므로 동등한 사이클 장치는 외부로부터 일이나 에너지를 공급받지 않고 열의 흐름을 저온물체에서 고온의 물체로 흐르도록 바꿀 수 있었다. 그런 장치는 자연의 법칙, 열역학 제 2 법칙을 위반하게 되고 그것을 제 2 종 영구기관이라 부른다.

Ostwald는 열역학 제 2 법칙을 다음과 같이 표현하였다.

『자연계에 아무 변화도 남기지 않고 어느 열원의 열을 계속해서 일로 바꾸는 제 2 종 영구기관은 존재하지 않는다.』

그렇다면, 열역학 제 2 법칙과 관련하여 다음과 같은 문제가 제기될 수 있을 것이다.

효율 100 % 의 열기관이 존재할 수 없다면, 얻을 수 있는 최대효율은 얼마이며, 또 어떻게 그것을 얻을 수 있는가?

이에 관해서는 다음의 카르노사이클에서 살펴보기로 한다.

15) 「열은 그 자체만으로는 저온물체로부터 고온물체로 이동할 수 없다.」
16) 「고온물체의 열을 계속해서 일로 바꾸려면 저온물체로 열을 버려야만 가능하다.」

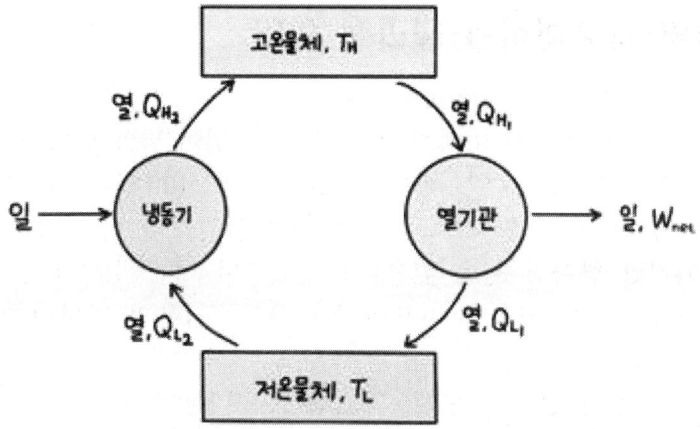

[그림 4-2] 열역학 제 2 법칙의 표현

차에 냉장고를 탑재하고 엔진과 연결해서 구동시키면 자체 내에서 사이클을 이루면서
연료 없이 차가 달리고 전기 없이 냉장고를 가동시킬 수 … ??? : 제 2 종 영구기관
제1종 영구기관 : 에너지의 공급없이 영원히 일을 할 수 있는 기관(에너지 보존)
제2종 영구기관 : 열을 모두 일로 바꿀 수 있는 열효율 100%(엔트로피의 법칙)
제3종 영구기관 : 저온 열원의 온도가 절대영도에 도달하는 기관(불확정성 원리)

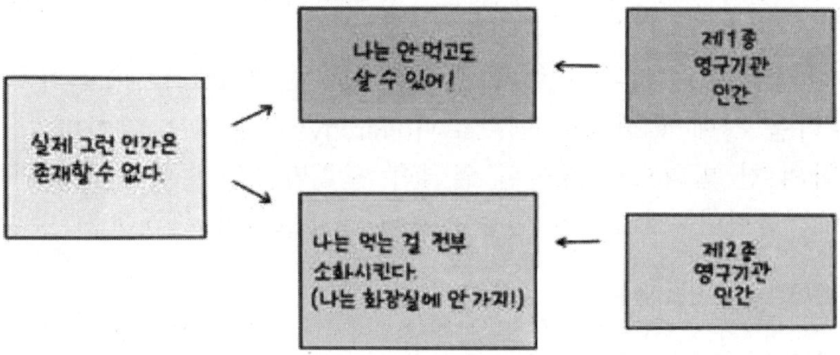

4.6 열역학 제 2 법칙의 물리적 의미

4.1절에서 언급한 종착역(열이 버려지는 곳)에 아직 열이 남아 있다 하더라도 이는 더 이상 일로 변환될 수 있는 열이 아니므로, 열이 100 % 일로 변환하는 것은 불가하다는 의미가 된다. 이론상으로는 저온[17]의 열원보다 한 단계 더 낮은 저온의 열원이 마련 되기만 한다면 일을 얻을 수 있겠으나 이를 위해서는 효율을 고려할 때, 얻어지는 일보다 더 큰 일을 소비해야만 더 낮은 저온의 열원이 마련될 수 있을 것이다.

그렇다면 열이 완전히 일로 변환될 수는 없는 것일까?

그것은 절대온도 0 $[K]$의 저온열원이 마련될 경우에만 가능하다.

그림 4-3 (a) 에서와 같이 열은 고온부에서 저온부로 흐르고 있다. 이 상황을 그림 (b) 의 수조에서와 비교해 보자. 수조의 물은 수조 벽에 구멍을 뚫으면 수위가 높은 곳에서 낮은 곳으로 이동한다. 이 상황에서 온도는 수조의 수위에 상당하는 값이 된다.

그러나 이들 둘 사이에는 큰 차이가 있다. 수조에서의 변화를 살펴보면 처음과 마지막 상태에서의 계 전체의 위치에너지에 차이가 있다. 수조에서는 이 위치에너지의 차이가 운동의 원인이 된다.

$$\Delta E = m \cdot g \cdot \Delta h \quad \cdots\cdots \quad (1\text{-}17)$$

수조 내의 물이 이동하는 과정에서는 위치에너지의 차이가 운동에너지로 되므로 수위가 변화하는 원인은 역학적 에너지이다.

이에 반해서 그림 (a) 에서와 같은 변화는 열량이 이동했을 따름으로 변화의 전후에서 수조에서와 같은 위치에너지의 차이는 없었다. 즉, 이 변화에서는 열량의 이동을 일으키는 역학적 힘은 존재하지 않았다. 그럼에도 분명히 열량은 고온 측에서 저온 측으로 흘렀다. 이렇게 열의 이동현상은 역학적인 원리로부터는 설명되지 않으므로 열의 이동은 그 현상을 자연계의 성질로 인식하는 새로운 원리가 필요하게 된다.

여기서 도입된 원리가 지금까지 언급된 다음의 열역학 제 2 법칙이다.

열역학 제 2 법칙 : 열은 고온부에서 저온부로 저절로 흐른다.

그러면 이 흐름의 근원은 무엇인가? 그것은 적어도 위치에너지의 차가 아님은 분명하다. 이것이 다음 장에서 설명할 엔트로피(entropy)라 불리는 것이다.

자연과학의 한 법칙으로 표현된 열역학 제 2 법칙은 흔히 엔트로피증대의 법칙[18] 이라 고도 불린다. 에너지의 이동방향을 엔트로피가 증대하는 방향[19]이라 한다.

17) 저온의 일반상태는 상온상태이다.

18) 열역학 제 2 법칙이 엔트로피증대의 법칙이라 일컬어지는 이유는 엔트로피라는 말의 이면에는 에너지 가치의 저하라는 의미가 담겨 있기 때문이다.

19) 자연의 변화에는 어떤 방향성이 있다. 그리고 그 방향은 언제나 나빠지는 쪽으로 향한다.

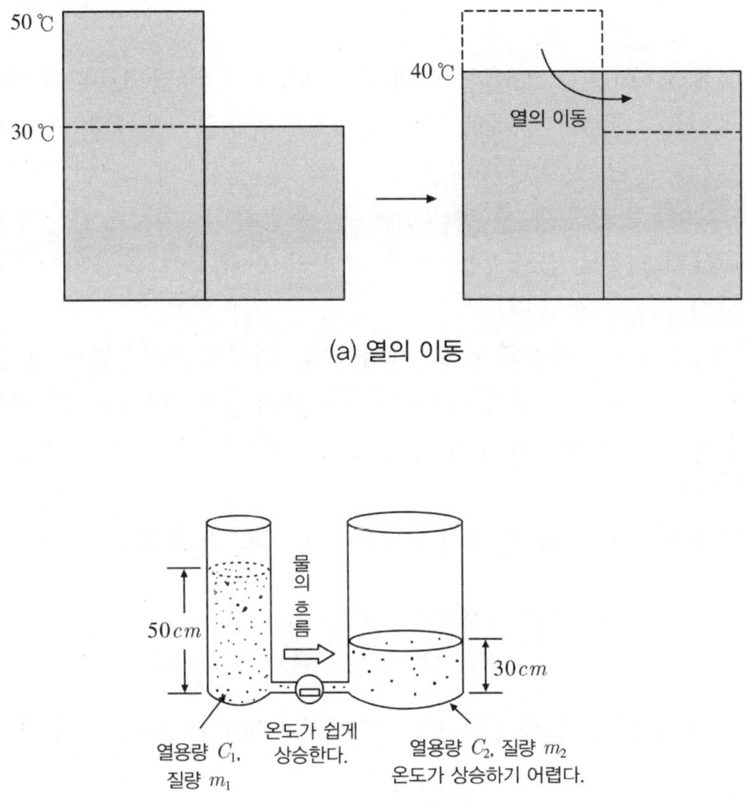

(a) 열의 이동

(b) 물의 이동

[그림 4-3] 열과 물의 이동

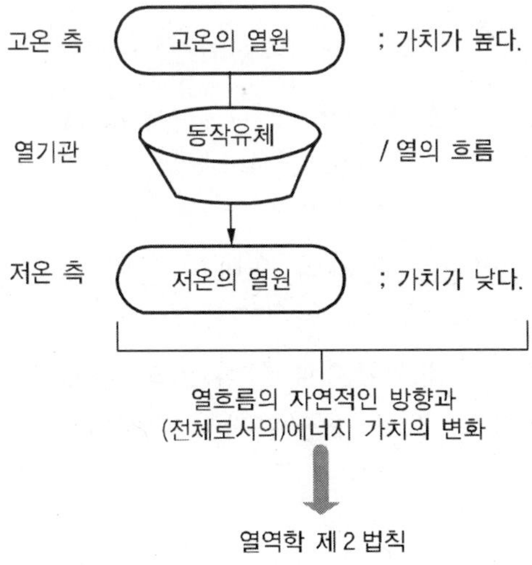

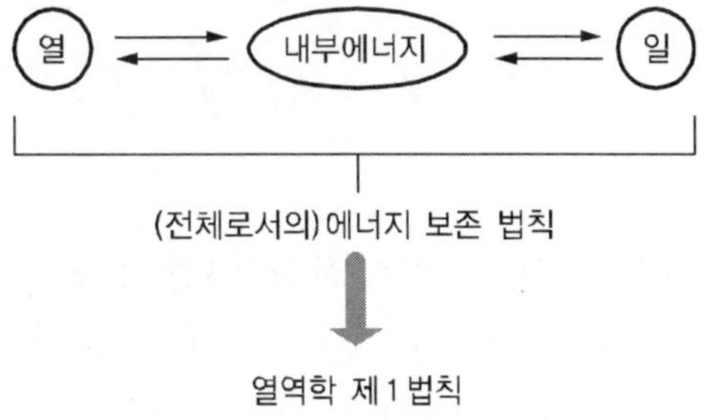

4.7 일반 사이클[20]

앞의 1.3 (5) 절에서 사이클(cycle)을 「계 내의 동작유체가 한 상태로부터 여러 가지 상태변화를 거쳐 다시 처음의 상태로 되돌아오는 과정을 반복하는 상태변화」라고 정의하였으며 이를 그림으로 나타내면 그림 4-4 와 같은 폐곡선이 된다.

그림에서와 같이 동작유체는 상태 1 에서 출발하여 경로 a 를 거쳐 상태 2 에 도달하고 다시 상태 2 에서 경로 b 를 거쳐 처음의 상태 1 에 돌아와 $1-a-2-b-1$ 과 같은 하나의 사이클을 구성한다.

여기서, 경로 $1-a-2$ 는 팽창과정을 나타내며 외부로부터 열량 Q_1 을 공급받아 외부에 일 W_{1-a-2} 를 하고, 경로 $2-b-1$은 압축과정을 나타내며 외부로부터 일 W_{2-b-1} 을 공급 받아서 동작유체를 압축시키고, 외부에 열량 Q_2 를 방출함으로써 한 사이클을 완성한다.

사이클을 이루는 동안 일과 열량의 관계는 다음과 같다.[21]

$$W_{1-a-2} = \text{면적 } 1-a-2-V_2-V_1$$
$$W_{2-b-1} = \text{면적 } 2-b-1-V_1-V_2$$

먼저, 한 사이클 동안의 열량 Q_1, Q_2 는 에너지관계식 (2-36) 으로부터,

$$Q_1 = (U_2 - U_1) + \int_{1-a}^{2} P \cdot dV = (U_2 - U_1) + W_{1-a-2}$$
$$-Q_2 = (U_1 - U_2) + \int_{2-b}^{1} P \cdot dV = (U_1 - U_2) + W_{2-b-1}$$

위의 두 식을 더하면,

$$\begin{aligned} Q_1 - Q_2 &= \int_{1-a}^{2} P \cdot dV + \int_{2-b}^{1} P \cdot dV = \oint P \cdot dV \\ &= W_{1-a-2} + W_{2-b-1} = W_{1-a-2-b-1} \end{aligned} \tag{4-1}$$

이 식의 좌변은 한 사이클 동안 계에 출입하는 열량을 말하며 우변은 일의 합을 의미하고 한 사이클에 대한 적분치이다.

따라서 식 (4-1) 은 한 사이클 동안의 계의 에너지의 대수합으로 일과 열의 관계를 나타내며, 열역학 제 2 법칙에 대한 Kelvin의 표현과 같이 고열원에서 열량 Q_1 을

20) 카르노사이클에 앞서 일반 사이클에 관하여 먼저 살펴보기로 한다.

21) 편의상 팽창일은 (+)부호, 압축일은 (−)부호를 붙인다.

공급받아 저열원으로 열량 Q_2를 방출하고 나머지 $\oint P \cdot dV$ 만큼이 일로 바뀌는 것을 말한다.

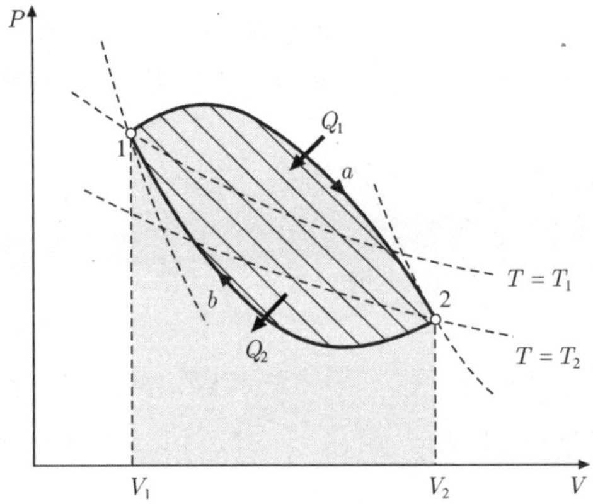

[그림 4-4] 사이클을 이루는 상태변화

$$Q_1 = (U_2 - U_1) + \int_{1-a}^{2} P \cdot dV = (U_2 - U_1) + W_{1-a-2}$$

$$+) \quad -Q_2 = (U_1 - U_2) + \int_{2-b}^{1} P \cdot dV = (U_1 - U_2) + W_{2-b-1}$$

$$\therefore Q_1 - Q_2 = \quad = 0 + W_{1-a-2-b-1} \text{ (면적 : 1-a-2-b-1)}$$

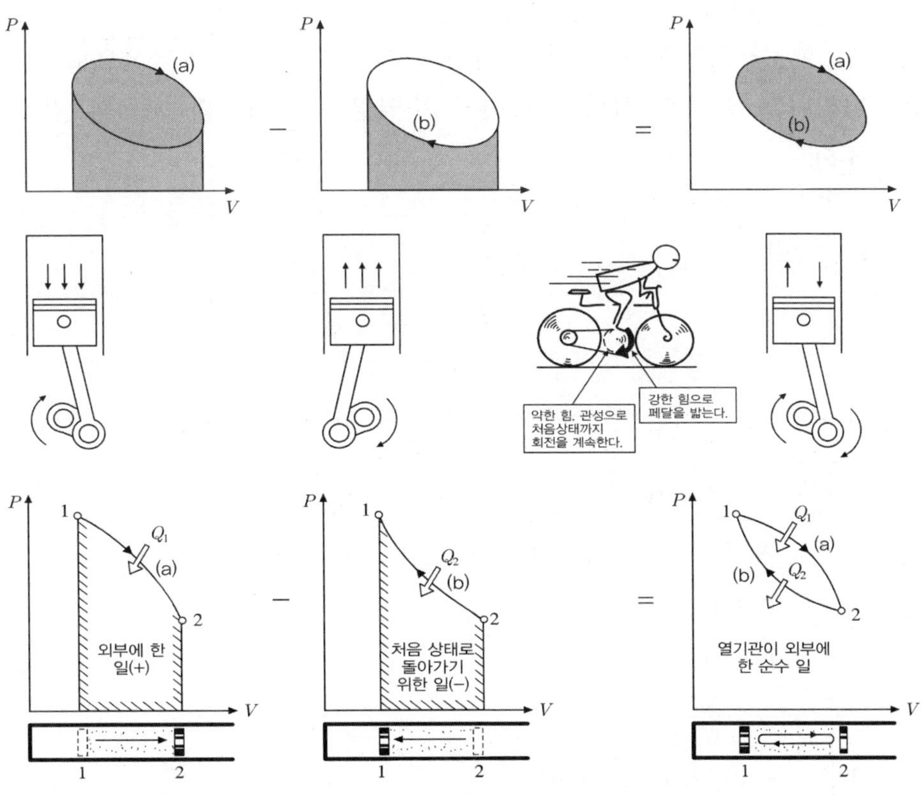

(1) 유효일(effective work) / 유용일

앞 절에서 $\oint$ 는 사이클 전체에 대한 적분을 나타내고, 면적 $1-a-2-b-1$ 은 동작유체가 외부에 행한 일을 나타내었다. 즉 사이클의 폐곡선 면적은 팽창일(W_{1-a-2})과 압축일 (W_{2-b-1})의 합과 같으며, 이것을 유효일(effective work) 혹은 유용일이라 한다.

따라서 한 사이클 동안의 에너지관계식은 다음과 같이 된다.

$$\oint \delta Q = \oint dU + \oint \delta W = \oint dU + W \tag{4-2}$$

그런데 동작유체는 한 사이클을 행한 후에는 다시 처음의 상태로 돌아가므로 변화한 상태에서만 결정되는 내부에너지는 변하지 않는다. 따라서,

$$\oint dU = 0, \qquad \therefore \oint \delta Q = W \tag{4-3}$$

이 $\oint dQ$ 는 한 사이클 동안의 수열량 및 방열량의 대수합을 나타내며, 수열량을 Q_1, 방열량을 Q_2 라 하면, $\oint \delta Q = Q_1 - Q_2$ 이므로, 식 (4-3) 에 의하여,

$$\left(\oint P \cdot dV =\right) \quad W = Q_1 - Q_2 \quad \left(= \oint P \cdot dV\right) \tag{4-4}$$

가 된다. 즉, 한 사이클 동안에 행한 일은 P-V 선도에서 밀폐곡선으로 둘러싸인 면적으로 나타나고 이것은 사이클 동안의 수열량과 방열량의 차이와 같은 값이 된다(그림 4-5).

$$\begin{aligned}\int_{V_1}^{V_2} P \cdot dV + (-)\int_{V_1}^{V_2} P \cdot dV &= \int_{V_1}^{V_2} P \cdot dV + (+)\int_{V_2}^{V_1} P \cdot dV \\ &= \int_{V_1}^{V_1} P \cdot dV = \oint P \cdot dV \end{aligned} \tag{4-5}$$

이를 정리하면, 한 사이클 동안 동작유체가 한 일[22]은 다음과 같이 된다.

$$\begin{aligned} W &= W_{1-a-2-V_2-V_1-1} - W_{2-V_2-V_1-1} \\ &= (\text{면적 } 1-a-2-V_2-V_1) - (\text{면적 } 2-b-1-V_1-V_2) \\ &= \text{면적 } 1-a-2-b-1 \\ &= \oint P \cdot dV \end{aligned} \tag{4-6}$$

22) 팽창일(+)과 압축일(—)의 합, $P \cdot dV$ = 외부일

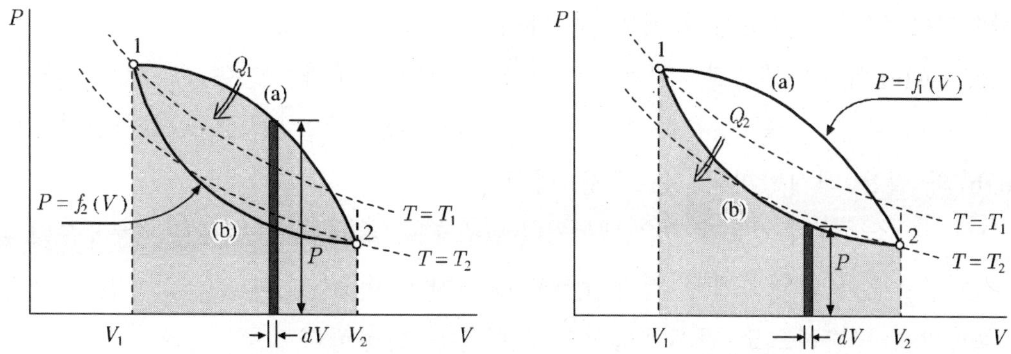

[그림 4-5] 한 사이클 동안의 수열량과 방열량

$$Q_1 = (U_2 - U_1) + \int_{1-a}^{2} P \cdot dV \qquad -Q_2 = (U_1 - U_2) + \int_{2-b}^{1} P \cdot dV$$

$$= (U_2 - U_1) + \int_{V_1}^{V_2} f_1(V) \cdot dV \qquad = (U_1 - U_2) - \int_{V_1}^{V_2} f_2(V) \cdot dV$$

$\therefore (Q_1 - Q_2) = \int_{V_1}^{V_2} f_1(V) \cdot dV - \int_{V_1}^{V_2} f_2(V) \cdot dV =$ 면 적 $1\,a\,2\,V_2 V_1 1$ − 면 적 $1\,b\,2\,V_2 V_1 1$

$$= \int_{V_1}^{V_2} f_1(V) \cdot dV + \int_{V_2}^{V_1} f_2(V) \cdot dV = \text{면적}\,1-a-2-b-1$$

$$= \oint P \cdot dV \qquad = \oint P \cdot dV$$

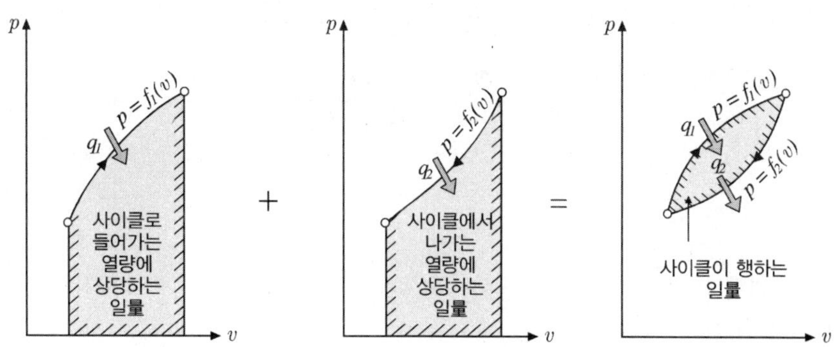

(2) 열효율과 성적계수

사이클은 열의 이동방향에 따라 두 가지로 나눌 수 있다.

그림 4-6 (a) 의 오른쪽과 같은 열기관은 고열원에서 열량 (Q_1)을 공급받아 저열원으로 열량 (Q_2)를 방출하고 그 차이인 ($Q_1 - Q_2$)를 일(W)로 변환하므로 그림 4-6 (b) 와 같은 시계방향의 사이클을 형성한다.

한편, 그림 4-6 (a) 의 왼쪽과 같은 냉동기나 열펌프는 열기관과는 반대로 외부로부터 일 (W)를 공급받아 저열원에서 열량 (Q_2)를 흡수하여 이들 W와 Q_2의 합인 열량 Q_1을 고열원에 방출하므로 반시계방향의 사이클을 형성한다.

열기관의 경우는 열을 기계적인 일로 변환시키므로[23] W가 클수록 경제적이다.

열기관의 경제성 여부를 가름하는 방법으로는 W를 분자로 하는 열효율(thermal efficiency)을 정의하며 이를 η로 표시한다.

$$\text{열효율}\ (\eta) = \frac{\text{계가 한 유효일의 열당량}}{\text{고열원으로부터 공급받는 열량}}$$

$$\text{즉,}\ \eta = \frac{A \cdot W}{Q_1} = \frac{Q_1 - Q_2}{Q_1} = 1 - \frac{Q_2}{Q_1} \tag{4-7}$$

한편, 냉동기나 열펌프는 열기관과 반대로 일 (W)가 작을수록 경제적이므로 그 성능을 나타내기 위하여 성능계수[24]를 정의한다.

냉동기와 열펌프의 성능계수를 각각 ϵ_R, ϵ_H로 표시하면,

$$\text{냉동기의 성능계수}\ (\epsilon_R) = \frac{\text{저열원으로부터 흡수하는 열량}}{\text{외부로부터 공급받은 일의 열당량}}$$

$$\epsilon_R = \frac{Q_2}{W} = \frac{Q_2}{Q_1 - Q_2} \tag{4-8}$$

$$\text{열펌프의 성능계수}\ (\epsilon_H) = \frac{\text{고열원을 방출하는 열량}}{\text{외부로부터 공급받은 일의 열당량}}$$

$$\epsilon_H = \frac{Q_1}{W} = \frac{Q_1}{Q_1 - Q_2} \tag{4-9}$$

23) 보다 정확히 표현하면, 열기관이란 : 내부에너지를 기계적 에너지로 바꾸는 장치이다.

$$\int_{V_1}^{V_2} P\,dV = Q_1 + (U_1 - U_2)$$

24) coefficient of performance / c.p : 성적계수 혹은 동작계수라고도 함.

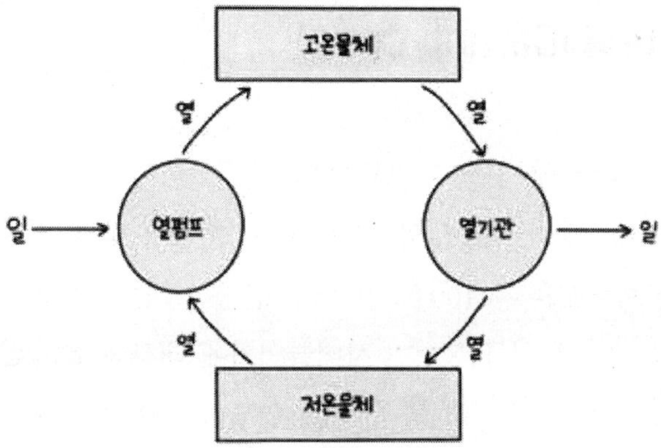

(a) 열기관과 열펌프

(b) 열기관의 효율

[그림 4-6] 열효율과 성능계수

식 (4-7) 과 (4-9) 를 비교하여 보면 열기관의 열효율과 열펌프의 성능계수는 서로 관계됨을 알 수 있다

또한 식 (4-8)과 (4-9) 를 비교해 보면 동일한 조건에서 운전되는 열펌프의 성능계수가 냉동기의 성능계수보다 항상 1.0 만큼 크다는 사실을 알 수 있다.

$$\epsilon_H = \epsilon_R + 1.0$$

4.8 카르노사이클 (Carnot cycle)

앞 절의 일반 사이클에서 열기관이 열로부터 일을 얻기 위해서는 반드시 고열원과 저열원이라는 두 열원과 에너지전달의 매개물인 동작유체가 있어야 함을 알았다.

저열원의 존재 때문에 효율이 100 % 인 열기관을 만들 수 없음도 알았다.

그러면 효율이 최대가 되는 사이클은 어떤 사이클인가에 대하여 살펴보기로 한다. 열기관의 효율을 크게 하려면 고열원으로부터 공급받는 열량 Q_H 가 가능한 한 유효한 일 W 로 변환 되어야 한다.

따라서 저열원으로 방출되는 열량 Q_L 은 될 수 있는 한 작아야 한다.

이러한 관점, 즉

「열기관이 동일한 두 열 에너지원 사이에서 작동될 때 가역적인 열기관의 열효율은 비가역 적인 열기관의 효율보다 크다.」[25)]

는 관점으로부터 1824년 열역학의 창시자로 불리는 카르노는 열효율이 최대가 되는 이상적인 열기관[26)] 사이클인 가역[27)] 카르노사이클을 발표하였다.

그림 4-7 은 가역 카르노사이클의 P-V 선도를 나타낸다.

이 사이클은 두 개의 등온과정과 2 개의 단열과정으로 구성되며[28)] 고열원의 온도를 T_H, 저열원의 온도를 T_L 이라고 가정할 때, 다음과 같이 4 개의 과정으로 작동된다.

Carnot 사이클의 모든 과정은 준정적으로 진행되므로 각 단계의 과정을 역행하는 것이 가능해야 한다.

여기서 시스템의 변화의 방향이 전부 반대가 역(逆) 카르노사이클이다.

---

25) 가역변화는 손실이 없는 과정이므로

26) heat engine : 기체의 압축과 팽창을 되풀이시켜 공학적으로 유용한 기계적 일을 얻는 기계
H. Eng. cycle : 기체의 압축과 팽창을 되풀이하는 사이클을 열역학적으로 다룬다.

27) 가역 사이클 : 열역학적 평형상태를 유지하면서 일어나는 가역과정으로 이루어진 사이클로서 이상적인 사이클이다.
가역과정이란 계의 상태가 변화과정 중에 있다 할지라도 계는 매 순간마다 열역학적 성질인 압력, 온도 등이 모두 균일하게 계에 어떤 불균형력, 즉 상태를 변화시키는 구동력이 없는 상태에서 일어나는 과정으로 실제 열역학 시스템은 이와 같이 일어나지 않는다.

28) 만일 2 개의 단열 변화 대신에 정압변화로 2 개의 등온선을 연결하여 사이클을 만들면 동작유체에 흡열이나 방열이 일어나게 된다. 이때는 고온 T_H 와 저온 T_L 의 두 개만의 열원으로 한정시킬 수 없게 되어 버린다.

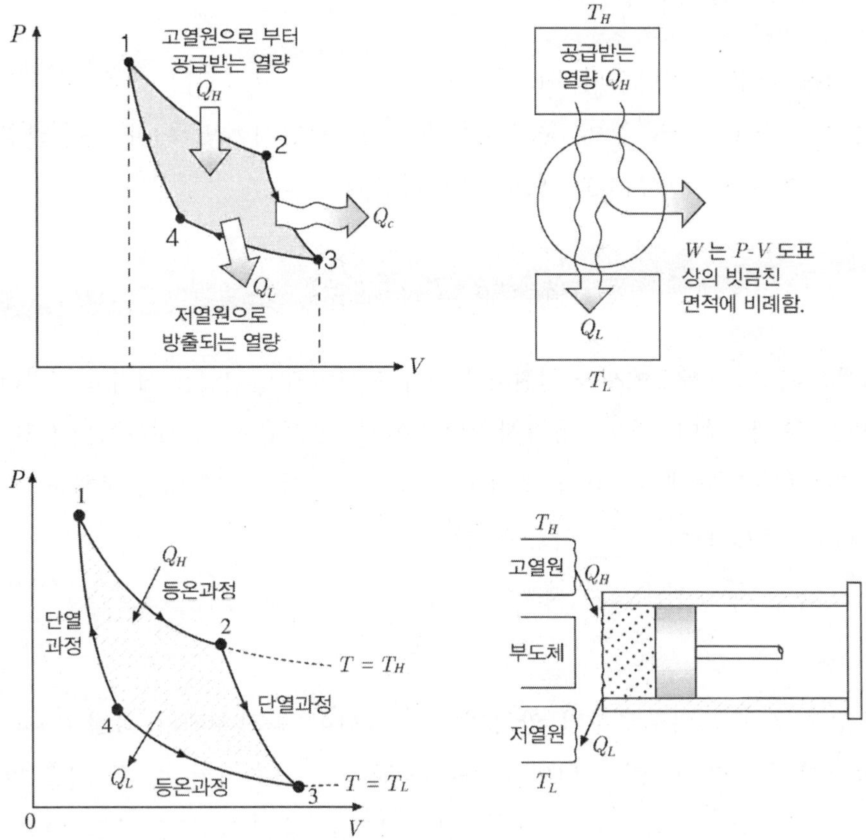

[그림 4-7] 카르노 사이클

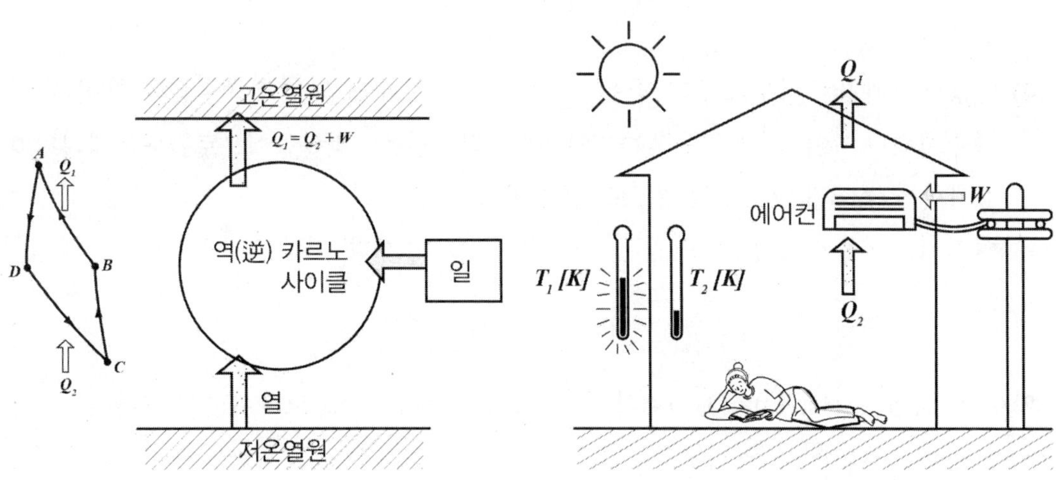

역(逆) 카르노사이클과 히트펌프

(1) 카르노사이클의 4 과정

1) 등온팽창 과정 : 실린더의 헤드를 온도가 T_{12} 인 고열원에 접촉시킨다. 수열에 의해서 과정 1→2 와 같이 동작유체를 등온 팽창시키면 이때 흡수열량 Q_{12} 는 T_1 = 일정 이므로 식 (3-36) 으로부터 다음과 같다.

$$Q_{12} = R \cdot T_{12} \cdot \ln\left(\frac{P_1}{P_2}\right)$$

2) 단열팽창 과정 : 상태 2 에서는 열원과 동작유체 사이에 열전열을 시키고 실린더 내에서 과정 2→3 과 같이 단열 팽창시킨다. 이때 동작유체는 내부에너지의 소비에 의하여 외부에 대해 일 W 를 행하고 온도는 T_{12} 에서 T_{34} 로 강하하고 T_{12} 와 T_{34} 의 비는 식 (3-48) 로부터 다음과 같다.

$$\frac{T_{34}}{T_{12}} = \left(\frac{V_2}{V_3}\right)^{k-1}$$

3) 등온압축 과정 : 외부로부터 압축일을 공급받아 동작유체가 과정 3→4 와 같이 압축되며 온도가 T_{34} 인 저열원에 실린더 헤드를 접촉시켜 Q_{34} 의 열을 방출한다. 외부로 방출되는 열량 Q_{34} 는 T_{34} = 일정이므로 식 (3-36) 으로부터 다음과 같다.

$$-Q_{34} = R \cdot T_{34} \cdot \ln\left(\frac{P_3}{P_4}\right)$$

4) 단열압축 과정 : 외부로부터 일을 받아들여 동작유체를 과정 4→1 과 같이 단열 압축시킨다. 이때 동작유체는 외부로부터 일을 받아들이므로 내부에너지가 증가하여 온도가 T_{34} 에서 T_{12} 로 상승한다.
여기서, 기계적인 일로 변환된 열량은 다음과 같다.

$$W = Q_{12} - Q_{34}$$

따라서 이상의 (1), (2), (3), (4)의 과정으로 구성된 카르노사이클의 열효율 η_c 는 다음과 같이 나타낼 수 있다.

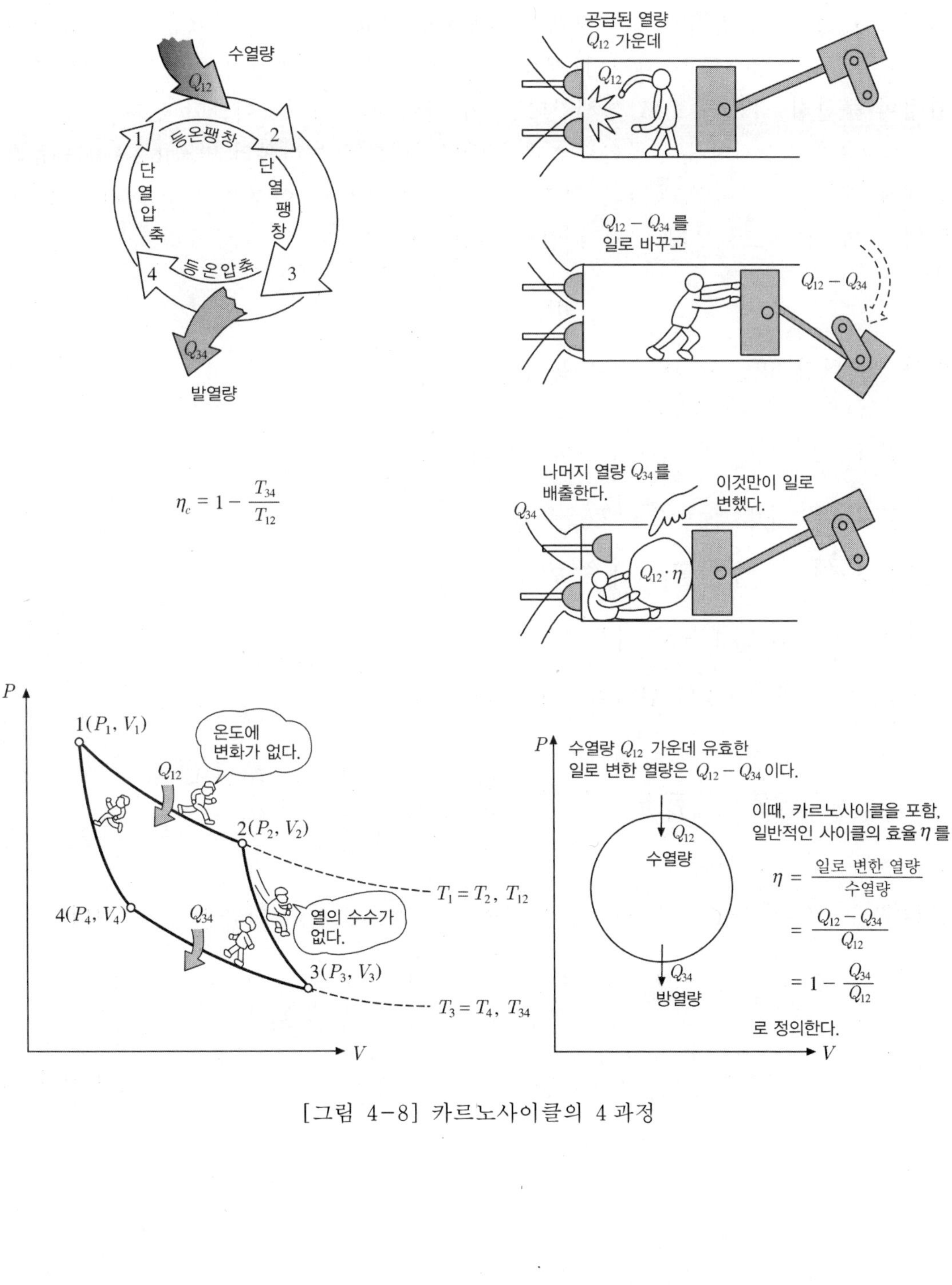

[그림 4-8] 카르노사이클의 4 과정

(2) 카르노사이클의 열효율(η_c)

그림 4-8 의 과정 4 → 1 에서 압축 끝의 온도가 T_{12} 가 되어 처음의 상태와 같게 되면,29) 한 사이클을 완성하게 된다. 일반적으로 온도차나 압력 차가 무한히 작으면 열전도나 팽창 및 압축과정은 강제평형과정이 되고, 그 과정의 속도 차가 무한히 작으면 어느 방향으로나 과정이 행해질 수 있어서 가역과정이 되므로30) 이 모든 과정이 무한히 작은 속도로 행해진다면 이 사이클은 가역사이클이 된다.

그림 4-8 에서 2 개의 등온곡선과 2 개의 단열곡선으로 둘러싸인 면적 1-2-3-4 는 동작유체가 행한 한 사이클 동안의 일의 크기를 나타내므로 이것을 W_{cycle} 이라고 하면, 열역학 제 1 법칙으로부터 기계적 일로 변환된 열량은

$$W_{cycle} = Q_{12} - Q_{34}$$

이다. 위 식의 W_{cycle} 를 과정별로 분석하면,

과정 1 → 2 : $|W_{12}| = |Q_{12}| = R \cdot T_{12} \cdot \ln \dfrac{P_1}{P_2}$

과정 2 → 3 : $|W_{23}| = C_v \cdot |T_{34} - T_{12}|$

과정 3 → 4 : $|W_{34}| = |Q_{34}| = R \cdot T_{34} \cdot \ln \dfrac{P_4}{P_3}$

과정 4 → 1 : $|W_{41}| = C_v \cdot |T_{12} - T_{34}|$

또한, 4 → 1 과 2 → 3 의 단열가역과정에서는

$$\frac{P_1}{P_4} = \left(\frac{T_{12}}{T_{34}}\right)^{\frac{k}{k-1}}, \quad \text{또는} \quad \frac{P_1}{P_2} = \frac{P_4}{P_3}, \quad \frac{P_2}{P_3} = \left(\frac{T_{12}}{T_{34}}\right)^{\frac{k}{k-1}}$$

이므로

식 (4-7) 의 열효율을 카르노사이클에 적용하면 열효율 η_c 는 다음과 같이 된다.

$$\eta_c = \frac{Q_{12} - Q_{34}}{Q_{12}} = \frac{|W_{cycle}|}{|Q_{12}|} = \frac{|W_{12}| + |W_{23}| - |W_{34}| - |W_{41}|}{Q_{12}}$$

$$= \frac{R \cdot (T_{12} - T_{34}) \cdot \ln(P_1/P_2)}{R \cdot T_{12} \cdot \ln(P_1/P_2)} = \frac{T_{12} - T_{34}}{T_{12}} = 1 - \frac{T_{34}}{T_{12}} \qquad (4\text{-}10)$$

---

29) T_1 과 T_2 의 비는 식 (3-48) 로부터 $\dfrac{T_2}{T_1} = \left(\dfrac{V_1}{V_4}\right)^{k-1}$ 이다.

30) 열전도 등은 속도 차가 아무리 작아도 가역과정이 될 수 없다.

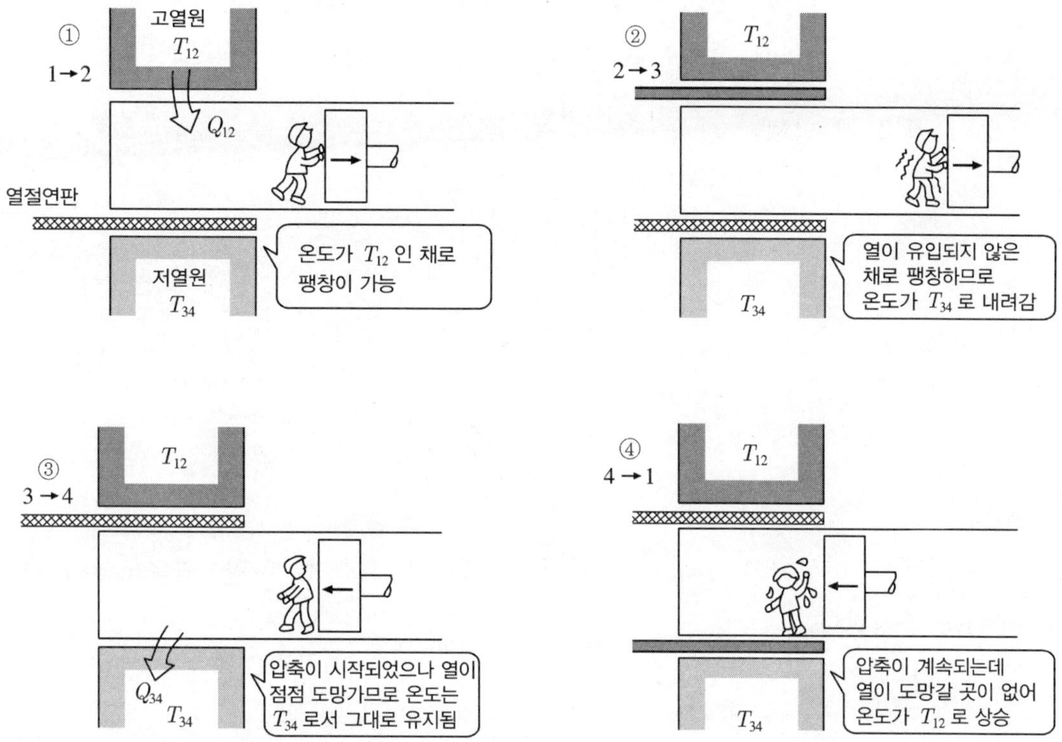
①
1→2
고열원
T_{12}
Q_{12}
열절연판
저열원
T_{34}
온도가 T_{12} 인 채로 팽창이 가능
②
2→3
T_{12}
T_{34}
열이 유입되지 않은 채로 팽창하므로 온도가 T_{34} 로 내려감
③
3→4
T_{12}
Q_{34}
T_{34}
압축이 시작되었으나 열이 점점 도망가므로 온도는 T_{34} 로서 그대로 유지됨
④
4→1
T_{12}
T_{34}
압축이 계속되는데 열이 도망갈 곳이 없어 온도가 T_{12} 로 상승

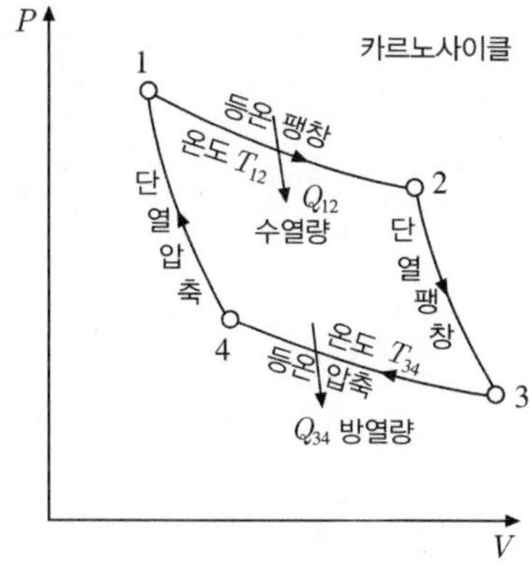
P
V
카르노사이클
1
2
3
4
등온 팽창
온도 T_{12}
Q_{12}
수열량
단열 팽창
단열 압축
온도 T_{34}
등온 압축
Q_{34} 방열량

(3) 카르노사이클 열효율의 증명

3.6 (4) 절에 의해 단열선 2-3 과 4-1 에서

$$T_{12} \cdot V_2^{k\ \ 1} = T_{34} \cdot V_3^{k\ \ 1} \quad \cdots\cdots\cdots \text{①} / (3\text{-}48')$$

$$T_{12} \cdot V_1^{k-1} = T_{34} \cdot V_4^{k-1} \quad \cdots\cdots\cdots \text{②} / (3\text{-}48'')$$

식 ② ÷ 식 ① 에 의해

$$\left(\frac{V_1}{V_2}\right)^{k-1} = \left(\frac{V_4}{V_3}\right)^{k-1}$$

따라서,

$$\frac{V_1}{V_2} = \frac{V_4}{V_3}$$

이 된다.

동작유체로서 이상기체 $1\,mol$ 을 취하고 그림의 흐름에 따라 카르노사이클의 효율(%)을 증명한다.

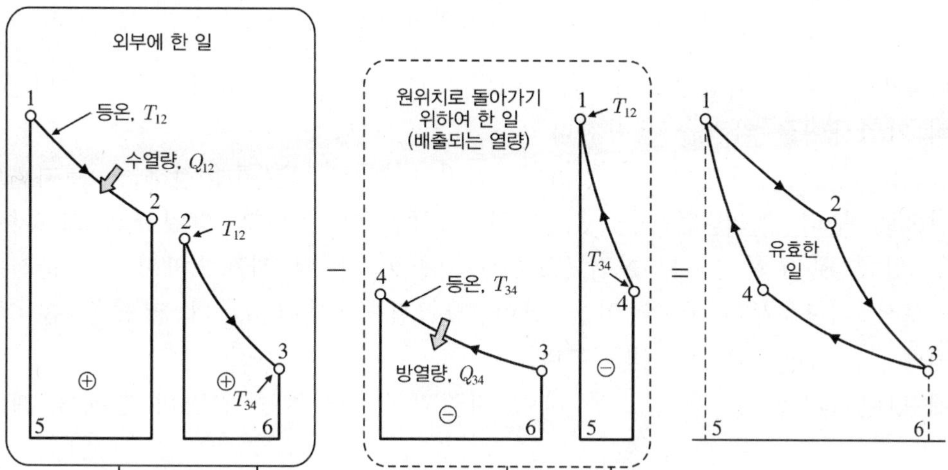

단열변화

온도 T_{12} 의 등온팽창 흡열량 Q_{12} 는 전부 외부에 하는 일로 변한다.

면적은 ⊕, ⊖가 서로 상쇄되어 제로

온도 T_{34} 의 등온압축 방열량 Q_{34} 는 전부 외부로부터 받은 일로 변한다.

$$Q_{12} = R \cdot T_{12} \cdot \ln\left(\frac{V_1}{V_2}\right)$$

$$Q_{34} = R \cdot T_{34} \cdot \ln\left(\frac{V_4}{V_3}\right) = R \cdot T_{34} \cdot \ln\left(\frac{V_1}{V_2}\right)$$

$$\eta_c = \frac{Q_{12} - Q_{34}}{Q_{12}} = \frac{R \cdot T_{12} \cdot \ln\left(\frac{V_1}{V_2}\right) - R \cdot T_{34} \cdot \ln\left(\frac{V_1}{V_2}\right)}{R \cdot T_{12} \cdot \ln\left(\frac{V_1}{V_2}\right)} = \frac{T_{12} - T_{34}}{T_{12}}$$

(4) 카르노의 정리 - I

[정리 I] : 2 개의 정해진 열원 사이에서 가역사이클로 작동되는 모든 기관은 동일한 열효율을 가진다.

$$\eta = \eta_c \text{ (가역사이클)}$$

그림 4-9 와 같이 작동온도가 T_1, T_2 로 서로 같고, 동작유체가 서로 다른 두 종류의 가역사이클 기관을 생각한다.

그림 (a) 왼쪽의 기관 E_A 는 임의의 가역사이클로 순(順)운전하는 열기관으로 고열원으로 부터 Q_1의 열량을 공급받아 저열원으로 Q_2 를 방열하고 그 차이인 $Q_1 - Q_2$ 만큼 일 W 를 한다. 한편, 오른쪽 기관 E_B 는 역 카르노사이클로 운전하는 냉동기로서 외부로부터 W의 일을 받아 저열원으로부터 Q_2 의 열량을 흡수하여 고열원에 $Q_1'(= Q_2' + W)$을 방출한다.

이때 만일 Q_2' 를 Q_2 와 같도록 하여 저열원에 출입하는 열량의 합계를 제로로 하면,

$$E_A \text{의 효율} : \eta = 1 - \frac{Q_2}{Q_1} = 1 - \frac{Q_2'}{Q_1} \cdots\cdots \text{(4-7)} \quad ①$$

$$E_B \text{의 효율} : \eta_c = 1 - \frac{Q_2'}{Q_1'} \cdots\cdots \text{(4-10)} \quad ②$$

여기서, $\eta > \eta_c$ 라고 가정하면 ① > ② 이 되므로,

$$1 - \frac{Q_2'}{Q_1} > 1 - \frac{Q_2'}{Q_1'}, \quad \frac{Q_2'}{Q_1} < \frac{Q_2'}{Q_1'}, \quad \frac{1}{Q_1} < \frac{1}{Q_1'} \quad ③$$

이므로, 따라서 $Q_1 > Q_1'$ 이다. 또, A 와 B 의 일은

$$A \text{의 일} : W = Q_1 - Q_2 = Q_1 - Q_2' \quad ④$$

$$B \text{의 일} : W = Q_1' - Q_2' \quad ⑤$$

이번에는 그림 (b) 와 같이, A 와 B 를 합체하면 전체가 외부에 행하는 일, 즉 $W - W'$ 는 식 ③ 으로부터, $W - W' = (Q_1 - Q_2') - (Q_1' - Q_2') = Q_1 - Q_1' > 0$ 로 된다.

따라서 고열원으로부터 $Q_1 - Q_1'$ 의 열을 흡수하여 이 열이 모두 일로 바뀌는 그림 (b) 와 같은 제 2 종 영구기관이 실현된다. 그러나 이것은 Thomson의 원리[31]에 위배된다. 이 때문에 가정 $\eta > \eta_c$ 는 잘못된 가정으로 효율 η 는 $\eta \leqq \eta_c$ 의 범위 내에서 국한된다.

---

31) Kelrin-Planck의 서술

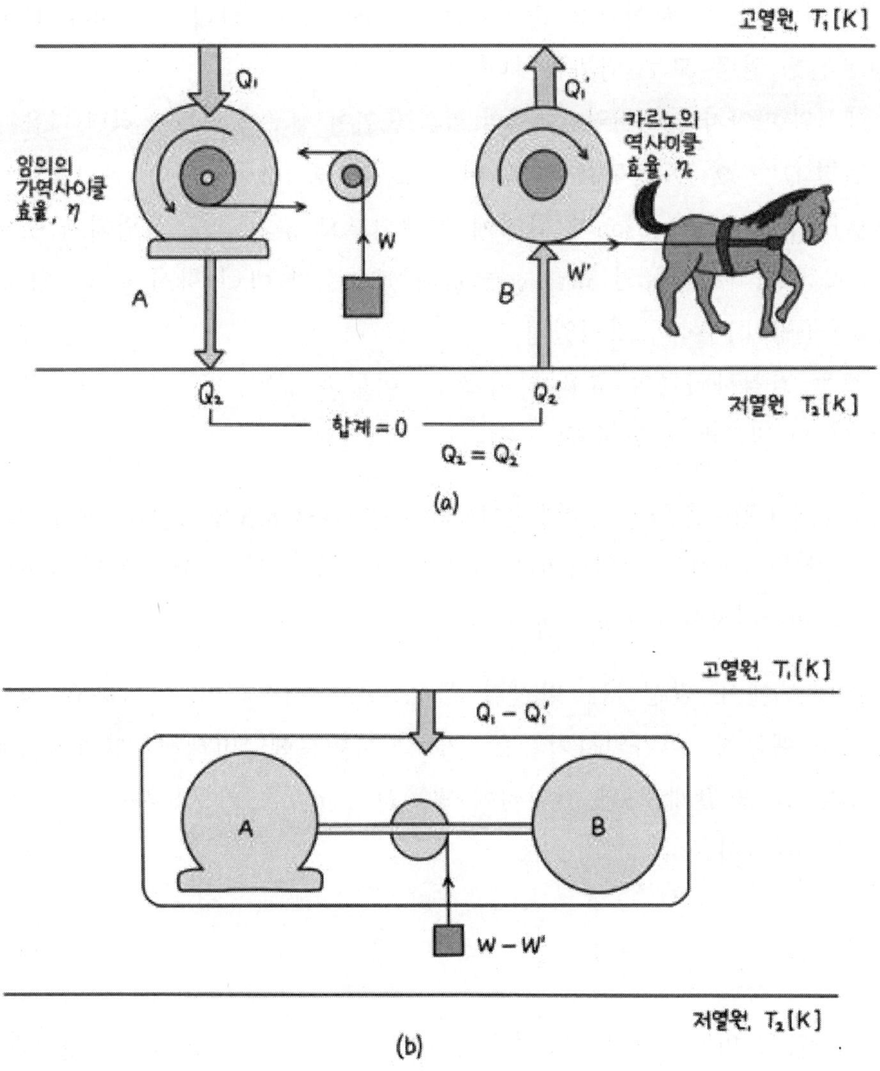

고열원, T_1[K]
Q_1
Q_1'
카르노의
역사이클
효율, η_c
임의의
가역사이클
효율, η
W
W'
A
B
Q_2
Q_2'
저열원, T_2[K]
합계=0
$Q_2 = Q_2'$
(a)
고열원, T_1[K]
$Q_1 - Q_1'$
A
B
W − W'
저열원, T_2[K]
(b)

[그림 4-9] 열기관의 효율

(5) 카르노의 정리 - II

앞 절에서 임의의 가역사이클 효율 η 는 $\eta \leq \eta_c$ 의 범위 내에서 국한됨을 알았다. 이번에는 등호를 제외하고 $\eta < \eta_c$ 라고 가정해보자. 그림 4-10 과 같이 가역사이클 A 를 역행시키고 카르노사이클을 순방향으로 운전하도록 한다. 그림 4-9 의 A, B 와 비교하면 운전은 양쪽 모두 역방향이다.32)

이때, 앞에서와 마찬가지로 저열원에서의 열의 출입이 제로가 되도록 하면 다음과 같은 상황, 즉 열량 $Q_1' - Q_1$ 의 전부를 일로 바꾸는 제 2 종 영구기관이 실현됨을 알 수 있다. 그러나 이 역시 Thomson의 원리에 위배되므로 $\eta < \eta_c$ 도 성립되지 못한다.

이 결과, 모든 가역사이클의 효율 η 는 η_c 와 부등호가 아닌 항시 $\eta = \eta_c$ 의 관계가 된다. 이로서 [정리 I]이 증명되었다.

따라서 모든 가역사이클의 효율은 카르노사이클과 같다.

이를 카르노의 정리라고 한다.33)

[정리 II]: 2 개의 정해진 열원 사이에서 작동하는 열기관의 효율을 동일한 2개의 열원 사이에서 작동하는 가역사이클 기관보다 더 좋게 만들 수는 없다. ; $\eta < \eta_c$
(비가역사이클의 $\eta \leq \eta_c$)

비가역사이클34)에서 발생하는 마찰열 등은 일에 사용되지 아니하고 저열원에 방출된다. 이 때문에 비가역사이클은 카르노사이클에 비해서 고열원으로부터 흡수하는 열량 Q_1 을 같게 하면 저열원에 방출하는 Q_2' 는 카르노사이클의 Q_2' 보다 크게 되어 비가역사이클의 효율 η 는,

$$\eta = 1 - \frac{Q_2}{Q_1} < 1 - \frac{Q_2'}{Q_1'} \tag{4-11}$$

로 된다. 이 때문에 비가역사이클의 효율 η 보다 작은, 즉 $\eta < \eta_c$ 가 되어 [정리 II]가 증명 되었다.

32) 반대방향으로 작동되는 역 카르노사이클의 경우에는 외부로부터 동작유체가 일 W 를 받고 저열원에서 열량 Q_2 를 얻어서 이들의 합인 $W + Q_2 = Q_1$ 을 고열원에 이동시키게 된다.
이와 같은 사이클은 냉동기에 있어서의 이상적인 사이클이 된다.

33) 지금까지 카르노사이클을 가역사이클의 대표로 취급한 이유는 카르노의 정리가 기초로 되어 있기 때문이다.

34) 과정 중에 손실이 발생하는 사이클

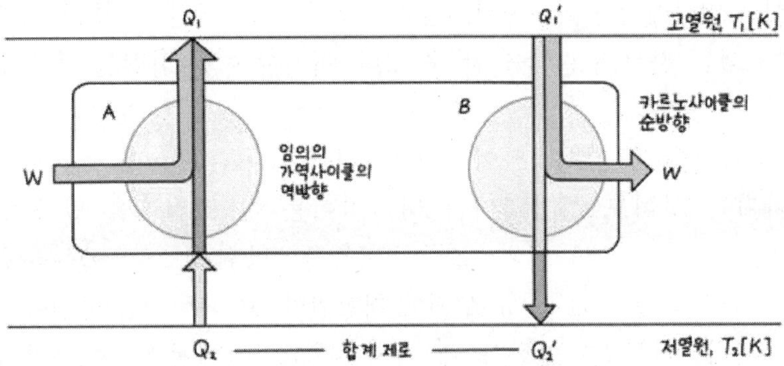

[그림 4-10]　$\eta < \eta_c$가 불성립

반대방향으로 작동되는 역 카르노사이클의 경우에는 외부로부터 동작유체가 일 W를 받고 저열원에서 열량 Q_2를 얻어서 이들의 합인 $W + Q_2 = Q_1$을 고열원에 이동시키게 된다.
이와 같은 사이클은 냉동기에 있어서의 이상적인 사이클이 된다.

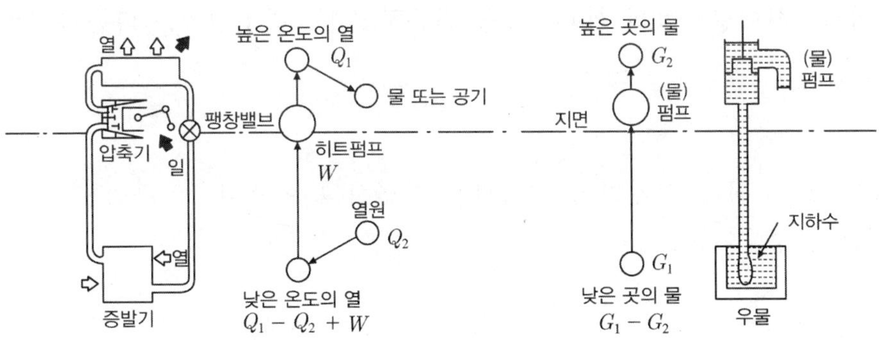

역(逆) 카르노사이클의 예, 히트펌프와 (물)펌프의 비교

Items	열	물
구동력	온도	높이
수송하는 대상	열	물
사용하는 대상	히트펌프	(물)펌프

(6) 카르노의 정리 – III

식 (4-10) 에서 가역사이클인 카르노사이클의 열효율은 두 열원의 절대온도에만 관계되며 동작유체의 종류와는 전혀 무관함을 알 수 있다. 여기서 이런 사실을 구체적으로 증명해 보자.

우선, 카르노사이클에 앞서 사이클의 정의는 계(system)의 동작유체가 처음의 상태로 되돌아가는 것이므로 가역이든 비가역이든 이 조건[35]을 만족해야 한다.

E_A 는 열기관, E_B 는 냉동기와 같은 기능을 발휘하므로 $Q_1' > Q_1$, $Q_2' > Q_2$ 라 가정하면, $[Q_1' - Q_1]\ (= Q_2' - Q_2) > 0$ 로 되어 저열원의 $Q_2' - Q_2$ 만큼의 열량이 고열원으로 이동하면서 주위에 아무런 변화도 남기지 않고 열이동이 이루어지는 제 2 종 영구기관이 되므로 열역학 제 2 법칙에 위배된다. 따라서 위의 가정에서 열역학 제 2 법칙이 성립 하려면 반드시 $Q_1 = Q_1'$, $Q_2 = Q_2'$ 이어야 한다.

그러므로 $Q_2' / Q_1' = Q_2 / Q_1$ 이고, 열효율 η_c 는

$$\eta_c = 1 - \frac{Q_2}{Q_1} = 1 - \frac{Q_2'}{Q_1'}$$

가 된다. 이것은 우리가 가정한 E_A, E_B 의 동작유체가 서로 다르다는 것과 관계없이 열효율이 같다는 것을 의미한다. 즉, 「동일한 온도 사이에서 작동하는 카르노사이클의 열효율은 동작유체의 종류와 관계없이 항상 절대온도에만 관계된다.」는 것이다.

지금, 카르노사이클효율의 식 (4-11) 을 인용하면 [정리 I, II] 는 다음과 같이 된다.

$$\eta \le \eta_c = 1 - \frac{T_2}{T_1}$$

이 식은 작업물질에 관계없이 성립함을 의미하고 있으며,
가역사이클의 경우에는,

$$\eta = \eta_c \text{ 이므로, } \quad \frac{T_2}{T_1} = 1 - \eta \text{ 로 된다.}$$

따라서 가역사이클의 외부일 W 와 흡수한 열량 Q_1 을 측정하여 효율 η 가 결정되면 위 식에 의해서 양쪽의 열원의 온도 비 T_2 / T_1 가 구해진다. 이 온도비는 물질의 종류에 관계없이 정해지는 값이다. 이렇게 물질에 관계없이 정의되는 온도를 열역학적 온도(절대온도, K) 라고 한다.

35) 외부를 포함한 모두가 원래의 상태로 돌아갈 때는 가역사이클이며, 마찰열 등으로 주위(surroundings)가 변하게 되면(계는 원래의 상태로 돌아가더라도) 비가역 사이클임에 유의한다.

가역카르노사이클에서는

$$\frac{Q_1}{Q_2} = \frac{T_1}{T_2}$$

수열량과 방열량의 비가 수열 시의 온도와 방열 시의 온도의 비와 같다.

열효율은 고열원과 저열원의 온도만으로 나타내지며 쓰이는 물질에는 관계되지 않는다.

4.9 열역학적 온도 (Thermodynamic Temperature)

(1) 열역학적 온도눈금 (Thermodynamic Temperature)

지금까지 우리가 온도에 관하여 고려했던 전부는 더 높은, 같은 혹은 더 낮은 온도의 수치였으나, 이제 온도의 정의에 근거하여 수치를 측정하는 방법에 관하여 알아보기로 한다.

온도란 열, 즉 에너지증감의 척도로서 대개의 경우 실제로 온도를 측정하기 위해서는 물질의 열팽창을 이용한 온도계를 사용하고 있다. 그러나 이러한 온도계는 사용되는 물질에 따라 물성적 변화에 차이가 생기고, 또 그것이 온도에 따라 변하므로 온도계마다 측정된 온도가 다르게 나타날 수 있다. 즉, 이와 같은 온도는 물리적 의미가 없으므로 온도계에 사용되는 물질의 종류에 관계없이 항상 일정한 절대적인 온도눈금이 요구된다.

앞 절에서 설명한 카르노사이클의 열효율은 동작유체와는 관계없이 단지 고열원과 저열원의 두 열량에 의해서만 결정되므로 이 원리를 이용하면 물질의 종류와 관계없는 절대적인 온도눈금(열역학적 온도눈금)을 얻을 수 있었다.

그림 4-11 과 같이 P-V 선도 상에 임의의 두 단열선 aa' 및 bb' 를 긋고 온도가 τ_1 인 등온선 $1\,1'$ 를 기준으로 사각형 $1\,1'2\,2'$ 의 면적과 같도록 등온선 $2\,2'$, $3\,3'$, $4\,4'$, ……, $n\,n'$ 을 그은 다음 각 등온선에 해당하는 온도를 각각 τ_2, τ_3, ……, τ_n 이라 한다.

이렇게 하면 사각형 $1\,1'2\,2'$, $2\,2'3\,3'$, ……, $(n-1)\,(n-1)'\,n\,n'$ 은 모두 카르노사이클이 되므로 흡열량을 위로부터 Q_1, Q_2, Q_3, ……, Q_{n-1} 이라 하고 방열량을 바로 아래에 인접한 사이클의 흡입량과 같이 Q_2, Q_3, Q_4, ……, Q_n 이라고 하면 각 사각형의 면적이 모두 같아지므로,[36] 각 사이클의 일량은 모두 같아야 된다. 즉,

$$ {}_1W_2 = {}_2W_3 = \cdots\cdots,\ {}_{n-1}W_n \text{ 이므로, } \quad {}_1W_2 = Q_1 - Q_2, \quad {}_2W_3 = Q_2 - Q_3, $$

$$ {}_{n-1}W_n = Q_{n-1} - Q_n $$

이다.

이와 같이 카르노사이클의 일의 양을 같게만 하면, 카르노사이클의 열효율은 동작물질의 종류와는 관계없이 온도만의 함수이므로 위의 등온선에서 얻어진 온도 τ_1, τ_2, ……, τ_n 은 온도의 정의에 근거한 정확한 온도가 된다.

이렇게 정해진 온도를 열역학적 온도라고 한다.

36) 면적이 같도록 등온선을 그었으므로.

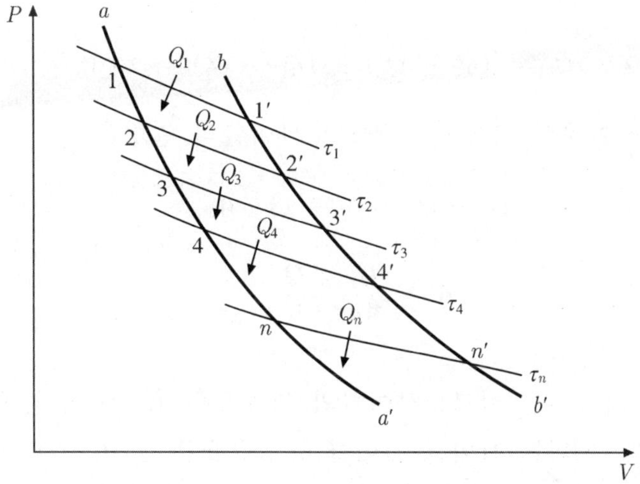

흡열량을 위로부터 Q_1, Q_2, Q_3, ..., Q_{n-1} 이라 하고 방열량을 바로 아래에 인접한 사이클의 흡열량과 같이 Q_2, Q_3, Q_4, ..., Q_n 이라 하면 각 사각형의 면적이 모두 같아지므로 각 사이클의 일량은 모두 같다.

[그림 4-11] 열역학적 온도

$$
\begin{aligned}
{}_1W_2 &= Q_1 - Q_2 \\
{}_2W_3 &= Q_2 - Q_3 \\
\vdots \quad & \quad \vdots \quad\quad \vdots \\
+)\ {}_{n-1}W_n &= Q_{n-1} - Q_n \\
\hline
(n-1)\cdot(W_n) &= Q_1 - Q_n
\end{aligned}
$$

(2) 카르노 함수(Carnot function)

지금, τ_1 과 τ_2 사이에서 작동되는 카르노사이클의 일량을 W 라 하자.

$$W = {}_1W_2 = Q_1 - Q_2 \qquad \cdots\cdots ①$$

τ_1 과 τ_3 사이에서 작동되는 카르노사이클의 일량은

$$Q_1 - Q_3 = (Q_1 - Q_2) + (Q_2 - Q_3) = 2 \cdot W \qquad \cdots\cdots ②$$

이므로, τ_1 과 τ_n 사이에서 작동되는 카르노사이클의 일량은

$$Q_1 - Q_n = (n - 1) \cdot W \qquad \cdots\cdots ③$$

즉,

$$W = \frac{Q_1 - Q_n}{(n - 1)}$$

이다. 한편,

τ_1 과 τ_2 사이에서 작동되는 카르노사이클의 열효율은 W / Q_1 이며,
τ_1 과 τ_3 사이에서 작동되는 사이클 사이클의 열효율은 $2 \cdot W / Q_1$ 이므로,
τ_1 과 τ_3 사이는 τ_1 과 τ_2 사이에서 작동되는 카르노사이클의 열효율의 2 배,
τ_1 과 τ_4 사이는 τ_1 과 τ_2 사이에서 작동되는 카르노사이클의 열효율의 3 배의 열효율을 가지므로, τ_1 과 τ_n 사이에서 작동되는 카르노사이클의 열효율 η_c 는

$$\eta_c = \frac{Q_1 - Q_n}{Q_1} = \frac{(n - 1) \cdot W}{Q_1} \qquad \cdots\cdots ④$$

이다. 그런데 카르노사이클에서 열량은 온도차에 비례하므로 식 ③ 은

$$Q_1 - Q_n = (n - 1) \cdot W = K \cdot (\tau_1 - \tau_n) \text{ (단, } K \text{는 임의의 상수)}$$

로 나타낼 수 있다. 그러므로 식 ④ 는,

$$\eta_c = \frac{Q_1 - Q_n}{Q_1} = \frac{K}{Q_1} \cdot (\tau_1 - \tau_n) \qquad \cdots\cdots ⑤$$

가 된다. 여기서, $K / Q_1 = f_c$ 로 놓으면 식 ⑤ 는

$$\eta_c = f_c \cdot (\tau_1 - \tau_n) \qquad (4\text{-}12)$$

로 된다.

식 (4-12) 에서, f_c $(= K / Q_1)$ 는 τ_1 만의 함수이며 τ_n 과는 무관하다.
이러한 f_c 를 카르노 함수라 한다.

63층에서 62층으로 내려가도 W
1층에서 0층으로 내려가도 W
-272층에서 -273층으로 내려가도 W
이제 그만 내려가자,,
더 이상 내려갈 곳이 없다!!
그러나, 지상층을 내려가는 기분은
지하층을 내려가는 기분과는 사뭇 다르지!
그것은 카르노 함수가 각 층마다 다르기 때문일거야!!

(3) 열역학적 온도의 성질

지금, τ_n 에 관하여 사이클의 열효율 $\eta_c = 1$ 이 되는 기초온도를 생각하면 이는 공급열량 Q_1 이 모두 일로 변환되는 것을 의미하며 $Q_n = 0$ 이어야 하므로 $\tau_n = 0$ 이 된다.

즉, 기준온도 τ_n 을 0 으로 정하면 이 온도는 이론상으로 존재할 수 있는 최저온도, 다시 말하면 절대영도가 된다. 만일 이 절대영도보다 더 낮은 온도가 존재한다면 열효율 η_c 가 1 보다 커지므로 공급열량 Q_1 보다 더 많은 에너지가 일로 바뀌는 결과가 된다. 따라서 기준온도 τ_n 이 절대영도보다 더 낮아질 수 없다.

식 (4-12) 에서 $\eta_c = 1$ 인 경우를 생각하면, $\tau_n = 0$ 이므로,

$$f_c = \frac{1}{\tau_1} \tag{4-13}$$

이다.

여기서 $n = 2$ 인 사이클을 생각하면 열효율은 식 (4-12) 로부터,

$$\eta_c = f_c \cdot (\tau_1 - \tau_n) = \frac{1}{\tau_1} \cdot (\tau_1 - \tau_2) = 1 - \frac{\tau_2}{\tau_1} \tag{4-14}$$

로 주어지고, 식 (4-10) 은,

$$\eta_c = \frac{Q_1 - Q_2}{Q_1} = 1 - \frac{Q_2}{Q_1} \quad \cdots\cdots \text{(4-10')}$$

으로 주어지므로,

$$\frac{Q_2}{Q_1} = \frac{\tau_2}{\tau_1} \tag{4-15}$$

가 된다.

즉, 가역변화에 있어서는 동작유체에 흡수된 열량과 방출된 열량에 대한 고온 측, 저온 측의 열역학적 온도와의 비는 일정함을 알 수 있다.

이러한 열역학적 온도는 다음과 같은 성질을 가진다.

1. 온도계의 종류나 구조에는 전혀 관계없이 절대적인 온도를 정의한다.
2. 가역카르노사이클은 두 개의 등온변화와 두 개의 단열변화에 의해 만들어지는 사이클이나 이에 출입하는 열량을 측정하면 이들 둘의 온도는 그 열량에 비례한다.
3. 이상기체를 사용한 기체온도계가 나타내는 온도계와 완전히 일치한다.

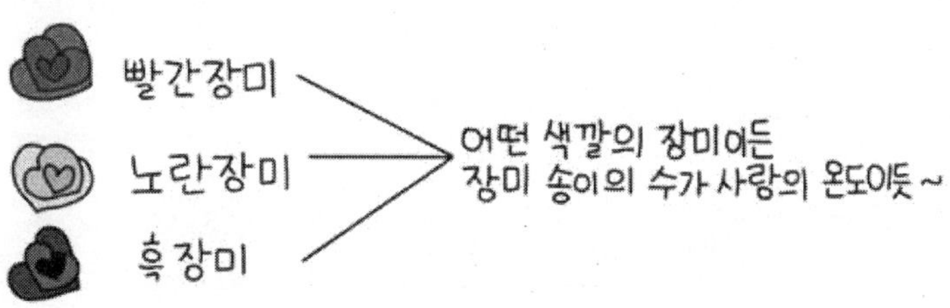

열역학적 온도는 온도계의 종류에 관계없이 절대적인 온도를 정의한다.

(4) Kelvin의 절대온도

이상기체를 사용하는 기체온도계에 의한 절대온도는 완전가스가 일정한 압력 하에서 체적이 0이 되는 점을 가상하여 이 점을 온도의 기준으로 한 온도이다.[37)]

이와 같은 절대온도를 T로 표시하고, 앞에서 정의한 열역학적 절대온도 τ와 비교해 보면 식 (4-10),

$$\frac{|W_{cycle}|}{|Q_1|} = \frac{T_1 - T_2}{T_1} \quad \cdots\cdots \text{(4-10)}$$

으로부터,

$$\frac{|W_{cycle}|}{|Q_2|} = \frac{T_1 - T_2}{T_2} \tag{4-16}$$

이므로,

$$\frac{Q_2}{Q_1} = \frac{T_2}{T_1} \tag{4-17}$$

가 되어,

$$\frac{Q_2}{Q_1} = \frac{T_2}{T_1} = \frac{\tau_2}{\tau_1} \tag{4-18}$$

이므로,

$$\tau_1 = T_1, \quad \tau_2 = T_2 \tag{4-19}$$

로 해도 열역학적으로 모순이 생기지 않는다.

카르노사이클의 열효율은 열량 Q_1과 Q_2의 실제크기가 아닌 그 비율(Q_2/Q_1)에 좌우 되므로 열역학적 온도 τ는 카르노기관을 만들지 않아도 이상기체를 사용하는 기체 온도계에 의한 절대온도 T를 대신 사용해도 상관없음을 알 수 있다.

이를 Kelvin의 절대온도(absolute temperature)라 부르고 K로 나타낸다.

---

37) $P \cdot V = m \cdot R \cdot T \Rightarrow p \cdot 0 = m \cdot R \cdot 0$
또는, 일정한 체적 하에서 압력이 0이 되는 점
$P \cdot V = m \cdot R \cdot T \Rightarrow 0 \cdot \mathrm{V} = \mathrm{m} \cdot R \cdot 0$

(a)

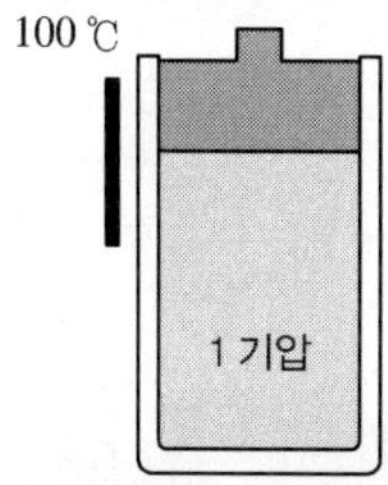

부피 $= 1 + \frac{100}{273}$

100 ℃의 부피 (a)는 0 ℃에서의 부피 (b) 보다 100/273 만큼 더 크다.

(b)

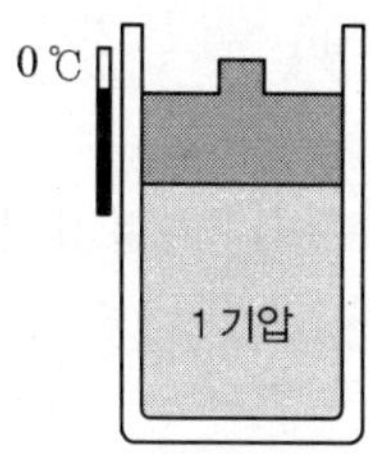

부피 $= 1$

압력이 일정할 때,
기체의 온도를 1℃ 변화시키면 부피가 0 ℃ 에서보다 1/273 만큼 변하게 된다.

(c)

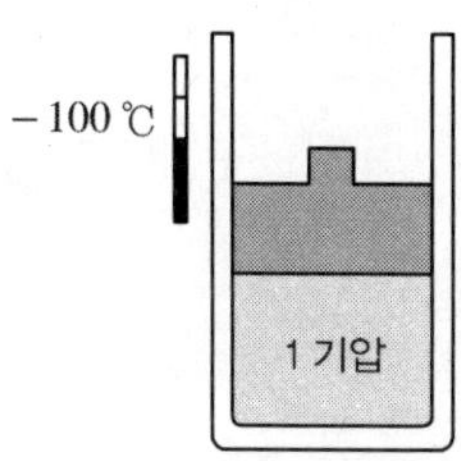

부피 $= 1 - \frac{100}{273}$

만약 온도를 −100 ℃ 낮추면 부피(c)는 0 ℃에서의 부피(b) 보다 100/273 만큼 수축된다.

(d)

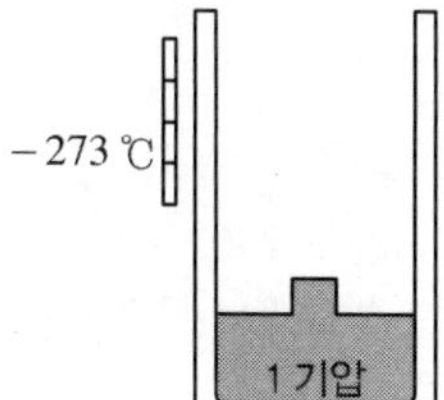

부피 $= 1 - \frac{273}{273} = 0$

따라서 −273 ℃에서 부피(d)는 0 ℃에서의 부피(b) 보다 273/273 만큼 수축되어 0이 될 것이다.

(5) Q/T(열/온도)

카르노기관을 포함한 일반기관의 열효율은,

$$\eta = \frac{Q_1 - Q_2}{Q_1} = 1 - \frac{Q_2}{Q_1} \quad \cdots\cdots \quad (4\text{-}7)$$

로 나타내어지지만, 카르노사이클 기관에서의 효율 η_c 는 절대온도만으로 나타낼 수 있음을 알았다.

즉,

$$\eta_c = \frac{Q_1 - Q_2}{Q_1} = 1 - \frac{Q_2}{Q_1} = 1 - \frac{T_2}{T_1} \quad \cdots\cdots \quad (4\text{-}10)$$

이것이 카르노기관의 특징이다. 따라서 카르노사이클을 행하는 열기관, 즉 가역사이클 기관에서는 다음 식이 성립한다.

$$\frac{Q_2}{Q_1} = \frac{T_2}{T_1} \qquad \therefore \ \frac{Q_1}{T_1} = \frac{Q_2}{T_2} \qquad (4\text{-}20)$$

즉, 수열 측과 방열 측에 있어서

$$\frac{Q}{T} = \text{일정} \qquad (4\text{-}21)$$

이라는 관계가 성립하고 있다.

실은, 이와 같이 열역학 계산에서는 $\frac{Q}{T}$ 가 자주 나타나게 되므로 이 정수를 새로운 물리량으로 취급하기로 한다.

지금, 대상으로 하는 계에 미소열량 δQ 가 출입할 때,

이때의 절대온도가 T 인 경우,

미소물리량 $\frac{\delta Q}{T}$ 의 물리적 의미를 살펴보기로 한다.

그림 4-12 와 같이 P-V 선도 상에서 나타낸 일반적인 가역사이클 $ABCD$ 에 단열선과 등온선을 그어 무한히 많은 미소 카르노사이클[38]을 만든다(부록 22 참조).

38) 2 개의 가역단열선과 2 개의 가역등온선으로 둘러싸여 있다.

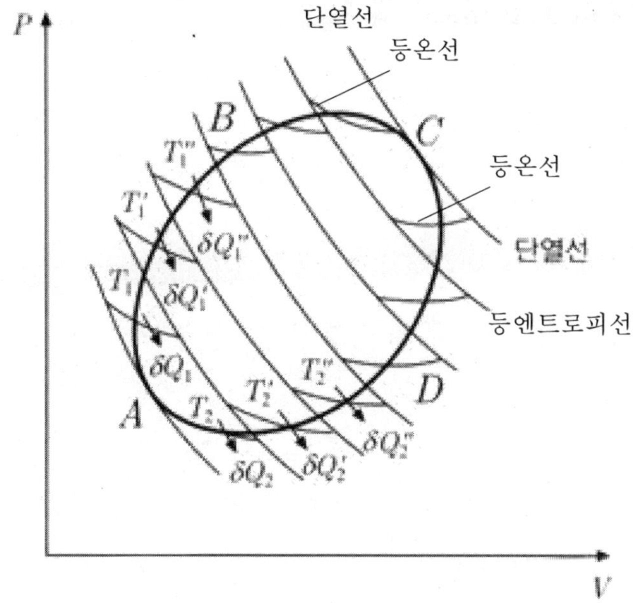

[그림 4-12] 가역사이클 A B C D 를 무수한 미소 카르노사이클로 분할

$$\frac{Q_1}{T_1} = \frac{Q_2}{T_2} = \text{일정}$$

4.10 가역사이클과 Clausius 폐적분

각 사이클의 고온 측 온도를 $T_{1-\mathrm{I}}$, $T_{1-\mathrm{II}}$, $T_{1-\mathrm{III}}$, ……, 저온 측의 온도를 $T_{2-\mathrm{I}}$, $T_{2-\mathrm{II}}$, $T_{2-\mathrm{III}}$, ……, 흡열량을 $\delta Q_{1-\mathrm{I}}$, $\delta Q_{1-\mathrm{II}}$, $\delta Q_{1-\mathrm{III}}$, ……, 방열량을 $\delta Q_{2-\mathrm{I}}$, $\delta Q_{2-\mathrm{II}}$, $\delta Q_{2-\mathrm{III}}$, …… 라 하면,
사이클 I에 대하여,

$$\eta_{\mathrm{I}} = 1 - \frac{\delta Q_{2-\mathrm{I}}}{\delta Q_{1-\mathrm{I}}} = 1 - \frac{T_{2-\mathrm{I}}}{T_{1-\mathrm{I}}} \Rightarrow \frac{\delta Q_{2-\mathrm{I}}}{\delta Q_{1-\mathrm{I}}} = \frac{T_{2-\mathrm{I}}}{T_{1-\mathrm{I}}} \quad \therefore \frac{\delta Q_{1-\mathrm{I}}}{T_{1-\mathrm{I}}} = \frac{\delta Q_{2-\mathrm{I}}}{T_{2-\mathrm{I}}} \quad \cdots\cdots ①$$

사이클 II에 대하여,

$$\eta_{\mathrm{II}} = 1 - \frac{\delta Q_{2-\mathrm{II}}}{\delta Q_{1-\mathrm{II}}} = 1 - \frac{T_{2-\mathrm{II}}}{T_{1-\mathrm{II}}} \Rightarrow \frac{\delta Q_{2-\mathrm{II}}}{\delta Q_{1-\mathrm{II}}} = \frac{T_{2-\mathrm{II}}}{T_{1-\mathrm{II}}} \quad \therefore \frac{\delta Q_{1-\mathrm{II}}}{T_{1-\mathrm{II}}} = \frac{\delta Q_{2-\mathrm{II}}}{T_{2-\mathrm{II}}} \quad \cdots ②$$

사이클 III에 대하여, 같은 방법으로

$$\frac{\delta Q_{1-\mathrm{III}}}{T_{1-\mathrm{III}}} = \frac{\delta Q_{2-\mathrm{III}}}{T_{2-\mathrm{III}}} \quad \cdots\cdots ③$$

다른 사이클에 대해서도 같은 관계가 성립하므로, 식 ①, ②, ③들을 모두 합하면, 전체 사이클에 대해서는,

$$\frac{\delta Q_{1-\mathrm{I}}}{T_{1-\mathrm{I}}} + \frac{\delta Q_{1-\mathrm{II}}}{T_{1-\mathrm{II}}} + \frac{\delta Q_{1-\mathrm{III}}}{T_{1-\mathrm{III}}} + \cdots\cdots = \frac{\delta Q_{2-\mathrm{I}}}{T_{2-\mathrm{I}}} + \frac{\delta Q_{2-\mathrm{II}}}{T_{2-\mathrm{II}}} + \frac{\delta Q_{2-\mathrm{III}}}{T_{2-\mathrm{III}}} + \cdots\cdots \quad \cdots\cdots ④$$

$$\therefore \sum \frac{\delta Q_1}{T_1} = \sum \frac{\delta Q_2}{T_2} \quad \text{즉,} \quad \sum \frac{\delta Q_1}{T_1} - \sum \frac{\delta Q_2}{T_2} = 0 \qquad (4\text{-}22)$$

여기서, 동작유체에 가한 열량을 '+'라 하면, 방출열량은 '−'이므로

$$\sum \frac{\delta Q}{T} = 0 \qquad (4\text{-}22')$$

로 간단히 표시되며 이것을 적분의 형태로 표시하면,

$$\oint \frac{\delta Q}{T} = 0 \qquad (4\text{-}22'')$$ [39]

식 (4-22)는 모든 가역사이클에 대한 적분치가 항상 0이 됨을 뜻하며 이를 Clausius의 적분(Clausius integral)이라 한다.

39) 카르노사이클에서는 $\frac{\delta Q}{T}$의 값이 일정하므로, $\oint \frac{\delta Q}{T} = 0$, $\therefore\ dS = 0$
즉, 『카르노사이클에서는 엔트로피의 증가가 없다.』는 의미로 이것은 가역사이클의 특징을 엔트로피를 이용해서 표현한 것이다.

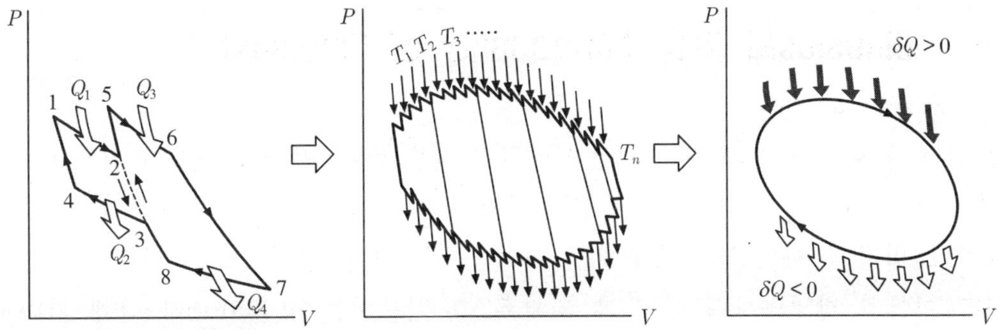

(a) 12341의 사이클과 56785의 사이클의 23과 85는 서로 상쇄되어 125678341의 합성사이클이 된다.

(b) (a)의 합성을 무수한 미세사이클로 다시 합성한다.

(c) 폐곡선의 사이클로 치환한다.

$$\left.\begin{aligned} \frac{Q_1}{T_1} + \frac{Q_2}{T_2} + \frac{Q_3}{T_3} + \frac{Q_4}{T_4} &= 0 \quad (\text{가 역}) \\ \frac{Q_1}{T_1} + \frac{Q_2}{T_2} + \frac{Q_3}{T_3} + \frac{Q_4}{T_4} &< 0 \quad (\text{비가역}) \end{aligned}\right\} \quad Q_2 < 0, \quad Q_4 < 0$$

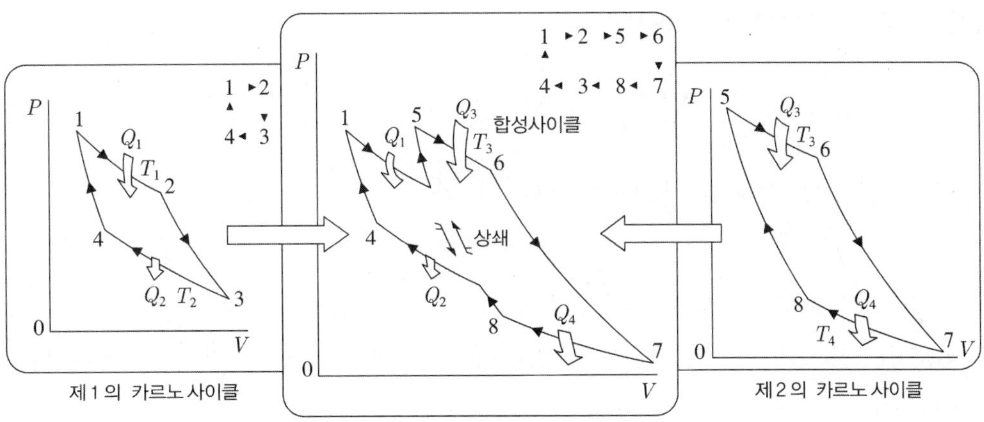

합성 사이클

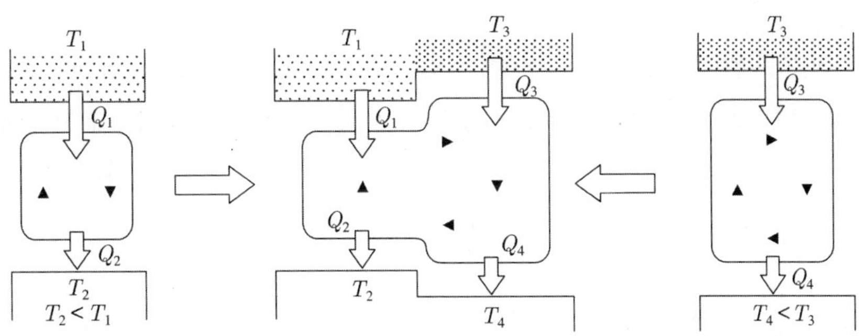

제1의 카르노 엔진 합성 카르노 엔진 제2의 카르노 엔진

4.11 Clausius의 부등식 (Inequality of Clausius)

앞 절의 식 (4-22) 에서 폐적분, 즉 한 사이클에 대한 적분치가 항상 제로가 됨을 보았다. 이때는 그 사이클이 가역사이클인 경우였다.

그러나 비가역 사이클인 경우에는 마찰 등에 의한 열손실로 인하여 방열량이 가역 사이클의 방열량보다 더 크게 되므로 그 적분치는 항상 0 보다 작게 된다.[40)]

여기서, 가역사이클과 비가역 사이클의 열효율을 각각 η_R, η_{IR} 이라 하면,

$$\eta_R = 1 - \frac{Q_2}{Q_1} = 1 - \frac{T_2}{T_1} \quad \cdots\cdots \quad (4\text{-}10)$$

$$\eta_{IR} = 1 - \frac{Q_2}{Q_1} \quad \cdots\cdots \quad (4\text{-}7)$$

이며, $\eta_R > \eta_{IR}$ 이므로,

$$1 - \frac{T_2}{T_1} > 1 - \frac{Q_2}{Q_1} \qquad \therefore \frac{Q_1}{T_1} < \frac{Q_2}{T_2} \tag{4-23}$$

이를 세분된 사이클에 적용하면,

$$\sum \frac{\delta Q_1}{T_1} - \sum \frac{\delta Q_2}{T_2} < 0 \tag{4-24}$$

이 된다. 이를 적분식으로 나타내면 다음과 같다.

$$\oint \frac{\delta Q}{T} < 0 \tag{4-25}$$

식 (4-25) 는 비가역 사이클에 대한 Clausius의 적분은 0 보다 작다는 것을 뜻하며 이를 Clausius의 부등식이라 한다.

여기서, $\oint$ 는 사이클 전체에 대한 폐적분을 나타낸다.

지금까지 $\delta Q/T$ 의 가역사이클과 비가역 사이클의 사이클 전체에 대한 폐적분 값에 관하여 알아보았으나, $\delta Q/T$ 가 상태 1 에서 상태 2 까지 변할 때의 값에 관하여 알아보기로 한다.

---

40) 가역사이클 : $\sum \frac{\delta Q_1}{T_1} = \sum \frac{\delta Q_2}{T_2}$, $\quad \sum \frac{\delta Q_1}{T_1} - \sum \frac{\delta Q_2}{T_2} = 0$

비가역사이클 : $\sum \frac{\delta Q_1}{T_1} < \sum \frac{\delta Q_2}{T_2}$, $\quad \sum \frac{\delta Q_1}{T_1} - \sum \frac{\delta Q_2}{T_2} < 0$

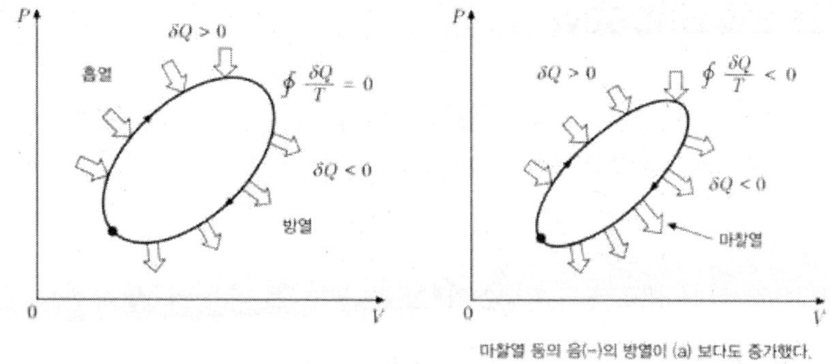

(a) 가역사이클 (b) 비가역사이클

<Clausius의 부등식>

맨날 적자인생!
수입 (Q_1) 은 일하는 능력 (T_1) 만큼밖에 안 되는데
지출 (Q_2) 는 자신의 처지 (T_2) 보다 엄청 높아가지고야
맨날 적자($\oint < 0$) 인생이지 뭐!!

$$\sum \frac{\delta Q_1}{T_1} - \sum \frac{\delta Q_2}{T_2} = \oint \frac{\delta Q}{T} < 0 \quad \cdots \quad (4-24, 25)$$

인생살이:

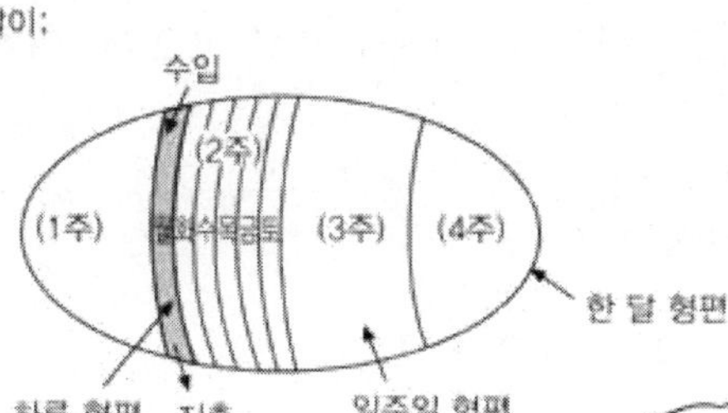

4.12 엔트로피 (Entropy)

그림 4-13 은 가역사이클 1 → 3 → 2 → 4 → 1 을 P-V 선도 상에 나타낸 것이다. 이는 가역사이클이라 하였으므로 Clausius적분은 반드시 제로여야 한다. 따라서

$$\oint \frac{\delta Q}{T} = 0 \quad \cdots\cdots \quad (4\text{-}22)$$

지금, 이 적분을 적분경로 1 → 3 → 2 와 2 → 4 → 1 로 나누어 생각한다.

$$\oint \frac{\delta Q}{T} = \int_{1\to3}^{2} \frac{\delta Q}{T} + \int_{2\to4}^{1} \frac{\delta Q}{T} = 0 \qquad ①$$

이것은 가역사이클이므로, 2 → 4 → 1 의 역(逆)경로[41] 1 → 4 → 2 역시 성립해야 한다.

$$\int_{2\to4}^{1} \frac{\delta Q}{T} = -\int_{1\to4}^{2} \frac{\delta Q}{T} \qquad ②$$

이제, 식 ② 를 식 ① 에 대입하여 이항하면 다음 식이 성립한다.

$$\int_{1\to3}^{2} \frac{\delta Q}{T} = \int_{1\to4}^{2} \frac{\delta Q}{T} \qquad (4\text{-}26)$$

즉, 가역사이클에 있어서 상태 1 점과 상태 2 점이 주어지면, 그 두 점 사이에는 어떠한 경로(단, 가역인 경로일 것)를 취해도 결국 식 (4-26) 과 같이 된다. 따라서 다음 식이 성립하며, 다음 사실을 알 수 있다.

$$\int_{1}^{2} \frac{\delta Q}{T} = \text{일정} \qquad (4\text{-}27)$$

지금, P-V 선도 상에 점 1 을 잡고 이것을 기준점으로 점 2 를 취하여 $\int_{1}^{2} \frac{\delta Q}{T}$ 를 구하면
이는 가역변화의 경로에 따라 변하지 않고 하나의 값으로 결정되는 값, 즉 상태량이 된다.[42] 이 새로운 상태량을 Clausius는,

$$dS = \frac{\delta Q}{T} \;^{43)} \qquad \text{또는 } \delta Q = T \cdot dS \;^{44)} \qquad (4\text{-}28)$$

로 정의하여 S 를 엔트로피(entropy)라 하였다.

S 는 m kg 에 대한 것으로 단위는 $kcal/K$ 이다. 단위질량($1\ kg$)에 대해서는

$$ds = \frac{\delta q}{T} \quad \text{또는 } \delta q = T \cdot ds \qquad (4\text{-}28')$$

41) 가령, 시간의 진행을 역(逆)으로 취한다든지

42) 여기서 주의할 것은 변화하는 경로가 반드시 가역과정이어야 한다는 것이다.

43) $\Delta S = S_2 - S_1 = \int_1^2 \frac{1}{T(Q)} \cdot \delta Q$

44) $\Delta Q = Q_2 - Q_1 = \int_1^2 T(S) \cdot dS$

로 되며, 단위중량당 엔트로피를 비(比) 엔트로피(specific entropy)라고 한다.

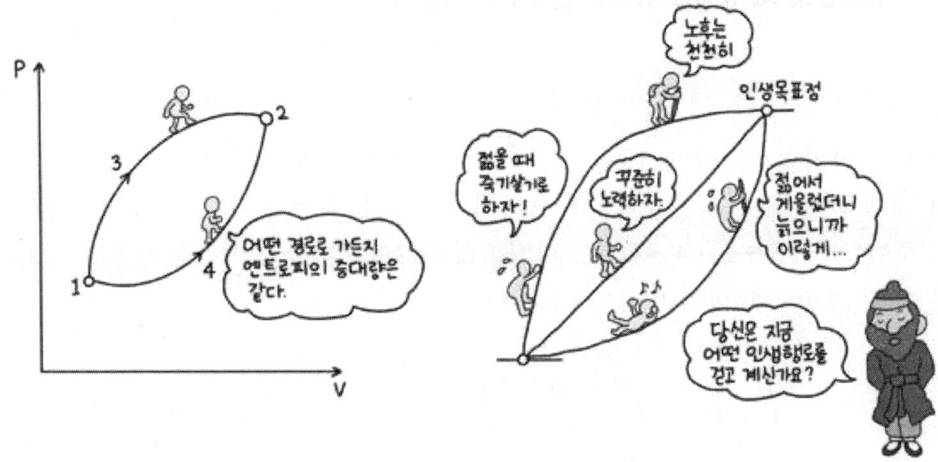

[그림 4−13] 가역사이클 1−3−2−4−1 을 경로 1−3−2 와 경로 1−4−2 로 나눈다.

일반적으로 비가역 과정에 있어서는 고온도에서 저온도의 열 전달이나
마찰에 의한 일이 열로 전환하는 것과 같이 자연적 방향으로만 현상이 일어나야 된다. 즉, 과정이 한쪽 방향으로 확정되지 않으면 안 된다. 따라서, 한쪽 방향으로만 변화하는 사실을 나타내는 어떤 물리량의 존재가 필요하게 되는데 이 물리량을 엔트로피라 한다.

4.13 엔트로피 (Entropy) 증가의 법칙

(1) 비가역변화의 엔트로피 - I

이번에는 비가역사이클에 대한 엔트로피의 변화에 대하여 생각해 보자.

앞의 그림 4-13 에서, 경로 1 → 3 → 2 는 비가역변화, 경로 2 → 4 → 1 이 가역변화라고 하면, 사이클 1 → 3 → 2 → 4 → 1 은 비가역사이클이 되어, 이 사이클의 Clausius 적분값은 식 (4-25) 에 의하여 0 보다 작게 된다. 즉, $\oint \delta Q < 0$ 이므로,

$$\oint \frac{\delta Q}{T} = \int_{1\to3}^{2} \frac{\delta Q}{T} + \int_{2\to4}^{1} \frac{\delta Q}{T} < 0 \quad \cdots\cdots \quad (4\text{-}24)$$

또는

$$\int_{1\to3}^{2} \frac{\delta Q}{T} - \int_{1\to4}^{2} \frac{\delta Q}{T} < 0 \qquad (4\text{-}29)$$

그런데 경로 2 → 4 → 1 은 가역변화이므로,

$$\int_{1\to3}^{2} \frac{\delta Q}{T} - (S_2 - S_1) < 0 \qquad (4\text{-}30)$$

즉,

$$(S_2 - S_1) > \int_{1\to3}^{2} \frac{1}{T} \cdot \delta Q \qquad (4\text{-}30')$$

이므로, 비가역변화에서의 엔트로피변화량은 $\int \frac{1}{T} \cdot \delta Q$ 보다 항시 크며, 상태점 1, 2 가 근접할 경우, 비가역변화에 대한 엔트로피와 열량사이의 관계는

$$dS > \frac{1}{T} \cdot \delta Q \qquad (4\text{-}31)$$

또는

$$\delta Q < T \cdot dS \qquad (4\text{-}32)$$

로 나타낼 수 있다.[45] 지금, 계에 열의 출입이 없다($\delta Q = 0$)고 하면, 즉 단열변화의 경우, 가역단열변화에서는 $dS = 0$ 이므로 $S = C_{\text{onst.}}$ 가 되어 계의 엔트로피는 변하지 않으나, 비가역단열변화이면 흡열 측과 방열 측의 엔트로피가 각각 δQ 의 부호에 따라 증가 또는 감소한다. 그러나 계의 전체로서는 다음 절에서 예시하는 경우에 있어서는, $dS > 0$ 가 되어 엔트로피는 항시 증가한다. 한편, 계에 열의 출입이 있는 경우에는 $\delta Q \neq 0$ 이므로, $dS > 0$ 가 되어 엔트로피는 항시 증가한다.

이렇게 비가역변화에서 엔트로피가 항시 증가하는 것을 엔트로피증가의 법칙이라 한다.

---

45) 가역변화의 경우는, $\delta Q = T \cdot dS$ 이다.
이는 같은 열량의 이동 δQ 가 동일하더라도 비가역변화가 가역변화에 비하여 엔트로피의 변화가 크다는 의미이다.

계가 외계로부터 열량을 흡수하면 엔트로피가 증가하고
계가 외계에 열량을 방출하면 엔트로피는 감소한다.

[조건 : 에너지의 소비가 없어야 한다]

(2) 비가역변화의 엔트로피 - II

이제 다음 몇 가지 (비가역)자연현상에 대하여 엔트로피가 항상 증가하는 사실을 지금까지 배운 열역학의 지식으로 증명해 보기로 한다.

1] 열이동의 경우 : 온도가 다른 두 물체를 접촉시키면 열은 고온물체 T_H 로부터 저온물체 T_L 로 이동하여 두 물체의 온도는 같아져서 열평형상태에 이른다. 지금 고온물체에서 저온물체로 ΔQ 만큼의 열이 이동하였다고 하면, 고온물체의 엔트로피 감소량 ΔS_H 는,

$$\Delta S_H = -\frac{\Delta Q}{T_H} \tag{4-33}$$

로 주어진다. 한편, 저온물체의 엔트로피 증가량 ΔS_L 은 다음과 같다.

$$\Delta S_L = +\frac{\Delta Q}{T_L} \tag{4-34}$$

여기서, $T_H > T_L$ 이므로 물체 전체의 엔트로피 변화량 ΔS 는 다음과 같이 된다.

$$\Delta S = \Delta S_H - \Delta S_L = -\frac{\Delta Q}{T_H} + \frac{\Delta Q}{T_L} = \Delta Q \cdot \left(\frac{1}{T_L} - \frac{1}{T_H}\right) > 0 \tag{4-35}$$

즉, 열이동과 같은 비가역과정에서는 엔트로피가 증가함을 알 수 있다.[46)]

2] 열이 일로 변하는 경우 : 고열원 T_H 와 저열원 T_L 사이에서 작동하는 열기관이 있을 때, 고열원의 엔트로피 감소량 ΔS_H 와 저열원의 엔트로피 증가량 ΔS_L 은 다음과 같다.

$$\Delta S_H = -\frac{Q_H}{T_H}, \quad \Delta S_L = +\frac{Q_L}{T_L} \tag{4-36}$$

여기서, $\left|\frac{Q_L}{T_L}\right| > \left|\frac{Q_H}{T_H}\right|$ 이므로, 계[47)]의 엔트로피 변화량 ΔS 는 다음과 같이 된다.

$$\Delta S = \Delta S_L + \Delta S_H > 0 \tag{4-37}$$

그러나 단, 변화하는 과정이 사이클로 이루어지면 가역, 비가역에 관계없이 열기관의 엔트로피는 변하지 않는다.[48)]

---

46) ▶ 열이동이 일어나면 엔트로피는 증대된다.
▶ 엔트로피가 증대하는 방향으로 열이동(자연현상)이 일어난다.

47) 기관과 고열원, 저열원을 포함한 계

48) 예 : 카르노사이클
(a) 가역등온팽창과정 : $\Delta S = \int_c \frac{\delta Q}{T} = \int \frac{m \cdot R \cdot T}{V \cdot T} dV = n \cdot R \cdot \ln\frac{v_2}{v_1} = -n \cdot R \cdot \ln\frac{p_2}{p_1}$
(b) 가역단열팽창과정 : $\Delta S = 0$

<인생살이 = 잔주름살 증가의 법칙>

<엔트로피 = 엔트로피 증가의 법칙>

젊어진 만큼 ; 엔트로피 감소

투자한 만큼 ; 엔트로피 증가

| 엔트로피 감소 < 엔트로피 증가 | ☞ 엔트로피 증가

$$\int_c \frac{\delta Q_{rev}}{T} \geqq 0$$

$$\text{주름살 : 제거고민} \left\{ \sum_{i=1}^{n} (\text{화장, 성형, } \cdots, etc) \right\} \geqq \text{주름살 : 자연 그대로, } \{0\}$$

엔트로피 증가 : 유한(有限)한 가용(可用)자원이 불가용(不可用)자원으로 이동하는 현상

(c) 가역등온압축과정 : $\Delta S = \int_c \frac{\delta Q}{T} = \int \frac{m \cdot R \cdot T}{V \cdot T} dV = n \cdot R \cdot \ln \frac{v_4}{v_3} = -n \cdot R \cdot \ln \frac{p_4}{p_3} = n \cdot R \cdot \ln \frac{p_2}{p_1}$

(d) 가역단열압축과정 : $\Delta S = 0$

3] 마찰이 일어나는 경우 : 엔트로피의 정의식 $dS = \frac{\delta Q}{T}$ 를 적분하여 얻어지는 ΔS 는

$$\Delta S = \int_c \frac{\delta Q_{rev}}{T} \tag{4-38}$$

이다. 여기서 Q_{rev} 는 계에 대한 역학적 에너지 변화가 모두 가역적으로 발생할 때 나타나는 열효과를 Q_{rev} 로 나타내었다.49)

만약, 이러한 역학적 에너지가 비가역적이어서 마찰이 일어나거나 동작유체의 내부 에너지를 높이게 된다면 이러한 공정은 두 단계, 즉 역학적 에너지 효과가 가역적인 공정과 필요한 열을 주변으로부터 추가하는 비가역적인 공정으로 나누어 생각한다.

예를 들어, 유체가 관 속을 흐를 때, 관 내벽과의 접촉에 의해 생기는 마찰열은 비가역 과정의 손실열이며 이 열은 유체에 전달되어 유체의 엔트로피가 증가한다. 마찰에 의한 열을 ΔQ_f 라 하고, 유체의 온도가 T 로서 일정하다고 하면, 엔트로피의 변화량은 다음과 같다.

$$\Delta S = \frac{\Delta Q_f}{T} + \int_c \frac{\delta Q_{rev}}{T} \tag{4-39}$$

여기서, 마찰열 ΔQ_f 는 $\Delta Q_f > 0$ 이므로, $\int_c \frac{\delta Q_{rev}}{T} \geq 0$ 일 경우, $\Delta S > 0$ 가 된다.50) 이 외에도 교축이나 가스의 혼합 같은 비가역변화에서 항상 엔트로피는 증가한다.

엔트로피는 상태변화 전후의 변화량만을 다루는 물리량이므로, 그 비교치가 사용되며 일반적으로는 표준상태51)를 0 으로 하여 다른 상태의 엔트로피 값을 정한다.

---

49) Q (열 에너지) = ΔU (내부에너지의 증가) + $[PE + KE]$ (역학적 에너지) + W (일)
가역적인 공정에서는 Q_{rev} 와 W_{rev} 에 대해서만 고려한다.

50) 엔트로피의 정의 식 (4-28) / $\Delta S = S_2 - S_1 = \int_1^2 \frac{\delta Q}{T}$ 이 의미하는 바는, 온도 T 인 물질이 과정 1-2 에서
가역적으로 열량 δq 를 수열하면 그때 엔트로피는 Δs 만큼 증가한다.
가역적으로 열량 δq 를 방열하면 그때 엔트로피는 Δs 만큼 감소한다.
비가역적으로 열량 δq 를 수열하면 그때 엔트로피는 Δs 만큼 증가한다.
비가역적으로 열량 δq 를 방열하면 그때 엔트로피는 Δs 만큼 감소한다.
특히, 가역단열변화이면, $\delta Q = 0$, $\Delta S = 0$, $\therefore S =$ 일정 으로 된다.
따라서 가역단열변화를 等엔트로피 변화(isentropic change)라 한다.
단, 외부와는 단열적일지라도 마찰을 동반하는 유동일 경우에는, 흐름과 벽 사이에서 발생된 마찰열이 유체에 가해지므로 유체 자신의 상태는 $\delta Q > 0$ 가 되고 따라서 S는 증가한다.
즉, 가역변화일 때는 : $dS = \frac{\delta Q}{T}$ 이나, 비가역변화일 때는 : $dS > \frac{\delta Q}{T}$ 으로 된다.

51) 온도 / 0.01 ℃, 포화압력 / 0.6113 kpa(부록 10), 압력 / 0.6113 kpa, 포화온도 / 0.01 ℃(부록 11)

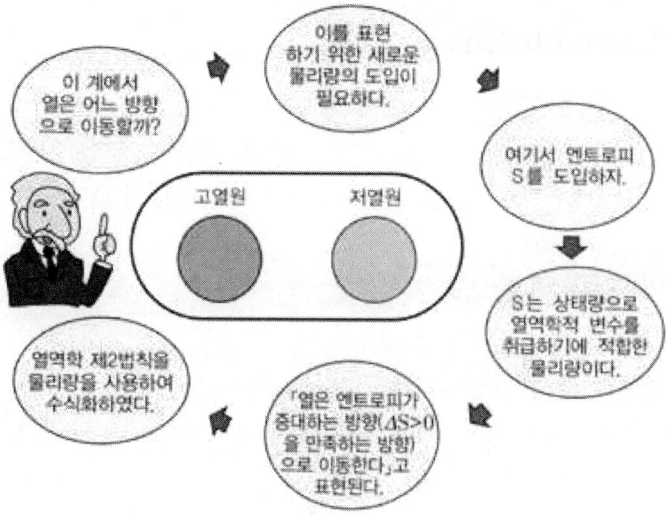

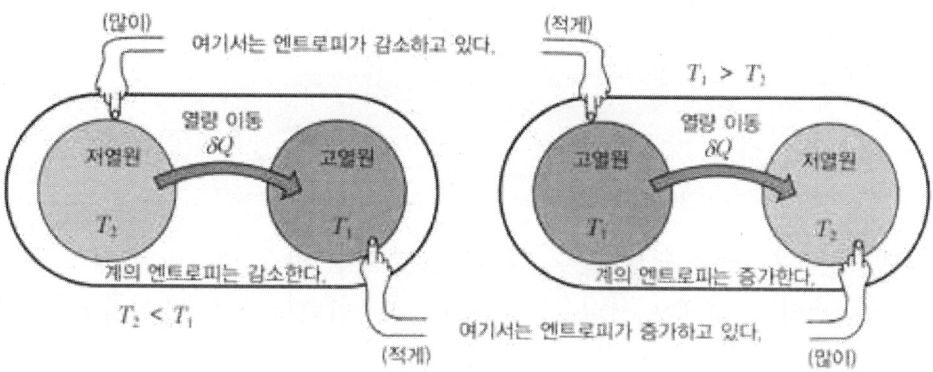

⇒ 엔트로피가 증대하는 방향으로 열이동(자연현상)이 일어난다.

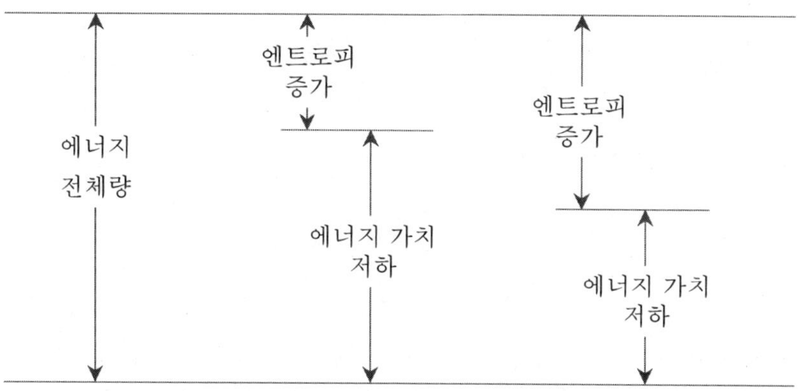

4.14 엔트로피 (Entropy)의 계산

온도 T (K)인 물체 1 kg 이 외부로부터 Q (kJ)의 열량을 받을 경우 물질의 온도변화가 없다고 하면, 엔트로피 S[52] 는 다음 식으로 표시된다.

$$S = \frac{Q}{T}$$

열역학에서 실제 문제로서 취급되는 것은 대부분의 경우, 상태 그 자체가 아니고 상태의 변화이므로 엔트로피 역시 어느 상태 1 로부터 임의의 상태 2 까지의 변화량

$$s_2 - s_1 = \int_1^2 \frac{\delta q}{T} \quad \cdots\cdots \ (4\text{-}28)$$

를 알면 된다.

변화 중 온도 T가 일정할 때는,

$$s_2 - s_1 = \frac{q_{1-2}}{T} \qquad (4\text{-}40)$$

로서 바로 그 값을 구할 수 있으나, 일반적으로 온도 T가 변화할 경우에는, δq 대신, 가역변화에 대하여 성립하는 열역학 제 1 법칙의 식을 대입하여,

$$ds = \frac{\delta q}{T} = \frac{du + p \cdot dv}{T} \qquad (4\text{-}41)$$

$$ds = \frac{\delta q}{T} = \frac{dh - v \cdot dp}{T} \qquad (4\text{-}41')$$

를 적분하여 구한다.

---

52) 엔트로피는 어떤 계에 주어진 열이 일로 전환 될 수 있는 정도를 나타낸다. 엔트로피가 최대(/최소)일 때 열 에너지가 일 에너지로 전환될 수 있는 가능성이 최소(/최대)가 된다. 앞에서 설명한 사용 가능한 에너지와 사용 불가능한 에너지를 엔트로피의 관련시켜 보면, 엔트로피는 정체 에너지 중에서 사용 불가능한 에너지를 그 계의 온도로 나눈 물리량이다.

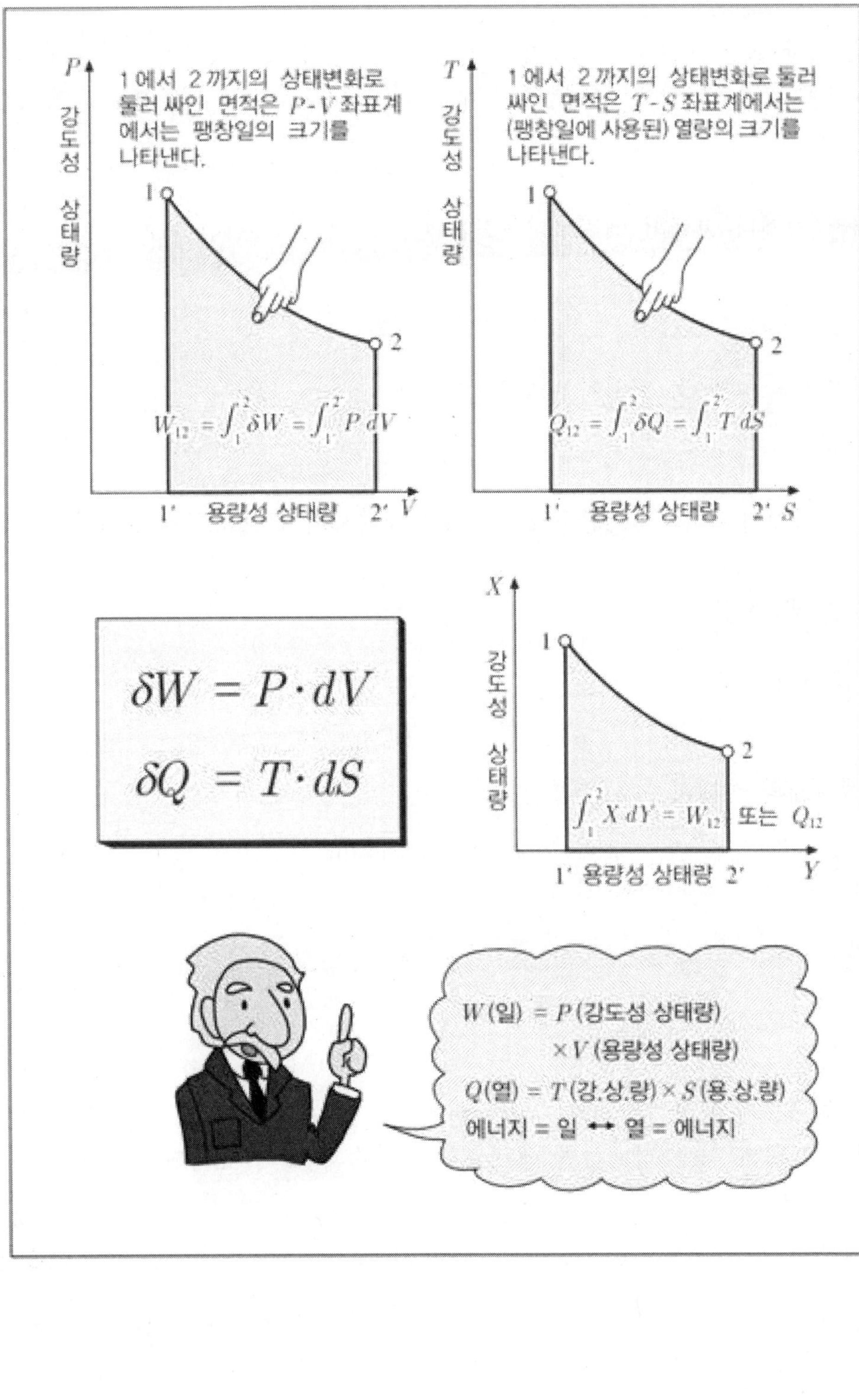

P
강도성 상태량
1 에서 2 까지의 상태변화로 둘러 싸인 면적은 P-V 좌표계에서는 팽창일의 크기를 나타낸다.
1
2
$W_{12} = \int_1^2 \delta W = \int_{1'}^{2'} P\,dV$
1' 용량성 상태량 2' V
T
강도성 상태량
1 에서 2 까지의 상태변화로 둘러 싸인 면적은 T-S 좌표계에서는 (팽창일에 사용된) 열량의 크기를 나타낸다.
1
2
$Q_{12} = \int_1^2 \delta Q = \int_{1'}^{2'} T\,dS$
1' 용량성 상태량 2' S
$\delta W = P \cdot dV$
$\delta Q = T \cdot dS$
X
강도성 상태량
1
2
$\int_1^2 X\,dY = W_{12}$ 또는 Q_{12}
1' 용량성 상태량 2' Y
W (일) = P (강도성 상태량) × V (용량성 상태량)
Q (열) = T (강.상.량) × S (용.상.량)
에너지 = 일 ↔ 열 = 에너지

(1) 고체 및 액체

보통 고체나 액체의 경우는 체적의 변화를 무시해도 좋으므로, 식 (4-41) 에서 $dv \cong 0$ 으로 놓을 수 있으며, 비열을 c 라고 하면 내부에너지의 변화는 다음과 같다.

$$du = c \cdot dT \quad \cdots\cdots \quad (3\text{-}19)$$

따라서 액체나 고체의 엔트로피변화는 다음 식으로 표현된다.

$$ds = \frac{\delta q}{T} = c \cdot \frac{dT}{T} \tag{4-42}$$

일반적으로 고체 및 액체의 비열은 일정하므로,

$$s = c \cdot \ln T + s_0 \tag{4-43}$$

가 되고, 여기서 s_0 는 적분상수로서 기준상태에서의 값으로 주어진다.

(2) 기체(이상기체)

엔트로피의 정의,

$$ds = \frac{\delta q}{T} \quad \cdots\cdots \quad (4\text{-}28)$$

및 이상기체의 상태식,

$$p \cdot v = R \cdot T \quad \cdots\cdots \quad (3\text{-}10)$$

로부터,

$$\begin{aligned} ds &= \frac{du + p \cdot dv}{T} = c_v \cdot \frac{dT}{T} + R \cdot \frac{dv}{v} \\ &= \frac{dh - v \cdot dp}{T} = c_p \cdot \frac{dT}{T} - R \cdot \frac{dp}{p} \end{aligned}$$

로 쓸 수 있고, 이상기체에서는 정적비열 c_v 및 정압비열 c_p 가 온도에 대하여 일정하므로 위의 식을 적분하면 엔트로피는 다음과 같이 표시된다.

$$s = c_v \cdot \ln T + R \cdot \ln v + s_1 \tag{4-44.a}$$

$$\quad = c_p \cdot \ln T - R \cdot \ln p + s_2 \tag{4-44.b}$$

식 (4-44 a, b) 로부터 이상기체의 여러 가지 가역적인 변화에 대한 계의 엔트로피 변화 Δs 는 다음과 같이 구할 수 있다.

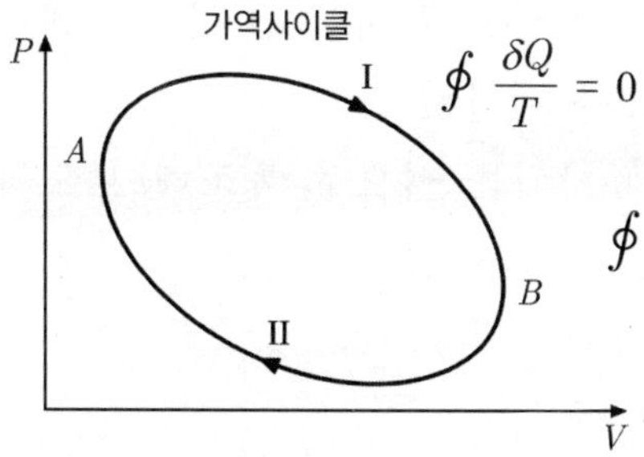

$$\oint \frac{\delta Q}{T} = 0$$

$$\oint \frac{\delta Q}{T} = \int_A^B \left(\frac{\delta Q}{T}\right)_{\mathrm{I}} + \int_B^A \left(\frac{\delta Q}{T}\right)_{\mathrm{II}} = 0$$

(a)

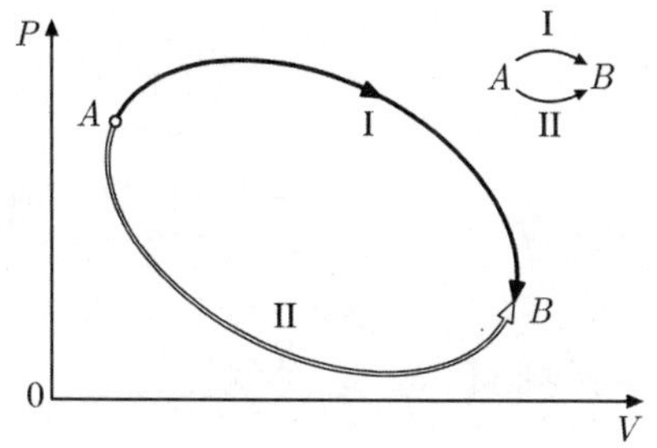

$$\int_A^B \left(\frac{\delta Q}{T}\right)_{\mathrm{I}} = -\int_B^A \left(\frac{\delta Q}{T}\right)_{\mathrm{II}}$$

⇩

$$\int_A^B \left(\frac{\delta Q}{T}\right)_{\mathrm{I}} = \int_A^B \left(\frac{\delta Q}{T}\right)_{\mathrm{II}}$$

(b)

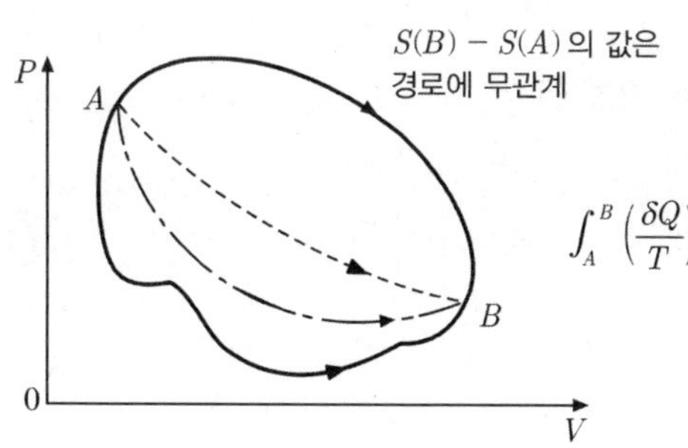

$\int_A^B \left(\frac{\delta Q}{T}\right) = S(B) - S(A)$의 값은 도중의 경로에 관계없이 A와 B의 점에 의해 정해진다.

(c)

4.15 완전가스 엔트로피의 일반적인 변화

지금까지 설명한 바와 같이, 엔트로피는 변화의 경로와 관계없이 결정되므로 압력, 비체적, 온도, 내부에너지, 엔탈피 등과 같은 점함수이고 수량으로 표시할 수 있으며 엔트로피의 변화량은 변화 전후의 상태가 결정되면 그 양이 계산된다.

완전가스의 엔트로피를 T, V, P 의 항으로 표시되는 식으로 유도해 보도록 한다.

(1) T, V 의 항으로 표시

열역학 제 1 기초식, $\delta q = du + p \cdot dv$ 에서 $du = c_v \cdot dT$ 이므로,

$$\delta q = c_v \cdot dT + p \cdot dv \tag{4-45}$$

따라서 엔트로피의 정의로부터,

$$ds = \frac{\delta q}{T} = c_v \cdot \frac{dT}{T} + p \cdot \frac{dv}{T} \tag{4-46}$$

이다. 한편, 완전가스의 상태방정식 $p \cdot v = R \cdot T$ 에서 $\frac{p}{T} = \frac{R}{v}$ 이므로,

$$dS = c_v \cdot \frac{dT}{T} + R \cdot \frac{dv}{v} \tag{4-47}$$

가 되고, 이 식을 상태 1 에서 상태 2 까지 적분하면,

$$\Delta S = S_2 - S_1 = c_v \cdot \ln(\frac{T_2}{T_1}) + R \cdot \ln(\frac{V_2}{V_1}) \tag{4-48}$$

(2) P, V 의 항으로 표시

식 (4-48) 의 T_1, T_2 에 $T_1 = p_1 \cdot v_1 / R$, $T_2 = p_2 \cdot v_2 / R$ 을 대입하면,

$$\Delta s = s_2 - s_1 = c_v \cdot \ln(\frac{p_2 \cdot v_2}{p_1 \cdot v_1}) + R \cdot \ln(\frac{v_2}{v_1})$$

$$= c_v \cdot \ln(\frac{p_2}{p_1}) + c_v \cdot \ln(\frac{v_2}{v_1}) + R \cdot \ln(\frac{v_2}{v_1}) \tag{4-49}$$

$$\therefore \Delta s = s_2 - s_1 = c_v \cdot \ln(\frac{p_2}{p_1}) + c_p \cdot \ln(\frac{v_2}{v_1}) \tag{4-50}$$

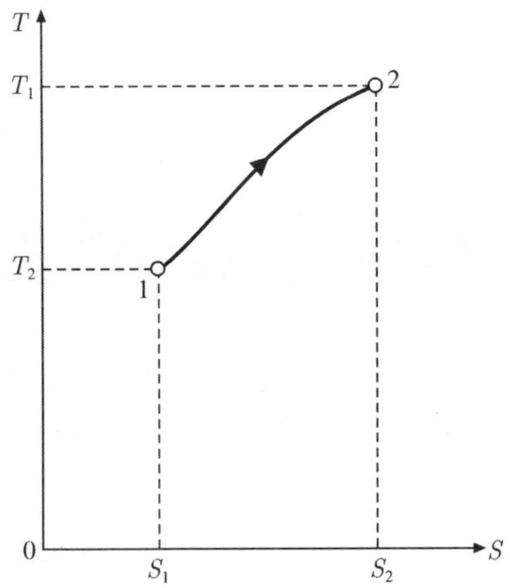

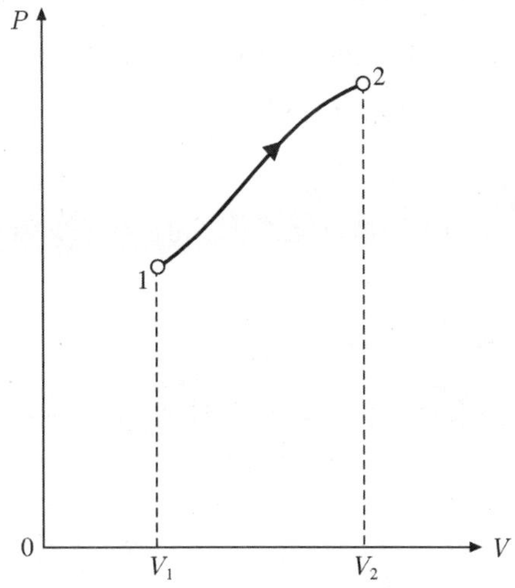

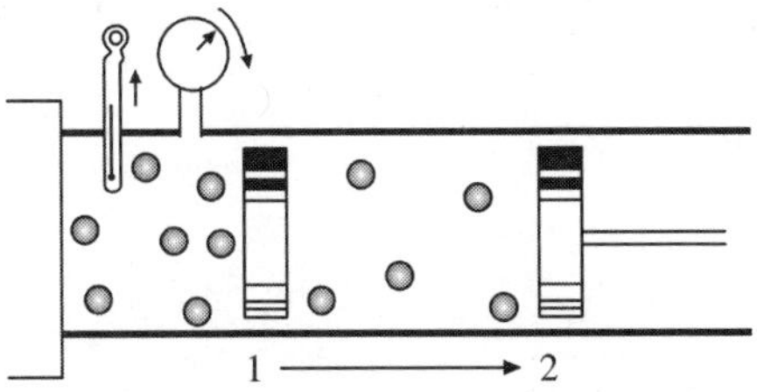

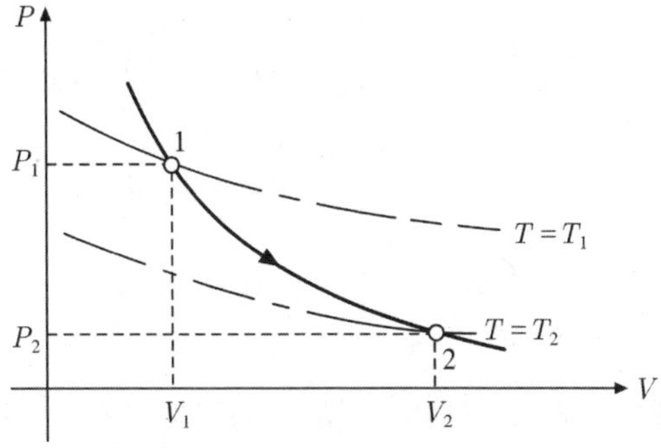

물은 수위가 높은 곳에서 낮은 (엔트로피가 큰) 곳으로 흐르게 되어 있다. / 자연현상

열은 온도가 높은 곳에서 낮은 (엔트로피가 큰) 곳으로 흐르게 되어 있다. / 자연현상

사람은 다른 사람과 서로 섞여 (엔트로피 증가) 살아가게 되어 있다. / 자연현상

자연현상: 엔트로피는 항상 증가하게 되어 있다

(3) T, P 의 항으로 표시

열역학 제 2 기초식 $\delta q = dh - v \cdot dp$ …… (2-40)
에서 엔탈피 dh 는 $dh = c_p \cdot dT$ …… (3-21)
이므로, 식 (4-46) 의 ds 는,

$$ds = \frac{dq}{T} = c_p \cdot \frac{dT}{T} - v \cdot \frac{dp}{T} \tag{4-51}$$

와 같이 된다.

한편, 완전가스의 상태방정식 $p \cdot v = R \cdot T$ 에서 $\frac{v}{T} = \frac{R}{p}$ 이므로,

$$ds = c_p \cdot \frac{dT}{T} - R \cdot \frac{dp}{p} \tag{4-52}$$

이 식을 상태 1 에서 상태 2 까지 적분하면, 엔트로피의 변화량 Δs 는

$$\Delta s = s_2 - s_1 = \int_{T=T_1}^{T=T_2} \frac{1}{T}\, dT - R \cdot \int_{p=p_1}^{p=p_2} \frac{1}{p}\, dp \tag{4-53}$$

$$= c_p \cdot \ln\left(\frac{T_2}{T_1}\right) - R \cdot \ln\left(\frac{p_2}{p_1}\right)$$

로 나타낼 수 있다.

엔트로피는 상태량이므로 엔트로피와 임의의 또 하나의 상태량으로 선도를 만들면 그 물질의 상태 및 상태변화를 나타내기 때문에 열역학의 문제해결에 유용하게 사용할 수 있다.

하나의 상태량으로서의 엔트로피와 또 하나의 상태량인 온도를 취하여 상태변화에 따른 열량의 출입관계를 나타낸 선도를 엔트로피선도라고 한다.

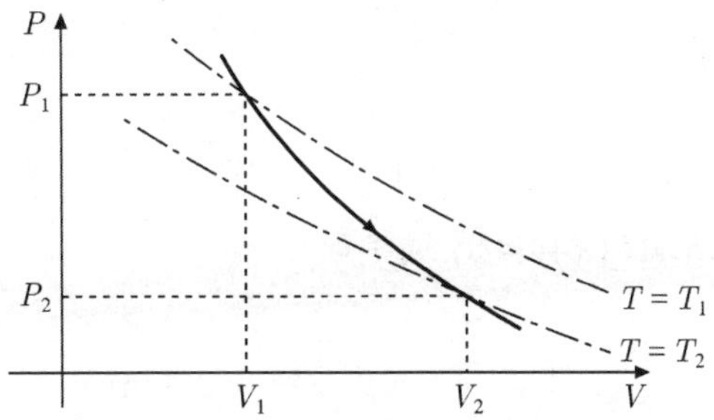

$$S_2 - S_1 = C_p \cdot ln\left(\frac{T_2}{T_1}\right) - R \cdot ln\left(\frac{P_2}{P_1}\right)$$

(C_p, R: 알고 있는 값)

$$\left[= C_v \cdot ln\left(\frac{T_2}{T_1}\right) + R \cdot ln\left(\frac{v_2}{v_1}\right) \right]$$

등온변화 이면,

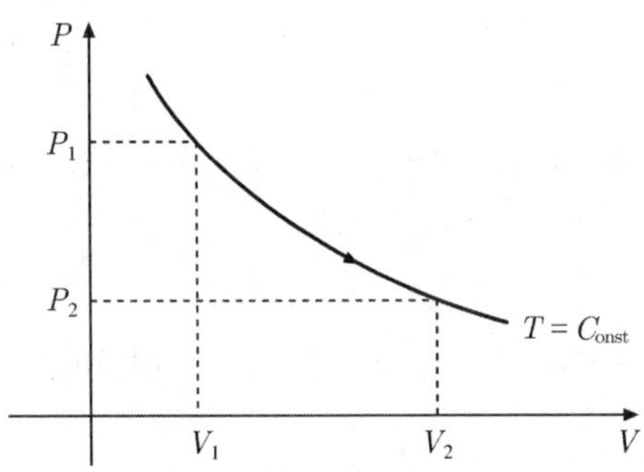

$$S_2 - S_1 = C_v \cdot ln(1) + R \cdot ln\left(\frac{V_2}{V_1}\right)$$
$$= C_p \cdot ln(1) - R \cdot ln\left(\frac{P_2}{P_1}\right)$$
$$= O + R \cdot ln\left(\frac{V_2}{V_1}\right)$$
$$= O - R \cdot ln\left(\frac{P_2}{P_1}\right)$$

등적변화 이면,

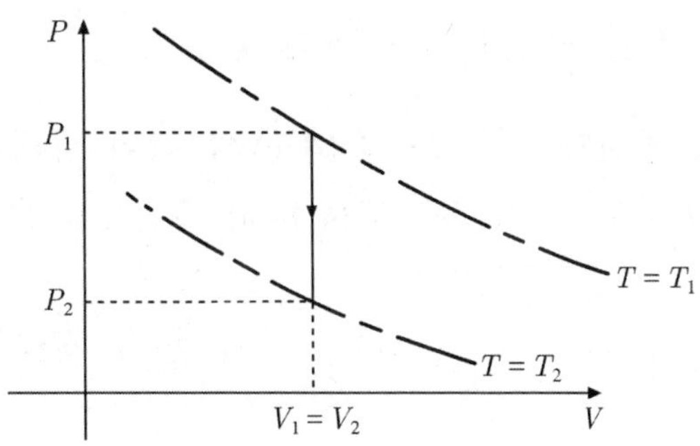

$$S_2 - S_1 = C_v \cdot ln\left(\frac{T_2}{T_1}\right) + R \cdot ln(1)$$
$$= C_v \cdot ln\left(\frac{T_2}{T_1}\right) + O$$

등압변화 이면,

$$S_2 - S_1 = C_p \cdot ln\left(\frac{T_2}{T_1}\right) - R \cdot ln(1)$$
$$= C_p \cdot ln\left(\frac{T_2}{T_1}\right) - O$$

4.16 가역변화의 엔트로피 계산

(1) 정적(등적)변화

완전가스가 그림 4-14 (a) 와 같이 상태 1 에서 2 로 정적 하에서 가역적으로 팽창하는 경우, $\delta q = c_v \cdot dT$ 이므로, 식 (4-44.a) 로부터,

$$\Delta s = s_2 - s_1 = c_v \cdot \ln(\frac{T_2}{T_1}) = c_v \cdot \ln(\frac{p_2}{p_1}) \tag{4-54}$$

(2) 정압(등압)변화

완전가스가 그림 4-14 (b) 와 같이 상태 1 에서 2 로 가역적으로 정압 변화하는 경우, $\delta q = c_p \cdot dT$ 이므로, 식 (4-44.b) 로부터,

$$\Delta s = s_2 - s_1 = c_p \cdot \ln(\frac{T_2}{T_1}) = c_p \cdot \ln(\frac{v_2}{v_1}) \tag{4-55}$$

(3) 등온(정온)변화

완전가스가 그림 4-14 (c) 와 같이 상태 1 에서 2 로 등온 하에서 상태변화하면, $T = C_{\text{onst.}}$ 이므로, 식 (4-14.a) 혹은 (4-14.b) 로부터,

$$\Delta s = s_2 - s_1 = R \cdot \ln(\frac{v_2}{v_1}) = R \cdot \ln(\frac{p_1}{p_2}) \tag{4-56}$$

(4) 단열변화

완전가스가 외부와의 열교환이 없고 변화 중에 마찰이나 와류 등으로 인한 열손실 이 전혀 없이 그림 4-14 (d) 와 같은 이상적인 가역단열변화를 할 경우에는, $\delta q = 0$ 이므로 $\delta q = T \cdot ds$ 에서 $ds = 0$ 이다.

따라서 변화 전후의 엔트로피가 같은 등엔트로피변화(isentropic change)가 된다.[53)]

$$\Delta s = s_2 - s_1 = 0, \qquad s_1 = s_2 \tag{4-57}$$

53) 그러나 마찰이나 와류 등에 의한 손실이 발생하는 비가역단열변화는 등엔트로피 변화가 아니므로 엔트로피가 증가한다.

엔트로피 증가의 법칙 :
이 세상의 사회법칙, 그리고 자연법칙으로서의 엔트로피는 증가할 따름으로 결코 감소하는 법은 없다.
예로서, 깨끗하던 책상 위가 어질러져 있다고 하자. 이를 자연법칙으로는 엔트로피가 증가되었다고 한다. 청소가 끝나고 책상이 얻은 행복을 청소에 쏟은 일의 양으로 나눈 값보다 청소를 시작하기 전부터 책상 위가 치워지기를 기대하면서 가졌던 희망을 청소에 쏟은 정성으로 나눈 값이 크다는 것이다. 그래서 청소를 하든 안 하든 세월이 가면 책상의 엔트로피는 증가하게 마련이다. 이것이 엔트로피 증가의 법칙이다. 우리가 사는 세상이 다 그렇지 아니한가? ∴ *열역학을 배운 자는 엔트로피가 덜 증가될 수 있도록 노력해야 한다.*
이는 사회과학의 법칙이기도 하다. 엔트로피는 증가할 수밖에 없는 게 사회의, 그리고 자연의 법칙이라 하더라도 우리는 조금이라도 증가량을 줄일 방법이 있다면 그쪽으로 추구하고 또 그렇게 하게끔 요구받고 있다. 사람이 세상에 태어났을 때의 순수함, 순진함이 세상을 사는 동안 얼룩이 지게 마련이겠지만 우리는 끊임없이 공부하면서 자기수련을 하면서 살아가야 한다. 결혼생활이 그렇다.

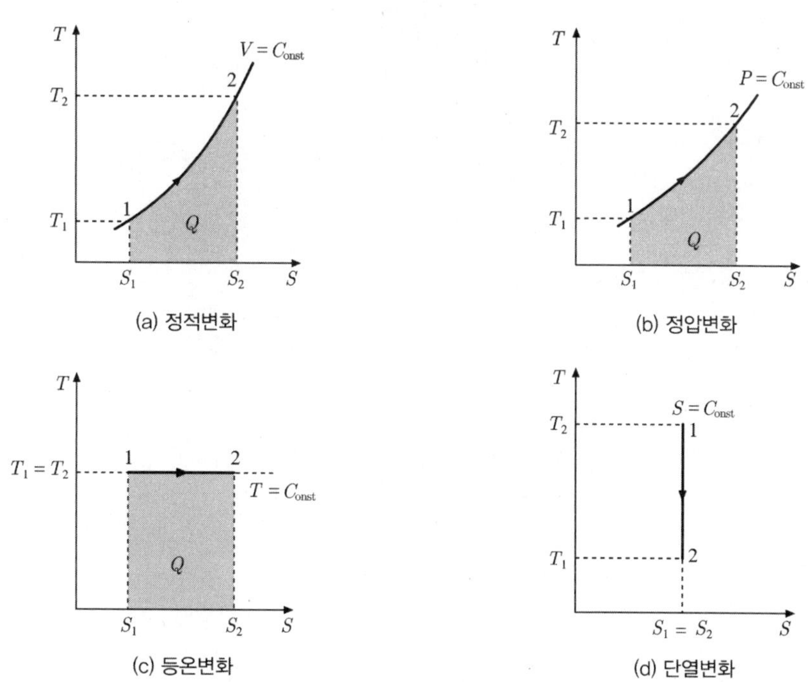

[그림 4-14] 가역변화의 엔트로피 선도

(5) 폴리트로픽변화

완전가스가 폴리트로픽 변화를 하는 경우 가열량은 식 (3-65) 로부터,

$$\delta q = c_n \cdot dT = c_v \cdot \frac{n-k}{n-1} \cdot dT \quad \cdots\cdots \quad (3\text{-}65)$$

이므로 엔트로피의 변화는,

$$ds = \frac{\delta q}{T} = c_n \cdot \frac{dT}{T} = c_v \cdot \frac{n-k}{n-1} \cdot \frac{dT}{T} \tag{4-58}$$

$$\Delta s = s_2 - s_1 = c_n \cdot \ln(\frac{T_2}{T_1}) = c_v \cdot \frac{n-k}{n-1} \cdot \ln(\frac{T_2}{T_1}) \tag{4-59}$$

이상기체 $1\,kg$ 의 엔트로피 변화량, 즉 비엔트로피의 단위는 $\frac{kg_f \cdot m}{kg \cdot K}$ 이고, $m\ kg$ 의 가스에 대해서는,

$$\Delta S = S_2 - S_1 = m \cdot c_n \cdot \ln(\frac{T_2}{T_1}) = m \cdot c_v \cdot \frac{n-k}{n-1} \cdot \ln(\frac{T_2}{T_1}) \ [kg_f \cdot m \,/\, K] \tag{4-60}$$

로 주어진다.

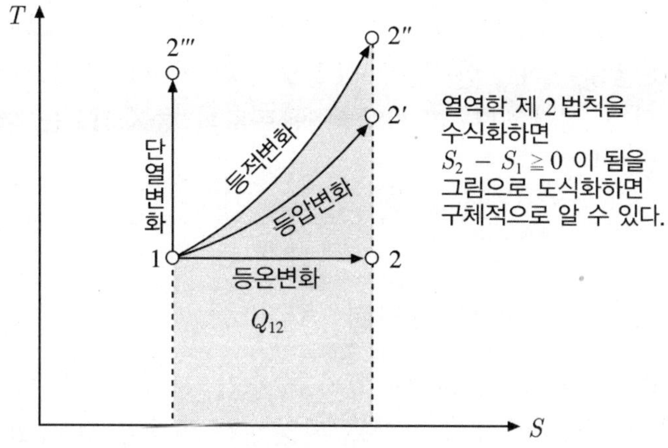

엔트로피 S의 증대량을 $T-S$ 선도에 나타낸다.

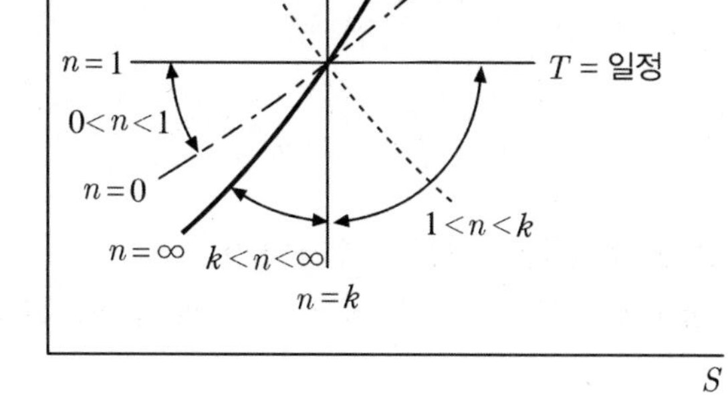

〈n 에 따른 변화곡선〉

4.17 [이상기체의] 비가역변화의 엔트로피 계산

(1) 마찰이 있는 경우

마찰에 의하여 일 $w_{fr.}$에 해당하는 에너지가 소멸될 경우, 그때 $w_{fr.}$과 등가인 열량을 $q_{fr.}$이라 하면 $q_{fr.} = w_{fr.}$인 열이 마찰로 인하여 발생하고 이것이 온도 T인 물질에 되돌아 온다고 생각하면 그 사이의 엔트로피 증가 Δs는 다음과 같다.

$$\Delta s = \frac{q_{fr.}}{T} = \frac{w_{fr.}}{T} \tag{4-61}$$

(2) 온도차가 있는 두 물체 사이의 열 이동

온도가 T_A, T_B인 두 물체 사이에서 열의 수수가 가역적으로 이루어진다고 하면, $T_B > T_A$일 때, 물체 B로부터 A의 물체로 열량 q가 이동될 경우, B의 물체는 q/T_B만큼 엔트로피가 감소하고 A의 물체는 q/T_A만큼 엔트로피가 증가된다.

따라서 양쪽을 함께 고려하면,

$$\Delta s = \frac{q}{T_A} - \frac{q}{T_B} = q \cdot \left(\frac{1}{T_A} - \frac{1}{T_B}\right) \text{ [54]} \tag{4-62}$$

(3) 교축과정(Throttling Process)

교축 전후의 엔탈피는 일정하므로,[55] $h_1 = h_2$ 혹은 $dh = 0$이고,

$$ds = \frac{dh - v \cdot dp}{T} \quad \cdots\cdots \quad (4\text{-}41')$$

이므로 엔트로피의 변화는 다음 식으로 주어진다.

$$\Delta s = s_2 - s_1 = \int_{p_2}^{p_1} \frac{v}{T} \cdot dp \tag{4-63}$$

교축현상에서는 $p_1 > p_2$이므로 엔트로피는 증가한다.

이상기체에서는 $p \cdot v = R \cdot T$로부터 위의 식은 다음과 같이 된다.

$$\Delta s = s_2 - s_1 = R \cdot \ln \frac{p_1}{p_2} \tag{4-64}$$

---

54) $\Delta s > 0$

55) 3.7절 참조

$$F \cdot S = Q_{fr}$$

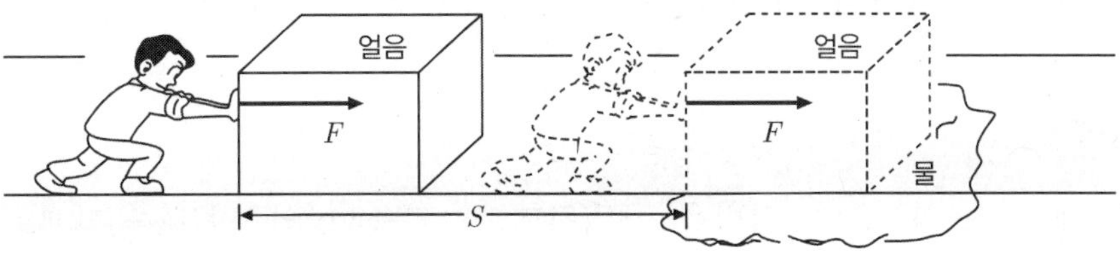

(a) 마찰이 있는 경우

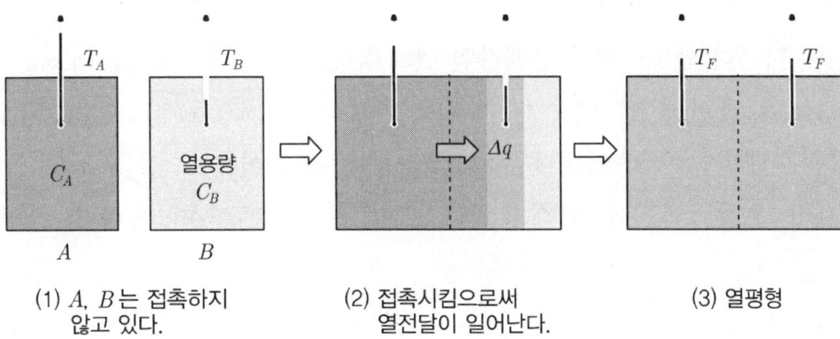

$$\Delta S = \Delta S_A + \Delta S_B = X_D \cdot C_A \cdot \ln(\frac{T_F}{T_A}) + C_B \cdot \ln(\frac{T_F}{T_B}) \quad \cdots\cdots \text{(4-62)}$$

(b) 두 물체 사이의 열이동의 경우

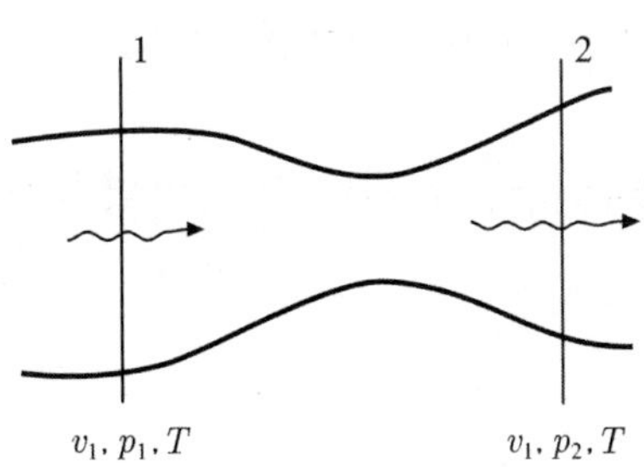

(c) 교축과정의 경우

4.18 (혼합기체의) 비가역변화의 엔트로피 계산

비가역변화의 또 하나의 예로서 기체의 확산과 혼합을 들 수 있다.

(1) 확산

그림 4-15 에서 (a) 와 같이 격벽을 제거하면,[56] 왼쪽 방의 기체는 전체로 퍼진다. 기체가 전체로 퍼지고 나면, 일단 전체에 퍼진 기체는 원래의 왼쪽 방으로 저절로 돌아가는 일은 절대 일어나지 않으므로 분명한 비가역변화이다.

지금, 그림 4-16 의 상태 A 에서 B 까지 확산할 때, 도중에서는 준정적과정이 될 수 없으므로 경로는 하나로 정의되지 않는다.

그러나 이때 다행히 엔트로피가 상태량인 관계로 점함수인 엔트로피를 구하는 데 있어 불분명한 경로에 곤란해 할 이유가 없다.

이 경우는 상태변화가 단열벽에 둘러싸인 등온변화이므로 상태 A 와 B 를 잇는 등온선을 따라 준정적과정에 의해서 엔트로피 변화를 구하면 올바른 결과를 얻을 수 있다.

식 (4-44.a) 에서 온도 T 의 변화를 제로로 하면,

$$\Delta S = S_B - S_A = R \cdot \ln V_B - R \cdot \ln V_A = R \cdot \ln \left(\frac{V_B}{V_A}\right) \quad \cdots\cdots \text{(4-56)} \qquad \text{(4-65)}$$

가 된다.

$n\,[mol]$ 의 이상기체에 대하여는,[57]

$$\Delta S = S_B - S_A = n \cdot R \cdot \ln V_B - n \cdot R \cdot \ln V_A = n \cdot R \cdot \ln \left(\frac{V_B}{V_A}\right) \qquad \text{(4-66)}$$

여기서, $V_B > V_A$ 이므로 $S_B > S_A$ 가 되어 비가역변화에서는 엔트로피가 증가됨을 다시 한 번 확인할 수 있다.

---

56) 격벽을 제거하는 대신 작은 구멍을 열어서 왼쪽 방의 기체를 오른쪽 방에 분출시켜도 효과는 마찬가지이다.

57) $G\,[kg_f/kmol]$ 의 이상기체에 대하여는, $\Delta S = S_B - S_A = \frac{G}{M} \cdot R \cdot \ln V_B - \frac{G}{M} \cdot R \cdot \ln V_A = \frac{G}{M} \cdot R \cdot \ln \left(\frac{V_B}{V_A}\right)$

$R = 848\ kg_f \cdot m/kmol \cdot K$

M = 분자량$(kg/kmol)$

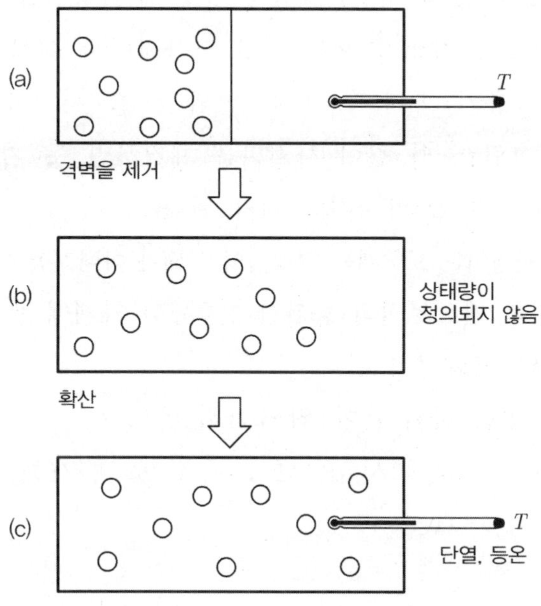

[그림 4-15] 이상기체의 확산

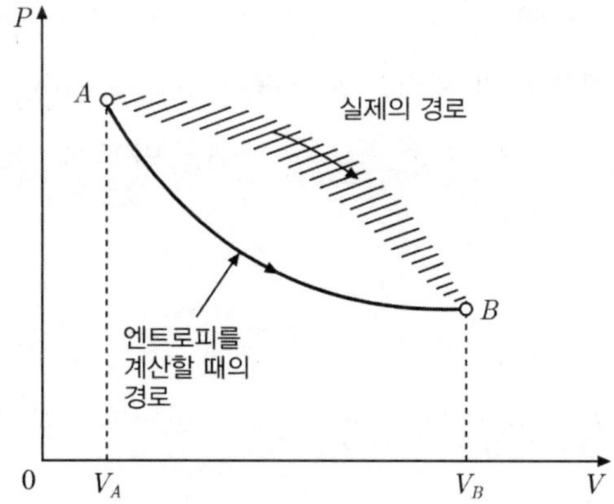

[그림 4-16] 엔트로피 계산 경로설정 경로 탐색

(2) 혼합 – 1/2

서로 다른 여러 종류의 이상기체가 혼합되는 경우도 확산과 마찬가지로 비가역 변화임을 경험적으로 알고 있다. 이상기체를 혼합할 때 화학변화가 일어나지 않는다면 온도는 변하지 않으므로 각각의 기체는 서로 확산되면서 체적이 팽창된다.

그림 4-17 (a) 와 같은 용기 속에 두 기체 N_2 와 O_2 를 사절판으로 분리된 공간에 가두어 둔다. 다음에 그림 (b) 와 같이 사절판을 제거하면 두 기체는 서로 혼합되어 그림 (c) 상태의 균일한 $N_2 + O_2$ 의 혼합기체가 된다.

비가역변화의 혼합이 진행되는 도중에는 열평형의 상태가 아니지만 온도가 변하지 않으므로 앞서 설명한 확산에 의한 엔트로피의 증가를 2 종류의 기체에 관하여 구하면 그 합이 혼합기체의 엔트로피의 변화량이 된다.

그림 4-18 에 나타나 있는 바와 같이, 압력 P 와 온도 T 가 같은 기체 Ⅰ, Ⅱ, ⋯ , N 의 엔트로피가 $S_{\mathrm{I}}, S_{\mathrm{II}}, \cdots, S_{\mathrm{N}}$ 에서 $S_{\mathrm{I}}', S_{\mathrm{II}}', \cdots, S_{\mathrm{N}}'$ 로 증가하였으므로 식 (4-66) 에 의해서,

$$\text{기체 I 는} \quad S_{\mathrm{I}}' - S_{\mathrm{I}} = n_{\mathrm{I}} \cdot R \cdot \ln\left(\frac{V}{V_{\mathrm{I}}}\right) \tag{4-67}$$

$$\text{기체 N 은} \quad S_{\mathrm{N}}' - S_{\mathrm{N}} = n_{\mathrm{N}} \cdot R \cdot \ln\left(\frac{V}{V_{\mathrm{N}}}\right) \tag{4-68}$$

만큼 엔트로피가 증가된다.[58)]

혼합 전의 전체의 엔트로피 S 는, $S = S_{\mathrm{I}} + S_{\mathrm{II}} + \cdots\cdots + S_{\mathrm{N}}$ 이고, 혼합 후의 전체의 엔트로피 S' 는, $S' = S_{\mathrm{I}}' + S_{\mathrm{II}}' + \cdots\cdots + S_{\mathrm{N}}'$ 이므로, 엔트로피의 증가 ΔS 는 다음과 같이 주어진다.

$$\begin{aligned}\Delta S &= S' - S = (S_{\mathrm{I}}' - S_{\mathrm{I}}) + (S_{\mathrm{II}}' - S_{\mathrm{II}}) + \cdots\cdots + (S_{\mathrm{N}}' - S_{\mathrm{N}}) \\ &= n_{\mathrm{I}} \cdot R \cdot \ln\left(\frac{V}{V_{\mathrm{I}}}\right) + n_{\mathrm{II}} \cdot R \cdot \ln\left(\frac{V}{V_{\mathrm{II}}}\right) + \cdots\cdots + n_{\mathrm{N}} \cdot R \cdot \ln\left(\frac{V}{V_{\mathrm{N}}}\right) \\ &= \sum_{i=\mathrm{I}}^{\mathrm{N}} n_i \cdot R \cdot \ln\left(\frac{V}{V_i}\right)\end{aligned} \tag{4-69}$$

여기서, 혼합체적 V 가 각 성분 기체의 체적 V_i 보다 크므로 ΔS 는 $\Delta S > 0$ 이 되어 항상 증가한다. 이 값을 혼합의 엔트로피라 한다.

58) 엔트로피는 종량함수이므로 합산이 가능하다.

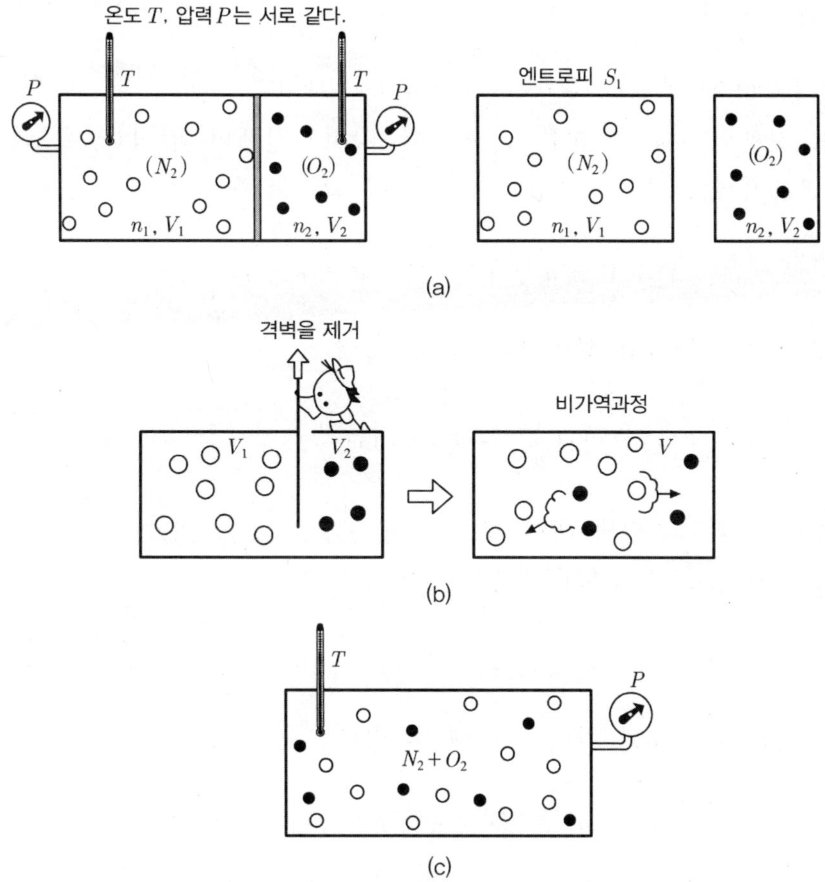

[그림 4-17] 종류가 다른 기체의 혼합

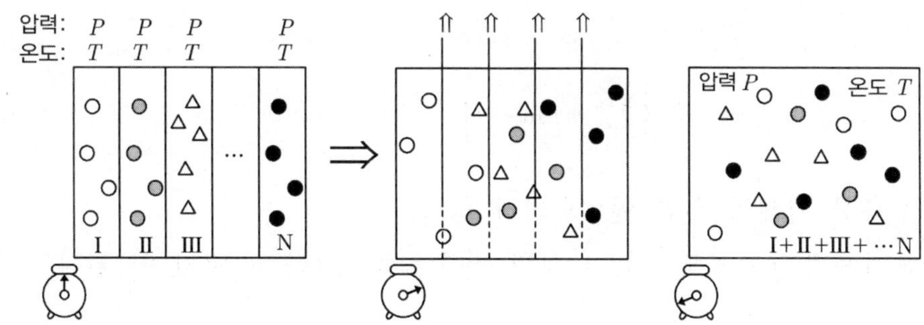

기체	I	II	…	N
체적	V_{I}	V_{II}	…	V_N
몰 수	n_{I}	n_{II}	…	n_N
엔트로피	S_{I}	S_{II}	…	S_N

기체	I + II + … N
체적	$V = V_{\text{I}} + V_{\text{II}} + \cdots V_N$
몰 수	$n = n_{\text{I}} + n_{\text{II}} + \cdots n_N$
엔트로피	$S = S_{\text{I}} + S_{\text{II}} + \cdots S_N$

[그림 4-18] 혼합의 엔트로피

(2) 혼합 – 2/2

이번에는, 식 (4-69) 를 두 종류의 이상기체에 대하여 *mol* 수 n_1, n_2 의 성분비로 나타내보자. 전체의 *mol* 수 n 은 $n_1 + n_2$ 와 같고, 전체의 압력과 온도는 혼합의 전후에서 변하지 않는다.

$$V_1 \;/\; V = n_1 \;/\; n, \qquad V_2 \;/\; V = n_2 \;/\; n \tag{4-70}$$

이므로 식 (4-69) 는 다음과 같이 나타낼 수 있다.

$$\Delta S = n_1 \cdot R \cdot \ln\left(\frac{n}{n_1}\right) + n_2 \cdot R \cdot \ln\left(\frac{n}{n_2}\right) \tag{4-71}$$

혼합기체의 전체 *mol* 수에 대한 각 기체의 *mol* 수 n_i 의 비,[59]
를 *mol* 농도라 한다. *mol* 농도 γ_i 는

$$\gamma_1 = n_1 / n, \quad \gamma_2 = n_2 / n, \tag{4-72}$$

이므로 식 (4-71) 을 다음과 같이 나타낼 수 있다.

$$(-)\Delta S = n \cdot R \cdot \{\gamma_1 \cdot \ln(\gamma_1) + \gamma_2 \cdot \ln(\gamma_2)\} \tag{4-73}$$

기체의 종류가 2 가지에 국한되지 않고 일반적으로 N 종류의 이상기체가 혼합될 경우의 엔트로피 증가는 식(4-73)을 확장하면 다음과 같이 된다.

$$\begin{aligned}\Delta S &= -n \cdot R \cdot \gamma_1 \cdot \ln(\gamma_1) + \gamma_2 \cdot \ln(\gamma_2) + \cdots \\ &\quad \cdots + \cdots \gamma_N \cdot \ln(\gamma_N) \\ &= -n \cdot R \cdot \left\{\sum_{i=1}^{N} \gamma_i \cdot \ln(\gamma_i)\right\}\end{aligned} \tag{4-74}$$

이를 N 종류 기체의 혼합 엔트로피라 한다.
각 성분기체의 *mol* 농도 γ_i 는 1 보다 작으므로 ΔS 는 항시 正 이 된다.

59) 체적비와 같다.

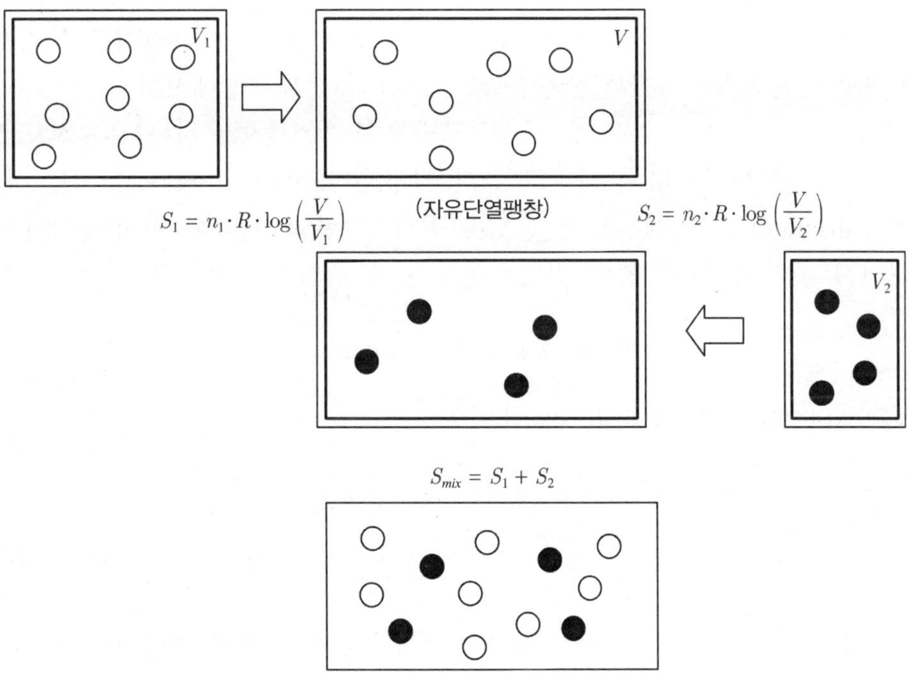

혼합의 엔트로피

사람들이 살면서 (국가들이 서로 섞여 살면서) 사회문제 (전쟁) 가 발생하면 사회적 엔트로피는 증대된다.

4.19 엔트로피 선도(entropy diagram)

(1) 열선도

엔트로피 S 는 지금까지 다루어 온 P, $V(v)$, T 및 U, H 와 마찬가지로 동작유체의 상태에 따라 정해지는 상태량[60]이므로 P-$V(v)$ 선도 상에서의 $\delta w = p \cdot dv$ 와 마찬가지로 절대온도 T 를 세로축으로, 엔트로피 S 를 가로축으로 하는 T-S 선도 상에서 $\delta Q = T \cdot dS$ 의 관계로 부터 상태변화 중의 열량을 표시할 수 있다. 이 선도를 T-S 선도(T-S diagram) 또는 엔트로피 선도라 한다. 그림 4-19 (a) 와 같이 상태 1 에서 2 로 상태변화[61]할 때, 변화 중의 미소부분 $a-b$ 를 생각하면 빗금친 면적 $a\,b\,b'\,a'$ 은,

$$\text{면적 } a\,b\,b'\,a' = T \cdot dS \qquad \cdots\cdots ①$$

그런데 식 (4-28) 에서 $\delta Q = T \cdot dS$ 이므로,

$$\text{면적 } a\,b\,b'\,a' = T \cdot dS = \delta Q \qquad \cdots\cdots ②$$

$$\therefore \text{ 면적 } 1\,2\,2'\,1' = \int_{1'}^{2'} T \cdot dS = \int_{1}^{2} \delta Q = Q_{1-2} \qquad (4\text{-}75)$$

여기서, Q_{1-2} 는 과정 1-2 의 상태변화 중 동작유체에 가해진 열량이다. 만일, 동작유체가 그림 (b) 와 같이 상태 1 에서 2 까지 등온변화를 한다고 하면, 이 경우의 엔트로피변화는 T-S 선도 상에서 가로축에 평행한 수평선으로 표시되며, 엔트로피의 변화 $S_2 - S_1$ 은 T 가 일정하므로 식 (4-40) 에 의하여 다음과 같이 주어진다.

$$S_2 - S_1 = \int_1^2 \frac{1}{T} \cdot \delta Q = \frac{Q_{1-2}}{T} \qquad \cdots\cdots \quad (4\text{-}40) / (4\text{-}28)$$

그러므로

$$Q_{1-2} = T \cdot (S_2 - S_1) = \text{면적 } 1\,2\,2'\,1' \qquad (4\text{-}75)$$

이상과 같이 과정에 의하여 이루어지는 면적은 계에 전달된 열량과 같으므로 이 선도를 열선도[62]라 부른다. 이것은 마치 P-V 선도에서 면적이 일을 표시하는 것과 같으며, 열역학에서 중요한 선도이다. 실제로 많은 순수물질에 대하여 엔트로피 선도가 마련되어 있다.

그림 (c) 는 물에 대한 엔트로피 선도를 개략적으로 나타낸 것이다.

60) 점함수
61) 반드시 가역과정일 것
62) heat diagram

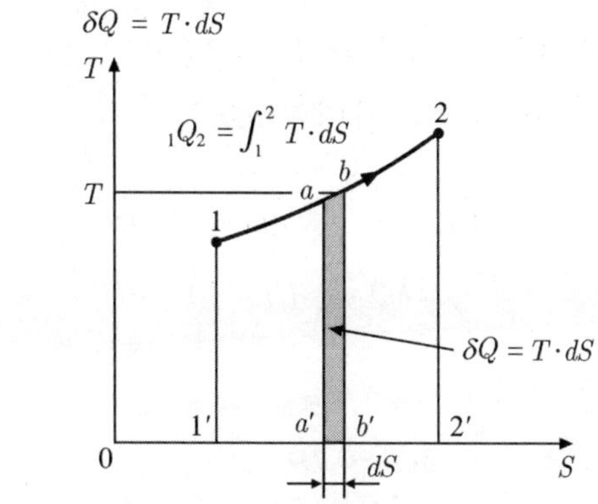

(a) 엔트로피 선도와 출입열량

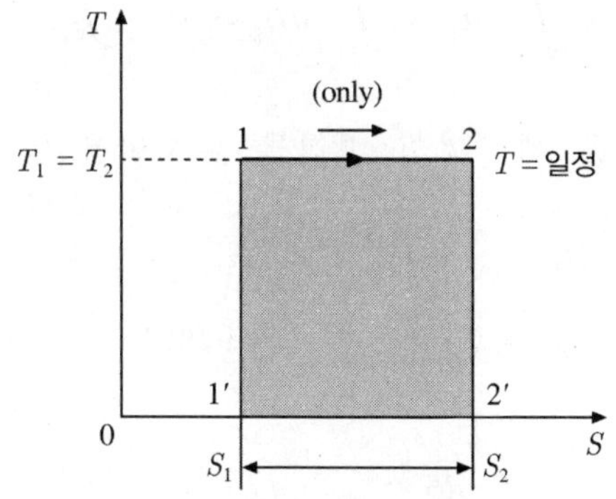

(b) 등온변화에 대한 엔트로피 선도

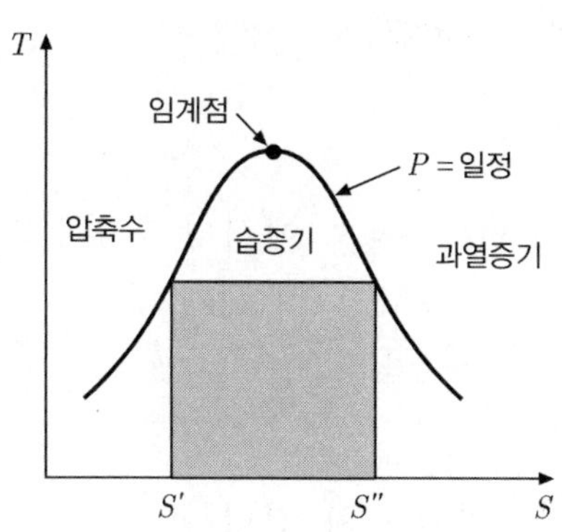

(c) 물의 엔트로피 선도

[그림 4-19] 엔트로피 선도

(2) 등압변화

지금, 그림 4-19 (a) 에 표시한 등압변화 1 → 2 (P= 일정) 를 생각하면, 엔탈피의 정의식, $H = U + P \cdot V$ 의 전미분 dH 는

$$dH = dU + P \cdot dV + V \cdot dP = \delta Q + V \cdot dP \quad \cdots\cdots \text{(2-38)}$$

이므로,

$$\delta Q = dH - V \cdot dP \quad \cdots\cdots \text{(2-40)}$$ [63]

이고, 등압변화 ($dP = 0$) 이므로,

$$\delta Q = dH \tag{4-76}$$

가 된다. 이를 과정 1 → 2 에서 적분하면,

$$Q_{1-2} = \int_1^2 \delta Q = \int_1^2 dH = H_2 - H_1 \tag{4-77}$$

즉, 등압선 아래의 면적은 엔탈피의 변화를 표시함을 알 수 있다. 한편,

$$dH = c_p \cdot dT \quad \cdots\cdots \text{(3-21)}$$

$$\delta Q = T \cdot dS \quad \cdots\cdots \text{(4-28)}$$

이므로, 위의 식은

$$T \cdot dS = c_p \cdot dT \tag{4-78}$$

가 된다. 따라서 등압선의 기울기 dT / dS 는

$$dT / dS = T / c_p \tag{4-79}$$

로 나타낼 수 있다.

그림 4-20 (b) 에서 점 $O(T = T_0,\ S = S_0)$에서의 등압선의 기울기 $\left.\dfrac{dT}{dS}\right|_{(T=T_0,\ S=S_0)}$ 는

$$\frac{dT}{dS} = \frac{\overline{OS_0}}{\overline{S_1 S_0}} = \frac{T}{c_p} \tag{4-80}$$

이므로, $\overline{S_0 S_1}$ 의 길이는 정압비열 c_p 와 같다.

---

63) 열역학 제 1 법칙의 제 2 공식

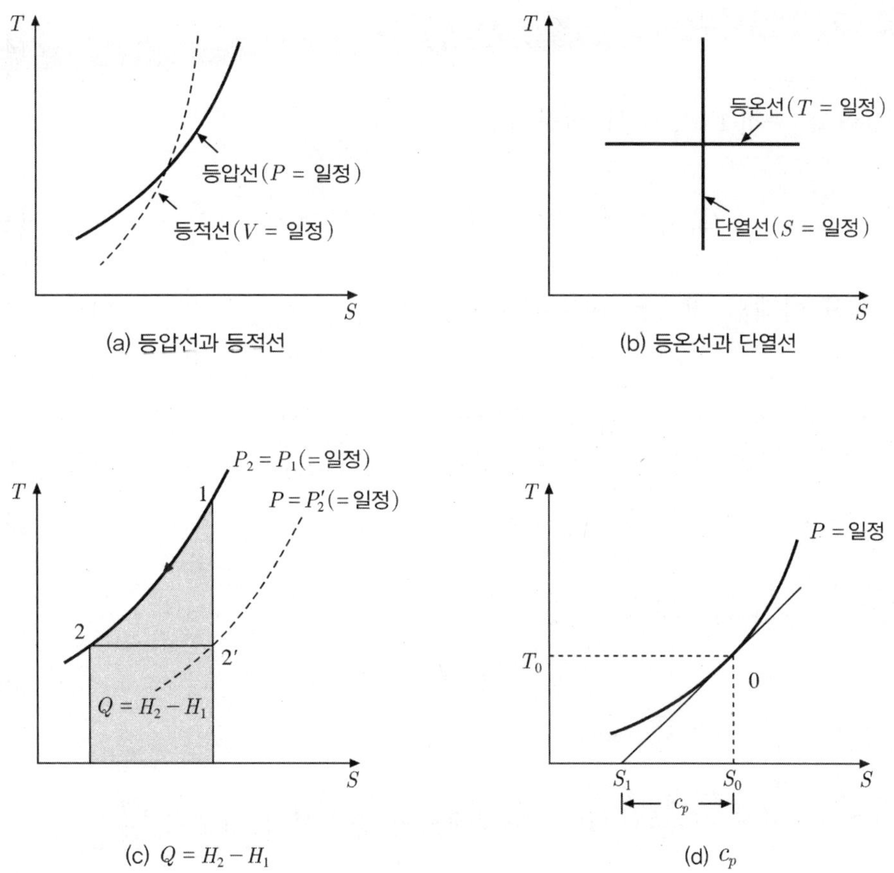

[그림 4-20] 등압변화의 엔트로피 선도

(3) 등적변화

또한, 그림 4-21 (b) 에 표시한 등적변화 (V= 일정) 1 → 2 를 생각하면,

$$\text{에너지방정식}^{64)}\ \delta Q = dU + P \cdot dV \ \cdots\cdots \ (2\text{-}12)$$

에서 등적변화이므로 $dV = 0$, 따라서

$$\delta Q = dU \tag{4-81}$$

가 된다. 이를 과정 1 → 2 에서 적분하면,

$$Q_{1-2} = \int_1^2 \delta Q = \int_1^2 dU = U_2 - U_1 \tag{4-82}$$

즉, 등적선 아래의 면적은 내부에너지의 변화를 표시함을 알 수 있다.

한편,

$$\delta Q = T \cdot dS \ \cdots\cdots \ (4\text{-}28)$$

$$dU = c_v \cdot dT \ \cdots\cdots \ (3\text{-}19)$$

$$T \cdot dS = c_v \cdot dT \tag{4-83}$$

로부터, 등적선의 기울기 dT/dS 는

$$\frac{dT}{dS} = \frac{T}{c_v} \tag{4-84}$$

로 나타낼 수 있다.

그림 4-21 (d) 에서 점 $O(T = T_0,\ S = S_0)$ 에서의 등적선의 기울기 $\left.\frac{dT}{dS}\right|_{(T=T_0,\ S=S_0)}$ 은

$$\frac{dT}{dS} = \frac{\overline{OS_0}}{\overline{S_2 S_0}} = \frac{T}{c_v} \tag{4-85}$$

이므로, $\overline{S_0 S_2}$ 의 길이는 정적비열 c_v 와 같다.

식 (4-80) 과 (4-85) 를 비교해 보면, 항상, $c_p \geq c_v$ 가 되므로 등적선의 기울기가 등압선의 기울기보다 크다.

64) 열역학의 제 1 법칙의 제 1 공식

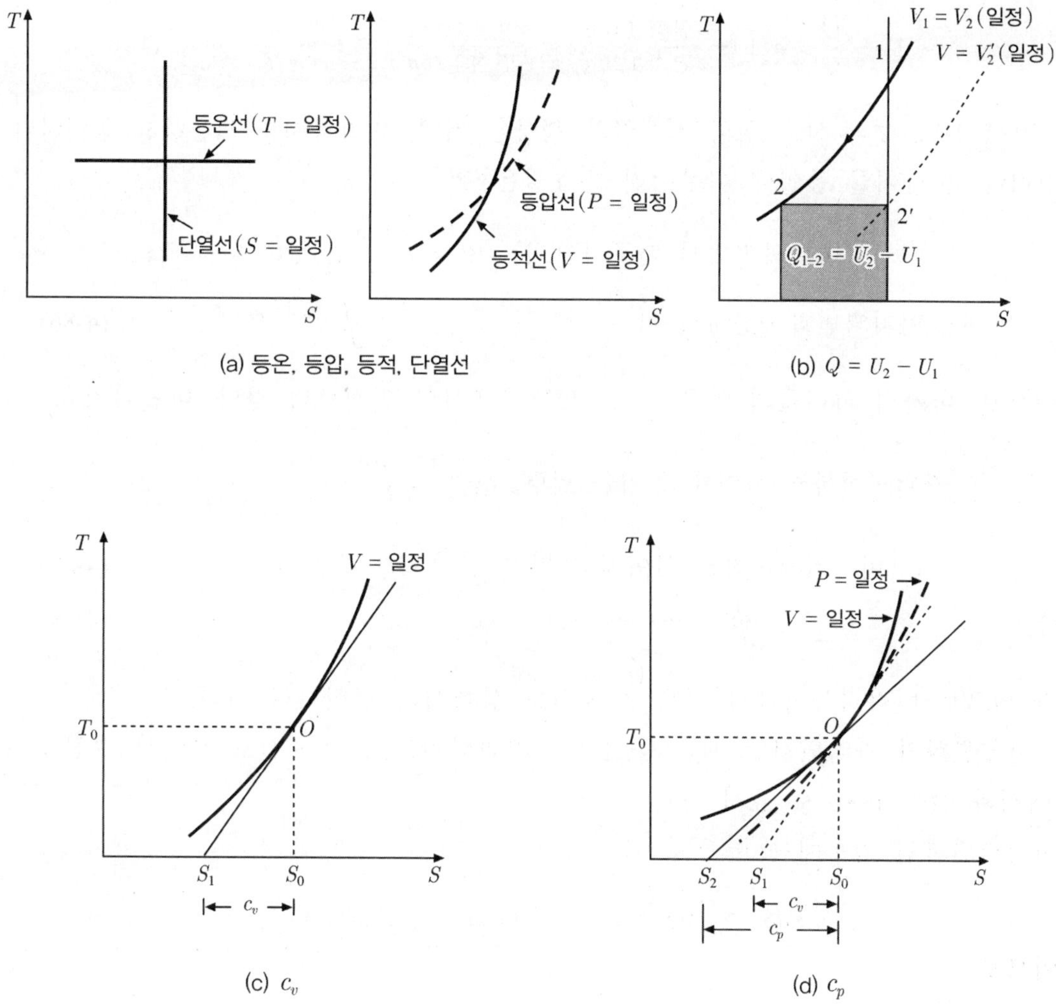

[그림 4-21] 등적변화의 엔트로피 선도

(4) 카르노사이클

가역카르노사이클은 그림 4-22 와 같이 T-S 선도 상에서는 직사각형 1 2 3 4 로 표시되고, 면적 1 2 ba 는 공급열량 Q_1 을, 면적 4 3 ba 는 방출열량 Q_2 를, 그리고 면적 1 2 3 4 는 일량 W 를 나타내며,[65] 사이클의 열효율은 다음과 같이 주어진다.

$$\eta = 1 - \frac{Q_2}{Q_1} = 1 - \frac{\text{면적 } 43ba}{\text{면적 } 12ba} = \frac{\text{면적 } 1234}{\text{면적 } 12ba} = 1 - \frac{T_2}{T_1} \quad \cdots\cdots \quad (4\text{-}10)$$

P-V 선도, T-S 선도 상의 사이클의 형상은 가역, 비가역[66]을 막론하고 동일하다. 그러나 한 사이클 동안에 이루어진 유효일은,[67]

$$\text{가역변화과정에서 이루어진 일, } W_{\text{가역}} = \oint P \cdot dV \quad \cdots\cdots\cdots \quad (4\text{-}6)$$

$$\text{비가역변화과정에서 이루어진 일, } W_{\text{비가역}} < \oint P \cdot dV \qquad (4\text{-}86)$$

이므로, 비가역 사이클의 일은 P-V 선도 상에서의 면적보다 작다. 마찬가지로,

$$\text{가역변화하는 사이에 들어온 열량, } Q_{1-2} = \int_1^2 T \cdot dS \quad \cdots\cdots\cdots \quad (4\text{-}28)$$

$$\text{비가역변화하는 사이에 들어온 열량, } \delta Q < T \cdot dS \qquad (4\text{-}87)$$

즉,

$$\oint T \cdot dS > (Q_1 - Q_2) = W \qquad (4\text{-}88)$$

가 되므로 비가역사이클의 일은 T-S 선도 상에서의 면적보다 작다.

단열변화가 가역변화일 때는 등엔 트로피변화이므로 T-S 선도 상에서 그림 4-23 에서와 같이 1 → 2 로 표시되나,
비가역변화인 경우에는,

$$T \cdot dS > \delta Q = 0 \quad \cdots\cdots \quad (4\text{-}32 \text{ / 비가역변화})$$

이므로,

$$dS > 0 \qquad (4\text{-}89)$$

즉, $S_2 - S_1 > 0$ 가 되므로 수직선 형태의 1 → 2 는 1 → 2′ 로 된다. 이때 만일, 같은 온도까지 팽창시킨다고 하면 최종상태의 점 2′는 점 2 와 수평선상에 놓이게 된다.

---

65) $\delta q = du + \delta w$ 에서 du 는 사이클의 시작과 끝점이 동일하므로 제로이다.

66) 비가역변화에서는 일반적으로 온도와 압력이 가스의 용기 전체에 대하여 같지 않으므로 상태식을 만족할 수 있는 평균값을 잡는 것이 필요하다.

67) effective work / 4.7절 참조.

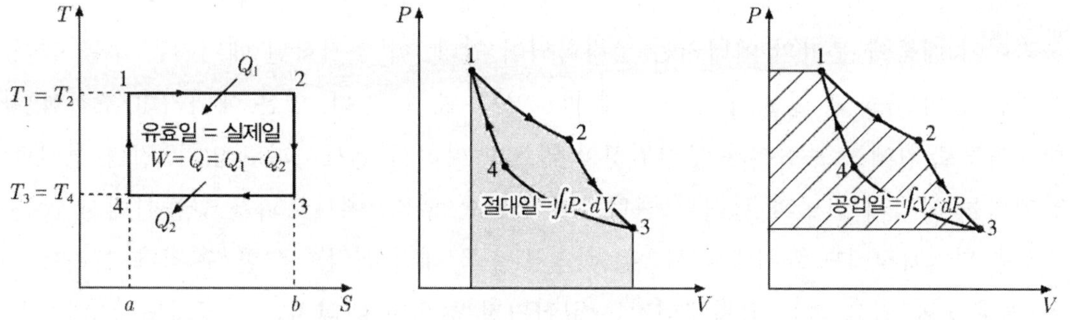

[그림 4-22] 카르노사이클의 엔트로피 선도

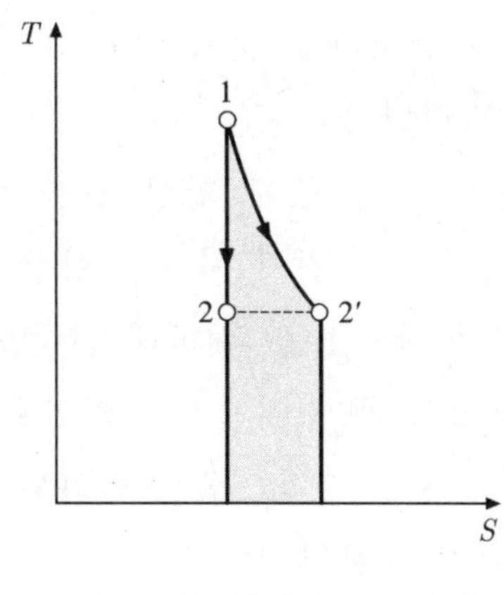

[그림 4-23] 가역단열팽창과 비가역단열팽창

4.20 엔트로피와 열역학 제 3 법칙

(1) 에너지의 질적변화

그림 4-24 의 (a) 와 같은 용수철을 고려한다. 용수철의 분자는 모두 같은 방향으로 움직이기 때문에 분자의 에너지는 조직화되어 있다. 이 조직화된 에너지는 추를 들어 올리는 등의 유용한 일을 수행하는 데 바로 사용될 수 있다. 일은 에너지의 조직화된 형태이므로 일에는 무질서와 무작위성이 없으며 따라서 엔트로피도 없다. 일의 형태로 일어나는 에너지 전달과 관련된 엔트로피 전달은 없다. 엔트로피를 만들어내지 않는 과정은 가역과정이므로 위에서 서술된 과정은 추를 내려서 역으로 할 수 있다. 그러므로 이 과정 중에 일을 하는 위치에너지는 없어지지 않으며 에너지는 저급화되지 않는다.

이번에는 (b) 와 같은 피스톤 실린더 계를 고려한다. 동작유체로 채워진 계에서 피스톤이 작동한다. 이 경우에 피스톤의 일은 가스의 온도상승에 의해 확인된 바와 같이 실린더 내의 분자적인 혼돈과 무질서의 높은 수준이 만들어지며 가스의 내부에너지로 변환될 것이다. 이때 이 에너지의 일부가 재 조직화하여 (팽창)일로 변환되고 나머지는 대기 중에 버려진다. 그러므로 이 과정 중에 에너지는 저급화되어 일을 하는 능력은 감소하고 분자적인 무질서가 만들어지는데 이러한 모든 것이 엔트로피 증가와 관련된다.

에너지의 양(quantity)은 실제 과정 중에 항상 보존(제 1 법칙)되나, 질(quality)은 감소(제 2 법칙)하는 것으로 제한된다. 질의 저하는 항상 엔트로피 증가를 수반한다. 예를 들어, 뜨거운 물체에서 찬 물체로 10 kJ 의 에너지가 열로 전달되었다고 하자. 과정 후에 10 kJ 의 에너지는 전달되었을 뿐 없어지지는 않았으나 낮은 온도의 에너지이며 질이 낮은 에너지로 되었다. 열은 본질적으로 조직화되지 않은 에너지의 형태이며 비조직성(엔트로피)이 열과 함께 흐른다.[68)]

---

68) 결과적으로 뜨거운 물체의 엔트로피와 분자적인 무질서 또는 무작위성은 감소하며 찬 물체의 엔트로피와 분자적인 무질서는 증가한다. 제 2 법칙은 찬 물체의 엔트로피 증가가 뜨거운 물체의 엔트로피 감소보다 더 크므로 조합된 시스템(찬 물체와 뜨거운 물체)의 순 엔트로피는 증가한다는 것을 요구하고 있다. 즉, 조합된 시스템은 과정 후에는 더 무질서한 상태에 있게 된다. 그러므로 과정은 총 엔트로피 또는 분자적인 무질서가 증가되는 방향으로만 일어날 수 있다. 다시 말하면 전 우주는 매일 점점 더 혼돈되어 가고 있다.

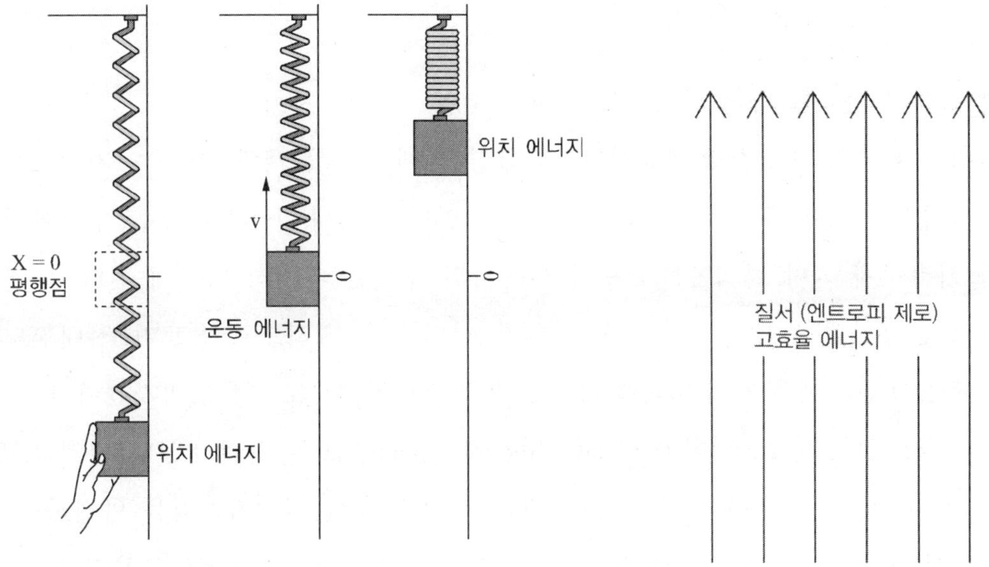

▶ (a) 용수철을 늘이면서 한 일은 어떤 무질서(엔트로피)도 만들어내지 않는다. 그러므로 과정 중에 에너지는 저급화되지 않는다.

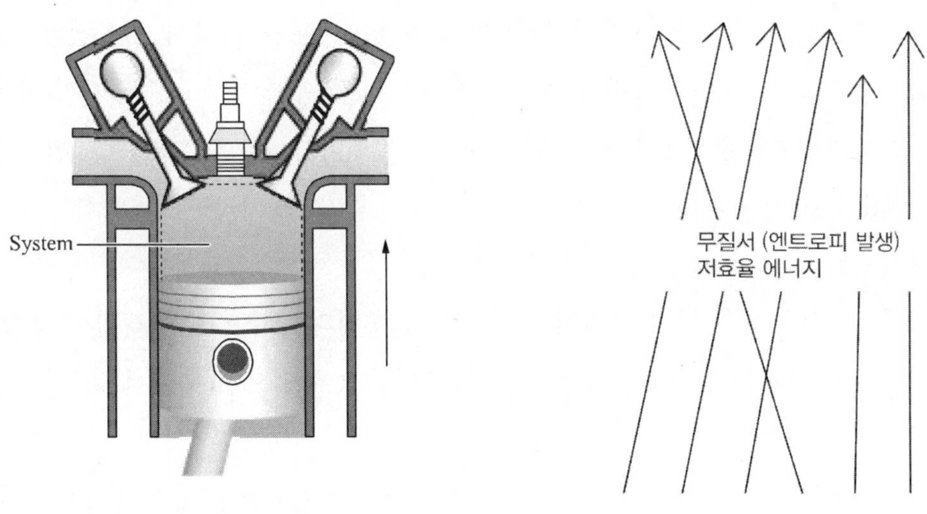

▶ (b) 동작유체에 가해진 피스톤의 일은 무질서정도(엔트로피)를 증가시킨다. 그러므로 과정 중에 에너지는 저급화된다.

[그림 4-24] 엔트로피와 에너지의 질적변화

(2) 열역학 제 3 법칙

앞 절에서 언급한 바와 같이, 엔트로피는 어느 순간에 분자의 위치에 대한 분자의 무작위성의 척도 즉, 불확정성이다. 고체 상태에서도 물체의 분자는 지속적으로 진동하며 그 위치에 대한 불확정성을 일으키고 있다. 그러나 이 진동은 온도가 낮아짐에 따라 사라지게 되며 절대온도 0 도에서 분자의 운동은 완전히 멈추게 된다. 이것은 극한의 분자적인 질서(최소에너지) 상태를 나타낸다. 그러므로 온도가 절대영도인 결정체는 그 순간에 분자의 상태에 대한 불확정성이 없으므로 엔트로피가 0 이다.

이 서술은 열역학 제 3 법칙(third law of thermodynamics)으로 알려져 있다. 열역학 제 3 법칙(절대 0도의 불가능성)은 엔트로피의 결정에 대한 절대기준점을 마련하며 이 기준점에 대하여 결정된 엔트로피를 절대 엔트로피(absolute entropy)라 부른다.

이해를 돕기 위하여 각각 고체(얼음)와 증기(수증기)로 존재하는 물의 물리적인 차이를 생각해 보자. 얼음 조각에서는 개개의 H_2O 분자가 상대적으로 고정된 위치에 갇혀 있으며 개개의 수소와 산소 원자들은 명확히 정의된 범위 내에서 진동하고 있다.

반면에 수증기에서는 개개의 분자가 들어 있는 용기 내에서 자유롭게 움직인다. 따라서 우리는 수증기의 상태가 얼음의 상태보다 더 무질서하고 수증기가 단위질량당 더 큰 엔트로피를 가진다고 말한다. 사실 이와 같은 개념이 완벽한 모든 결정체(crystal)는 절대온도 0 도에서 엔트로피가 0 이라는 열역학 제 3 법칙을 이끌어낸다.

절대온도 0 도에서 완벽한 질서를 가지는 결정체의 경우에는 움직임이 없고 격자에 결함이 없다. 따라서 미시적 상태에 대한 불확실성이 없으며(무질서 또는 무작위성이 없기 때문) 엔트로피가 0 이다.

엔트로피는 절대영도에 가까워질수록 변화량이 0에 수렴하며, 절대영도에서 완전한 결정상태의 엔트로피는 0이다. 다만 자연계에서 절대영도는 존재할 수 없고 단지 0으로 수렴할 뿐이다. 즉, 절대 0도의 불가능성, 자연계에서 절대영도는 존재하지 않는다.

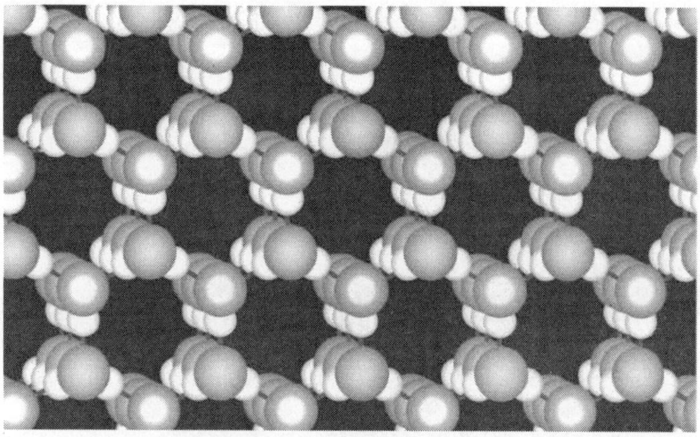

<얼음의 육각형 결정 구조>
이 열린 구조는 얼음이 물보다 밀도가 낮게 만든다.

<액체 물의 구조>

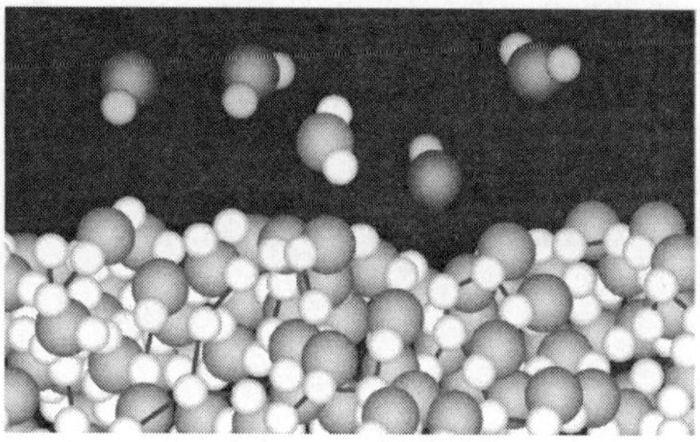

<증발하는 물 분자들>

(3) 따뜻한 시계방향 사이클, 차가운 반시계방향 사이클

CHEVROLET사의 소형 블록의 V8 기관, 배기량 265in³(4.34L), 4행정, 전기 점화 기관으로 기화기와 오버헤드(overhead) 밸브가 장착 되었다.

GM 7.4리터 L29, V8, 4행정 사이클, 전기 점화, 트럭 기관으로 배기량 7.44L, 보어 10.8㎝, 행정거리 10.16㎝, 최대 속도 5,000rpm, 압축비 9.0:1, 오버헤드 밸브, 다점 연료 분사 기관이다.

Exercise 연 습 문 제

01 열역학 제 1 법칙과 제 2 법칙을 비교 설명하여라.
또, 열역학 제 3 법칙을 설명하여라.

02 냉동기와 히트펌프의 같은 점과 다른 점을 간략히 설명하여라.

03 카르노사이클에 대하여 간단히 설명하여라.

04 엔트로피는 과정의 비가역성을 표시하는 상태량, 무질서의 정도를 나타내는 양으로서 상태 함수이며 열을 일로 전화하는 과정의 불완전도를 나타내는 상태량이다. (기계 열역학에서는 물체의 온도를 $1\,K$ 상승시키는 데 필요한 열량으로 표시한다.) 엔트로피가 (압력이 일정할 때) 온도 $Q = T \cdot ds$ 로부터 T만의 함수임을 수식으로 나타내어라.

01 (1) 열역학 제 1 법칙 : 에너지 변환에 있어서의 에너지 보존법칙을 나타낸 법칙으로 열과 일의 변환관계를 양적으로 표시한 법칙이다.

(2) 열역학 제 2 법칙 : 제 1 법칙의 성립 방향성에 제약을 가하는 경험법칙이다.

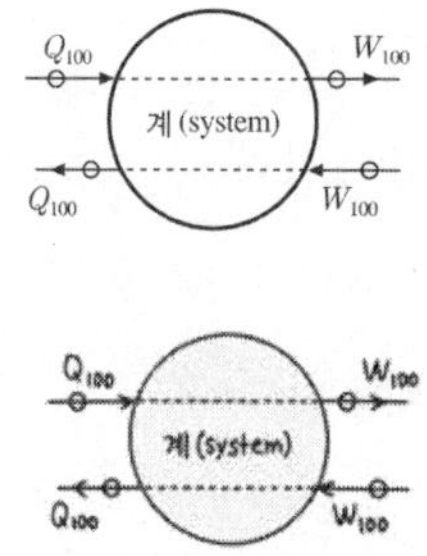

<제 1 법칙>

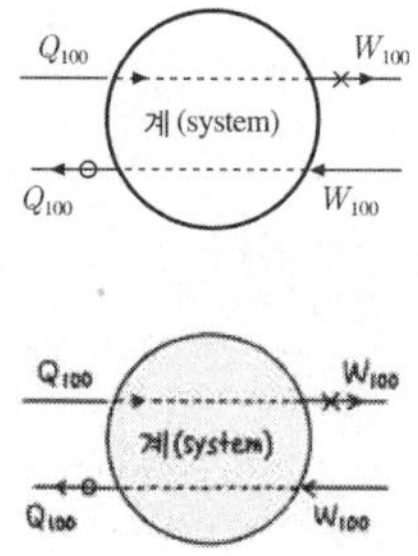

<제 2 법칙>

(3) 열역학 제 3 법칙 : 시스템이 갖는 엔트로피를 측정될 수 있는 값으로 양적으로 나타내는 법칙. 절대온도 $0K$ 인 크리스탈이 갖는 엔트로피 값을 0 으로 정한다.

02 냉 동 기 : 저열원의 열량을 빼앗는 것을 주목적으로 하는 기관이며, 성능계수로 경제성 여부를 판단하고 유효일량이 작을수록 경제성은 우수하다.

히트펌프 : 고열원으로 열량을 공급하는 것을 주목적으로 하는 기관이며, 성능계수로 경제성 여부를 판단하고 유효일량이 작을수록 경제성은 우수하다.

03 카르노사이클은 완전가스를 작업유체로 하는 2 개의 가역 등온과정과 2 개의 가역 단열 과정으로 구성된 열기관의 이상적 사이클로서 사이클 특성상 수열과 방열이 등온 하에서 수행되므로 현실적으로 실현 불가능한 사이클이다. 카르노사이클 열효율 η_c 는 다음과 같이 구한다.

$$\eta_c = \frac{A \cdot W}{Q_1} = 1 - \frac{Q_2}{Q_1} = 1 - \frac{T_2}{T_1} \qquad (A \text{ 는 열의 일당량})$$

카르노사이클 열효율 η_c 는 작동유체의 종류에는 무관하고, 두 열원의 절대온도에만 의존하며, 최대의 열효율을 갖는다.

04

$$Q = T \cdot dS = dU + P \cdot dV \qquad \Rightarrow dS = \frac{1}{T} \cdot dU + \frac{P}{T} \cdot dV$$

$$S = S(U, V) \qquad \Rightarrow dS = \left(\frac{\partial S}{\partial U}\right)_v \cdot dU + \left(\frac{\partial S}{\partial V}\right)_u \cdot dV$$

$$= \frac{1}{T} \cdot dU + \frac{P}{T} \cdot dV$$

$$\Rightarrow \left(\frac{\partial S}{\partial U}\right)_v = \frac{1}{T} \qquad \left(\frac{\partial S}{\partial V}\right)_u = \frac{1}{T} \cdot P_{const}$$

05 엔트로피 증가의 원리를 간단히 설명하여라.

골동품 도자기 : 세월 지나면서 가치가 오르니 : 엔트로피 감소
학용품 필기장 : 낱장 찢어지고 수가 줄어드니 : 엔트로피 증가

가용자원 − 변화 → 불가용자원 ; 엔트로피 증가

06 클라우지우스 적분과 클라우지우스 부등식은 어떻게 표시되는지 설명하여라.

새 트럭 : 짐 많이많이 싣고 쌩쌩
↓
헌 트럭 : 짐 많이 못 싣고 벌벌

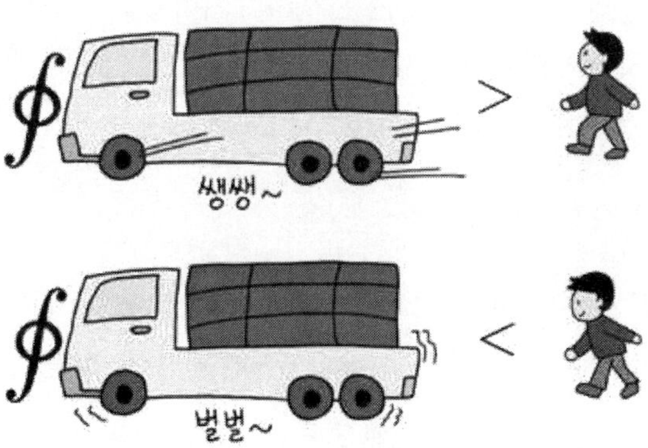

05 (1) 가역사이클 : 임의의 계가 가역사이클이 $P \to A \to Q \to B \to P$ 로 순환할 때 가역사이클에 대한 클라우지우스 적분은

$$\oint \frac{\delta Q}{T} = \int_{P \to A}^{Q} \frac{\delta Q}{T} + \int_{Q \to B}^{P} \frac{\delta Q}{T} = 0 \qquad ①$$

이 된다.

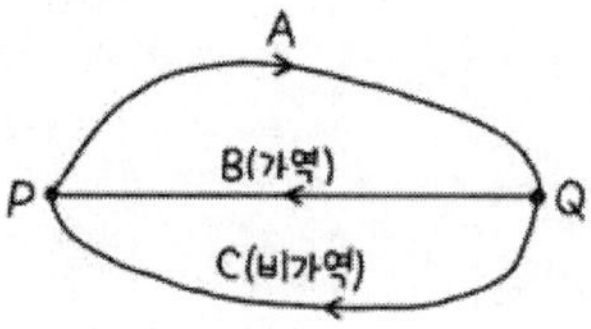

(2) 비가역 사이클 : 임의의 계가 비가역 사이클 $P \to A \to Q \to C \to P$ 로 순환할 때 비가역 사이클에 대한 클라우지우스 적분은

$$\oint \frac{\delta Q}{T} = \int_{P \to A}^{Q} \frac{\delta Q}{T} + \int_{Q \to C}^{P} \frac{\delta Q}{T} < 0 \qquad ②$$

이 되며, 식 ① 을 ② 에 대입하고 $\frac{\delta Q}{T} = dS$ 라 하면

$$S_{Q \to C} - S_{Q \to B} > 0 \qquad ③$$

이 된다. 비가역 단열변화에서 $dS > 0$ 이 되어 엔트로피는 증가한다.
따라서 가역 변화가 없는 자연계에서는 엔트로피가 항상 증가하게 된다.
이것을 엔트로피 증가의 원리라 한다.

06 (1) 클라우지우스 적분 : 클라우지우스 적분은 임의의 사이클을 가역사이클로 보고 이 가역사이클이 무수한 미소 카르노사이클의 조합이라고 생각할 때 상태 1 과 상태 2 가 주어지면 항상 $\oint \frac{\delta Q}{T}$ = 일정하게 성립하는 것을 말한다. 즉,

$\oint_{rev} \frac{\delta Q}{T}$ = 일정 ; 클라우지우스 적분

(2) 클라우지우스 부등식 : 클라우지우스 부등식은 비가역사이클로 작동하는 기관에서 상태 1 과 상태 2 가 주어지면 항상 $\oint \frac{\delta Q}{T} < 0$ 이 성립하는 것을 말한다. 즉,

$\oint_{\text{irrev}} \frac{\delta Q}{T} < 0$; 클라우지우스 부등식

07 물의 가열

10 mol의 액체 물이 1 기압 하에서 0 ℃ 에서 100 ℃ 로 변화될 때 ΔS 를 구하라.

[자료]

$$c_p = 4{,}184 \left[\frac{J}{kg \cdot K}\right]$$ (부록 참조)

08 물의 냉각

0 ℃ 액체상태의 물 10 kg 을 0 ℃ 로 얼릴 때의 ΔS 를 구하라.

[자료]

얼음의 해빙 시 : $\Delta h_{sl} = 333\ [kJ/kg]$ (부록 참조)

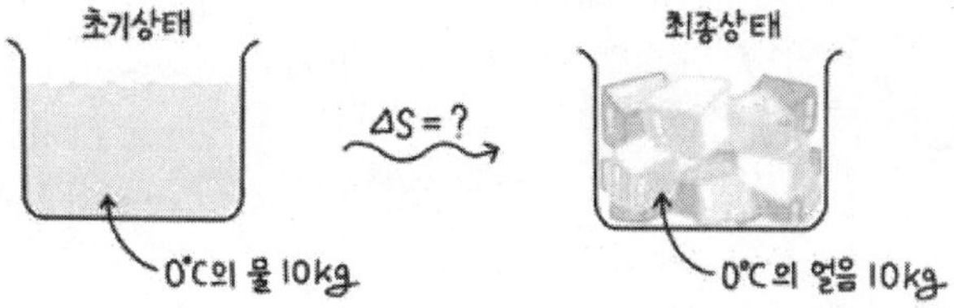

09 물 10 kg 를 10 ℃ 에서 100 ℃ 까지 가열하면 물의 엔트로피 증가량은 몇 $kcal / K$ 인지 구하여라.

[참조]

포화액체의 비엔트로피를 구하는 공식은 다음과 같다(단, 온도가 낮은 구역에서는 비열이 일정하다고 한다).

$$S_f = \int_{273}^{T_s} c \cdot \frac{dT}{T} = c \cdot \ln \frac{T_s}{273} \left[\frac{kJ}{kg \cdot K}\right]$$

$$T_s = 10\ ℃\ ;\quad S_{f,10} = 4.185 \left[\frac{kJ}{kg \cdot K}\right] \times \ln\left(\frac{283}{273}\right) = 0.151 \left[\frac{kJ}{kg \cdot K}\right]$$

$$T_s = 100\ ℃\ ;\quad S_{f,100} = 4.185 \left[\frac{kJ}{kg \cdot K}\right] \times \ln\left(\frac{373}{273}\right) = 1.307 \left[\frac{kJ}{kg \cdot K}\right]$$

07 10 mol 의 H_2O 를 주어진 계로 택하자. 다시, 무시할 만한 크기의 역학적 에너지를 고려하여, 식 (4-53) 을 다음과 같이 직접적으로 사용하자.

$$\Delta S = \int \frac{\delta Q_{rev}}{T} = \int \frac{m \cdot c_p \cdot dT}{T} = m \cdot c_p \cdot \int_{최초}^{최종} \frac{dT}{T} = m \cdot c_p \cdot \ln\left(\frac{T_{최종}}{T_{최초}}\right)$$

$$= (10\ mol) \times \left(\frac{0.018\ kg}{mol}\right) \times \left(4{,}185 \frac{J}{kg \cdot K}\right) \times \ln\left(\frac{373}{273}\right) = 235\ [\frac{J}{K}]$$

08 얼려진 물 10 kg 을 대상 계로 고려하자. 어떠한 역학적 에너지의 차이가 도입되지 않으므로 식 (4-28) 을 직접 적용하자.69) 그러면 주어진 계에 대하여 다음과 같은 수식 전개가 가능 해진다.

여기서 δQ 는 열이 보태지는 것이 아니고 제거되므로 δQ 는 음의 값이다. 또한 T 는 273 K (0 ℃) 로서 일정한 값이다.

$$\Delta S = \int_{얼음}^{물} \frac{\delta Q_{rev}}{T} = \frac{1}{T} \cdot \int \delta Q_{rev} = \frac{m \cdot (-\Delta h_{sl})}{T}$$

$$= \frac{(10\ kg) \times (-333\ kJ/kg)}{273\ K} = -12.20\ [\frac{J}{K}]$$

09

$$\delta Q = G \cdot c \cdot dT$$

$$dS = \frac{\delta Q}{T} = \frac{G \cdot c \cdot dT}{T}$$

$$\Delta S = S_2 - S_1 = G \cdot C \cdot \ln\left(\frac{T_2}{T_1}\right) = 10 \times 1.0 \times \ln\left(\frac{373}{283}\right) = 2.76\ [kcal/K]$$

증가

[별해]

$$\Delta S = 10\ kg_f \times (S_{100} - S_{10})$$

$$= 10\ kg_f \times 1.0\ kcal/kg_f \cdot K \times \left(\ln\left(\frac{373}{273}\right) - \ln\left(\frac{283}{273}\right)\right)$$

$$= 10 \times \ln\left(\frac{373/273}{283/273}\right)\ [kcal/K]$$ 증가

69) 실제로, 매우 작은 양의 일(역학적 에너지)이 행해졌다.
왜냐하면, 냉동 시 물은 팽창하여 대기를 매우 작은 크기만큼 밀어내기 때문이다. 이것은 무시하기로 한다.

10 디젤기관에서, 700 $mmHg$, 100 ℃ 로 흡인된 공기($c_v = 0.717 \frac{kJ}{kg \cdot K}$, $k = 1.40$, $R = 0.287 \frac{kJ}{kg \cdot K}$)를 폴리트로픽($n = 1.35$) 압축비 18.5 로 압축시킬 때 공기 1 kg 에
대한 엔트로피 변화량은 얼마인가?

11 공기 1 kg 이 온도 20 ℃, 압력 4 kg_f/cm^2 에서 등압 가열되어 온도가 300 ℃ 로 되었을 때 다음을 구하여라.
(단, 공기의 $c_p = 0.24 \frac{kcal}{kg \cdot ℃}$, $R = 29.27 \frac{kg_f \cdot m}{kg \cdot K}$, $k = 1.4$ 이다.)

(1) 가열량 Q_{12} ($kcal$)

(2) 절대일 W_{12} ($kg_f \cdot m$)

(3) 엔트로피 변화량 ΔS ($kcal$)

(4) 엔탈피 변화량 ΔH ($kcal$)

(5) 내부에너지 변화량 ΔU ($kcal$)

10 폴리트로픽 비열

$$c_n = \frac{n-k}{n-1} \cdot c_v = \frac{1.35 - 1.40}{1.35-1} \cdot 0.7171 \times 10^3 = -102.4 \left[\frac{J}{kg \cdot K}\right]$$

$$T_2 = T_1 \cdot \left(\frac{V_1}{V_2}\right)^{n-1} = (100+273) \times (18.5)^{0.35} = 1{,}036\ [K]$$

$$\Delta s = c_n \cdot \ln\left(\frac{T_2}{T_1}\right) = -102.4 \times \ln\left(\frac{1036}{100+273}\right) = -104.6 \left[\frac{J}{kg \cdot K}\right] \text{(감소)}$$

11 (1) 가열량 $Q_{12}\,(kcal)$: 정압가열이므로 $\delta q = dh = c_p \cdot dT$

$$Q_{12} = G \cdot c_p \cdot (T_2 - T_1) = 1.00 \times 0.24 \times (573 - 293) = 67.20\ [kcal]$$

(2) 절대일 $W_{12}\ [kg_f \cdot m]$

$$W_{12} = P \cdot (V_2 - V_1) = G \cdot R \cdot (T_2 - T_1)$$

$$= 1.00 \times 29.27 \times (573 - 293) = 8{,}196\ [kg_f \cdot m]$$

(3) 엔트로피 변화량 $\Delta S \left[\frac{kcal}{kg \cdot K}\right]$

$$\Delta S = G \cdot c_p \cdot \ln\left(\frac{T_2}{T_1}\right) = 1.00 \times 0.24 \times \ln\left(\frac{573}{293}\right) = 0.16 \left[\frac{kcal}{kg \cdot K}\right]$$

(4) 엔탈피 변화량 $\Delta H = Q_{12} = 67.20\ [kcal]$

(5) 내부에너지 변화량 $\Delta U\ [kcal]$

$$\frac{c_p}{k} = c_v = \frac{0.24}{1.4} = 0.171 \left[\frac{kcal}{kg \cdot ℃}\right]$$

$$\Delta U = G \cdot c_v \cdot (T_2 - T_1) = 1.00 \times 0.171 \times (573 - 293) = 48\,[kcal]$$

12 증기표에서 엔트로피와 엔탈피의 관계를 50 ℃ 온도에 있어서 해석하라.

포화수증기표 (온도 기준) [1] / 부록 7

온도 ℃	포화압력		비체적 $[m^3/kg]$		엔탈피 $[kcal/kg]$			엔트로피 $[kal/kg.K]$	
	$[kg/cm^2]$	$[mmH_g]$	v'	v''	h'	h''	r	s'	s''
0	0.006228	4.58	0.0010002	206.3	0.00	597.1	597.1	0.0000	2.1860
2	0.007194	5.29	0.0010001	179.9	2.01	598.0	596.0	0.0073	2.1733
4	0.008289	6.10	0.0010000	157.2	4.02	598.9	594.9	0.0145	2.1699
6	0.009530	7.01	0.0010001	137.7	6.03	599.8	593.8	0.0218	2.1488
8	0.010932	8.04	0.0010002	120.9	8.04	600.7	592.6	0.0289	2.1367
10	0.012513	9.20	0.0010004	106.4	10.04	601.5	591.5	0.0361	2.1250
12	0.014292	10.5	0.0010006	93.79	12.04	602.4	590.4	0.0431	2.1134
14	0.016290	12.0	0.0010008	82.86	14.04	603.3	589.3	0.0501	2.1022
16	0.018529	13.6	0.0010001	73.34	16.04	604.1	588.1	0.0570	2.0900
18	0.021034	15.5	0.0010015	65.05	18.03	605.0	587.0	0.0689	2.0890
20	0.023830	17.5	0.0010018	57.80	20.03	605.9	585.9	0.0708	2.0693
25	0.032291	23.8	0.0010030	43.37	25.02	608.1	583.1	0.0876	2.0481
30	0.043261	31.8	0.0010044	32.91	30.00	610.2	580.2	0.1042	2.0182
35	0.057337	42.2	0.0010061	25.23	34.99	612.4	577.4	0.1207	1.9943
40	0.075220	55.3	0.0010079	19.53	39.98	614.5	574.5	0.1367	1.9713
50	0.12581	92.5	0.0010121	12.04	49.95	618.8	568.8	0.1680	1.9281
60	0.20316	149.4	0.0010171	7.673	59.94	622.9	563.0	0.1984	1.8883
70	0.31780	233.8	0.0010228	5.043	69.93	627.0	557.1	0.2280	1.8514
80	0.48297	355.3	0.0010290	3.407	79.95	631.1	551.1	0.2568	1.8173
90	0.71493	525.9	0.0010359	2.360	89.98	635.0	545.0	0.2847	1.7855
95	0.86193	634.0	0.0010397	1.982	95.00	636.9	541.9	0.2985	1.7705
96	0.89416	657.7	0.0010404	1.915	96.01	637.4	541.4	0.3012	1.7675
97	0.92738	682.1	0.0010412	1.851	97.01	637.7	540.7	0.3039	1.7646
98	0.96161	707.3	0.0010419	1.789	98.02	638.1	540.1	0.3069	1.7617
99	0.99689	733.3	0.0010427	1.730	99.08	638.5	539.4	0.3093	1.7588
100	1.03323	760.0	0.0010435	1.673	100.04	638.8	538.8	0.3120	1.7559
101	1.0704	787.0	0.0010443	1.618	101.05	639.1	538.1	0.3147	1.7531
102	1.0929	815.2	0.0010451	1.565	102.06	639.5	537.4	0.3173	1.7502
103	1.1485	844.2	0.0010458	1.514	103.06	639.9	536.8	0.3200	1.7474
104	1.1839	874.5	0.0010466	1.466	104.06	640.3	536.2	0.3227	1.7446
105	1.2318	906.1	0.0010474	1.419	105.07	640.7	535.6	0.3255	1.7419

13 Clausius의 서술로부터 Thomson의 원리(Kelvin−Planck의 서술)을 유도하라.

12 엔트로피란, 절대온도 0 K 에서 어떤 온도까지 물질의 온도를 올리는 데 사용한 총 열량과 온도와의 관계를 나타내는 상태량이다.

하지만 우리가 열역학적 해석에서 필요한 열량의 개념은 절대온도 0 K 로부터의 열량이 아니라 어떤 두 온도 사이에서의 열량의 변화인 것이다. 그래서 우리가 사용하는 여러 가지 물질의 물성표에 나타난 엔트로피 값들은 절대온도 0 K 를 기준으로 하여 계산된 값들이 아니고 어느 기준온도로부터의 열량과 온도의 관계를 나타내는 엔트로피 상태량인 것이다.

예를 들어, 증기표에 1 kg/cm^2 abs, 50 ℃ 물의 엔탈피와 엔트로피 값이 각각 50 $kcal/kg$ 및 0.168 $kcal/kg \cdot K$ 인 것을 알 수 있다. 그러면 압력이 1 kg/cm^2 인 정압과정에서 온도 섭씨 0 도에서 50 도까지 얼음 – 융해 – 물의 과정을 거치면서 H_2O 1 kg 에 가해진 열량이 50 $kcal$ 밖에 되지 않을까? (주: 정압과정에서 열량은 엔탈피와 동일하다.)

그렇지 않다. 얼음 1 kg 의 융해열만 해도 80 $kcal$ 이므로, 50 $kcal$ 보다 더 크다.

그러면 증기표의 기준온도는 몇 도일까? 증기표의 기준온도는 섭씨 0 도의 물 상태이다. 사실상 H_2O 의 경우에 섭씨 0 도 이하의 얼음에 대해서는 열역학적으로 거의 관심이 없기 때문이다.

증기표에서 0 ℃ 물의 엔탈피와 엔트로피를 0 으로 잡고, 50 ℃ 물의 엔탈피와 엔트로피를 50 $kcal/kg$ 과 0.168 $kcal/kg \cdot K$ 로 표기한 이유는 우리가 관심이 있는 것은 엔탈피와 엔트로피의 차이이지 그 절대치가 아니기 때문이다.

50 ℃ 물의 엔탈피와 엔트로피의 절대값이 50 $kcal/kg$ 및 0.168 $kcal/kg \cdot K$ 는 아니지만 50 ℃ 물과 0 ℃ 물의 엔탈피와 엔트로피의 차이는 50 $kcal/kg$ 과 0.168 $kcal/kg \cdot K$ 인 것이다. 한편, 50 ℃ 물과 0 ℃ 물의 엔탈피의 차이 50 $kcal/kg$ 는 0 ℃ 와 50 ℃ 사이의 정압과정 온도-엔트로피(T-S) 곡선을 절대온도에 대해 적분한 것이지 기존온도인 섭씨 0 도에 대해 적분한 것이 아니다.

즉, 열량을 구하기 위해 온도-엔트로피 곡선의 아래 면적을 계산할 때, 밑변을 절대온도 0 K 로 취해야지, 기준온도인 섭씨 0 도로 취해서는 안 된다.

그러므로 엔트로피 단위를 나타낼 때 $kcal/kg \cdot$ ℃ 로 표시하는 것을 잘못된 것이고 $kcal/kg \cdot K$ 로 나타내야 한다.

13 열 ΔQ 가 어떠한 조작도 없이 저온부로부터 고온측으로 이동하였다고 하자. 열이 저온부로 이동할 때 일 ΔW 를 한다고 하면 저온부에 남는 열은 $\Delta q = \Delta Q - \Delta W$ 이다. 이러한 일련의 조작은 저온부로부터 $\Delta Q - \Delta q$ 의 열을 일로 변환한 것이 되므로 Thomson 의 원리에 어긋난다. 따라서 이러한 가정은 성립될 수 없으며 이는 Clausius 가 서술하는 바이다.

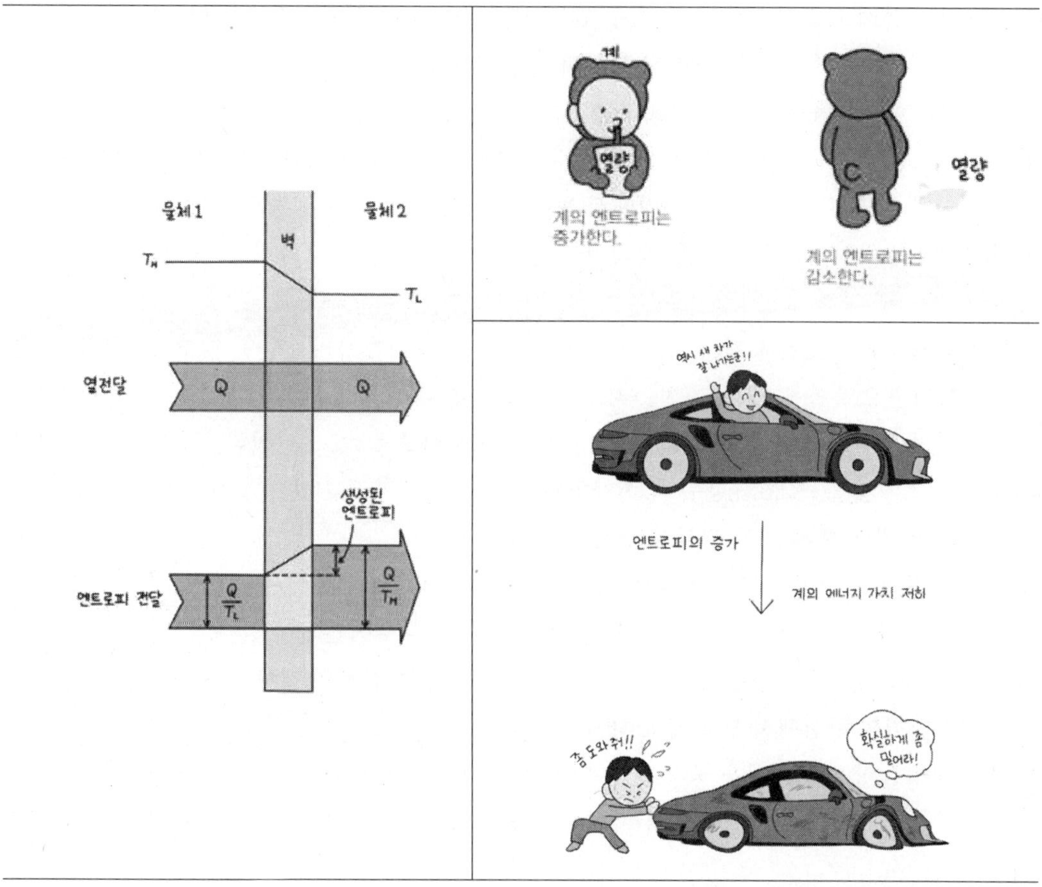

<유한한 온도차를 통한 열전달과 과정 동안의 엔트로피의 증가>

에너지 보존의 법칙은 세상을 지배하는 법칙 중의 하나이다.

열역학의 첫 번째 원리는 에너지가 생성되거나 파괴되지 않고, 다만 한 형태에서 다른 형태로 변환된다는 것이다. 태양에너지는 식물이 자라는 데 사용되고 식물은 동물의 먹이로 사용 가능한 에너지로 바뀐다.

두 번째 원리는 이러한 변환에 가해진 제한이다.

열은 더 차가운 물체에서 더 따뜻한 물체로 저절로 옮겨가지 않는다. 이러한 비가역성을 고려한 것이 우리가 얻을 수 있는 효율성이다. 이것을 우리는 현실에서 경험하는데, 예를 들어 자동차를 움직이는 데 사용되는 연료 일부는 열로서 소실되고 다른 쓰임새로 재사용할 수 없다.

엔트로피는 밀폐 시스템에서 일을 할 수 있는 열에너지의 비가용성 정도를 나타낸다.

동일한 양의 에너지를 사용하더라도 생산되는 일의 양은 같지 않을 수 있다.

엔트로피는 에너지 유용성을 정량화하는 데 매우 유익하다.

겉으로 같게 보이는 두 대의 차 가운데에 한 대는 같은 양의 연료로 다른 차가 가는 거리의 반밖에 가지 못한다면 열역학 제 2 법칙의 관점에서 두 대의 차는 결국 같은 성능의 차가 아니다.

따라서 제 1 법칙만을 기준으로 한 에너지의 평가는 심각한 잘못을 가져올 수 있다.

좋은 색인제도와 반듯한 서가를 갖고 있는 도서관은 높은 체계화의 수준을 갖고 있으므로 낮은 엔트로피 도서관으로 볼 수 있다. 마찬가지로 허술한 서가와 색인제도를 갖고 있는 도서관은 낮은 체계화의 수준을 갖고 있으므로 높은 엔트로피 도서관으로 볼 수 있다. 색인제도가 없는 도서관에서 책을 찾을 수 없을 경우 책은 가치가 없으므로 도서관이 없는 것이나 다름없다.

똑같은 책이 백만 권 있는 두 건물을 생각해 보자.

첫 번째 건물에는 책이 어지럽게 쌓여 있는 반면에 두 번째의 건물에는 책이 매우 체계적으로 분류되어 있고 서가에 정리되어 있으며 쉽게 참조할 수 있도록 색인되어 있다.

첫 번째 건물의 높은 비체계성(엔트로피)에도 불구하고 두 건물의 질량과 에너지는 통일하기 때문에 제 1 법칙의 관점에서 두 건물은 대등하다고 말 할런지 모른다.

그러나, 학생들이 원하는 책을 찾기 위하여 어느 건물로 갈 것인가는 생각할 필요가 없을 것이다. 학생들은 열역학 제 2 법칙의 관점에서 비체계성/엔트로피가 낮은 두 번째 건물로 향할 것이다.

열이나 일의 형태로 이동하는 에너지는 방향성을 지닌다.

일반적으로 지구상에서 열을 일로 변환시키는 경우, 가장 온도가 낮은 저열원은 대기이다. 열공학 시스템의 성능을 최대로 하기 위해서는 비가역성의 요인을 찾아내고 그 요인을 제거 내지는 최소화해야 한다.

Chapter 05

에너지의 유용성

열역학 제 1 법칙에서는 에너지의 양(quantity)을 다루었으며, 열역학 제 2 법칙에서는 에너지의 질(quality)에 관하여 다루었다.

열역학 제 1 법칙에서 에너지는 만들어지거나 없앨 수 없다고 하였으므로 이 법칙은 과정 중의 에너지의 수량적 계산을 위한 도구로서 유용할 뿐, 공학도에게 열역학적 시스템의 개선이나 개발이라는 발전적 방향을 제시하지는 못한다.

그러나 열역학 제 2 법칙은 과정 중에 일어나는 에너지의 질적 저하를 다루므로 공학도에게 열역학적 시스템 개선이나 개발의 확실한 방향을 제시한다.

제 4 장에서 열역학 제 2 법칙은 열역학적 시스템을 최적화하는 데 있어 필수 불가결한 도구임이 증명되었다. 본 장은 열역학 제 2 법칙을 설명한 제 4 장의 연속이라 할 수 있다.

따라서 본 장에서는 이미 논의된 이상기체로 이루어진 계에 열역학 제 2 법칙을 적용하여, 계의 열역학적 유용성에 관하여 살펴보기로 한다. 이 유용성의 개념은 비가역성 개념을 포함하며 주어진 상태에서 계가 이룰 수 있는 유효일과 실제일과의 관계로부터 계의 효율에 대해서도 논의한다.

거북이가 같은 거리를 가기 위해서는 토끼에 비하여 훨씬 많은 노력을 기울여야 할 것이다. 우리는 이솝우화에서 비록 성취의 크기는 같다고 하더라도 최선의 노력을 기울인 거북이에게 찬사를 보낸다.

거북이는 많은 노력에 비해 성취가 적으므로 제 1 법칙 효율은 낮으나 주어진 조건에서 최대한의 성취를 이루었으므로 제 2 법칙 효율은 매우 높다고 할 수 있다.

경주에서 시합의 기회는 토끼나 거북이 모두에게 단지 그 크기가 다를 뿐 마찬가지의 엑서지로 볼 수 있으며, 토끼의 낮잠은 소멸된 기회, 즉 엑서지의 소멸이 된다. 낮잠으로 허비된 시간은 유용한 일을 할 수 있었던 소멸된 기회이다.

하느님으로부터 능력을 토끼가 더 크게 부여받았다고 해서 토끼의 엑서지가 거북이의 엑서지보다 더 크다고 할 수 있을까? 타고난 능력에서 게으름을 뺀 값이 엑서지라면 누구의 엑서지가 더 클까?

5.1 에너지의 유용성 / 유용에너지

열이나 일은 에너지의 일종이며, 서로 변환이 가능하다.[1] 그러나 일 에너지는 그 전량을 열로 변환할 수 있는 데 반하여 열에너지는 그 전량을 일로 변환할 수 없는 것[2]은 앞에서 기술하였다. 이로부터 열은 일보다 질이 낮은 에너지라 할 수 있다.

열이나 일 이외의 에너지[3]에 있어서도 일로 변환하기 쉬운 에너지와 일로 변환하기 어려운 에너지가 있다.

에너지의 유용성은 이와 같은 에너지의 질적인 차이를 고려하여 도입한 것이며 공업에서의 일로서 유용하게 이용할 수 있는 에너지와 관련된다.

고열원과 저열원의 온도가 정해져 있을 때 가역카르노사이클이 이루는 일이 극대일 이므로 카르노사이클은 에너지의 유용성을 논의하는 데 편리한 도구로 이용할 수 있다.

그림 5-1 에 표시된 가역카르노사이클에서 열량 Q_H (면적 1 2 b a 1) 가 온도 T_H 인 고열원 에서 카르노사이클로 작동되는 기관에 전달된다.

열의 형태로 기관에 전달된 이 에너지 중에서 열량 Q_L (면적 a b 3 4 a) 가 온도 T_L 인 저열원 으로 방출된다.

이때 저열원의 온도 T_L 이 외계의 대기온도 T_{atm} 과 같다고 하면 T_{atm} 은 기관이 열을 방출할 수 있는 최저온도이기 때문에[4] 사이클이 이루는 가역일 W_{rev} 는 사이클이 이룰 수 있는 최대일이 된다. 이 최대의 일을 고열원에서 기관에 전달되는 에너지의 유용성(유효성) 또는 유용에너지(유효에너지)라고 부른다.[5]

---

1) 열역학 제 1 법칙
2) 열역학 제 2 법칙
3) 전기에너지, 탄성에너지, 화학에너지, 기계적인 에너지/ 수력, 축력, 인력 등등
4) 일반적으로 지구상에서 열을 일로 변환하는 경우에는 가장 온도가 낮은 저열원은 대기이다.
   강이나 바다를 이용하는 경우와 같이 저열원의 온도를 어떤 방법으로 일시적으로 대기온도보다 낮게 하여도 장시간에 걸쳐 그 상태를 유지할 수 없으며 최종적으로는 대기와 같은 온도가 된다.
5) 유용성(유효성) : availability(effectiveness)
   유효에너지 : effective energy
   유용(가용)에너지 : available energy(useful energy)

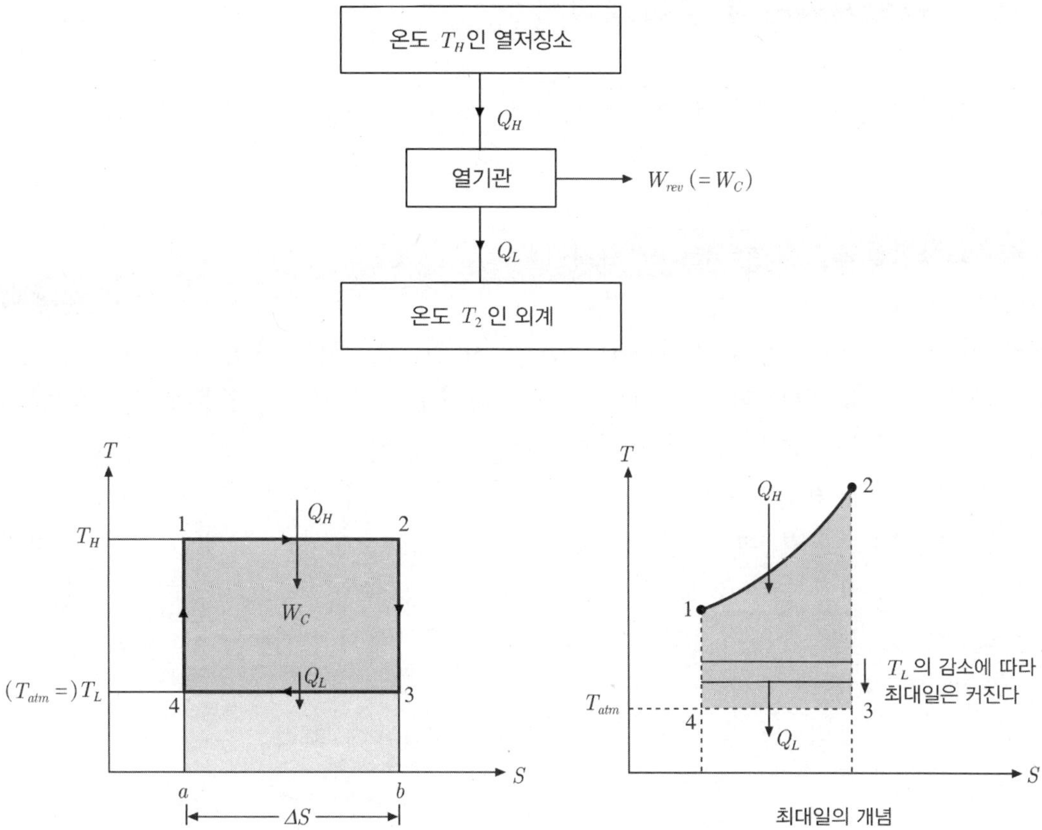

[그림 5-1] 에너지의 유용(유효)성

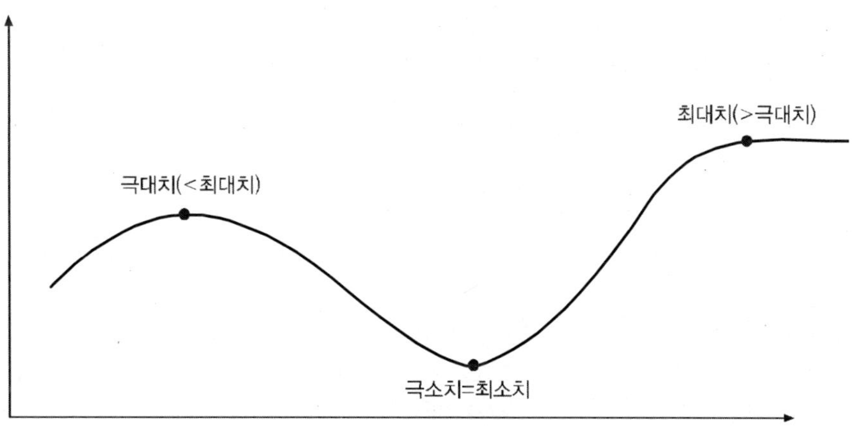

최대(최소), 극대(극소)의 개념

5.2 유용에너지와 무용에너지

유용에너지 E_a 는 그림 5-1 에 나타낸 바와 같이 비가역성이 없는 카르노사이클에서 그 전부가 일[6]로 변환될 수 있는 에너지로서[7] 그 크기는 $Q_H - Q_L$ 이다.

카르노사이클로 작동되는 가역기관은 고온열원으로부터 열량 Q_H 를 받아 저온열원에 Q_L을 방열하고 그 차이인 유용에너지의 전부, 즉 $(Q_H - Q_L) \times 100\,\%$ 의 일을 외부에 하므로 Q_L 을 방열하는 온도 T_L 이 T_{atm} 일 때의 유용에너지보다 더 큰 일은 얻어지지 않는다. 다시 말하면, 유용에너지[8]는 열역학 제 2 법칙의 제약 하에 이론적으로 일로 변환할 수 있는 최대 에너지량이 된다.

한편, 방출된 열량 Q_L 은 사용할 수 없는 손실에너지란 의미에서 이를 무용에너지 E_u[9] 라고 한다. 그림 5-2 와 같이, 온도 T_1 인 고열원으로부터 열량 Q_1 을 공급받아 온도 T_2 인 저열원에 열량 Q_2 를 방출하고 나머지 열량, 즉 $Q_a = Q_1 - Q_2$ 가 유용한 일로 변환되었다고 하면, 이는 가역 카르노사이클 기관에서의 일이므로 이는 가역일 $W_{rev} = W_{Carnot}$ 가 된다.

카르노 가역 사이클의 열효율 $\eta_c (= \eta_{rev})$ 는 식 (4-10) 에 따라,

$$\eta_c = \frac{Q_1 - Q_2}{Q_1} = 1 - \frac{Q_2}{Q_1} = 1 - \frac{T_2}{T_1} \quad \cdots\cdots \text{(4-10)}$$

과 같이 주어진다. 그러므로

$$E_a = Q_a = \eta_c \cdot Q_1 = \left(1 - \frac{T_2}{T_1}\right) \cdot Q_1 = Q_1 - T_2 \cdot \frac{Q_1}{T_1} \;\; ^{10)}$$

$$= Q_1 - T_2 \cdot \Delta S = \text{면적}\,12341 \qquad \text{(5-1)}$$

$$E_u = Q_2 = (1 - \eta_c) \cdot Q_1 = Q_1 - \eta_c \cdot Q_1 \;\; ^{11)}$$

$$= T_2 \cdot \Delta S = T_2 \cdot \frac{Q_1}{T_1} = \text{면적}\,34ab3 \qquad \text{(5-2)}$$

---

6) 기계적 에너지

7) 유용(효)에너지 = 유용(효)일 / 가역과정, 유용(효)에너지 ≠ 유용일 / 비가역과정

8) 유용에너지(available energy) 또는 엑서지(exergy)라고도 한다.

9) 무용에너지(unavailable energy) 또는 아너지(anergy)라고도 한다.

10) $Q_2 = Q_1 \cdot \frac{T_2}{T_1} = T_2 \cdot \frac{Q_1}{T_1}$

11) $Q_a = Q_1 - Q_2 = Q_1 - Q_1 \cdot \frac{T_2}{T_1}$

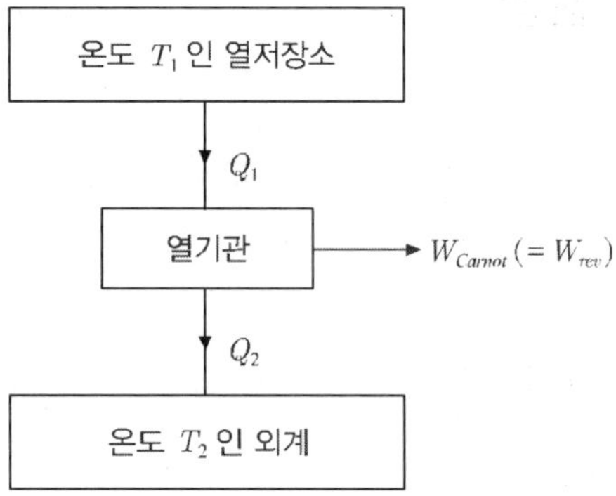

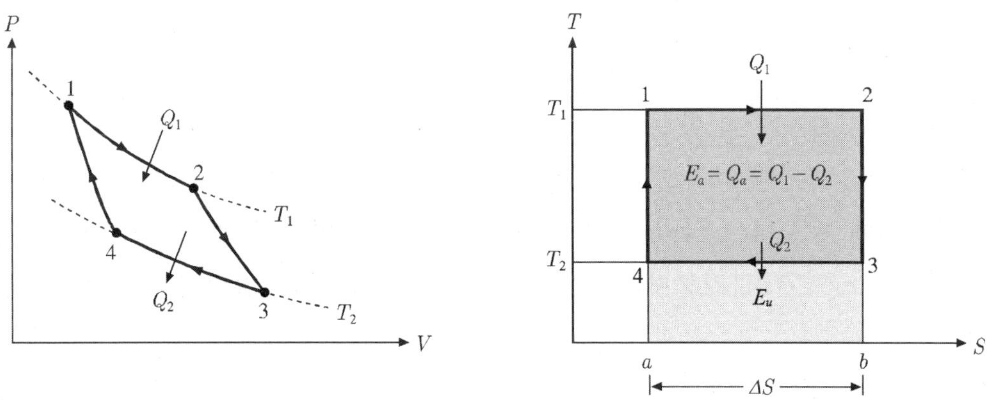

[그림 5-2] 유용에너지(E_a)와 무용에너지(E_u)

동작유체가 고열원으로부터 열량을 공급받는 동안 고열원의 온도 T_1 이 Carnot 사이클과 같이 일정하지 않고 변화 하는 경우를 생각해 보자. 고열원의 온도가 T_1 으로부터 T_2 로 변할 때 평균비열을 c_m 이라 하면, 흡열량 Q_1 은

$$Q_1 = c_m \cdot (T_2 - T_1) \quad \text{또는} \quad \delta Q = c_m \cdot dT$$

이며 엔트로피 변화량 ΔS 는

$$\Delta S = \int_1^2 \frac{\delta Q}{T} = \int_1^2 \frac{c_m \cdot dT}{T} = c_m \cdot \ln\left(\frac{T_2}{T_1}\right)$$

따라서, 무용에너지 E_u 와 유용에너지 E_a 는

$$E_u = T_{atm} \cdot \Delta S = G \cdot c_m \cdot T_0 \cdot \ln\left(\frac{T_2}{T_1}\right)$$

$$E_a = Q_1 - T_{atm} \cdot \Delta S = c_m \cdot \left\{(T_2 - T_1) - T_{atm} \cdot \ln\left(\frac{T_2}{T_1}\right)\right\}$$

5.3 엔트로피의 생성

제 4 장에서 설명한 바와 같이 비가역과정에서의 엔트로피는 엔트로피 증가의 원리에 의해 언제나 증가한다. 물질의 상태가 비가역과정으로 변환되면 계와 외계를 포함한 고립계의 엔트로피는 증가한다.

비가역성으로 인한 과정에서의 엔트로피 증가를 엔트로피 생성(entropy generation/production) 또는 엔트로피 증대(entropy growth)라 부른다.

그 예로서 유체유동이나 고체마찰, 온도차 등이 존재하면 엔트로피는 증가한다.

(1) 마찰이 일어나는 경우

그림 5-3 과 같이 마찰이 있는 피스톤-실린더 내에 있는 작동물질이 상태 1 에서 상태 2 까지 가역단열 팽창하는 경우 실린더 내 기체의 압력 P' 은 피스톤에 작용하는 외압 P 보다 마찰력에 대응하는 압력 ΔP 만큼 더 커야 한다. 따라서 계가 일을 하는 경우 비가역 과정은 가역 과정보다 P-V 선도 상에서 ΔP 만큼 압력이 저하된 상태로 나타나게 된다.

그림 (a) 에서 비가역과정에 의한 일 면적 $(1-2u-V_2-V_1-1)$은 가역과정의 면적 $(1-2r-V_2-V_1-1)$보다 작게 된다.

두 면적의 차이$(1-2r-2u-1)$는 마찰일에 해당하고 마찰일만큼 유용일이 줄어들게 된다. 그림 (b) 의 면적 $(1-2r-S_{2r}-S_{2u}-2u-1)$은 마찰일에 상당하는 마찰열이다.

(2) 비가역 단열과정

상태 1-2 사이의 상태변화가 가역(단열)과정이라면 $\delta Q=0$ 이므로 $dS=\dfrac{\delta Q}{T}=0$, 즉, 등엔트로피 변화에서 변화과정 1-2 는 그림 5-4 의 T-S 선도 상에서 수직선으로 나타 내진다. 그러나 비가역과정에서는 마찰열의 발생으로 항시 엔트로피가 증가하여 양(+)의 값을 가지므로 1-2′ 와 같이 된다. 이때 발생한 마찰열은 그 열의 일부가 동작유체에 전달되어 일로 변하나 대부분은 무용에너지로 방열된다. 결국, 비가역으로 인한 엔트로피 생성은 무용 에너지를 증가시키며 이에 따라 유용 에너지를 감소시키므로 비가역손실이 된다.

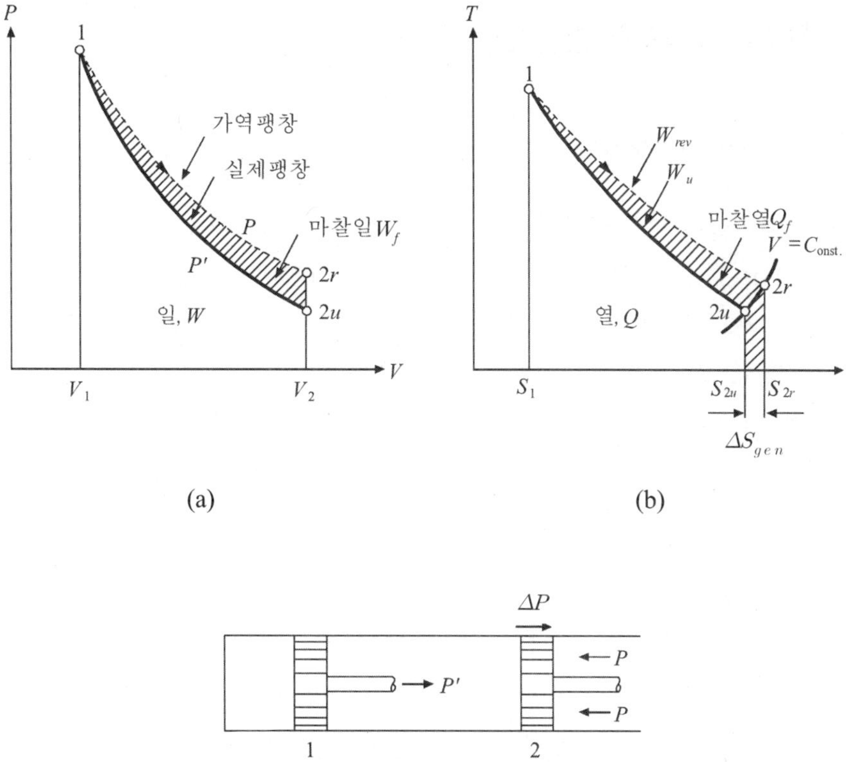

[그림 5-3] 마찰이 있는 경우의 일과 열의 상태곡선

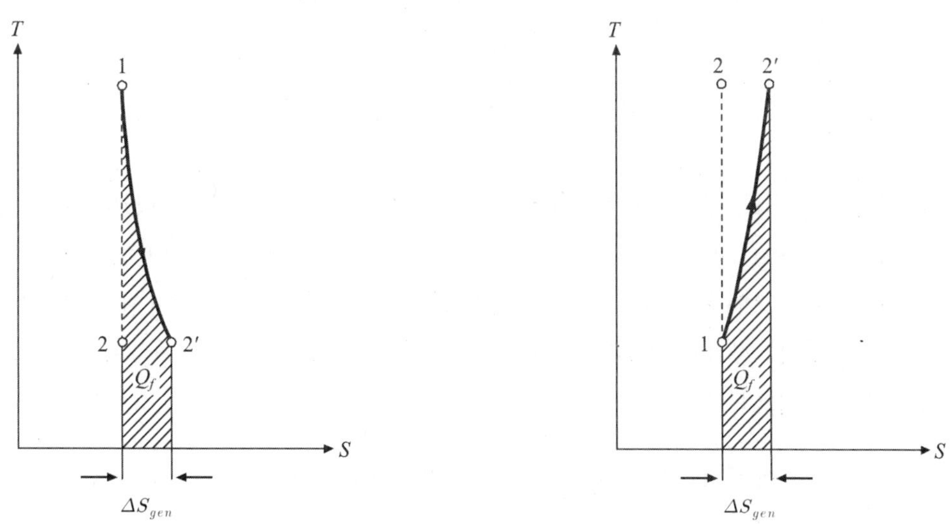

(a) 팽창의 경우 (b) 압축의 경우

[그림 5-4] 비가역단열변화의 상태곡선

5.4 에너지의 유용(효)성의 척도

(1) 무용에너지의 증가

그림 5-5에서와 같이 카르노사이클 1-2-3-4-1 의 유용에너지는 T-S 선도 상에서 면적 12341로 주어진다. 지금, 면적 1'2'21 만큼 유용에너지를 증가시킨 카르노사이클 1'-2'-3-4-1' 와 같은 면적의 카르노사이클 1-2"-3"-4-1 을 비교하면,12) 면적 1'2'341' 로 주어지는 카르노사이클이 면적 12"3"41 로 주어지는 카르노사이클에 비해 유용에너지의 증가량은 같지만 무용에너지는 작은 것을 알 수 있다.

이러한 사실을 저열원의 온도가 T_2 이고, 고열원의 온도가 T_1 인 경우와 $T_{1'}$ 인 두 경우 $(T_1 > T_{1'})$에 있어서의 엔트로피 변화량의 크기 비교를 통하여 증명한다.

고열원의 온도가 T_1 일 때 사이클 1′2′341′ 에서의,

공급열량, Q : Q_1 = 면적 1′2′ba1′

무용에너지, E_u : Q_2 = 면적 43ba4

유용에너지, E_a : Q_a = 면적 1′2′341′

엔트로피 변화 : $\Delta S = \dfrac{Q_2}{T_2} = \dfrac{Q_1}{T_1}$

또, 고열원의 온도가 $T_{1'}$ 일 때 사이클 12″3″41 에서의,

공급열량, Q : $Q_{1'}$ = 면적 12″ca1

무용에너지, E_u : $Q_{2'}$ = 면적 43″ca4

유용에너지, E_a : $Q_{a'}$ = 면적 12″3″41

엔트로피 변화 : $\Delta S' = \dfrac{Q_{2'}}{T_2} = \dfrac{Q_{1'}}{T_{1'}}$

와 같이 주어진다. 이로부터 고열원의 온도가 낮은$(T_{1'})$ 경우, 공급열량이 33″cb 만큼 더 많음에도 불구하고, $\Delta S' > \Delta S$ $(\because\ T_{1'} < T_1)$가 되어 $T_{1'}$ 의 경우, 엔트로피의 변화가 더 크게 된다. 즉, 고열원의 온도가 저하한 만큼 무용에너지가 증가하게 된다.

만일, 두 경우의 공급열량 Q_1 과 $Q_{1'}$ 의 열량이 같다고 가정하면, 무용에너지의 증가량은 다음과 같다.

$$\text{무용에너지의 증가} = Q_2 - Q_{2'} = \text{면적 } 33''cb3 = T_2 \cdot (S' - \Delta S)$$

$$= T_2 \cdot \left(\frac{Q_{1'}}{T_{1'}} - \frac{Q_1}{T_1}\right) = T_2 \cdot Q_{1'} \cdot \left(\frac{1}{T_{1'}} - \frac{1}{T_1}\right) = T_2 \cdot Q_1 \cdot \left(\frac{1}{T_{1'}} - \frac{1}{T_1}\right)$$

12) 면적 1′2′21 = 면적 22″3″3

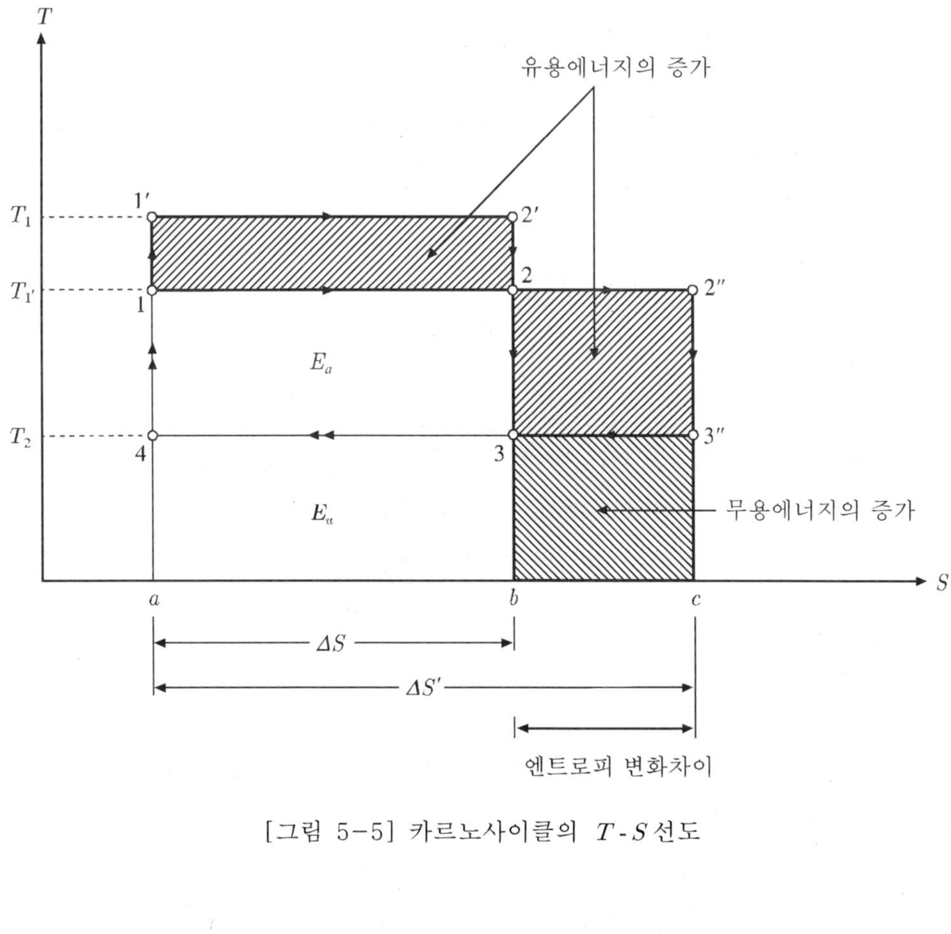

[그림 5-5] 카르노사이클의 T-S 선도

(2) 엔트로피 변화량

그림 5-6 과 같이 나타내지는 카르노사이클에서는 $T_H = T_1 = C$onst. 이므로 식 (4-36) 에 의해,

$$1 \rightarrow 2 \text{ 과정의 엔트로피 변화량 } \Delta S_1 \text{ 은, } \quad \Delta S_1 = Q_1 / T_1$$

$$4 \leftarrow 3 \text{ 과정의 엔트로피 변화량 } \Delta S_2 \text{ 는, } -\Delta S_2 = Q_2 / T_2$$ [13)]

이다. 그런데 카르노사이클은 가역이므로,[14)]

$$\Delta S_1 - \Delta S_2 = 0 \quad \text{즉, } \Delta S_1 = \Delta S_2 = \Delta S \tag{5-3}$$

이다. 따라서 식 (5-1) 과 식 (5-2) 는,

$$Q_u = Q_2 = T_2 \cdot \Delta S \tag{5-4}$$

$$Q_a = Q_1 - T_2 \cdot \Delta S \tag{5-5}$$

와 같이 된다.

식 (5-4) 와 식 (5-5) 에서 알 수 있는 바와 같이 무용에너지는 엔트로피 증가에 비례하여 증가되고, 유용에너지는 무용에너지가 증가한 만큼 감소한다.

이와 같이, 열에너지는 전부를 일로 이용할 수 없고 항상 무효에너지가 수반되므로 엔트로피는 무용에너지의 크기, 즉 에너지의 유용(효)성을 나타내는 척도가 됨을 알 수 있다.[15)]

여기서, 동작물질이 고열원으로부터 열량 Q_H 를 받을 때 무용에너지는 고열원의 온도 T_H에 반비례하고 저열원의 온도 T_L에 비례한다면, 고열원의 온도 T_H이 높을수록 또 저열원의 온도 T_L이 낮을수록 유용에너지 Q_a는 증가하고 무용에너지 Q_u는 감소할 것이다. 엔트로피의 변화가 적을수록 유용에너지가 증가한다.[16)] 엔트로피의 증가 ΔS는 무용에너지 Q_u $(= Q_2)$ 에 비례하고, 유용에너지 Q_a가 클수록 작아짐을 알 수 있었다.

---

13) '−' 부호는 감소를 의미함.

14) 「가역사이클에서는 엔트로피의 증가가 없다.」
이는 카르노사이클의 특징을 엔트로피를 이용해서 표현한 것이다.

15) 동일한 크기의 유용에너지를 증가시킨다고 할 때, 에너지를 공급받는 고열원의 온도가 다른 두 경우를 비교하면, 고열원의 온도가 높은 경우가 온도가 낮은 경우보다 유리하다.

16) 무용에너지가 적어진다.

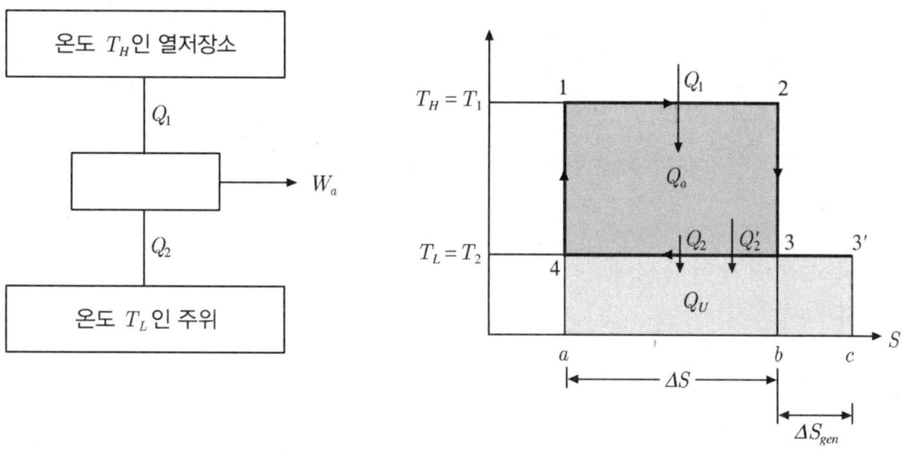

[그림 5-6] 비가역성(비가역 손실)

비가역성은 소멸된 엑서지와 같다. [5.1 (3) 절]
과정에 관련된 비가역성이 작을수록 만들 수 있는 일은 더욱 커진다.
계의 성능은 관련된 비가역성을 최소화하여 개선될 수 있다.

5.5 가역일, 유용일, 비(非)가역성

가역과정은 상태변화가 끝난 후에도 계나 외계가 변화가 일어나기 전인 처음의 상태로 되돌아갈 수 있는 과정이다. 그러나 상태변화의 실제의 과정은 모두가 비가역과정이므로 결과적으로는 처음의 상태로 되돌아갈 수 없게 된다.

열역학 제 1 법칙에 의하면 계와 그 외계의 전(全)에너지는 항상 일정하나, 비가역과정이 동반되면 그 과정에서 일정량의 유용에너지가 무용에너지로 되어 일로 전환될 수 있는 에너지는 그만큼 감소된다. 즉, 제 1 법칙으로부터 유용에너지와 무용에너지의 합은 일정하나 제 2 법칙으로부터 유용에너지의 감소는 무용에너지의 증대와 같아진다.

비가역손실은 비가역과정에 의한 무용에너지의 증가를 의미하며 가역기관의 일과 비가역 기관의 일의 차이로 정의된다.

앞의 그림 5-6 과 같이 동일한 열저장소와 주위 사이에서 작동되며 같은 양의 열량 Q_1 (면적 $12ba1$)을 공급받는 실제기관을 생각한다. 실제기관은 비가역적으로 작동되며 따라서 유용일 W_a 는 가역기관의 일 W_{rev} 보다 작을 것이다. 실제기관도 고열원 저장소에서 받아들이는 열량은 Q_1 으로 가역기관과 같으므로 W_a 가 W_{rev} 보다 적다는 것은 주위로 방출하는 열량 Q_2 (면적 $3'4ac3'$)가 가역기관에서의 방출열 Q_2 보다 크다는 것을 뜻한다.

비가역 기관에서 행한 일이 가역기관에서 행한 일보다 작은 이유는 비가역손실 때문 이고 이 양의 크기는 가역사이클과 비가역 사이클에서의 계와 외계를 포함한 총엔트로피의 차 ΔS_{gen} 으로 된다.

비가역손실은 총엔트로피의 차가 증가함에 따라 증가한다.

가역기관(카르노기관)의 가역일과 비가역기관(실제기관)의 유용일은,

$$\text{가역일 } W_{rev} = Q_1 - Q_2 = (\text{면적 } 12ba1) - (\text{면적 } 34ab3) \tag{5-6}$$

$$\text{유용일 } W_a = Q_1 - Q_2 = (\text{면적 } 12ba1) - (\text{면적 } 3'4ac3') \tag{5-7}$$

그러므로 실제기관의 비가역손실은 비가역성을 I 라 하면,

$$\begin{aligned} I &= W_{rev} - W_a = -(\text{면적 } 34ab3) - (\text{면적 } 3'4ac3') = (\text{면적 } 3'3bc3') \\ &= T_L \cdot \Delta S_{gen} \end{aligned} \tag{5-8}$$

비(非)가역성 I 는 그림 5-6 에서 면적 $3\,3'\,c\,b\,3$ 의 크기와 같으며 $T_L \cdot \Delta S_{gen}$ 로 주어진다. 이를 비가역손실이라 하며 무용에너지의 증가만큼 엑서지는 손실된다.

칼을 댄 표시 하나 없이 살점이 그대로이네!
:『가역과정에서는 비가역손실이 없다.』

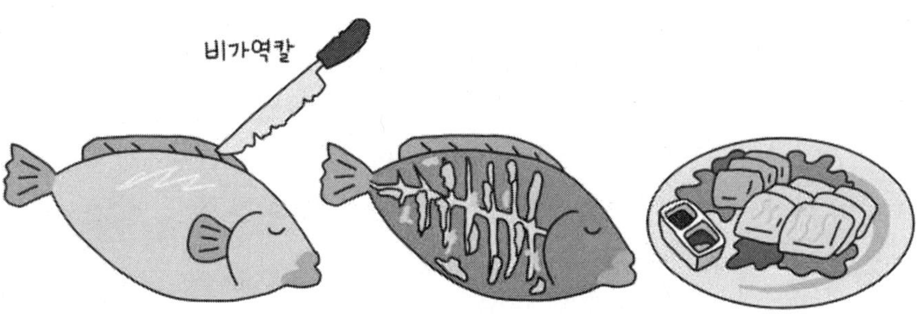

칼을 댄 곳마다 살점이 떨어져 나갔잖아!
비가역 손실 :'원래의 [방향]으로 되돌리지 못한다'는 의미가 아니라
'원래의 [**자리**]까지 다다르지 못한다'는 의미가 맞다.

5.6 유용일 손실

계의 상태변화 과정에서 비가역과정이 있는 경우의 비가역손실을 계의 출력일과 관련하여 살펴보기로 한다. 비가역과정의 경우, 엔트로피 변화량은

$$dS - \frac{\delta Q}{T} > 0 \quad \cdots\cdots \text{(4-31)}$$

으로 주어진다. 위 식의 우변은 가역과정의 경우에는 0 이 되지만 0 보다 크다는 것은 상태변화과정의 비가역성으로 인하여 과정 중에 엔트로피의 증대 혹은 생성이 있음을 의미한다. 여기서, dS 를 두 개의 성분으로 나누어,

$$dS = dS_{\geq n} = dS_{sur} + dS_{sys} \tag{5-9}$$

$$dS = \frac{\delta Q}{T} = \frac{\delta Q_{sur}}{T} + \frac{\delta Q_{sys}}{T} \tag{5-10}$$

로 표시하기로 하자. 이때 dS_{sur} 는 외계와의 열의 수수에 따른 엔트로피의 변화이며 엔트로피의 유동(entropy flow)이라고 한다. 한편, dS_{sys} 는 과정의 비가역성으로 인하여 계 내에서 발생한 엔트로피의 생성을 나타낸다. 클라우지우스는,

$$T \cdot dS_{sys} = \delta Q_{sys} \tag{5-11}$$

로 놓고, 이 δQ_{sys} 을 비(非)보상열(uncompensated heat)이라고 하며 상태변화에 있어서 비가역성의 가늠으로 삼았다. 예로서, 단열 자유팽창 과정에서의 δQ_{sys} 를 구해보자.

상태변화가 단열변화이므로 $\delta Q = 0$ 가 되어 $dS_{sur} = 1$ 이 된다. 한편, 全엔트로피 변화는 식 (4-56) 에서 등온선 1 → 2 에서는 $T_1 = T_2 = T$ 이므로,

$$\Delta S_{21} = R \cdot \ln\frac{V_2}{V_1} = \Delta S_{sys} \tag{5-12}$$

이다. 따라서

$$\Delta Q_{sys} = T \cdot \Delta S_{sys} = R \cdot T \cdot \ln\frac{V_2}{V_1} \tag{5-13}$$

가 된다. 이제 이 팽창일이 등온가역 과정에서 이루어진다면 이때 계가 외계에서 받아들여야 하는 주위일 ΔW_{sur} 은,

$$\Delta W_{surr} = \int_1^2 p \cdot dV = R \cdot T \cdot \ln\frac{V_2}{V_1} = -\Delta Q_{sys} \tag{5-14}$$

의 관계가 성립한다. 즉, 비보상열의 뜻은 비가역과정의 경우에 계가 외부로부터 여분의 일을 받아서 열로 전환되고 마는 일, 즉 유용일의 손실을 나타낸다.

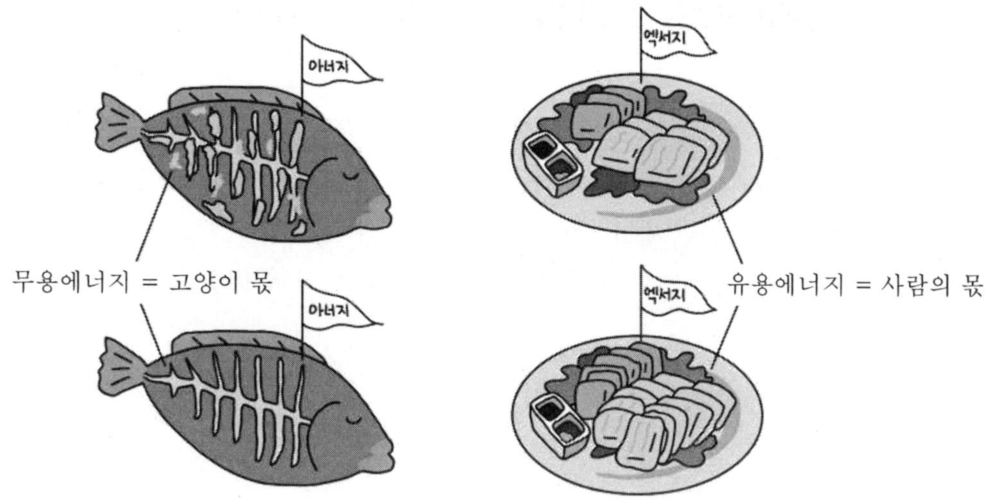
아너지
엑서지
무용에너지 = 고양이 몫
유용에너지 = 사람의 몫
아너지
엑서지

가역솜씨
여러분!! 저 카르노는 주어진 고기(공급열량)로 최선(최대일)을 다해서 회(유효에너지)를 떴습니다!!
나도 카르노처럼, 완벽한 생선회 요리사가 될 거야!!

5.7 유용에너지의 소산 (dissipation of energy)

이번에는 그림 5-7 과 같은 임의의 사이클, 즉 고열원의 온도 T_1 이 카르노사이클과 같이 일정하지 않고17) 변화하는 경우의 계의 유용에너지를 구해 보기로 한다.

계의 동작유체가 고열원의 온도가 T_1 으로부터 $T_{1'}$ 으로 변화(상승)할 때 고열원으로부터 공급받는 열량, 흡열량 Q_1 은 중량을 G, 평균비열을 c_m 이라 하면,

$$\delta Q_1 = G \cdot c_m \cdot dT \quad \cdots\cdots \ (1\text{-}40)$$

$$Q_1 = G \cdot c_m \cdot (T_{1'} - T_1) \quad \cdots\cdots \ (1\text{-}40')$$

이며, 엔트로피 변화량 ΔS 는

$$\Delta S = \int \frac{\delta Q_1}{T} = G \cdot c_m \cdot \int_1^{1'} \frac{dT}{T} = G \cdot c_m \cdot \ln\left(\frac{T_{1'}}{T_1}\right) \tag{5-15}$$

이 된다. 따라서 무용에너지 Q_u 와 유용에너지 Q_a 는 다음과 같다.

$$Q_u \ (= Q_2) = T_2 \cdot \Delta S = T_2 \cdot G \cdot c_m \cdot \ln\left(\frac{T_{1'}}{T_1}\right) \tag{5-16}$$

$$Q_a = Q_1 - T_2 \cdot \Delta S = G \cdot c_m \cdot \int_1^{1'} dT - T_2 \cdot G \cdot c_m \cdot \int_1^{1'} \ln\frac{T_{1'}}{T_1}$$

$$= G \cdot c_m \cdot \left\{ (T_{1'} - T_1) - T_2 \cdot \ln\left(\frac{T_{1'}}{T_1}\right) \right\} \tag{5-17}$$

여기서, T_2 는 외계의 온도이다.

이와 같이, 계의 열에너지는 전부를 일로 이용할 수 없고 항상 무용에너지가 수반되므로, 5.3 ~ 5.6절에서와 마찬가지로 계의 엔트로피는 무용에너지의 크기, 즉 에너지의 유용성을 나타내는 척도임을 알 수 있다.

또한, 과정 중에 비가역과정이 포함되면 엔트로피는 비가역성만큼 더욱 증가18)하므로 유용에너지는 감소하고 무용에너지는 증가한다.

이것을 유용에너지의 소산(dissipation)이라 한다.

---

17) 카르노사이클에서는 고열원이나 저열원의 온도가 항시 일정

18) $dS = \frac{\delta Q}{T}$: 가역과정

$dS > \frac{\delta Q}{T}$: 비가역과정

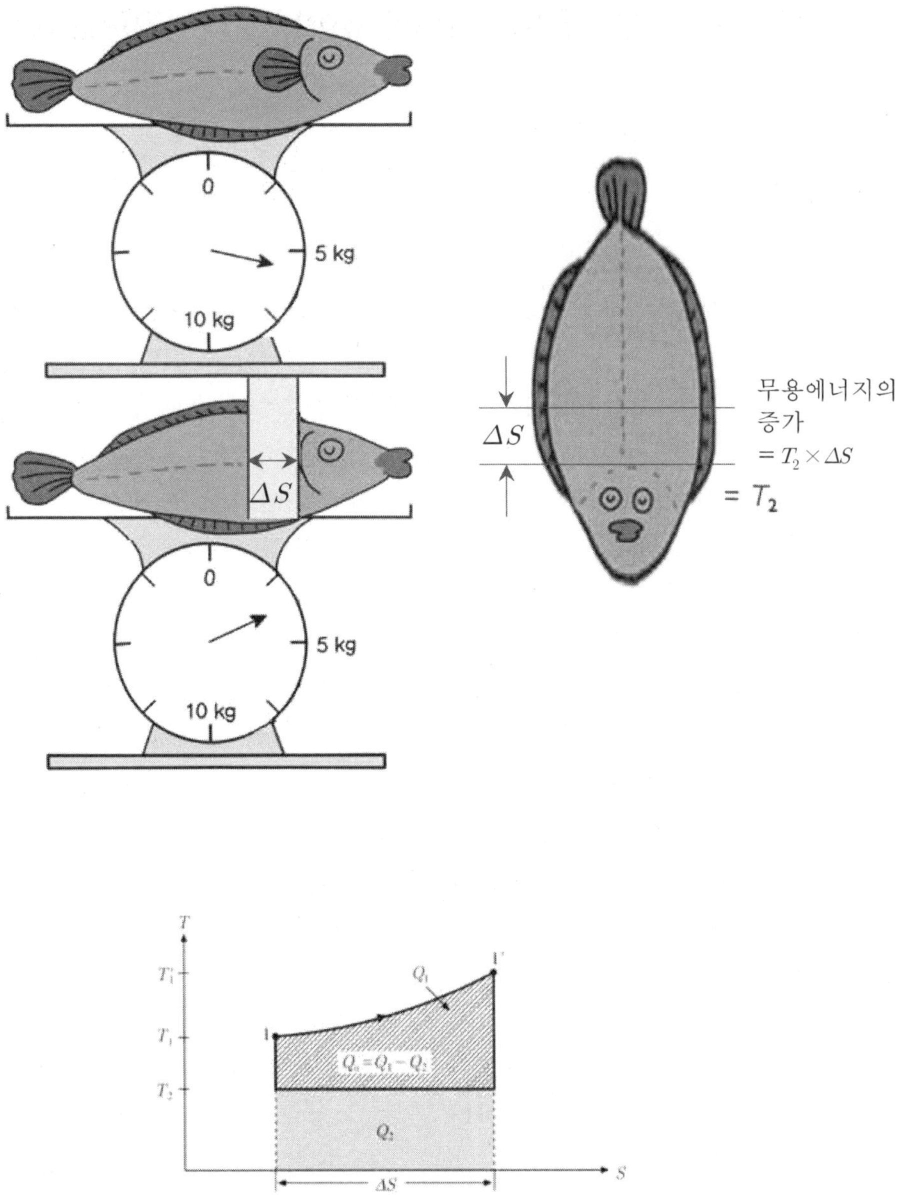

[그림 5-7] 고열원 온도가 변화(상승)하는 경우 계의 유용에너지

5.8 에너지의 잠재일(potential work) = 엑서지(exergy)

열역학적 정의에서 어떤 상태에서의 계가 지닌 에너지의 잠재일이란 그 계에서 얻을 수 있는 최대 유용일을 말한다. 과정 중에 실제로 이루어지는 일은 다음 식,

$$\text{일} = function\ of\ \{\text{초기상태, 경로, 최종상태}\}$$

와 같이 초기상태, 최종상태, 그리고 경로에 따라 결정된다. 그러나 초기상태는 처음부터 주어지는 값이므로 일은 최종상태와 경로의 함수로서 해석할 수 있다. 5.2절에서 언급한 바와 같이, 두 개의 정해진 상태 사이의 과정이 가역적으로 수행될 때 일 출력은 극대가 된다. 따라서, 잠재일을 결정할 때 모든 비가역성은 배제된다.

이때 계의 초기상태가 바닥상태라면 이러한 계에서는 어떠한 일도 얻어질 수 없을 것이다. 여기서, 바닥상태를 정의하기 위해서는 외부(surroundings)를 다음과 같이 다시 정리할 필요가 있다.

예를 들어, 넓은 강당에 난로가 놓여 있다고 하자. 지금까지는 난로를 계로 설정하면 경계에 있는 난로를 제외한 나머지 선택된 모든 영역을 단순히 외부로 정의하였으나 이 외부를 다시 계를 둘러싼 [주위]와 주위 밖 공간의[환경]으로 나누어 생각하기로 한다.

지금, -3 ℃ 의 추운 강당에 놓여 있는 120 ℃ 의 뜨거운 난로의 열전도를 해석할 때 난로를 둘러싼 따뜻한 공간은 인접한 주위(adjacent surroundings)이며 난로 주변의 따뜻한 공간을 제외한 -3 ℃ 의 강당 공간은 환경(environmental surroundings)으로 정의한다.

계의 바닥상태란 계가 환경과 평형을 이룬 상태[19]로 환경에 대하여 이는 상대적으로 운동에너지와 위치에너지가 없는 상태가 된다. 그러므로 계의 바닥상태에서의 가용에너지는 제로이다. 만일 계의 최종온도가 환경온도보다 높다면 두 온도 사이에 열기관을 설치하여 더 많은 일을 얻을 수 있을 것이다[20] 또한 계가 최대의 일, 출력을 내기 위해서는 과정의 최종상태가 바닥상태(ground, dead state)이어야 한다.

대기는 엄청난 양의 에너지를 지니고 있음은 사실이나 대기는 바닥상태에 있으므로 대기가 지니고 있는 에너지는 유효한 잠재일을 가지고 있지 않다.

결론적으로, 계는 주어진 초기상태에서 바닥상태(환경상태)까지 가역과정을 밟을 때 극대치의 최대 잠재일을 할 수 있으며, 이러한 최대일을 할 수 있는 유용(가능) 에너지를 열역학적 계의 엑서지라 한다.

---

19) 바닥상태와 열적평형과 기계적평형 바닥상태의 상태량은 P_0, T_0, h_0, u_0 와 같이 아래첨자 '0'를 붙여 표시한다.
(별도의 언급이 없으면, 바닥상태는 $T_0 = 25$ ℃, $P_0 = 1$ 기압으로 가정한다.)

20) 만일, 계의 최종압력이 주위압력보다 높다면 계를 주위압력으로 팽창시켜 더 많은 일을 얻을 수 있다. 만일, 계의 최종속도가 제로가 아니라면 터빈을 이용하여 여분의 에너지로부터 축 일을 얻을 수 있다.

[계]는 가역적으로 (바닥상태)까지 움직일 때 최대일을 할 수 있다.
[계] 밖에서 소멸된 엑서지는 [경계]에 엑서지 평형을 적용하여 계산할 수 있다.
이때 [경계]는 [계]를 둘러싼 [주위]까지를 포함하는 영역이다.

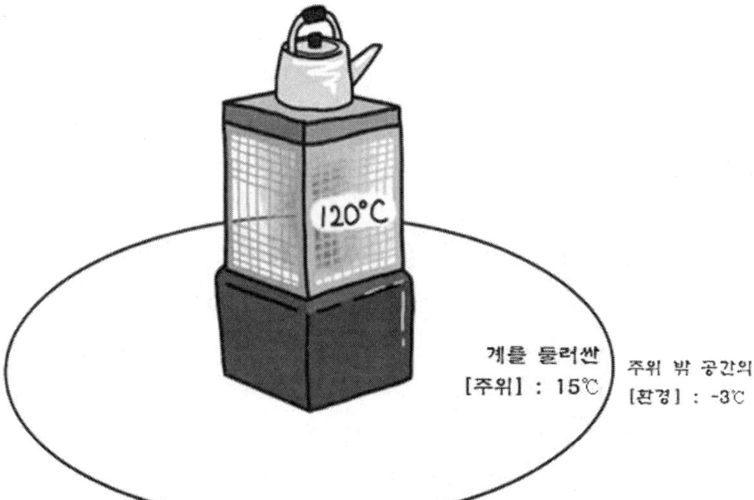

난로가 뜨거워도 [환경] (온도 기울기 dt / dx = 0) 에는 영향이 없다.
난로 주변의 [주위] (온도 기울기 dt / dx > 0) 의 온도는 상승한다.

5.9 유용에너지[21]의 일

열역학 제 2 법칙은 임의의 장치가 연속적인 동작으로 열이 일로 전환될 때 그 범위를 제한한다. 그러나 앞에서 이미 언급한 바와 같이, 일은 열로 완전히 변환된다.

이 두 사실로부터 열은 일보다 낮은 단계의 에너지 형태임을 알 수 있다.

계가 일을 할 때 그 계의 압력과 온도가 주위의 압력과 온도와 다를 경우, 그 계는 비평형상태에 있다고 한다. 비평형상태에 있는 계는 평형상태가 될 때까지 상태가 변화 하므로 비평형상태에 있는 계는 일을 할 수 있는 능력을 갖고 있는 것이다.

그림 5-8 에서와 같이 피스톤과 실린더로 밀폐되어 있는 기체의 압력, 온도가 주위의 대기와 같은 압력, 온도이면 피스톤은 움직이지 않으며 아무런 일도 하지 않게 될 것이나 압력이나 온도가 주위와 다를 때에는 피스톤이 움직여서 일을 할 수 있게 된다.

계의 유용에너지가 열역학적 과정 중에 외계에 대하여 또는 외계에 의하여 이루어진 일에 대하여 알아보기로 한다.

지금, 주위의 압력을 P_0, 온도를 T_0 이라 하고, 그 양이 충분히 많아 변화하지 않는다고 한다. 압력과 온도가 주위의 그것과 같은 상태로 되는 곳에서 평형상태에 달하여 피스톤은 정지한다. 계의 내부에 압력 P, 온도 T 인 기체가 있고 $P \neq P_0$, $T \neq T_0$ 로서, 이들이 주위에 대해 변화하여 일을 한다 하면 이때 계가 한 일 W 는

에너지방정식 / 열역학 제 1 법칙의 제 1 공식

$$Q = U + P \cdot \Delta V = U + W \quad \cdots\cdots \ (2\text{-}12)$$

의 Q 에 $\quad Q = T \cdot \Delta S \quad \cdots\cdots \ (4\text{-}28)$

을 치환하고 정리하면

$$W = Q - U = T \cdot \Delta S - U \tag{5-18}$$

과 같이 주어진다. 여기서, 계가 주위의 압력 P_0 로 될 때까지 팽창할 때 그 압력에서 계가 주위에 한 일 $W_{sur} = P_0 \cdot \Delta V$ 는 주위에 영향을 미칠 뿐 일로 이용되지 않는다. 또 주위온도 T_0 가 최저온도이므로 열교환은 이 온도에서 이루어진다. 따라서

$$Q = T \cdot \Delta S = T_0 \cdot S_{gen} \tag{5-19}$$

가 되며, 이때 계의 유용에너지로부터 얻을 수 있는 W 의 유용한 부분 최대량 W_a 는 다음과 같이 정의된다.

$$\begin{aligned} W_a &= \quad W \quad - W_{sur} \\ &= T \cdot \Delta S \ - U \ - P_0 \cdot \Delta V \\ &= T_o \cdot S_{gen} - U \ - P_0 \cdot \Delta V \end{aligned} \tag{5-20}$$

---

21) 유용/가용에너지(available / useful energy) : 1940년대 미국 M.I.T에서 명명
엑서지(exergy) : 1950년대 유럽에서 명명

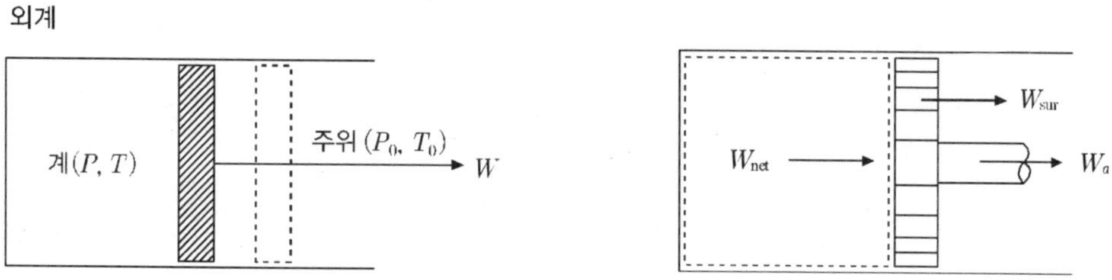

[그림 5-8] 피스톤-실린더 장치(밀폐계)의 장치의 일

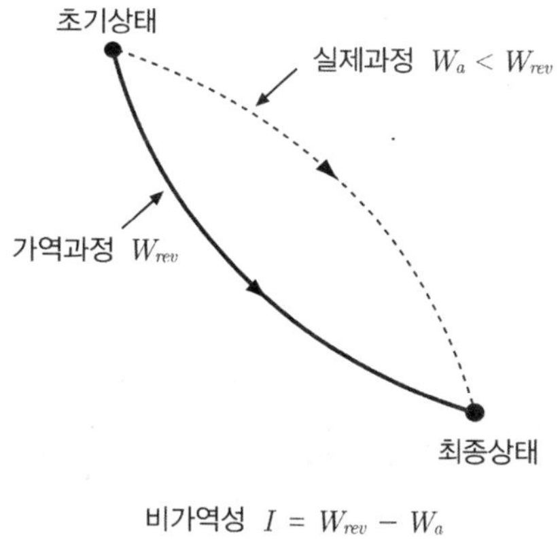

유용(효) 에너지의 100 % 출력을 잠재일이라 한다.
비가역과정에서의 가역일과 유용일의 차이는 잠재일이 100 % 유용일로 전환 되지 못하는 가역의 불완전성에 기인하므로 비가역성은 소멸된 잠재일과 같다.
계에 의하여 현실에서 실제로 이루어지는 실제일은 이론상의 유용일과 계가 주위에 대하여 행한 주위일의 합으로 나타나지만 계가 사이클을 이루거나 정상유동장치에서의 주위일은 무의미하다. 주위일을 무시하면 실제일은 유용일과 같게 된다.
완전한 가역과정의 경우, 실제일은 가역일과 같게 되고 따라서 비가역성은 제로이다.
비가역성이 제로이면 엔트로피는 생성되지 않는다.

5.10 유용일(available work)과 실제일(net work)

계의 상태변화 과정에 비가역성과 계의 유용(출력)일의 관계를 알아보기 위하여 계가 상태 1 로부터 상태 2 로 변화하는 과정에 대하여 엔트로피를 계산한다.

식 (5-9) 로부터 엔트로피의 생성량 S_{gen} 은,

$$S_{gen} = S_{sys} + S_{sur} = (S_2 - S_1) + S_{sur} \tag{5-21}$$

로 주어지므로, 여기서 주위온도 $T_{surr} = T_0$ 이므로, 열역학 제 1 법칙의 식,

$W = -(U_2 - U_1) + Q$ ...... (2-41) 과

$Q = T \cdot \Delta S = T_0 \cdot S_{gen}$ ...... (5-19) 로부터,

$$W = (U_1 - U_2) - T_0 \cdot (S_1 - S_2) + T_0 \cdot S_{sur} \tag{5-22}$$

이 된다.

지금, 그림 5-9 와 같은 피스톤-실린더 장치의 계가 압력 P_0 의 주위에 놓여 있다. 실린더 내의 가스가 피스톤을 밀면서 하나의 상태 1로부터 다른 상태 2 로 변화할 때, 계가 행한 실제일은 계로부터 얻어지는 유용일과 계가 주위에 행한 주위일의 합으로 주어진다.

W_a 는 그림 (a) 의 P-V 선도에서 보는 바와 같이, 과정 중에 이루어진 유용한 일이고 W_{sur} 는 주위 일(surroundings work)로서 주위의 압력 P_0 아래의 면적으로 표시된다.

여기서, 과정 중의 체적변화에 주목하면 $P \cdot V$ 일 중의 일부는 계가 압력 P_0 의 주위에 놓여 있으므로 인해서 주위에 행한 주위일이 되므로, 식(5-22)의 W 는 과정 중의 실제일 W_{net} (net work) 가 된다.

$W_{net} = W_a$ (피스톤이 실린더 내부의 압력 P 에서 P_0 인 바닥상태까지 하는 일)[22)]

$\quad + W_{sur}$ (주위의 압력 P_0 를 이기고 이루어진 일)[23)] (5-23)

따라서 유용일 W_a 는,

$$\begin{aligned} W_a &= W_{net} - W_{sur} = W_{net} - P_0 \cdot (V_2 - V_1) \\ &= (U_1 - U_2) - T_0 \cdot (S_1 - S_2) + T_0 \cdot S_{sur} + P_0 \cdot (V_1 - V_2) \end{aligned} \tag{5-24}$$

22) $W_a = (P - P_0) \cdot \Delta V$

23) $W_{surr} = P_0 \cdot \Delta V$

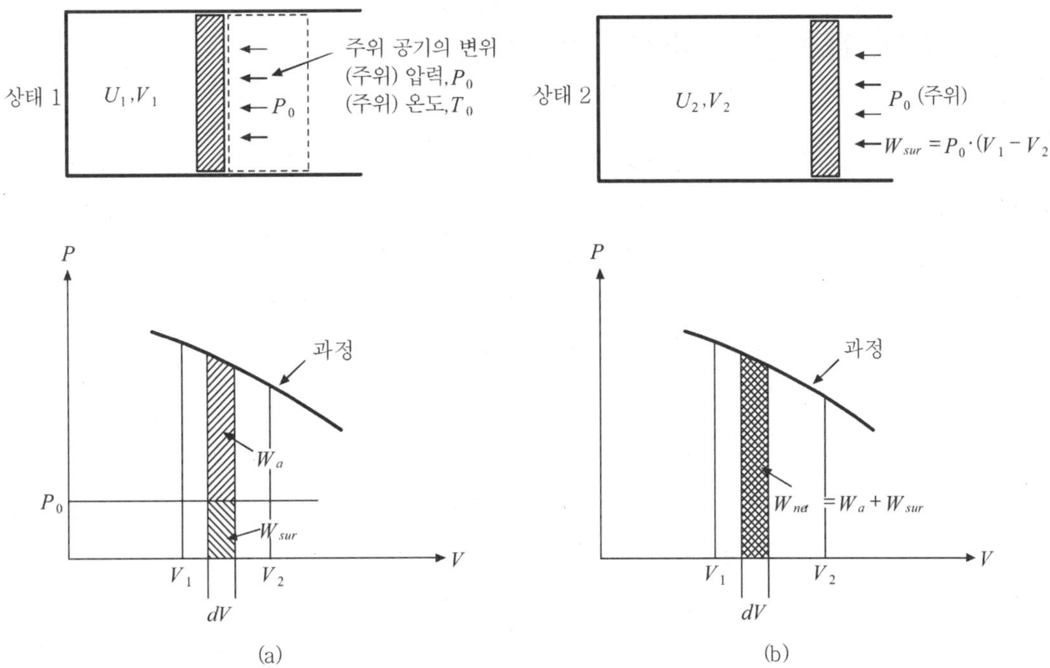

[그림 5-9] 유용일 W_a, 실제일 W_{net} 와 주위일 W_{sur}

계가 팽창하여 일을 할 때, 일의 일부는 주위압력을 이기기 위하여 이용된다. 따라서 W_{sur} 은 손실을 나타낸다. 그러나 계를 압축할 때는 주위압력이 압축과정을 도와주므로 W_{sur} 은 이득이 된다.
주위압력에 의한 일이나 또는 주위압력에 대한 일은 과정 중에 체적이 변화하는 계(즉, 움직이는 경계에 의한 일을 가진 계)에서만 중요성을 갖는다. 계가 사이클을 이루는 경우나 정상유동 기구(터빈, 압축기, 노즐, 열교환기 등)와 같이 경계면이 고정된 계에서의 W_{sur} 은 무의미하다.
즉, 사이클을 이루거나 부피가 일정한 계의 실제일은 유용일과 동일하다.($W_a = W_{net}$)

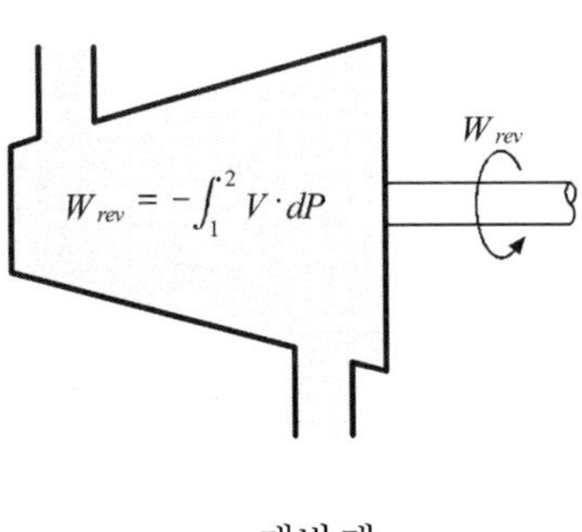

개방계

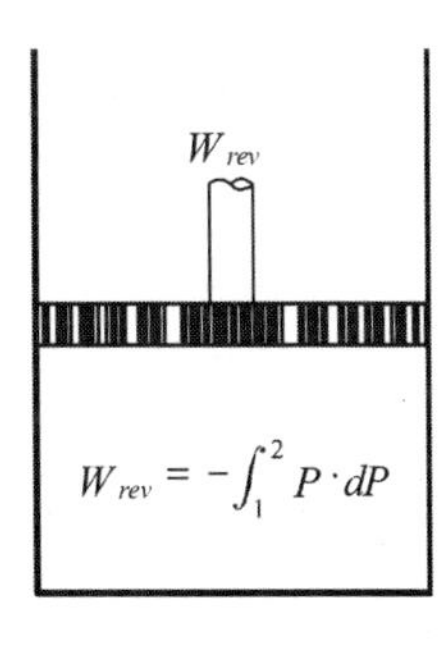

밀폐계

5.11 최대 유용일 = 엑서지(exergy)

유용에너지가 상태변화과정에서 非가역성이 없이 가역과정으로 그 능력의 100 % 로 출력될 경우의 유용일을 가역일이라 한다.

그러나 과정 중의 비가역성으로 인하여 유용일은 가역일보다 항상 작게 된다.

앞 절의 상태변화의 과정이 가역적이라고 하면 가역변화에서는 엔트로피 생성이 없으므로 $\Delta S_{\geq n} = T_0 \cdot S_{sur} = 0$ 이고 이때의 유용일 W_a 는 가역일 W_{rev} 가 된다.24)

$$W_a = W_{rev} = (U_1 - U_2) - T_0 \cdot (S_1 - S_2) + P_0 \cdot (V_1 - V_2) \qquad (5\text{-}25)$$

지금, 식 (5-25) 에서 첨자 1, 2 를 각각 무첨자, 첨자 0 (환경상태)로 지정하고 최대 유용일에 상당하는 에너지가 에너지의 유용성임을 상기하면, 이 가역일은 최대유용일 $W_{a,\,\max}$(maximum, available)로서 환경의 온도와 압력에 의존되며 환경의 에너지를 기준으로 하여 측정한 계가 지닌 일의 능력을 나타낸다. 에너지는 일을 할 수 있는 능력으로 정의된다.

계가 임의의 상태에서 유용한 일을 할 수 있는 에너지를 지니고 있을 때, 계가 최대의 유용한 일을 할 수 있는 능력을 계의 유용성 혹은 유효성이라 한다.

이러한 에너지의 유용성은 계의 최종상태가 바닥상태에서 이루어지므로 유용일은 바닥상태에서 최대가 되고 이 최대 유용일은 열역학적 계가 지닌 가능한 잠재일로서 이 최대 유용일을 엑서지라고 한다.

$$W_{a,\,\max} = Xerg = (U - U_0) - T_0 \cdot (S - S_0) + P_0 \cdot (V - V_0) \qquad (5\text{-}26)$$

엑서지는 한번 변화되면 다시는 회복될 수 없다. 우리는 에너지가 보존되는 양이라는 것을 이미 알고 있다. 에너지는 소멸되는 것이 아니다. 다만 이 에너지가 보다 유용성이 떨어지는 형태, 즉 작은 엑서지의 형태로 바뀔 뿐이다.

엑서지는 가능성을 나타내는 성질이며 시스템과 환경의 상태에 관계된다.

열역학적 계가 갖는 엑서지는 열원과 환경 사이에서 작동하는 카르노열기관의 일 출력과 같다.25)

---

24) 밀폐계의 경우, 유용일 W_a는 $-W_a = -T_0 \cdot (S_2 - S_1) + (U_2 - U_1) + P_0 \cdot (V_2 - V_1)$ 로 주어지며, $(S_2 - S_1) = \Delta S$, $(U_2 - U_1) = \Delta U$, $P_0 \cdot (V_2 - V_1) = \Delta W$, $T_0 = T_2$, $\Delta U + \Delta W = Q_1$ 이라 하면, 유용에너지 $E_a = Q_a = Q_1 - T_2 \cdot \Delta S = -W_a$ ...... 식 (5-1)

25) 카르노사이클에서 고열원과 저열원의 온도가 같다고 가정하자. 그러면 이러한 열기관의 일 출력은 당연히 제로이다.

지열이나 수력 같은 에너지원을 이용하여 발전소를 건설하고자 한다면 우리는 우선 먼저 그 에너지원이 얼마나 많은 에너지를 보유하고 있는지 에너지량을 조사하게 된다.
그러나 열역학 제 1 법칙에 따른 정보 하나만으로 발전소를 건설한다는 결정을 내릴 수는 없을 것이다.
바다의 얕은 곳과 깊은 곳의 온도차를 이용한 해양온도차 발전소를 건설하고자 한다면 에너지량은 무한대이지만 이때는 열역학 제 2 법칙에 따른 열효율을 계산하여 발전소시스템의 효율성을 고려해야 할 것이다. 그렇지만 이들 고려만으로도 충분하다고는 볼 수 없다.
실제로 알아야 할 것은 에너지원의 에너지 중에서 유용한 일로서 얻어질 수 있는 에너지의 양(量)이다. 우리를 둘러싸고 있는 대기는 엄청난 量의 에너지를 가지고 있음은 사실이다. 그러나 대기는 바닥상태에 있으므로 대기가 가지고 있는 에너지의 유용한 잠재일, 즉 엑서지는 제로이다. 일로 바꿀 수 없는 에너지는 결국 버릴 수밖에 없으므로 관심 밖의 일이다. 그러므로 어떤 정체상태에서 주어진 양의 에너지 가운데 유용한 일로의 최대변환 가능성을 나타내는 성질이 필요하다. 이 성질이 엑서지이며 엑서지를 유용에너지 또는 에너지의 유용성이라고도 부른다.
엑서지는 일을 생산하는 장치가 실제로 전달하는 일의 양을 나타내는 것이 아니라 장치가 얻을 수 있는 일의 상한이라는 점에 유의해야 한다. 장치가 생산하는 실제일과 엑서지 사이에는 크든 작든 항상 차이가 있다. 이 차이에 엔지니어들이 개선해야 할 여지가 있는 것이다.
주어진 상태에서 계의 엑서지는 계의 상태뿐만이 아니라 환경의 상태(바닥상태)에 따라서도 달라진다. 따라서 엑서지는 계-외계(주위)의 조합에 대한 성질이지 계만의 독립된 성질이 아니다. 그렇다면 환경의 상태량을 바꾸는 것도 엑서지를 증가시키는 하나의 방법이 될 것이다.

* 땅속 깊은 곳의 온도가 27 ℃, 얕은 곳의 온도가 7 ℃ 라고 할 때 두 열원 사이에서 발전시스템이 카르노사이클로 작동할 경우의 최대열효율은

$$\eta_c = 1 - \frac{T_2}{T_1} = 1 - \frac{280}{300} = 0.067$$

열기관의 열효율에는 에너지량의 크기만이 문제가 되었지만, 저온의 에너지원으로는 아무리 넓은 열원이 있다고 하더라도 큰 일을 할 수 없다는 사실에서 알 수 있는 바와 같이 주어진 에너지원이나 에너지 질에 대해서도 병행하여 생각할 필요가 있다.

5.12 개방계의 엑서지

앞 절에서 설명한 최대일은 불(不)평형상태에 있는 어느 일정량의 물질이 상태 1로부터 상태 2까지 단 한 번만의 변화를 할 경우이다.

그러면 실린더 내에 기체가 일정 압력 P로 보급되고 변화가 연속적으로 이루어질 경우, 즉 유동과정이 정상류인 개방계에 있어서의 최대일은 어떻게 될까?

개방계에서의 공업일은

$$\delta W^t = -V \cdot dP \cdots\cdots (2\text{-}51)$$

과 에너지방정식 / 열역학 제 1 법칙의 제 2 공식

$$\delta Q = dH - V \cdot dP \cdots\cdots (2\text{-}40)$$

의 δQ에 $\delta Q = T \cdot dS \cdots\cdots (4\text{-}28)$

을 치환하고 정리하면 $\delta W^t = \delta Q - dH = T \cdot dS - dH$

$$W^t = T \cdot (S_2 - S_1) - (H_2 - H_1) \tag{5-27}$$

과 같이 나타내진다. 이때 온도 T는 주위온도 T_{atm}이 최저온도가 되므로 열교환은 이 온도에서 이루어진다.

따라서 계가 처음상태 1에서 최종상태 2까지 상태변화를 한다고 하면 계가 할 수 있는 최대 일량$(W^t)_{max}$는

$$\delta W^t_{max} = -(dH - T_{atm} \cdot dS) \tag{5-28}$$

를 적분하여

$$W^t_{max} = (H_1 - H_2) + T_{atm} \cdot (S_2 - S_1) \text{[26]} \tag{5-29}$$

가 된다.

여기서, H_1, H_2 및 S_1, S_2는 각각 개방구의 입구 및 출구에서의 작업물질의 엔탈피와 엔트로피이다. 이 W^t_{max}를 개방계[27]에 있어서의 엑서지(exergy)라 한다.

최대 유용일은 어떤 개방계가 갖고 있는 에너지 중에서 실제로 일로 변환될 수 있는 공업일의 최대값을 의미한다.

---

26) $(W^t)_{max} = T_{atm} \cdot (S_2 - S_1) - (U_2 - U_1) - (P_2 \cdot V_2 - P_1 \cdot V_1)$

27) 정상 유동계

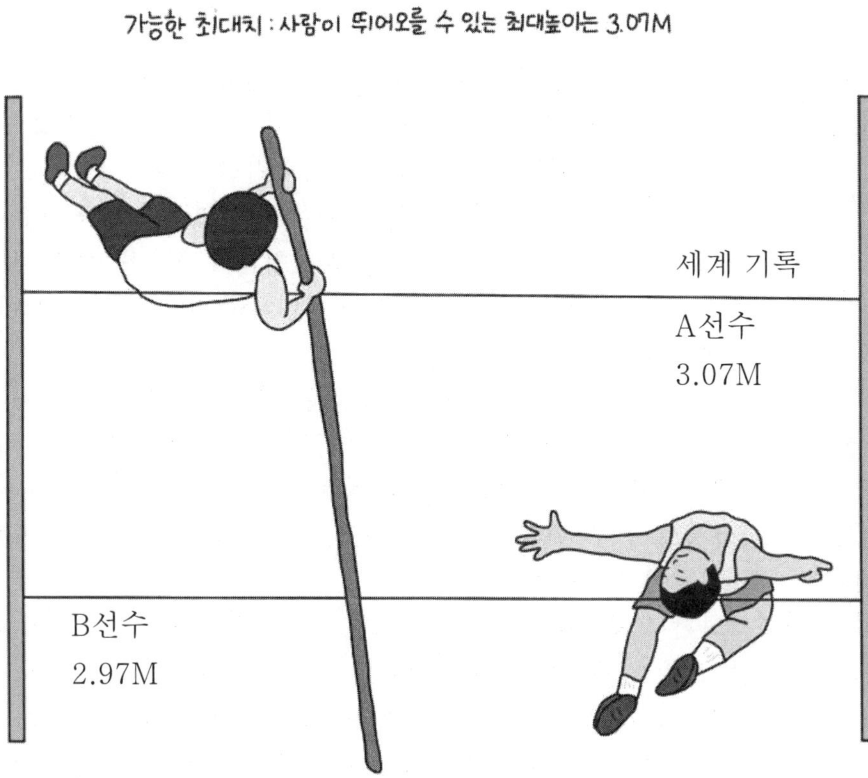

열역학에서는 최대치를 계산할 수 있으며, 또한 할 필요가 있다.
왜냐하면, 최대치와 실제치를 비교함으로써 열역학시스템의 효율을 평가할 수 있고, 실제공정을 향상시킬 수 있는 계기를 마련해준다.

5.13 엑서지 / 엑세르기

카르노사이클은 가역사이클로 손실이 없는 사이클로 가정하고 있다. 카르노사이클의 효율을 높이기 위해서는 그림 5-10 에 나타낸 T-S 선도에서 알 수 있듯이, 고온열원의 온도 T_H 를 높이고 저온열원의 온도 T_L 을 낮추어야 한다.

이를 바꾸어 말하면, 고온열원의 온도가 무한대이거나 저온열원의 온도가 0 일 경우에만 카르노사이클의 효율은 1.0 이 된다. 따라서 실제 사이클의 효율은 카르노사이클의 효율보다 낮을 수밖에 없으며, 엔지니어의 사명은 실제 사이클을 얼마만큼 카르노사이클에 근접시키는가 하는 것이다.

그러나 아무리 이상적인 사이클이라 하더라도 완벽한 카르노사이클에서조차 열량의 일정 부분만큼 (열량$\times T_L / T_H$)은 사람이 이용할 수 없으며, 자연을 창조한 조물주의 몫으로 인간의 능력이 미치지 못하는 범위이다. 열역학 제 2 법칙에서 기계적 에너지(일)는 열 에너지로 전부 변환이 가능하나, 역으로 열 에너지는 그 일부만이 기계적 에너지로의 변환이 가능하였다.

이는 열이 비조직화된 저위 에너지의 형태로서 열의 일부분만이 조직화된 고위 에너지의 한 형태인 일로 변환되었기 때문이다.

이렇게 열 에너지의 「질」 혹은 「유용성」을 평가함에 있어 열 에너지로부터 최대한 얼마 만큼의 기계적인 일이 얻어질 수 있는가를 판단하는 것이 엑서지의 개념이다.

엑서지는 1956년 란트(Z. Rant, 독일)가 제창하였으며 그 후 Baehr H.D.(2004)는 그 의미를 일반화하여 모든 종류의 에너지에도 해당될 수 있도록 다음과 같이 정의하였다.

"물체가 갖고 있는 에너지 중에서 일(또는 다른 에너지의 형태)로 변환되는 에너지를 엑서지라 하고, 물체가 갖고 있는 에너지 중에서 원래의 형태대로 남아 있는 에너지, 즉 엑서지를 제외한 부분을 아너지(anergy, 아네르기)"라 한다.[28)]

여기서, 일이란 기계적인 일뿐만 아니라 모든 일을 포함한 넓은 의미의 일이다.[29)]

고온열원으로부터 공급된 열을 사용하여 저온열원과의 사이에서 가역기관을 작동시켰을 때, 그 가역기관이 하는 일이 극대일이며 카르노기관이 가역기관이므로 엑서지 $Xerg$ 를 다음과 같은 수식으로 나타낼 수 있다.

$$Xerg = Q \cdot \frac{T_H - T_L}{T_H} \quad (5\text{-}30)$$

30)

28) 실제에는 비가역성 및 최대유용일의 변환기술 등의 문제 때문에 엑서지가 전부 유용하게 일로 이용되는 것은 아니다.

29) 만일, 기계적인 일뿐만이 아니고 다른 형태의 일까지를 포함시키면 엑서지는 유효(용)에너지라 할 수 있다.

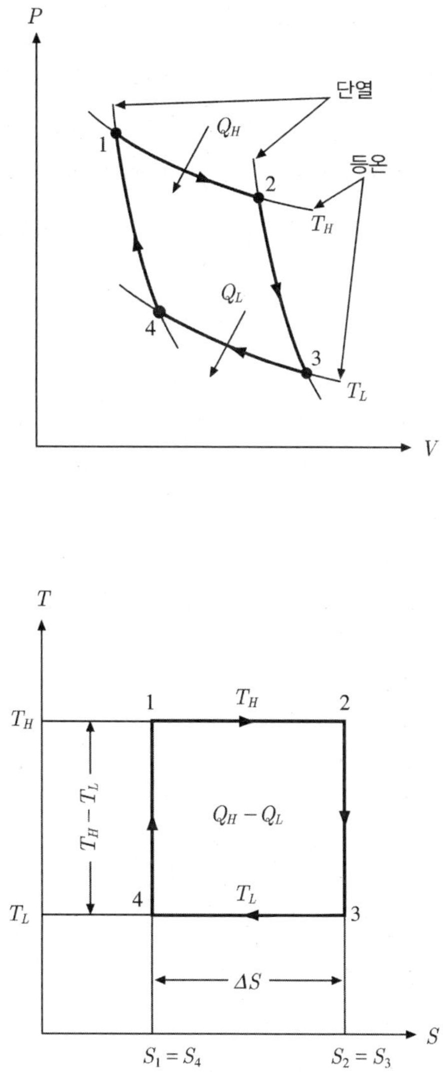

[그림 5-10] 카르노 가역사이클의 상태선도

30) Q 는 공급된 열량, T_H 는 고온열원의 온도, T_L 은 저온열원의 온도이다.

5.14 역학적에너지의 엑서지

에너지는 운동에너지, 위치에너지, 내부에너지, 엔탈피 등과 같은 여러 가지 형태로 존재하며, 이들의 합이 계의 총 에너지임은 제 2 장에서 이미 설명한 바이다.

엑서지는 에너지의 유용한 잠재일이며, 따라서 계의 엑서지는 계가 가지고 있는 여러 형태의 에너지와 관련된 엑서지의 합이다. 그러므로 계의 엑서지를 구하기 위해서는 에너지의 형태와 엑서지의 관계를 알아야 하며 계가 갖고 있는 에너지의 형태를 규명해야 한다. 에너지의 형태와 함께 그 엑서지를 알면 주어진 상태에 있는 계의 엑서지는 계가 가지고 있는 여러 형태의 에너지의 엑서지를 합함으로써 구해진다.

(1) 운동에너지의 엑서지

운동에너지는 역학적 에너지의 한 형태이므로 운동에너지는 모두 일로 변환될 수 있다. 따라서 계가 지니고 있는 운동에너지의 엑서지(유효한 잠재일)는 환경의 온도와 압력에 관계없이 운동에너지 그대로이다.

$$\text{운동에너지의 엑서지 : } Xerg_{K.E} = \text{운동에너지 } K.E = \frac{1}{2} \cdot \mathrm{v}^2 \qquad (5\text{-}31)$$

여기서, v 는 환경에 대한 계의 상대속도이다.

(2) 위치에너지의 엑서지

위치에너지도 운동에너지와 마찬가지로 역학적 에너지의 한 형태이므로 위치에너지도 모두 일로 변환될 수 있다.

따라서 계가 지니고 있는 위치에너지의 엑서지(유효한 잠재일)는 환경의 온도와 압력에 관계없이 위치에너지 그 자체이다.

$$\text{위치에너지의 엑서지 : } Xerg_{P.E} = \text{위치에너지 } P.E = g \cdot z \qquad (5\text{-}32)$$

여기서, g 는 중력가속도이며 z 는 환경의 기준위치에 대한 계의 높이이다.

이상과 같이, 운동에너지와 위치에너지의 엑서지는 에너지 그 자체로서 전량이 모두 실제 일로서 이용 가능하다. 즉 유효한 잠재일이 실제일로 변환된다. 그러나 계의 내부에너지 U 와 엔탈피 H 는 전량이 모두 실제일로서 이용 가능하지 않다.

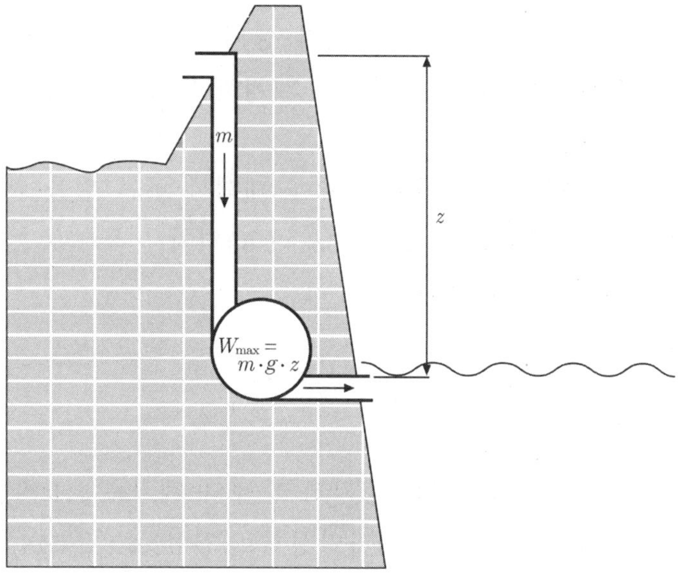

계가 가지고 있는 위치에너지의 잠재일 또는 엑서지는, 환경의 온도와 압력에 관계없이 위치에너지 그대로이다.

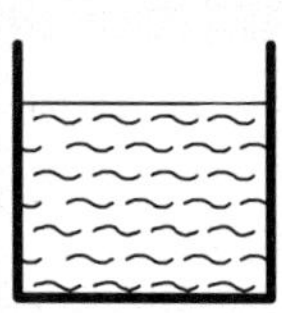

에너지 E;

$$E = U + \frac{m \cdot v^2}{2} + m \cdot g \cdot z$$

엑서지 X_{erg};

$$X_{erg} = (U - U_0) + P_0(V - V_0) - T_0(S - S_0) + \frac{m \cdot v^2}{2} + m \cdot g \cdot z$$

고정질량 (비유동)

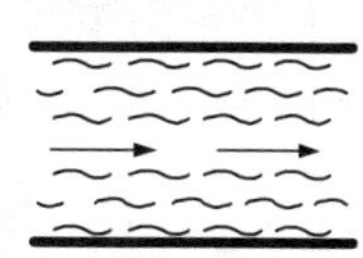

에너지 E;

$$E = H + \frac{m \cdot v^2}{2} + m \cdot g \cdot z$$

엑서지 X_{erg};

$$X_{erg} = (H - H_0) - T_0(S - S_0) + \frac{m \cdot v^2}{2} + m \cdot g \cdot z$$

유체흐름 (유동)

5.15 내부에너지·엔탈피의 엑서지

최초상태가 (P, T, V, U, S)인 어떤 밀폐계가 상태(P_0, T_0, S_0)인 환경에 있으며 이 계와 환경 사이에 열에너지와 일을 교환하여 일정한 변화를 할 때 계가 환경로부터 받게 되는 일에 관하여 알아보기로 한다.

그림 5-11 에 나타낸 바와 같이, 외계가 계에 대해서 하는 일을 $P_0 \cdot \triangle V$, 그 밖의 일을 W_{ext}, 환경이 계에 주는 열량을 $T_0 \cdot \Delta S_0$ 라고 하자.

이때 에너지보존의 법칙 관계에서,

$$\Delta U = W_{ext} + P_0 \cdot \Delta V - T_0 \cdot \Delta S_0 \tag{5-33}$$

가 성립한다.

과정 동안 환경의 체적은 ΔV_0 만큼 증가하고 계의 체적은 ΔV만큼 수축한다.

또한, 외계의 엔트로피 증가 ΔS 는 비가역성으로 인한 ΔS_i $(= \Delta S_{gen.})$을 사용하면,

$$\Delta S_0 = \Delta S_i - \Delta S \tag{5-34}$$

이므로 이 관계를 위 식에 대입하면,

$$W_{ext} = \Delta U + P_o \cdot \Delta V - T_0 \cdot \Delta S + T_0 \cdot \Delta S_i \geqq \Delta U + P_0 \cdot \Delta V - T_0 \cdot \Delta S \tag{5-35}$$

를 얻는다. 식 (5-35) 의 등호는 가역과정에 대해서만 성립하며 우변의 값은 계로 하여금 이 변화를 일으키게 하는 데 필요한 최소일을 나타낸다. 이 관계는 또 반대로 생각하면 계가 환경에 대해서 할 수 있는 최대 가능한 일을 나타내므로 5.13 절의 정의에 따라 엑서지, 즉 유용에너지가 된다.

이 엑서지를 환경의 바닥상태$(P_0, T_0, V_0, U_0, S_0)$와 계의 최초상태$(P, T, V, U, S)$를 사용하여 나타내면 다음과 같이 된다.

$$\begin{aligned} Xerg &= (U - U_0) + P_0 \cdot (V - V_0) - T_0 \cdot (S - S_0) \\ &= (U + P_0 \cdot V - T_0 \cdot S) - (U_0 + P_0 \cdot V_0 - T_0 \cdot S_0) \end{aligned} \tag{5-36}$$

한편, 정상유동계에 대해서는 내부에너지 U 대신에 엔탈피 H를 사용하여,

$$Xerg = (H - H_0) - T_0 \cdot (S - S_0) = (H - T_0 \cdot S) - (H_0 - T_0 \cdot S_0) \tag{5-37}$$

와 같이 나타낼 수 있다.

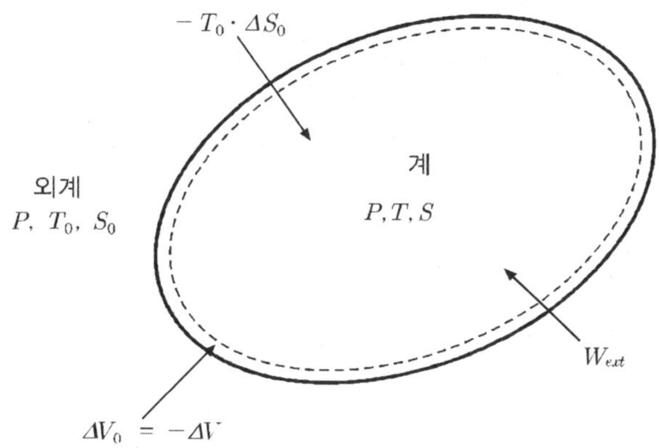

[그림 5-11] 밀폐계에 대해서 외계가 하는 최소일

엔탈피 ;

$$H = U + P \cdot V$$

엔탈피의 엑서지 ;

$$X_{eng} = (H - H_0) - T_0 \cdot (S - S_0)$$

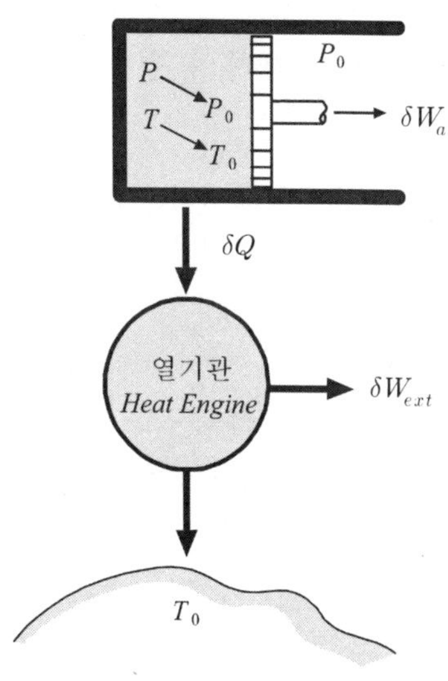

엔탈피의 엑서지는 내부에너지의 엑서지와 유동일의 엑서지와의 합이다.

5.16 엑서지 손실 / 제 1 종 손실 / anergy

식(5-36) 혹은 (5-37)로 표시되는 엑서지는 계의 상태가 가역적으로 변화하여 최종적으로 환경과 열적·역학적으로 평형상태에 도달하는 데까지 얻을 수 있는 가능한 최대일을 나타낸다. 또 기준온도가 결정되면 $xerg$ 는 상태량이므로 1 → 2 로의 상태변화에 대응하는 엑서지의 변화량은 다음 식과 같은 상태량의 함수가 된다. 즉,

$$\begin{aligned} xerg_2 - xerg_1 &= \{(h_2 - h_0) - T_0 \cdot (s_2 - s_0)\} - \{(h_1 - h_0) - T_0 \cdot (s_1 - s_0)\} \\ &= (h_2 - h_1) - T_0 \cdot (s_2 - s_1) \end{aligned} \tag{5-38}$$

여기서, $xerg$ 및 h, s 는 각각 단위 중량 당 비엑서지 및 비엔탈피, 비엔트로피이다.

엑서지의 정의식에서 가역단열적인 일을 가한 경우의 계의 엑서지의 최대량은, $s_1 = s_2$ 이므로

$$xerg_2 - xerg_1 = h_2 - h_1 \tag{5-39}$$

가 된다. 또, 등온가역과정에서는 고열원의 온도 T_1 하에서 계에 열량 q 를 가역적으로 가하되 일의 출입이 없는 경우는,

$$h_2 - h_1 = q \tag{5-40}$$

$$s_2 - s_1 = q / T_1 \tag{5-41}$$

이므로,

$$xerg_2 - xerg_1 = q - T_0 \cdot \frac{q}{T_1} \tag{5-42}$$

를 얻는다. 지금, 계가 외계와 같은 바닥상태에서 $xerg_2 = 0$ 라고 하면,

$$|Xerg_1| = Q - \frac{T_0}{T_1} \cdot Q = (1 - \frac{T_0}{T_1}) \cdot Q \tag{5-43}$$

즉, 상태변화에 대응하는 엑서지의 변화량을 열에너지 Q 의 유입에 따라 온도 T_1 과 환경온도 T_0 사이에서 가상적 카르노사이클을 작동시킨다고 가정할 때의 최대일이라고 생각한다.31)

열에너지 Q 중에서$(T_0 / T_1) \cdot Q$ 부분은 원래 일로 변환될 수 없는 에너지로 생각되므로 이 부분을 엑서지 손실, 아너지 또는 제 1 종 손실이라고도 한다.

31) 엑서지는 규격화된 어떤 에너지의 형태가 아니고, 환경에 놓여 있는 어떤 계에서의 최대가용 잠재일임을 인식하여야 한다.

주어진 상태에서 계가 할 수 있는 최대유용일(엑서지)은 계가 환경의 상태까지 가역과정을 밟을 때에 할 수 있는 유효한 일이다.

5.17 엑서지 소멸 / 제 2 종 손실 / 비(非)가역 손실

엑서지는 계가 한 상태에서 환경의 상태에 이르는 가역과정의 변화에서 얻을 수 있는 최대의 공학적 일로서 현실의 상태변화나 현상은 각종 비가역성을 포함하므로 얻을 수 있는 유용일은 이 엑서지 값보다 감소한다. 대표적인 비가역성분에는 유한 온도차로 인하여 생기는 열이동이나 유체마찰 등 운송현상과 관계되는 현상이 대응하게 된다.

엑서지 손실 중에서, 특히 비가역성에 의한 손실을 비가역 손실 또는 엑서지 소멸 (exergy destruction)이라고 하며 계 내의 엔트로피 생성이나 비(非) 보상열 (극대일의 손실)과 밀접한 관계를 갖는다. 지금,
계가 1 → 2 로 상태가 변화했다고 하자. 이 경우의 엑서지 변화는 식 (5-38) 에서,

$$\Delta Xerg_{12} = Xerg_2 - Xerg_1 = \Delta H - T_0 \cdot \Delta S \tag{5-44}$$

이다. 여기서, 이 엔트로피의 변화분 ΔS 를 5.6 절에서와 같이 엔트로피 생성과 엔트로피 유동의 합 S_{gen} 으로 나타내면

$$\Delta Xerg_{12} = \Delta H - T_0 \cdot (S_{sys} + S_{sur}) = (\Delta H - T_0 \cdot S_{sys}) - T_0 \cdot S_{sur} \tag{5-45}$$

가 되며 가역과정에서의 엑서지 변화량인 우변의 제 1 항에 비해서 환경과의 열의 수수가 있으면 이에 대한 엑서지 변화량은 $T_0 \cdot S_{sur}$ 만큼 더 감소함을 알 수 있다.

따라서 소멸된 엑서지 $Xerg_{destroyed}$ 는,

$$Xerg_{destroyed} = T_0 \cdot S_{gen} \tag{5-46}$$

로 나타낼 수 있다.

이 관계식을 Gouy-Stfodra의 정리라고 하며 엑서지 계산의 기초가 된다.

위 식을 다시 5.6 절의 비(非) 보상열 $\delta Q_{sys.}$ 로 나타내면 $(T \cdot dS_{sys} = T \cdot dS_{gen.} = \delta Q_{gen.})$

$$Xerg_{destroyed} = T_0 \cdot dS_{gen} = \frac{T_0}{T} \cdot (T \cdot S_{gen}) = \frac{T_0}{T} \cdot \delta Q_{gen.} \tag{5-47}$$

가 되며, 앞 절에서 언급한 아너지$\left(= \frac{T_0}{T_1} \cdot Q\right)$에 대응된다.

이러한 의미에서 비가역성(엑서지의 소멸)에 의한 엑서지 손실을 비가역 손실 또는 제 2 종 손실이라고도 한다.

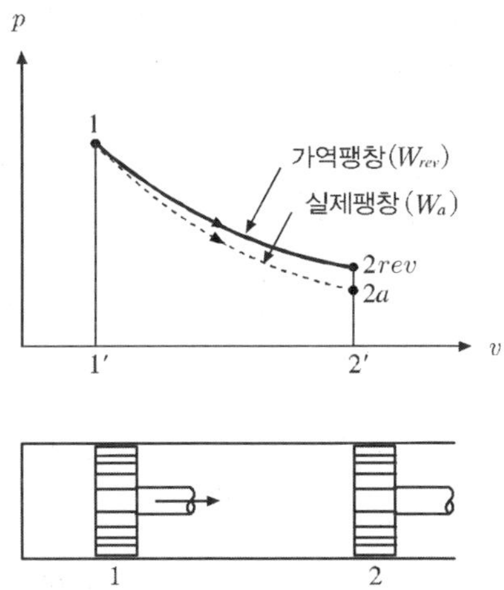

가역일 W_{rev} = 면적 1 2 r 2' 1'
유용일 W_a = 면적 1 2 a 2' 1'
비가역성 $I = W_{rev} - W_a = T_0 \cdot S_{gen}$

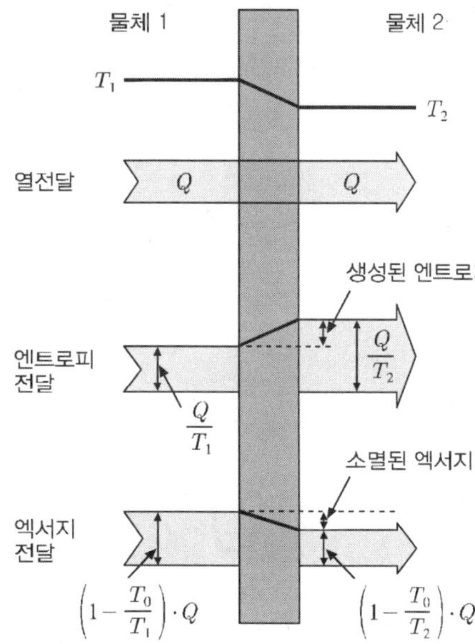

유한한 온도차를 통한 열전달 과정 동안의 엑서지 전달과 엑서지 소멸

비가역성은 일로 바꾸었어야 했으나 그렇게 하지 않은 에너지를 나타낸다. 즉, 폐기된 잠재일 또는 일을 하는 데 있어서 잃어버린 엑서지로 해석할 수 있다.

5.18 엑서지의 실용계산법

(1) 비열을 알 때의 물질의 엑서지

압력 P_0, 온도 T인 기체 $1\,m^3$가 외계(P_0, T_0)와 열적 평형이 될 때까지 얻을 수 있는 최대일, 즉 엑서지는 $Xerg_2 - Xerg_1 = Q - T_0 \cdot \frac{Q}{T_1}$

$$\Delta Xerg = Q - \frac{T_0}{T_1} \cdot Q = (1 - \frac{T_0}{T_1}) \cdot (H_2 - H_1) \tag{5-48}$$

로부터,

$$\begin{aligned} Xerg &= \int_{H_0}^{H} (1 - \frac{T_0}{T}) \cdot dH = (H - H_0) - T_0 \cdot \int_{H_0}^{H} \frac{dH}{T} \\ &= \int_{T_0}^{T} c_p \cdot dT - T_0 \cdot \int_{T_0}^{T} \frac{c_p \cdot dT}{T} \end{aligned} \tag{5-49}$$

로 나타내진다. 지금 만일 c_p가 일정하면,

$$\begin{aligned} Xerg &= c_p \cdot [(T - T_0) - T_0 \cdot \ln \frac{T}{T_0}] \\ &= (H - H_0) \cdot [1 - \frac{T_0}{T - T_0} \cdot \ln \frac{T}{T_0}]^{32)} \end{aligned} \tag{5-50}$$

와 같이 근사적 산출이 가능하다. 여기서 [ ]에 관해서,

$$\lambda = \frac{Xerg}{H - H_0} = 1 - \frac{T_0}{T - T_0} \cdot \ln \frac{T}{T_0} \tag{5-51}$$

로 놓으면 λ는 매체의 종류에 관계없이 온도만의 함수가 되므로 기체의 엑서지는 바로 계산된다.

이 λ를 유효비라고 하는데 이것은 엔탈피의 차 $(H - H_0)$에 대한 엑서지 $Xerg$의 비율을 표시하므로 열에너지의 질을 평가할 수 있다.

---

32) $(H_o - H_1) \cdot [T \cdot (1 - \frac{H_o}{H})] = (H - H_o) \cdot [\frac{1}{T - T_o}]$

(2) 압력을 알 때의 물질의 엑서지

상온 T_0 인 이상기체가 압력 P 에서 P_0 까지 등온변화를 할 때 기체가 하는 최대일 $W_{\max}$ 는 다음과 같이 산출된다. 즉,

$$W_{\max} = -\int_{P}^{P_0} V \cdot dP = R \cdot T_0 \cdot \ln \frac{P}{P_0} = Xerg \tag{5-52}$$

이며, 1 m^3 당 비엑서지 $xerg$ 는,

$$xerg = R' \cdot T_0 \cdot \ln \frac{P}{P_0} \tag{5-52$'$}$$

가 된다. 여기서, $R'(= R/22.4)$ 은 기체 1 m^3 당 가스정수로 371.3 $J/kmol \cdot K$ 이다.

(3) 외계와 다른 분율을 갖는 혼합기체의 엑서지

n_1 mol 의 기체 ① 과 n_2 mol 인 다른 기체 ② 를 혼합시킬 때의 엔트로피변화는 열역학의 관계식 (4-69) 의 체적 V 를 mol 수로 대체하고 정리하면,

$$\Delta S = R' \left[\frac{n_1}{n_1 + n_2} \cdot \ln \frac{n_1 + n_2}{n_1} + \frac{n_2}{n_1 + n_2} \cdot \ln \frac{n_1 + n_2}{n_2} \right] \tag{5-53}$$

이다. 계의 기체와 외계의 기체의 혼합에 의한 엑서지의 변화는 계의 엑서지이며, 혼합에 의해 총엔탈피는 변하지 않으므로 엑서지의 변화 $\Delta Xerg_{mix}$ 는 $T_0 \cdot \Delta S$ 로 주어진다.

즉, $\Delta Xerg_{mix} = T_0 \cdot \Delta S$ (5-54)

$$= \frac{R \cdot T_0}{22.4} \cdot \left[\frac{n_1}{n_1 + n_2} \cdot \ln \left(\frac{n_1}{n_1 + n_2} \right) + \frac{n_2}{n_1 + n_2} \cdot \ln \left(\frac{n_2}{n_1 + n_2} \right) \right]$$

한편, 다성분계이면 V_i 를 N 종 성분의 체적분율로 할 때,

$$\Delta Xerg_{mix} = Xerg = R' \cdot T_0 \cdot \sum_{i=1}^{N} V_i \cdot \ln V_i, \qquad \sum_{i=1}^{N} V_i = 1.0 \tag{5-55}$$

이를, 분압으로 나타내면 다음과 같다.

$$Xerg = R' \cdot T_0 \cdot \sum_{i=1}^{k} \frac{P_i}{P_0} \cdot \ln \frac{P_i}{P_0}, \qquad \sum_{i=1}^{N} \frac{P_i}{P_0} = 1.0 \tag{5-56}$$

이 된다.

5.19 Helmholtz 함수 / 자유에너지

앞 절까지는 계의 물질의 상태변화가 물리적 변화를 할 경우의 최대일에 관한 내용이었으나 이와 같은 사고를 화학적인 변화의 경우에 확장시켜 보면 다음과 같다.

화학반응이 일어날 때에는 물질의 상태가 변한다. 반응의 전과 후에서 물질의 온도와 압력이 주위의 온도와 압력과 평형을 이루면 반응이 완전히 이루어져 안정상태가 된다.

변화가 가역적이 되려면 열의 교환이 완전히 온도차가 없는 상태, 즉 등온적으로 이루어 져야하고, 화학적 변화에서의 최대일을 생각할 때에는 변화 전후의 압력이나 온도가 일정하게 유지되는 것으로 취급하여야 한다.[33)]

온도와 체적이 일정한 상태에서 화학적 변화를 하여 실제 일을 할 때의 최대일량은 식 (5-26) 에서 $P \cdot dV = 0$ 이므로 다음과 같이 된다.[34)]

$$\begin{aligned} W_{\max} &= T_{atm} \cdot (S_2 - S_1) - (U_2 - U_1) \\ &= (U_1 - T_{atm} \cdot S_1) - (U_2 - T_{atm} \cdot S_2) \\ &= \quad F_1 \quad - \quad F_2 \end{aligned} \tag{5-57}$$

여기서, $F = U - T \cdot S \left(= U - R \cdot T \cdot \ln \frac{V_2}{V_1}\right)$ 로 놓고, F 를 자유에너지(free energy) 또는 Helmholtz라 한다.

비(非)가역변화를 포함할 때에는 제 2 법칙으로부터 $dS > \delta Q / T$ 이므로,

$$T \cdot dS > dU + \delta W \tag{5-58}$$

가 된다.

따라서 $\delta W < -dF$ 가 되어 이때 얻어지는 일은 위에서의 가역변화를 할 때의 일보다 반드시 작아진다.

따라서 위의 식 (5-58) 로 주어지는 $W_{\max}$ 는 화학변화에서 얻어지는 최대일이 된다.

---

33) 실제로 보통 화학반응에서는 온도나 압력의 어느 하나를 일정하게 하는 것이 편리하다.
예를 들어, 연료전지가 온도의 상승이 없으면 화학적 에너지는 그대로 전기에너지로의 전환이 가능하며 이 경우 전기에너지는 그대로 일을 나타낸다.

34) 가역적 화학변화에 대하여는, 열역학의 제 1 법칙과 제 2 법칙이 성립하므로 $T \cdot dS = dU + \delta W$ 이고, 변화가 등온적으로 이루어진다고 하면 $\delta W = T \cdot dS - dU$ 이므로.

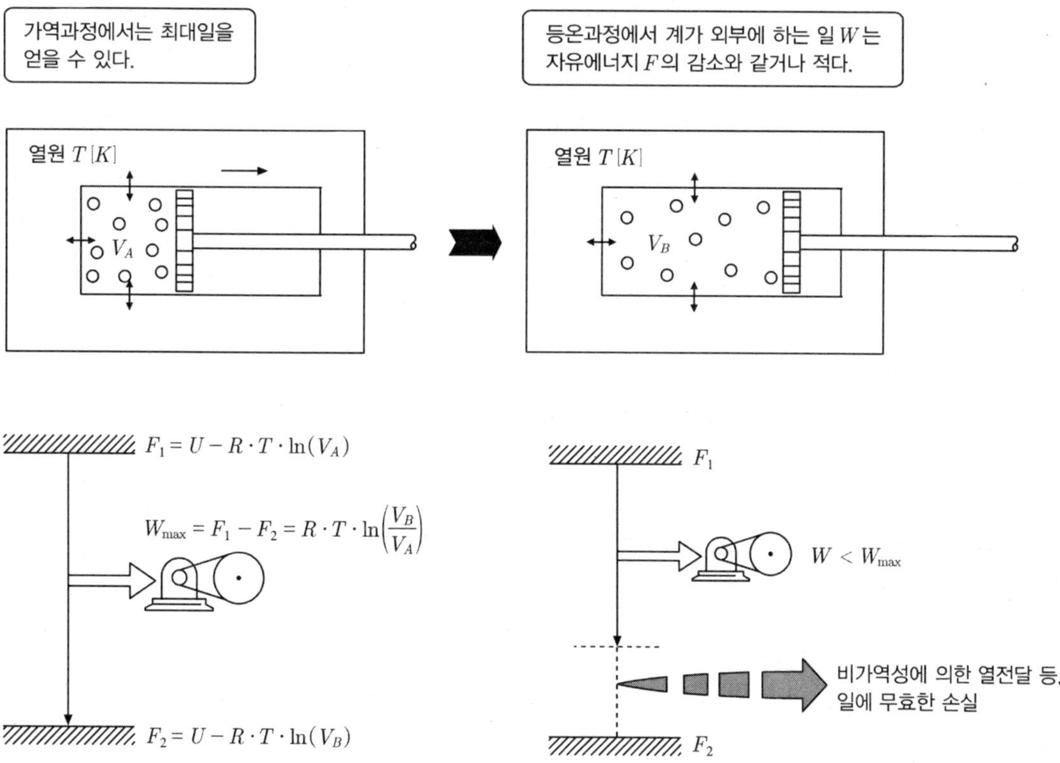

(a) 이상기체의 가역 등온팽창

(b) 비가역 과정

헬름홀츠의 자유에너지의 정의는 $F = U - T \cdot S$ 이고, 온도 T가 일정할 때...

$$dF = d(U - T \cdot S) \leqq \delta W$$

$$F_1 - F_2 \geqq W_{max}$$

5.20 Gibbs / 자유 엔탈피

계가 가지고 있는 에너지는 사용 가능한 에너지와 사용 불가능한 에너지로 구분되는데, 사용 가능한 에너지는 그 계가 외부에 일을 하는 데 사용될 수 있는 에너지라는 의미에서 자유에너지라 부른다.[35)]

앞 절에서 정의한 자유에너지 F 는 Helmholtz 함수라고도 불리는 하나의 상태량으로 상태변화가 가역적이면 자유에너지는 항상 일정하고, 변화가 비(非)가역적이면 $dF < 0$ 가 되어 자유에너지는 감소한다.

또한, 물질이 정상적으로 보급되고 변화가 연속적으로 이루어지는 정상유동과정의 개방계에 있어서의 최대일은

$$\begin{aligned} W^t_{\max} &= T_{atm} \cdot (S_2 - S_1) - (H_2 - H_1) \\ &= (H_1 - T_{atm} \cdot S_1) - (H_2 - T_{atm} \cdot S_2) \end{aligned} \tag{5-59}$$

과 같이 나타낼 수 있으므로 상태변화 과정이 정상적인 등온변화로서 일이 없거나 정적변화인 경우에는 $dF \geqq 0$ 이므로, 등온 화학변화에서의 최대일은 자유에너지의 감소와 같음을 알 수 있다.

여기서, $\Delta G = \Delta H - T \cdot \Delta S$ 로 놓고 이것을 자유엔탈피(free enthalpy) 혹은 Gibbs 함수라 한다.

또, 등온·등압변화에 있어서는 $dG \leqq 0$ 로 표시되고, 가역적이면 자유엔탈피는 일정 하고 비가역적인 변화이면 감소한다.

자연의 변화에서는 대부분이 등압변화이며, 열적으로 불평형의 상태에서 그 자연이 변한다고 하는 것은 자유엔탈피가 일을 함에 따라 점차 감소하고 최종적으로 극소치에 이르러 평형상태로 된다고 할 수 있다.

F 와 G 는 모두 열역학적 퍼텐셜(thermodynamical potential) 이라 하고 단위는 일, 즉 에너지의 단위이다.

35) 사용 불가능한 에너지란 존재는 하지만 외부에 일을 하는 데 쓰일 수 없는 에너지를 뜻한다.
자유에너지는 Gibbs 자유에너지와 Helmholtz 자유에너지의 두 종류로 나눠는데 둘 다 그 개념을 고안한 학자들에 따라서 이름이 지어졌다.
Gibbs는 G를 사용 가능한 에너지(available energy)라고 불렀다.

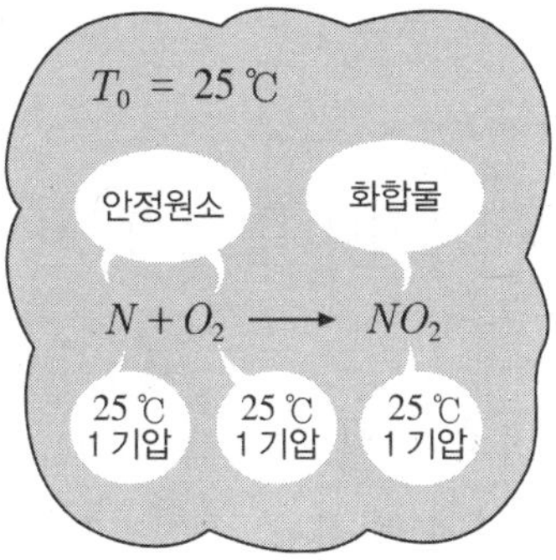

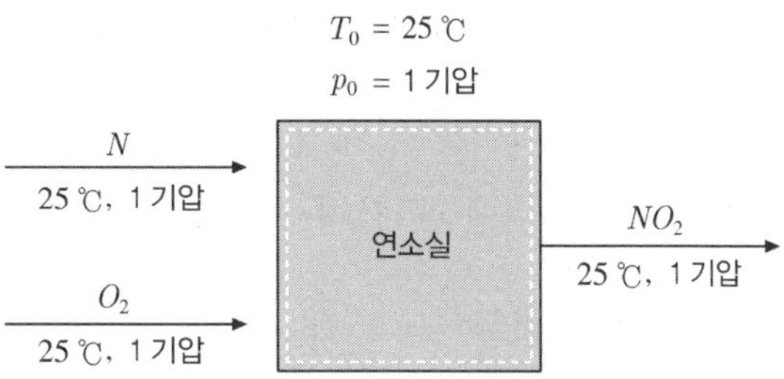

어떤 화합물의 Gibbs 함수치(≤ 0)는 안정원소로부터 화합물을 만들 때 관계된 가역일을 나타낸다. 이때 화합물, 안정원소, 그리고 주위의 조건은 모두 25 ℃, 1 기압이다.

5.21 에너지변환의 분류와 효율

에너지변환을 논하기 위해 변환방법을 다음 몇 가지 형태로 분류한다.

① 에너지의 형태적 변환(energy conversion)
② 에너지의 공간적 변환(energy transfer)
③ 에너지의 시간적 변환(energy storage)

여기서, 변환의 의미를 형태적 변환에 국한시키고 특히 열에너지를 중심으로 기능적으로 재분류하면 다음과 같다.

① 요소적 변환 : 기기 요소 그 자신이 에너지 변환을 하는 것[36)]
② 사이클형 변환[37)] : 사이클 형성에 의하여 에너지 변환을 하는 것

또한, 에너지변환의 입장에서 변환기기의 효율을 크게 다음 3 종류로 나눌 수 있다.

(1) 엔트로피 효율 η_s

이는 변환장치의 구성요소에 주목한 효율로서, 이상적으로 기대되는 외부로의 출력에너지에 대해서 실제로 얻게 되는 출력에너지의 比이다.

일반적으로 에너지 변환장치는 그 자신이 에너지변환을 담당하게 되는데 이때 동작유체가 손실 없이 등엔트로피적으로 흐른다고 할 때 출력되는 에너지를 이상 출력에너지라고 한다.

터빈이나 수차 등의 등엔트로피 효율을 η_s 라 하면,

$$\eta_s = \frac{\dot{W}}{\dot{W}_s} = \frac{\Delta h}{\Delta h_s} \tag{5-60}$$

와 같이 주어진다.

---

36) ① 등엔트로피 방식 : 각종 유체기계
② 화학반응방식 : 연료전지
③ 전자방식 : 모터, 발전기

37) 준정적 변환 : 열역학에서 말하는 준정적인 가역과정을 사용하여 한 가지 형태의 에너지를 입력하여 다른 형태의 에너지를 출력하려고 하는 것으로 현실적으로는 완벽한 정적인 과정이 될 수 없으나 원리상으로 극히 천천히 과정이 진행된다.
이런 종류의 변환에서는 연속적으로 변환을 진행시키기 위해 어떤 형태의 순환과정(사이클)을 사용한다.

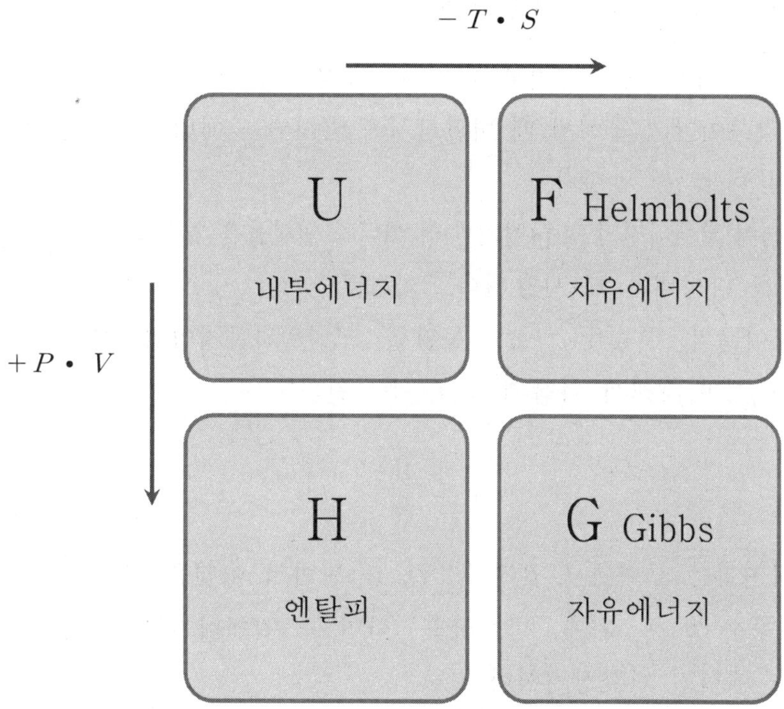

열역학적 퍼텐셜

열역학적 계(thermodynamic system)가 일정한 온도와 압력을 유지하면서 가역적 과정을 지나는 동안 그 과정 중에서 얻어지는 유용한 에너지를 자유에너지라고 한다.
이는 어떤 열역학적 계가 가역적 과정을 지나갈 때 계 내부에 가지고 있는 내부에너지와 계의 외부로부터 받는 열량과 관계가 있다.
자유에너지는 열역학적 퍼텐셜(thermal potential)의 일종이며, 어떤 계가 일정한 온도와 압력 조건 하에서 화학적 평형상태에서 다다르면 Gibbs 자유에너지는 최소값을 지니게 된다.
그러므로 열역학적 과정 전후의 자유에너지의 변화량을 알면, 그 과정이 자발적으로 일어날 것인지 아닌지 뿐만 아니라 그 과정에서 얻어질 수 있는 일의 최대치를 구할 수 있다.

(2) 열효율(제 1 법칙 효율) η_{ther}

이는 열역학 제 1 법칙을 근거로 하는 에너지 변환효율로서, 각 변환장치의 구성요소가 조합되어 열사이클이 구성될 때 변환장치에 입력되는 에너지와 변환장치가 출력하는 에너지와의 비(比)를 말한다.

특히, 입력이 열에너지인 경우(열기관)의 에너지 변환율을 열효율이라 하며 각종 내연기관 등의 성능을 나타내는 데 사용된다.

열기관사이클의 열효율 η_{ther} 는 동일한 고열원과 저열원 온도 간에 작동하는 카르노효율 η_C 에 대해서 다음과 같이 주어진다.

$$\eta_{ther} = \frac{W}{Q} < \eta_C \tag{5-61}$$

카르노사이클은 주위에서 열에너지 Q_H 를 받아서 이것을 열역학 제 2 법칙에 따라 Q_H 의 일부분 Q_L 은 외에 방출하고 나머지 열에너지를 기계적 에너지 W 로 변환시키는 에너지 변환장치이다.

이와 같이 제 2 법칙은 열에너지를 100 % 기계적 에너지로 변환할 수 없다는 것과 카르노 사이클이 가역과정의 조합으로 구성되므로 주어진 2 개의 열원 온도 사이에서 작동하는 변환장치로서는 극대치의 일을 한다는 두 가지 사실로부터 카르노사이클의 에너지변환 효율 $\eta_{conv.}$ 를 구하면,

$$\eta_{conv.} = \frac{W}{Q_H} = \frac{R \cdot (T_H - T_L) \cdot \ln \frac{V_2}{V_1}}{R \cdot T_H \cdot \ln \frac{V_2}{V_1}}$$

$$= \frac{T_H \cdot \Delta S - T_L \cdot \Delta S}{T_L \cdot \Delta S} = \frac{T_H - T_L}{T_L} \tag{5-62}$$

가 된다.[38)]

38) 가역 카르노사이클에서 엔트로피는 보존됨을 알았으나 이 가역과정에서도 에너지의 변화량에 대해서는 사이클이 일순(환)할 때 보존되지 않는다. 카르노사이클에서 에너지변화량을 계산해 보자.
고온측 T_H 에서는, $Q_H = T_H \cdot S_{21} = R \cdot T_H \cdot \ln(V_2 / V_1) = T_H \cdot \Delta S$ 의 열량을 받고,
저온측 T_L 에서는, $Q_L = T_L \cdot S_{43} = R \cdot T_L \cdot \ln(V_2 / V_1) = T_L \cdot \Delta S$ 의 열을 저열원에 방출한다.
그 결과 열역학 제 1 법칙에 의하면, $W = Q_H - Q_L = R \cdot (T_H - T_L) \cdot \ln(V_2 / V_1)$ 의 기계적 에너지를 일 W 로서 외부에 방출하게 된다.

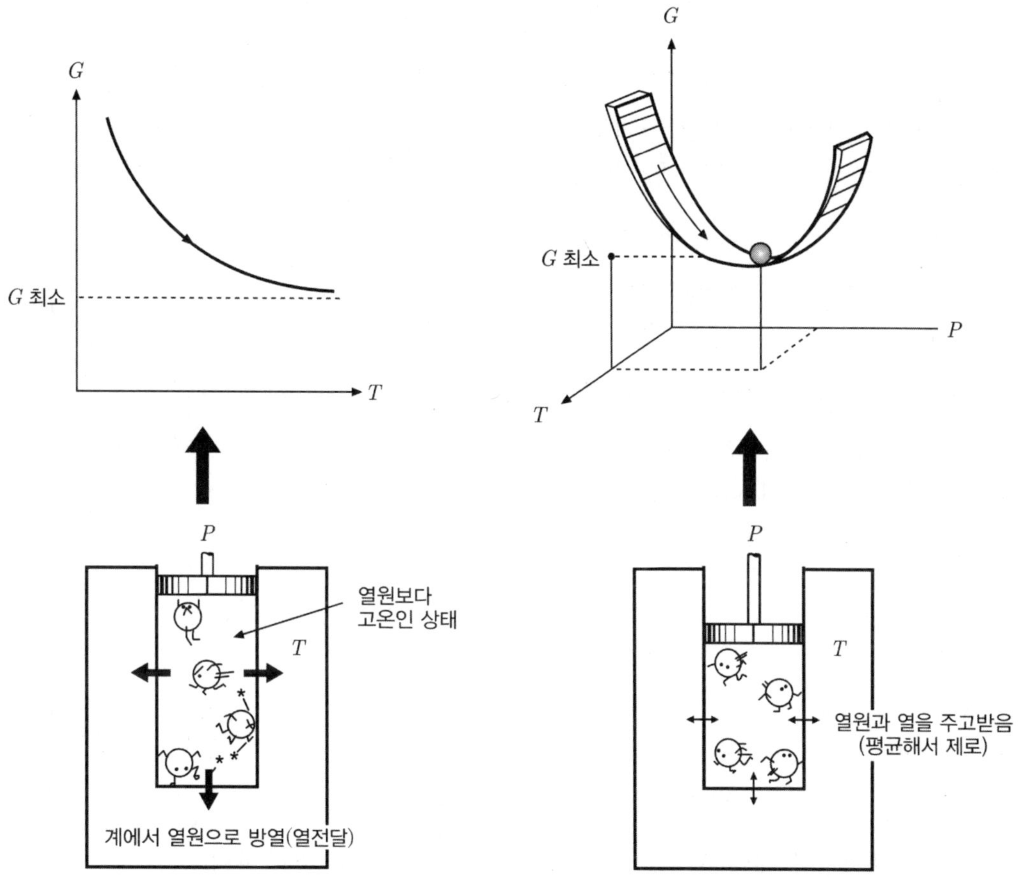

(a) 비평형 (b) 열평형

$\Delta G = \Delta H - T \cdot \Delta S$의 물리적 의미는 에너지보존의 법칙에 따라 계가 외부에 한 일의 총량이 계의 엔탈피 H의 감소량과 온도가 T인 외부의 열원으로부터 계가 흡수한 열량 $T \cdot \Delta S$의 합과 같다는 뜻이다.
이 과정에서,
$\Delta G < 0$ 이면 순(順) 반응이 자발적으로 일어나며
$\Delta G > 0$ 이면 역(逆) 반응이 자발적으로 일어난다.
$\Delta G = 0$ 이면 반응 전후 상태가 동적 평형을 이루며,
이 경우에는 계가 외부에 일을 할 수 없다.

(3) 엑서지효율(제 2 법칙 효율) η_{II}

이는 열역학 제 2 법칙을 근거로 하는 효율로서 제 2 법칙효율(η_{II})이라고도 한다. 제 2 법칙 효율이 의도하는 바는 어떤 에너지변환장치의 가역적인 작동에 근사한 정도의 척도를 제공하는 것으로 최대의 가능한 일과 유용한 일의 비로서 나타낼 수 있다.

$$\eta_{II} = \frac{\text{유용일},\ W_a}{\text{가역일},\ W_{rev}} = \frac{\text{얻은 일}}{\text{유용 에너지}} = \frac{\eta_{th}}{\eta_{th,\ rev}} \tag{5-63}$$

그러나 위의 정의는 일을 만들거나 소비하는 장치에 한해서만 적용이 가능하므로, 다음과 같은 일반적인 정의가 필요하게 된다. 즉 엑서지효율은 공학적인 일 W를 발생시키는 데 필요한 입력으로서의 공급된 엑서지[39]에 대한 실제 출력으로서의 회수된 엑서지와 比로서 정의한다.

$$\eta_{II} = \frac{\text{회수된 엑서지}}{\text{공급된 엑서지}} = 1 - \frac{|\Delta E|_{loss}}{Xerg} \tag{5-64}$$

여기서,

$$|\Delta E|_{loss} = E_{supp} - E_{rec} = T_0 \cdot \Delta S \tag{5-65}$$

로서, 의 비가역성에 의하여 발생한 엔트로피 증가량에 비례한다.

이와 같이 엑서지효율은 변환장치의 비가역성으로 인해 생기는 엔트로피 증대에 의한 엑서지의 감소비율을 표시하는 지표이며 특히 열에너지의 유효 이용이라는 관점에서 볼 때 중요한 지표가 된다.

그림 5-12에 나타낸 화력발전소의 열효율은 종래의 계산방식으로 42 %에 지나지 않으나, 위 식에 따라 엑서지 효율을 구하면 63 %라는 높은 값을 보인다.[40]

따라서 열에너지 시스템과 관련되는 성능평가에 있어서는 제 1 법칙을 기본으로 하는 열효율뿐만 아니라 제 2 법칙을 기본으로 한 엑서지 효율을 인용하여 평가해야한다. 예를 들면, 보일러나 열교환기에서의 열발생이나 열이동을 동반하는 기기에서는 열효율이 높아도 매체 간의 온도차가 커지면 엑서지 효율은 낮아진다. 가령, 순간온수기로 물을 데우는 경우, 열효율은 매우 높으나 온수의 엑서지가 매우 낮으므로 엑서지 효율은 극히 낮을 수밖에 없다.

---

39) 엑서지 강하량(가역과정을 전제)

40) $\eta = W / Q = \frac{42}{100} = 0.42$

$\eta_{II} = \frac{\text{유용일},\ W_a}{\text{가역일},\ W_{rev}} = \frac{\text{유효(얻은) 일}}{\text{유효(유용) 에너지}} = \frac{42}{67} = 0.63$

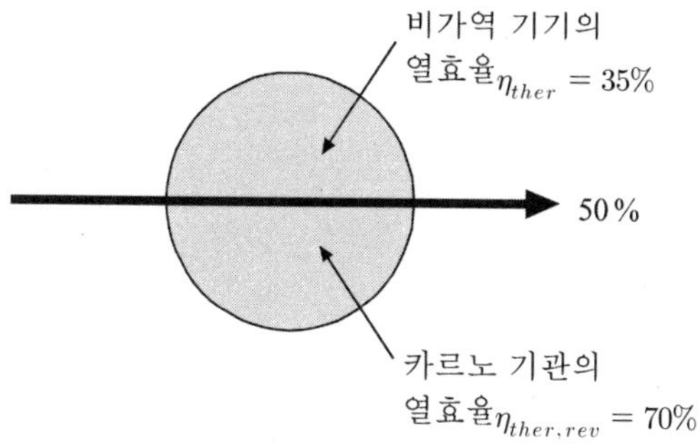

제2법칙 효율은 가역조건에서의 열효율에 대한 기기의 성능을 말한다.

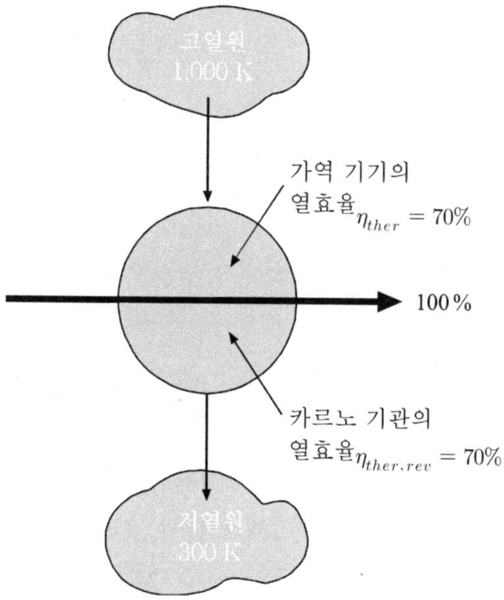

가역기기의 제 2 법칙 효율은 최대의 가능(가역)한 일과 유용한 일의 비로 정의되며 효율은 100 % 이다.

$$\eta_{II} = \frac{W_a}{W_{rev}} = \frac{\eta_{ther}}{\eta_{ther,rev}} = 100\%$$

가역일과 유용일의 차이가 비가역성이다.
가역일이란 계가 주어진 과정이 사이클을 이룰 때 얻을 수 있는 유용일이다.
최대 유용일은 초기상태와 최종상태 사이의 과정이
완전히 가역적으로 수행될 때에만 얻어질 수 있는 일 (출력) 이다.
최종상태가 바닥일 때 가역일은 엑서지가 된다.

5.22 에너지의 질적 평가

열이 고온에서 저온으로 흐르는 것은 자연현상이며, 이를 「자연현상에서 엔트로피는 항상 증가한다.」라고 표현한다.

자연의 열 흐름, 즉 고온열원에서 저온열원으로 열이 흐르는 과정에서의 엔트로피 증가는 식 (4-35) 에서,

$$\Delta S = \Delta S_H - \Delta S_L = -\frac{\Delta Q_H}{T_H} + \frac{\Delta Q_L}{T_L} > 0 \quad \cdots\cdots \text{(4-35)}$$

과 같이 주어졌다.

ΔS 는 고온열원 T_H 와 저온열원 T_L 사이에서 이루어진 열교환 과정 중 열교환기를 원래의 상태로 되돌리기 위해 필요한 단위 온도차 당의 일량을 의미한다.

바꾸어 말하면, 두 열원 사이에 열기관(이상적으로는 카르노사이클 기관)을 구동하고 있다면 온도차에 해당하는 일정량의 일을 만들어 내는 것이 가능하지만 열 교환밖에 하지 않았기 때문에 이끌어내지 못한 일량에 상당한다.[41]

그러므로 에너지변환 방식은 가능한 어떠한 경우를 막론하고 엔트로피 발생량을 적게 하는 열교환 방식이 에너지의 질적 저하를 방지할 수 있기 때문에 바람직하다. 이런 관점에서 보면, 가열되는 저온수의 $T_{저온열원}$ 이 가열유체의 $T_{고온열원}$ 에 근접하여 그 차가 작으면 작을수록 피 가열 유체가 지닌 에너지의 엑서지가 커지고 엔트로피 발생이 감소하므로, 결국은 온도차가 작은 열교환이 에너지 시스템의 입장에서 가장 바람직하다 할 수 있다.

예를 들면, 가스온수기로 온수를 만드는 경우, 온수의 엑서지는 매우 작기 때문에 엑서지 효율은 극히 낮다. 이는 에너지를 유효하게 이용하는 관점에서 바람직하지 못하다.

온수 정도의 온도레벨 열 수요는 엔진의 배기가스와 같은 열을 고온레벨의 가열원으로 이용하는 편이 엔진의 연료연소열과 같은 열을 고온레벨의 가열원으로 이용하는 편에 비해 엔트로피 발생이 상대적으로 적게 된다.

캐스케이드(cascade)형 열 이용은 가열과정의 배열을 여러 단 순차적으로 이용하여 각 단 마다에서 엔트로피 생성을 억제하는 방식으로 무효에너지의 발생을 최소화할 수 있다는 관점에서 바람직한 시스템이라 할 수 있다.

---

41) 고온열원과 저온열원이 있을 경우, 열전달에 의해 열을 이동시키는 것보다 이 사이에 열기관을 두고 일을 만들어 내는 것이 열역학적으로 우수하다.

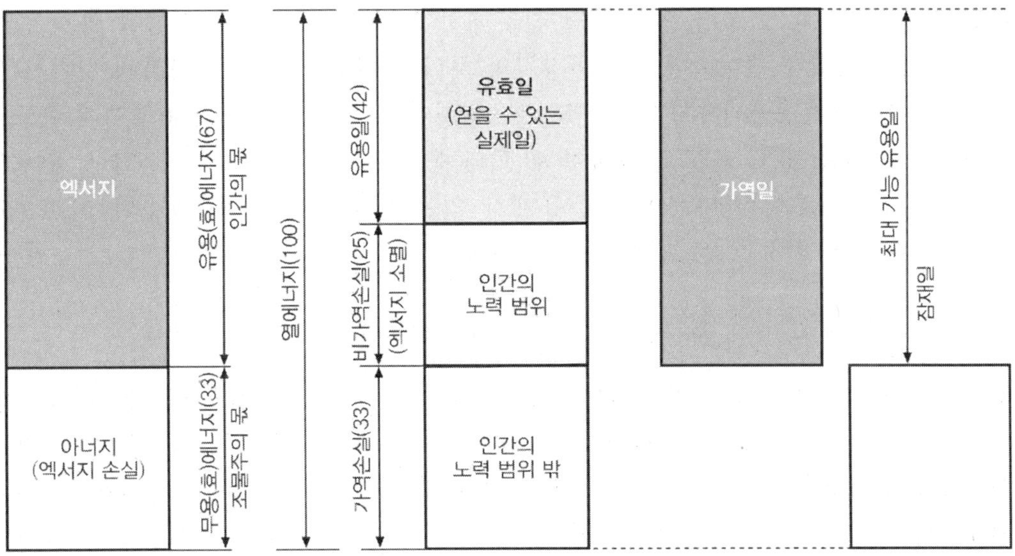

[그림 5-12] 엑서지효율

$$\text{엑서지효율} = \frac{\text{만들어진 에너지의 엑서지}}{\text{공급된 에너지의 엑서지}}$$

엑서지효율은 그 기관의 동작이 가역과정에서 얼마나 벗어나 있는지의 정도를 나타낸다. 엑서지효율이 1.0 이라는 것은 엑서지 손실 없이 가역적으로 진행된 것을 의미한다.

5.23 바람직한 에너지 이용 방식

그림 5-13(a) 에 나타낸 온수가열기를 예로 들어보자. 입력일이나 출력일이 있는 (b)의 터빈과 달리 열전달에 의해 열을 이동시키는 열교환장치의 제 2 법칙 효율은 그 장치에 공급된 가용에너지의 변화량 혹은 전달량에 대하여 그 장치 속에서 진행된 과정 중에 달성한 실적치의 비로 주어진다. 열교환장치의 하나의 예로서, 그림에 나타낸 것과 같은 온수가열기에서 고온유체가 100 ℃의 온도로 유입하여 20 ℃의 저온수를 40 ℃까지 온도를 상승시키고 자신은 20 ℃ 온도 강하하여 80 ℃의 온도로 유출된다고 하자. 입구, 출구의 온도차는 모두 20 ℃이기 때문에 고온유체가 잃은 단위시간당 열량 Q_H 와 저온수가 얻은 단위시간당 열량 Q_L 은 같으므로 다음과 같은 식이 성립한다.

$$Q_H = Q_L = 1\ [kg/s] \times 20\ [℃] \times 4.18\ [kJ/kg \cdot ℃] = 84\ [kW]$$

위 식만으로 보면, 온수가열기는 외로의 방열손실이 없기 때문에 이상적인 열교환기임에 틀림이 없다. 그러나 이러한 열교환 과정에서 전혀 손실이 없는 것일까? 열량만을 고려하면 가열·피가열 유체 사이의 열교환 과정에서 열량은 완전히 보존 되고 있으므로[42] 손실이 없다고 할 수 있으나, 에너지의 질적인 면에서의 가치는 달리 평가되어야 한다.[43]

초기상태에서 100 ℃와 20 ℃의 온도상태에 있던 두 유체가 열교환하여 최종적으로 80 ℃와 40 ℃의 온도상태로 되면서 열량적으로는 손실이 없지만 과정이 진행된 다음에는 어떠한 외부에너지의 도움이 없이 원래의 상태로 되돌리는 것은 불가능 하게 되어버린 것이다.

결론적으로, 열은 온도가 높은 쪽에서 낮은 쪽으로 자연적으로 흐르지만 그 역은 불가능 하며 열이동 후에는 무엇인가 질적인 손실이 생긴다. 따라서 에너지의 질적인 평가를 위해 열량의 온도를 고려하는 방법으로 열량 Q 를 열역학적 온도 T 로 나눈 Q/T 라는 양을 엔트로피로 정의하여 사용하고 있다.

예의 열교환과정에서 엔트로피증가 ΔS[44] 는 고온열원과 저온열원 사이에서 만들어낼 수 있는 일을 열교환을 통해 저온레벨의 열로 변환해 버림으로써 생긴 단위 온도차 당의 무효에너지에 상당한다.

---

42) 에너지 보존의 법칙, 열원인 고온유체가 150 ℃로 유입, 130 ℃로 유출하는 경우에도 열량적으로는 전혀 변화가 없다 해도 원래의 상태로 되돌리는 데에는 100 ℃로 유입, 80 ℃로 유출하는 경우에 비해 보다 많은 일이 필요할 것이다.

43) 지금 만일, 열교환과정에서 아무런 손실도 생기지 않았다고 하면 어떠한 외부에너지의 도움이 없이도 원래의 상태로 되돌아 갈 수 있어야 할 것이나 자연에서 그러한 것은 불가능하다.

44) 항상 陽(+)의 값

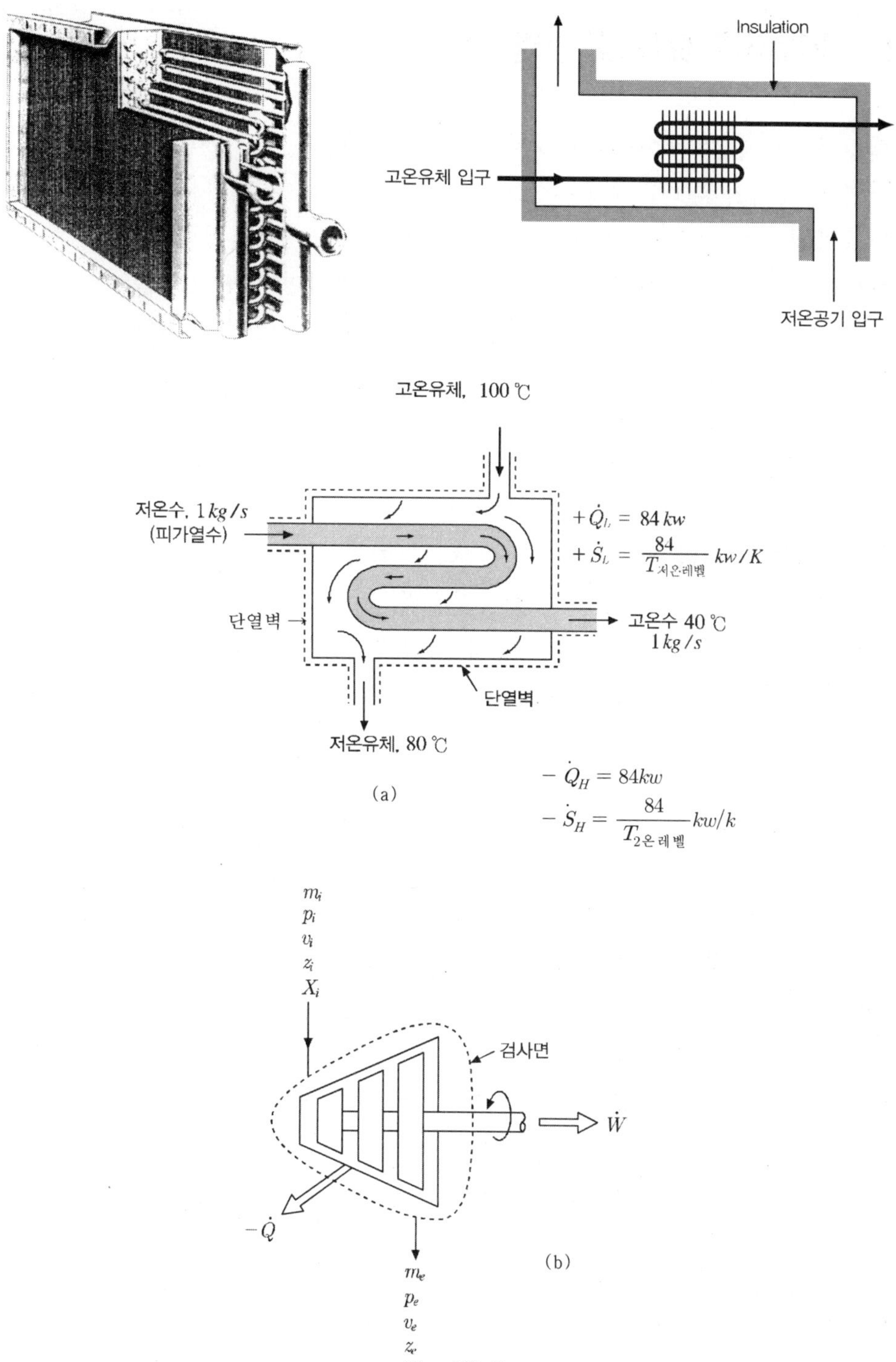

[그림 5-13] 온수가열기에 의한 열교환(a)과 터빈의 일 생산(b)

5.24 바람직한 에너지 변환 방식

사람의 잠재력을 지적·육체적 능력이라고 한다면, 그 사람이 지닌 잠재력은 곧 그 사람의 엑서지가 된다. 사람의 지적·육체적 능력은 충분한 휴식 후에는 최대가 되지만 피로해짐에 따라 이 잠재력, 즉 엑서지는 감소할 것이다.

그러나 다시 휴식을 취한다면 잠재력은 회복될 것이며 한편으로 학습과 훈련으로 능력을 신장시킬 수 있음도 분명하다. 그러나 노쇠는 능력을 감소시킬 뿐 다시 회복 되지 않는다.

열역학 제 1 법칙에 의하면 사람의 잠재력은 형태만 달리한 채 전체적인 양은 보존 되어야 할 것이나, 사람의 육체적 그리고/또는 지적 능력은 시간의 함수이며 제때에 사용하지 않으면 소멸되는 특징이 있다.

기름 한 통을 쓰지 않고 장기간 놓아두어도 기름의 연소능력은 소멸되지 않으나, 뜨거운 증기 한 탱크를 차가운 곳에 잠시만 두어도 증기의 잠재력은 감소되며 장시간 놔두면 그 능력은 완전히 흩어져 사라질 것이다. 사람이 몇 십년을 가만히 앉아만 있었다면 그가 가졌던 대부분의 잠재력은 사라지고 말 것이다. 노화에 따른 사람의 육체적 능력의 소산은 비가역성으로 볼 수 있으며 이는 유용한 잠재력의 소멸이다.

일상생활에서 사람의 성취능력을 최대로 하기 위해서는 잠재력이 사라지지 않도록 잠재력 소산의 원인을 찾아내고 그것을 최소화해야 한다. 사람이 할 수 있는 최대한의 일과 그 사람이 실제로 행한 실제일과의 사이에 차이가 있다면 그 차이만큼의 사라진 잠재력은 비가역성이다.

사람의 일상생활과 마찬가지로 열공학 시스템의 성능을 최대로 하기 위해서는 비가역성의 요인을 찾아내고 그 요인을 제거 내지는 최소화해야 한다.

어떤 사람은 청춘시절에 열심히 학습하고 이후에 여유를 즐기는 데 반하여 어떤 사람은 젊은 시절을 노는 데 다 허비하고 난 다음 나이 들어 공부를 시작한다고 하면, 비록 두 사람이 똑같은 능력을 타고 태어났다 해도 두 사람의 성취도는 같을 수 없을 것이다.

열역학 제 1 법칙의 관점으로는 이 두 가지 일이 어떤 순서로 이루어지든 전체적인 量은 보존될 것이므로 차이가 없다. 그러나 흐름의 방향성이라는 제 2 법칙의 관점에서 보면 매우 큰 차이가 있다. 젊을 때 열심히 공부하는 것이 열역학적으로 훌륭한 사람 이다. 만일 어떤 학생이 이 순서를 거꾸로 한다면 그는 뒷날 크게 후회하게 될 것이다. 더구나 그때는 이미 늦은 시간일 것이다.

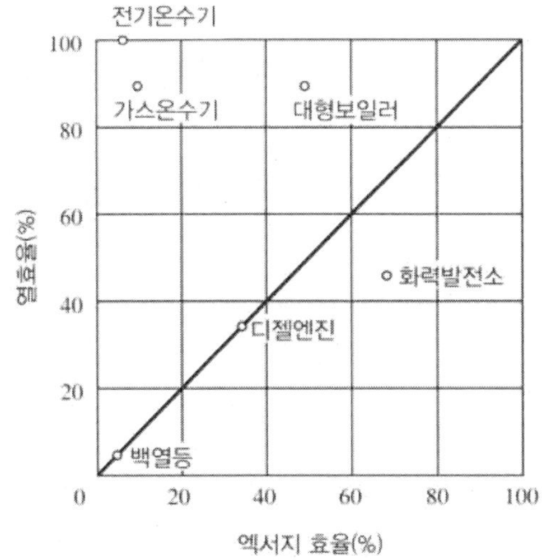

각종 변환시스템의 열효율과 엑서지 효율

비가역성은 일로 바꾸었어야 했으나 그렇게 하지 않은 에너지를 나타낸다. 즉, 폐기된 잠재일 또는 일을 하는 데 있어서 잃어버린 엑서지로 해석할 수 있다.

엑서지 ;

이 세상의 모든 물건에는 quantity와 quality의 내용을 가지고 있는데, 에너지의 경우는 어떠한지 살펴보기로 하자.

우선, quantity에 관해서는 cal(calorie) 등이 단위를 사용하여 나타내며, 상대적으로 이해하기가 쉽다.

다음은 quality에 관한 내용으로 온수를 예로 들어 생각해 보자.

지금 75 ℃ 의 온수 2,000 liter 가 있다고 하자. 이 온수는 0 ℃ 를 기준으로 15만 kcal 의 열에너지를 가지고 있다. 이것은 15 ℃ 의 온수 10,000 liter 가 가진 에너지와 양적으로는 같지만 에너지를 사용함에 있어선 같지 않다. 따라서, 두 온수의 "유용함" 이나 "질(質)" 의 차이를 표시하는 데에는 어떠한 지표가 필요함을 알 수 있다.

에너지는 전체의 에너지량이 같더라도 낮은 온도를 가진 에너지보다는 높은 에너지를 가진 에너지가 일로 변환되는 양(量)이 많으므로 높은 온도를 가진 에너지가 높은 質을 갖는다.

제 2 장에서 배운 열역학 제 1 법칙은 에너지보존의 법칙으로 에너지의 형태는 변해도 총합은 변하지 않는다는 것이었다. 그러나 실용공학에서는 "쓰면 감소하는" 에너지가 대상이 되므로 "감소하지 않는" 에너지는 다른 호칭법이 필요하게 되었다. 그래서 태어난 것이 엑서지이다. 그러면, 엑서지란?

어떤 계의 엑서지라는 것은 그 계가 가역과정을 거쳐 환경과 평형상태가 되기까지 계에서 끌어낼 수 있는 최대의 유용한 에너지이다. 그러나 에너지를 일로 변환시키는 데 있어서는 현실의 상태변화 과정에서 각종 비가역성을 포함하므로 실제로 얻어지는 유용일은 엑서지의 값보다 항상 적을 수밖에 없다.

즉, 엑서지(exergy)가 전부 실제일로서 유효하게 이용되는 것은 아니다.

자연의 법칙과 마찬가지로 인체도 하나의 열기관(heat engine)인 만큼 에너지의 효용성을 고려할 수 있다. 각자의 인생은 상태함수(state function)보다 경로함수(path function)이므로 엔지니어라면 삶의 방향성을 잘 설정해야 할 것이다.

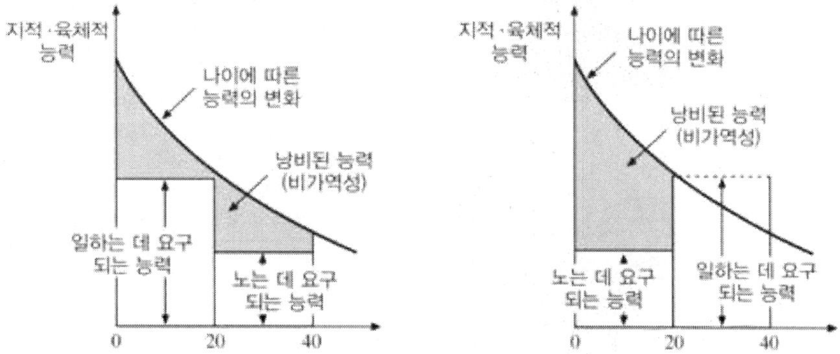

(a) 바람직한 인생 (b) 옳지 못한 인생

Thermal power plant (출처/위키백과)

In thermal power stations, mechanical power is produced by a that transforms, often from of a, into rotational energy. Most thermal power stations produce steam, so they are sometimes called steam power stations. Not all thermal energy can be transformed into mechanical power, according to the ; therefore, there is always heat lost to the environment.

화력 발전소 (출처/wikipedia)

대개의 화석연료 발전소는 증기 터빈 발전기를 사용하지만, 천연가스 화력 발전소의 경우에는 연소터빈을 사용하기도 한다. 석탄 화력발전소는 증기 보일러에서 석탄을 태우는 방식으로 열(에너지)를 발생시킨다. 그 증기가 전기를 생산하는 발전기를 운전하는 증기 터빈의 동력원이 된다.

열 에너지는 연료의 연소에 의해 생산되며, 열 에너지는 기계적 동력 즉, 터빈의 회전 에너지로 변환된다. Thermal power plant / 화력 발전소는 증기를 생산하기 때문에 이를 증기 발전소라고 부르기도 한다. 열역학 제 2 법칙에 따르면 모든 열 에너지를 기계적인 일로 바꿀 수 있는 것은 아니다. 따라서 주위 환경에는 항상 열 손실이 발생한다.

Exercise 연 습 문 제

01 고열원 온도 900 K, 저열원 온도 288 K의 사이에서 작용하는 카르노사이클에 대한 1 사이클당 수열량이 10 kJ 일 때,

① 유용(효)에너지(E_a)와 ② 무용(효)에너지(E_u) 및 ③ 엔트로피의 변화를 구하라.

또한, ④ 고열원 온도가 450 K인 경우에 대해서도 구하라.

[해설]

유용에너지와 무용에너지는 식 (5-1, 2) 에서 구하면 된다. 또한, 고열원과 저열원의 온도가 주어져 있으므로, 먼저 무용에너지를 구하고, 이들로부터 유용에너지를 계산한다.

01 고열원의 온도가 900 [K]인 경우 :

$$T_1 = 900\ [K],\ T_2 = 288\ [K],\quad Q_1 = 10\ [kJ]$$

② 무용에너지(E_u)는 식 (5-2) 로부터

$$E_u = Q_2 = Q_1 \cdot \frac{T_2}{T_1} = 10 \times \frac{288}{900} = 3.2\ [kJ]$$

① 유용에너지(E_a)는 식 (5−1) 에 의해서

$$E_a = Q_1 = Q_1 - Q_2 = 10 - 3.2 = 6.8\ [kJ]$$

③ 엔트로피의 변화는

$$\Delta S = \frac{Q_1}{T_1} = \frac{10}{900} = 0.01\ [kJ/K]$$

④ 고열원의 온도가 450 [K]인 경우에도 마찬가지로

$$E_u = Q_2 = Q_1 \cdot \frac{T_2}{T_1} = 10 \times \frac{288}{450} = 6.4\ [kJ]$$

$$E_a = Q_1 = Q_1 - Q_2 = 10 - 6.4 = 3.6\ [kJ]$$

$$\Delta S = \frac{Q_1}{T_1} = \frac{10}{450} = 0.02\ [kJ/K]$$

엔트로피의 증가에 비례하여 무용에너지가 증대한다는 것을 이해할 수 있다.

02 고열원의 온도가 727 ℃ 인 한 가 3,000 $kcal$ 의 열을 공급받는다.
이 의 온도는 327 ℃ 이며 이 는 상태변화 후 27 ℃ 에 열을 방출한다.
이때 각각의 온도가 일정하다고 하면

(1) 열원의 엔트로피 변화

(2) 열전달에 의한 엔트로피의 증가

(3) 본래의 유용(효)에너지

(4) 열전달 후의 유용(효)에너지

(5) 비가역에 의한 무용(효)에너지의 증가량

은 얼마인가?

03 처음온도 25 ℃ 인 물 1 kg 을 정압 하에서 온도 170 ℃ 까지 가열하였다.
주위온도가 −25 ℃ 라고 할 때, 이 과정에 대한 T-S 선도를 완성하고,
유효에너지와 무효에너지를 각각 산하라.
(단, 물의 평균비열은 $c_m = 1.0\ Kcal/kg \cdot k$ 이다.)

[해설]

공급열량 q_1 은

$$q_1 = c_m \cdot (T_2 - T_1) = 1.0 \times (443 - 298) = 145\ [kcal/kg]$$

물의 엔트로피 증가는

$$\Delta s = c_m \cdot \ln\left(\frac{T_2}{T_1}\right) = 1.0 \times \ln\left(\frac{443}{298}\right) = 0.396\ [kcal/kg \cdot K]$$

02 (1) 열원의 엔트로피 변화

고열원이 3,000 *kcal* 의 열을 에 방출하였으므로

$$\Delta S_1 = \int_1^2 \frac{dQ}{T} = \frac{\Delta Q}{T} = \frac{-3{,}000}{273 + 727} = -3.0 \ [kcal/K]$$

(2) 의 엔트로피 증가량

$$\Delta S_2 = \int_1^2 \frac{dQ}{T} = \frac{\Delta Q}{T} = \frac{3{,}000}{273 + 327} = 5.0 \ [kcal/K]$$

$$\therefore \ \Delta S_{sys} = S_2 + S_1 = 5.0 - 3.0 = 2.0 \ [kcal/K]$$

(3) 본래의 유용에너지 : 식 (5-1) 에서,

$$E_a = Q_1 - T_2 \cdot \Delta S_1 = 3{,}000 - (273 + 27) \times 3.0 = 2{,}100 \ [kcal]$$

(4) 열전달이 일어난 후의 유용에너지 : 식 (5-1) 에서,

$$E_a = Q_1 - T_2 \cdot \Delta S_2 = 3{,}000 - (273 + 27) \times 5.0 = 1{,}500 \ [kcal]$$

(5) 무용에너지의 증가량

$$\Delta E_u = T_2 \cdot \Delta S_{sys} = (273 + 27) \times 2.0 = 600 \ [kcal]$$

03 무용에너지 e_u 는

$$e_u = T_2 \cdot \Delta s = 248 \times 0.396 = 98.21 \ [kcal/kg]$$

따라서, 유용에너지 e_a 는

$$e_a = q - e_u = 145 - 98.21 = 46.79 \ [kcal/kg]$$

이상과 같은 결과를 T-S 선도로 나타내면 그림과 같다.

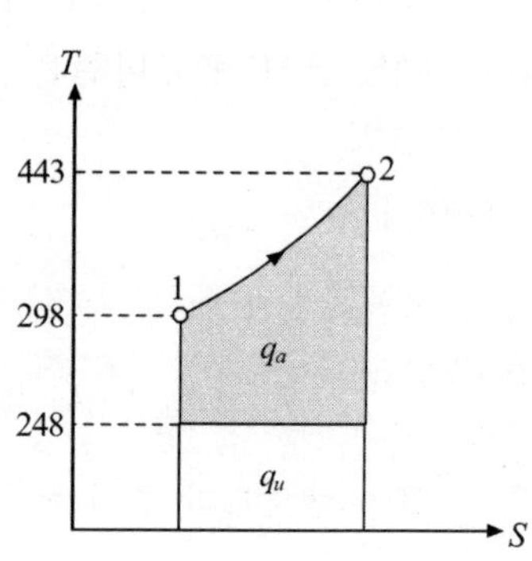

04 −13 ℃ 의 얼음 50 *kg* 이 온도 27 ℃ 의 주위 공간으로부터 열을 받아 융해하여 27 ℃ 의 물로 되었다.

(1) 이 (비가역)변화에 의한 엔트로피 증가량을 구하라.

(2) 또, 이 변화를 역으로 하기 위한 일량은
즉 물을 다시 처음의 얼음상태로 되돌리기 위하여 필요로 하는 일은 얼마인가?
(단, 얼음의 비열은 2.0 *kJ/kg·K*, 융해열은 334 *kJ/kg* 이며,
물의 비열은 4.2 *kJ/kg·K* 이다.)

[해설]

$$W^t_{\max} = -(E_2 - E_1) + T_0 \cdot (S_2 - S_1) - P_0 \cdot (V_2 - V_1)$$

$$E_1 + P_0 \cdot V_1 = H_1$$

$$E_2 + P_0 \cdot V_2 = H_2$$

$$W^t_{\max} = -(H_1 - H_2) + T_{atm} \cdot (S_2 - S_1) \quad \cdots\cdots \quad (5\text{-}29)$$

04 (1) 얼음이 융해할 때의 엔트로피 증가

① -13 ℃ (T_a)인 얼음으로부터 0 ℃ (T_b)인 얼음으로 되기까지의 온도상승에 따른 엔트로피 증가량은

$$\Delta S_{①} = \int_{T_a}^{T_b} \frac{\delta Q}{T} = m \cdot c_p \cdot \int_{T_a}^{T_b} \frac{dT}{T} = m \cdot c_p \cdot \ln \frac{T_b}{T_a}$$
$$= 50 \times 2.0 \times \ln \frac{273}{260} = 4.88 \ [kJ/K]$$

② 0 ℃ 인 얼음이 0 ℃ 의 물로 융해될 때의 엔트로피 증가량은

$$\Delta S_{②} = \frac{50 \times 334}{273} = 61.17 \ [kJ/K]$$

③ 0 ℃ 인 물의 27 ℃ (T_c)까지의 온도상승에 따른 엔트로피 증가량은

$$\Delta S_{③} = m \cdot c_p \cdot \ln \frac{T_c}{T_b} = 50 \times 4.2 \times \ln \frac{300}{273} = 19.80 \ [kJ/K]$$

따라서, 얼음의 엔트로피 증가 ΔS_{ice} 는 다음과 같이 된다.

$$\Delta S_{ice} = \Delta S_{①} + \Delta S_{②} + \Delta S_{③} = 85.85 \ [kJ/K]$$

한편, 주위 공간의 엔트로피 감소량 $\Delta S_{surr.}$ 은 융해에 필요한 열량 Q 가,

$$Q = m \cdot (c_{p얼음} \cdot \Delta t_1 + 융해열 + c_{p물} \cdot \Delta t_2)$$
$$= 50 \times (2.0 \times 13 + 334 + 4.2 \times 27) = 23{,}670 \ [kJ]$$

이므로,

$$\Delta S_{surr.} = -\frac{23{,}670}{300} = -78.90 \ [kJ/K]$$

따라서,

$$\Delta S = \Delta S_{ice} + \Delta S_{surr.}$$
$$= 85.85 - 78.90 = 6.95 \ [kJ/K]$$

(2) 과정이 처음 상태로 되돌아가기 위해 필요한 일은 얼음의 최대일 $W_{\max}$ 를 소비하지 않으면 안 되므로 식 (5-29) 에서

$$W_{\max} = -(H_{wat.} - H_{ice}) - T_{atm} \cdot (S_{ice} - S_{wat.})$$
$$= -23{,}670 \qquad - T_{atm} \cdot (S_{ice} - S_{wat.})$$

$$(S_{ice} - S_{wat.}) = \Delta S_{wat. \to ice} = -\Delta S_{ice \to wat.} = -85.85 \ [kJ/K]$$

$T_{atm} = 300 \ K$ 이므로,

$$W_{\max} = -23{,}670 - 300 \times (-85.85) = 2{,}085 \ [kJ]$$

05 압력이 10 *ata*, 온도가 15 ℃ 인 공기 5 *kg* 이 1 *ata*, 15 ℃ 의 대기 중에 있다. 이 공기의 유용일을 구하라.

[해설]

식 (3−11), $P \cdot V = G \cdot R_G \cdot T$ 와

식 (3−2), $P_1 \cdot V_1 = P_2 \cdot V_2$ 로부터

$P_1 \cdot V_1 = G \cdot R_G \cdot T_1 = P_0 \cdot V_0 = G \cdot R_G \cdot T_1$ 이므로,

$$P_0 \cdot (P_1 \cdot V_1) = (G \cdot R_G \cdot T_1) \cdot P_0 \quad \cdots\cdots \; ①$$

$$P_1 \cdot (P_0 \cdot V_0) = (G \cdot R_G \cdot T_1) \cdot P_1 \quad \cdots\cdots \; ②$$

$$P_0 \cdot P_1 \cdot (V_1 - V_0) = G \cdot R_G \cdot T_1 (P_0 - P_1) \quad \cdots\cdots \; ① - ②$$

$$(V_1 - V_0) = G \cdot R_G \cdot T_1 \cdot \left(\frac{P_0 - P_1}{P_0 \cdot P_1} \right) = G \cdot R_G \cdot T_1 \cdot \left(\frac{1}{P_1} - \frac{1}{P_0} \right)$$

$1 \; kcal = 427 \; kg_f \cdot m$

공기의 기체상수; $29.27 \left[\frac{kg_f}{kg \cdot k} \right]$

06 압력이 1 *ata*, 온도가 15 ℃ 인 대기 중에서 5 *ata*, 100 ℃ 의 공기 10 *kg* 이 유동과정에서 대기상태까지 변화할 경우 이때 최대일을 구하라.

[해설]

$$\Delta s = s_1 - s_2 = c_p \cdot \ln \left(\frac{T_2}{T_1} \right) - R \cdot \ln \left(\frac{p_2}{p_1} \right) \quad \cdots\cdots \; (4\text{-}53)$$

$$\Delta S = S_1 - S_2 = Cp \cdot \ln \left(\frac{T_2}{T_1} \right) - R \cdot \ln \left(\frac{P_2}{P_1} \right)$$

공기의 비열 ; $0.24 \left[\frac{kg_f}{kg \cdot k} \right]$

05 (system)와 주위(surroundings)는 열적으로 평형상태에 있기 때문에 압력 P_1 에서 P_0 까지 등온변화를 하는 것으로 하여 최대일이 다음과 같이 얻어진다.

$$S_1 - S_0 = G \cdot A \cdot R \cdot \ln\left(\frac{P_0}{P_1}\right) \quad \cdots\cdots (4\text{-}53)$$

$$= 5 \times \frac{1}{427} \times 29.27 \times \ln\left(\frac{1}{10}\right) = -0.79 \; [kcal/K]$$

$$V_1 - V_0 = G \cdot R \cdot T_1 \cdot \left(\frac{1}{P_1} - \frac{1}{P_0}\right) \quad \cdots\cdots [\text{해설}]$$

$$= 5 \times 29.27 \times (15 + 273) \times \left(\frac{1}{10} - \frac{1}{1}\right) \times \frac{1}{10^4} = -3.79 \; [m^3]$$

$$\therefore \; W_{a,\max} = -T_0 \cdot (S_1 - S_0) + A \cdot P_0 \cdot (V_1 - V_0) \quad \cdots\cdots (5\text{-}26)$$

$$= -288 \times (-0.79) + \frac{1}{427} \times 1 \times (-3.79) \times 10^6 \times 10^{-2}$$

$$= 227.23 - 88.76 = 138.47 \; [kcal]$$

$$= 59{,}127 \; [kg_f \cdot m] = 579.84 \; [kJ]$$

06

$$(S_1 - S_2) = G \cdot \left(c_p \cdot \ln\frac{T_1}{T_2} - A \cdot R \cdot \ln\frac{p_1}{p_2}\right)$$

$$= 10 \times \left(0.24 \times \ln\frac{373}{288} - \frac{1}{427} \times 29.27 \times \ln\frac{5}{1}\right) = -0.49 \; [kcal/K]$$

$$T_{atm} \cdot (S_1 - S_2) = 288 \times (-0.49) = -141.12 \; [kcal]$$

한편,

$$H_1 - H_2 = G \cdot c_p \cdot (T_1 - T_2) \quad \cdots\cdots (3\text{-}21)$$

$$= 10 \times 0.24 \times (100 - 15) = 204.00 \; [kcal]$$

따라서, 최대일은 (5-29)로부터 다음과 같다.

$$W^t_{\max} = T_{atm} \cdot (S_2 - S_1) - (H_2 - H_1)$$

$$= 288 \times (\; 0.49 \;) - (-204.00)$$

$$= 345.12 \; [kcal]$$

$$= 147{,}366 \; [kg_f \cdot m]$$

07 그림과 같이 피스톤-실린더 장치에 0.5 kg의 수증기가 1.0 MPa, 250 ℃의 상태로 있다가
0.3 MPa, 150 ℃로 팽창하면서 일을 한다.
열손실은 1.5 kJ일 때 주위가 20 ℃, 0.1 MPa고, 열손실이 1.5kg이라고 할 때

(1) 초기상태와 최종상태에서 각각 수증기의 엑서지

(2) 유용(효)일

(3) 비가역 일

을 구하라. (단, 각 상태 및 주위의 상태량은 표와 같다.)

	비내부에너지 $[kJ/kg]$	비체적 $[m^3/kg]$	비엔트로피 $[kJ/kg \cdot K]$
상태 1. 1.0 MPa. 250 ℃	$u_1 = 2709.9$	$v_1 = 0.2327$	$s_1 = 6.9247$
상태 2. 0.3 MPa. 150 ℃	$u_2 = 2570.8$	$v_2 = 0.6339$	$s_2 = 7.0778$
주위. 0.1 MPa. 20 ℃	$u_0 = 84.0$	$v_0 = 0.0010$	$s_0 = 0.2901$

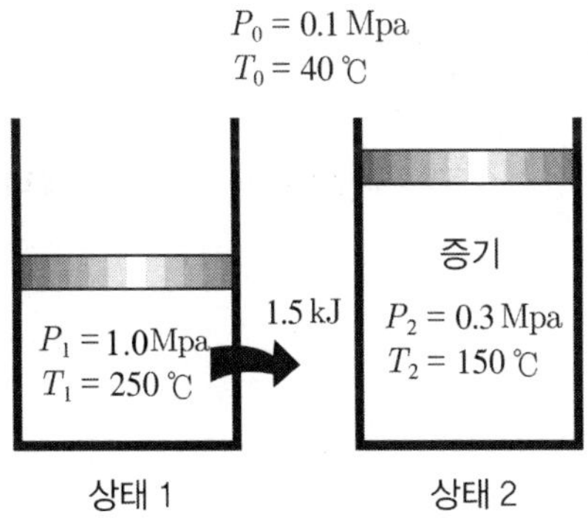

07 (1) 식 (5-26) 에서

$$Xerg = E_a = m \cdot [(u_1 - u_0) - T_0 \cdot (s_1 - s_0) + p_0 \cdot (v_1 - v_0)]$$

$$E_{a,1} = 0.5 \times [(2709.9 - 84.0) - 293 \times (6.9247 - 0.2901) + 0.1 \times 10^3 \times (0.2327 - 0.0010)]$$
$$= 352.08\ [kJ]$$

$$E_{a,2} = 0.5 \times [(2570.8 - 84.0) - 293 \times (7.0778 - 0.2901) + 0.1 \times 10^3 \times (0.6339 - 0.0010)]$$
$$= 280.15\ [kJ]$$

(2) 유용일 (= 유용일) ; $W_a = E_{a,1} - E_{a,2} = 352.08 - 280.15 = 71.93\ [kJ]$

(3) 비가역 일 ; 식 (5-46) 으로부터

$$Xerg{,}destroyed = W_{ir12} = m \cdot T_0 \cdot (s_2 - s_1) + \Delta Q_{12}$$
$$= 0.5 \times 293 \times (7.0778 - 6.9247) + 1.5$$
$$= 23.94\ [kJ]$$

[해설]

엑서지 = 가역일 : 유용일 + 주위일(비가역 손실)
= 잠재일 : 유용일 + 엑서지 소멸
= 최대 유용일
= 유효 에너지 : 유용(가용, available / useful) 에너지

08 그림과 같이 정상유동상태로 터빈에 유입하는 증기의 입구상태는 3 *MPa*, 500 ℃, 10 *kg/s*, 출구상태는 0.2 *MPa*, 150 ℃ 이다. 0.1 *MPa*, 20 ℃ 인 주위로 630 *kW* 의 열손실이 일어날 때 (운동 및 위치에너지를 무시하면,)

(1) 유용일(유효일)

(2) 최대일(가능 출력)

(3) 비가역일/(동력)

(4) (입구에서의) 열에너지

을 구하라. (단, 입구 출구, 주위의 상태량은 표와 같다.)

	비엔탈피 [*kJ/kg*]	비엔트로피 [*kJ/kg·K*]
상태 1; 3.0 MPa. 500 ℃	h_1 = 3456.5	s_1 = 7.2338
상태 2; 0.2 MPa. 150 ℃	h_2 = 2768.8	s_2 = 7.2795
주위; 0.1 MPa. 20 ℃	h_0 = 84.0	s_0 = 0.2901

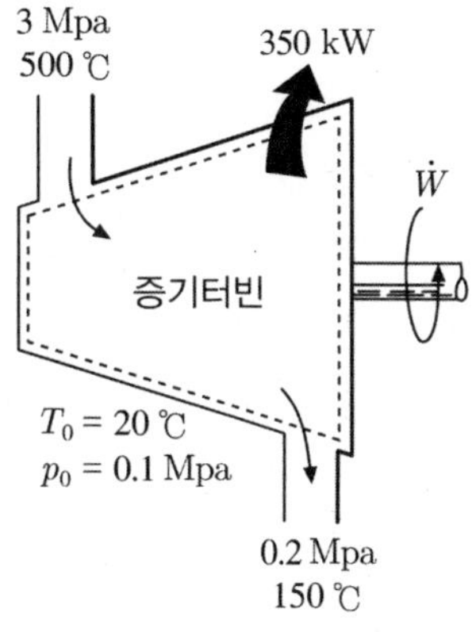

09 태양에너지를 이상적인 반사경으로 모으면, 그 초점에 있는 피조사면의 온도는 점점 상승하여 태양표면의 평균온도 5.770 *K* 근방에서 평형에 달한다. 태양열 *Q* 의 엑서지(exergy)는 얼마인가?

08 (1) 식 (5-27) 을 이용하면

$$W^t = Q - m \cdot (h_2 - h_1) = -630 - 10 \times (2768.8 - 3456.5) = 6{,}247 \ [kW]$$

(2) 정상유동계에서 최대일은 식 (5-29) 에서

$$W^t_{\max} = m \cdot [(h_1 - h_2) - T_{atm} \cdot (s_1 - s_2)]$$

$$= 10 \times [(3456.5 - 2768.8) - 293 \times (7.2338 - 7.2795)] = 7{,}011 \ [kW]$$

(3) $W^t_{ir} = W^t_{\max} - W^t = 7{,}011 - 6{,}247 = 764 \ [kW]$

[별해]

$$Xerg,\ destroyed = 10 \times (293) \times (7.2338 - 7.2795) + 630 = 764 \ [kW]$$

(4) 식 (5-37) 로부터, $X_{erg} = E_a$ 라 하고
H 대신 h_1, S 대신 s_1 을 치환하고 정리하면,

$$E_a = m \cdot [(h_1 - h_0) - T_0 \cdot (s_1 - s_0)]$$

$$= 10 \times [(3456.5 - 84.0) - 293 \times (7.2338 - 0.2901)] = 13{,}370 \ [kW]$$

09

$$X_{erg} = \frac{5{,}770 - (273 + 25)}{5{,}770} \times Q = 0.95\, Q$$

10 온도 27 ℃ 의 환경에서 900 K 의 고온열원으로부터 450 K 의 저온열원으로 열이 이동할 때 엑서지 손실은 얼마인가?

11 상온 25 ℃ 의 환경에 있는 100 ℃ 의 물 1 kg 의 엑서지는 얼마인가?

10

$$X_{erg1} = \frac{T_1 - T_0}{T_1} \cdot Q$$

$$X_{erg2} = \frac{T_2 - T_0}{T_2} \cdot Q$$

$$\Delta X_{erg} = E_2 - E_1 = -\frac{T_0 \cdot (T_1 - T_2)}{T_1 \cdot T_2} \cdot Q$$

$$= \frac{300 \times (900 - 450)}{450 \times 900} \times Q = 0.33\, Q$$

이것은 처음 엑서지의 약 70 % 가 손실된 것을 의미한다.

11 $\delta Q = C_P \cdot dT,$

$X_{erg} = \dfrac{T - T_0}{T} \cdot Q$ 이므로,

$$X_{erg} = \int \frac{T - T_0}{T} \cdot C_P \cdot dT = C_P \cdot \int_{T_2}^{T_1} \left(1 - \frac{T_0}{T}\right) dT$$

$$= C_P \cdot [T - T_0 \cdot \ln(T)]_{T_2}^{T_1}$$

$$= C_P \cdot \left[(T_1 - T_2) - T_0 \cdot \ln\left(\frac{T_1}{T_2}\right)\right]$$

$$X_{erg} = 4.18 \times [\{(273 + 100) - (273 + 25)\} - (273 + 25) \times \ln\left(\frac{273 + 100}{273 + 25}\right)]$$

$$= 33.90\ [kJ]$$

12 질산암모늄의 융해과정에서 Gibbs의 자유에너지를 설명하라.

[해설]

질산암모늄 : NH_4NO_3

자발적 화학반응 : 열역학적으로 생성물 군이 반응물 군보다 안정하면 그 반응은 생성물이 생기는 방향으로 자발적으로 진행된다고 할 수 있다. 자발적 반응이란 외부의 어떤 자극이 없어도 화학반응이 자연스럽게 일어나는 것으로 저절로 일어나기만 한다면 그 반응은 자발적 화학반응이다.

12 질산암모늄 NH_4NO_3 이 물에 융해되는 과정은 주위로부터 열을 흡수하여 그 용기가 차갑게 되는 흡열과정이면서도 자발적으로 일어난다.

이 과정이 자발적이 될 수 있는 것은 질산암모늄이 물에 융해되면 암모늄이온 NH_4 와 질산이온 NO_3 으로 해리되어 1 몰의 질산암모늄이 이온 2 몰이 되면서 무질서도가 증가하게 되기 때문이다.
무질서도의 증가 즉, 엔트로피의 증가는 흡열반응의 비자발적 효과를 증가시킨다.
그러므로 반응이 자발적으로 일어나는 데는 반응에너지와 엔트로피라는 두 가지 요인이 함께 작용한다.

반응이 자발적인지 비자발적인지를 나타내는 상태함수를 Gibbs의 자유에너지 G 라 하며 일정한 온도와 압력을 유지하는 계에서 일로 변환될 수 있는 열역학적 에너지를 뜻한다.

융해과정은 일정한 압력하에서 이 자유에너지 변화가 O 보다 작을 때, 즉 $\Delta G < O$ 일 때 저절로 일어난다.

$$\Delta G = \Delta H - T \cdot \Delta S < O$$

$\Delta G < O$ 가 되려면 발열반응 $\Delta H < O$ 이고, 엔트로피 증가 $\Delta S < O$ 이어야 한다.

그러나 질산암모늄의 융해과정의 경우는 흡열반응 ($\Delta H > O$) 이어서 저절로 일어나지 않을 것처럼 보이나 융해되었을 때 몰 수가 증가함으로써 엔트로피가 증가 ($\Delta S > O$) 하였기 때문에 자발적으로 진행되었다. 대개 엔트로피가 증가하면 반응이 저절로 일어나려 한다.

반응에너지는 엔트로피와 같은 방향으로 작용하기도 하고 다른 방향으로 작용하기도 한다.

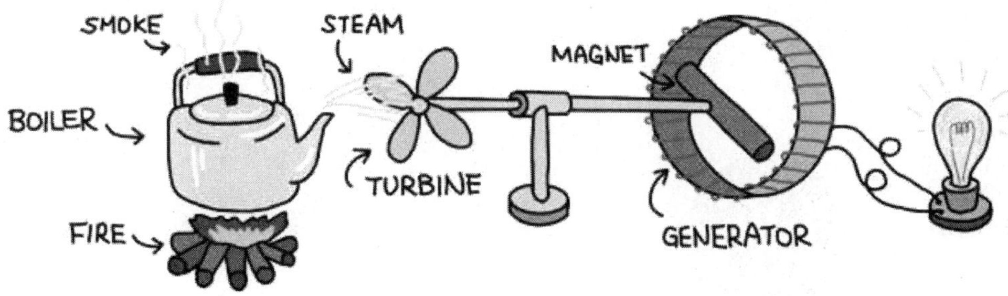

증기 발전소는 연료의 잠재적인 화학에너지가 터빈의 역학적 에너지를 거쳐 전기에너지로 변환하는 수단이다. 발전소의 형태는 보일러와 발전기를 구동하는 터빈으로 구성된다.

보일러는 물을 증기로 바꾸는 장치로서 분사구에서 나오는 증기가 팬(터빈)을 회전시킴으로써 발전기를 운전한다. 발전기는 중심의 회전자(전자석)와 외부를 감싸는 고정자(철심)에 의해 자기장을 형성하면서 전기를 생산한다. 그림에서는 보일러와 터빈을 주전자와 바람개비로 간단히 나타내었다.

발전소가 기본적으로 이처럼 단순하다면 우리는 왜 어려운 열역학을 공부해야 하는 것인가? 이 질문에 대한 답은 아주 간단하다. 그 이유는 열역학적 효율개선 때문이다.

스케치에 나타낸 플랜트는 매우 비효율적으로 전력을 거의 생산하지 못한다.
따라서 더 많은 전력을 얻기 위해서는 발전소의 개선이 이루어져야 한다. 이를 위해서는 전력생산 전체 시스템을 단위 플랜트로 나누었을 때 각 플랜트의 열역학적 효율개선이 이루어져야 한다.

Chapter 06 열에너지의 변환

지금까지는 열에너지에 관한 물리량을 설명하였고 이어서 열에너지를 유효하게
이용할 때 어떤 법칙의 제약을 받게 되는가에 관해서 열역학을 지배하는 열역학 제 1 법칙과 열역학 제 2 법칙에 관해서 알아보았다.

본 장에서는 열역학의 응용분야로서 '연소'라고 하는 에너지 변환을 거쳐 연료가 지닌 에너지를 동력으로 변환시키는 열기관에 대하여 알아보기로 한다.

열에너지를 이용하는 가장 큰 목적은 열에너지를 동력으로 변환하여 이용하는 데 있다.

연료의 열에너지를 기계적인 일로 변환시키는 열기관은 공업열역학에서 가장 중요한 응용 분야이다.1)

본 장에서는 공기표준 사이클로 카르노사이클, Otto사이클, Diesel사이클, Brayton 사이클에 대하여 논하기로 한다.

1) 열기관에서 열에너지를 연속적으로 일로 변화시키기 위해서는 몇 개의 상태변화를 조합시킨 사이클을 행하여야 한다.

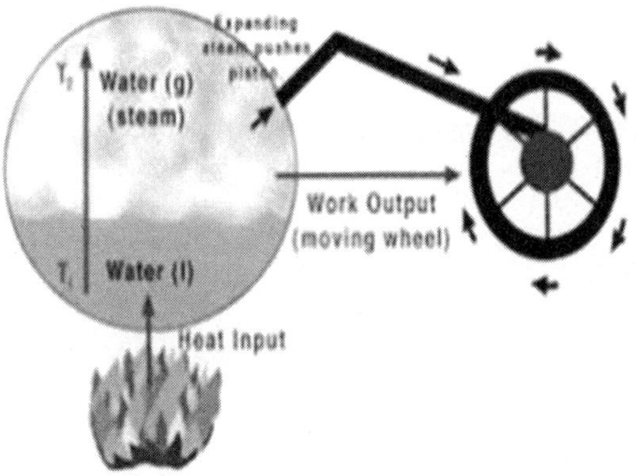

열역학적 사이클은 소위 엔진이라 부르는 동력사이클과 열펌프 등의 냉동사이클로 분류하는 이외에도 사이클 장치를 순환하는 동작유체의 상(phase)에 따라 기체사이클과 증기사이클로도 구분되며 밀폐사이클과 개방사이클로 구분한다.
밀폐사이클에서는 동작유체(예 : 증기원동소에서는 증기)가 사이클의 끝에서 초기의 상태로 복원 되어서 재순환된다. 개방사이클에서는 매 사이클의 끝에서 동작유체가 재순환되지 않고 새로운 것으로 대체된다.
예를 들면, 자동차의 엔진에서 연소가스가 배기된 후 신선한 공기와 연료의 새로운 혼합물이 각 사이클의 끝 과정에서 대체된다. 이러한 엔진은 기계적인 사이클을 이루며 작동되지만 그 동작유체는 하나의 완전한 열역학적 사이클을 이루지 못한다.
열기관에서 열에너지를 연속적으로 일로 변환시키기 위해서는 몇 개의 상태변화를 조합시킨 사이클을 행하여야 한다.

6.1 공기표준 사이클

열에너지[2])를 일로 변환시키기 위해서는 동작유체를 매개로 하여 몇 개의 상태변화를 조합시킨 사이클을 행하여야 한다.[3])

열기관이란 고온열원으로부터 열을 받아 저온열원으로 열을 전달하면서 일정량의 일을 하는 열역학적 사이클로서 작동되는 기구라고 정의할 수 있다.

열기관의 실제 사이클은 동작유체가 사이클을 이루지 않는 개방사이클로 작동하므로 밀폐사이클의 방법으로는 해석할 수 없다.[4]) 내연기관의 동작물질은 연소하기 전에는 공기와 연료의 혼합기체이며 연소 후에는 연소생성가스 등으로 상태변화를 하는 동안 화학적 반응에 따른 질량과 물리적 성질이 변하게 되나 이상 사이클에서는 동작물질을 이상 기체로 취급할 수 있는 공기를 이용한다.

또한 이상 사이클에서는 연소와 같이 열 이동이 일어나는 구체적인 과정은 다루지 않고 단순히 이동하는 열량의 크기만을 생각한다.

이렇게 동작유체로 공기를 이용하는 이상 사이클을 공기 표준사이클(air standard cycle)[5]) 이라 하며, 다음과 같은 가정 하에서 가역과정으로 간주한다.[6])

① 상태변화는 준정적 변화이며, 밀폐사이클을 이룬다.
② 동작유체는 공기이며, 이상기체로 간주한다.
③ 동작유체를 공기로 가정하였으므로 연소과정이 없다.
④ 연소과정은 외부로부터 열을 공급받는 것으로 대체한다.
⑤ 배기과정은 동작유체가 초기상태로 복원되는 열방출 과정으로 대체된다.
⑥ 열의 이동은 온도차를 동반하지 않는 가역변화로 간주한다.

내연기관은 기관의 내부를 고열원으로 하고 거기서 발생된 연소가스가 직접 동작 유체로 이용되며 가솔린기관, 디젤기관 가스터빈 등이 이에 해당한다.

한편, 외연기관은 고온열원인 연소기에 의하여 간접적으로 가열된 동작유체가 기계적인 일을 하는 기관으로 증기기관, 증기터빈 등이 있다.

---

2) 열에너지를 '열량'이라는 물리량으로 취급하면 편리하다.

3) 사이클의 분류
- 피스톤의 왕복운동을 이용하는 왕복식 내연기관 : Otto사이클, Diesel사이클, Sabathe사이클 등.
- 터빈의 회전운동을 이용하는 회전식 내연기관 : Brayton사이클(가스터빈의 기본사이클).

4) 열기관의 실제사이클을 해석할 경우에는 그 기관의 작동에 근사한 밀폐사이클을 만들고 이를 이상화시킨 이상사이클에 대해서 해석한 다음 여러 인자나 효율 등을 고려하여 실제 가스동력사이클로 접근시키는 방법이 사용된다.

5) 동작유체가 전 사이클을 거치면서 공기의 기체상태를 유지한다.

6) 연소과정 동안에 마찰, 와동 등이 일어나므로 변화의 과정은 비가역변화가 된다.

일을 열로 변화시키기 위해서는 동작유체를 필요로 하지 않는다.

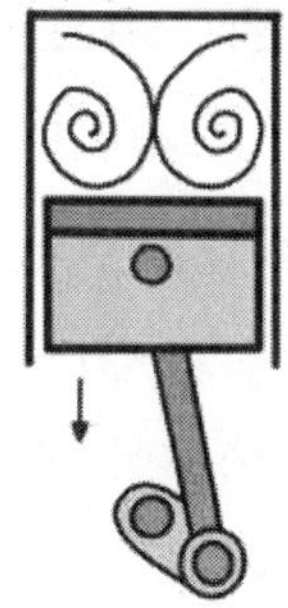

열을 일로 변화시키기 위해서는 동작유체를 필요로 한다.

(a) 실제적

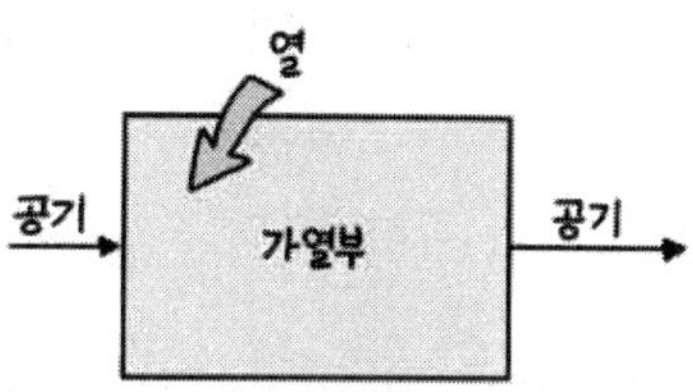

(b) 이상적

연소과정은 이상사이클의 열흡수 과정으로 대체된다.

기체 동력사이클에서는 동작유체가 전 사이클을 거치면서 기체상태를 유지한다. 전기점화 자동차 엔진, 디젤 엔진, 그리고 전형적인 가스 터빈 등은 기체사이클로 작동되는 장치로서 잘 알려진 예들이다. 이러한 기관들은 시스템 내부에서 연료의 연소를 통해 에너지가 공급되는 것이다. 이를 내연기관(internal combustion engine)이라고 한다. 연소과정으로 인해 동작유체의 성분이 연소 전의 공기와 연료의 혼합물에서 사이클 과정을 거치면서 연소생성물로 바뀌게 된다. 그러나 공기의 대부분이 질소로 구성되어 있고 이 질소는 연소실 내에서도 거의 화학적 반응을 일으키지 않는 것을 고려하면, 동작유체가 거의 공기와 유사하다고 할 수 있다.

내연기관이 비록 기계적인 사이클로 작동하지만(피스톤이 매 회전의 끝에서 초기 위치로 복원된다), 동작유체는 완전한 열역학적 사이클을 이루지 못한다. 사이클의 어떤 시점에서 동작유체는 초기 상태로 복원되는 대신, 배기가스의 형태로 기관 밖으로 배출된다. 개방사이클의 형태로 작동되는 것은 모든 내연기관의 특성이기도 하다.

6.2 (공기표준) 카르노사이클

실제의 열기관은 연료를 연소시켜 발생하는 고온의 연소가스에서 열을 얻어 일을 하고 대기 등의 환경에 열을 버린다. 이 과정에서 열기관(엔진)은 피스톤의 마찰이나 실린더로부터의 방열 등 비가역적인 과정이 있지만 이것을 무시한 이상적인 가역변화로 구성된 열기관을 생각해보자.

1824년 카르노는 그림 6-1에 나타낸 것과 같이 압력과 비체적을 축으로 하는 두 개의 등온변화와 두 개의 단열변화로 이루어진 열기관 사이클을 제창하였다.

카르노사이클은 이론 사이클로서, 등온팽창→단열팽창→등온압축→단열압축의 행정을 가역적으로 하면서 외부에 일을 하는 이상적인 사이클이다.[7)]

1→2 : 온도 T_H 인 고열원으로부터 열량 Q_H 을 받아 상태 2 까지 팽창하면서 외부에 일을 한다. 이때 동작유체의 온도는 T_H 로 그대로 유지되므로 고열원으로부터 받은 열량 Q_H 는 전부 일로 변환된다.

2→3 : 더 이상의 고온열원으로부터의 열전달이 없이 단열적으로 상태 3 까지 팽창하면서 일을 한다. 이때 동작유체는 지니고 있던 내부에너지를 소모하게 되며 소모된 양만큼 동작유체의 온도는 T_H 에서 T_L 까지 떨어진다.

3→4 : 피스톤을 원래의 위치로 향해서 이동시키기 위해서는 외부로부터 일을 가해 주어야 한다.
외부로부터 일은 등온변화하면서 외부에 열량을 방출함으로써 얻어진다.
이때 동작유체의 온도는 T_L 로 변함이 없으므로 내부에너지는 그대로인 채로 저열원으로 방출하는 열량 Q_L 이 외부로부터 가해진 일이 된다.

4→1 : 외부로부터 가해진 일에 의해 원래의 상태 1 까지 단열 압축된다. 이때 외부로의 열전달이 없으므로 외부에서 가해진 일은 동작유체의 내부에너지의 증가, 즉 동작유체의 온도가 T_L 에서 T_H 로 상승한다.

---

7) 이 사이클은 이론적으로는 가능하나 실제로는 등온과정으로 열전환을 할 수 없으므로 현실적으로 카르노사이클로 작동되는 기관을 만들 수 없으며, 이 기관은 효율이 가장 좋은 이상 사이클로서 다른 기관의 효율을 비교하는 데 있어 표준으로 할 뿐이다.

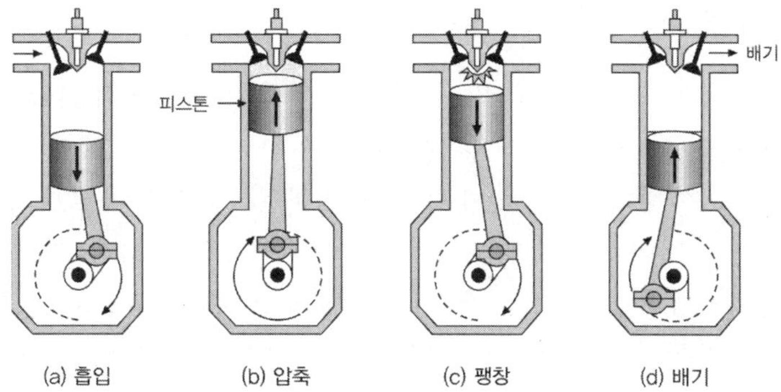

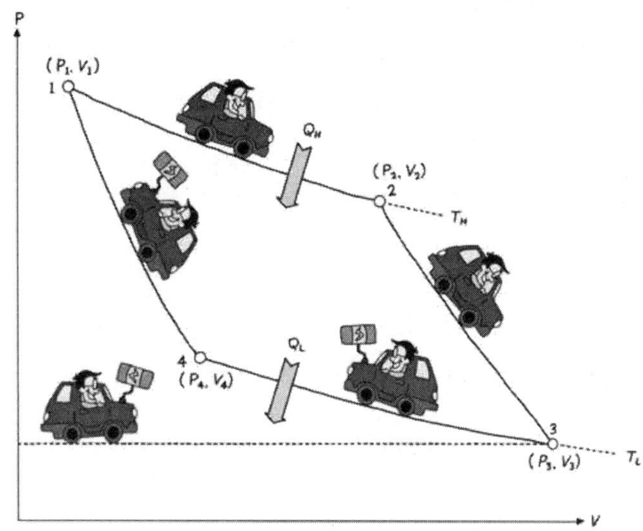

[그림 6-1] (공기표준) 카르노사이클의 P-V선도

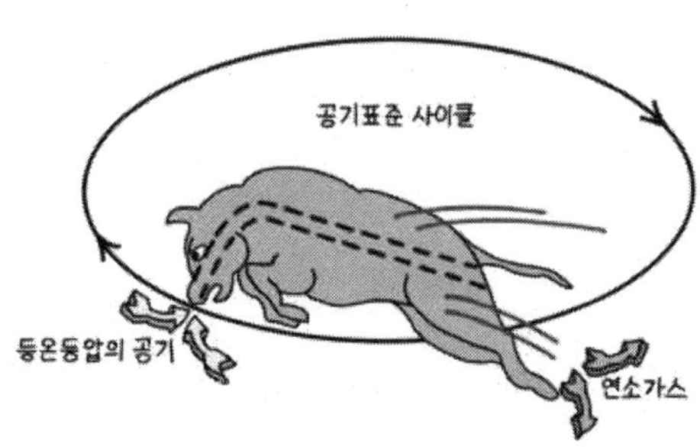

내연기관의 연소가스가 행하는 사이클을 공기표준 사이클이라 한다.

(1) 카르노사이클의 구성

다음 식들을 이용하여 카르노효율을 구하기 위해서는 동작유체의 온도는 열이 유입하거나 유출될 때에는 등온으로 유지되어야 한다. 또한 마찰 등으로 인한 일체의 비가역 요소가 없어야 한다. 실제의 이러한 제한은 중요한 문제이며 카르노사이클이 실제로 적용되는 기관은 없는 것이 사실이다. 그러므로 실제기관의 효율은 가역 과정으로 구동되는 카르노기관보다 효율이 낮은 것은 당연하다. 그럼에도 불구하고 카르노사이클은 공기표준 사이클로 작동하는 열기관의 성능은 실제기관을 비교하는 데 중요한 기준이 되고 있다. 그림 (6-1)에서,

1 → 2 과정(등온팽창 과정)에서는,

온도가 T_H 인 고열원으로부터 Q_H 의 열량을 흡수하여 팽창일을 한다.

흡수열량 Q_H 는 T_H = 일정. 이므로 식 (3-37) 로부터,

$$Q_H = W = m \cdot R \cdot T_H \cdot \ln\left(\frac{V_2}{V_1}\right) \tag{6-1}$$

2 → 3 과정(단열팽창 과정)에서는,

동작유체의 내부에너지가 감소한 만큼 외부에 일을 하므로 온도는 T_H 에서 T_L 로 강하한다. T_H 와 T_L 의 비는 식 (3-48) 로부터,

$$\frac{T_H}{T_L} = \left(\frac{V_3}{V_2}\right)^{k-1} \tag{6-2}$$

3 → 4 과정(등온압축 과정)에서는,

외부로부터 외부일을 공급받아 동작유체가 압축되며 온도가 T_L인 저열원에 Q_L 의 열량을 방출한다. 외부로 방출되는 열량 Q_L 은 T_L = 일정. 이므로 식 (3-37) 로부터 (－ 부호는 방열을 뜻함),

$$-Q_L = -W = m \cdot R \cdot T_L \cdot \ln\left(\frac{V_4}{V_3}\right) \tag{6-3}$$

4 → 1 과정(단열압축 과정)에서는,

외부로부터 외부일을 공급받아 동작유체를 압축한다. 단열과정이므로 압축 일만큼 내부에너지가 증가하여 동작유체의 온도는 T_L 로부터 T_H 로 상승되고 T_L 과 T_H 의 비는 식 (3-48) 로부터

$$\frac{T_L}{T_H} = \left(\frac{V_1}{V_4}\right)^{k-1} \tag{6-4}$$

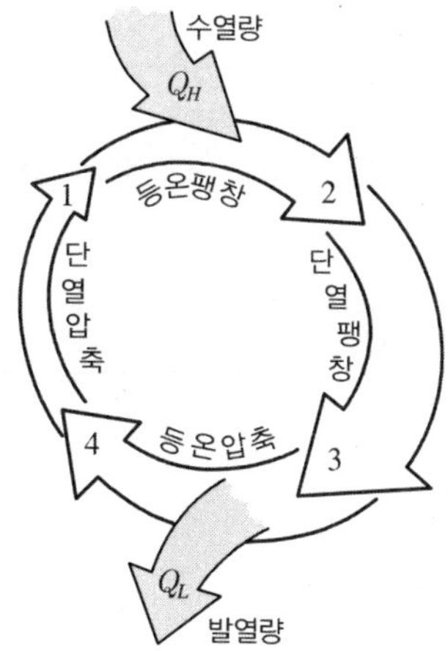
수열량
Q_H
1
등온팽창
2
단열팽창
3
등온압축
4
단열압축
Q_L
발열량

(a)

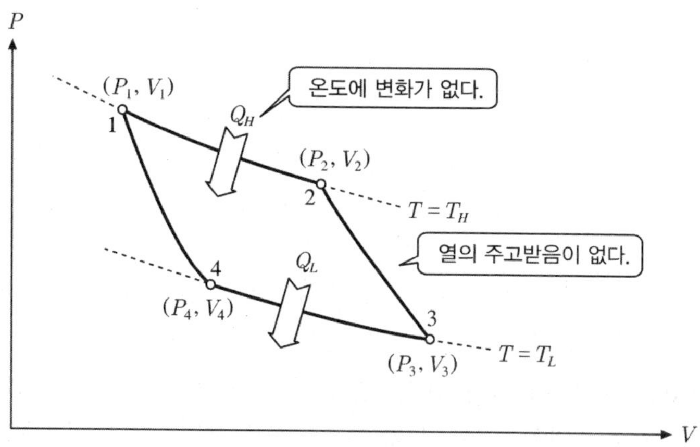
P
(P_1, V_1)
1
온도에 변화가 없다.
Q_H
(P_2, V_2)
2
$T = T_H$
열의 주고받음이 없다.
4
Q_L
(P_4, V_4)
3
(P_3, V_3)
$T = T_L$
V

(b)

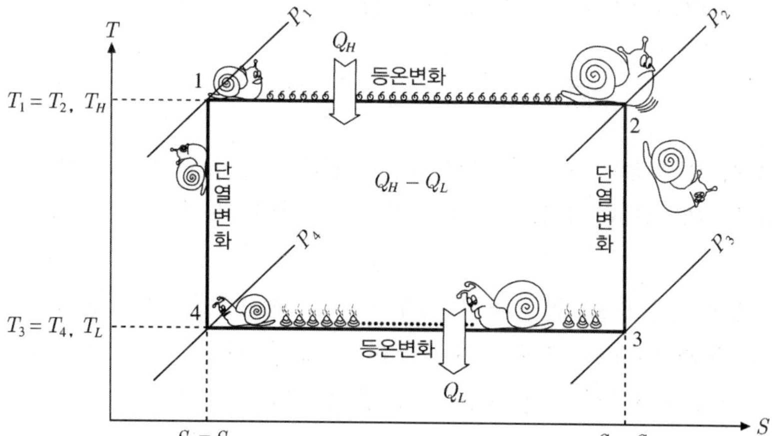
T
P_1
Q_H
등온변화
P_2
1
$T_1 = T_2,\ T_H$
2
단열변화
$Q_H - Q_L$
단열변화
P_4
P_3
4
$T_3 = T_4,\ T_L$
3
등온변화
Q_L
S
$S_1 = S_4$
$S_3 = S_2$

(2) 카르노사이클의 열효율

한 사이클이 완성되면 내부에너지는 처음의 상태와 같아지게 되므로 $\Delta U = 0$ 이다.

식 (4-7) 에서 Q_H에 식 (6-1) 을 대입하고 Q_L에 식 (6-3) 을 대입하면,[8] 카르노사이클의 열효율 η_{Carnot} 는

$$\eta_{Carnot} = 1 - \frac{Q_L}{Q_H} = 1 - \frac{m \cdot R \cdot T_L \cdot \ln(V_3 / V_4)}{m \cdot R \cdot T_H \cdot \ln(V_2 / V_1)} \tag{6-5}$$

여기서, 식 (6-2) 와 (6-4) 에서

$$\frac{T_L}{T_H} = \left(\frac{V_2}{V_3}\right)^{k-1} = \left(\frac{V_1}{V_4}\right)^{k-1} \tag{6-6}$$

즉, $\frac{V_2}{V_1} = \frac{V_3}{V_4}$ 이므로, 카르노사이클의 열효율은 다음과 같이 고열원과 저열원의 온도만의 함수로 나타낼 수 있다.

$$\eta_{Carnot} = 1 - \frac{Q_L}{Q_H} = 1 - \frac{T_L \cdot \ln \frac{V_3}{V_4}}{T_H \cdot \ln \frac{V_2}{V_1}} = 1 - \frac{T_L}{T_H} \tag{6-7}$$

위 식에서 고열원의 온도 T_H가 높을수록, 또 저열원의 온도 T_L 이 낮을수록 열효율이 크게 됨을 알 수 있다. 극한의 경우로서 저열원의 온도 T_L 이 $T_L = 0$ 일 때에는 열효율이 1.0 으로 되어 수열량의 전부가 일로 변환된다. 그러나 저열원으로 실제 이용 가능한 온도범위는 대기나 해수 등 상온 부근으로 한정되므로 효율은 1.0 보다 작게 되어 수열량의 일부만이 일로 변환된다. 또

$$\frac{Q_L}{Q_H} = \frac{T_L}{T_H} \quad \text{혹은} \quad \frac{Q}{T} = \text{일정} \tag{6-8}$$

가 성립하므로, 가역카르노사이클에서 고온열원과 저온열원으로 출입하는 열량은 각각 열원의 절대온도에 비례하며 동작유체가 완전가스이면 그 종류와는 전혀 무관함을 알 수 있다.

실제로는 등온과정으로 열전환이 이루어지지 않으므로 카르노사이클로 작동되는 기관을 만들 수는 없으며 카르노사이클은 효율이 가장 좋은 이상사이클로서 다른 기관과의 효율을 비교하는 데 표준으로 할 뿐이다.

---

8) $(Q_H - Q_L = W)$

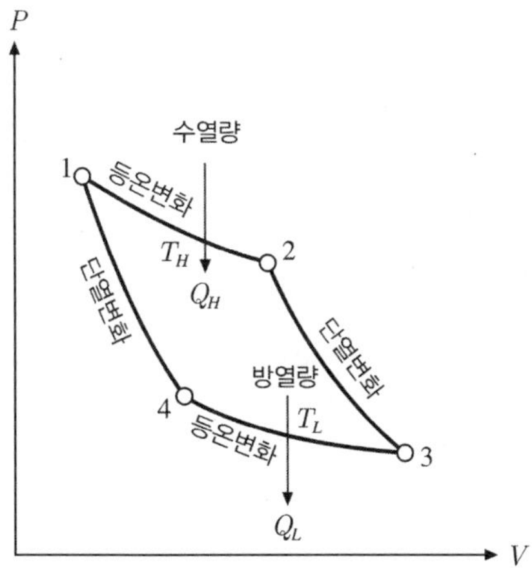

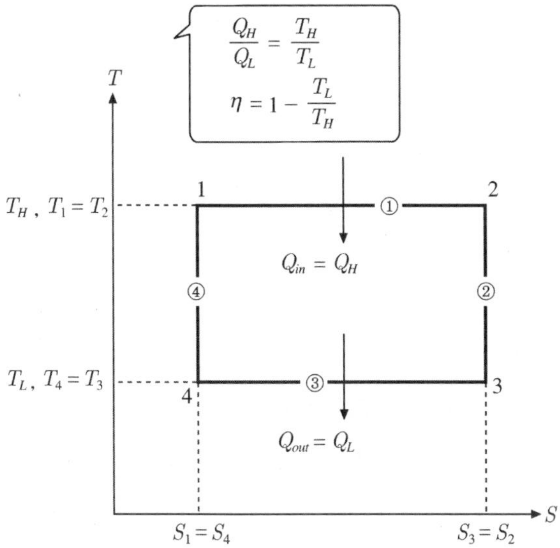

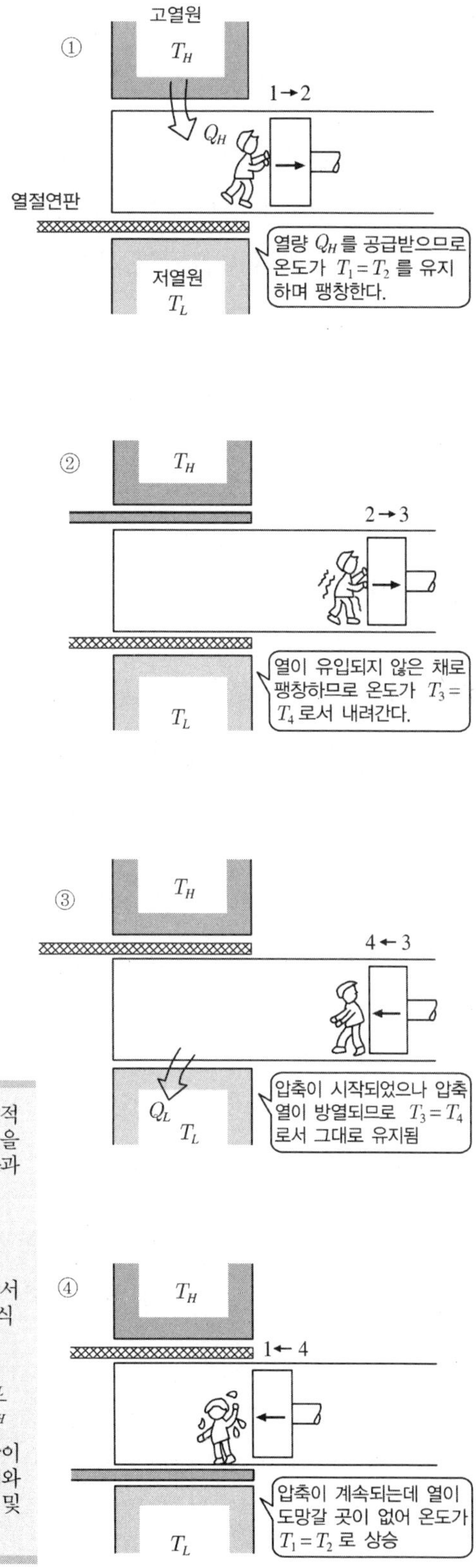

Carnot 사이클을 구성하는 4 개의 모든 과정이 가역적이고 각 과정곡선 밑의 면적은 그 과정에서의 열전달을 의미한다. 그러므로 사이클에서의 열 출입량은 각각 다음과 같이 된다.

$$Q_{in} = T_H(S_2 - S_1) \text{ 과}$$
$$Q_{out} = T_L(S_3 - S_4) = T_L(S_2 - S_1)$$

여기서 과정 2-3 과 과정 4-1 은 등엔트로피 과정이어서 $S_2 = S_3$ 이고 $S_4 = S_1$ 이다. 이러한 식들을 식 (4-7) 에 대입하면 Carnot 사이클의 열효율은

$$\eta_{th,\,Carnot} = \frac{W_{net}}{Q_{in}} = 1 - \frac{T_L(S_2 - S_1)}{T_H(S_2 - S_1)} = 1 - \frac{T_L}{T_H}$$

한 가지 주목할 점은 Carnot 사이클의 열효율은 사이클이 작동되는 밀폐 시스템 또는 정상유동 시스템 등의 형태와 사용되는 작동유체가 이상기체 혹은 증기 등의 종류 및 형태에 무관하다.

(3) 카르노사이클의 공학적 가치

카르노사이클의 특징[9]을 정리하면 다음과 같다.

① (등온-단열-등온-단열)과정을 반복하는 사이클이다. 따라서 사이클의 전 과정은 T-S 선도 상에서 장방형의 사이클로 표현되므로 해석이 쉽다.

② 가역사이클의 대표적인 사이클이다. 이 때문에 열효율이 다른 어떠한 사이클보다 높다.

③ 열효율은 고열원과 저열원의 온도만으로 나타내어지며, 사용되는 동작물질의 종류에 의존하지 않는다.

④ 수열량과 방열량의 비(比)가 수열 시의 온도와 방열 시의 온도와의 비(比)와 같다.[10]

카르노사이클은 어디까지나 이상적인 사이클로서 다른 사이클의 구성은 어떻게 하면 카르노사이클에 근접할 수 있을까 하는 데 노력하고 있다.

이러한 카르노사이클은 주어진 열원 온도 사이에서 가장 높은 효율을 갖는데도 불구하고 실용화되지 못하는 이유는 열교환과정이 반드시 등온과정을 전제로 한 과정이어야 하기 때문이다. 그러나 실제에 있어서 일반적인 열기관의 동력사이클이 일 초당 몇 번의 사이클이 반복되는 것과 비교하면 완전한 등온과정 하에서 열교환이 이루어지는 것은 불가하다. 이는 실제 열기관에 있어서는 고온열원과 동작유체와의 전열저항이 크므로 등온과정이 되기 위해서는 무한시간 혹은 무한대의 전열면적이 확보되어야 하기 때문이다.

카르노사이클은 밀폐시스템(피스톤-실린더 장치)에서 또는 정상유동 시스템(두 개의 터빈과 두 개의 압축기를 이용)에서 작동시킬 수 있고 동작유체로서 기체나 증기가 이용될 수 있다.

카르노사이클의 공학적 가치는 다른 기관의 실제 사이클과 비교할 수 있는 표준이 된다는 데 있다.

카르노의 주장(1824년) : 이상적인 열기관의 효율은 동작물질의 성질에 관계없이 고온 열저장소와 저온 열저장소의 온도에 의하여 결정된다.

---

9) 2 개의 고정된 온도 사이에서 작용하는 열기관으로서 최대 열효율을 이루는 것이 카르노사이클이다.

10) $\frac{Q}{T}$는 엔트로피를 나타낸다 [4.9 (5) 절 참조].
식 (6-8) 은 카르노사이클에서는 엔트로피의 증가가 없다는 것을 나타내고 있다.

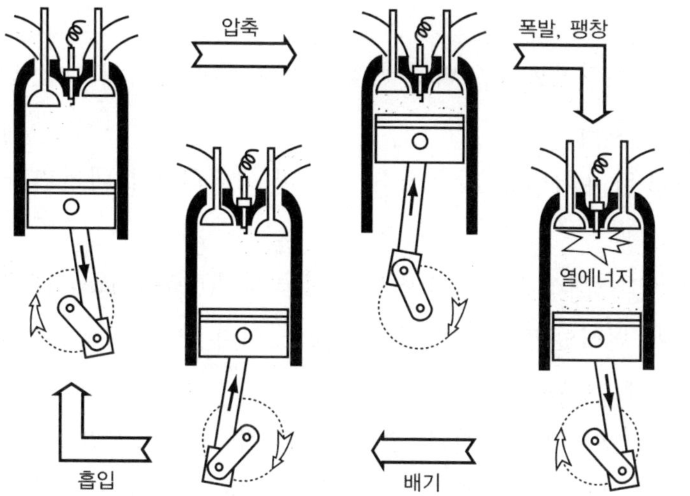

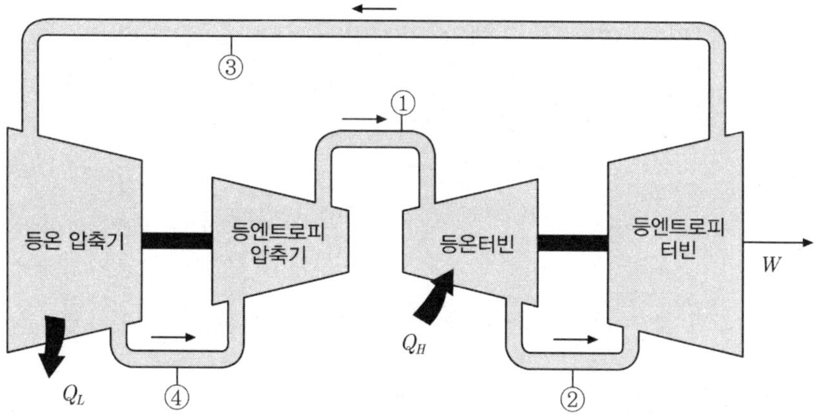

<정상유동시스템>

6.3 (공기표준) 피스톤형 열기관 사이클

열역학을 기본으로 하여 해석할 필요가 있는 많은 열기관들은 대개 피스톤형 왕복식 기관이다.

이러한 왕복식 피스톤형기관의 열역학적 작동을 이해하기 위해 다음 몇 가지 정의를 먼저 이해할 필요가 있다.

여기서는 그림 6-2 의 4 사이클 불꽃점화 방식의 왕복(동)식 내연기관을 예로 들어 설명하기로 한다.

왕복운동을 하는 피스톤의 운동방향이 바뀌는 점을 사점(Dead Center)이라 하며, 피스톤이 실린더의 헤드부분에 위치할 때를 상사점(Top D. C.)이라 하고, 크랭크축 부분에 위치할 때를 하사점(Bottom D. C.)이라고 한다.

실린더 내에서 피스톤이 이동한 거리, 즉 양(兩) 사점 사이의 거리를 행정이라고 하고, 피스톤이 배제하는 체적을 행정체적(displacement volume, stroke volume, Vd)이라 한다.

피스톤이 한 행정을 할 때마다 크랭크는 180° 회전하므로 한 사이클 동안에는 720°, 즉 2 회전하게 된다.[11)]

연소실 체적(combustion chamber volume, Vc)[12)] 또는 간극체적(clearance volume)[13)]은 피스톤이 상사점에 있을 때 작동유체가 차지하는 체적을 말한다.

압축비(compression ratio, ε)는 피스톤이 상사점에서와 하사점에서의 체적의 비를 말한다.

$$\varepsilon = \frac{V_{BDC}}{V_{TDC}} = \frac{V_c + V_d}{V_c} = 1 + \frac{V_d}{V_c} = 1 + \frac{1}{\varepsilon_0} \tag{6-9}$$

*) 참고 : 열역학에서 모든 비는 1.0 보다 큰 값을 갖도록 정의되어 있다.

여기서, V_c 와 V_d 의 비, 즉 $\dfrac{V_c}{V_d}$ 를 간극체적비(clearance volume ratio, ε_0)라 한다.

왕복식 열기관에서 피스톤이 이룬 실제일을 산하기 위해서는 각 상태에서의 실린더 내의 실제 압력을 측정하여 그것을 체적의 함수로 하는 P-V 선도를 그려야 한다.

11) 2행정기관에서는 360°, 즉 1 회전하게 된다.
12) 압축체적이라고도 함.
13) 통극체적이라고도 함.

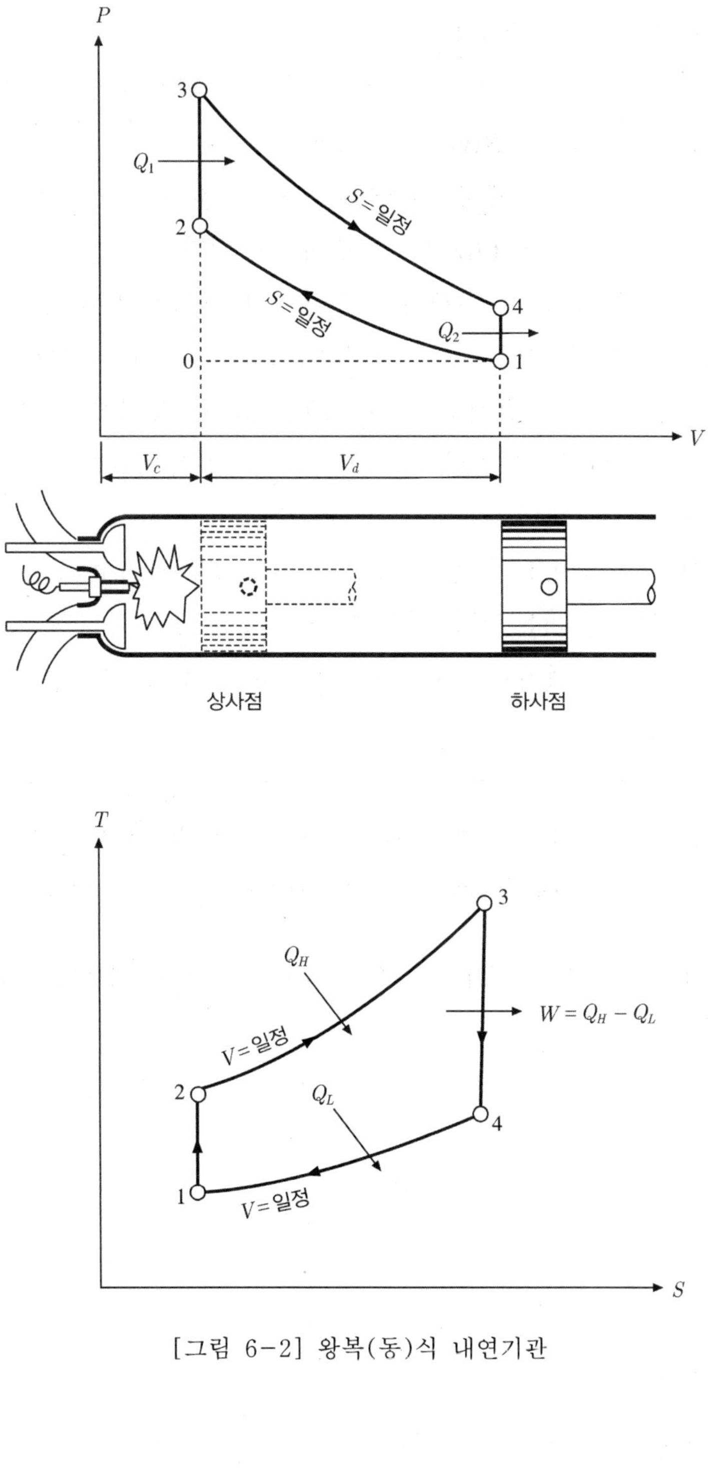

[그림 6-2] 왕복(동)식 내연기관

(1) 지시계(indicator)

지시가 그리는 이러한 선도를 지시선도(indicator diagram)라 하며, 그림 6-3 은 지시와 지시선도의 개념에 대한 설명도이다.

그림 6-4 에서 면적 1-2-3-4-1 은 한 사이클 동안의 일을 나타내고 있으며 지시선도에서 얻은 일을 지시일(indicated work)[14)]이라 한다.

그림에서 면적 1-2-3-4-1 을 행정체적(V_d)로 나눈 값은 한 사이클 동안의 지시 평균 유효압력(Indicated Mean Effective Pressure)이 된다.

기관의 열효율을 증가시키기 위해서는 실린더의 단위체적 당 출력, 즉 1 사이클 동안의 일의 양을 행정체적으로 나눈 평균유효압력을 증가시켜야 한다.

평균유효압력은 피스톤이 실제로 가해진 일(work)과 동일한 양의 일을 이룰 수 있는 압력으로 정의되며, 동일한 크기의 왕복동운동기관의 성능을 비교하는 매개변수로 사용된다.

실제 기관에서는 압축비를 크게 하여 열효율을 증가시키고 있으나 이상폭발의 문제 때문에 압축비의 크기는 제한된다.

공기표준 사이클이 실제기관보다 높은 열효율을 갖는 중요한 원인은 다음과 같다.

- 혼합가스의 흡입 및 연소생성가스의 배출에 소요되는 일을 무시한다.
- 실린더 벽과 실린더 내 기체와의 사이에 일어나는 열전달을 무시한다.
- 압력 및 온도구배로 인한 비가역과정을 가역과정으로 취급한다.

한편, 실제엔진에서는 측정의 위치에 따라 사용되는 용어에는 다음과 같은 차이가 있다.

---

14) 指示일, 圖示(도시)일이라고도 한다.

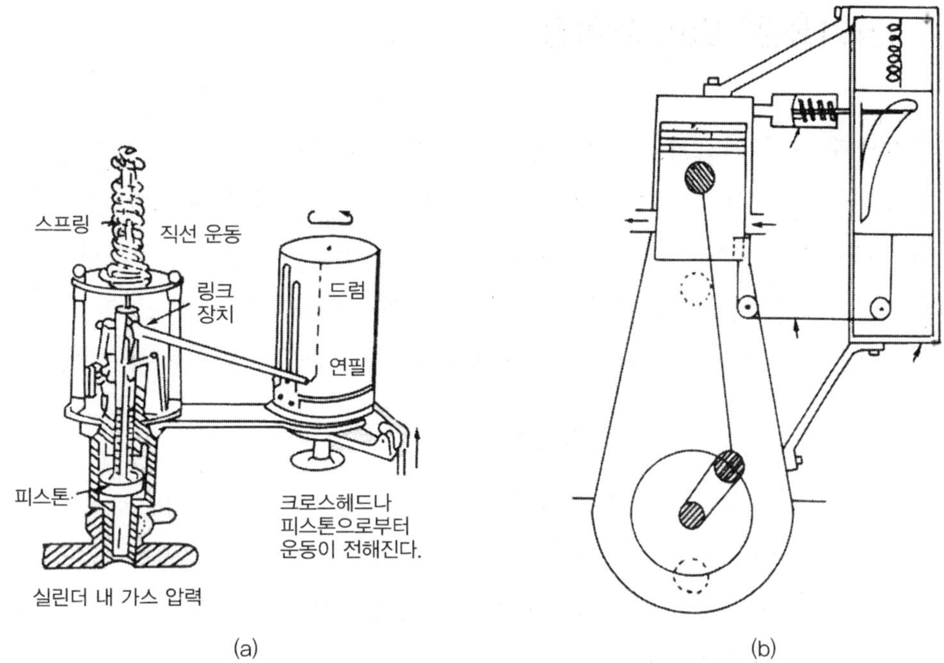

[그림 6-3] 마이학 인디케이터와 그 원리

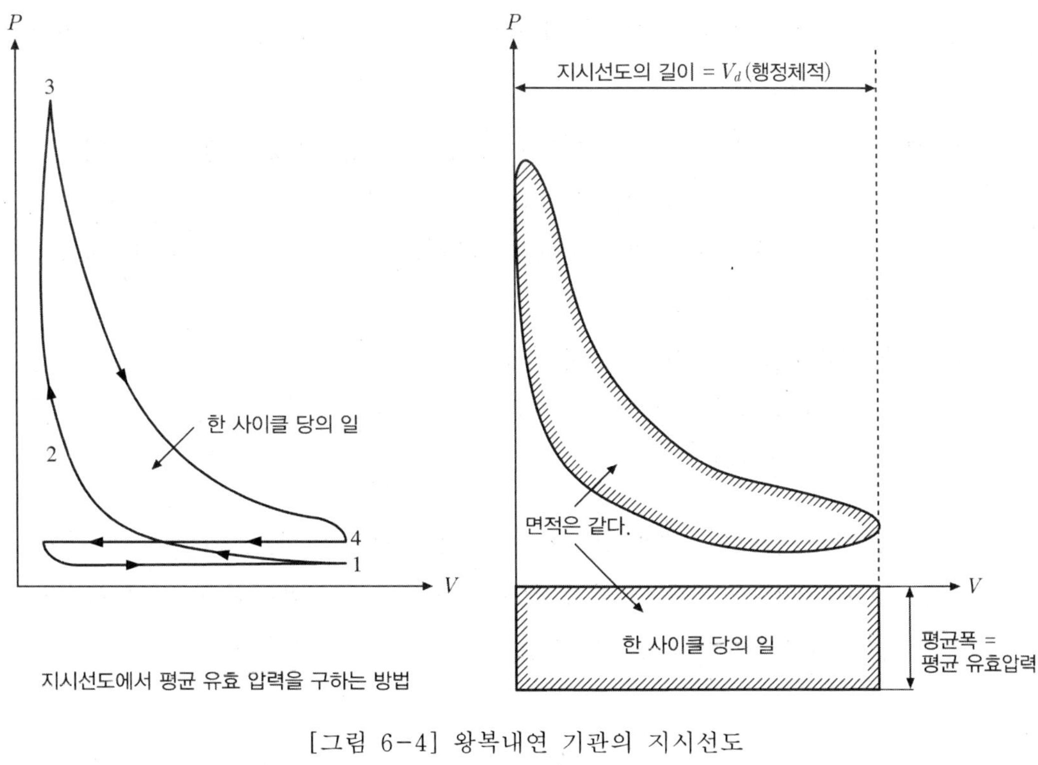

[그림 6-4] 왕복내연 기관의 지시선도

6.4 [공기표준] Otto 사이클

가솔린기관과 같이 연료와 공기의 혼합기를 실린더 내에 흡입하여 이것을 상사점 부근 에서 불꽃점화 시키는 기관에 있어서는 연소가 급격히 행해지며 단시간 내에 종료된다. Otto 사이클은 그림 6-5 에서와 같이 연료의 연소에 의한 가열이 순간적으로 정적 하에서 이루어지므로 정적사이클이라 한다.

Otto 사이클은 두 개의 정적과정과 두 개의 등엔트로피 과정으로 이루어진다.

과정 0 → 1 을 따라, 공기[15]가 흡입된다.

과정 1 → 2 를 따라, 흡입된 공기가 가역적으로 단열 압축된다.($P \cdot V^k = C_{onst.}$, $Q = 0$)

- 과정이 가역적이므로 압축과정은 등엔트로피 과정으로 이루어진다.
- 상태점 2 에서 압축이 끝나고 연소가 시작된다.

과정 2 → 3 을 따라, 열량 Q_1 이 공급된다.

- 체적의 변화 없이 압력이 상승하여 상태점 3 에서 연소가 끝난다.

과정 3 → 4 를 따라, 연소된 고온, 고압의 공기는 가역적으로 단열팽창한다.

($P \cdot V^k = C_{onst.}$, $Q = 0$)

- 과정이 가역적이므로 팽창압축과정은 등엔트로피 과정으로 이루어 진다.

과정 4 → 1을 따라, 열량 Q_2 가 방출된다.

- 상태점 4 에서 배기밸브가 열리므로 체적은 변화 없이 동일하다.

과정 1 → 0 을 따라 실린더 내의 연소가스를 배출한다. 또한, P-V 선도에서 과정 0 → 1 과 과정 0 → 1 에서의 일은 크기가 같고 부호가 서로 반대이므로 상쇄된다.

따라서 Otto 사이클은 과정 1 - 2 - 3 - 4 만으로 해석해도 된다.

---

15) 공기표준 사이클이므로 동작유체로서의 '공기'라고 한다. 공기와 연료의 혼합기.

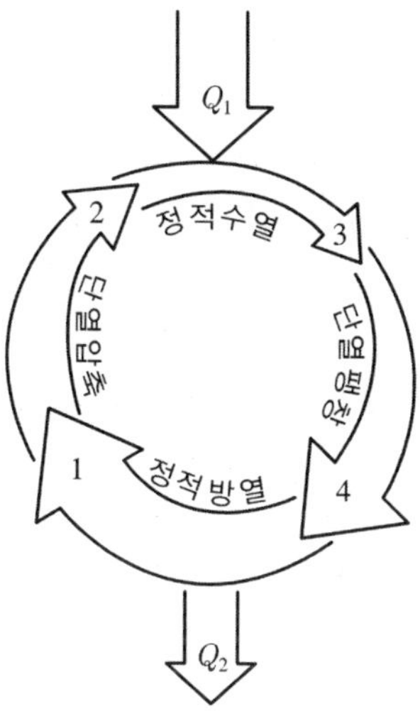

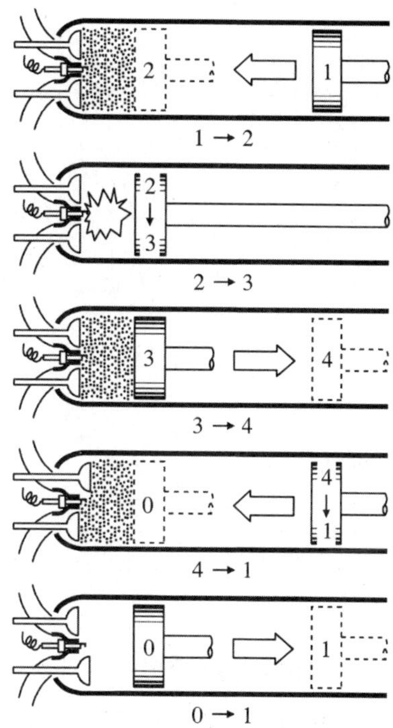

Otto 사이클과 가솔린기관의 행정

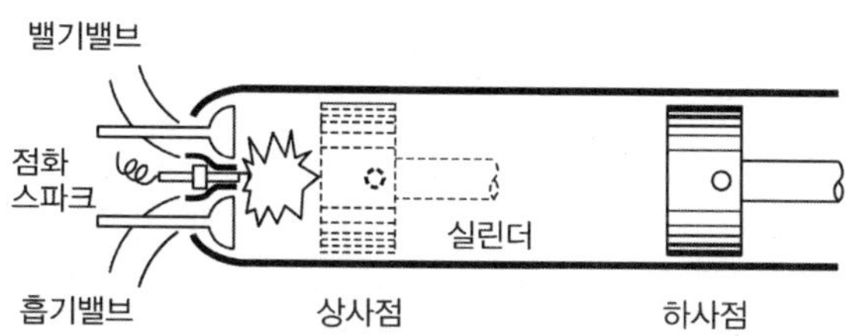

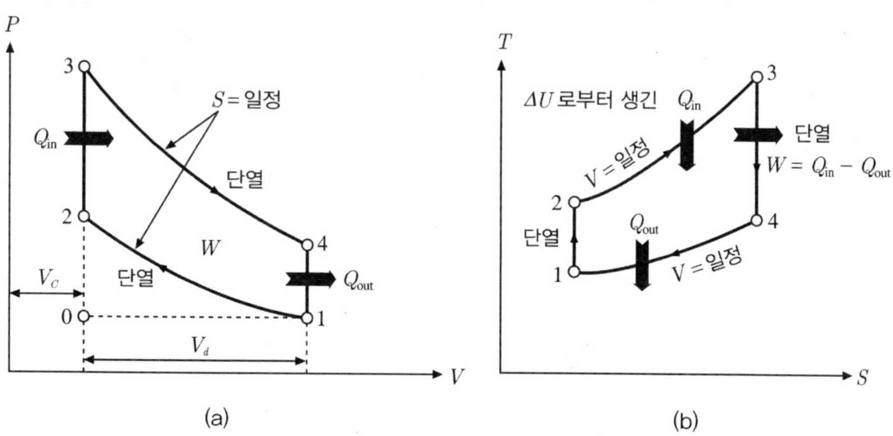

[그림 6-5] Otto 사이클 (a) P-V 선도, (b) T-S 선도

(1) 정적(등적) 사이클의 해석

과정	P, V, T 관계	이동열 Q	일 W
1→2 과정 $(P\cdot V^k = C)$	$T_2/T_1 = (V_1/V_2)^{(k-1)}$ $= (P_2/P_1)^{(k-1)/k}$	0	$-m\cdot c_v\cdot(T_2 - T_1)$ $= \dfrac{p_2\cdot v_2 - p_1\cdot v_1}{1-k}$
2→3 과정 $(V = C)$	$\dfrac{T_3}{T_2} = \left(\dfrac{P_3}{P_2}\right), = \alpha^{*)}$	$Q_{in} = m\cdot c_v(T_3 - T_2)$	0
3→4 과정 $(P\cdot V^k = C)$	$T_4/T_3 = (V_3/V_4)^{(k-1)}$ $= (P_4/P_3)^{(k-1)/k}$	0	$-m\cdot c_v\cdot(T_4 - T_3)$ $= \dfrac{p_4\cdot v_4 - p_3\cdot v_3}{1-k}$
4→1 과정 $(V = C)$	$\dfrac{T_1}{T_4} = \left(\dfrac{P_1}{P_4}\right), = \dfrac{1}{\alpha}$	$Q_{out} = m\cdot c_v\cdot(T_1 - T_4)$	0

*) α (압력상승비) : 정적연소 과정 2→3 에서 연소 전의 압력에 대한 연소 후의 압력비

이론적인 Otto 사이클의 각 과정에서의 P, V, T 관 및 이동열량과 행해진 일을 가역과정으로 해석해 보기로 한다. 공기가 밀폐에서 작동하므로 밀폐에서의 에너지 보존의 법칙16)이 적용된다.

단열압축과 단열팽창에서 $Q = 0$ 이므로,

$$W = \Delta U$$

가 되고, 정적과정에서의 열의 공급과 방출과정은 $W_{1-2} = 0$ 이므로,

$$Q = \Delta U \; ^{17)}$$

가 된다.

16) $\delta q = du + \delta w = du + p\cdot dv$

17) $q_{23} = \int_2^3 dq = \int_2^3 du + \int_2^3 p\cdot dv = \int_2^3 du$

$q_{14} = \int_1^4 dq = \int_1^4 du + \int_1^4 p\cdot dv = \int_1^4 du$

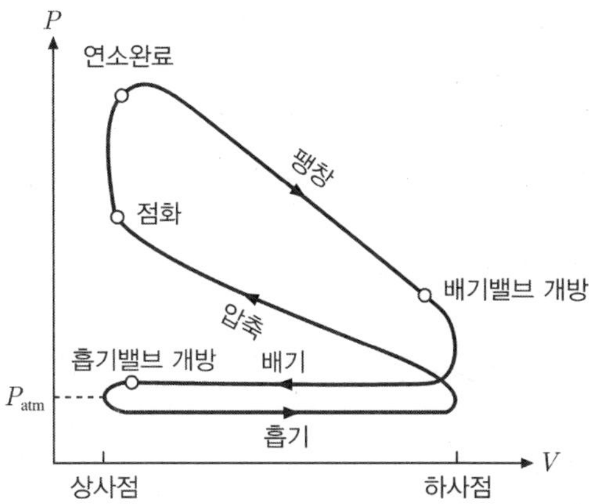

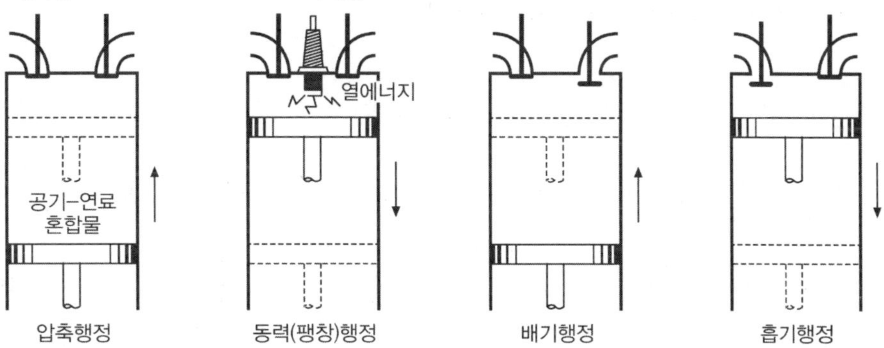

(a) 실제 4행정 전기점화 기관

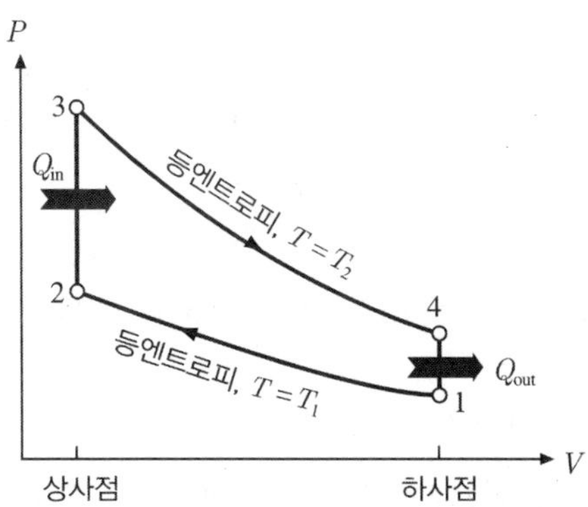

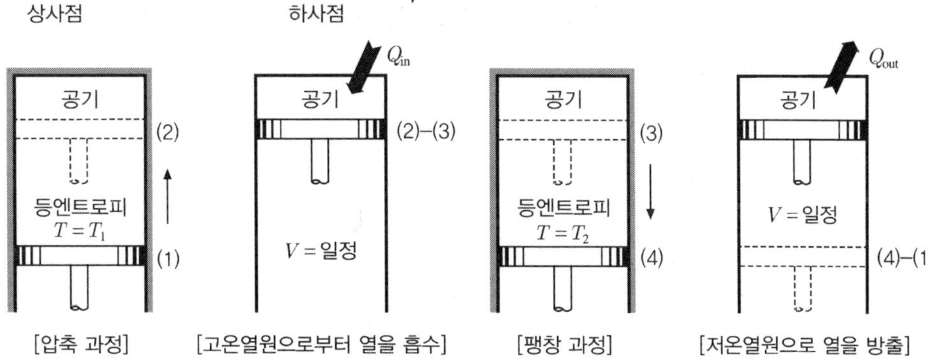

(b) 이상적 Otto 사이클

(2) Otto 사이클의 열효율

사이클 중 공급된 열량과 방출된 열량은 다음과 같다.

$$Q_{in} = Q_{2-3} = U_3 - U_2 = m \cdot c_v \cdot (T_3 - T_2) \quad (6\text{-}10)$$

$$Q_{out} = -Q_{4-1} = U_4 - U_1 = m \cdot c_v \cdot (T_4 - T_1) \quad (6\text{-}11)$$

사이클의 실제일[18](W_{net})은 Q_{in} 과 Q_{out} 의 차이이므로,

$$W_{net} = \Sigma Q = m \cdot c_v \cdot (T_3 - T_2) - m \cdot c_v \cdot (T_4 - T_1) \quad (6\text{-}12)$$

로 주어진다.

그러므로 열효율(thermal efficiency, η_{th})[19]은,

$$\eta_{th} = \frac{W_{net}}{Q_{in}} = \frac{c_v \cdot (T_3 - T_2) - c_v \cdot (T_4 - T_1)}{c_v \cdot (T_3 - T_2)} = 1 - \frac{T_4 - T_1}{T_3 - T_2} \quad (6\text{-}13)$$

여기서, P, V, T 관에서 1→2 와 3→4 의 과정이 등엔트로피이므로,

$$T_4 = T_3 \cdot (\frac{V_3}{V_4})^{k-1} = T_3 \cdot (\frac{V_2}{V_1})^{k-1}, \quad T_1 = T_2 \cdot (\frac{V_2}{V_1})^{k-1} \quad (6\text{-}14)$$

따라서,

Otto 사이클의 효율은

$$\eta_{th,Otto} = 1 - \frac{T_1}{T_2} = 1 - (\frac{V_2}{V_1})^{k-1} = 1 - \frac{1}{\varepsilon^{k-1}} \quad (6\text{-}15)$$ [20), 21)]

로 주어진다.

위 식에서 $\varepsilon = \text{압축비} = \frac{V_1}{V_2} = \frac{V_4}{V_3}$ 는 기관의 압축비로서 식 (6-9) 에서 정의한 값이다.

식 (6-15) 에서 알 수 있는 바와 같이 Otto 사이클의 열효율은 압축비만의 함수로 비열비에 지배되며, 압축비가 클수록, 비열비가 클수록 열효율은 증가한다. 그러나 기관은 고온 상태에서 운전되므로 공기표준 사이클에서도 공기의 비열은 수정되어야 한다.

---

18) 가역일 혹은 잠재일이라고도 함.

19) $\eta_{th} = \eta_{ther}$ / p.386 참조

20) $\eta_{th.\ Otto} = \frac{W_{net}}{Q_{in}} = 1 - \frac{T_3 \cdot \left(\frac{V_2}{V_1}\right)^{k-1} - T_2 \cdot \left(\frac{V_2}{V_1}\right)^{k-1}}{(T_3 - T_2)} = 1 - \frac{\left(\frac{V_2}{V_1}\right)^{k-1} \cdot (T_3 - T_2)}{(T_3 - T_2)} = 1 - \left(\frac{V_2}{V_1}\right)^{k-1} = 1 - \frac{T_1}{T_2}$

21) $\eta_{th, Otto} = 1 - \frac{q_2}{q_1} = 1 - \left(\frac{p_1}{p_2}\right)^{\frac{k-1}{k}}$

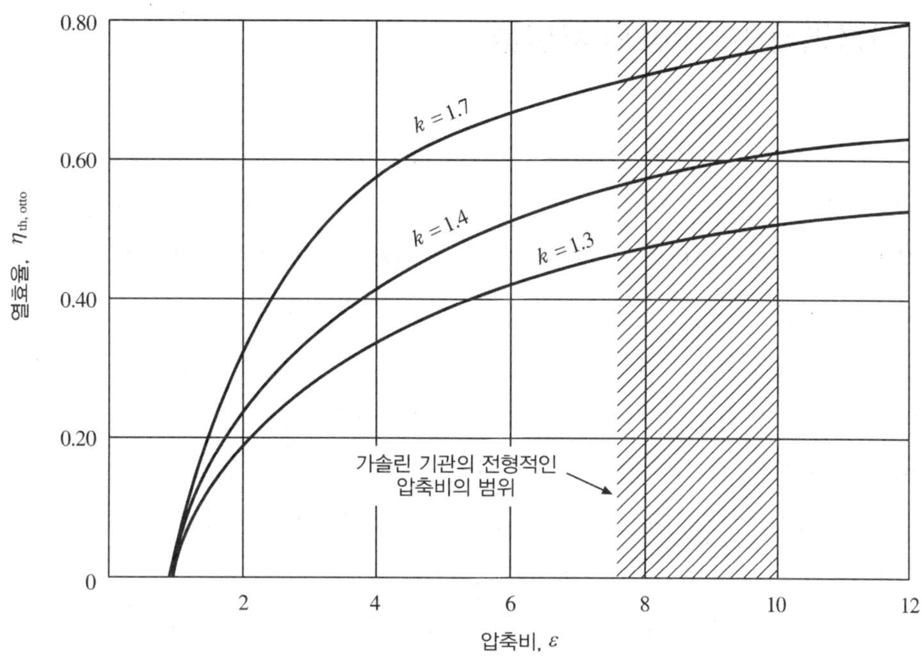

압축비와 비열비를 함수로 한 공기표준 오토사이클의 열효율 관계
(오토사이클의 열효율이 작동유체의 비열비(k)에 따라 증가한다.)

고압축비에서는, 압축과정 동안 공기-연료 혼합물의 온도가 연료의 자동착화 온도 이상으로 올라간다.

6.5 (공기표준) Diesel 사이클

디젤엔진은 공기를 고압으로 압축하고 그 압축열로 연료를 연소시켜 동력을 얻는 열기관이다. 흡입행정에서 대기압(1 기압) 20 ℃ 의 공기를 받아들인 후 체적이 1/15 (15 기압)이 되기까지 단열적으로 압축하면 공기의 온도는 약 600 ℃ 까지 상승한다. 이 온도는 경유의 자기착화온도(약 250 ℃)보다 훨씬 높으므로 연소가 불꽃점화가 없이 연료의 분사에 따라 순차적으로 일어난다.

디젤엔진에서의 연료 분사 과정은 피스톤이 상사점(TDC)에 접근할 때 시작해서 동력행정(power stroke) 의 초기 부분 동안 속된다. 그래서 이 엔진에서의 연소 과정은 보다 긴 기간에 걸쳐 일어난다. 이와 같이 긴 연소과정의 기간 때문에 이상 디젤사이클의 연소과정은 정압-가열 과정으로 가정될 수 있다.

Diesel 사이클은 한 개의 정압과정과 한 개의 정적과정, 그리고 두 개의 등엔트로피 과정으로 이루어진다. 그림 (6-6) 에 나타낸 바와 같이,

과정 1 → 2 를 따라, 흡입된 공기가 가역적으로 단열 압축된다.

$(P \cdot V^k = \text{일정}, \quad Q = 0)$

- 과정이 가역적이므로 압축과정은 등엔트로피 과정으로 이루어진다.
- 상태점 2 에서 압축이 끝나고 연료가 분사되면서 연소가 시작된다.

과정 2 → 3 을 따라, 열량 Q_{in} 이 공급된다.

- 압력의 변화 없이 피스톤이 하강함으로 체적이 상승하고 상태점 3 에서 연소가 끝난다.

과정 3 → 4 를 따라, 연소된 공기, 즉 고압의 공기는 가역적으로 단열 팽창한다.

$(P \cdot V^k = \text{일정}, \quad Q = 0)$

- 과정이 가역적이므로 팽창압축 과정은 등엔트로피 과정으로 이루어진다.
- 상태점 4 에서 배기밸브가 열리므로 체적은 변화 없이 동일하다.

과정 4 → 1 을 따라, 열량 Q_{out} 가 방출된다.

P-V 선도에서 흡입행정(과정 0 → 1)과 배기행정(과정 4 → 1)의 일이 상쇄됨은 Otto 사이클 에서와 같다. 따라서 Diesel 사이클 역시 과정 1 → 2 → 3 → 4 만으로 해석해도 된다.

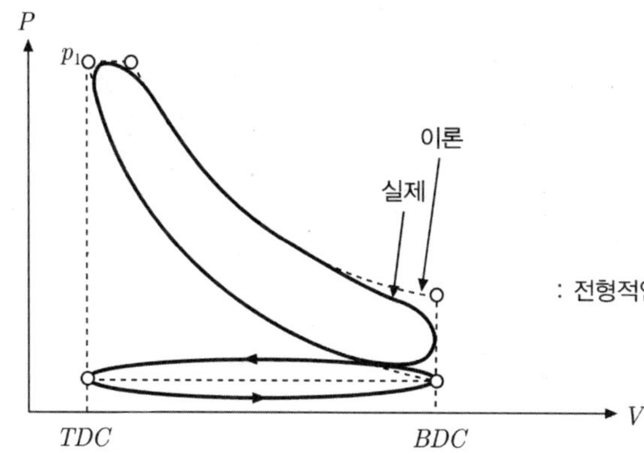

: 전형적인 압축 점화기관의 P-V 선도

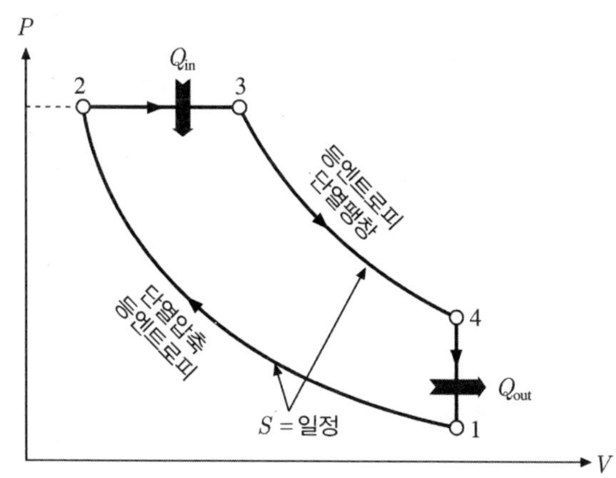

: (a) P-V 선도

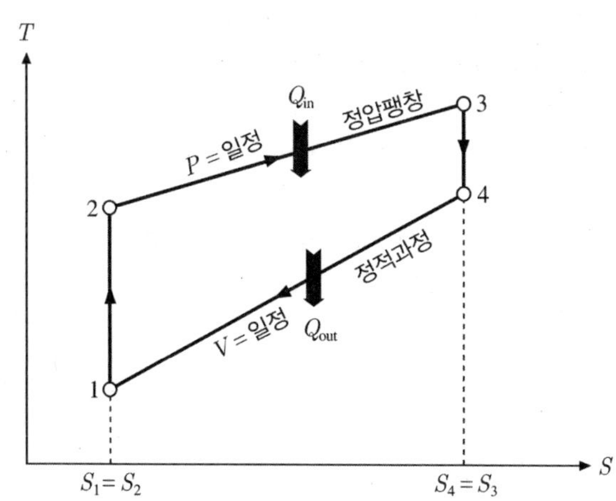

: (b) T-S 선도

[그림 6-6] 공기표준 디젤사이클의 P-V 선도 및 T-S 선도

(1) 정압(등압) 사이클의 해석

과정	P, V, T 관계	이동열 Q	일 W
1 → 2 과정 ($P \cdot V^k = C$)	$T_2/T_1 = (V_1/V_2)^{(k-1)} = (P_2/P_1)^{(k-1)/k}$	0	$-m \cdot c_v \cdot (T_2 - T_1) = \dfrac{p_2 \cdot v_2 - p_1 \cdot v_1}{1-k}$
2 → 3 과정 ($V = C$)	$\dfrac{T_3}{T_2} = (\dfrac{V_3}{V_2})$	$Q_{in} = m \cdot c_v \cdot (T_3 - T_2)$	$p_2 \cdot (v_3 - v_2) = R \cdot (T_3 - T_2)$
3 → 4 과정 ($P \cdot V^k = C$)	$T_4/T_3 = (V_3/V_4)^{(k-1)} = (P_4/P_3)^{(k-1)/k}$	0	$-m \cdot c_v \cdot (T_4 - T_3) = \dfrac{p_4 \cdot v_4 - p_3 \cdot v_3}{1-k}$
4 → 1 과정 ($V = C$)	$\dfrac{T_1}{T_4} = (\dfrac{P_1}{P_4})$	$Q_{out} = m \cdot c_v \cdot (T_1 - T_4)$	0

이론적인 Diesel 사이클의 각 과정에서의 P, V, T 관 및 이동열량과 행해진 일을 가역 과정으로 해석해 보기로 한다.

공기가 Otto 사이클과 마찬가지로 밀폐에서 작동하므로 밀폐에서의 에너지 보존의 법칙22)이 적용된다.

사이클 중 공급된 열량과 방출된 열량은

$$Q_{in} = Q_{2-3} = m \cdot c_p \cdot (T_3 - T_2) \tag{6-16}$$

$$Q_{out} = -Q_{4-1} = m \cdot c_v \cdot (T_4 - T_1) \tag{6-17}$$

과 같으므로, 사이클의 실제일23)(W_{net})은

$$W_{net} = \Sigma Q = Q_{in} + Q_{out} = m \cdot c_p \cdot (T_3 - T_2) - m \cdot c_v \cdot (T_4 - T_1) \tag{6-18}$$

로 주어진다.

22) $\delta q = du + \delta w = du + p \cdot dv$
23) 가역일 혹은 잠재일 이라고도 함.

1 → 2 단열압축(압축행정)

2 → 3 정압수열(연료분사 자연착화에 의한 연소폭발행정, 수열량 Q_{in})

3 → 4 단열팽창(팽창행정)

4 → 1 정적방열(배기밸브 열림, 방열량 Q_{out})

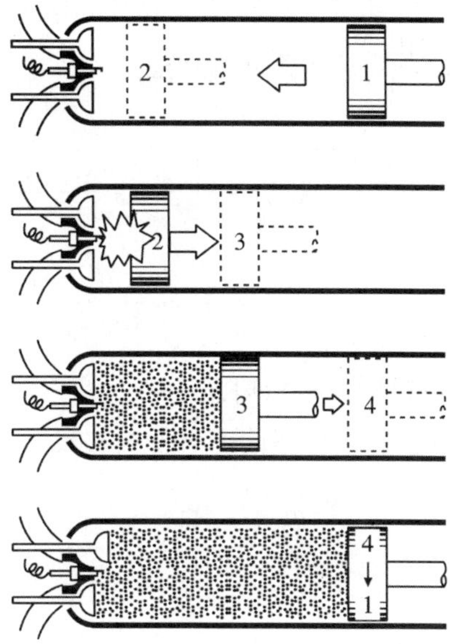

<디젤사이클과 디젤기관의 행정>

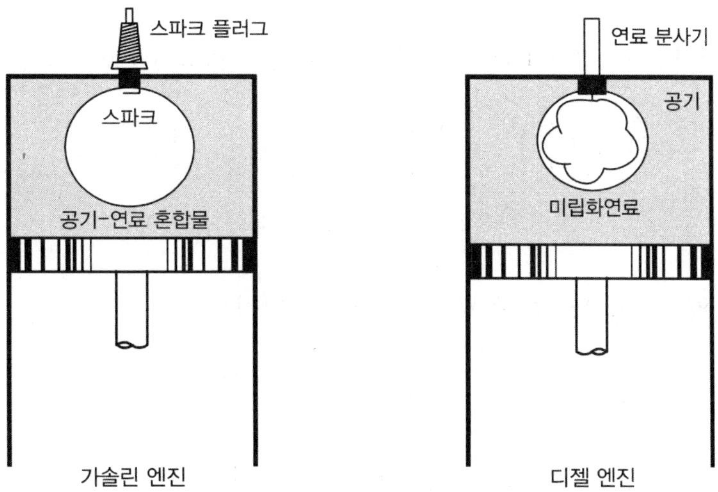

디젤엔진에서는 스파크 플러그가 연료분사기로 대체되고 압축과정에서 공기만이 압축된다.

(2) Diesel 사이클의 열효율

Diesel 사이클의 열효율(thermal efficiency, $\eta_{th,\ Diesel}$)은 Otto 사이클과 마찬가지로, $\eta_{th,\ Diesel} = \dfrac{W_{net}}{Q_{in}}$ 로 주어지므로,

$$\eta_{th,\ Diesel} = \frac{W_{net}}{Q_{in}} = \frac{c_p \cdot (T_3 - T_2) - c_v \cdot (T_1 - T_1)}{c_p \cdot (T_3 - T_2)} \tag{6-19}$$

$$= 1 - \frac{T_4 - T_1}{k \cdot (T_3 - T_2)}$$

와 같이 나타낼 수 있다.

과정 1 → 2 는 단열압축 과정이므로 $T \cdot V^{k-1} = C_{onst}$ 에서,

$$\frac{T_2}{T_1} = (\frac{V_1}{V_2})^{k-1} = \varepsilon^{k-1} \qquad \therefore\ T_2 = \varepsilon^{k-1} \cdot T_1 \tag{6-20}$$

로 주어진다.

과정 2 → 3 은 정압과정으로 정압과정에서 정압연소 전후의 체적비 $\dfrac{V_3}{V_2}$ 를 연료 단절비(차단비, fuel cut-off ratio /σ)라 정의하면, $\dfrac{V}{T} = C_{onst.}$ 에서

$$\frac{T_3}{T_2} = \frac{V_3}{V_2} = \sigma \qquad \therefore\ T_3 = \sigma \cdot T_2 = \sigma \cdot \varepsilon^{k-1} \cdot T_1 \tag{6-21}$$

과 같이 주어진다. 과정 3 → 4 는 단열팽창축 과정이므로 $T \cdot V^{k-1} = C_{onst}$ 에서,

$$\frac{T_4}{T_3} = \left(\frac{V_3}{V_4}\right)^{k-1} = \left(\frac{V_3}{V_2} \cdot \frac{V_2}{V_4}\right)^{k-1} = \left(\sigma \cdot \frac{1}{\varepsilon}\right)^{k-1} \tag{6-22}$$

$$\therefore\ T_4 = \left(\sigma \cdot \frac{1}{\varepsilon}\right)^{k-1} \cdot \sigma \cdot \varepsilon^{k-1} \cdot T_1 = \sigma^k \cdot T_1 \tag{6-23}$$

이상에서 구한 T_2, T_3 및 T_4 를 식 (6-19) 에 대입하면,

$$\eta_{th,\ Diesel} = 1 - \frac{\sigma \cdot T_1 - T_1}{k \cdot (\sigma \cdot \varepsilon^{k-1} \cdot T_1 - \varepsilon^{k-1} \cdot T_1)} \tag{6-24}$$

$$= 1 - \frac{1}{\varepsilon^{k-1}} \cdot \left[\frac{\sigma^k - 1}{k \cdot (\sigma - 1)}\right]$$

와 같이 된다. 위 식 (6-20) 에서 σ 와 k 는 항시 1.0 보다 크므로 괄호 [ ]안의 항은 언제나 1.0 보다 크다. 그러므로 압축비 ε 가 동일할 때에는 Otto 사이클의 효율이 Diesel 사이클의 그것보다 크지만, Diesel 사이클에서는 압축비를 더 크게 하여 열효율을 증가시킬 수 있다.

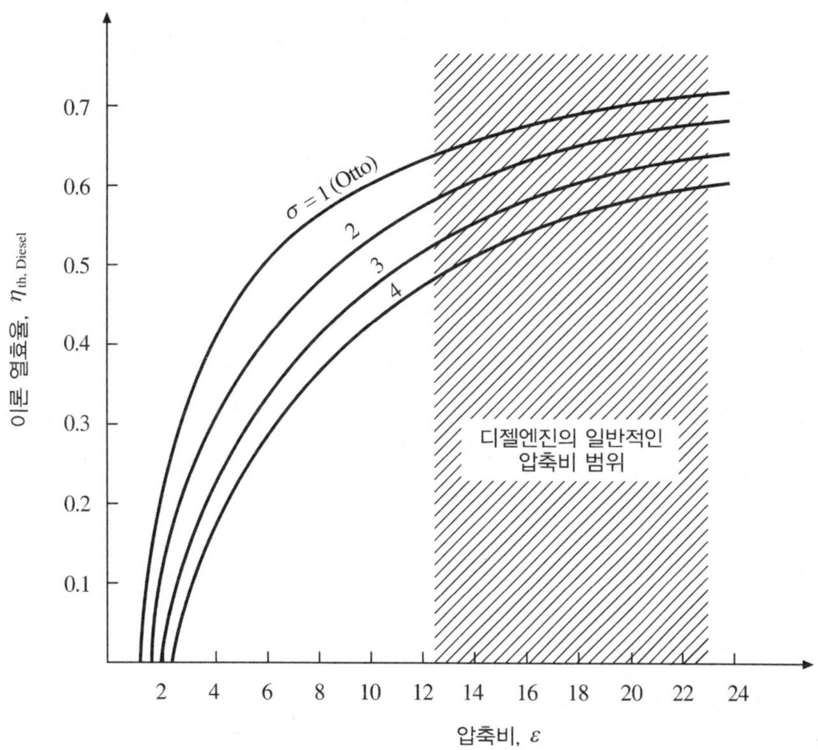

<디젤기관에 있어서 이론 열효율과 압축비와 연료단절비의 관계>

6.6 (공기표준) 혼합사이클

연소과정이 정적 하에서 이루어지는 오토사이클이나 정압 하에서 이루어지는 디젤사이클은 그 과정이 지극히 단순한 사이클로서 실제의 압축점화기관의 사이클과는 상당한 차이가 있다.

실제의 압축점화기관의 사이클 모양은 기관이 저속으로 운전할 때에는 디젤사이클의 모양에 가깝고 자동차용 기관과 같이 고속으로 운전할 때에는 혼합사이클의 모양에 가깝다.

이러한 이유로 고속디젤기관의 기준사이클로서 혼합사이클이 채택되고 있다.

고속디젤기관에서는 단시간 내에 연료를 연소시킬 필요가 있으므로 압축이 끝나기 전에 연료분사를 시작하여 압축 말에 착화하도록 하면 그동안에 주입된 연료는 거의 정적 하에서 연소하고 이어서 속 분사된 연료는 거의 정압 하에서 연소하게 된다.

혼합사이클은 정적사이클과 정압사이클을 합성한 사이클로 정적-정압사이클 혹은 복합 사이클, 이중 연소사이클, 제한 압력사이클 또는 고안자의 이름을 따서 Sabathe 사이클이라고 한다.

그림 6-7 은 혼합사이클의 선도이며 각 동작과정을 요약하면 다음과 같다.

$0 \rightarrow 1$: 흡기 (공기)
$1 \rightarrow 2$: 단열압축 (공기)
$2 \rightarrow 3$: 정적가열 (연료분사/연소)
$3 \rightarrow 4$: 정압가열 (연료분사/연소)
$4 \rightarrow 5$: 단열팽창 (연소가스)
$5 \rightarrow 1$: 정적방열 (연소가스)
$1 \rightarrow 0$: 배기 (연소가스)
$0 \rightarrow 1$: 흡기 (공기)

여기서, 각 동작과정에서의 온도 및 압력을 구하면 다음과 같다.

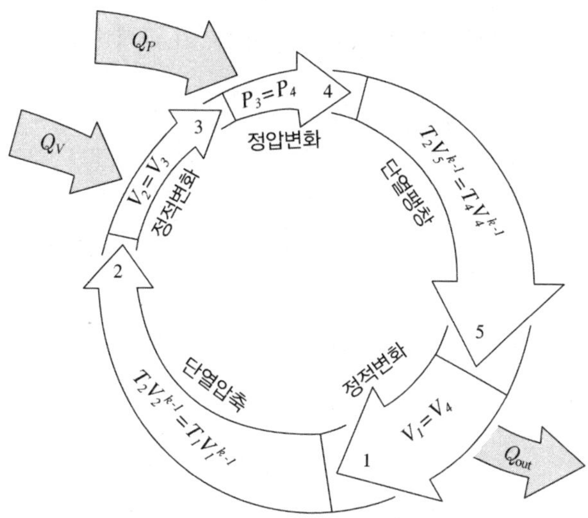

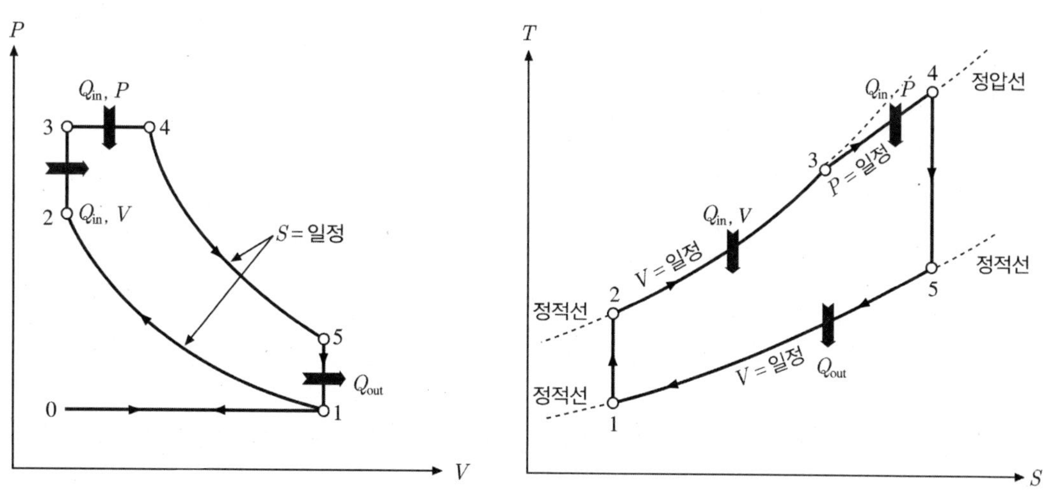

(a) P-V 선도

(b) T-S 선도

[그림 6-7] 공기표준 복합사이클의 P-V 선도 및 T-S 선도

(1) 혼합사이클의 구성

0 → 1 과정 : 흡기밸브가 열리면서 공기만을 흡입한다.

1 → 2 과정 : 흡입된 공기를 상태 1 에서 2 까지 가역적으로 단열 압축한다.

$$T \cdot V^{k-1} = C_{\text{onst.}} \text{ 에서, } T_2 = (V_1/V_2)^{k-1} \cdot T_1 = \varepsilon^{k-1} \cdot T_1,$$

$$P_2 = P_1 \cdot \varepsilon^k \tag{6-25}$$

2 → 3 과정 : 상태 2 까지 공기가 압축된 후 연료를 분사하면 정적 하에서 열량 Q_V 가 공급된다.

$$P/T = C_{\text{onst.}} \text{ 에서, } T_3 = (P_3/P_2) \cdot T_2 = \alpha \cdot \varepsilon^{k-1} \cdot T_1$$

$$P_3 = P_2 \cdot \alpha = P_1 \cdot \varepsilon^k \cdot \alpha \tag{6-26}$$

3 → 4 과정 : 과정 3 → 4 를 따라 정압 하에서 열량 Q_p 가 2차적으로 공급된다.

$$V/T = C_{\text{onst.}} \text{ 에서, } T_4 = (V_4/V_3) \cdot T_3 = \sigma \cdot \alpha \cdot \varepsilon^{k-1} \cdot T_1$$

$$P_4 = P_3 = P_1 \cdot \varepsilon^k \cdot \alpha \tag{6-27}$$

4 → 5 과정 : 정적가열과 정압 가열된 상태 4 의 연소가스가 상태 5 까지 단열팽창한다.

$$T \cdot V^{k-1} = C_{\text{onst.}} \text{ 에서, } T_5 = \left(\frac{V_4}{V_5}\right)^{k-1} \cdot T_4 = \left(\frac{V_4}{V_3} \cdot \frac{V_3}{V_5}\right)^{k-1} \cdot T_4$$

$$= \left(\sigma \cdot \frac{1}{\varepsilon}\right)^{k-1} \cdot \sigma \cdot \alpha \cdot \varepsilon^{k-1} \cdot T_1 = \sigma^k \cdot \alpha \cdot T_1,$$

$$P_5 = P_4 \cdot \left(\frac{V_4}{V_5}\right)^k = P_4 \cdot \left(\frac{\sigma}{\varepsilon}\right)^k = P_1 \cdot \sigma^k \cdot \alpha \tag{6-28}$$

5 → 1 과정 : 상태 5 에서 배기밸브가 열리고 정적 하에서 연소가스의 열이 방열된다.

1 → 0 과정 : 배기

/열린 배기밸브를 통하여 연소가스를 배기한다.

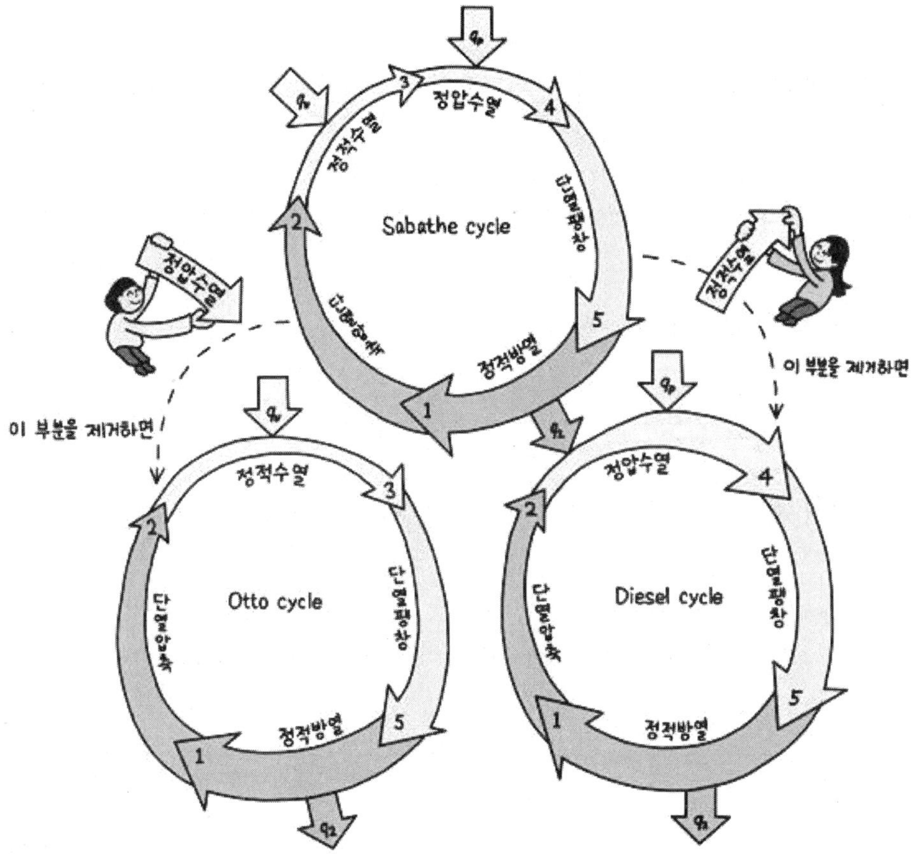

Sabathe 사이클은 무기분사디젤기관의 기본사이클로서
연소, 즉 열공급이 정적 및 정압의 두 부분에서 행해지므로
정적–정압사이클(constant volume–constant pressure cycle)
또는 2중연소사이클(dual combustion cycle)이라고도 부른다.
또한 이 사이클은 Otto와 Diesel 사이클을 합성한 것이므로
혼합 또는 합성사이클(combined cycle)이라고도 부른다.
압축 점화기관의 실제성능을 비교하는 데 있어서는 디젤사이클
보다는 오토사이클과 디젤사이클을 혼합한 사이클과 형태가
유사한 사이클(2중 사이클)이 유용하다.

(2) 혼합사이클의 열효율

공기표준 혼합사이클의 열효율은 공급된 열량과 방출된 열량의 함수로 나타내지며, 정적비열 및 정압비열이 일정하다고 하면 공급열량 Q_{in} 과 방출열량 Q_{out} 은 단위중량 당,

$$Q_{in} = Q_v + Q_p = (U_3 - U_2) + (H_4 - H_3) = C_v \cdot (T_3 - T_2) + c_p \cdot (T_4 - T_3) \tag{6-29}$$

$$Q_{out} = U_2 - U_1 = \qquad = C_v \cdot (T_5 - T_1) \tag{6-30}$$

따라서 공기표준 혼합사이클의 열효율 η_{th} 은

$$\eta_{th} = 1 - \frac{C_v \cdot (T_5 - T_1)}{C_v \cdot (T_3 - T_2) + C_p \cdot (T_4 - T_3)} = 1 - \frac{(T_5 - T_1)}{(T_3 - T_2) + k \cdot (T_4 - T_3)} \tag{6-31}$$

로 주어진다. 여기서, 정적과정 2 → 3 에서의 폭발비(압력상승비, α) 는

$$\alpha = P_3 / P_2 = T_3 / T_2$$

이므로, T_2, T_3, T_4, T_5 의 관식 (6-25) ~ (6-28) 을 위 식에 대입하면,

$$\eta_{th,\ dual} = 1 - \frac{\sigma^k \cdot \alpha \cdot T_1 - T_1}{(\alpha \cdot \varepsilon^{k-1} \cdot T_1 - \varepsilon^{k-1} \cdot T_1) + k \cdot (\sigma \cdot \alpha \cdot \varepsilon^{k-1} \cdot T_1 - \alpha \cdot \varepsilon^{k-1} \cdot T_1)}$$

$$= 1 - \left(\frac{1}{\varepsilon}\right)^{k-1} \cdot \frac{\alpha \cdot \sigma^k - 1}{(\alpha - 1) + k \cdot \alpha \cdot (\sigma - 1)} \tag{6-32}$$

동일한 압축비 및 연료단절비에서 혼합사이클의 열효율은 Otto 사이클의 효율보다는 적고 Diesel 사이클의 효율보다는 크다.

즉, Otto 사이클 및 Diesel 사이클은 이 혼합사이클의 특별한 경우라 할 수 있다.

식 (6-32) 에서 연료차단비 $\sigma = 1$ 일 때는

$$\eta_{th,\ dual} = 1 - \frac{1}{\varepsilon^{k-1}}$$

이 되어 식 (6-15) 의 Otto 사이클의 열효율과 같게 된다. 이는 그림 6-7의 P-V 선도에서도 $\sigma = 1$ 일 때는 $V_3 = V_4$ 가 되어 Otto 사이클이 됨을 알 수 있다.

또한, 압력상승비 $\alpha = 1$ 일 때는

$$\eta_{th,\ dual}:\ \eta_{th,\ Sabath} = 1 - \frac{1}{\varepsilon^{k-1}} \cdot \left[\frac{\sigma^k - 1}{k \cdot (\sigma - 1)}\right]$$

가 되어 식 (6-24) 의 Diesel 사이클의 열효율과 같게 된다.

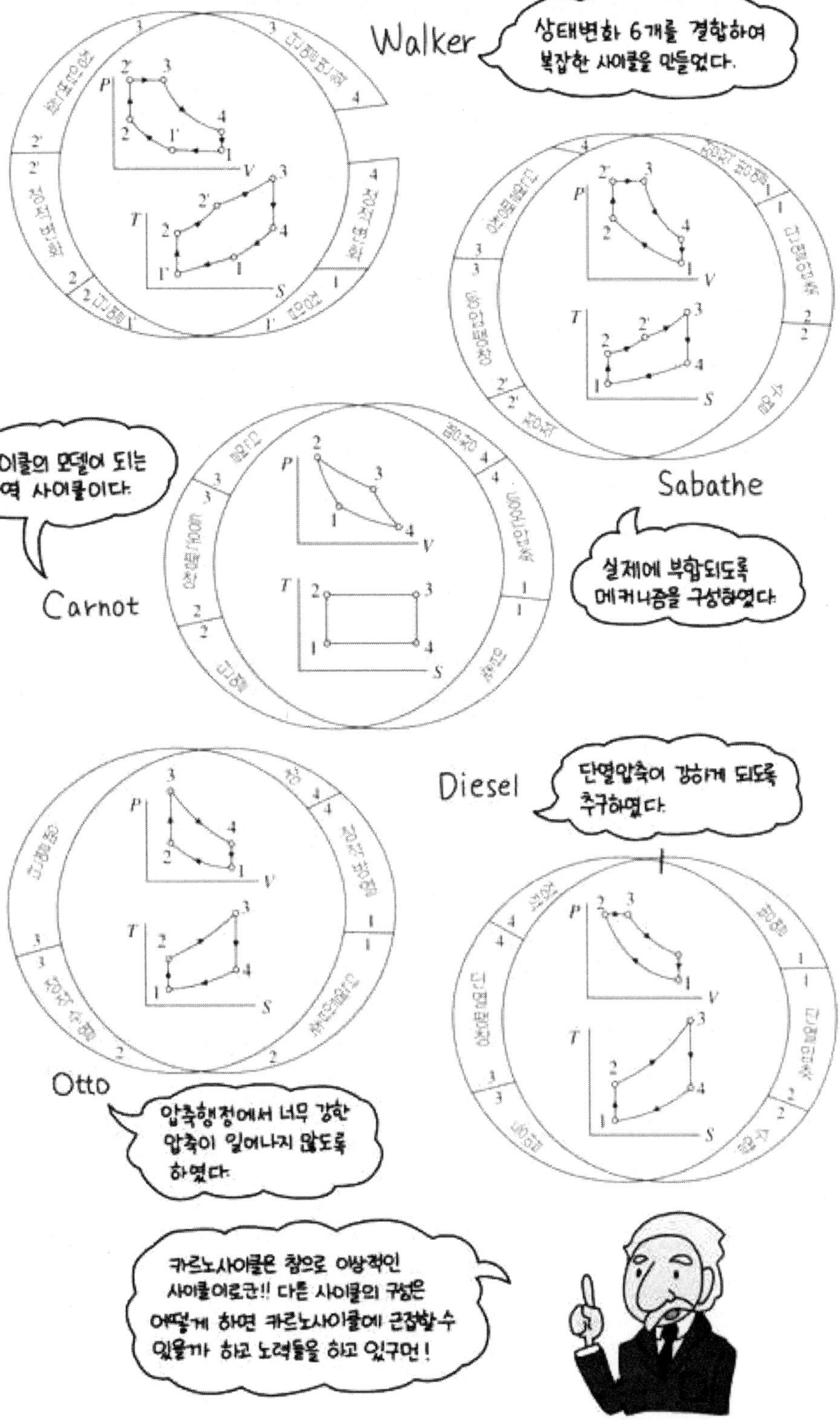
Walker
상태변화 6개를 결합하여 복잡한 사이클을 만들었다.
Sabathe
실제에 부합되도록 메커니즘을 구성하였다.
사이클의 모델이 되는 가역 사이클이다.
Carnot
Diesel
단열압축이 강하게 되도록 추구하였다.
Otto
압축행정에서 너무 강한 압축이 일어나지 않도록 하였다.
카르노사이클은 참으로 이상적인 사이클이로군!! 다른 사이클의 구성은 어떻게 하면 카르노사이클에 근접할 수 있을까 하고 노력들을 하고 있구먼!

6.7 각(공기표준) 피스톤형 열기관 사이클의 비교

(1) Carnot 사이클과 Otto 사이클의 비교

Carnot 사이클과 Otto 사이클이 같은 온도범위, 즉 같은 T_1, T_2 사이에서 작동하는 경우 두 사이클을 비교해보자.

그림 6-8 에서,
Carnot 사이클은 $A'-B'-C'-D-A$ 이고 Otto 사이클은 $A-B-C-D-A$ 이다.
따라서 각 사이클의 수열량과 방열량은,

$$Q_1'\ (=\text{면적 } A'-B-B''-A''-A') \quad > Q_1\ (=\text{면적 } A-B-B''-A''-A)$$
$$Q_2'\ (=\text{면적 } C'-D-A''-B''-C') > Q_2\ (=\text{면적 } C-D-A''-B''-C)$$

지금, 각 사이클의 수열량과 방열량의 비를 α 와 β 라고 하면,

$\alpha = \dfrac{q_1'}{q_1} > 1,\quad \beta = \dfrac{q_2'}{q_2} < 1$ 이므로, $\dfrac{\beta}{\alpha} < 1$ 이 된다.

따라서

$$\eta_{th,\ Otto} = 1 - \frac{Q_2}{Q_1}$$
$$\eta_{th,\ Carnot} = 1 - \frac{Q_2'}{Q_1'} = 1 - \left(\frac{\beta}{\alpha}\right)\cdot\left(\frac{Q_2}{Q_1}\right)$$
$$\therefore\ \eta_{th,\ Carnot} > \eta_{th,\ Otto}$$

즉 Carnot 사이클의 열효율이 Otto 사이클보다 높음을 알 수 있다.

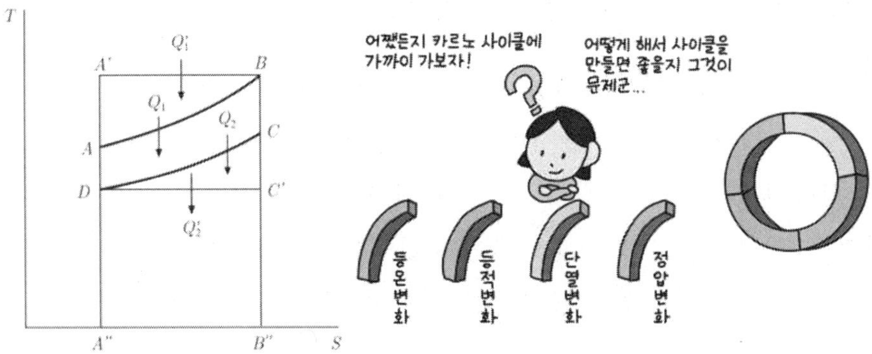

▶ 카르노사이클 같은 멋진 사이클을 만들어 보자.

[그림 6-8] Carnot 사이클과 Otto 사이클의 비교

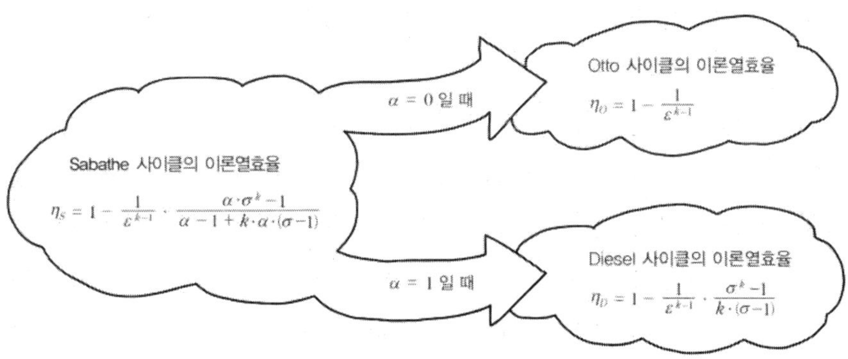

Sabathe 사이클의 이론열효율에는 Otto 사이클과 Diesel 사이클의 이론열효율이 포함된다.

(2) Otto 사이클과 Diesel 사이클의 비교

① 초온(初溫), 초압(初壓), 가열량 그리고 압축비가 같을 때

이 조건을 만족시키는 Otto 사이클과 Diesel 사이클을 T-S 선도 및 P-V 선도 상에서 표시하면 그림 6-9 와 같다. 그림 (a) 에서,

Otto 사이클은 $A-B-C-D-A$ 이고, Diesel 사이클은 $A-B'-C'-D-A$ 이다.

여기서, 이들 두 사이클의 공급열량이 같다고 하였으므로,[24)]

$$Q_1'\ (=\text{면적 } A-B'-B_0-B_0'-A_0-A) \ = \ Q_1\ (=\text{면적 } A-B-B_0-A_0-A)$$

한편, 방열은 두 사이클 모두 정적 하에서 이루어지며 그 최종점은 D 점이 된다.

이 D 점을 P-V 선도 상에 나타내면 그림 (b) 와 같다.

따라서, Otto 사이클의 발열량 Q_2 와 Diesel 사이클의 발열량 Q_2 는 그림에서

$$Q_2'\ (=\text{면적 } C'-D-A_0-B_0'-C') \ > \ Q_2\ (=\text{면적 } C-D-A_0-B_0-C)$$

$$\therefore \ (\eta_{th,\ Otto} = 1 - \frac{Q_2}{Q_1}) \ > \ (\eta_{th,\ Diesel} = 1 - \frac{Q_2}{Q_1})$$

즉, 그림 6-9 에서, 같은 열량을 공급받는 Diesel 사이클은 Otto 사이클보다 면적 $C'-C-B_0'-B_0-C'$ 만큼의 열량을 더 방출하므로 Diesel 사이클의 효율은 Otto 사이클의 효율보다 더 낮게 된다.

이상의 조건에 따라 Otto 사이클이 Diesel 사이클보다 열효율이 더 높음을 알 수 있다.

Otto 사이클에서는 실린더 내로 흡입되는 혼합기체(=연료+공기)가 자연폭발을 일으키지 않는 한도로 제한을 받지만 Diesel 사이클에서는 Otto 사이클의 압축비로는 자연착화가 불가능하므로 실제적으로는 Diesel 사이클과 Otto 사이클의 압축비를 같게 할 수 없다.

Diesel 사이클에서는 Otto 사이클에서보다 훨씬 높은 압축비로 압축되어야 하며, 실제의 Diesel 사이클은 Otto 사이클보다 훨씬 높은 압축비를 갖는다.

---

24) $T_1 > T_1'$

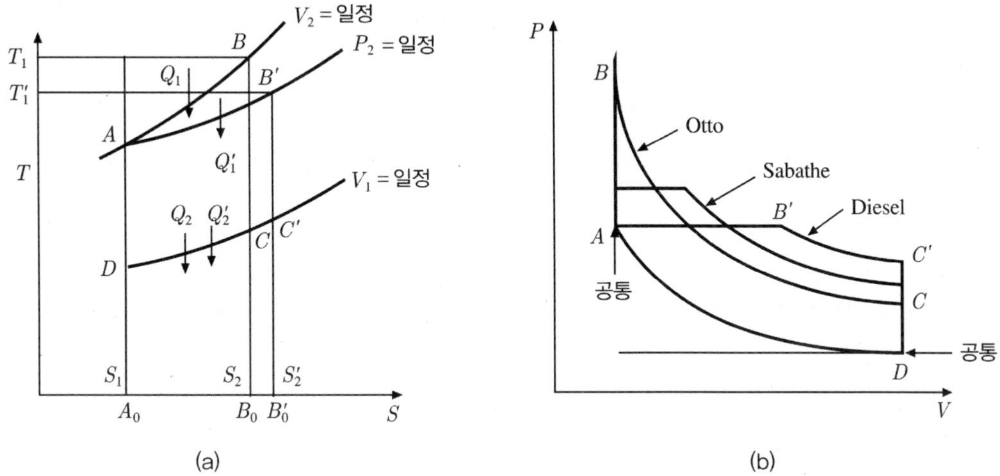

[그림 6-9] 압축비가 같은 경우 Otto 사이클과 Diesel 사이클의 비교

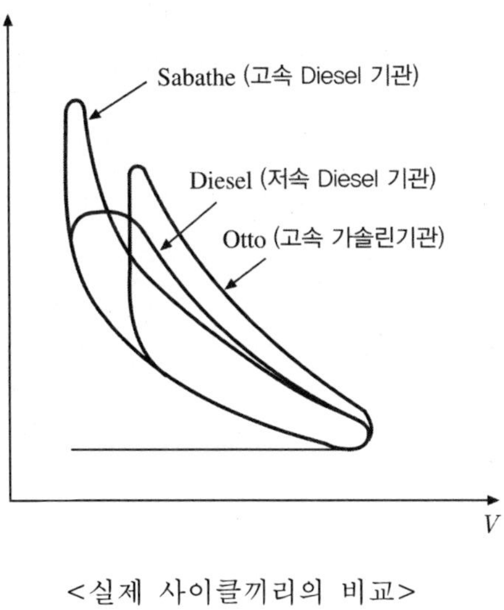

<실제 사이클끼리의 비교>

② 초온(初溫), 초압(初壓), 가열량 그리고 최고압력이 같을 때

이 조건을 만족시키는 Otto 사이클과 Diesel 사이클을 T-S 선도 상에서 표시하면 그림 6-10 과 같다. 그림 (a) 에서,

Otto 사이클은 $A-B-C-D-A$ 이고, Diesel 사이클은 $A'-B'-C'-D-A'$ 이다.

여기서, 공급열량이 같다고 하였으므로,

$$Q_1' \,(= \text{면적 } A'-B'-B_0'-A_0-A') = Q_1 \,(= \text{면적 } A-B-B_0-A_0-A)$$

한편, 방열량은

$$Q_2' \,(= \text{면적 } C'-D-A_0-B_0'-C') < Q_2 \,(= \text{면적 } C-D-A_0-B_0-C)$$

즉, Otto 사이클이 Diesel 사이클보다 면적 $C-C-B_0'-B_0'-C$ 만큼의 열량을 더 방출 한다.

지금, 공급열량이 같다고 하였으므로, 방열량이 많은 Otto 사이클의 열효율이 Diesel 사이클보다 낮게 된다.

$$\eta_{th,\ Diesel} > \eta_{th,\ Otto}$$

이상에서와 같이 각 기본사이클을 비교해 볼 때, 압축비가 같을 때에는 Otto 사이클의 효율이 가장 좋으며 최고압력이 같을 때에는 Diesel 사이클의 효율이 가장 높음을 알 수 있다.

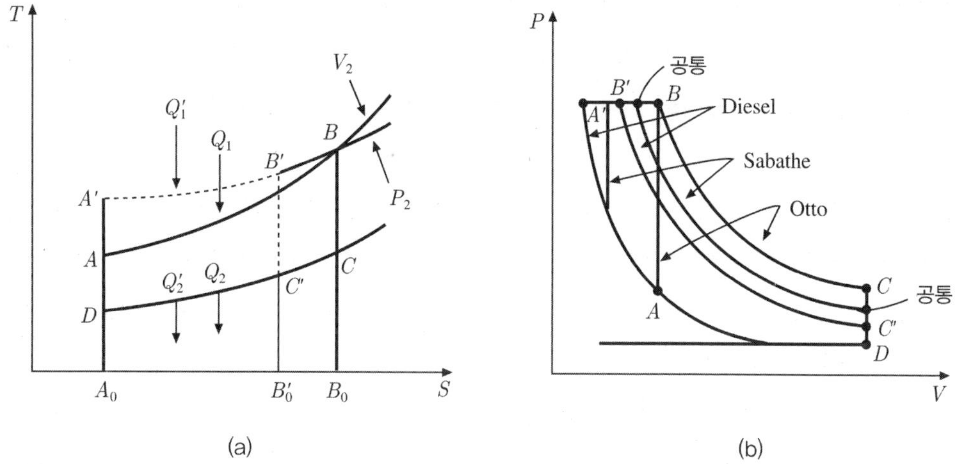

[그림 6-10] 최고압력이 같을 경우 Otto와 Diesel 사이클의 비교

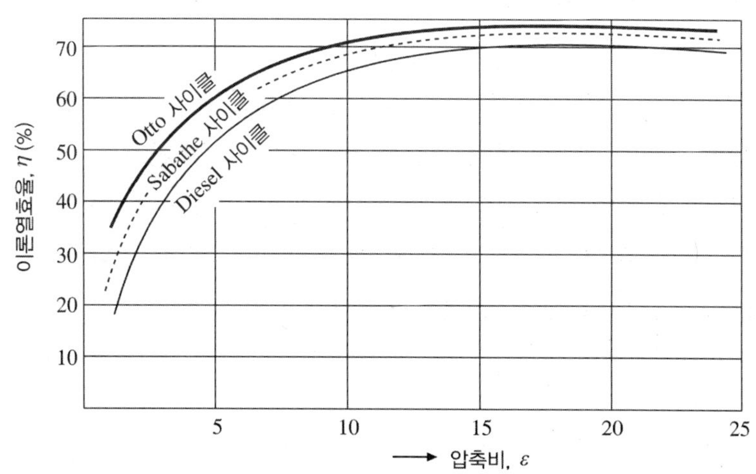

<각 사이클의 비교>

6.8 (공기표준) 회전형 열기관 사이클

공기표준 Brayton 사이클은 회전식 기관인 가스터빈의 공기표준 사이클로서 앞에서 설명한 왕복식 기관과는 다른 방식으로 동력을 얻는다. 이 이상적인 사이클은 1872년 Brayton에 의해 고안된 사이클로서 그림 6.11 은 사이클의 작동원리를 나타내는 개략도이다.

터빈은 고온고압의 공기가 노즐로부터 분출하여 단열팽창하면서 터빈 날개차(turbine blade wheel)의 날개에 직접 충돌하여 터빈축이 회전함에 의해 열에너지가 기계적에너지로 변환됨으로써 동력을 발생시키는 내연기관이다. 회전형 열기관으로서 Brayton 사이클로 실용되고 있는 것으로는 개방형 사이클과 밀폐형 사이클이 있다.

그림 (a) 는 가스터빈의 동력사이클로서 개방사이클이다.

가스터빈은 압축기, 연소기, 터빈의 3 대 기본요소로 구성되어 있다. 대기는 압축기에서 단열 압축된 다음 연소기로 들어가 계속적으로 분사되는 연료를 연소시켜 가열시키면서 고온고압의 기체가 된다.

이렇게 3 단로 구성된 사이클을 개방사이클이라 하는데 이는 연소가스를 대기의 임의 압력에 도달할 때까지 방출[25]하므로 공기가 속적으로 공급되어야 하는 형식으로 사이클이 완전한 형태를 갖추고 있지 않기 때문이다.

실제 모든 항공기용 제트기관은 가스터빈의 개방형 사이클로 되어 있다.

그림 (b) 는 밀폐사이클로서 터빈에서 팽창된 연소가스가 열교환기를 거쳐 순환되는 형식으로 되어 있다. 실제의 연소과정은 열교환기를 통한 열공급과정으로 대체되며 열의 방출은 열교환기를 통하여 초기온도로 될 때까지 방출하게 된다.

공기표준 Brayton 사이클은 2 개의 단열과정과 2 개의 정압과정 등 모두 4 개의 가역 과정으로 이루어져 있다.

과정 1 → 2 : 압축기에 의한 가역 단열압축 과정

과정 2 → 3 : 연소기에 의한 정압가열 과정 (연료의 분사·연소과정)

과정 3 → 4 : 터빈에 의한 가역 단열팽창 과정

과정 4 → 1 : 냉각기에 의한 정압냉각 과정 (배기의 방출)

25) 이때 터빈에서 이루어지는 동력의 일부는 압축기를 작동시키는 데 소모되고 나머지 일부가 사이클의 유효일 일로서 실제의 출력으로 된다.

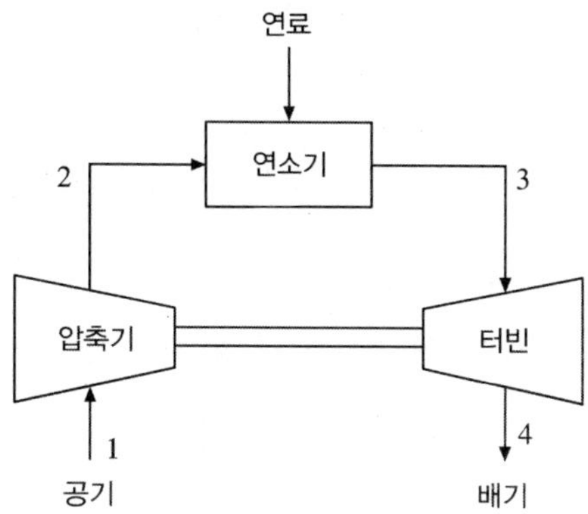

(a) 개방사이클

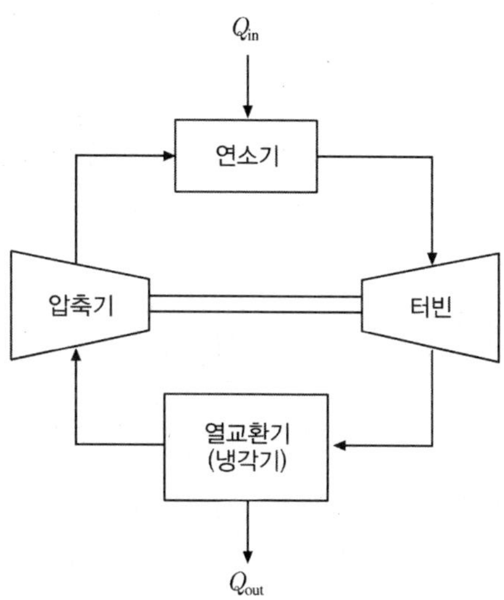

(b) 밀폐사이클

[그림 6-11] 브레이턴 사이클로 작동하는 가스 터빈

(1) 브레이턴사이클의 열효율

이론 사이클[26]에서는 Brayton 사이클을 밀폐사이클로 생각하여 이론 열효율을 구한다.

그림 6-12 에서 과정 1 → 2 와 3 → 4 는 압축기와 터빈의 등엔트로피 과정이므로 이를 에너지 입·출량에 관한 식

$$\Delta E_{sys} = \Delta H + \Delta (K.E + P.E) \quad \cdots\cdots \text{(2-31)}$$

에서 역학적 에너지를 무시하고

과정 2 → 3 과 4 → 1 에서 열교환기에 에너지보존의 식을 적용시키면

$$Q = \Delta H + W \quad \cdots\cdots \text{(2-33")}$$

을 적용시키면 열교환기에 이루어지는 일이 없으므로,

Brayton 사이클의 이론 열효율 $\eta_{th,\ Brayton}$ 은,

$$\eta_{th,\ Brayton} = \frac{W}{Q_{\in}} = 1 - \frac{Q_{out}}{Q_{\in}} = 1 - \frac{H_4 - H_1}{H_3 - H_2} = 1 - \frac{C_p \cdot (T_4 - T_1)}{C_p \cdot (T_3 - T_2)} \qquad \text{(6-33)}$$

이 된다.

여기서, 단위질량이 작동한다고 가정하고 각 과정에서의 P, V, T 관계, 이동 열 및 일을 구하면 다음과 같다.

과정 1 → 2 : $$\left(\frac{T_2}{T_1}\right) = \left(\frac{v_1}{v_2}\right)^{k-1} = \left(\frac{p_2}{p_1}\right)^{\frac{k\ 1}{k}} \qquad \text{(6-34)}$$

과정 2 → 3 : $$q_{in} = h_3 - h_2 = c_p \cdot (T_3 - T_2) \qquad \text{(6-35)}$$

과정 3 → 4 : $$\left(\frac{T_1}{T_3}\right) = \left(\frac{v_3}{v_4}\right)^{k-1} = \left(\frac{p_4}{p_3}\right)^{\frac{k-1}{k}} \qquad \text{(6-36)}$$

과정 4 → 1 : $$q_{out} = h_4 - h_1 = c_p \cdot (T_4 - T_1) \qquad \text{(6-37)}$$

위 식 (6-33) 에 따라 브레이턴 사이클의 열효율 $\eta_{th,\ Brayton}$ 은 다음과 같이 된다.

[27]

$$\eta_{th.\ Brayton} = 1 - \frac{T_4 - T_1}{T_3 - T_2} = 1 - \frac{T_1}{T_2} = 1 - \left(\frac{p_1}{p_2}\right)^{\frac{k-1}{k}} = 1 - \left(\frac{v_2}{v_1}\right)^{k-1} \qquad \text{(6-38)}$$

---

26) Brayton 사이클의 이론 열효율은 Otto 사이클의 정적사이클과 같다.

27) 등압연소 사이클

과정	P, V, T 관계	이동 열 Q	일 W
1 → 2 과정 ($P \cdot V^k = C$onst.)	$T_2 / T_1 = (V_1 / V_2)^{(k-1)}$ $= (P_2 / P_1)^{(k-1)/k}$	0	$-m \cdot c_v \cdot (T_2 - T_1)$ $= \dfrac{p_2 \cdot v_2 - p_1 \cdot v_1}{1-k}$
2 → 3 과정 ($P = C$onst.)	$\dfrac{T_3}{T_2} = (\dfrac{V_3}{V_2})$	$Q_{in} = m \cdot c_p (T_3 - T_2)$	$p_2 \cdot (v_3 - v_2)$
3 → 4 과정 ($P \cdot V^k = C$onst.)	$T_4 / T_3 = (V_3 / V_4)^{(k-1)}$ $= (P_4 / P_3)^{(k-1)/k}$	0	$-m \cdot c_v \cdot (T_4 - T_3)$ $= \dfrac{p_4 \cdot v_4 - p_3 \cdot v_3}{1-k}$
4 → 1 과정 ($P = C$onst.)	$\dfrac{T_1}{T_4} = \dfrac{V_1}{V_4}$	$Q_{out} = m \cdot c_p (T_1 - T_4)$	$p_1 \cdot (v_1 - v_4)$

$$\left(\frac{T_1}{T_2}\right) = \left(\frac{P_1}{P_2}\right)^{\frac{k-1}{k}} = \left(\frac{P_4}{P_3}\right)^{\frac{k-1}{k}} = \left(\frac{T_4}{T_3}\right) = \frac{T_4 - T_1}{T_3 - T_2} \text{26)} \qquad (6\text{-}39)$$

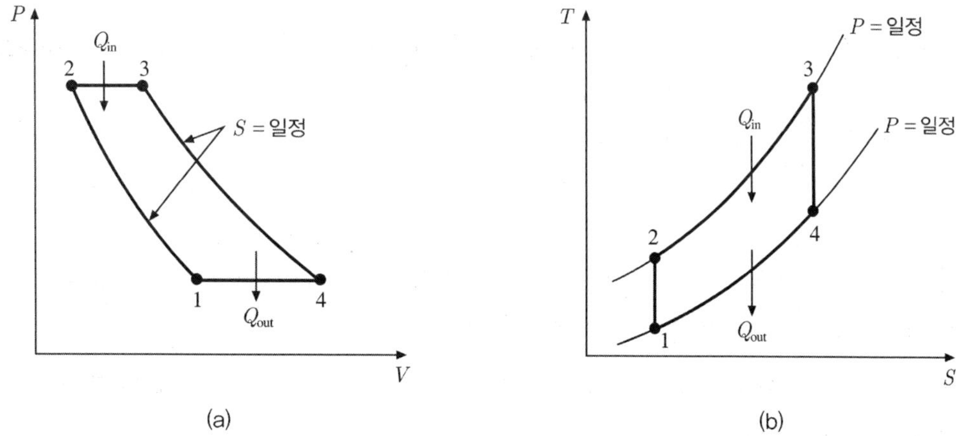

[그림 6-12] 공기표준 브레이턴사이클의 대표적인 P-V선도, T-S선도

28) $\left(\dfrac{T_4}{T_1}\right) = \left(\dfrac{T_3}{T_2}\right) = \left(\dfrac{P_1}{P_2}\right)$

$p_1 = p_4$, $p_2 = p_3$ *) p_1은 보통 대기압이다.

(2) 브레이턴 사이클의 출력

압축비($v_1/v_2 = \varepsilon$)가 클수록, 그리고 압축압력비($p_2/p_1 = \phi$)가 클수록 열효율은 증가 한다. 그러나 압축압력비가 너무 크면 출력이 적어진다.

그림 6-13 의 P-V 선도에서 만일 사이클이 $1-2'-3'-4'-1$ 과 같다면 압축압력비가 크므로 열효율이 증가되는 것은 분명하나 열효율의 증가가 출력의 증가는 아니다. 출력, 즉 유효일량 W 는 압축기에 요하는 일량 W_{COMP} 와 터빈이 하는 일량 W_{TURB} 와의 관계

$$W_{COMP} = \int_1^2 v \cdot dp = \text{면적 } 1-2-m-n-1 \tag{6-40}$$

$$= h_2 - h_1 = c_p \cdot (T_2 - T_1) = \frac{k \cdot R}{k-1} \cdot (T_2 - T_1)$$

$$W_{TURB} = \int_4^3 v \cdot dp = \text{면적 } 3-4-n-m-3 \tag{6-41}$$

$$= h_3 - h_4 = c_p \cdot (T_3 - T_4) = \frac{k \cdot R}{k-1} \cdot (T_3 - T_4)$$

로부터,

$$W = W_{TURB} - W_{COMP} = \int_3^4 v \cdot dp - \int_1^2 v \cdot dp = \text{면적 } 1-2-3-4 \tag{6-42}$$

$$= \frac{k \cdot R}{k-1} \cdot [(T_3 - T_4) - (T_2 - T_1)]$$

이므로,

압축압력비가 증가한 만큼 온도 T_4 가 저하하므로 사이클이 $1-2'-3'-4'-1$ 로 면적이 작아진 만큼 출력이 감소됨을 알 수 있다.

반대로 압축압력비가 너무 적어 사이클이 $1-2''-3''-4''-1$ 과 같다면 열효율과 출력이 함께 작아진다.

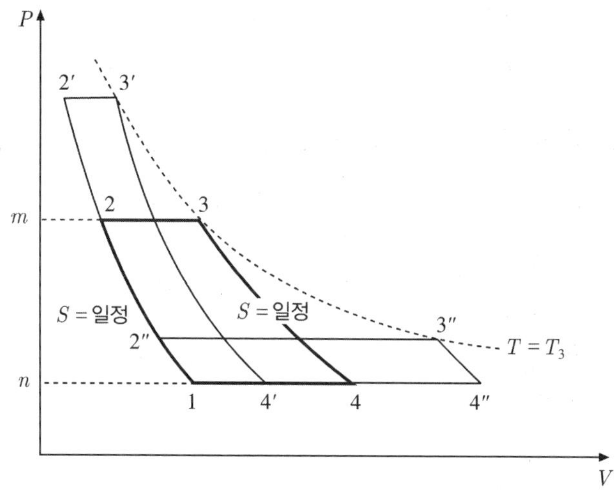

[그림 6−13] 공기표준 Brayton 사이클의 P-V 선도

압축압력비와 출력은 비례하지 않는다.

(3) 브레이턴 사이클의 최대일

브레이턴 사이클에서 압축압력비가 과도하게 높거나 낮을 경우, 즉 그림 6-14 의 $T-S$ 선도에서 T_2 의 온도가 지나치게 높거나 낮을 경우, 출력이 저하됨을 알았다. 그러면, T_2' 와 T_2'' 사이에서 최대출력을 내는 온도 T_2 를 구해보기로 한다.

식 (6-39) 로부터,

$$\frac{T_4}{T_1} = \frac{T_3}{T_2}, \qquad T_4 = \frac{T_1 \cdot T_3}{T_2}$$

이므로, 식 (6-42) 에 위의 온도 T_4 를 대입하고, 온도 T_2 에 대한 일 W 의 미분값을 0 으로 놓으면, 이때 T_1 및 T_4 는 값이 정해진 상수이므로

$$\frac{dW}{dT_2} = \frac{k \cdot R}{k-1} \cdot \frac{d}{dT_2}(T_3 - T_2 + T_1 - T_1 \cdot T_3 / T_2^2) = 0 \tag{6-43}$$

$$= \frac{k \cdot R}{k-1} \cdot \left(-1 + \frac{T_1 \cdot T_3}{T_2^2} \right) = 0 \tag{6-44}$$

$$\therefore \ T_2 = \sqrt{T_1 \cdot T_3} \tag{6-45}$$

즉 Brayton 사이클에서 T_2 를 최고온도 T_3 와 최저온도 T_1 의 사이에서 위 식의 온도를 취하면 최대일을 얻을 수 있다.

단열압축 정압연소 Brayton 사이클의 모양은 디젤 사이클과 유사하나 디젤 사이클이 불완전 팽창을 하는 데 반하여 Brayton 사이클은 처음의 압력까지 완전팽창 (3 → 4) 하면서 한 사이클을 행한다. 이는 같은 양의 공급열량에 대하여 가스터빈의 유효일이 Diesel 기관보다 면적 $1-4'-4-1$ 만큼 크므로 그만큼 이론열효율이 높다고 할 수 있다. 그러나 Brayton 사이클 에서는 터빈이 발생하는 일의 40 ~ 80 % 가 압축기의 일에 소요되므로 실제의 효율은 Diesel 기관에 훨씬 못 미치는 경우가 많다.

Brayton 사이클의 이론 열효율을 증대시키는 방법으로 압축기의 일을 감소시키는 방안을 생각할 수 있을 것이다.

과정 1 → 2 의 단열압축을 압축 중에 냉각이 이루어져 방열시킴으로써 등온압축이 되도록 하면 단열압축을 하는 경우보다 열효율을 향상시킬 수 있다. 그러나 압축과정에서 압축 열을 냉각시키는 일이 간단하지 않다는 데 어려움이 있다.

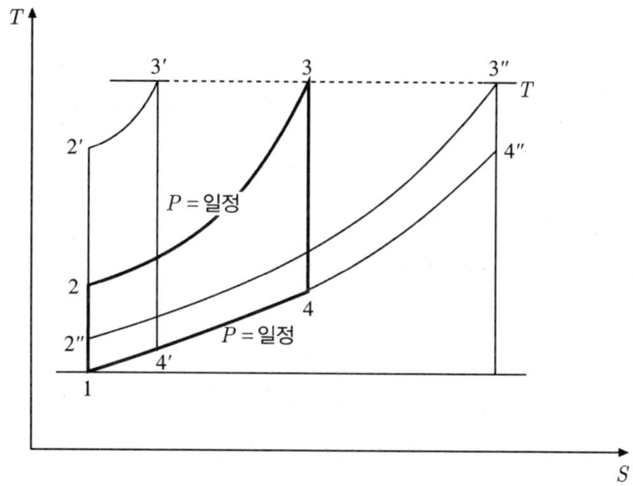

[그림 6-14] 공기표준 Brayton 사이클의 T-S 선도

Brayton 사이클의 열효율을 증대시키는 방법의 하나는 압축기의 일을 감소시키는 것이다.

6.9 브레이턴 재생사이클

기관의 열효율을 향상시키기 위한 방법 중의 하나가 재생(regeneration)의 개념이다.

대개의 단순가스터빈에 있어서는 터빈출구의 배기가스의 온도가 압축기의 출구, 곧 연소실에 들어가는 공기온도보다 높다. 만약 T_4 가 T_2 에 비하여 크게 높으면 배기 손실이 커지게 되므로 열효율이 낮게 된다.

지금, 압축기를 나온 공기를 압축기와 연소실 사이에 열교환기를 설치하여 배기가스에 의해 예열하면 배기가스의 열에너지를 회수하게 되어 회수된 열량만큼 연료 소모량이 감소되므로 열효율을 높일 수 있게 된다. 이러한 열교환기를 재생기라 부른다. 재생기를 장치한 사이클을 재생사이클이라 한다.

그러므로 재생사이클은 그림 6-15 와 같이 열교환의 특성을 지닌 구성으로 되어 있다.

과정 $1 \rightarrow 2$: 압축기 C에 의한 가역 단열압축 과정

과정 $2 \rightarrow 2' \rightarrow 3$: 연소기 H에 의한 정압수열 과정 (연료의 분사·연소과정)

과정 $3 \rightarrow 4$: 터 빈 T에 의한 가역 단열팽창 과정

과정 $4 \rightarrow 4' \rightarrow 1$: 교환기 R에 의한 정압방열 과정 (배기의 방출)

지금, 과정 $2 \rightarrow 2' \rightarrow 3$ 및 과정 $4 \rightarrow 4' \rightarrow 1$ 의 열 교환 과정이 가역 열 교환이므로 상호 동작유체의 흐름은 그림 6-15 와 같이 T-S 선도의 면적으로 나타낼 수 있다.

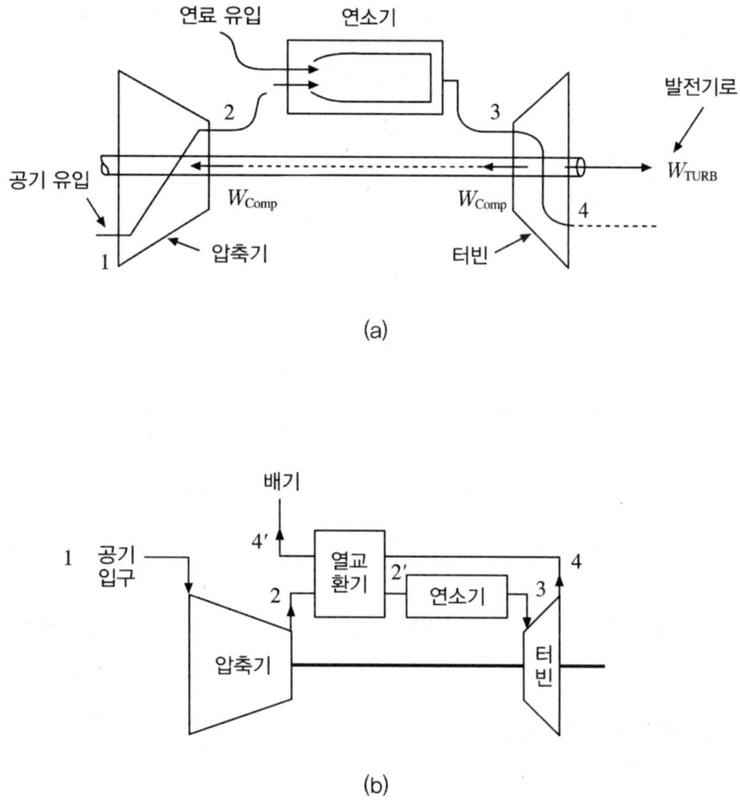

[그림 6-15] 단순 가스터빈의 개략(a)과 브레이턴 재생사이클(b)

(1) 브레이턴 재생사이클의 열효율

열교환기 내에서 배기의 온도가 T_4 로부터 $T_{4'}$ 까지 내려가고 압축공기의 온도는 T_2 로 부터 $T_{2'}$ 까지 상승되었다고 한다(그림 6-16).

만약, 열교환이 가역적으로 효율이 100 % 라고 한다면, 작동유체의 흐름은 T-S 선도 상에서 다음 면적으로 나타낼 수 있다.

과정 4 → 4′에서 배기가스로부터 열량 $q_{44'}$ 이 압축기를 나온 공기에 모두 전달되어 $q_{22'}$ 와 같게 되며, $T_{2'} = T_4$, $T_2 = T_{4'}$ 가 된다.

따라서

$$\text{면적 } S_1 - 2 - 2' - S_2 = \text{면적 } S_3 - 4 - 4' - S_4$$

또는,

$$h_3 - h_2 = h_{2'} - h_{4'}$$

$$\therefore\ c_p \cdot (T_3 - T_2) = c_p \cdot (T_{2'} - T_{4'})$$

만큼의 공급열량 Q_{in} 이나 방출열량 Q_{out} 이 적어진다. 따라서

$$q_{in} = c_p \cdot (T_3 - T_2) = c_p \cdot [(T_3 - T_2) - (T_{2'} - T_2)] = c_p \cdot (T_3 - T_4) \quad (6\text{-}46)$$

$$q_{out} = c_p \cdot (T_{4'} - T_1) = c_p \cdot [(T_4 - T_1) - (T_4 - T_{4'})] = c_p \cdot (T_2 - T_1) \quad (6\text{-}47)$$

그리고 압축기 소요일 W_{COMP} 및 터빈일 W_{TURB} 는 각각 식 (6-40) 및 (6-41) 과 같다.

그러므로 재생사이클의 열효율은,

$$\eta_{th,\, regen} = 1 - \frac{q_{out}}{q_{in}} = 1 - \frac{T_2 - T_1}{T_3 - T_4} \quad (6\text{-}48)$$

$$= 1 - \frac{T_1}{T_3} \cdot \left(\frac{T_2 / T_1 - 1}{1 - T_4 / T_3}\right)$$

여기서,

압축압력 비($p_2 / p_1 = \phi$)와 온도 비 $\left(\dfrac{T_3}{T_1} = \tau\right)$ 는 Brayton 사이클에서와 같다.

따라서 위 식을 다시 정리하면 다음과 같이 된다.

$$\eta_{th,\, regen} = 1 - \frac{1}{\tau} \cdot \phi^{(k-1)/k} \quad (6\text{-}49)$$

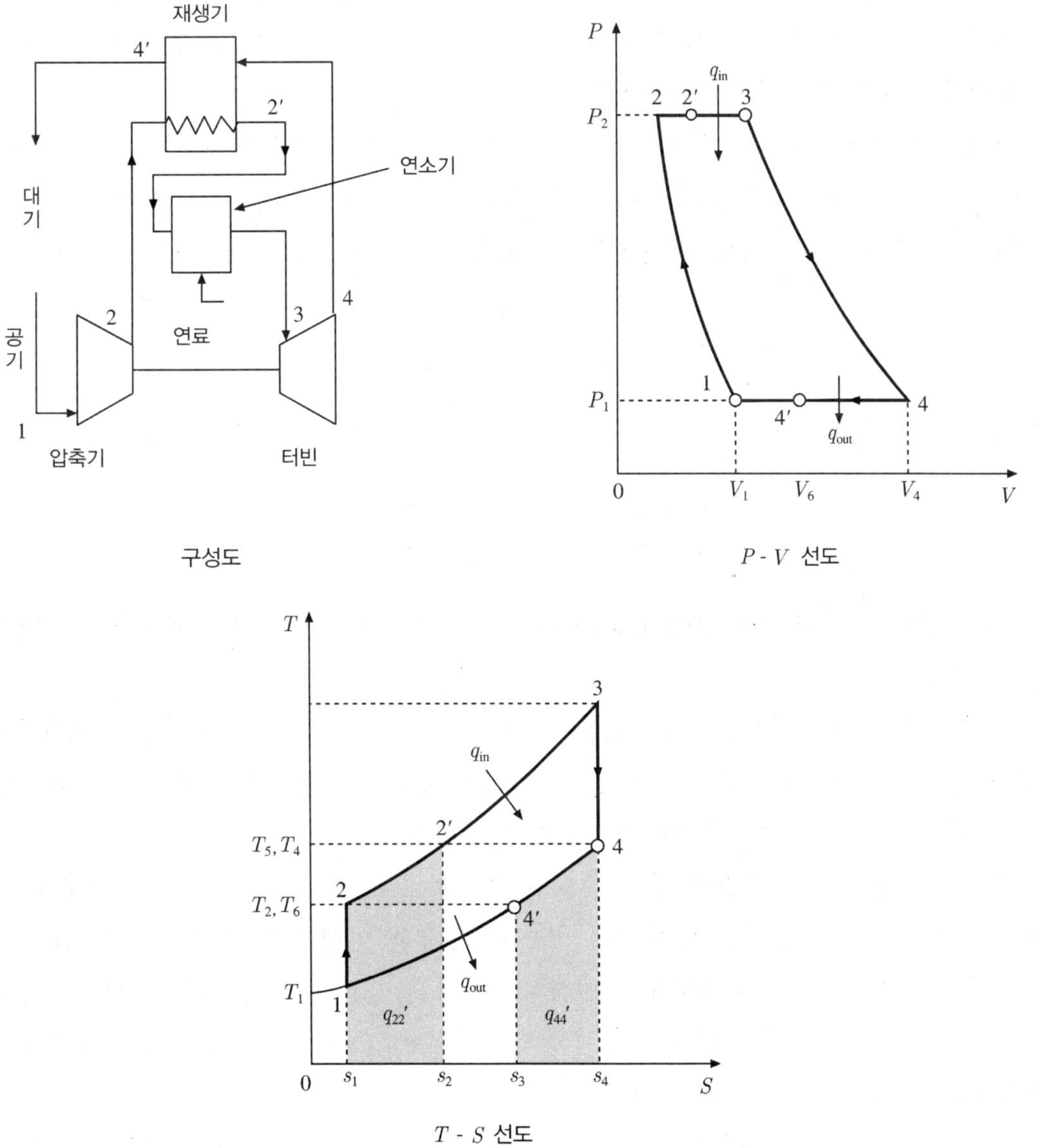

[그림 6-16] 브레이턴 재생사이클

(2) 브레이턴 재생 사이클의 해석과 적용(제트기관)

앞 절의 식 (6-49) 에서 알 수 있는 바와 같이, 브레이턴 재생사이클의 열효율은 압력비만의 함수가 아니며, 최고 대 최저 온도비의 함수이기도 하다.

온도비 τ 가 일정한 경우에는 압력비 ϕ 가 작을수록, 또 압력비가 일정한 경우에는 온도비가 클수록 열효율이 높아진다.

그러나 실제기관의 재생기의 열교환은 유체의 마찰 압력강하 등의 열손실로 인하여 100 % 가 되지 못하므로 $q_{22'}$ 는 $q_{44'}$ 보다 작아서 $T_4 > T_5$ 가 된다.

열교환기의 효율은 재생기효율(재생률 또는 온도효율)이라고도 하며

$$\text{열교환기효율}, \ \eta_{ex} = \frac{\text{이동된 실제 열량}}{\text{가역적으로 이동될 수 있는 열량}}$$

의 열량비로 정의한다.

$$\eta_{ex} = \frac{h_2 - h_2}{h_4 - h_2} = \frac{c_p \cdot (T_2 - T_2)}{c_p \cdot (T_4 - T_2)} < 1$$

그림 6-17 에 나타낸 바와 같이, Brayton 사이클이 제트(jet) 추진용 기관에 적용되면 터빈일은 압축기만을 돌린다.

즉, 제트기관에서는 터빈출구 압력을 조절함으로써 터빈일과 압축기일이 같게 될 때까지만 터빈에서 작동유체가 팽창하도록 하고, 주위의 압력보다 높은 압력의 터빈 출구의 가스는 노즐을 통과하여 주위의 압력이 될 때까지 팽창한다.

이때 기체의 압력이 감소한 만큼 속도는 증가하므로 기체가 노즐을 고속으로 떠날 때의 운동량변화가 추력을 발생시켜 기관을 장착한 비행체를 추진시킬 수 있다.

그림 6-18 의 P-V, T-S 선도에서 면적 $1' - 2 - 3 - 3' - 1'$ 는 압축기를 돌리는 일이고 면적 $1 - 2 - 3 - 4 - 1$ 이 터빈이므로, 면적 $1 - 1' - 3' - 4 - 1$ 만큼의 일이 노즐에서 운동에너지로 변환하여 추력을 발생시킨다.

운동량변화에 의한 추력 F_{th} 를 1 차원 정상류의 운동량방정식에서 구할 수 있다.

$$F_{th} = \rho \cdot L \cdot (v_j - v_f)$$

여기서, L 은 체적유량, v_j 는 분출속도, v_f 는 항공기 속도이다.

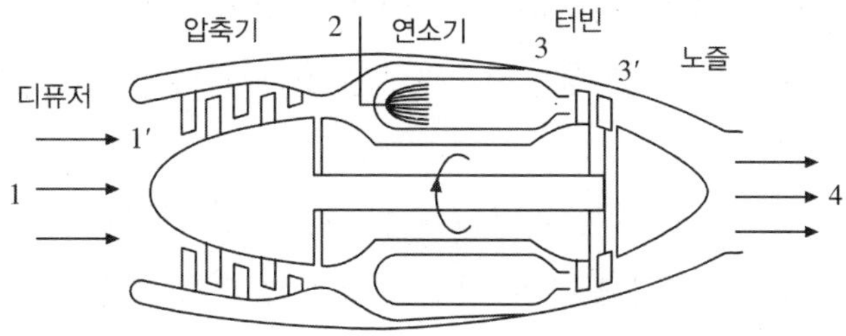

[그림 6-17] 제트엔진의 작동 원리도

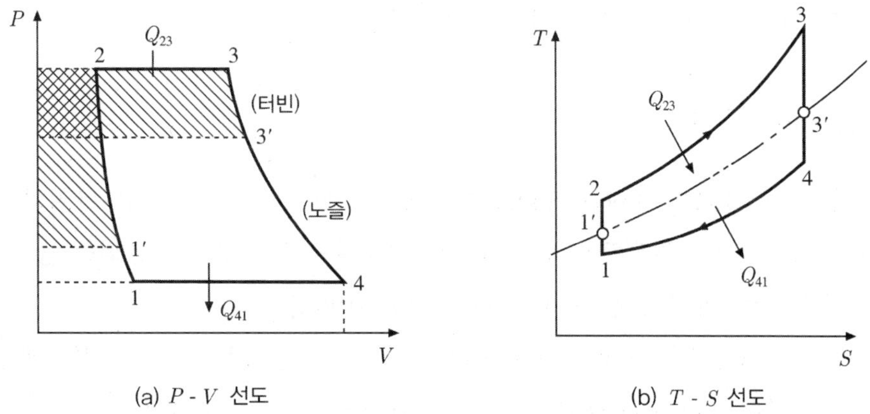

[그림 6-18] 제트엔진 사이클

6.10 기타 사이클

(1) Ericsson 사이클

에릭슨 사이클은 1853년 John Ericsson이 고안한 정압가열 사이클로서, 브레이턴 사이클의 단열압축과 단열팽창 과정을 등온압축과 등온팽창 과정으로 대체시킨 사이클이다[그림 6-19(b)].

따라서 에릭슨 사이클은 등온압축 과정 (1 → 2), 정압가열 과정 (2 → 3), 등온팽창 과정 (3 → 4), 정압방열 과정 (4 → 1)의, 2 개의 등온과정과 2 개의 정압과정으로 구성된다.

열교환이 이루어지는 과정 2 → 3 에서 공급되는 열량과 과정 4 → 1 에서 방출되는 열량은 같고 이때 열교환은 내부의 재생기에 의해 이루어진다.

재생기를 갖춘 가스터빈 사이클은 에릭슨 사이클에 가까워지게 되므로 이 사이클은 가스 터빈사이클의 이상 사이클이라 할 수 있으나 실제로 실현은 어렵다.

외부와의 열전달은 등온과정인 1 → 2 와 3 → 4 에서만 이루어지며, 열효율은 같은 온도 범위에서 작동하는 카르노사이클과 같다.

(2) Stirling 사이클

스털링 사이클은 1827년 Robert Stirling이 고안한 사이클로서, 완전한 단열압축 및 단열팽창 과정은 실현성이 없으므로 단열과정을 미소열량의 출입이 허용되는 등온압축 및 등온팽창 과정으로 대체시킨 사이클이다[그림 6-19(c)].

따라서 스털링 사이클은 등온압축 과정 (1 → 2), 정적가열 과정 (2 → 3), 등온팽창 과정 (3 → 4), 정적방열과정 (4 → 1) 의, 2 개의 등온과정과 2 개의 정적과정으로 구성된다.

동작물질과 주위와의 열교환은 카르노 사이클에서와 마찬가지로 2 개의 등온과정 1 → 2, 3 → 4 에서 이루어지며 열교환에 의하여 압력이 변한다.

스털링 사이클은 에릭슨 사이클의 정압과정이 정적과정으로 대체되었으나 q_{1v} 와 q_{2v} 는 에릭슨 사이클에서와 같으며, 만일 q_{2v} 를 완전히 이용할 수 있다고 하면 열효율은 카르노 사이클과 같아진다.

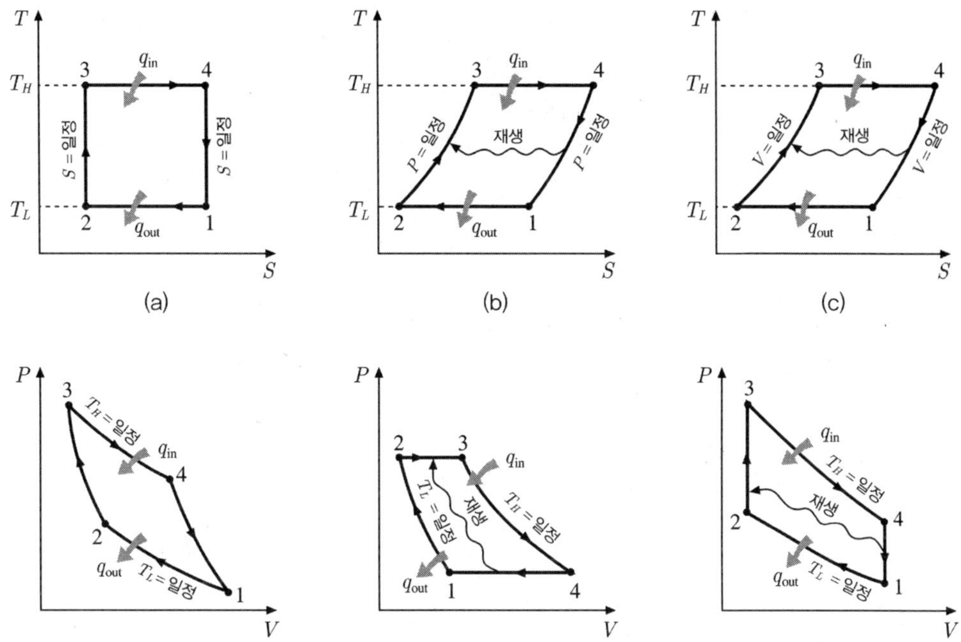

[그림 6-19] (a) Carnot, (b) Ericsson, (c) Stirling 사이클의 P-V 및 T-S 선도

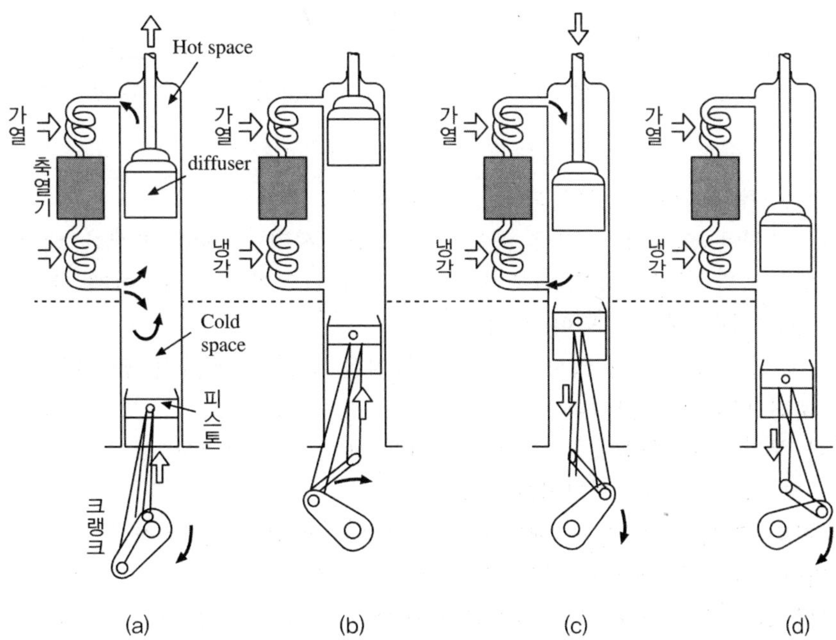

[그림 6-20] Stirling 기관의 동작 모델]

열역학적 해석
Tool _ Planimeter

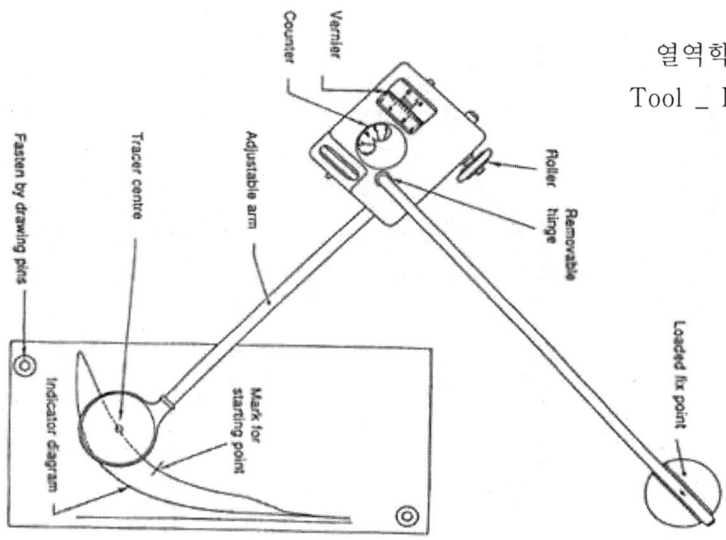

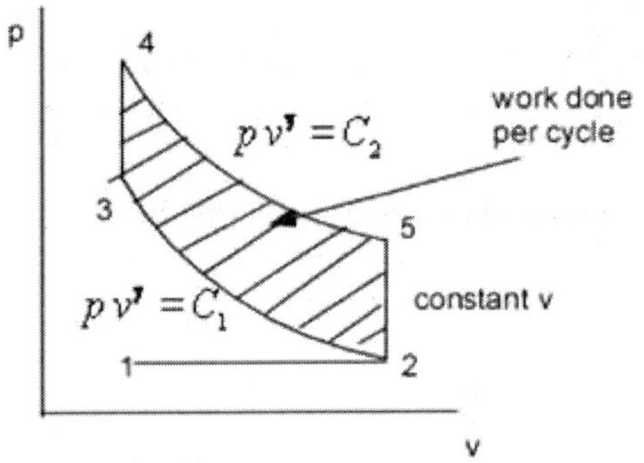

[이상(Ideal) 기관의 선도]

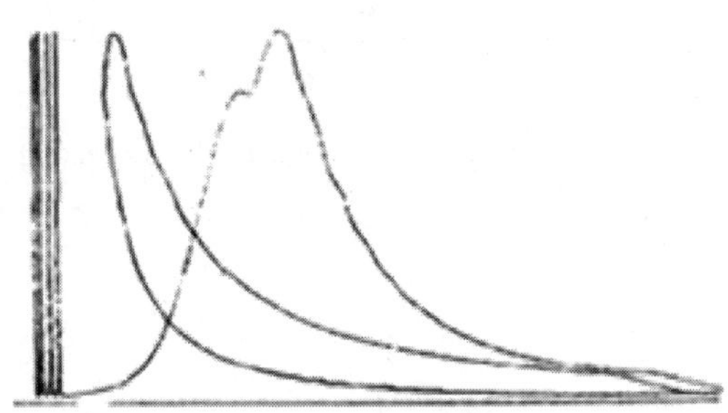

[실제(Act.) 기관의 선도]

열기관은 「열」, 「내부에너지」, 「일」의 관계를 이용해서 움직인다.
가까운 예로, 엔진은 연료와 공기를 폭발적으로 반응시켜 이때에 발생한 대량의 열량을 동작유체에 줌으로써 동작유체의 내부에너지를 소화(단열변화)한다. 이때, 유효하게 쓰인 일이 많을수록 방열량(배기온도)이 작게 된다.
그러면, 최초에 열을 공급하지 않고 언제까지나 일을 만들어 낼 수는 없을까.
결론부터 말하면 답은 [불가]이다.
내부에너지란 무진장한 에너지가 아니다. 큰 내부에너지를 가지고 있던 물질이라 할지라도 언젠가는 그 에너지를 다 써버리고 말 것이다.
결국 외부로부터 열이나 일 등의 에너지를 공급받지 않고 계속 움직이는 기관은 존재할 수 없다는 것이 된다. 즉 제 1 종 영구기관은 있을 수 없다.
기관을 움직여 일을 얻기 위해서는 어떠한 형태이건 에너지의 공급이 필요하다.

Exercise 연 습 문 제

01 그림과 같이 공기표준 카르노사이클로 작동되는 열기관이 있다.
이 열기관에서 열이 1,500K에서 150 kJ/kg이 공급되고 300K에서 방출된다고 한다.
사이클의 최저압력이 0.1MPa이라고 할 때, 각 상태점의
(1) 압력 (2) 사이클의 일 (3) 열효율은 얼마인가?

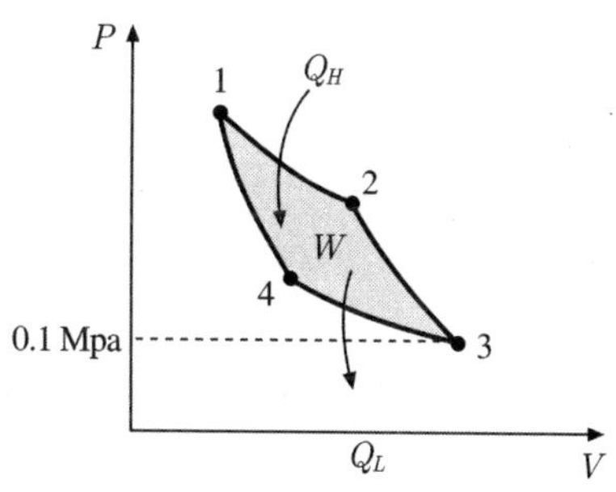

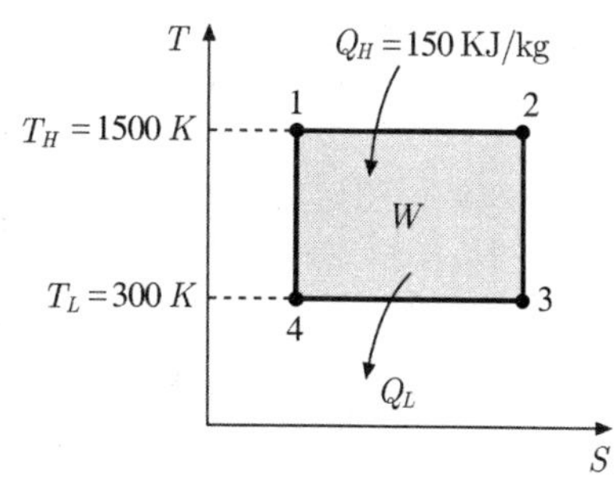

[해설]

문제에서 주어진 각 상태점의 값을 보면 다음과 같이 나타낼 수 있다.

고온저장소의 온도 ; $T_H = T_1 = T_2 = 1{,}500\ K$

저온저장소의 온도 ; $T_L = T_3 = T_4 = 300\ K$

상태 3의 압력 ; $P_3 = 0.1\ MPa$

각 상태점의 압력 ; 먼저 상태 2 점의 압력은 과정 2 → 3이 단열과정이므로 다음의 식에 의하여 구할 수 있다.

$$\frac{T_H}{T_L} = \frac{T_2}{T_3} = \left(\frac{P_2}{P_3}\right)^{\frac{k-1}{k}}$$

상태 4 점의 압력은 과정 3 → 4가 단열압축과정이므로,

$$\frac{T_H}{T_L} = \frac{T_1}{T_4} = \left(\frac{P_1}{P_4}\right)^{\frac{k-1}{k}}$$

의 관계가 성립한다.

01 (1) 상태 2 점의 압력, P_2 는

$$P_2 = P_3 \cdot \left(\frac{T_2}{T_3}\right)^{\frac{k-1}{k}} = 0.1 \cdot \left(\frac{1,500}{300}\right)^{\frac{1.4}{1.4-1}} = 27.95\ [MPa]$$

또한, 상태 1→2 과정은 등온팽창과정이고 이 과정 중에 열이 공급되므로

$$Q_H = C \cdot \ln\left(\frac{V_2}{V_1}\right) = R \cdot T \cdot \ln\left(\frac{p_1}{p_2}\right) = 0.287 \times 1,500 \times \ln\left(\frac{P_1}{P_2}\right) = 150\ [kJ/kg]$$

그러므로 $\dfrac{P_1}{P_2} = 1.42$ 이다.

즉, $P_1 = 1.42 \times 27.95 = 39.69\ [MPa]$이다. 따라서,

상태 4 점의 압력, P_4 는

$$P_4 = P_1 / \left(\frac{T_H}{T_L}\right)^{\frac{k-1}{k}} = \frac{39.69}{\left(\frac{1,500}{300}\right)^{\frac{1.4}{0.4}}} = 0.142\ [MPa]$$

(2) 사이클의 효율 ; 고열원의 온도 T_H와 저열원의 온도 T_L이 주어져 있으므로 열효율은

$$\eta_c = 1 - \frac{T_L}{T_H} = 1 - \frac{300}{1,500} = 80\ \%$$

(3) 사이클의 일 ; 열효율의 식은 다음의 관계가 성립한다.

$$\eta_c = \frac{W}{Q_H} = 1 - \frac{T_L}{T_H}$$

따라서, 사이클의 일은

$$W = \eta_c \cdot Q_H = 0.80 \times 150 = 120\ [kJ/kg]$$

02 압축비가 5인 공기표준 오토사이클기관에서 최저압력이 1 atm, 최저온도가 300 K 이며,
최고온도가 2,500 K 일 때 다음을 구하시오.

(1) 간극체적

(2) 단열압축 후의 온도

(3) 단열압축 후의 압력

(4) 사이클의 최고압력

(5) 공급열량

(6) 열효율

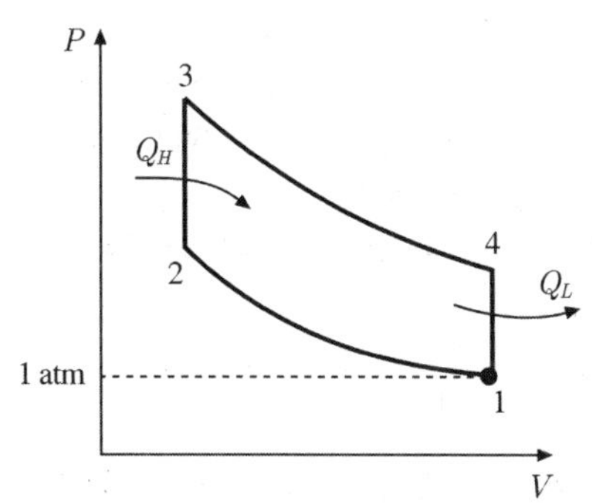

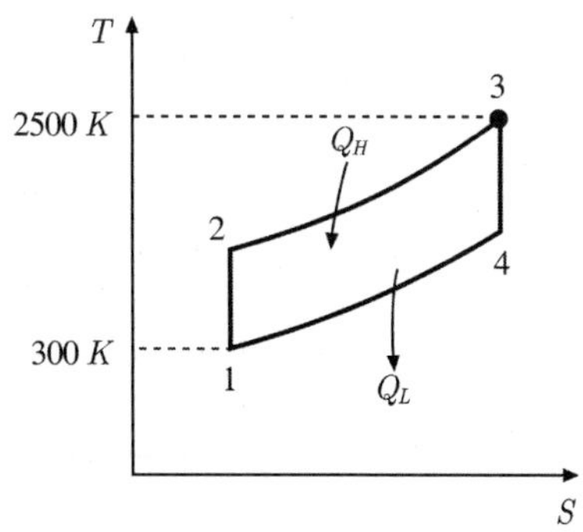

02 (1) 간극체적 (V_2) ; 간극체적을 구하기 위하여 먼저 처음상태인 압축초기의 체적 V_1을 기체상태 방정식 $P_1 \cdot V_1 = R \cdot T_1$을 이용하여 구한다.

$$V_1 = \frac{R \cdot T_1}{P_1} = \frac{0.284 \times 300}{101.3} = 0.84 \ [m^3/kg]$$

압축비가 $\varepsilon = 5$ 이므로, $\varepsilon = \dfrac{V_1}{V_2} = 5$ 에서

$$V_2 = \frac{V_1}{\varepsilon} = \frac{0.84}{5} = 0.17 \ [m^3/kg]$$

(2) 단열압축 후의 온도 (V_2) ; 과정 1 → 2 는 단열압축과정이므로 단열과정에 대한 $P \cdot V \cdot T$ 관계에서 다음과 같이 성립한다.

$$\frac{T_2}{T_1} = \left(\frac{P_2}{P_1}\right)^{\frac{k-1}{k}} = \left(\frac{V_1}{V_2}\right)^{k-1}$$

이때 단열압축 후의 온도 T_2는

$$T_2 = T_1 \left(\frac{V_1}{V_2}\right)^{k-1} = T_1 \cdot \varepsilon^{k\ 1} = 300 \times 5^{1.4\ 1} = 571 \ [K]$$

(3) 단열압축 후의 압력 (P_2) ; 과정 1 → 2 의 단열과정에 대한 $P \cdot V \cdot T$ 관계에서

$$P_2 = P_1 \left(\frac{V_1}{V_2}\right)^{k} = P_1 \cdot \varepsilon^k = 101.3 \times 5^{1.4} = 964.20 \ [kPa]$$

(4) 사이클의 최고압력 (P_3) ; 과정 2 → 3 은 $V_2 = V_3$ 인 정적과정이므로 샤를의 법칙이 성립한다.
즉, 과정 2 → 3 에 대한 온도와 압력의 관는 다음과 같다.

$$\frac{P_2}{T_2} = \frac{P_3}{T_3}$$

결국, 사이클 최고압력은

$$P_3 = P_2 \cdot \frac{T_3}{T_2} = 964.20 \times \frac{2{,}500}{571} = 4{,}221 \ [kPa]$$

(5) 공급열량 (Q_H) ; 열량의 공급은 정적가열과정인 2 → 3 과정에서 이루어지므로

$$Q_H = C_v \cdot (T_3 - T_2) = 0.7071 \times (2{,}500 - 571) = 1{,}364 \ [kJ/kg]$$

(6) 열효율 (η_c) ; 공기표준오토사이클의 열효율은 압축비만의 함수로 나타나므로 다음의 식에 의하여 결정할 수 있다.

$$\eta_0 = 1 - \left(\frac{1}{\varepsilon}\right)^{k-1} = 1 - \left(\frac{1}{5}\right)^{1.4-1} = 47.47 \ \%$$

03 공기표준 디젤사이클에서 최고온도와 압력이 각각 2,500 K, 40 ata 이고, 최저온도와 압력이 300 K, 1 ata 이다. 이러한 디젤사이클의 ① 압축비와 ② 단절비 및 ③ 열효율은 얼마인가?

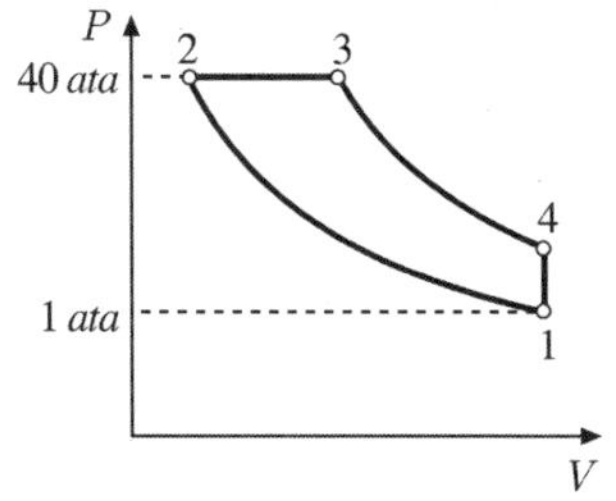

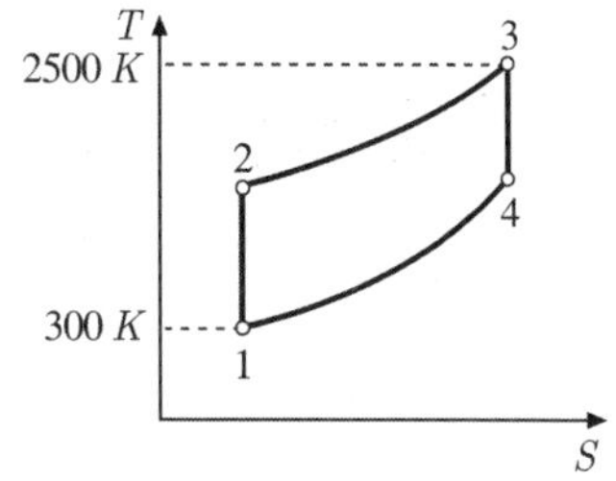

[해설]

주어진 문제에 의하면 최저압력 $p_1 = 1\,ata$, $p_2 = p_3 = 40\,ata$, 최저온도 $T_1 = 300\,K$, 최고온도 $T_3 = 2{,}500\,K$ 임을 나타내고 있다.

(1) 압축비 (ε) ; 압축비는 2 점의 체적인 상사점에서의 연소실 체적과 1 점의 체적인 하사점 에서의 체적의 비로 정의하며, 과정 1 → 2 는 단열압축과정이다.

(2) 단절비 (σ) ; 단절비 σ 는 디젤사이클의 정압가열과정인 과정 2 → 3 사이의 체적의 비로 정의
되므로, 2 점의 온도를 결정한 후 구할 수 있다.

(3) 열효율 (η_D) ; 디젤사이클의 열효율은 식 (6-24) 로부터 구한다.

04 공기표준 사바테사이클에서 최저온도가 27 ℃, 압축비 $\varepsilon = 10$, 압력상승비 $\alpha = 2.0$, 단절비 $\sigma = 1.8$ 이라고 할 때 최고온도는 얼마인가?

[해설]

압축 초의 온도는 $T_1 = 300\,K$ 이며, 사바테사이클의 경우 그림과 같이 과정 1 → 2 는 단열압축
과정이며, 과정 2 → 3 은 정적연소과정, 과정 3 → 4 는 정압연소과정이다.

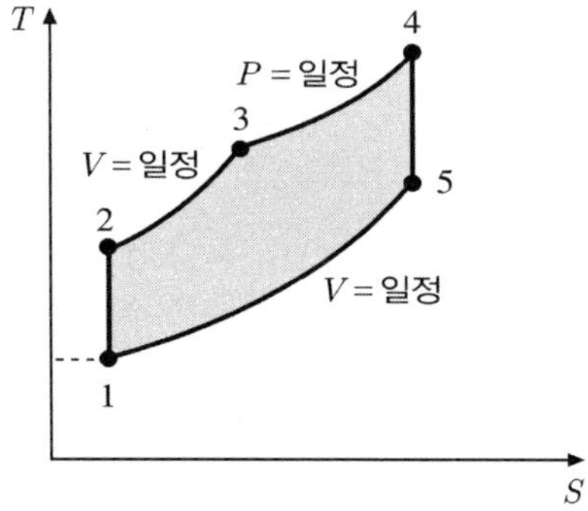

03

(1) 압축비, $\varepsilon = \dfrac{V_1}{V_2} = \left(\dfrac{P_2}{P_1}\right)^{1/k} = 40^{1/1.4} = 13.94$

상태 2 에서의 온도 $T_2 = T_1 \cdot \left(\dfrac{V_1}{V_2}\right)^{k-1} = T_1 \cdot \varepsilon^{k-1} = 300 \times 13.94^{1.4-1}$

$= 860\,[K]$이므로

(2) 단절비, $\sigma = \dfrac{V_3}{V_2} = \dfrac{T_3}{T_2} = \dfrac{2{,}500}{860} = 2.90$

(3) 열효율, $\eta_D = 1 - \dfrac{1}{\varepsilon^{k-1}} \cdot \left[\dfrac{\gamma^k - 1}{k(\gamma - 1)}\right]$

$$= 1 - \frac{1}{13.94^{1.4-1}} \cdot \left[\frac{2.9^{1.4} - 1}{1.4(2.9 - 1)}\right] = 80.0\,\%$$

04

$$T_2 = T_1 \cdot \left(\frac{V_1}{V_2}\right)^{k-1} = T_1 \cdot \varepsilon^{k-1} = 300 \times 10^{14-1} = 753.56[K]$$

$$T_3 = T_2 \cdot \frac{P_3}{P_2} = T_2 \cdot \alpha = 753.56 \times 2.0 = 1{,}507\ [K]$$

최고온도, $T_4 = T_3 \cdot \dfrac{V_4}{V_3} = T_3 \cdot \sigma = 1{,}507 \times 1.8 = 2{,}713\ [K]$

05 공기를 동작유체로 사용하는 브레이턴 사이클에서 압축기로 들어가는 공기의 압력과 온도는 100 kPa, 37 ℃ 이다. 압축기의 압력비 ϕ = 12 이고 터빈 출구의 온도는 497 ℃ 이다. 이때 다음을 구하시오. (단위질량 당)

(1) 압축기의 일 (W_{COMP})

(2) 터빈의 일 (W_{TURB})

(3) 연소과정 동안에 사이클에 공급된 열량 (Q_{23})

(4) 열교환기를 통하여 방출된 열량 (Q_{41})

(5) 사이클의 열효율 ($\eta_{th,\ Brayton}$)

[해설]

문제에서 주어진 브레이턴사이클에 대한 P-V 선도와 T-S 선도를 보면 그림과 같다. 그림에 나타낸 첨자를 이용하면 문제에서 주어진 각 점의 상태는 다음과 같다.

$$T_1 = 37\,°C = 310\,K, \quad P_1 = 100\,kPa, \quad \phi = 12 = \frac{P_2}{P_1}$$

$$P_2 = \phi \cdot P_1 = 1{,}200\,kPa \quad T_4 = 497\,°C = 770\,K$$

$$C_p = c_p = 1.005\ [kJ/kg \cdot ℃]$$ 로 한다.

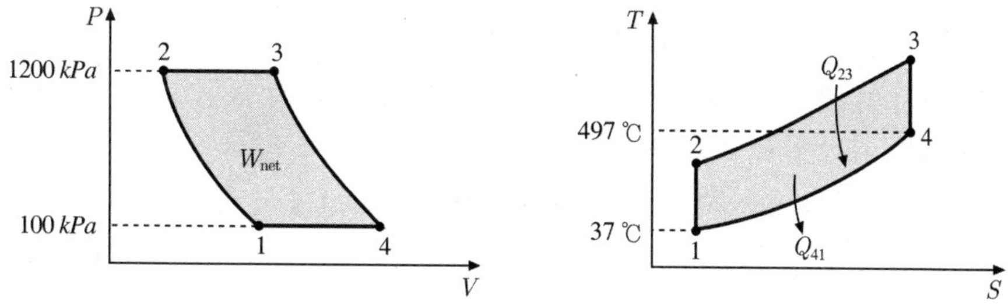

05 (1) 압축기의 일 (W_{COMP}) ; 압축기에서의 과정은 단열압축과정이므로 압축기에 대해 열역학 제 1 법칙을 적용하여 구할 수 있다.

$$T_2 = T_1 \cdot \left(\frac{P_2}{P_1}\right)^{k-1/k} = T_1 \cdot \phi^{k\ \ 1/k} = 310 \times 12^{\frac{1.4-1}{1.4}} = 631\ [K]$$

제 1 법칙 : (압축기의 경우) $Q = 0$ 이므로 $0 = (H_2 - H_1) - W_{COMP}$ 에서

$W_{COMP} = H_2 - H_1 = C_p \cdot (T_2 - T_1) = 1.005 \times (631 - 310) = 322.61\ [kJ/kg]$

(2) 터빈의 일 (W_{TURB}) ; 터빈의 과정은 단열팽창과정이므로 터빈에 대해서도 열역학 제 1 법칙을

적용한다.

$$T_3 = T_1 \cdot \left(\frac{p_3}{p_4}\right)^{\frac{k-1}{k}} = 770 \times 12^{\frac{0.4}{1.4}} = 1{,}566\ [K]$$

제 1 법칙 : (터빈의 경우) $Q = 0$ 이므로

$W_{TURB} = H_3 - H_4 = C_p \cdot (T_3 - T_4) = 1.005 \times (1{,}566 - 770) = 800\ [kJ/kg]$

(3) 연소과정 동안에 사이클에 공급된 열량(Q_{23}) ; 연소기에서 공급된 열량은 정압가열되는 과정 하에서 공급되며, 일이 없으므로 연소기에 열역학 제 1 법칙을 적용하면 다음과 같다.

제 1 법칙 : $W = 0$ 이므로

$$Q_{23} = H_3 - H_2 = C_p \cdot (T_3 - T_2) = 1.005 \times (1{,}566 - 631) = 940\ [kJ/kg]$$

(4) 열교환기를 통하여 방출된 열량 (Q_{41}) ; 과정 4 → 1 은 열교환기에서 열량이 정압 방열되는 과정이다.

이 과정도 일이 없으며, 열역학 제 1 법칙을 적용하면 다음과 같다.

제 1 법칙 : $W = 0$이므로

$$Q_{41} = H_4 - H_1 = C_p \cdot (T_4 - T_1) = 1.005 \times (770 - 310) = 462\ [kJ/kg]$$

(5) 사이클의 열효율 (η_B) ; 이상과 같은 공기표준 브레이턴 사이클에 대한 열효율은 식 (6-38)에 의하여 결정할 수 있다.

$$\eta_B = 1 - \phi^{\frac{1-k}{k}} = 1 - 12^{\frac{1-1.4}{1.4}} = 51\ \%$$

06 그림과 같은 재생브레이턴 사이클에 있어서 공기는 0.1 MPa, 15 ℃ 의 상태로 압축기에 들어가서 0.5 MPa 의 상태로 나온다고 한다. 또한, 사이클의 최고온도는 900 ℃ 이다. 이때 다음을 구하시오.

(1) 압축기의 일 (W_{COMP})

(2) 터빈의 일 (W_{TURB})

(3) 사이클의 열효율 (η_{regen})

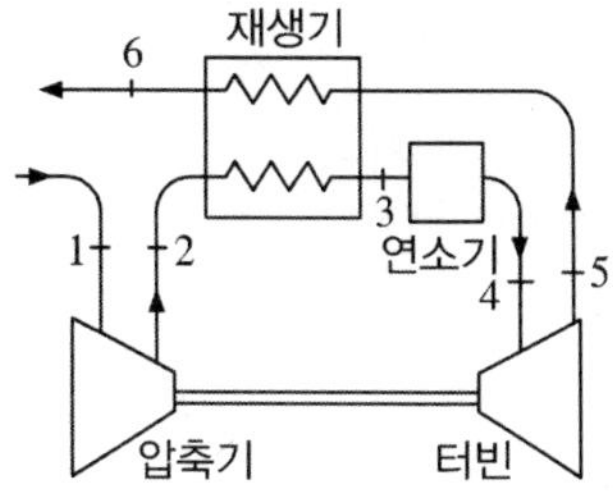

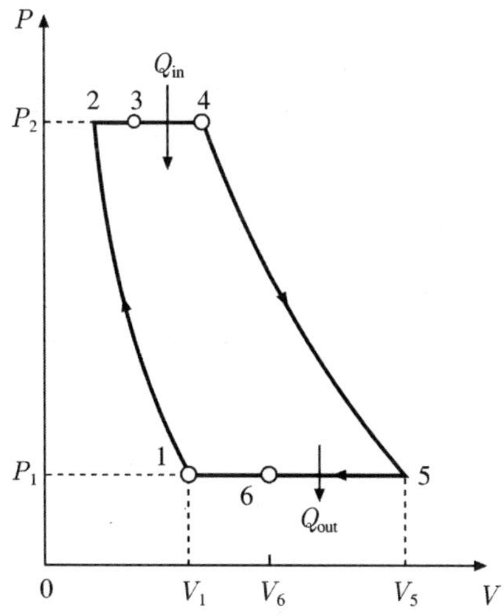

P - V 선도

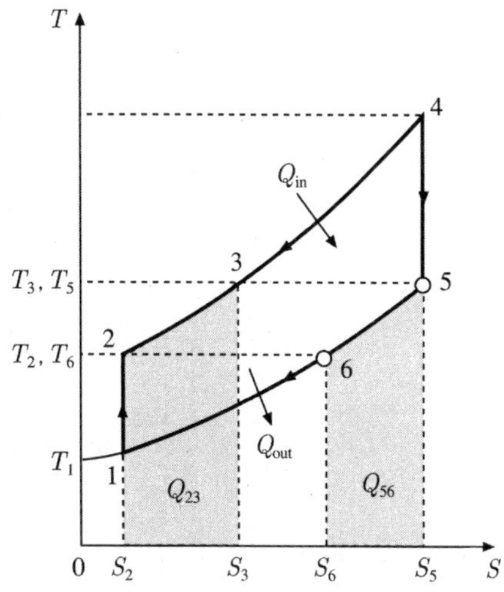

T - S 선도

$$T_1 = 15\,℃ = 288\,K, \quad P_1 = 100\,kPa, \quad P_2 = 500\,kPa$$

$$\phi = \frac{P_2}{P_1} = 5 \qquad T_4 = 900\,℃ = 1{,}173\,K$$

$C_p = c_p = 1.005\ [kJ/kg \cdot ℃]$ 로 한다.

06 (1) 압축기의 일(W_{COMP}) ; 압축기에 대하여 열역학 제 1 법칙을 적용하면 다음과 같이 표시 된다.

$$\text{제 1 법칙 : } W_{COMP} = H_2 - H_1$$

또한, 압축기의 과정은 단열압축과정이므로, 압축 후의 고압가스의 온도는 다음과 같이 구한다.

$$T_2 = T_1 \cdot \left(\frac{P_2}{P_1}\right)^{(k-1/k)} = 288 \cdot \left(\frac{0.5}{0.1}\right)^{(1.4-1)/1.4} = 456[K]$$

그러므로 압축기의 일은

$$W_{COMP} = H_2 - H_1 = C_p \cdot (T_2 - T_1) = 1.005 \times (456 - 288) = 169 \ [kJ/kg]$$

(2) 터빈의 일(W_{TURB}) ; 터빈에 대하여 열역학 제 1 법칙을 적용하면 터빈의 일은 다음과 같이 된다.

$$W_{TURB} = H_5 - H_4 = C_p \cdot (T_5 - T_4)$$

또한, 터빈의 과정은 단열팽창과정이므로 팽창 후의 온도는 다음과 같이 구할 수 있다.

$$T_5 = T_4 \cdot \left(\frac{p_5}{p_4}\right)^{(k-1)/k} = 1{,}173 \times \left(\frac{0.1}{0.5}\right)^{(1.4-1)/1.4} = 741\,[K]$$

그러므로 터빈의 일은

$$W_{TURB} = H_4 - H_5 = C_p \cdot (T_4 - T_5) = 1.005 \times (1{,}173 - 741) = 434 \ [kJ/kg]$$

(3) 사이클의 열효율(η_{regen}) ; 문제의 재생브레이턴 사이클은 압력비가 $\phi = \dfrac{p_2}{p_1} = 5$ 이므로, 효율은 식 (6-49) 에 의하여 구할 수 있다. 즉, 사이클의 효율은

$$\eta_{regen} = 1 - \frac{T_1}{T_4} \cdot \phi^{(k-1)/k} = 1 - \frac{288}{1{,}173} \times 5^{(1.4-1)/1.4} = 61[\%]$$

Chapter 07

열·에너지 역학 산업현장 실무 적용

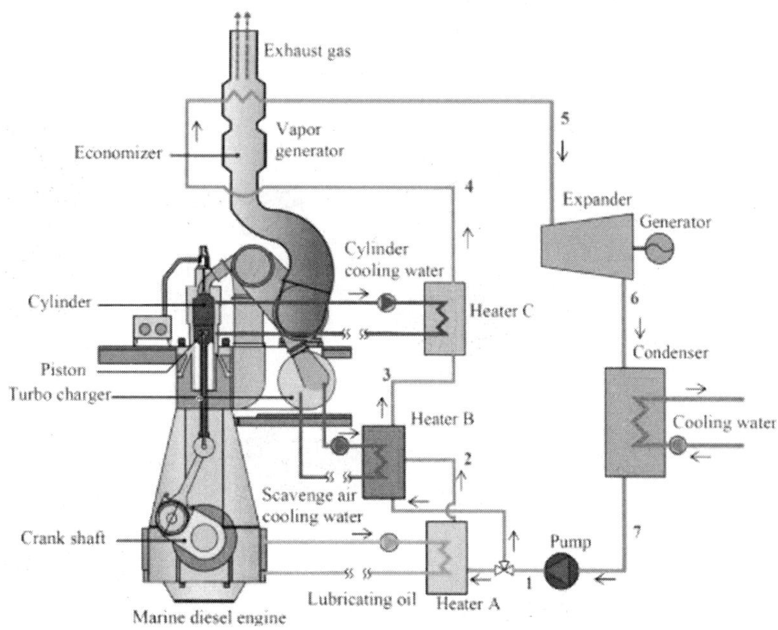

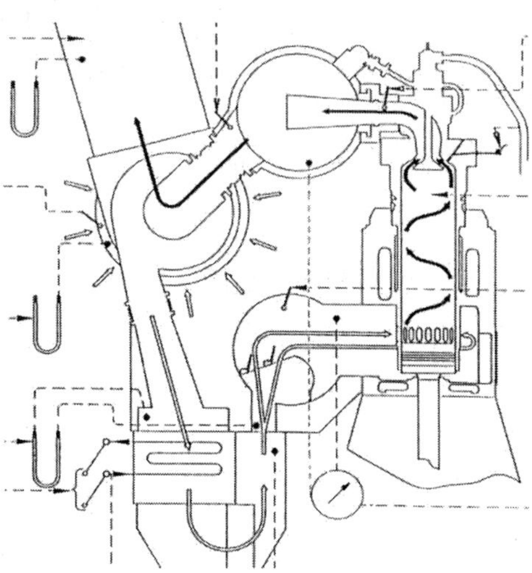

1. 발전소(Power Plant)의 실제 기기 적용 사례 설명

발전소의 한 형태 중 Steam Power Plant는 지구상에서 석탄, 석유, 가스 등 화석 연료가 보유한 열에너지를 전기에너지로 전환하는 수단 중 하나이다. 개념적으로 이를 쉽게 이해하기 위해 Steam Power Plant를 가장 간단히 일상생활에 쉽게 볼 수 있는 장치들로 나타내었다.

다음의 [그림1-1]은 가장 단순한 종류의 보일러와 터빈을 보여준다. 그림에서 보일러(Boiler)는 주전자 형태로 물을 스팀(Steam)으로 전환하는 장치이며, 터빈은 회전할 수 있는 바람개비에 지나지 않는다.

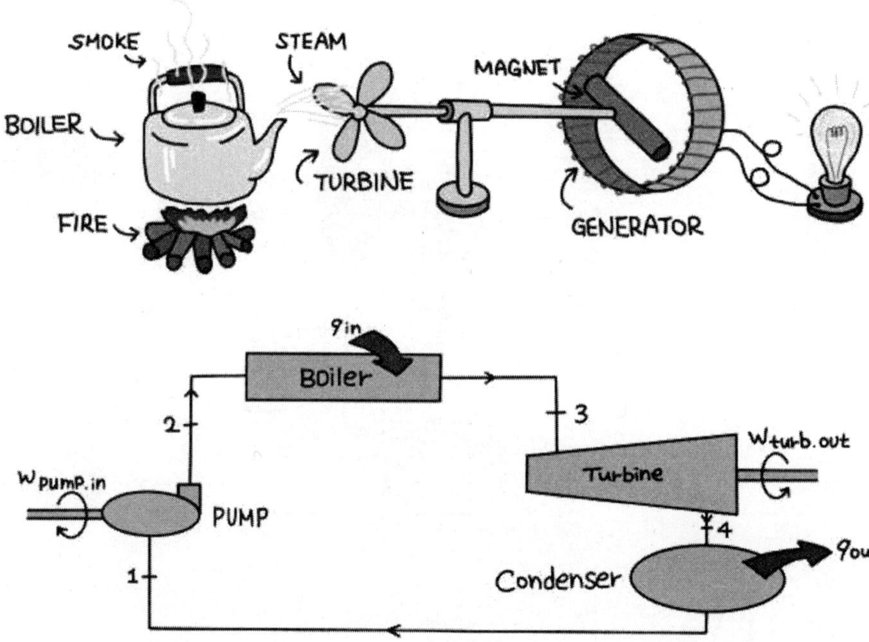

[그림 1-1: 발전 발생 장치 개념]

(*참고로 본 Chapter 그림들은 미국서 발간한 Power Plant Primer 자료를 인용하였다)

● 왜 Steam Power Plant 가 많으며 왜 하필 물을 사용하는가?

과거부터 현대 시대에서도 Steam Power Plant가 세계적으로 오랫동안 널리 사용되는 이유는 사용 'Process 매체'인 '물'은 지구상 어느 곳에서나 쉽고 값싸게 사용 가능하고, 외부 유출 시에도 인체에 유해하지 않기 때문이다.

실제 효율상승 목적으로 수은 등 다른 열 매체 오일을 사용하기도 하나 이는 물질의 유해성 논란, 고가의 가격 등의 제한 요소로 일반적이지는 않고 일부 경우에서만 사용하고 있다.

많은 사람들에게 전기 발생 이론 및 장치는 신비스러운 것이나, [그림1-1]에서 발전기(Generator)는 Coil로 된 고정자 안에서 회전하는 자석 막대로 쉽게 표시되어 있다. 이는 매우 간단한 개념이나 실제로 수많은 양의 와이어(Wire)로 된 코일 내부에서 회전하는 자석이 전자기 유도 법칙을 통하여 전기에너지를 발생시킨다.

실제 산업 현장에서의 보일러와 터빈, 발전기는 거대하고 복잡하나 그 원리는 간단하다.

그러면 여러분들은 발전 원리가 이렇게 간단한데 왜 난해한 '열에너지 역학'을 배워야 하냐고 질문할 수 있을 것이나 위의 간단한 구조로는 발전소 효율(Efficiency)이 거의 Zero에 가까워 실용적이지 못하므로 열역학의 이론을 응용한 현대의 발전소가 [그림 1-2]의 체계로 존재하는 것이다.

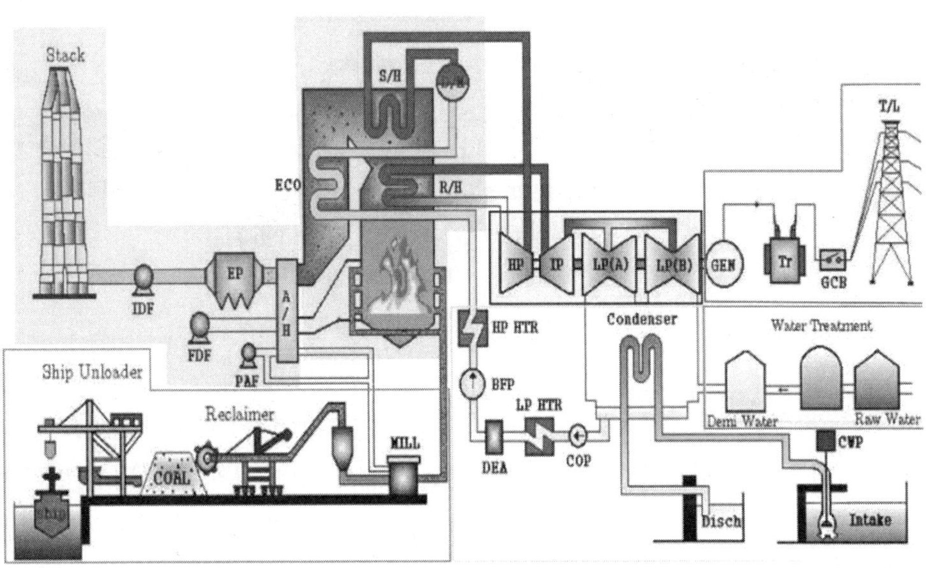

[그림 1-2 : 현대의 발전소 예]

과거 산업화 시대 초기에서 현대사회로 진보하며 전력 요구량은 엄청나게 증가해 왔지만 고효율 발전소를 통하여 단위전력 1 kw-hour 생산을 위해 과거보다 훨씬 소량의 연료를 사용하고 있다. 한 예로, 1900년 초 발전소 초기 대비 현대 발전소의 효율은 약 3 배 상승되어 단위 전력 1 kw-hour 생산을 위해 연료를 과거의 3분의 1 정도만 사용해도 되며 효율을 개선하기 위해 현재도 노력 중이다.

석탄은 수억 년 전 지구상에 박테리아가 존재하지 않은 기간 동안 박테리아에 의해 식물이 분해되지 않고 고온 고압의 상태로 지층 속에 저장되어 있는 연료이지만 오늘날은 현존하는 박테리아가 식물을 모두 분해하므로 더 이상 새로 생성될 수가 없어 이제 석탄은 우리가 한번 사용하고 나면 영원히 만들어질 수 없는 귀중한 자원이 되었다.

사용 연료를 줄이는 방법으로 각 기기의 효율 증가를 위해 기술자들이 지금까지 발전소에서 노력해온 바, 이를 아래 각 구성 장치를 여하히 개선하였는지를 통하여 살펴보도록 하자.

보일러 부분의 효율을 증가하기 위해 앞서 [그림1-1]대비, 의도적으로 몇 가지 장치를 추가하였다.

아래 [그림 2]에서와 같이 연료의 자동 공급 장치 Belt Conveyor 와 이를 저장하는 Hopper 를 설치하여 공급된 연료가 보일러 하부에서 정지하지 않고 이송 배출되어 효율적으로 연소하게 하고, 연소용 산소 공급을 위해서는 대기 중 공기를 공급하는 Bellows 장치를 설치하였다.

[그림 2: 연료 자동 공급 장치 개념도]

연료 연소와 관련하여 유념해야 할 것은 연료 중의 가연분 중 하나인 탄소가 산소와 완전히 반응하여 이산화탄소가 되면서 연료가 보유한 열에너지를 최대한 발생하는 것이다. 그러나 만약 불완전 연소로 이산화탄소가 아닌 일산화탄소가 되면 보유한 에너지를 충분히 회수하지 못하므로 발전소는 효율적이지 않다. 그러므로 연료의 완전한 연소를 위해 반응에 필요한 최소한의 이론 공기량 보다 많은 과잉공기(Excess Air)를 사용한다.

엔지니어들은 불완전연소 발생으로 인한 공해방지와 발전소의 효율 증대를 위해 연료의 가연분에 대한 완전한 연소를 추구해야 하나, 과잉 공기량이 많아지면 발전소는 이를 위한 장치(송풍기, Duct) 및 운전 동력(Auxiliary Power Consumption)이 등 경제적 비용이 증가하게 된다.

석탄 연료의 경우 석탄 1 kg 연소를 위해 약 17 kg의 공기가 필요하다. 일상의 공기 중 산소 농도는 약 21%이고 질소가 78% 이다. 그러므로 완전연소에 필요한 산소공급을 위해서는 약 5배의 공기가 공급되어야 한다.

● 최근 CO_2 저감 및 포집 논의가 많은데 어떤 기술이 있는가?

엔지니어들은 최근 지구의 온난화 문제로 연소 후 발생되는 이산화탄소를 대기에 방출하지 않고 이를 배출 전에 회수하고 이를 드라이아이스 제품 등으로 상품화하는 등 CO_2 분리/회수/저감에 관한 여러 방법을 고안하고 있다. 연소에 도움이 되지 않는 공기 중의 질소를 아예 사용치 않는 순산소(Pure Oxygen) 연소 방식을 발전소에 적용하는 방안도 검토되고 있다.

모든 연료는 다양한 가연 성분(탄소, 수소 등)을 함유하며 연소 후에는 가스(Gas)화 되어 대기로 방출되고, 나머지는 재(Ash)의 형태로 배출되며 환경설비들에 의해 처리되고 있다.

오늘날 발전소는 다양한 첨단 환경설비(탈황 및 탈질 설비, 집진 설비, 회 처리 설비) 등을 갖추고 있다.

발전소 엔지니어는 연료의 연소 시 불완전 연소 발생량을 줄이는 것과 과도한 공기 사용에 의한 관련 시설 투자증가, 기기운영, 소요동력 증가 등을 종합적으로 평가할 수 있어야 하며 이를 위해서는 평소 열역학 관련 제반 지식을 잘 숙지하고 있어야 한다. 이와 관련하여 [그림 3]에서는 좀더 정교한 장치가 추가되었다. 연소 후 연소 가스 (Combustion Gas) 배출을 위한 굴뚝(Stack), 연소 후 미연물인 Ash의 처리 장치가 추가되었다.

[그림 3]에 촛불(Candle)로 비유적으로 표시된 부분은 연료의 효율적 가열을 위해 현대발전소에서 널리 사용되고 있는 '공기 예열기(Air Pre-heater)'를 개념적으로 표현한 것이다. 공기 예열기는 연소 후 굴뚝(Stack)으로 배출되는 낮은 온도의 연소 가스열을 회수하여 연소기에 공급되는 공기에 열을 가하는 기기로 연료가 효율적으로 연소하는 데 일조한다.

이는 발전소 엔지니어가 에너지 자원을 절약하기 위해 얼마나 노력하는지를 보여주는 하나의 예이다. 산업현장에서 엔지니어가 각종 장치들을 설계 운용해야할 시에는 지금 배우는 열에너지 역학을 잘 이해 하여야만 업무를 무난히 해나갈 수 있을 것이다.

[그림 3: 공기 예열기(Air preheater) 적용 개념도]

연소 후 연료에 포함된 황(Sulfur) 성분은 연소하여 이산화황이 되고 연료의 구성 성분인 수소는 연소 후 공기 중 산소와 반영하여 물 분자 상태로 존재하는데 고온에서는 가스화되어 있으나 열교환 후 저온화된 상태에서는 응축(Condensation)되어 액체 상태로 된다. 그리고 이것이 이산화황과 반응하면서 황산 부식(Sulfuric Corrosion)을 유발한다.

반면, 배출되는 연소가스 온도가 낮을수록 보일러 효율은 증가하므로 따라서 발전소 효율도 증가하지만 엔지니어는 이로 인한 환경 문제 유발 및 이를 처리하기 위한 투자 운영비 등을 종합적으로 판단하여 전체 시스템을 선정 하여야 한다.

낮은 온도의 열에너지는 유효 열교환 낙차가 작지만 이를 경제적으로 회수하기 위해서 현대의 엔지니어는 열교환기 형상, 열교환기배열 방식, 적합한 열교환매체 개발에 매진하고 있다.

물을 증기로 변환시키는 장치인 보일러(Boiler)는 수많은 양의 Steel 및 합금체 금속구조물로서 발전소 보일러는 가정용 보일러와는 차원이 다르다. 한 예로 우리나라 표준화력 500MW 발전소의 보일러는 무게만 해도 수만 톤으로 높이가 수십 미터에 달하는 철강(Steel) 구조물이다.

아래 [그림 4] 에서는 연소 장치에 의해 물을 스팀으로 변환시키는 장치인 보일러수(Feedwater) 유입부, 물이 Steam화되는 전열부(Heating surface) 및 Steam Drum을 나타내고 있다. 보일러수(Feedwater)는 보일러에서 연소에너지를 공급받아 Steam화 되어 Turbine으로 끊임없이 이동하며 순환하므로 Feedwater는 차질없이 그 양만큼 공급되어야만 보일러 구조물의 소손(Burnout)이 일어나지 않는다. 실제로 국내 500MW 발전소의 경우, 보일러에 시간당 공급되는 물이 2천톤 정도이므로 그 규모를 짐작할 수 있을 것이다.

Feedwater는 이송 중의 압력 손실을 감안하여 Cycle에서 요구하는 압력 이상으로 급수 펌프(Feedwater pump)에서 압력을 가하여 소요량만큼 보일러에 공급해야 한다.

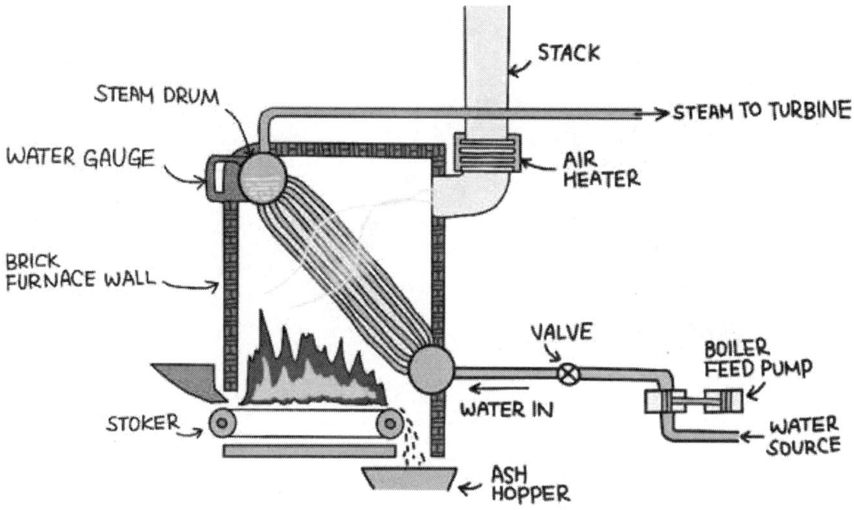

[그림4: 보일러 주요 장치 개념도]

발전소에서는 Feedwater 필수 소요량을 정확히 공급하지 못하는 경우, 순식간에 Metal이 녹아 거대한 폭발이 일어난다. [그림 5]는 이를 제어하는 Valve 및 Drum water level의 적정 유지 감시가 필요함을 비유적으로 보여주고 있다. (DPT, Diff. Press. Transmitter)

현대의 발전소는 폭발 방지를 위한 각종 자동첨단 제어 장치를 구비하고 있다.

[그림 5-1: 고전 발전소에서 작업자가 보일러 드럼 수위 수동 제어하는 모습]

[그림 5-2 : 현대 발전소 중앙 제어실 전경, ECC]

보일러는 항상 열 영향부에 위치하므로 온도가 높은 상태에서 보일러에 공급되는 Feedwater의 온도가 너무 낮으면 상호 온도차로 인하여 금속의 응력(Stress)을 유발한다. Feedwater의 온도를 상승시켜 공급하는 것이 바람직하다. 현대의 발전소는 이를 위하여 Turbine에서 전력 발생을 어느 정도 수행한 터빈의 중간단계 Steam 일부를 추기(Extraction)하여 보일러 공급수(Feedwater)와 열교환을 통하여 Feedwater 온도 상승을 도모하고 Plant 효율 상승 효과도 동시에 거두고 있다.

현대의 발전용 보일러에서는 연료 절감을 위한 방안의 하나로 Economizer(절탄기)를 채택하고 있다. 보일러 내부에 절탄기(Economizer)를 전열면으로 설치하여 보일러 내로 유입되는 보일러수를 보일러 후단에서 배출되는 연소 가스 배출열을 회수, 열교환하여 급수하면 한층 보일러의 열효율을 상승시킬 수 있다. 이는 또한 공급수와 상호 온도차에 의해서 Steam drum 등 매우 두꺼운 금속 기기에서 흔하게 일어나는 열응력 발생을 방지할 수 있다.

이제 보일러 파트를 지난 고압 고온의 스팀이 통과하면서 일을 하는 Steam Turbine의 원리를 살펴보자. 터빈(Turbine)은 [그림 6]에서처럼 첫 단(Stage)을 통과한 스팀이 연속된 단(Stage)을 지나도록 연속된 회전 날개(Blade)와 고정 노즐(Nozzle)로 구성되어 있다.

스팀은 압력과 온도 즉 엔탈피(Enthalpy) 레벨이 떨어지면서, 스팀의 열에너지는 운동에너지로 바뀌게 된다. 우리는 이런 장치를 우리는 열동력(Thermodynamic) 기기라고 부른다.

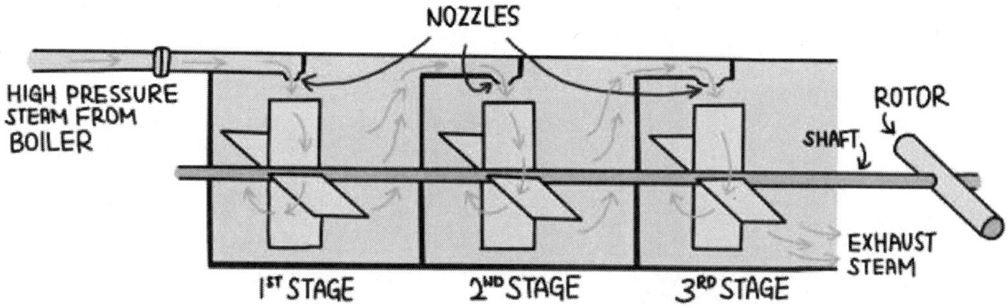

[그림 6: 스팀 터빈 주요 장치 개념도]

실제의 터빈 날개는 [그림 7]에서와 같이 효율을 증가시키기 위해서 매우 마찰 손실을 줄일 수 있는 최적의 정교한 곡선형 형태로 구성되어 있다.

발전소의 운전 수명이 30년이 넘는 것을 감안하면 0.1%의 효율 증가라도 수십 억의 비용 감소 효과를 가져 오므로 발전소 엔지니어는 효율의 증대와 기기의 고가화에 따른 투자비 증가 사이를 평가하여 최적 균형점(Balance Point)을 선택하여 설계해야 한다.

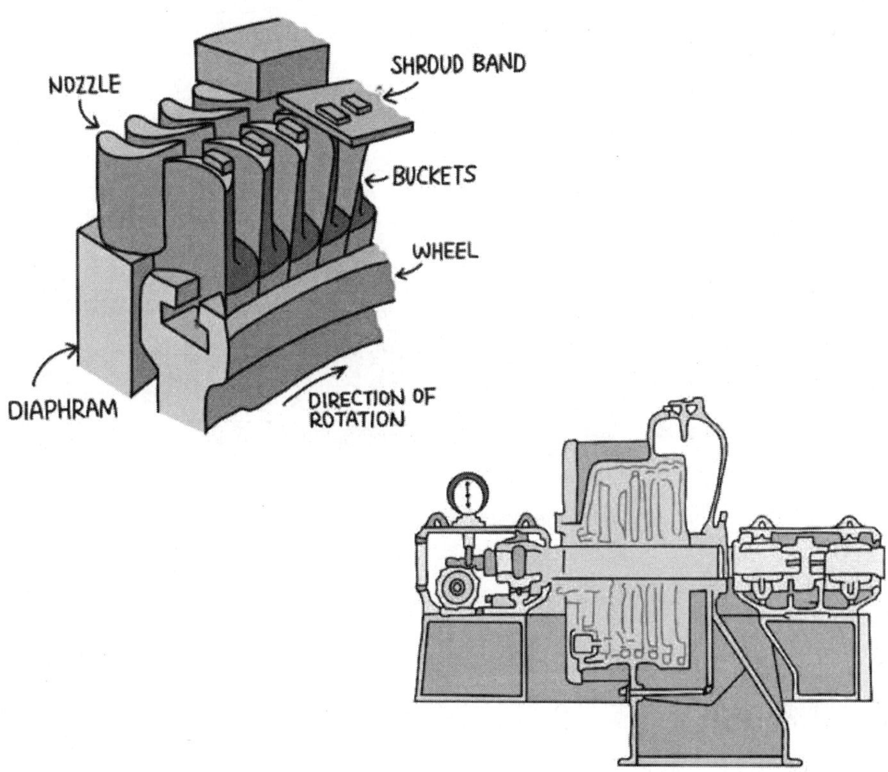

[그림 7: 스팀 터빈의 유선형 회전익 및 고정익 개념도]

[그림 8]은 보일러 파트와 터빈 파트를 서로 결합하여 나타내고 있다. 열에너지를 지닌 보일러가 터빈 파트에 회전 동력을 제공하고 끝단부에 발전기(Generator)가 전력을 생산하는 전체 시스템이 나타나 있다.

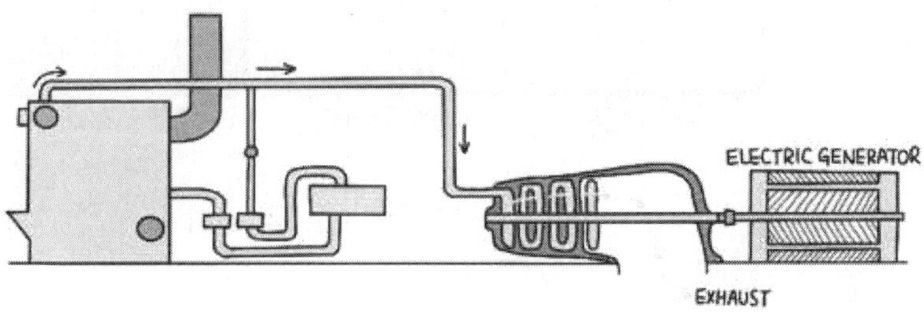

[그림 8: 보일러/터빈/발전기 조합 개념도]

다음 [그림 9]에서 보인 것처럼 보일러에서 고압 고온 상태로 변환된 Steam은 터빈 내부를 통과하여 일을 하면서 에너지 레벨이 낮아진다. 그러나 아직 지역 난방공급이나 공장 Process(제지 공장, 섬유공장, 식품 공장 등)에 필요한 증기로서 사용할 수 있는 정도의 충분한 열에너지는 보유하고 있으므로 여전이 활용할 수 있다. 이를 현대의 발전소 엔지니어들은 '열병합 발전소'라는 System으로 구성하여 에너지 활용도 및 효율 향상을 극대화하고 있다.

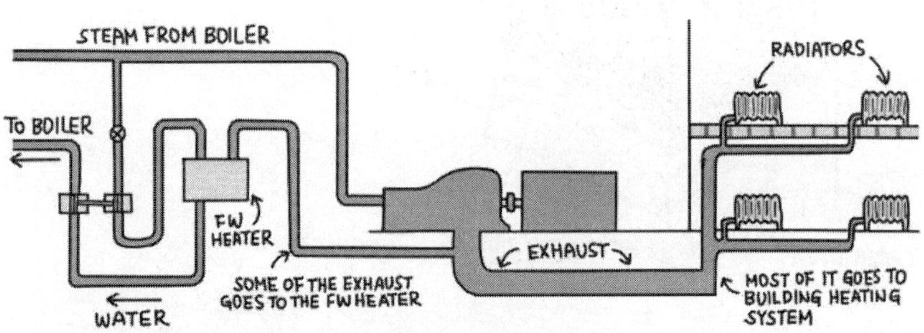

[그림 9: 열병합 발전소 개념도]

발전소의 엔지니어들은 보일러 파트에서 비싸게 생성된 스팀을 대기로 1 기압 조건에서 방출하는 것보다 [그림 10]의 예시처럼 진공 상태 가까이에서 방출한다면 배압(Back pressure)을 감소시켜 더 많은 동력을 일으킬 수 있음을 알고 있다. 즉, 배압을 낮춘다는 것은 마치 증기 스팀의 초기 압력을 높이는 것과 같다.

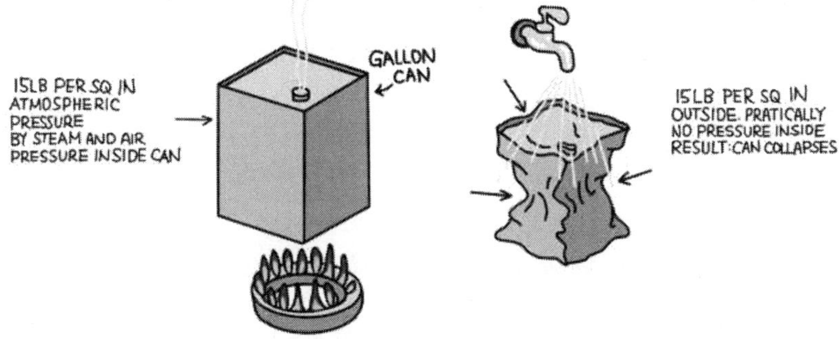

[그림 10: 배압(Back pressure) 효과 개념도]

현대의 발전소에서는 스팀 터빈을 통과한 스팀을 대기압 보다 낮은 상태에서 작동시킨다. 이때 이를 위한 보조 장치로 [그림 11] 예시처럼 콘덴서(Condenser)를 사용하고 는데 그 이유는 스팀의 유용 가능 에너지를 최대한 활용하자는 데 있다.

냉각매체로는 차가운 해수나 강물을 이용한다. 그러나 이는 냉각 후 배출되는 냉각유체의 온도가 상승하여 해양 생태계에 악영향을 줄 수도 있다. 현재 전 세계적으로 대부분의 발전소는 냉각수가 풍부한 해안이나 강에 인접하여 위치하고 있다.

발전소의 엔지니어들은 Condenser에서 최대한 열을 회수하기 위해 진공도를 높여서 운전한다. 그러나 매우 높은 수준의 완전 진공을 형성하고 기기의 기밀을 유지하는 일은 상당한 기술수준을 요구한다. 진공형성용 펌프를 설치하면 터빈 최후단 회전부의 진동문제를 유발하므로 엔지니어는 경제성을 고려하여 진공도와 관련한 운전 최적점을 찾아야 한다.

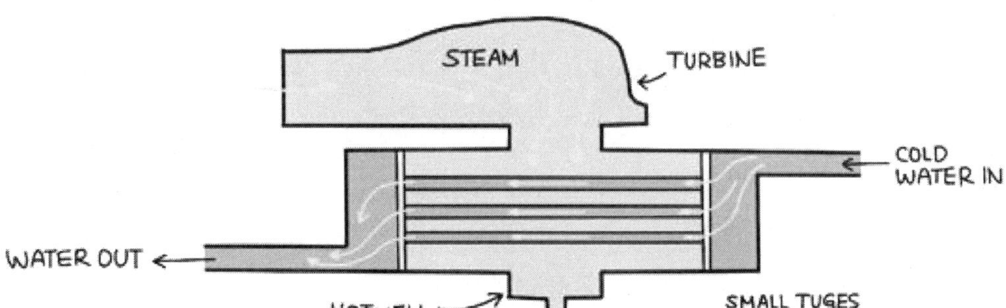

[그림 11: 콘덴서(Condenser) 장치 사용 개념도]

한편 물이 부족한 사막 지역이나 내륙 지역에서는 냉각탑(Cooling Tower)이나 공냉식 냉각 장치(Air Cooled Condenser)를 사용한다. 그러나 이는 냉각수대비 냉각 효율이 상대적으로 떨어지는 만큼 장치 규모가 넓은 부지가 필요하게 되므로 국토 면적이 협소한 우리나라에서는 잘 사용되지 않는다. 발전소 설계 시 열교환율, 소요부지, 기기가격, 신뢰성, 고장율 등 각 요소를 잘 감안하여 적합한 전체 냉각 시스템을 선정하여야 한다.

스팀에서 물로 응축된 유체는 콘덴서(Condenser)에서 Cycle을 구성하여 다시 보일러 파트로 이송된다. 이 유체는 보일러 및 터빈 장치를 통과하면서 스케일(Scale) 등 각종 불순물을 포함하게 되는데 이는 열전달의 직접적인 방해요소가 되므로 수처리 설비(Water Treatment Facility)를 통해서 가장 부식이 적게 유발되는 중화점 부근의 약 알칼리 상태의 보일러 수(Boiler water)로 순환 사용한다. 물을 최대한 Cycle로 재순환하여 사용하는 이유는 만약 Steam Plant에 소요되는 막대한 물을 수처리(Water treatment)하여 재사용하지 않는다면 엄청난 양의 물을 취득할 방법도 없고 경제적이지도 않기 때문이다.

발전소에서 Boiler water로 사용되는 물은 무기질 성분을 제거한 순수한 물(De-mineralized water)로서 전기 전도도가 거의 없는 상태에서 엄격한 화학약품 처리를 하며 이를 위해서 발전소에서는 화학 기술팀을 두고 철저히 관리하고 있다.

현대의 발전소는 [그림 12]의 예시처럼 보일러에서 연소에 의해 주어진 에너지를 플랜트 전체의 Cycle 효율에 최대한 활용하기 위해 일부의 스팀을 팽창과정 도중에 추기(Extraction)하여 보일러의 Boiler water에 열을 가함으로써 Plant 전체 Cycle 효율을 상승시키고 있다. 이를 재생사이클(Regeneration cycle)이라 부른다.

또한 현대의 대형 발전소에서는 재열사이클(Reheat cycle system)도 사용한다. 이 시스템에서는 고압 스팀 터빈을 통과한 스팀을 다시 보일러 재열기(Reheator) 파트에 보내어 온도를 더욱 상승시켜 저압 터빈으로 보내어 일을 하게 함으로써 팽창 후 습분에 의한 침식을 방지하는 효과와 함께 Plant 전체의 Cycle 효율도 상승시킨다.

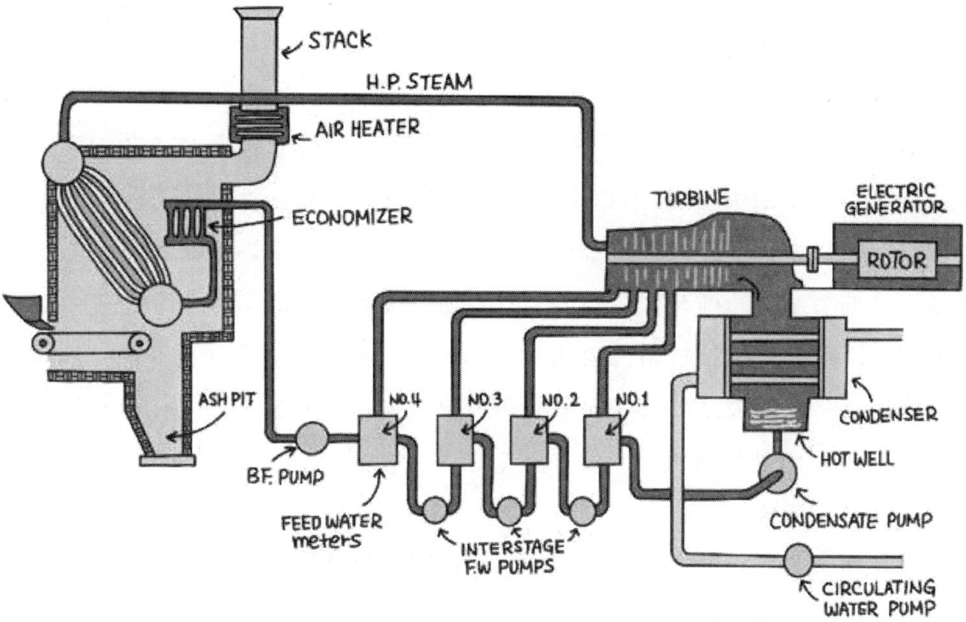

[그림 12: 재생 사이클(Regeneration cycle) 개념도]

현대의 발전소 앞서 설명한 바 있는 과거 지구상에 탄화된 귀중한 화석 연료를 최대한 효율적으로 사용하기 위해 노력하고 있다. 발전소에서는 석탄을 미분기(Pulverizer) 장치를 사용하여 연료로 사용할 경우에는 석탄을 밀가루처럼 곱게 미세 입자화하여 반응 표면적 증가로 연소 효율을 극대화한다. Oil 연료 사용 시에는 이를 미립화하여 분무하며 연소시켜 효율 증대 및 질산화물(NOx) 생성을 최소화 한다.

기본적으로 질소(N_2) 분자는 매우 안정한 기체로 산소와 상온에서는 잘 반응하지 않으나 연소 시의 높은 온도에서는 산소와 결합한다. 또한, 자연현상 중 하나인 낙뢰 발생 시에 공기 중 질소는 산소와 고온상태에서 반응하는데 벼락이 대지로 내리 칠때 질소가 지면에 흡수되어 농작물에 흡착되는 긍정적인 면도 있으며 질소는 우리 인간 신체의 일부를 구성하는 생명 유지에 귀중한 요소이기도 하다.

오늘날 땅에서 식물로의 질소 공급은 독일 과학자 하버에 의해 질소 비료 제조법이 개발되어 근래 크게 늘어난 지구상 인류의 식량 생산 문제를 잘 해결하고 있다. 한편, 질소와 산소가 반응하는 질산화물(산성)은 건물 부식, 산림 황폐화, 광화학 스모그 생성 등 질소로 인한 부정면도 있기 때문에 발전소에서는 이의 부작용을 최대한 억제하고 있다. 이에 대한 방법으로는 연소를 일시에 순간적으로 일어나지 않도록 순차적으로 시간에 따라 단계별로 연소시키는 Low NOx 연소 기술등이 있다. 이들 연소법과 연소버너 기술은 회사별로 대부분 특허화되어 있으며 이에 관한 기술개발 또한 활발한 분야이다. 그러나 연소 시 불가피하게 발생되는 질산화물은 환경설비로서 '탈질 설비'를 설치하여 처리하고 있다. 이의 효과적인 탈질은 암모나아를 주입하고 티타늄 등의 촉매를 사용하여 질산화물을 질소로 환원시키는 방법이다.

발전소에는 보일러, 터빈 등 주요 기기를 운용하기 위해서 많은 보조 기기들(예, 송풍기, Pump, 연료 공급 설비, 환경 설비 등)이 설치되어 있으며 통상 석탄발전소는 생산전력의 3~5% 정도를 필수 보조기기 운전을 위해 생성된 전력 일부를 소모해야 한다.

오늘날 대형 발전소에서 "재생 사이클(Re-generation cycle)"과 "재열 사이클(Reheat cycle system)"을 채택 시 보일러 파트의 효율은 약 90%, 터빈 파트 효율 약 90%, 발전기 효율 약 98%이고, 발전소 내 보조기기 운전을 위한 소요동력 소비는 3~5%이다. 그러나 저압 및 저온화된 스팀으로 인한 열에너지 회수율의 현실적 한계 때문에 전체 Plant Cycle 효율은 약 45% 정도에 그치고 있다.

자동차 내연 가솔린 및 디젤 기관 열효율이 20% 내외인 점을 감안하면, 발전소의 효율은 이에 비해 상대적으로 높은 편인 바, 이로써 왜 발전소에서 만든 전기로 전기차가 가능한지를 설명해 주고 있다.

또한, 연료 자체로도 연료의 발열량은 연료의 수소 함량에 따라 고위발열량과 저위발열량 값 차이가 있으며 이로 인해 겉보기 효율이 수 퍼센트 차이가 나기도하므로 엔지니어는 이를 잘 구분해야 한다. 연료의 수소 성분이 산소와 결합하여, 물이 되면서 생긴 잠열을 애초부터 발열량에 포함하지 않은 것이 저위 발열량의 개념으로 잠열을 무시하면 투입 연료의 에너지량이 적은 것으로 계산된다. 따라서, 보일러 효율이 높게 계산되어 결국 전체 플랜트 효율이 오히려 높게 표시되므로 실무에서 엔지니어들은 고위·저위 발열량을 잘 구분해야 한다.

스팀 발전소의 최근 동향은 보일러에서 물을 임계압력(Critical Point, 약 221bar) 이상의 조건인 초임계압(Supercritical) 상태로 사용하는 것이다. 증기 상태표에서 알 수 있듯이 압력을 초임계압으로, 온도를 섭씨 374도 이상으로 가열하면 물과 증기를 구분하는 습증기 구간이 존재하지 않으므로 발전소에서는 보일러에서 통상 터빈으로 보내는 증기를 섭씨 600도 정도 이상으로 가열한다. 발전소에서는 이에 따른 고급 금속재질을 선정하는 재생 Cycle Heater 증가와 재열 Cycle 증기 온도를 상승시키는 등 효율향상과 노력을 하고 있다.

일반적인 열교환기에서는 아임계압 습증기 구간에서 일정한 온도 범위의 열교환을 유도하는 방식으로 열응력 문제를 해소하고 있으나 발전소에서는 증기에 고압과 고온으로 에너지를 증가시켜 증기가 스팀터빈에서 최대한 일을 할 수 있는 조건으로 만든다.

실제로 대형 화력발전소에서는 보일러에 과열기(Superheater) 구간을 두고, 초임계압의 고온 증기를 Turbine에서 일정 팽창시켜 열에너지를 전기에너지로 변환시킨다. 그런 다음 이를 다시 보일러부에 보내어 압력이 상당히 떨어진 상태의 증기를 재열기(Reheater)로 재 가열하는데 이때는 재열기가 과열기보다 압력이 낮으므로 증기 온도의 추가 증가가 가능하다. 증기선도에서 알 수 있듯이 이렇게 재열기를 채택하면 팽창 시에 습분 발생이 줄어들므로 열에너지를 전기에너지로 전환시키는 전체 시스템의 효율이 증대된다.

실제 현장에서 엔지니어들은 열역학 이론을 토대로 Cycle Diagram 작성을 많이 하게 된다. 그 이유는 좌표상에서 유체의 에너지 흐름을 한눈에 볼 수 있는 장점이 있고 운동 회전부에서의 마찰, 와류에 의한 효율의 저감요소 정도도 파악 할 수 있기 때문이다.

실제 산업현장 실무에서는 T-S Diagram (y 축은 Temperature, x 축은 Entropy), H-S Diagram (y 축은 Enthalpy, x 축은 Entropy)을 많이 사용한다.

직교좌표는 과거 프랑스의 데카르트가 고안한 것으로 오늘날은 간단한 개념처럼 보이지만 그 당시 데카르트는 직교 좌표계를 창안하여 모든 과학적 현상을 쉽게 분석 할 수 있게 만들었고, 뉴턴(Newton) 역학의 정립에도 공헌한 바, 오늘날 우리는 이를 감사하게 생각하여야 할 것이다.

T-S Diagram 에서 온도와 엔트로피의 곱은 열(Heat)이 되므로 Diagram만으로도 전체 열에너지의 투입과 방출의 정도를 알 수 있고, x 축 상의 엔트로피 증가분을 보면 시스템의 비가역성을 판단할 수 있으므로 이에 따라 개선점을 모색하게 된다.

그리고 몰리에르(Mollier)선도 중의 하나인 H-S Diagram (y 축은 Enthalpy, x 축은 Entropy)를 통해서는 가역적, 비가역적 일의 수행 정도를 판단할 수 있다.

엔지니어는 엔트로피의 개념을 정확히 이해 인식해야만 실제 업무에서 이들 Diagram을 잘 활용할 수 있게 되며 일반 일상생활에서도 마찬가지로 엔트로피 증가 현상을 정확히 이해하여야 어떤 장치를 설계하더라도 장치의 근본을 이해하여 최적의 설계 포인트를 확립할 수 있을 것이다. 회전 운동하는 물체에서 마찰로 인해 일부 운동에너지가 열에너지로 변하는 것은 엔트로피 측면에서 보면 엔트로피의 증가이므로 결국 에너지의 질적인 측면에서 운동에너지가 열에너지보다 높다고 할 수 있다.

여기서 열역학적 관점으로는 연소 후 어느 정도 열교환이 이루어진 후 저온화된 연소가스를 주변 대기온도와 같은 온도로 배출한다면 효율이 획기적일 수 있겠으나 아직도 현재의 기술로는 이러한 저온의 연소가스의 열을 완벽히 회수하지 못하고 있음을 주목해야 한다.

우리가 바닷물의 낮은 온도로는 경제적으로 적합하게 에너지 활용을 못하는 것처럼 연소가스의 저온화 된 상태는 열 교환 이론 및 여러 형상을 적용하여도 열 회수 이득분보다 투자 운영비가 초과하는 문제가 있다. 비슷한 예로 전기에서 전압이 낮으면 에너지교환 레벨이 저하되어 전선의 굵기가 더 커져야 하는 것처럼 낮은 온도의 열유체는 필요 전열면 증가 등 열교환에 불리한 요소가 많다.

우리는 흔히 열교환이 두 유체 간의 산술적 온도차에 의한 것이라 생각하기 쉬우나 실제 현상에서는 대수적으로 열교환이 일어나므로 산업 현장에서 열교환 계산 시에는 산술적(Arithmetic) 평균 온도차가 아닌 대수적(Logarithmic) 평균 온도차(Logarithmic Mean Temperature Difference) 수식을 사용하여 계산한다.

보일러 혹은 가스 터빈에서 연료의 연소 후 연료 중의 수소(H_2) 성분은 공기 중의 산소(O_2)와 반응하면 물(H_2O)로 되어 굴뚝(Stack)을 통하여 대기로 방출되는데 배출 시 주변온도가 높으면 흰 수증기로 응결되지 않으나 배출 온도가 낮거나 주변 대기 온도가 낮으면 마치 우리 사람 몸에서 겨울에 입김이 나오는 것과 같이 수증기로 응결된다. 이는 대기 중 가스화 된 수증기가 높은 하늘에서 응결되어 구름이 되는 현상과 똑 같은 것이다.

그런데 굴뚝에서 배출되는 수증기 생성 부분을 이것이 마치 공해 물질인것처럼 방송 매체 등에서 영상으로 보여주며 오해를 일으키게 하고 있다. 즉, 사람이 호흡으로 배출하는 수증기를 공해라고 호도하는 것과 같으므로 열역학을 배우고 이해하는 엔지니어는 이를 잘 인지하고 있어야 할 것이다.

현대의 발전소는 이러한 백연현상(White smoke)도 최소화시키기 위한 다양한 장치와 방안을 개발 중이며 우리 엔지니어가 해야 할 과제는 앞으로도 수없이 많을 것이다.

Steam Turbine Cycle에서 일을 하고 온도와 압력이 저하된 스팀은 터빈 후단에서 팽창 시에 습증기로 상태가 변화 되어 습분이 약 15% 정도로 존재한다. 이 습분은 가스화된 증기와 섞여서 운동하는 과정에서 스팀터빈 Blade를 마찰하며 침식하여 Blade가 손상시키고 따라서 진동현상이 심각해진다.

대형 발전소는 스팀터빈이 1 분당 3,600 회(초당 60 회) 회전한다는 점과 Blade의 길이가 장대함을 감안하면 진동 등으로 만약 Blade가 이탈하는 터빈 사고가 날 경우, 대형 제트기의 운항 중 운동에너지 못지 않은 에너지 레벨의 큰 파괴력을 상상할 수 있다. 발전소에서는 모든 회전장치에 허용 이상의 진동발생 여부를 감시하는 장치를 구비하고 진동 초과 시에는 Alarm과 Trip signal이 작동하고 그래도 조치가 불가할 때에는 발전소 엔지니어가 수동으로 발전소를 정지시키도록 되어 있다.

현대의 발전소는 상기 설명한 Steam Cycle에 Gas Turbine을 접목시켜서 Brayton Cycle (Top cycle)과 Rankine Cycle(Bottom cycle)을 접목하여 복합 사이클(Combined Cycle)을 구성하는데 이렇게 하면 전체 Plant 효율은 상승하나 연료는 상대적으로 저렴한 석탄 연료 사용이 불가하고 상대적으로 값비싼 액화 천연가스(LNG) 혹은 디젤연료를 사용해야 한다는 문제점이 따른다.

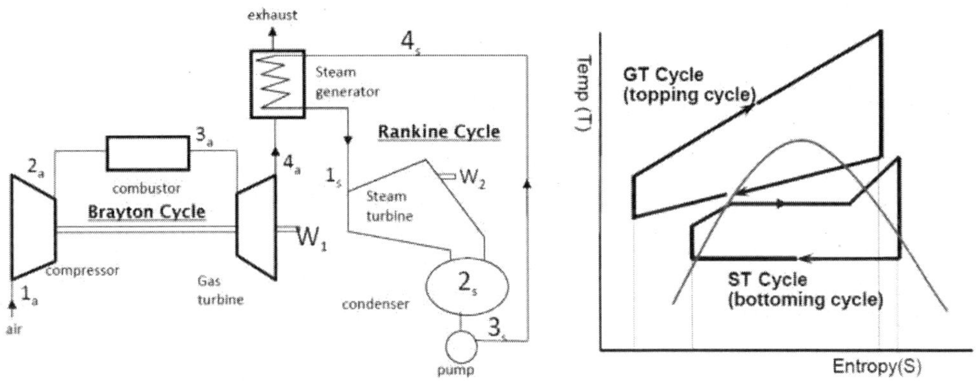

[그림 13: Steam Cycle에 Gas Turbine을 접목한 Brayton Cycle(Top cycle)과 Rankine(랭킨) Cycle(Bottom cycle)의 복합사이클(Combined Cycle) 개념도]

복합 사이클(Combined Cycle) 발전소는 Gas Turbine을 대형화하여 압축기의 압축비를 더욱 높게 하고, Turbine 연소 온도를 높임으로써 열역학 이론에 근거하여 Gas Turbine 온도 상승에 의한 Turbine Cycle 효율증가를 추구하고 있다.

최근 기술은 효율 상승을 위해서 연소 온도를 섭씨 1,500 도 이상까지도 운전하고 있는데 이때 Gas Turbine 첫 단의 Blade 온도가 Steel melting point 범위 이상이므로 발전플랜트 엔지니어는 Ceramic coating 등 재질 및 Blade표면 냉각 기술을 연구 개발하고 있다.

한국의 신도시나 공단과 같이 인근 지역에 열에너지를 공급할 수 있는 열병합 발전소(Combined Cycle Plant)는 지역난방용이나 공장 운전용 열에너지를 공급하므로써 발전소 Plant cycle 효율이 60%를 상회할 수 있으나 이는 일부의 경우이다. 그러므로 발전플랜트 엔지니어는 주어진 연료에서 최대한 효율적이고 경제적으로 사용할 수 있도록 열에너지 역학 등 전 분야에 걸친 학문 및 관련 지식을 구축하고 있어야 한다.

현대 문명생활은 지속적으로 24시간, 연중 에너지를 꾸준히 사용한다. 그러므로 거대한 산업국가인 우리나라에서 상기 방식으로 에너지 생산을 커버한다는 것은 어렵게 보인다.

발전의 방식에서 풍력 발전의 특징은 바람의 운동에너지가 균일하지 않으므로 전기 발생이 일정치 않다. 즉, 바람의 방향이 터빈 블레이드와 맞지 않아도 회전이 불가한 점과 발생 전력이 일정치 않은 직류 전력으로 장거리 이송에도 불리하다. 우리나라는 태양광 발전도 열대지역이나 사막지역 등 높은 온도가 가능한 국가와는 경우가 달라 일조량이 연중 균일하지 않다. 그러므로 아직은 화력발전이 이를 지속적으로 신뢰성 있게 잘 담당해야 하며 환경설비를 강화하면 미래에도 분명 그렇게 될 것이다.

현재 풍력이나 태양광이 생산한 전력을 저장하는 ESS(Energy Storage System)이 개발 중에 있으며 생산된 전기 에너지를 안전하게 저장할 수 있는 축전 시스템은 저장 재질의 안전성 확보 문제를 고려하면 굉장한 도전과제가 될 것이다.

화력발전이나 원자력발전의 장점 중의 하나는 일상생활이나 산업에서 필요한 전력 수요에 맞추어 끊임없이 전기량을 조절하여 발전소가 생산함으로써 마치 우리 인체에 혈압을 일정하게 조절하는 것처럼 절대적으로 균형을 맞출 수 있다는 것이다.

우리나라의 원자력발전소는 안정성을 중요하게 고려하므로 가급적 부하조절 운전은 하지 않고 일정부하 운전을 하고 있으며, 전력 수요에 맞추어 화력 발전소에서 소요부하 추종 운전을 하고 있다. 우리나라는 강수량이 여름철에만 집중되므로 이를 댐(Dam)으로 저장하여 수력 발전으로도 사용하나 발전량의 크기는 전체의 몇 퍼센트 정도이다. 수력 발전의 큰 장점 중의 하나는 어느 지역이나 국가적으로 대규모 정전(Blackout) 발생 시 화력이나 원자력은 기동에 오랜 시간이 소요되지만 수력은 곧바로 물을 터빈에 공급하여 발전을 할 수 있다는 것이다.

우리나라의 전력망은 이러한 경우를 대비하여 일부 수력발전소가 이러한 기능을 신속히 수행할 수 있는 체계를 구축해 놓은 상태이다.

한편, 에너지자원 측면에서 우리들 일상생활에서 발생하는 음식물, 폐자재, 산림 벌채 후 목재 등을 연료로 열에너지(지역난방 등)로 활용하고 발전도 하고 있다. 과거에는 쓰레기를 대부분 매립 처리하였으나, 현재는 우리나라의 좁은 국토 면적에 매립장 확보 및 침출수 문제 등으로 한계가 있어 이런 문제를 해결하며 열에너지 자원화도 동시에 하고자 하는 목적으로 다양한 소각(Incineration) 발전소 형태의 각종 발전소가 우리나라에도 많이 건설되고 있다. 이는 이미 일본, 유럽 등 선진국들은 이를 시행하고 있고 동남아, 중동 국가들도 도입 중이다.

한 블록의 대형 발전소를 건설하기 위해서는 수조 원의 건설비가 투자되어야 하며 실제로 발전소 건설 및 발전소 운영에는 각 분야(기계, 전기, 전자, 화학, 환경, 토목, 건축, 기타 공학)의 수많은 기술자가 참여하고 있다. 실무에서는 각 분야 기술자들의 상호 의논 및 업무 협조가 있어야 함은 물론이거니와 훌륭한 결과를 도출하기 위해서는 열 에너지역학 학습에 매진하여야 할 것이다.

2. 열동력(Thermodynamics) 장치 및 전기 에너지 발생 및 이용 사례

산업현장 사례에 관하여 지금까지 설명한 내용에 대하여 질의/답변 형식으로 보충 설명하고자 한다.

[질문 1] : 열·에너지 역학과 전기 에너지는 어떤 관계이며, 왜 열·에너지 역학 이해가 필요한가?

[답변 1] : 전기를 생산하는 방법은 여러가지가 있다. 대규모의 전기 에너지 생산을 위해서는 '발전소'가 필요하다. 발전소를 건설하고 이를 유효 적절히 이용하기 위해서는 열 에너지 역학의 지식 습득이 필수적이다. 그리고 현대의 각종 에너지 문제들, 지구 온난화 이슈 등을 명확히 이해하기 위해서 열·에너지역학이 크게 도움이 된다.

그리하여, 현대 사회 기업에서 향후 최고 경영자 및 훌륭한 지도자가되기 위해서는 열·에너지 역학 제반 지식이 반드시 필요하다고 본인은 확신한다.

[질문 2] : 열역학 및 전기 에너지 개발을 발전시킨 선각 과학자들은 누구인가?

[답변 2] : 현대의 발전소가 있기까지 영국의 뉴커먼(최초 증기동력장치 고안), 제임스 와트(복수기 개념 도입), 제임스 쥴(일과 열의 등가 원리 발견), 마이클 페러데이(데이비드 험프리의 수제자로 전자기 유도법칙 발견) 등 수 많은 연구자와 켈빈(절대온도 개념), 랭킨(Rankine cycle), 프랑스의 카르노(Ideal Cycle 창안), 클라지우스(열역학 제 2 법칙), 스테판 볼츠만(복사 열전달), 이태리의 아보가드로(몰 수 개념), 라부아지에(화학반응 이론 확립), 볼타, 제임스 맥스웰(전자기파 이론 완성), 독일의 디젤(가솔린기관 대비 열기관의 효율 향상), 헤르츠, 마르코니, 에디슨(직류전력 이론 및 최초 상업용 발전소 건설), 테슬라(3 상 교류전력, 3 상 유도전동기 개발) 등의 과학자들에 의해 정립되고 발달해 온 장대하고 전문적인 종합 엔지니어링산업 분야이다.

[질문 3] : 현재 우리나라는 생산된 전기를 어떻게 사용 소비하는가?

[답변 3] : 우리 일반인은 전기하면 일반 가정용 조명 및 냉/난방등을 전부라 생각하나, 이는 일부인 20% 이내에 불과하며, 실제 우리나라 발전소들에서 만드는 전기의 대부분은 산업용과 상업용에 중요하게 사용되고 있다.

현재는 태양광, 풍력과 같이 전력을 발생시키는 다양한 방법이 개발되어 적용되고는 있으나, 용량과 시간도 일정치 않아 적정 전압 및 주파수 관리가 반드시 필요하다.

[질문 4] : 왜 전기 에너지가 타 에너지 형태 대비 사용에 편리하다고 하는가?

[답변 4] : 전기에너지는 우리가 콘센트에 연결만 하면 조명, 가전, 냉/난방, 취사 등 다른 어떤 용도로도 쉽게 전환할 수 있어 일상생활 및 산업용으로 사용하기에 가장 편리한 에너지이다.

과거 전기가 널리 공급되기 전에는 연탄, 석유, 목재 등으로 난방과 취사를 하였으며, 산업현장에서의 다양한 장비를 구동하기 위한 에너지원으로 사용하였다. 하지만 현대에는 일상 활동과 산업 활동을 영위하는 데 있어 전기가 없다는 것은 상상조차 할 수 없을 정도이며, 이로 인하여 전기는 우리나라만이 아니라 전 세계적으로도 중요한 국가 기간산업으로 간주되고 있다.

전기에너지는 가장 사용하기 편리한 에너지 형태이기 때문에 국민 생활수준이 향상될수록 자연히 일인당 전력 사용량이 증가하며, 전 세계 인구 또한 증가하고 있으므로 전기에너지의 총 소요량은 전 세계적으로 계속 증가하게 된다.

우리나라의 전기 도입은 1880년 대 대한제국 고종황제 시절에 이루어졌다. 미국을 방문한 우리나라 산업 시찰단이 직접 뉴욕 맨허턴의 야간 전력 조명 시설을 체험하고 이를 보고받은 고종 황제의 지시 하에 경복궁에 미국 에디슨사를 통한 조명용 발전 시설을 설치하여 어느 국가에 비해서 발전시설의 초기 도입 시점이 앞섰다. 그러나 이후 타 선진국에 비하여 낙후되었으나 본격적으로 전기에너지를 어느 정도 풍족히 사용할 수 있는 시기는 1980년대 이후였다.

[질문 5] : 현재 우리나라의 전기 품질과 향후 전력 수요 전망은?

[답변 5] : 우리나라는 정전발생 관리, 정격전압 및 주파수유지 여부, 필요전기의 적의 공급 능력에 있어 전 세계적으로 최고급 수준이다. 필자가 업무 차 수많은 전 세계 오대양 육대주를 넘나들며 수많은 국가들을 살피며 경험해 보았지만 우리나라보다 양질의 전력을 값싸게 사용하는 국가는 없다.

이를 가능케 한 것은 최근의 산업 근대화로 최신식 고효율 대용량 발전소가 건설되었고 운영 유지 관리가 철저히 잘 되고 있기 때문이다. 보통 발전소의 경제적 수명(Economic Life)은 25년 인데 일부 동남아 국가 발전소는 최초 준공 후 2 년의 시간만 지나도 기계가 녹이 슬고 기계 정비 미흡으로 성능이 저하되어 버린다. 반면, 국내 발전소들은 경제 수명(Economic Life)인 25 년이 지나도 철저한 유지 보수 및 설비 개선으로 훌륭하게 잘 운전되고 있다.

[질문 6] : 발전산업의 발달 과정 및 관련 유명기업들은?

[답변 6] : 1800년대 말 미국이 양질의 풍부한 석탄 및 석유 등 지하자원으로 국가가 산업화되면서 터빈 장치 분야의 제너럴 일렉트릭(General Electric)사 및 웨스팅하우스(Westinghouse)사, 보일러 분야의 바브콕 앤 윌콕스(Babcock & Wilcox)사, Combustion Engineering사 등이 근대 대형 발전소를 건설하였다. 유럽에서는 지멘스(Siemens)사 등 전력산업 회사들이 있다. 이러한 세계적 거대 기업들은 이후 한국, 일본, 중국, 인도 등에 그들의 기술 제휴사 및 합작사 설립을 통해 전 세계적으로 수많은 파생적 전문기업들을 탄생시켰다.

[질문 7] : 현대 발전소는 왜 직류가 아닌 교류 전력을 발전소에서 생산하는가?

[답변 7] : 현대의 발전소는 미국 에디슨의 직류전력 이론과 웨스팅하우스와 테슬라가 주장한 3 상 교류전력 이론의 상호 장단점을 접목함으로써 현대 사회의 전기 문명이 고도로 발전할 수 있었다.

현대의 발전소는 발전기에서 교류 전력을 생산하고 승압 변압기(Step-up Transformer)를 활용하여 초고압의 송배전망을 통하여 송전한다. 이 방식은 직류발전 및 직류송전 방식에 비하여 송전 손실을 최대한 줄여 수용가에서 배분하는 장점이 있다.

즉 전압을 높여 송전하면 송전선에 흐르는 전류량이 감소하게 되므로 쥴열(Joule heat effect) 발생에 의한 손실이 줄어들게 된다.

현재 우리나라는 송전효율 상승을 위해 최고압 라인으로는 750kV급 송전망도 구축되어 있고, 이를 수용가 측을 고려하여 배전망에서 감압 변압기(Stepdown Transformer)를 이용하여 수용가의 소요 필요 전압으로 변환해 주고 있다.

현대는 고압 직류 송전 기술도 발달하여, 예를 들면 우리나라는 육지에서 제주도 간 해저를 통해 고압 직류 전력망도 구축이 되어 있다.

현재 우리나라의 송배전망은 효율은 고도화 되어 있고 장비도 최신식이어서 송배전 손실율이 5% 이내로 전 세계에서 최고 수준이다.

[질문 8] : 3 상 교류가 왜 생겼으며, 단상 대비 장점은 무엇인가?

[답변 8] : 단상(Single Phase)보다 3 상(Three Phase) 전력 동력은 단상 대비 120 도의 위상차를 가진 3 개의 교류 파형을 형성하므로 전기 에너지를 모터의 운동에너지로 전환 시 훨씬 강력하고 안정적이어서 현대의 공장 등에서 동력용으로 많이 사용되고 있다. 일반 가정에서는 3 상 전력을 사용할 만큼 동력이 필요 없어 단상 전력을 사용한다.

앞서 언급한 대로 직류 대비 교류 전력은 전압을 쉽게 조절할 수 있어 대형 동력 사용 용도로 적합하다.

직류는 원거리 송전이나 동력용 고전압화를 위해서는 반도체 소자를 활용하여 교류로 변환할 경우 반도체 소자의 전기 부품 수명 등 장기적 사용에 문제가 발생하므로 직류전기가 꼭 필요한 곳, 예를 들어 전자제품 회로 작동 등에서는 교류전기 대신 사용한다.

[질문 9] : 교류전력에서 주파수의 의미 및 국가별로 주파수 차이는?

[답변 9] : 교류전력에 있어 주파수는 터빈/발전기 등 회전기기 설계에 매우 중요하다. 역사적으로 미국은 전력 주파수 60Hz 기술을 근간으로 전력기기 산업을 발달시켜 왔으며, 유럽은 50 Hz 기술이 근간이 되어 산업을 발전시키면서 전력 주파수에서 각 나라별 차이가 있다. 전 세계적으로는 50 Hz 사용 국가가 더 많으며 세계 전력량의 30% 이상을 차지한다. 전기 도입시 가장 큰 생산/소비 국가인 미국의 영향을 많이 받은 한국, 필리핀, 중동의 사우디아라비아, 쿠웨이트는 60Hz 국가이며 반면 유럽, 중국, 인도 등은 50 Hz 국가이다.

특이하게 일본은 서부지역 60 Hz와 동부 지역 50 Hz로 지역에 따라 주파수가 다르며, 후쿠시마 원전 사태 시 이로 인해 국가 내 상호 전력 교환이 불가하여 국민에게 제한 송전을 실시하는 등 바람직하지 않는 상황을 초래한 적이 있다.

국가간 상호 전력망(Grid) 구축에는 주파수의 동일이 필수이지만 우리나라는 중국과 일본과도 서로 다른 주파수로 인하여 전력망 구축이 쉽지 않아 에너지로 보면 고립된 국가임을 유의하여 에너지의 자체 자립화를 반드시 완성해 놓아야 한다.

반면, 유럽은 국가간 전력망이 상호 연결되어 있어 상호 전력을 송배전 할 수 있으므로 어느 한 국가에서 전력 부족 시에는 타국가의 전력을 전력망을 통해 큰 문제없이 바로 사용할 수 있는 에너지 사용 유연성이 확보되어 있다. 반면 우리나라는 섬나라인 일본, 북측으로는 주파수가 항상 불안정한 북한, 중국으로 둘러 싸여 있어 유럽 국가 경우와 완전히 다른 상황으로 에너지 Grid 면에서 섬(Island) 국가임을 유념해야 한다.

전기에너지는 저장이 어려워 발전소에서는 수요에 맞는 전기를 실시간으로 생산해야 하는데 대규모 정전이 발생하는 이유는 대개 전력 부하가 공급 능력을 넘어 요구되거나 발전소의 큰 고장에 의한 경우이다.

이때 어느 한 지역의 전력망이 불안해져 전압 주파수가 떨어지는 현상을 그대로 방치하면 타 인근 발전소에 영향을 주는데, 타 발전소의 고속 회전 장치인 터빈이 분당 3600번을 회전하는 정격 속도를 벗어나 운전되면 진동 등으로 그 해당 발전소가 운전 불능이 되고, 이것이 또 다른 발전소들에 파생적으로 운전불능 상태로 진행되어 대규모 정전(Black-out)이 발생된다. 이 현상은 우리나라에서도 과거 2000년 이후 경기도 지역에서 한번 발생한 사례가 있다.

[질문 10] : 사용 전압의 국가별 차이 및 장단점은?

[답변 10] : 사용 전압에서 미국이나 일본의 110V 정격 전압과는 달리, 우리나라는 220V 전압을 사용하는데, 이는 전압과 전류의 벡터 합성이 전력임을 감안하면, 동일 전기에너지를 사용하더라도 더 작은 전류를 사용하게 되어 전류의 열 부작용에 의한 화재발생 방지에 유리하므로, 가정에서 전기 사용의 편리성 및 효율면에서 세계 최고 선진국보다 우리나라가 우수하다 하겠다.

교류전력은 전기 특성상, 전압과 전류의 위상차에 의한 유효 전력(Active Power) 대신 무효 전력(Inactive Power)이 발생하여 줄열(Joule's heat) 현상에 의해 에너지 효율이 불가피하게 감소한다. 이에 우리나라는 적극적으로 각 공장 및 변전소에 이러한 위상 벡터차를 조절할 수 있는 역률(Power factor) 개선장치 도입을 권장하는 등 에너지진단 산업 분야도 활발히 연구를 수행하고 있어 전기 에너지 관련 산업은 장래가 무궁무진한 분야이다.

참 고 문 헌

- *Fundamentals of Thermodymamics*, Richard E. Sonntag and Gordon J. Van Wylen, Fifth Edition, John Wiley & Sons, New York, 1998.
- *Principles of General Thermodynamics*, George N. Hatsopoulos and Joseph H. Keenan, John Wiley & Sons, Inc.
- *Understanding Engineering Thermo*, Octave Levenspiel, Prentice-Hall, Inc. 1998.
- *Thermodynamics(3rd edition)*, William Z, Black, James G. Hartley, Addison Wesley, 1996.
- *Thermodynamics an Engineering Approach*, Cengel, McGraw-Hill Companies, Inc. Previous editions, 2004.
- Encyclopedia, A. Atkins and M. Esculdier, A dictionary of mechanical engineering, Oxford University Press, 2013.

- 《터치터치 물리》, Paul G. Hewitt, 박찬웅 역, 북스힐, 2006.
- 《에너지시스템》, T. Kashiwagi, 태훈출판사, 1996.
- 《에너지 변환》, 임장순 외 2인, 오토테크, 1998.
- 《열역학 개념의 이해》, 여상도, 교문사, 2016.
- 《圖解 熱力學の學び方》, 北山直方, Ohmsha, 2000.
- 《繪でわかる熱力學》, 小暮陽三, Ohmsha, 2002.
- 《繪とき 熱力學 早わかる》, 伊庭數昭, Ohmsha, 2002.
- 《繪とき 熱力學のやさしい智識》, 北山直方, Ohmsha, 2002.
- 《熱力學の 基礎, 官下精二》, サイエソス社, 2001.

부 록

〈부록 1〉 국제단위 [SI]

◐ 국제 단위

줄여서 SI 단위라고 부르는 국제단위(the Syste`me International d'Unite`s)는 무게와 측정에 관한 국제 회의에서 개발된 단위이며, 전 세의 모든 산업국들이 채택하고 있다. 이 단위는 mksa(meter-kilogram-second-ampere)단위에 기초를 두고 있다. 아래의 자료들은 미국 표준국(NBS)의 특별 간행물 330(1991년판)에서 발췌하였다.

양	단위이름	기호	
	SI기본단위(7개)		
길이	meter	m	
질량	kilogram	kg	
시간	second	s	
열역학적 온도	kelvin	K	
몰 질량	mole	mol	
전류	ampere	A	
광도	candela	cd	
	SI유도단위	등가단위	
면적	square meter	m^2	
부피	cubic meter	m^3	
질량밀도(밀도)	kilogram per cubic meter	kg/m^3	
속력, 속도	meter per second	m/s	
각속도	redian per second	rad/s	
가속도	meter per second squared	m/s^2	
각가속도	radian per second squared	rad/s^2	
힘	newton	N	$kg \cdot m/s^2$
압력(역학적 변형력)	pascal	Pa	N/m^2
운동학적 점성	squared meter per second	m^2/s	
동역학적 점성	newton-second per square meter	$N \cdot s/m^2$	
일, 에너지, 열량	joule	J	$N \cdot m$
일률	watt	W	J/s
엔트로피	joule per kelvin	J/k	
비열용량	joule per kilogram kelvin	$J/kg \cdot K$	
열전도	watt per meter kelvin	$W/m \cdot K$	
복사세기(강도)	watt per steradian	W/sr	

〈부록 2〉 절대 단위와 중력 단위의 차원비교-1

구분	양	절대 단위	중력 단위	SI 단위	비고
1	길이	L	L	m	
2	시간	T	T	s	
3	넓이	L^2	L^2	m^2	
4	부피	L^3	L^3	m^3	
5	속도, 속력	$L \cdot T^{-1}$	$L \cdot T^{-1}$	m/s	
6	가속도	$L \cdot T^{-2}$	$L \cdot T^{-2}$	m/s^2	
7	압력	$M \cdot T^{-2} \cdot L^{-1}$	$F \cdot L^{-2}$	Pa	
8	힘, 역량	$M \cdot L \cdot T^{-2}$	F	N	
9	에너지, 일, 열량	$M \cdot L^2 \cdot T^{-2}$	$F \cdot L$	J	엔탈피, 힘의 모멘트도
10	동력, 공률	$M \cdot L^2 \cdot T^{-3}$	$F \cdot L \cdot T^{-1}$	W	차원이 같다.
11	각속도	T^{-1}	T^{-1}	rad/s	
12	각가속도	T^{-2}	T^{-2}	rad/s^2	
13	질량	M	$F \cdot T^2 \cdot L^{-1}$	kg	
14	열역학적 온도	θ	θ	K	
15	면적의 2차 모멘트	L^4	L^4	m^4	
16	평면각	무차원	무차원	rad	
17	주파수	T^{-1}	T^{-1}	Hz	
18	질량유량	$M \cdot T^{-1}$	$F \cdot T \cdot L^{-1}$	kg/s	중력단위에서는
19	(체적)유량	$L^3 \cdot T^{-1}$	$L^3 \cdot T^{-1}$	m^3/s	중량유량(重量流量)
20	밀도	$M \cdot L^{-3}$	$F \cdot T^2 \cdot L^{-4}$	kg/m^3	
21	비중량	$M \cdot T^{-2} \cdot L^{-2}$	$F \cdot L^{-3}$	N/m^3	
22	점도(점성수)	$M \cdot L^{-1} \cdot T^{-1}$	$F \cdot T \cdot L^{-2}$	$Pa \cdot s$	
23	동점도(동점성 수)	$L^2 \cdot T^{-1}$	$L^2 \cdot T^{-1}$	m^2/s	

〈부록 2〉 절대 단위와 중력 단위의 차원비교-2

구분	양	절대 단위계	중력 단위계	SI 단위	비고
24	열용량	$M \cdot L^2 \cdot T^{-2} \cdot \theta^{-1}$	$F \cdot L \cdot \theta^{-1}$	J/K	엔트로피
25	비열	$L^2 \cdot T^{-2} \cdot \theta^{-1}$	$L^2 \cdot T^{-2} \cdot \theta^{-1}$	$J/(kg \cdot K)$	비엔트로피, 기체상수, 중력단위계에서는 단위중량당의 비열
26 27	비에너지, 비잠열, 비엔탈피	$L^2 \cdot T^{-2}$	$L^2 \cdot T^{-2}$	J/kg	중력단위계에서는 단위중량당의 에너지
28	열전도 계수	$M \cdot T^{-3} \cdot \theta^{-1}$	$F \cdot T^{-1} \cdot L^{-1} \cdot \theta^{-1}$	$W/(m^2 \cdot K)$	
29	물질의 양	mol	mol	mol	중력단위계에서는
	몰 질량	$M \cdot mol^{-1}$	$F \cdot T^2 \cdot L^{-1} mol^{-1}$	kg/mol	몰 중량
30	몰 체적	$L^3 \cdot mol^{-1}$	$L^3 \cdot mol^{-1}$	$m^3 mol$	
31	몰 에너지	$M \cdot L^2 \cdot T^{-2} \cdot mol^{-1}$	$F \cdot L \cdot mol^{-1}$	J/mol	
32	몰 비열, 몰 엔트로피	$M \cdot L^2 \cdot T^{-2} \cdot \theta^{-1} \cdot mol^{-1}$	$F \cdot L \cdot \theta^{-1} \cdot mol^{-1}$	$J/(mol \cdot K)$	
33	운동량	$M \cdot L \cdot T^{-1}$	$F \cdot T$	$N \cdot s$	역적(力積)
34	각운동량	$M \cdot L^2 \cdot T^{-1}$	$F \cdot L \cdot T$	$N \cdot m \cdot s$	
35	관성모멘트 (질량)	$M \cdot L^2$	$F \cdot L \cdot T^2$	$kg \cdot m^2$	
36	엔탈피	$M \cdot L^2 \cdot T^{-2}$	$F \cdot T$	J	에너지, 일, 열량
37	엔트로피	$M \cdot L^2 \cdot T^{-2} \cdot \theta^{-1}$	$F \cdot L \cdot \theta^{-1}$	J/k	열용량

〈부록 3〉 열역학에 사용되는 각종 단위 환산표-1

명칭	기호	차 원	의 미	단위 사이의 관계				
압력	P	$G \cdot L^{-2}$ $M \cdot L^{-1} \cdot T^{-2}$	$\frac{(힘)}{(면적)}$	$Pa=N/m^2$	bar	kg_f/cm^2 $at(a)$	표준대기압 atm	수은주 $mmHg$
				1	10^{-5}	1.0197×10^{-5}	0.9869×10^{-5}	750.1×10^{-5}
				10^5	1	1.0197	0.9869	750.1
				0.9807×10^5	0.9807	1	0.9678	735.6
				1.0133×10^5	1.0133	1.0332	1	760
				1.332×10^5	1.332	1.3595	0.3158	1000
				0.60895×10^6	0.60895	0.07031	0.0685	51.71
섭씨 화씨 온도	T_C T_F	θ	$T[K] = T_C + 273.15\ K,\quad T_C = \frac{5}{9}(T_C - 32)$ ℃ $T[R] = T_F + 459.7\ R,\quad T_F = \frac{9}{5} \cdot T_F + 32$ °F					
비체적	v	$L^3 \cdot G^{-1}$ $M^{-1} \cdot L^2 \cdot T^2$	$\frac{(체적)}{(중량)}$ 또는 $\frac{1}{(비중량)}$					
비중량 (밀도)	γ (ρ)	$G \cdot L^{-3}$ $M \cdot L^{-2} \cdot T^{-2}$ $\begin{pmatrix} G \cdot L^{-4} \cdot T^2 \\ M \cdot L^{-3} \end{pmatrix}$	$\frac{(중량)}{(체적)}$ $\frac{1}{(비체적)}$ $\frac{(중량)}{(체적)}$					
열량	Q	$H(G \cdot L)$	(중량)× (온도차)× (비열)	J	$kcal$	$kW \cdot h$	$PS \cdot h$	
				1	2.389×10^{-4}	0.2778×10^{-6}	0.3777×10^{-6}	
				4186	1	1.163×10^{-3}	1.581×10^{-3}	
				3.6×10^6	860.0	1	1.3596	
				2.648×10^6	632.5	0.7355	1	

주) 1. 단위의 고딕문자는 국제단위(SI 단위)
2. 차원기호 : M = 질량, G = 중량, L = 길이, T = 시간, H = 열량, T = 온도

〈부록 3〉 열역학에 사용되는 각종 단위 환산표-2

양	SI 단위	종래의 단위			
에너지 일 열량	kJ	kW·h	kcal		$1\ J = 1\ N \cdot m = 1\ W \cdot s$ 국제칼로리 또는 cal(1T) $cal_{1T} = 4.186\ J$ $1kJ\ =\ 102 kg_f m$
	1 3600 4.1868	1/3600 1 1.163×10^{-3}	0.2388459 859.8452 1		
동력 출력 열유량	W	$kg_f \cdot m / s$	PS		$1\ W = 1\ J/s = 1\ N \cdot m/s$ $1\ kcal/h = 1.163\ W$
	1 9.80665 735.4988	0.1019716 1 75	1.359622×10^{-3} 1/75 1		
열전도율	$W / (m \cdot k)$	$kcal / (m \cdot h \cdot ℃)$			
	1 1.163	1/1.163 1			
연전달률 열통과율	$W / (m^2 \cdot k)$	$kcal / (m^2 \cdot h \cdot ℃)$			
	1 1.163	1/1.163 1			
연료소비율	$g / (MW \cdot s)$	$g / (kW \cdot h)$	$g / (PS \cdot h)$		
	1 1/3.6 0.3776727 168.9659	3.6 1 1.3596216 608.2774	2.647796 0.7354988 1 447.3872		
비내부에너지 비엔탈피 질량잠열	Pa (Pascal)	kcal / kg			
	1 4.1868	0.2388459 1			

- 1kW = 1.34HP, 1kW = 1.36PS, 1HP = 0.746kW, 1PS = 0.735kW
- $1N = 1kg.m/sec^2$, [N.m] = [J], $[\frac{N}{m^2}] = [Pa]$
- $1kg_f = 9.8m/s^2$, $1kg_f m = 9.8[N.m] = 9.8[J]$, $1kg_f = 9.8N$
- 1cal = 4.186J, 1J = 0.239cal,
- P = [J/s] = [Watt], kW = kJ/s, 1kWh = 860.4kcal = 367,097$kg_f m$
- 1[J] : 심장이 한번 박동하는데 필요한 에너지, 1[J] = 1[N.m]

〈부록 4〉 열역학 관련 기본상수

상수	기호	계산할 때 쓰는 값
중력상수	G	6.67×10^{-11} $m/s^2 \cdot kg$
보편 기체상수	R	8.31 J/mol·K
Avogadro 상수	N_A	6.02×10^{23} mol-1
Boltzmann 상수	k_B	1.38×10^{-23} J/K
Stefan-Boltzmann 상수	σ	5.67×10^{-8} $W/m^2 \cdot K^4$
STP 에서 이상기체 1 몰의 부피	V_m	2.24×10^{-2} m^3/mol
열의 일당량		4.186 J/cal (15 calorie)
표준 대기압력	1 atm	1.01325×10^5 Pa
절대영도	0 K	−273.15 ℃
이상기체의 부피(0 ℃ 1 기압)		22.414100 L/mol
중력가속도(표준)	g	9.80665 m/s^2

◐ 태양, 지구, 달의 물리적 특성

성질	단위	태양	지구	달
질량	kg	1.99×10^{30}	5.98×10^{24}	7.36×10^{22}
평균 반지름	m	6.96×10^8	6.37×10^6	1.74×10^6
평균 밀도	kg/m^3	1410	5520	3340
표면에서의 자유낙하가속도	m/s^2	274	9.81	1.67
탈출속도	km/s	618	11.2	2.38
복사율※	W	3.90×10^{26}		
지구에서의 거리	m	1.50×10^{11}	0	3.82×10^8

※ 1366 W/m^2의 비율로 수직하게 입사한다고 가정했을 때, 지구궤도 부근에서 받는 태양에너지

〈부록 5〉 기체의 열적 성질

(압력 : 1 kg_f/cm^2)

물질	온도 ℃	비중량 γ kg_f/m^3	비열 c_p $kcal/kg \cdot ℃$	점성계수 μ $kg_f \cdot s/m^2$	동점성계수 ν m^2/s
공기	-50	1.533	0.2400	1.49×10^{-6}	0.0953×10^{-4}
	-20	1.348	0.2400	1.65	0.120
	0	1.251	0.2401	1.76	0.138
	20	1.166	0.2402	1.86	0.156
	40	1.091	0.2404	1.95	0.175
	60	1.026	0.2407	2.05	0.196
	80	0.968	0.2412	2.14	0.217
	100	0.916	0.2417	2.23	0.239
수소	-50	0.106	3.32	0.750×10^{-6}	0.691×10^{-4}
	0	0.087	3.41	0.858	0.968
	50	0.073	3.43	0.957	1.280
	100	0.064	3.45	1.048	1.620
수증기	100	0.578	0.51	1.30×10^{-6}	0.221×10^{-4}
탄산가스	-50	2.373	0.185	1.14	0.047
	0	0.912	0.198	1.40	0.047
	50	1.616	0.209	1.65	0.100
	100	1.400	0.219	1.86	0.130
	200	1.103	0.239	1.28	0.203
Ammonia	0	0.746	0.518	0.95	0.125
	50	0.626	0.525	1.13	0.177
	100	0.540	0.533	1.33	0.241
	200	0.425	0.572	1.69	0.390

물의 열적 성질, 물의 비열 4.186kJ/kg.℃ (압력 : 1 kg_f/cm^2. 100 ℃ 이상은 포화수)

온도 ℃	비중량 γ kg_f/m^3	비열 c_p $kcal/kg \cdot ℃$	점성계수 μ $kg_f \cdot s/m^2$	동점성계수 ν m^2/s
0	999.9	1.008	1.829×10^{-2}	2.258×10^{-2}
10	999.7	1.002	1.336	1.311
20	998.2	0.999	1.029	1.011
30	995.7	0.998	0.816	0.804
40	992.3	0.998	0.667	0.659
50	988.1	0.999	0.560	0.556
60	983.2	1.000	0.479	0.478
80	971.8	1.003	0.364	0.376
100	958.4	1.007	0.290	0.297
200	894.7	1.076	0.141	0.160
250	799.2	1.157	0.114	0.140

〈부록 9〉 주요 이상가스의 물성치

가스의 종류	분자 기호	원자 수	분자량 M	가스정수 R		공기에 대한 비중	0℃에서의 값 (760mmHg에서의)					
							정압비열 c_p		정적비열 c_v		$k=\frac{c_p}{c_v}$	밀도 ρ
			$[kg/kmol]$	$\left[\frac{kg_f \cdot m}{kg \cdot K}\right]$	$\left[\frac{kJ}{kg \cdot K}\right]$		$\left[\frac{kcal}{kg \cdot K}\right]$	$\left[\frac{kJ}{kg \cdot K}\right]$	$\left[\frac{kcal}{kg \cdot K}\right]$	$\left[\frac{kJ}{kg \cdot K}\right]$		$[kg/m^3]$
헬륨	He	1	4.0026	211.80	2.0772	0.138	1.2514	5.2381	0.7550	3.1602	1.658	0.1786
아르곤	Ar	1	39.9480	21.22	0.2081	1.379	0.1240	0.5198	0.0746	0.3128	1.662	1.7821
수소	H_2	2	2.0150	420.62	4.1240	0.0695	3.3920	14.2000	2.4069	10.0754	1.409	0.0899
질소	N_2	2	28.0134	30.28	0.2969	0.968	0.2482	1.0389	0.1773	0.7421	1.400	1.2499
산소	O_2	2	31.9898	26.49	0.2598	1.105	0.2186	0.9150	0.1565	0.6551	1.397	1.4276
일산화탄소	CO	2	27.9949	30.29	0.2970	0.967	0.2485	1.0403	0.1776	0.7433	1.400	1.2495
일산화질소	NO	2	29.9980	28.27	0.2772	1.037	0.2385	0.9983	0.1723	0.7211	1.384	1.3388
염화수소	HCl	2	36.4648	23.25	0.2280	1.268	0.1910	0.7997	0.1366	0.5717	1.399	1.6265
수증기	H_2O	3	18.0106	47.07	0.4616	0.622	0.4446	1.8610	0.3340	1.3979	1.331	0.8036
탄산가스	CO_2	3	43.9898	19.27	0.1890	1.530	0.1952	0.8169	0.1500	0.6279	1.301	1.9634
산화질소	N_2O	3	44.0011	19.27	0.1890	1.538	0.2032	0.8507	0.1581	0.6618	1.285	1.9637
아황산가스	SO_2	3	63.9652	13.26	0.1300	2.264	0.1455	0.6092	0.1145	0.4792	1.271	2.8581
암모니아	NH_3	4	17.02655	49.79	0.4883	0.596	0.4911	2.0557	0.3744	1.5674	1.312	0.7598
아세틸렌	C_2H_2	4	26.01565	32.59	0.3196	0.906	0.3614	1.5127	0.2850	1.1931	1.268	1.1607
메탄	CH_4	5	16.0313	52.89	0.5182	0.554	0.5151	2.1562	0.3912	1.6376	1.317	0.7152
메틸클로라이	CH_3Cl	5	50.4805	16.79	0.1647	1.785	0.1760	0.7369	0.1367	0.5722	1.288	2.2522
에틸렌	C_2H_4	6	28.0313	30.25	0.2966	0.975	0.3851	1.6115	0.3142	1.3153	1.225	1.2506
데탄	C_2H_6	8	30.04695	28.20	0.2765	1.049	0.4130	1.7289	0.3470	1.4524	1.190	1.3406
프로판	C_3H_8	11	44.0600	19.24	0.1887	1.521	0.3705	1.5513	0.3254	1.3620	1.139	2.0102
공기	-	-	28.9500	29.29	0.2872	1.000	0.2400	1.005	0.1713	0.7171	1.400	1.2922

〈부록 7〉 포화증기표 (온도 기준)

온도	포화 압력	비체적 m^3/kg		내부에너지 kJ/kg			엔탈피 kJ/kg			엔트로피 $kJ/kg\ K$		
°C T	kPa p_{sat}	포화액 v_f	포화증기 v_g	포화액 u_f	증 발 u_{fg}	포화증기 u_g	포화액 h_f	증 발 h_{fg}	포화증기 h_g	포화액 s_f	증 발 s_{fg}	포화증기 s_g
0.01	0.6113	0.001000	206.14	0.00	2375.3	2375.3	0.01	2501.3	2501.4	0.0000	9.1562	9.1562
5	0.8721	0.001000	147.12	20.97	2361.3	2382.3	20.98	2489.6	2510.6	0.0761	8.9496	9.0257
10	1.2276	0.001000	106.38	42.00	2347.2	2389.2	42.01	2477.7	2519.8	0.1510	8.7498	8.9008
15	1.7051	0.001001	77.93	62.99	2333.1	2396.1	62.99	2465.9	2528.9	0.2245	8.5569	8.7814
20	2.339	0.001002	57.79	83.95	2319.0	2402.9	83.96	2454.1	2538.1	0.2966	8.3706	8.6672
25	3.169	0.001003	43.36	104.88	2304.9	2409.8	104.89	2442.3	2547.2	0.3674	8.1905	8.5580
30	4.246	0.001004	32.89	125.78	2290.8	2416.6	125.79	2430.5	2556.3	0.4369	8.0164	8.4533
35	5.628	0.001006	25.22	146.67	2276.7	2423.4	146.68	2418.6	2565.3	0.5053	7.8478	8.3531
40	7.384	0.001008	19.52	167.56	2262.6	2430.1	167.57	2406.7	2574.3	0.5725	7.6845	8.2570
45	9.593	0.001010	15.26	188.44	2248.4	2436.8	188.45	2394.8	2583.2	0.6387	7.5261	8.1648
50	12.349	0.001012	12.03	209.32	2234.2	2443.5	209.33	2382.7	2592.1	0.7038	7.3725	8.0763
55	15.758	0.001015	9.568	230.21	2219.9	2450.1	230.23	2370.7	2600.9	0.7679	7.2234	7.9913
60	19.940	0.001017	7.671	251.11	2205.5	2456.6	251.13	2358.5	2609.6	0.8312	7.0784	7.9096
65	25.03	0.001020	6.197	272.02	2191.1	2463.1	272.06	2346.2	2618.3	0.8935	6.9375	7.8310
70	31.19	0.001023	5.042	292.95	2176.6	2569.6	292.98	2333.8	2626.8	0.9549	6.8004	7.7553
75	38.58	0.001026	4.131	313.90	2162.0	2475.9	313.93	2321.4	2635.3	1.0155	6.6669	7.6824
80	47.39	0.001029	3.407	334.86	2147.4	2482.2	334.91	2308.8	2643.7	1.0753	6.5369	7.6122
85	57.83	0.001033	2.828	355.84	2132.6	2488.4	355.90	2296.0	2651.9	1.1343	6.4102	7.5445
90	70.14	0.001036	2.361	376.85	2117.7	2494.5	376.92	2283.2	2660.1	1.1925	6.2866	7.4791
95	84.55	0.001040	1.982	397.88	2102.7	2500.6	397.96	2270.2	2668.1	1.2500	6.1659	7.4159
	p_{sat} MPa											
100	0.10135	0.001044	1.6729	418.94	2087.6	2506.5	419.04	2257.0	2676.1	1.3069	6.0480	7.3549
105	0.12082	0.001048	1.4194	440.02	2072.3	2512.4	440.15	2243.7	2683.8	1.3630	5.9328	7.2958
110	0.14327	0.001052	1.2102	461.14	2057.0	2518.1	461.30	2230.2	2691.5	1.4185	5.8202	7.2387
115	0.16906	0.001056	1.0366	482.30	2041.4	2523.7	482.48	2216.5	2699.0	1.4734	5.7100	7.1833
120	0.19853	0.001060	0.8919	503.50	2025.8	2529.3	503.71	2202.6	2706.3	1.5276	5.6020	7.1296
125	0.2321	0.001065	0.7706	524.74	2009.9	2534.6	524.99	2188.5	2713.5	1.5813	5.4962	7.0775
130	0.2701	0.001070	0.6685	546.02	1993.9	2539.9	546.31	2174.2	2720.5	1.6344	5.3925	7.0269
135	0.3130	0.001075	0.5822	567.35	1977.7	2545.0	567.69	2159.6	2727.3	1.6870	5.2907	6.9777
140	0.3613	0.001080	0.5089	588.74	1961.3	2550.0	589.13	2144.7	2733.9	1.7391	5.1908	6.9299
145	0.4154	0.001085	0.4463	610.18	1944.7	2554.9	610.63	2129.6	2740.3	1.7907	5.0926	6.8833
150	0.4758	0.001091	0.3928	631.68	1927.9	2559.5	632.20	2114.3	2746.5	1.8418	4.9960	6.8379
155	0.5431	0.001096	0.3468	653.24	1910.8	2564.1	653.84	2098.6	2752.4	1.8925	4.9010	6.7935
160	0.6178	0.001102	0.3071	674.87	1893.5	2568.4	675.55	2082.6	2758.1	1.9427	4.8075	6.7502
165	0.7005	0.001108	0.2727	696.56	1876.0	2572.5	697.34	2066.2	2763.5	1.9925	4.7153	6.7078
170	0.7917	0.001114	0.2428	718.33	1858.1	2576.5	719.21	2049.5	2768.7	2.0419	4.6244	6.6663
175	0.8920	0.001121	0.2168	740.17	1840.0	2580.2	741.17	2032.4	2773.6	2.0909	4.5347	6.6256

〈부록 7〉 포화증기표 (온도 기준), (계속)

온도 °C T	포화 압력 MPa p_{sat}	비체적 m^3/kg		내부에너지 kJ/kg			엔탈피 kJ/kg			엔트로피 $kJ/kg\ K$		
		포화액 v_f	포화증기 v_g	포화액 u_f	증 발 u_{fg}	포화증기 u_g	포화액 h_f	증 발 h_{fg}	포화증기 h_g	포화액 s_f	증 발 s_{fg}	포화증기 s_g
180	1.0021	0.001127	0.19405	762.09	1821.6	2583.7	763.22	2015.0	2778.2	2.1396	4.4461	6.5857
185	1.1227	0.001134	0.17409	784.10	1802.9	2587.0	785.37	1997.1	2782.4	2.1879	4.3586	6.5465
190	1.2544	0.001141	0.15654	806.19	1783.8	2590.0	807.62	1978.8	2786.4	2.2359	4.2720	6.5079
195	1.3978	0.001149	0.14105	828.37	1764.4	2592.8	829.98	1960.0	2790.0	2.2835	4.1863	6.4698
200	1.5538	0.001157	0.12736	850.65	1744.7	2595.3	852.45	1940.7	2793.2	2.3309	4.1014	6.4323
205	1.7230	0.001164	0.11521	873.04	1724.5	2597.5	875.04	1921.0	2796.0	2.3780	4.0172	6.3952
210	1.9062	0.001173	0.10441	895.53	1703.9	2599.5	897.76	1900.7	2798.5	2.4248	3.9337	6.3585
215	2.104	0.001181	0.09479	918.14	1682.9	2601.1	920.62	1879.9	2800.5	2.4714	3.8507	6.3221
220	2.318	0.001190	0.08619	940.87	1661.5	2602.4	943.62	1858.5	2802.1	2.5178	3.7683	6.2861
225	2.548	0.001199	0.07849	963.73	1639.6	2603.3	966.78	1836.5	2803.3	2.5639	3.6863	6.2503
230	2.795	0.001209	0.07158	986.74	1617.2	2603.9	990.12	1813.8	2804.0	2.6099	3.6047	6.2146
235	3.060	0.001219	0.06537	1009.89	1594.2	2604.1	1013.62	1790.5	2804.2	2.6558	3.5233	6.1791
240	3.344	0.001229	0.05976	1033.21	1570.8	2604.0	1037.32	1766.5	2803.8	2.7015	3.4422	6.1437
245	3.648	0.001240	0.05471	1056.71	1546.7	2603.4	1061.23	1741.7	2803.0	2.7472	3.3612	6.1083
250	3.973	0.001251	0.05013	1080.39	1522.0	2602.4	1085.36	1716.2	2801.5	2.7927	3.2802	6.0730
255	4.319	0.001263	0.04598	1104.28	1596.7	2600.9	1109.73	1689.8	2799.5	2.8383	3.1992	6.0375
260	4.688	0.001276	0.04221	1128.39	1470.6	2599.0	1134.37	1662.5	2796.9	2.8838	3.1181	6.0019
265	5.081	0.001289	0.03877	1152.74	1443.9	2596.6	1159.28	1634.4	2793.6	2.9294	3.0368	5.9662
270	5.499	0.001302	0.03564	1177.36	1416.3	2593.7	1184.51	1605.2	2789.7	2.9751	2.9551	5.9301
275	5.942	0.001317	0.03279	1202.25	1387.9	2590.2	1210.07	1574.9	2785.0	3.0208	2.8730	5.8938
280	6.412	0.001332	0.03017	1227.46	1358.7	2586.1	1235.99	1543.6	2779.6	3.0668	2.7903	5.8571
285	6.909	0.001348	0.02777	1253.00	1328.4	2581.4	1262.31	1511.0	2773.3	3.1130	2.7070	5.8199
290	7.436	0.001366	0.02557	1278.92	1297.1	2576.0	1289.07	1477.1	2766.2	3.1594	2.6227	5.7821
295	7.993	0.001384	0.02354	1305.2	1264.7	2569.9	1316.3	1441.8	2758.1	3.2062	2.5375	5.7437
300	8.581	0.001404	0.02167	1332.0	1231.0	2563.0	1344.0	1404.9	2749.0	3.2534	2.4511	5.7045
305	9.202	0.001425	0.019948	1359.3	1195.9	2555.2	1372.4	1366.4	2738.7	3.3010	3.3633	5.6643
310	9.856	0.001447	0.018350	1387.1	1159.4	2546.4	1401.3	1326.0	2727.3	3.3493	2.2737	5.6230
315	10.547	0.001472	0.016867	1415.5	1121.1	2536.6	1431.0	1283.5	2714.5	3.3982	2.1821	5.5804
320	11.274	0.001499	0.015488	1444.6	1080.9	2525.5	1461.5	1238.6	2700.1	3.4480	2.0882	5.5362
330	12.845	0.001561	0.012996	1505.3	993.7	2498.9	1525.3	1140.6	2665.9	3.5507	1.8909	5.4417
340	14.586	0.001638	0.010797	1570.3	894.3	2464.6	1594.2	1027.9	2622.0	3.6594	1.6763	5.3357
350	16.513	0.001740	0.008813	1641.9	776.6	2418.4	1670.6	893.4	2563.9	3.7777	1.4335	5.2112
360	18.651	0.001893	0.006945	1725.2	626.3	2351.5	1760.5	720.3	2481.0	3.9147	1.1379	5.0526
370	21.03	0.002213	0.004925	1844.0	384.5	2228.5	1890.5	441.6	2332.1	4.1106	0.6865	4.7971
374.14	22.09	0.003155	0.003155	2029.6	0	2029.6	2099.3	0	2099.3	4.4298	0	4.4298

자료 : Gordon J. Van Wylen and Richard E. Sonntag, *Fundamentals of Classical Thermody-namics*, English/SI Version, 3rd ed., Wiley, New York, 1986, pp. 635 - 637, table A.1.1. Originally published in Joseph H. Keenan, Frederick G. Keyes, Philip G. Hill, and Joan G. Moore, *Steam Tables*, SI Units, Wiley, New York, 1978.

〈부록 8〉 포화증기표 (압력 기준)

압력 kPa p	포화온도 °C T_{sat}	비체적 m^3/kg		내부에너지 kJ/kg			엔탈피 kJ/kg			엔트로피 $kJ/kg\,K$		
		포화액 v_f	포화증기 v_g	포화액 u_f	증발 u_{fg}	포화증기 u_g	포화액 h_f	증발 h_{fg}	포화증기 h_g	포화액 s_f	증발 s_{fg}	포화증기 s_g
0.6113	0.01	0.001000	206.14	0.00	2375.3	2375.3	0.01	2501.3	2501.4	0.0000	9.1562	9.1562
1.0	6.98	0.001000	129.21	29.30	2355.7	2385.0	29.30	2484.9	2514.2	0.1059	8.8697	8.9756
1.5	13.03	0.001001	87.98	54.71	2338.6	2393.3	54.71	2470.6	2525.3	0.1957	8.6322	8.8279
2.0	17.50	0.001001	67.00	73.48	2326.0	2399.5	73.48	2460.0	2533.5	0.2607	8.4629	8.7237
2.5	21.08	0.001002	54.25	88.48	2315.9	2404.4	88.49	2451.6	2540.0	0.3120	8.3311	8.6432
3.0	24.08	0.001003	45.67	101.04	2307.5	2408.5	101.05	2444.5	2545.5	0.3545	8.2231	8.5776
4.0	28.96	0.001004	34.80	121.45	2293.7	2415.2	121.46	2432.9	2554.4	0.4226	8.0520	8.4746
5.0	32.88	0.001005	28.19	137.81	2282.7	2420.5	137.82	2423.7	2561.5	0.4764	7.9187	8.3951
7.5	40.29	0.001008	19.24	168.78	2261.7	2430.5	168.79	2406.0	2574.8	0.5764	7.6750	8.2515
10	45.81	0.001010	14.67	191.82	2246.1	2437.9	191.83	2392.8	2584.7	0.6493	7.5009	8.1502
15	53.97	0.001014	10.02	225.92	2222.8	2448.7	225.94	2373.1	2599.1	0.7549	7.2536	8.0085
20	60.06	0.001017	7.649	251.38	2205.4	2456.7	251.40	2358.3	2609.7	0.8320	7.0766	7.9085
25	64.97	0.001020	6.204	271.90	2191.2	2463.1	271.93	2346.3	2618.2	0.8931	6.9383	7.8314
30	69.10	0.001022	5.229	289.20	2179.2	2468.4	289.23	2336.1	2625.3	0.9439	6.8247	7.7686
40	75.87	0.001027	3.993	317.53	2159.5	2477.0	317.58	2319.2	2636.8	1.0259	6.6441	7.6700
50	81.33	0.001030	3.240	340.44	2143.4	2483.9	340.49	2305.4	2645.9	1.0910	6.5029	7.5939
75	91.78	0.001037	2.217	384.31	2112.4	2496.7	384.39	2278.6	2663.0	1.2130	6.2434	7.4564
MPa p												
0.100	99.63	0.001043	1.6940	417.36	2088.7	2506.1	417.46	2258.0	2675.5	1.3026	6.0568	7.3594
0.125	105.99	0.001048	1.3749	444.19	2069.3	2513.5	444.32	2241.0	2685.4	1.3740	5.9104	7.2844
0.150	111.37	0.001053	1.1593	466.94	2052.7	2519.7	467.11	2226.5	2693.6	1.4336	5.7897	7.2233
0.175	116.06	0.001057	1.0036	486.80	2038.1	2524.9	486.99	2213.6	2700.6	1.4849	5.6868	7.1717
0.200	120.23	0.001061	0.8857	504.49	2025.0	2529.5	504.70	2201.9	2706.7	1.5301	5.5970	7.1271
0.225	124.00	0.001064	0.7933	520.47	2013.1	2533.6	520.72	2191.3	2712.1	1.5706	5.5173	7.0878
0.250	127.44	0.001067	0.7187	535.10	2002.1	2537.2	535.37	2181.5	2716.9	1.6072	5.4455	7.0527
0.275	130.60	0.001070	0.6573	548.59	1991.9	2540.5	548.89	2172.4	2721.3	1.6408	5.3801	7.0209
0.300	133.55	0.001073	0.6058	561.15	1982.4	2543.6	561.47	2163.8	2725.3	1.6718	5.3201	6.9919
0.325	136.30	0.001076	0.5620	572.90	1973.5	2546.4	573.25	2155.8	2729.0	1.7006	5.2646	6.9652
0.350	138.88	0.001079	0.5243	583.95	1965.0	2548.9	584.33	2148.1	2732.4	1.7275	5.2130	6.9405
0.375	141.32	0.001081	0.4914	594.40	1956.9	2551.3	594.81	2140.8	2735.6	1.7528	5.1647	6.9175
0.40	143.63	0.001084	0.4625	604.31	1949.3	2553.6	604.74	2133.8	2738.6	1.7766	5.1193	6.8959
0.45	147.93	0.001088	0.4140	622.77	1934.9	2557.6	623.25	2120.7	2743.9	1.8207	5.0359	6.8565
0.50	151.86	0.001093	0.3749	639.68	1921.6	2561.2	640.23	2108.5	2748.7	1.8607	4.9606	6.8213
0.55	155.48	0.001097	0.3427	655.32	1909.2	2564.5	655.93	2097.0	2753.0	1.8973	4.8920	6.7893
0.60	158.85	0.001101	0.3157	669.90	1897.5	2567.4	670.56	2086.3	2756.8	1.9312	4.8288	6.7600
0.65	162.01	0.001104	0.2927	683.56	1886.5	2570.1	684.28	2076.0	2760.3	1.9627	4.7703	6.7331
0.70	164.97	0.001108	0.2729	696.44	1876.1	2572.5	697.22	2066.3	2763.5	1.9922	4.7158	6.7080
0.75	167.78	0.001112	0.2556	708.64	1866.1	2574.7	709.47	2057.0	2766.4	2.0200	4.6647	6.6847

〈부록 8〉 포화증기표 (압력 기준), (계속)

압력 MPa	포화 온도 °C	비체적 m^3/kg		내부에너지 kJ/kg			엔탈피 kJ/kg			엔트로피 $kJ/kg\,K$		
p	T_{sat}	포화액 v_f	포화증기 v_g	포화액 u_f	증 발 u_{fg}	포화증기 u_g	포화액 h_f	증 발 h_{fg}	포화증기 h_g	포화액 s_f	증 발 s_{fg}	포화증기 s_g
0. 80	170. 43	0. 001115	0. 2404	720. 22	1856. 6	2576. 8	721. 11	2048. 0	2769. 1	2. 0462	4. 6166	6. 6628
0. 85	172. 96	0. 001118	0. 2270	731. 27	1847. 4	2578. 7	732. 22	2039. 4	2771. 6	2. 0710	4. 5711	6. 6421
0. 90	175. 38	0. 001121	0. 2150	741. 83	1838. 6	2580. 5	742. 83	2031. 1	2773. 9	2. 0946	4. 5280	6. 6226
0. 95	177. 69	0. 001124	0. 2042	751. 95	1830. 2	2582. 1	753. 02	2023. 1	2776. 1	2. 1172	4. 4869	6. 6041
1. 00	179. 91	0. 001127	0. 19444	761. 68	1822. 0	2583. 6	762. 81	2015. 3	2778. 1	2. 1387	4. 4478	6. 5865
1. 10	184. 09	0. 001133	0. 17753	780. 09	1806. 3	2586. 4	781. 34	2000. 4	2781. 7	2. 1792	4. 3744	6. 5536
1. 20	187. 99	0. 001139	0. 16333	797. 29	1791. 5	2588. 8	798. 65	1986. 2	2784. 8	2. 2166	4. 3067	6. 5233
1. 30	191. 64	0. 001144	0. 15125	813. 44	1777. 5	2591. 0	814. 93	1972. 7	2787. 6	2. 2515	4. 2438	6. 4953
1. 40	195. 07	0. 001149	0. 14084	828. 70	1764. 1	2592. 8	830. 30	1959. 7	2790. 0	2. 2842	4. 1850	6. 4693
1. 50	198. 32	0. 001154	0. 13177	843. 16	1751. 3	2594. 5	844. 89	1947. 3	2792. 2	2. 3150	4. 1298	6. 4448
1. 75	205. 76	0. 001166	0. 11349	876. 46	1721. 4	2597. 8	878. 50	1917. 9	2796. 4	2. 3851	4. 0044	6. 3896
2. 00	212. 42	0. 001177	0. 09963	906. 44	1693. 8	2600. 3	908. 79	1890. 7	2799. 5	2. 4474	3. 8935	6. 3409
2. 25	218. 45	0. 001187	0. 08875	933. 83	1668. 2	2602. 0	936. 49	1865. 2	2801. 7	2. 5035	3. 7937	6. 2972
2. 5	223. 99	0. 001197	0. 07998	959. 11	1644. 0	2603. 1	962. 11	1841. 0	2803. 1	2. 5547	3. 7028	6. 2575
3. 0	233. 90	0. 001217	0. 06668	1004. 78	1599. 3	2604. 1	1008. 42	1795. 7	2804. 2	2. 6457	3. 5412	6. 1869
3. 5	242. 60	0. 001235	0. 05707	1045. 43	1558. 3	2603. 7	1049. 75	1753. 7	2803. 4	2. 7253	3. 4000	6. 1253
4	250. 40	0. 001252	0. 04978	1082. 31	1520. 0	2602. 3	1087. 31	1714. 1	2801. 4	2. 7964	3. 2737	6. 0701
5	263. 99	0. 001286	0. 03944	1147. 81	1449. 3	2597. 1	1154. 23	1640. 1	2794. 3	2. 9202	3. 0532	5. 9734
6	275. 64	0. 001319	0. 03244	1205. 44	1384. 3	2589. 7	1213. 35	1571. 0	2784. 3	3. 0267	2. 8625	5. 8892
7	285. 88	0. 001351	0. 02737	1257. 55	1323. 0	2580. 5	1267. 00	1505. 1	2772. 1	3. 1211	2. 6922	5. 8133
8	295. 06	0. 001384	0. 02352	1305. 57	1264. 2	2569. 8	1316. 64	1441. 3	2758. 0	3. 2068	2. 5364	5. 7432
9	303. 40	0. 001418	0. 02048	1350. 51	1207. 3	2557. 8	1363. 26	1378. 9	2742. 1	3. 2858	2. 3915	5. 6722
10	311. 06	0. 001452	0. 018026	1393. 04	1151. 4	2544. 4	1407. 56	1317. 1	2724. 7	3. 3596	2. 2544	5. 6141
11	318. 15	0. 001489	0. 015987	1433. 7	1096. 0	2529. 8	1450. 1	1255. 5	2705. 6	3. 4295	2. 1233	5. 5527
12	324. 75	0. 001527	0. 014263	1473. 0	1040. 7	2513. 7	1491. 3	1193. 6	2684. 9	3. 4962	1. 9962	5. 4924
13	330. 93	0. 001567	0. 012780	1511. 1	985. 0	2496. 1	1531. 5	1130. 7	2662. 2	3. 5606	1. 8718	5. 4323
14	336. 75	0. 001611	0. 011485	1548. 6	928. 2	2476. 8	1571. 1	1066. 5	2637. 6	3. 6232	1. 7485	5. 3717
15	342. 24	0. 001658	0. 010337	1585. 6	869. 8	2455. 5	1610. 5	1000. 0	2610. 5	3. 6848	1. 6249	5. 3098
16	347. 44	0. 001711	0. 009306	1622. 7	809. 0	2431. 7	1650. 1	930. 6	2580. 6	3. 7461	1. 4994	5. 2455
17	352. 37	0. 001770	0. 008364	1660. 2	744. 8	2405. 0	1690. 3	856. 9	2547. 2	3. 8079	1. 3698	5. 1777
18	357. 06	0. 001840	0. 007489	1698. 9	675. 4	2374. 3	1732. 0	777. 1	2509. 1	3. 8715	1. 2329	5. 1044
19	361. 54	0. 001924	0. 006657	1739. 9	598. 1	2338. 1	1776. 5	688. 0	2464. 5	3. 9388	1. 0839	5. 0228
20	365. 81	0. 002036	0. 005834	1785. 6	507. 5	2293. 0	1826. 3	583. 4	2409. 7	4. 0139	0. 9130	4. 9269
21	369. 89	0. 002207	0. 004952	1842. 1	388. 5	2230. 6	1888. 4	446. 2	2334. 6	4. 1075	0.6938	4. 8013
22	373. 80	0. 002742	0. 003568	1961. 9	125. 2	2087. 1	2022. 2	143. 4	2165. 6	4. 3110	0. 2216	4. 5327
22. 09	374. 14	0. 003155	0. 003155	2029. 6	0	2029. 6	2099. 3	0	2099. 3	4. 4298	0	4. 4298

자료 : Gordon J. Wylen and Richard E. Sonntag, *Fundamentals of Classical Thermodynamics*, English/SI Version, 3 d ed., Wiley, New York, 1986, pp. 638~640, table A.1. 2. Originally published in Joseph H. Keenan, Frederick G. Keyes, Philip G. Hill, and Joan G. Moore, *Steam Tables*, SI Units, Wiley, New York, 1978.

〈부록 9〉 과열증기표

Temp. ℃	v m^3/kg	u kJ/kg	h kJ/kg	s $kJ/kg{\cdot}K$	Temp. ℃	v m^3/kg	u kJ/kg	h kJ/kg	s $kJ/kg{\cdot}K$
	p = 0.010 MPa (45.817℃)					p = 0.050 MPa (81.339℃)			
Sat.	14.674	2437.0	2583.8	8.1482	Sat.	3.241	2483.3	2645.3	7.5928
50	14.869	2443.1	2591.8	8.1731					
100	17.196	2515.0	2687.0	8.4471	100	3.419	2511.2	2682.1	7.6941
150	19.513	2587.4	2782.5	8.6873	150	3.890	2585.2	2779.7	7.9394
200	21.826	2660.8	2879.0	8.9030	200	4.356	2659.4	2877.2	8.1572
250	24.136	2735.5	2976.9	9.0995	250	4.821	2734.5	2975.6	8.3548
300	26.446	2811.7	3076.2	9.2808	300	5.284	2811.0	3075.2	8.5367
400	31.063	2968.8	3279.4	9.6075	400	6.209	2968.3	3278.8	8.8640
500	35.680	3132.4	3489.2	9.8979	500	7.134	3132.0	3488.7	9.1547
600	40.296	3302.8	3705.7	10.1612	600	8.058	3302.5	3705.4	9.4182
700	44.912	3480.2	3929.4	10.4036	700	8.981	3480.1	3929.1	9.6606
800	49.527	3664.8	4160.1	10.6292	800	9.905	3664.7	4159.9	9.8863
900	54.143	3856.4	4397.8	10.8410	900	10.828	3856.3	4397.7	10.0981
1000	58.758	4054.7	4642.3	11.0409	1000	11.751	4054.6	4642.2	10.2981
1100	63.374	4259.5	4893.2	11.2307	1100	12.675	4259.4	4893.1	10.4878
1200	67.989	4470.3	5150.2	11.4113	1200	13.598	4470.2	5150.1	10.6684
1300	72.604	4686.8	5412.9	11.5838	1300	14.521	4686.8	5412.8	10.8409
1400	77.220	4908.6	5680.8	11.7488	1400	15.444	4908.5	5680.7	11.0060
1500	81.835	5135.1	5953.5	11.9071	1500	16.367	5135.0	5953.4	11.1643
	p = 0.1 MPa (99.632℃)					p = 0.2 MPa (120.241℃)			
Sat.	1.6943	2505.7	2675.1	7.3589	Sat.	0.8859	2529.4	2706.5	7.1272
100	1.6961	2506.3	2675.9	7.3609					
150	1.9364	2582.4	2776.1	7.6129	150	0.9597	2576.7	2768.6	7.2793
200	2.172	2657.6	2874.8	7.8335	200	1.0803	2653.9	2870.0	7.5059
250	2.406	2733.3	2973.3	8.0325	250	1.1988	2730.8	2970.5	7.7078
300	2.639	2810.1	3073.9	8.2152	300	1.3162	2808.2	3071.4	7.8920
400	3.103	2967.7	3278.0	8.5432	400	1.5493	2966.6	3276.4	8.2216
500	3.566	3131.6	3488.2	8.8342	500	1.7814	3130.8	3487.1	8.5133
600	4.028	3302.3	3705.0	9.0979	600	2.013	3301.7	3704.3	8.7773
700	4.490	3479.8	3928.8	9.3405	700	2.244	3479.4	3928.3	9.0201
800	4.952	3664.5	4159.7	9.5662	800	2.475	3664.1	4159.2	9.2460
900	5.414	3856.1	4397.5	9.7781	900	2.707	3855.8	4397.1	9.4579
1000	5.875	4054.5	4642.0	9.9781	1000	2.938	4054.2	4641.7	9.6580
1100	6.337	4259.3	4893.0	10.1678	1100	3.168	4259.1	4892.8	9.8477
1200	6.799	4470.1	5150.0	10.3485	1200	3.399	4470.0	5149.8	10.0284
1300	7.260	4686.7	5412.7	10.5210	1300	3.630	4686.5	5412.5	10.2010
1400	7.722	4908.4	5680.6	10.6861	1400	3.861	4908.3	5680.5	10.3661
1500	8.184	5135.0	5953.3	10.8444	1500	4.092	5134.8	5953.2	10.5244

〈부록 9〉 과열증기표 (계속)

Temp. ℃	v m^3/kg	u kJ/kg	h kJ/kg	s $kJ/kg·K$	Temp. ℃	v m^3/kg	u kJ/kg	h kJ/kg	s $kJ/kg·K$
	p = 0.3 MPa (133.555℃)					p = 0.4 MPa (143.643℃)			
Sat.	0.6059	2543.5	2725.3	6.9921	Sat.	0.4625	2553.5	2738.5	6.8961
150	0.6339	2570.7	2760.9	7.0779	150	0.4708	2564.4	2752.8	6.9300
200	0.7163	2650.2	2865.1	7.3108	200	0.5342	2646.4	2860.1	7.1699
250	0.7963	2728.2	2967.1	7.5157	250	0.5951	2725.6	2963.6	7.3779
300	0.8753	2806.3	3068.9	7.7015	300	0.6548	2804.4	3066.3	7.5654
350	0.9536	2885.3	3171.3	7.8729	350	0.7139	2883.8	3169.4	7.7378
400	1.0315	2965.4	3274.9	8.0327	400	0.7726	2964.3	3273.3	7.8982
500	1.1867	3130.1	3486.1	8.3252	500	0.8894	3129.3	3485.0	8.1913
600	1.3414	3301.1	3703.5	8.5895	600	1.0056	3300.5	3702.7	8.4561
700	1.4958	3478.9	3927.7	8.8325	700	1.1215	3478.5	3927.1	8.6993
800	1.6500	3663.8	4158.8	9.0585	800	1.2373	3663.4	4158.3	8.9254
900	1.8042	3855.5	4396.7	9.2705	900	1.3530	3855.2	4396.4	9.1375
1000	1.9582	4054.0	4641.4	9.4706	1000	1.4686	4053.7	4641.1	9.3377
1100	2.112	4258.8	4892.5	9.6605	1100	1.5841	4258.6	4892.3	9.5275
1200	2.266	4469.8	5149.6	9.8412	1200	1.6997	4469.6	5149.4	9.7083
1300	2.420	4686.3	5412.4	10.0137	1300	1.8152	4686.1	5412.2	9.8808
1400	2.574	4908.1	5680.3	10.1788	1400	1.9307	4907.9	5680.2	10.0460
1500	2.728	5134.7	5953.1	10.3372	1500	2.046	5134.6	5953.0	10.2043
	p = 0.5 MPa (151.866℃)					p = 0.6 MPa (158.863℃)			
Sat.	0.3749	2561.2	2748.6	6.8214	Sat.	0.3156	2567.3	2756.7	6.7601
200	0.4249	2642.5	2854.9	7.0585	200	0.3520	2638.5	2849.7	6.9658
250	0.4743	2723.0	2960.1	7.2699	250	0.3938	2720.3	2956.6	7.1806
300	0.5225	2802.5	3063.7	7.4591	300	0.4344	2800.5	3061.2	7.3716
350	0.5701	2882.3	3167.4	7.6324	350	0.4742	2880.9	3165.4	7.5459
400	0.6173	2963.1	3271.7	7.7935	400	0.5137	2961.9	3270.2	7.7076
450	0.6642	3045.1	3377.2	7.9446	450	0.5529	3044.1	3375.9	7.8591
500	0.7109	3128.5	3483.9	8.0873	500	0.5920	3127.7	3482.9	8.0021
600	0.8041	3299.9	3701.9	8.3524	600	0.6697	3299.3	3701.2	8.2676
700	0.8969	3478.0	3926.5	8.5958	700	0.7472	3477.6	3925.9	8.5112
800	0.9896	3663.0	4157.8	8.8221	800	0.8246	3662.7	4157.4	8.7376
900	1.0822	3854.9	4396.0	9.0342	900	0.9018	3854.6	4395.6	8.9498
1000	1.1748	4053.4	4640.8	9.2345	1000	0.9789	4053.2	4640.5	9.1501
1100	1.2673	4258.4	4892.0	9.4244	1100	1.0560	4258.2	4891.8	9.3401
1200	1.3597	4469.4	5149.2	9.6051	1200	1.1331	4469.2	5149.0	9.5209
1300	1.4521	4686.0	5412.0	9.7777	1300	1.2101	4685.8	5411.9	9.6935
1400	1.5446	4907.8	5680.1	9.9429	1400	1.2872	4907.6	5679.9	9.8587
1500	1.6369	5134.4	5952.9	10.1013	1500	1.3642	5134.3	5952.8	10.0170

〈부록 9〉 과열증기표 (계속)

Temp. ℃	v m^3/kg	u kJ/kg	h kJ/kg	s $kJ/kg·K$	Temp. ℃	v m^3/kg	u kJ/kg	h kJ/kg	s $kJ/kg·K$
	p = 0.8 MPa (170.444℃)					p = 1.0 MPa (179.916℃)			
Sat.	0.2404	2576.6	2768.9	6.6625	Sat.	0.19438	2583.3	2777.7	6.5859
200	0.2607	2630.2	2838.8	6.8151	200	0.2059	2621.5	2827.4	6.6932
250	0.2931	2714.8	2949.3	7.0373	250	0.2326	2709.2	2941.9	6.9234
300	0.3241	2796.6	3055.9	7.2319	300	0.2579	2792.7	3050.6	7.1219
350	0.3544	2877.9	3161.4	7.4084	350	0.2825	2874.9	3157.3	7.3005
400	0.3843	2959.6	3267.0	7.5713	400	0.3066	2957.2	3263.8	7.4648
450	0.4139	3042.2	3373.3	7.7237	450	0.3304	3040.3	3370.7	7.6180
500	0.4433	3126.1	3480.7	7.8673	500	0.3541	3124.5	3478.6	7.7622
600	0.5018	3298.1	3699.6	8.1335	600	0.4011	3297.0	3698.1	8.0292
700	0.5601	3476.7	3924.7	8.3775	700	0.4478	3475.7	3923.6	8.2336
800	0.6182	3661.9	4156.5	8.6041	800	0.4944	3661.2	4155.5	8.5005
900	0.6762	3854.0	4394.9	8.8165	900	0.5408	3853.4	4394.2	8.7130
1000	0.7341	4052.7	4639.9	9.0169	1000	0.5872	4052.1	4639.3	8.9135
1100	0.7920	4257.7	4891.3	9.2070	1100	0.6335	4257.3	4890.8	9.1037
1200	0.8498	4468.8	5148.6	9.3878	1200	0.6798	4468.4	5148.2	9.2846
1300	0.9076	4685.4	5411.5	9.5605	1300	0.7261	4685.1	5411.2	9.4573
1400	0.9654	4907.3	5679.6	9.7257	1400	0.7724	4907.0	5679.4	9.6225
1500	1.0232	5134.0	5952.5	9.8841	1500	0.8186	5133.7	5952.3	9.7810
	p = 1.2 MPa (187.996℃)					p = 1.4 MPa (195.079℃)			
Sat.	0.16328	2588.4	2784.3	6.5226	Sat.	0.14079	2592.3	2789.4	6.4683
200	0.16925	2612.3	2815.4	6.5890	200	0.14297	2602.6	2802.7	6.4966
250	0.19231	2703.5	2934.3	6.8281	250	0.16347	2697.6	2926.4	6.7454
300	0.2138	2788.6	3045.2	7.0307	300	0.18226	2784.5	3039.7	6.9523
350	0.2345	2871.8	3153.3	7.2115	350	0.2003	2868.8	3149.1	7.1354
400	0.2548	2954.8	3260.6	7.3771	400	0.2178	2952.4	3257.3	7.3024
450	0.2748	3038.3	3368.1	7.5312	450	0.2351	3036.4	3365.5	7.4573
500	0.2946	3122.8	3476.4	7.6760	500	0.2521	3121.2	3474.2	7.6027
600	0.3339	3295.8	3696.5	7.9437	600	0.2860	3294.6	3694.9	7.8712
700	0.3730	3474.8	3922.4	8.1885	700	0.3195	3473.9	3921.2	8.1164
800	0.4118	3660.4	4154.6	8.4156	800	0.3529	3659.7	4153.7	8.3438
900	0.4506	3852.7	4393.4	8.6284	900	0.3861	3852.1	4392.7	8.5567
1000	0.4893	4051.6	4638.7	8.8290	1000	0.4193	4051.1	4638.1	8.7574
1100	0.5279	4256.8	4890.3	9.0192	1100	0.4525	4256.4	4889.8	8.9477
1200	0.5665	4468.0	5147.8	9.2002	1200	0.4856	4467.6	5147.4	9.1288
1300	0.6051	4684.7	5410.9	9.3729	1300	0.5187	4684.4	5410.5	9.3016
1400	0.6437	4906.7	5679.1	9.5382	1400	0.5517	4906.4	5678.8	9.4669
1500	0.6822	5133.4	5952.1	9.6967	1500	0.5848	5133.1	5951.8	9.6254

〈부록 9〉 과열증기표 (계속)

Temp. ℃	v m^3/kg	u kJ/kg	h kJ/kg	s $kJ/kg{\cdot}K$	Temp. ℃	v m^3/kg	u kJ/kg	h kJ/kg	s $kJ/kg{\cdot}K$
	p = 1.6 MPa (201.410℃)					p = 1.8 MPa (207.151℃)			
Sat.	0.12375	2595.3	2793.3	6.4207	Sat.	0.11037	2597.7	2796.4	6.3781
225	0.13283	2644.0	2856.5	6.5506	225	0.11669	2635.9	2846.0	6.4795
250	0.14181	2691.5	2918.4	6.6718	250	0.12493	2685.2	2910.1	6.6052
300	0.15860	2780.4	3034.1	6.8833	300	0.14019	2776.1	3028.5	6.8214
350	0.17456	2865.7	3145.0	7.0688	350	0.15456	2862.6	3140.8	7.0093
400	0.19005	2950.0	3254.1	7.2372	400	0.16846	2947.6	3250.8	7.1792
450	0.2053	3034.4	3362.8	7.3930	450	0.18207	3032.5	3360.2	7.3359
500	0.2203	3119.6	3472.0	7.5390	500	0.19549	3118.0	3469.9	7.4825
600	0.2500	3293.4	3693.4	7.8082	600	0.2220	3292.2	3691.8	7.7524
700	0.2794	3473.0	3920.0	8.0539	700	0.2482	3472.1	3918.8	7.9986
800	0.3086	3659.0	4152.8	8.2815	800	0.2742	3658.2	4151.9	8.2264
900	0.3378	3851.5	4392.0	8.4946	900	0.3002	3850.9	4391.2	8.4397
1000	0.3669	4050.6	4637.6	8.6954	1000	0.3261	4050.1	4637.0	8.6406
1100	0.3959	4255.9	4889.3	8.8858	1100	0.3519	4255.5	4888.8	8.8311
1200	0.4249	4467.2	5147.0	9.0669	1200	0.3777	4466.8	5146.6	9.0122
1300	0.4538	4684.0	5410.2	9.2397	1300	0.4034	4683.7	5409.9	9.1851
1400	0.4828	4906.1	5678.5	9.4051	1400	0.4292	4905.8	5678.2	9.3505
1500	0.5117	5132.9	5951.6	9.5636	1500	0.4549	5132.6	5951.4	9.5090
	p = 2.0 MPa (212.417℃)					p = 2.2 MPa (217.288℃)			
Sat.	0.09959	2599.5	2798.7	6.3396	Sat.	0.09070	2600.9	2800.5	6.3042
225	0.10374	2627.5	2835.0	6.4133	225	0.09309	2618.8	2823.6	6.3509
250	0.11141	2678.8	2901.6	6.5438	250	0.10032	2672.1	2892.8	6.4866
300	0.12545	2771.8	3022.7	6.7651	300	0.11338	2767.5	3016.9	6.7133
350	0.13856	2859.4	3136.6	6.9556	350	0.12547	2856.2	3132.3	6.9064
400	0.15119	2945.1	3247.5	7.1269	400	0.13706	2942.7	3244.2	7.0792
450	0.16352	3030.5	3357.5	7.2845	450	0.14835	3028.5	3354.9	7.2378
500	0.17567	3116.3	3467.7	7.4318	500	0.15944	3114.7	3465.5	7.3857
600	0.19960	3291.0	3690.2	7.7024	600	0.18128	3289.8	3688.6	7.6571
700	0.2232	3471.1	3917.6	7.9490	700	0.2028	3470.2	3916.4	7.9040
800	0.2467	3657.5	4150.9	8.1771	800	0.2242	3656.7	4150.0	8.1325
900	0.2701	3850.3	4390.5	8.3905	900	0.2455	3849.7	4389.8	8.3460
1000	0.2934	4049.5	4636.4	8.5916	1000	0.2667	4049.0	4635.8	8.5472
1100	0.3167	4255.0	4888.4	8.7821	1100	0.2879	4254.6	4887.9	8.7378
1200	0.3399	4466.4	5146.2	8.9633	1200	0.3090	4466.0	5145.8	8.9191
1300	0.3631	4683.3	5409.5	9.1363	1300	0.3301	4683.0	5409.2	9.0921
1400	0.3863	4905.4	5678.0	9.3017	1400	0.3512	4905.1	5677.7	9.2575
1500	0.4094	5132.3	5951.1	9.4603	1500	0.3722	5132.0	5950.9	9.4161

〈부록 9〉 과열증기표 (계속)

Temp. ℃	v m^3/kg	u kJ/kg	h kJ/kg	s kJ/kg·K	Temp. ℃	v m^3/kg	u kJ/kg	h kJ/kg	s kJ/kg·K
	p = 2.5 MPa (223.989℃)					p = 3.0 MPa (233.892℃)			
Sat.	0.07995	2602.3	2802.2	6.2560	Sat.	0.06666	2603.3	2803.3	6.1855
250	0.08698	2661.7	2879.1	6.4069	250	0.07056	2643.1	2854.8	6.2857
300	0.09888	2760.8	3008.0	6.6424	300	0.08113	2749.2	2992.6	6.5375
350	0.10975	2851.4	3125.8	6.8395	350	0.09052	2843.2	3114.8	6.7420
400	0.12009	2938.9	3239.2	7.0146	400	0.09935	2932.7	3230.7	6.9210
450	0.13013	3025.5	3350.9	7.1746	450	0.10787	3020.5	3344.1	7.0835
500	0.13997	3112.2	3462.2	7.3235	500	0.11618	3108.1	3456.6	7.2339
550	0.14968	3199.6	3573.8	7.4634	550	0.12435	3196.1	3569.1	7.3750
600	0.15930	3288.0	3686.3	7.5960	600	0.13243	3285.0	3682.3	7.5084
700	0.17833	3468.8	3914.7	7.8436	700	0.14839	3466.5	3911.7	7.7571
800	0.19720	3655.6	4148.6	8.0724	800	0.16418	3653.8	4146.3	7.9865
900	0.2160	3848.8	4388.7	8.2862	900	0.17987	3847.2	4386.8	8.2008
1000	0.2347	4048.2	4634.9	8.4876	1000	0.19548	4046.9	4633.4	8.4024
1100	0.2533	4253.9	4887.1	8.6783	1100	0.2110	4252.8	4885.9	8.5934
1200	0.2719	4465.4	5145.2	8.8597	1200	0.2266	4464.4	5144.2	8.7749
1300	0.2905	4682.5	5408.7	9.0327	1300	0.2421	4681.6	5407.9	8.9480
1400	0.3090	4904.7	5677.3	9.1982	1400	0.2576	4903.9	5676.6	9.1136
1500	0.3276	5131.6	5950.6	9.3569	1500	0.2730	5130.9	5950.0	9.2723
	p = 4.0 MPa (250.392℃)					p = 5.0 MPa (263.977℃)			
Sat.	0.04977	2601.5	2800.6	6.0689	Sat.	0.03944	2596.5	2793.7	5.9725
275	0.05455	2667.0	2885.2	6.2269	275	0.04140	2630.5	2837.5	6.0532
300	0.05882	2724.4	2959.7	6.3598	300	0.04530	2697.5	2923.5	6.2067
350	0.06644	2826.1	3091.8	6.5811	350	0.05193	2808.0	3067.7	6.4482
400	0.07340	2919.8	3213.4	6.7688	400	0.05781	2906.5	3195.5	6.6456
450	0.08002	3010.3	3330.4	6.9364	450	0.06330	2999.8	3316.3	6.8187
500	0.08642	3099.7	3445.4	7.0902	500	0.06856	3091.1	3433.9	6.9760
550	0.09268	3189.0	3559.7	7.2335	550	0.07367	3181.8	3550.2	7.1218
600	0.09884	3278.9	3674.3	7.3687	600	0.07869	3272.8	3666.2	7.2586
700	0.11096	3461.8	3905.7	7.6195	700	0.08850	3457.1	3899.7	7.5117
800	0.12291	3650.0	4141.7	7.8503	800	0.09815	3646.3	4137.0	7.7438
900	0.13475	3844.1	4383.1	8.0654	900	0.10768	3841.0	4379.4	7.9598
1000	0.14652	4044.3	4630.4	8.2676	1000	0.11715	4041.7	4627.4	8.1626
1100	0.15824	4250.5	4883.5	8.4590	1100	0.12656	4248.3	4881.1	8.3543
1200	0.16993	4462.5	5142.2	8.6408	1200	0.13594	4460.5	5140.2	8.5365
1300	0.18159	4679.9	5406.2	8.8142	1300	0.14529	4678.1	5404.5	8.7101
1400	0.19322	4902.3	5675.2	8.9799	1400	0.15462	4900.8	5673.8	8.8760
1500	0.2048	5129.5	5948.9	9.1388	1500	0.16393	5128.1	5947.7	9.0350

〈부록 9〉 과열증기표 (계속)

Temp. ℃	v m^3/kg	u kJ/kg	h kJ/kg	s $kJ/kg{\cdot}K$	Temp. ℃	v m^3/kg	u kJ/kg	h kJ/kg	s $kJ/kg{\cdot}K$
	p = 6.0 MPa (275.621℃)					p = 7.0 MPa (285.864℃)			
Sat.	0.03244	2589.3	2783.9	5.8886	Sat.	0.02737	2580.2	2771.8	5.8130
300	0.03615	2666.3	2883.2	6.0659	300	0.02946	2631.4	2837.6	5.9293
350	0.04222	2788.9	3042.2	6.3322	350	0.03523	2768.5	3015.1	6.2269
400	0.04739	2892.7	3177.0	6.5404	400	0.03993	2878.4	3157.9	6.4474
450	0.05214	2989.1	3301.9	6.7195	450	0.04416	2978.1	3287.3	6.6329
500	0.05665	3082.4	3422.3	6.8805	500	0.04813	3073.6	3410.5	6.7978
550	0.06100	3174.6	3540.6	7.0287	550	0.05194	3167.2	3530.8	6.9486
600	0.06525	3266.6	3658.1	7.1673	600	0.05565	3260.3	3649.8	7.0889
650	0.06942	3359.1	3775.6	7.2982	650	0.05927	3353.6	3768.5	7.2211
700	0.07353	3452.4	3893.6	7.4227	700	0.06284	3447.6	3887.5	7.3466
800	0.08164	3642.5	4132.3	7.6561	800	0.06985	3638.7	4127.6	7.5815
900	0.08964	3837.9	4375.7	7.8730	900	0.07675	3834.8	4372.0	7.7992
1000	0.09756	4039.1	4624.5	8.0764	1000	0.08358	4036.4	4621.5	8.0032
1100	0.10544	4246.0	4878.6	8.2686	1100	0.09035	4243.7	4876.2	8.1958
1200	0.11328	4458.5	5138.2	8.4510	1200	0.09709	4456.6	5136.2	8.3785
1300	0.12109	4676.4	5402.9	8.6248	1300	0.10381	4674.6	5401.3	8.5526
1400	0.12888	4899.2	5672.5	8.7910	1400	0.11050	4897.6	5671.1	8.7189
1500	0.13666	5126.7	5946.6	8.9501	1500	0.11718	5125.3	5945.5	8.8782
	p = 8.0 MPa (295.042℃)					p = 9.0 MPa (303.379℃)			
Sat.	0.02352	2569.6	2757.8	5.7431	Sat.	0.02049	2557.6	2742.0	5.6772
325	0.02738	2677.2	2896.2	5.9809	325	0.02326	2645.6	2854.9	5.8696
350	0.02995	2746.7	2986.3	6.1286	350	0.02579	2723.4	2955.5	6.0345
400	0.03431	2863.5	3138.0	6.3630	400	0.02993	2848.1	3117.5	6.2848
450	0.03816	2966.9	3272.2	6.5554	450	0.03350	2955.4	3256.9	6.4847
500	0.04174	3064.6	3398.5	6.7243	500	0.03677	3055.5	3386.4	6.6579
550	0.04515	3159.8	3521.0	6.8778	550	0.03986	3152.2	3511.0	6.8141
600	0.04845	3254.0	3641.5	7.0200	600	0.04284	3247.6	3633.2	6.9583
650	0.05166	3348.1	3761.4	7.1535	650	0.04574	3342.6	3754.3	7.0932
700	0.05482	3442.8	3881.4	7.2800	700	0.04858	3438.0	3875.2	7.2207
800	0.06101	3634.9	4122.9	7.5163	800	0.05413	3631.0	4118.2	7.4584
900	0.06708	3831.6	4368.3	7.7349	900	0.05957	3828.5	4364.6	7.6779
1000	0.07309	4033.8	4618.5	7.9395	1000	0.06493	4031.2	4615.5	7.8831
1100	0.07904	4241.5	4873.8	8.1325	1100	0.07024	4239.2	4871.4	8.0765
1200	0.08496	4454.6	5134.2	8.3156	1200	0.07552	4452.6	5132.2	8.2599
1300	0.09084	4672.9	5399.6	8.4899	1300	0.08076	4671.1	5398.0	8.4344
1400	0.09671	4896.1	5669.8	8.6564	1400	0.08599	4894.5	5668.5	8.6011
1500	0.10257	5123.9	5944.4	8.8158	1500	0.09120	5122.5	5943.3	8.7606

〈부록 9〉 과열증기표 (계속)

Temp. ℃	v m^3/kg	u kJ/kg	h kJ/kg	s $kJ/kg{\cdot}K$	Temp. ℃	v m^3/kg	u kJ/kg	h kJ/kg	s $kJ/kg{\cdot}K$
	p = 10.0 MPa (311.031℃)					p = 12.5 MPa (327.847℃)			
Sat.	0.018026	2544.3	2724.5	5.6140	Sat.	0.013495	2504.8	2673.5	5.4621
350	0.02242	2698.1	2922.2	5.9425	350	0.016121	2623.3	2824.8	5.7097
400	0.02641	2832.0	3096.1	6.2114	400	0.02001	2788.7	3038.8	6.0409
450	0.02975	2943.6	3241.1	6.4193	450	0.02299	2912.8	3200.2	6.2724
500	0.03278	3046.2	3374.0	6.5971	500	0.02560	3022.2	3342.2	6.4625
550	0.03563	3144.6	3500.9	6.7561	550	0.02801	3125.0	3475.2	6.6291
600	0.03836	3241.1	3624.7	6.9022	600	0.03029	3224.7	3603.3	6.7802
650	0.04101	3337.1	3747.1	7.0385	650	0.03248	3322.9	3728.9	6.9202
700	0.04359	3433.1	3869.0	7.1671	700	0.03461	3420.8	3853.4	7.0514
750	0.04613	3529.7	3991.0	7.2893	750	0.03669	3518.8	3977.4	7.1757
800	0.04863	3627.2	4113.5	7.4062	800	0.03873	3617.4	4101.5	7.2942
900	0.05355	3825.3	4360.9	7.6266	900	0.04273	3817.4	4351.6	7.5169
1000	0.05840	4028.5	4612.5	7.8324	1000	0.04666	4021.9	4605.1	7.7243
1100	0.06320	4236.9	4869.0	8.0263	1100	0.05054	4231.3	4863.0	7.9192
1200	0.06796	4450.6	5130.3	8.2100	1200	0.05437	4445.7	5125.4	8.1037
1300	0.07270	4669.4	5396.4	8.3847	1300	0.05819	4665.1	5392.4	8.2790
1400	0.07741	4893.0	5667.1	8.5516	1400	0.06198	4889.1	5663.8	8.4463
1500	0.08211	5121.1	5942.2	8.7112	1500	0.06575	5117.6	5939.5	8.6063
	p = 15.0 MPa (342.192℃)					p = 17.5 MPa (354.715℃)			
Sat.	0.010340	2455.0	2610.1	5.3092	Sat.	0.007931	2390.2	2529.0	5.1422
350	0.011469	2519.3	2691.3	5.4404					
400	0.015652	2739.9	2974.7	5.8799	400	0.012452	2684.0	2901.9	5.7198
450	0.018450	2879.9	3156.6	6.1410	450	0.015180	2844.7	3110.3	6.0191
500	0.02080	2997.3	3309.3	6.3452	500	0.017359	2971.2	3275.0	6.2395
550	0.02292	3104.9	3448.8	6.5201	550	0.019282	3084.2	3421.7	6.4234
600	0.02490	3207.9	3581.5	6.6767	600	0.02106	3190.8	3559.3	6.5857
650	0.02679	3308.6	3710.5	6.8204	650	0.02273	3294.0	3691.8	6.7334
700	0.02862	3408.3	3837.6	6.9544	700	0.02434	3395.6	3821.6	6.8703
750	0.03039	3507.8	3963.7	7.0808	750	0.02590	3496.7	3949.9	6.9989
800	0.03213	3607.6	4089.6	7.2009	800	0.02742	3597.7	4077.5	7.1206
900	0.03552	3809.4	4342.2	7.4260	900	0.03037	3801.4	4332.9	7.3481
1000	0.03883	4015.2	4597.7	7.6350	1000	0.03324	4008.5	4590.3	7.5587
1100	0.04209	4225.6	4857.0	7.8310	1100	0.03606	4219.9	4851.0	7.7558
1200	0.04532	4440.8	5120.5	8.0163	1200	0.03885	4435.8	5115.7	7.9418
1300	0.04851	4660.7	5388.4	8.1922	1300	0.04160	4656.4	5384.5	8.1184
1400	0.05169	4885.3	5660.6	8.3599	1400	0.04434	4881.4	5657.3	8.2865
1500	0.05485	5114.1	5936.8	8.5203	1500	0.04706	5110.7	5934.2	8.4472

〈부록 9〉 과열증기표

Temp. ℃	v m³/kg	u kJ/kg	h kJ/kg	s kJ/kg·K	Temp. ℃	v m³/kg	u kJ/kg	h kJ/kg	s kJ/kg·K
	p = 20.0 MPa (365.800℃)					p = 25.0 MPa			
Sat.	0.005870	2295.8	2413.2	4.9323					
375	0.007668	2447.6	2601.0	5.2246	375	0.0019794	1799.8	1849.3	4.0340
400	0.009946	2617.9	2816.9	5.5521	400	0.006001	2428.1	2578.1	5.1388
450	0.012701	2806.8	3060.8	5.9026	450	0.009167	2721.5	2950.6	5.6755
500	0.014769	2944.1	3239.4	6.1417	500	0.011123	2886.1	3164.2	5.9616
550	0.016549	3036.0	3393.9	6.3355	550	0.012716	3018.6	3336.5	6.1778
600	0.018169	3173.3	3536.7	6.5039	600	0.014126	3137.3	3490.4	6.3593
650	0.019687	3279.2	3672.9	6.6556	650	0.015423	3249.0	3634.5	6.5198
700	0.02113	3382.8	3805.5	6.7955	700	0.016644	3356.8	3773.0	6.6659
750	0.02253	3485.4	3936.0	6.9263	750	0.017812	3462.7	3908.0	6.8012
800	0.02388	3587.8	4065.4	7.0498	800	0.018938	3567.6	4041.1	6.9282
900	0.02651	3793.3	4323.5	7.2797	900	0.02110	3777.1	4304.7	7.1631
1000	0.02905	4001.8	4582.8	7.4919	1000	0.02319	3988.3	4568.0	7.3785
1100	0.03154	4214.2	4845.0	7.6901	1100	0.02522	4202.8	4833.2	7.5790
1200	0.03400	4430.9	5110.9	7.8769	1200	0.02721	4421.1	5101.3	7.7674
1300	0.03642	4652.1	5380.5	8.0540	1300	0.02917	4643.5	5372.8	7.9457
1400	0.03883	4877.6	5654.2	8.2227	1400	0.03112	4870.0	5647.9	8.1152
1500	0.04122	5107.3	5931.6	8.3837	1500	0.03304	5100.4	5926.5	8.2770
	p = 30.0 MPa					p = 35.0 MPa			
375	0.0017913	1737.7	1791.4	3.9303	375	0.0017007	1702.4	1761.9	3.8714
400	0.002793	2066.9	2150.7	4.4723	400	0.002106	1914.6	1988.3	4.2136
450	0.006736	2620.2	2822.3	5.4435	450	0.004960	2499.4	2672.9	5.1969
500	0.008676	2823.2	3083.5	5.7936	500	0.006924	2755.0	2997.3	5.6320
550	0.010158	2972.0	3276.8	6.0361	550	0.008333	2923.3	3215.0	5.9052
600	0.011431	3100.1	3443.1	6.2324	600	0.009511	3061.9	3394.7	6.1174
650	0.012583	3218.0	3595.5	6.4022	650	0.010558	3186.5	3556.0	6.2971
700	0.013655	3330.4	3740.1	6.5547	700	0.011523	3303.6	3706.9	6.4546
750	0.014671	3439.7	3879.8	6.6948	750	0.012431	3416.5	3851.6	6.6012
800	0.015645	3547.3	4016.7	6.8254	800	0.013295	3526.9	3992.2	6.7355
900	0.017504	3760.8	4285.9	7.0653	900	0.014935	3744.4	4267.2	6.9804
1000	0.019281	3974.8	4553.3	7.2840	1000	0.016491	3961.3	4538.5	7.2025
1100	0.02100	4191.4	4821.4	7.4867	1100	0.017993	4180.0	4809.7	7.4075
1200	0.02269	4411.2	5091.8	7.6768	1200	0.019456	4401.5	5082.4	7.5992
1300	0.02434	4634.9	5365.1	7.8563	1300	0.02089	4626.4	5357.6	7.7799
1400	0.02598	4862.4	5641.7	8.0267	1400	0.02231	4854.9	5635.6	7.9512
1500	0.02759	5093.7	5921.5	8.1891	1500	0.02370	5087.0	5916.6	8.1143

〈부록 10〉 압축액표

p = 5.0 MPa (263.977℃)

Temp. ℃	v m^3/kg	u kJ/kg	h kJ/kg	s $kJ/kg{\cdot}K$
0	0.0009977	0.06	5.05	0.0002
20	0.0009995	83.53	88.52	0.2951
40	0.0010057	166.89	171.92	0.5703
60	0.0010149	250.26	255.34	0.8285
80	0.0010267	333.74	338.87	1.0720
100	0.0010409	417.54	422.75	1.3031
120	0.0010576	501.87	507.16	1.5234
140	0.0010768	586.88	592.26	1.7346
160	0.0010988	672.73	678.22	1.9377
180	0.0011240	759.66	765.28	2.1342
200	0.0011529	848.03	853.79	2.3253
220	0.0011867	938.32	944.25	2.5126
240	0.0012266	1031.3	1037.4	2.6977
260	0.0012751	1128.0	1134.3	2.8830
Sat.	0.0012861	1147.8	1154.2	2.9201

p = 10.0 MPa (311.031℃)

Temp. ℃	v m^3/kg	u kJ/kg	h kJ/kg	s $kJ/kg{\cdot}K$
0	0.0009952	0.15	10.10	0.0004
20	0.0009973	83.22	93.20	0.2940
40	0.0010035	166.30	176.33	0.5684
60	0.0010127	249.40	259.53	0.8259
80	0.0010244	332.61	342.85	1.0688
100	0.0010384	416.13	426.52	1.2992
120	0.0010549	500.15	510.70	1.5190
140	0.0010737	584.80	595.53	1.7295
160	0.0010953	670.24	681.19	1.9319
180	0.0011199	756.68	767.88	2.1276
200	0.0011481	844.43	855.91	2.3177
220	0.0011807	933.95	945.75	2.5036
240	0.0012190	1025.8	1038.0	2.6870
260	0.0012650	1121.0	1133.7	2.8699
280	0.0013222	1221.0	1234.2	3.0550
300	0.0013975	1328.4	1342.4	3.2470
Sat.	0.0014522	1392.8	1407.3	3.3592

p = 15.0 MPa (342.192℃)

Temp. ℃	v m^3/kg	u kJ/kg	h kJ/kg	s $kJ/kg{\cdot}K$
0	0.0009928	0.22	15.11	0.0006
20	0.0009951	82.92	97.85	0.2929
40	0.0010014	165.72	180.74	0.5664
60	0.0010105	248.56	263.72	0.8233
80	0.0010221	331.50	346.84	1.0656
100	0.0010360	414.75	430.29	1.2955
120	0.0010522	498.46	514.24	1.5146
140	0.0010708	582.77	598.83	1.7245
160	0.0010919	667.81	684.19	1.9262
180	0.0011159	753.79	770.53	2.1211
200	0.0011434	840.97	858.12	2.3102
220	0.0011750	929.75	947.38	2.4950
240	0.0012118	1020.7	1038.9	2.6768
260	0.0012556	1114.6	1133.4	2.8575
280	0.0013092	1212.6	1232.2	3.0394
300	0.0013777	1316.7	1337.4	3.2261
320	0.0014725	1431.0	1453.0	3.4244
340	0.0016307	1567.1	1591.6	3.6540
Sat.	0.0016571	1585.0	1609.8	3.6837

p = 20.0 MPa (365.800℃)

Temp. ℃	v m^3/kg	u kJ/kg	h kJ/kg	s $kJ/kg{\cdot}K$
0	0.0009904	0.28	20.08	0.0007
20	0.0009929	82.62	102.48	0.2918
40	0.0009992	165.14	185.13	0.5645
60	0.0010084	247.73	267.90	0.8207
80	0.0010199	330.42	350.82	1.0624
100	0.0010336	413.40	434.07	1.2917
120	0.0010496	496.81	517.81	1.5103
140	0.0010678	580.79	602.15	1.7196
160	0.0010886	665.46	687.23	1.9207
180	0.0011121	750.98	773.22	2.1147
200	0.0011389	837.62	860.40	2.3030
220	0.0011695	925.72	949.12	2.4866
240	0.0012051	1015.8	1039.9	2.6670
260	0.0012469	1108.5	1133.4	2.8458
280	0.0012974	1204.8	1230.7	3.0250
300	0.0013605	1306.2	1333.4	3.2073
320	0.0014442	1415.6	1444.5	3.3978
340	0.0015685	1539.4	1570.7	3.6070
360	0.0018248	1703.2	1739.7	3.8778
Sat.	0.002035	1785.8	1826.5	4.0142

〈부록 10〉 압축액표 (계속)

Temp. ℃	v m^3/kg	u kJ/kg	h kJ/kg	s $kJ/kg{\cdot}K$	Temp. ℃	v m^3/kg	u kJ/kg	h kJ/kg	s $kJ/kg{\cdot}K$
	p = 30.0 MPa					p = 50.0 MPa			
0	0.0009857	0.35	29.92	0.0005	0	0.0009767	0.36	49.20	−0.0008
20	0.0009887	82.02	111.68	0.2893	20	0.0009805	80.83	129.85	0.2842
40	0.0009951	164.02	193.87	0.5606	40	0.0009872	161.87	211.23	0.5527
60	0.0010042	246.12	276.25	0.8156	60	0.0009962	243.07	292.88	0.8054
80	0.0010155	328.32	358.79	1.0562	80	0.0010072	324.35	374.71	1.0440
100	0.0010290	410.78	441.64	1.2844	100	0.0010201	405.84	456.84	1.2702
120	0.0010445	493.63	524.96	1.5019	120	0.0010349	487.65	539.40	1.4857
140	0.0010622	576.98	608.85	1.7100	140	0.0010517	569.86	622.44	1.6917
160	0.0010822	660.93	693.39	1.9098	160	0.0010704	652.51	706.04	1.8893
180	0.0011048	745.61	778.76	2.1025	180	0.0010914	735.71	790.28	2.0795
200	0.0011303	831.24	865.15	2.2890	200	0.0011148	819.60	875.34	2.2631
220	0.0011593	918.11	952.89	2.4707	220	0.0011411	904.38	961.44	2.4413
240	0.0011925	1006.6	1042.4	2.6485	240	0.0011706	990.3	1048.9	2.6151
260	0.0012311	1097.3	1134.2	2.8240	260	0.0012042	1077.7	1137.9	2.7854
280	0.0012766	1190.7	1229.0	2.9986	280	0.0012428	1167.0	1229.2	2.9534
300	0.0013317	1288.0	1328.0	3.1743	300	0.0012876	1258.7	1323.1	3.1201
320	0.0014008	1390.7	1432.8	3.3540	320	0.0013406	1353.4	1420.5	3.2871
340	0.0014925	1501.5	1546.3	3.5422	340	0.0014046	1452.1	1522.3	3.4559
360	0.0016269	1626.1	1674.9	3.7486	360	0.0014845	1555.8	1630.1	3.6289

Values generated from property formulation given in *NBS/NRC Steam Tables: Thermodynamic and Transport Properties and Computer Programs for Vapor and Liquid States of Water in SI Units,* Lester Haar, John S. Gallagher and George S. Kell, Hemisphere Publishing Corp., Washington, 1984.

〈부록 11〉 증기의 온도(*T*)-엔트로피(*S*) 선도

자료 : Joseph, H. Keenan, Frederick G. Keys, Philp S. Hill, and Joan S. Moore, Steam Tables (International System of Units - S. I.) Copyright © 1969, John Wiley & Sons, Inc.

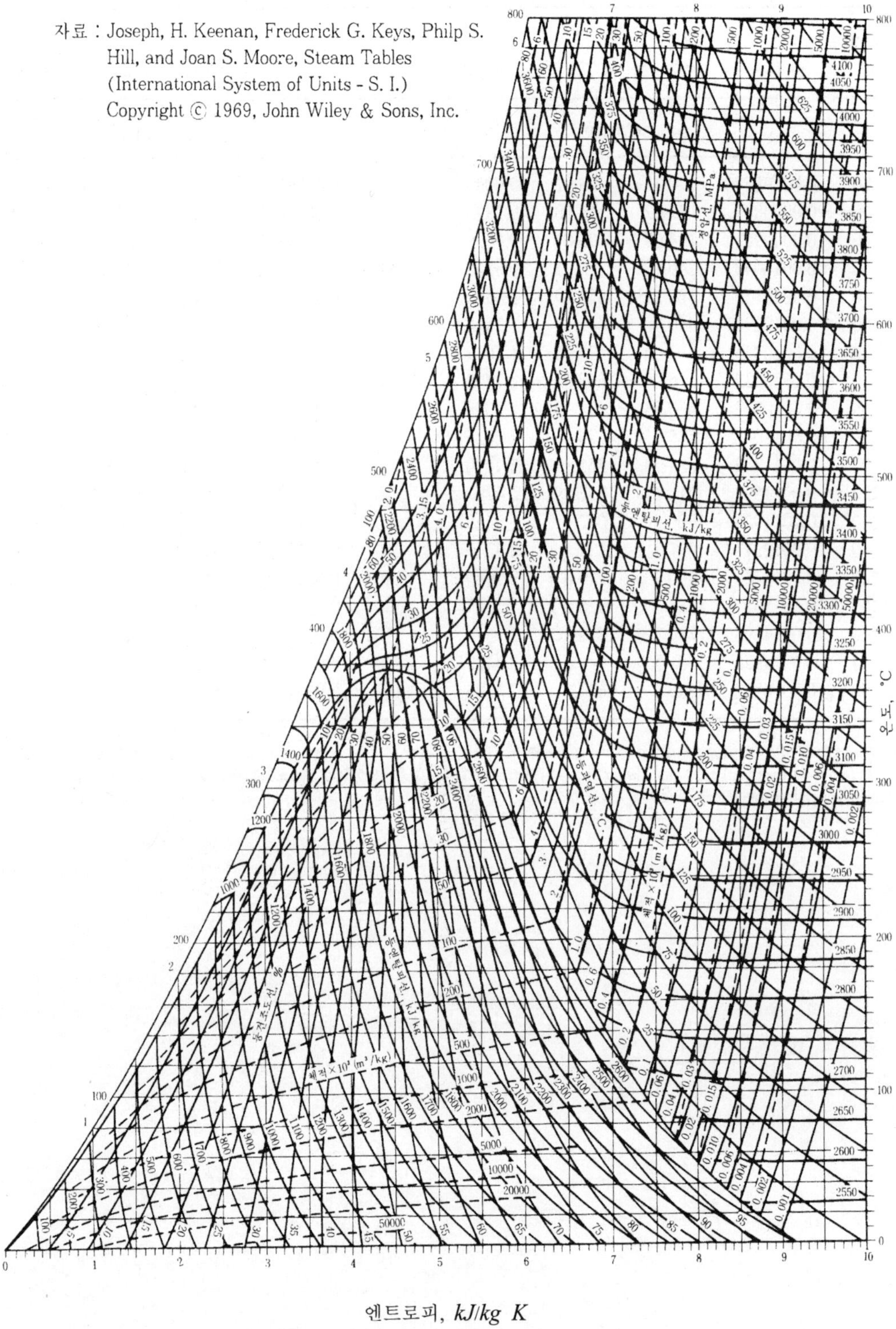

〈부록 11〉 증기의 온도(T)-엔트로피(S) 선도 (계속)

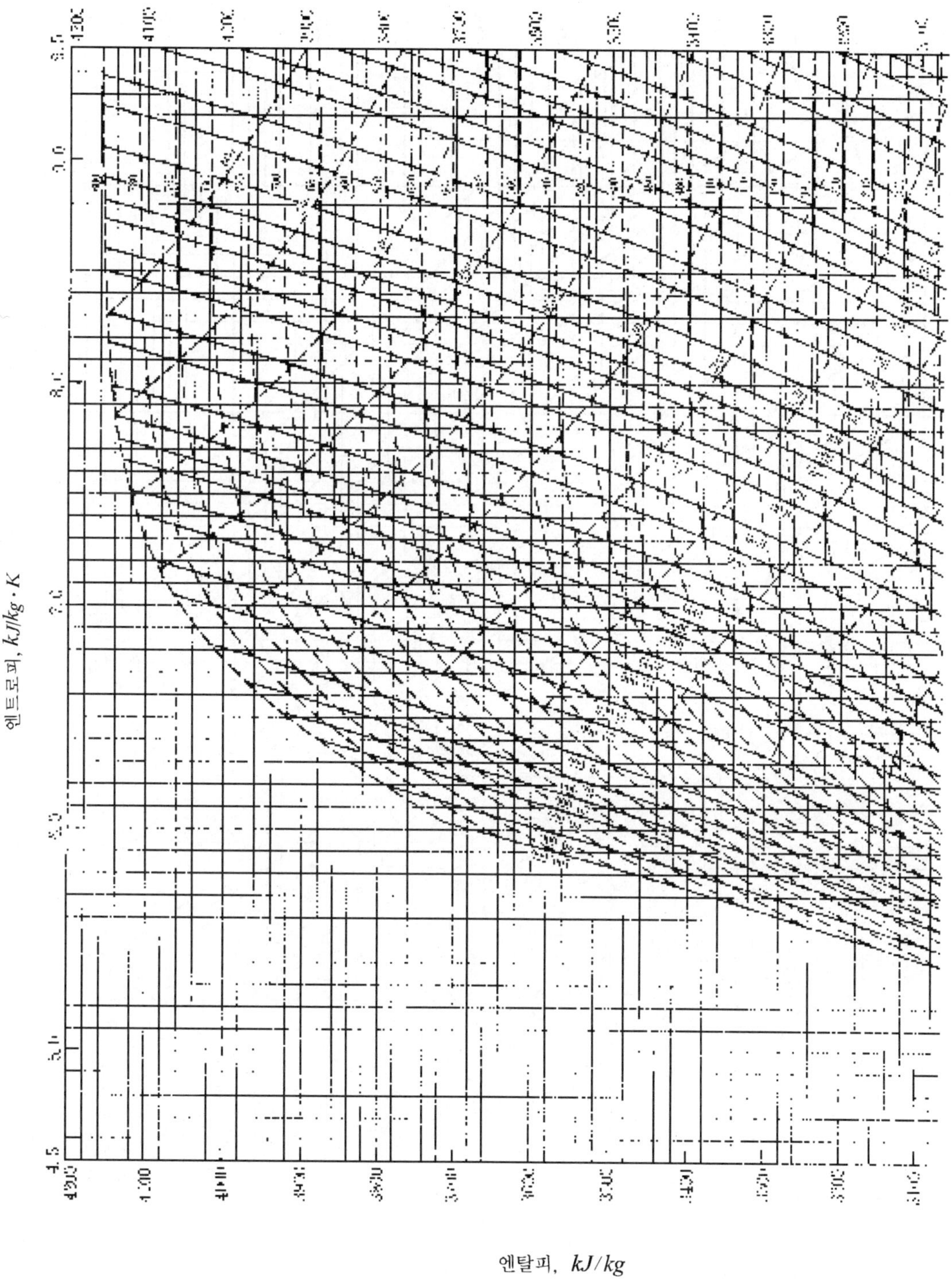

〈부록 11〉 증기의 온도(T)-엔트로피(S) 선도 (계속)

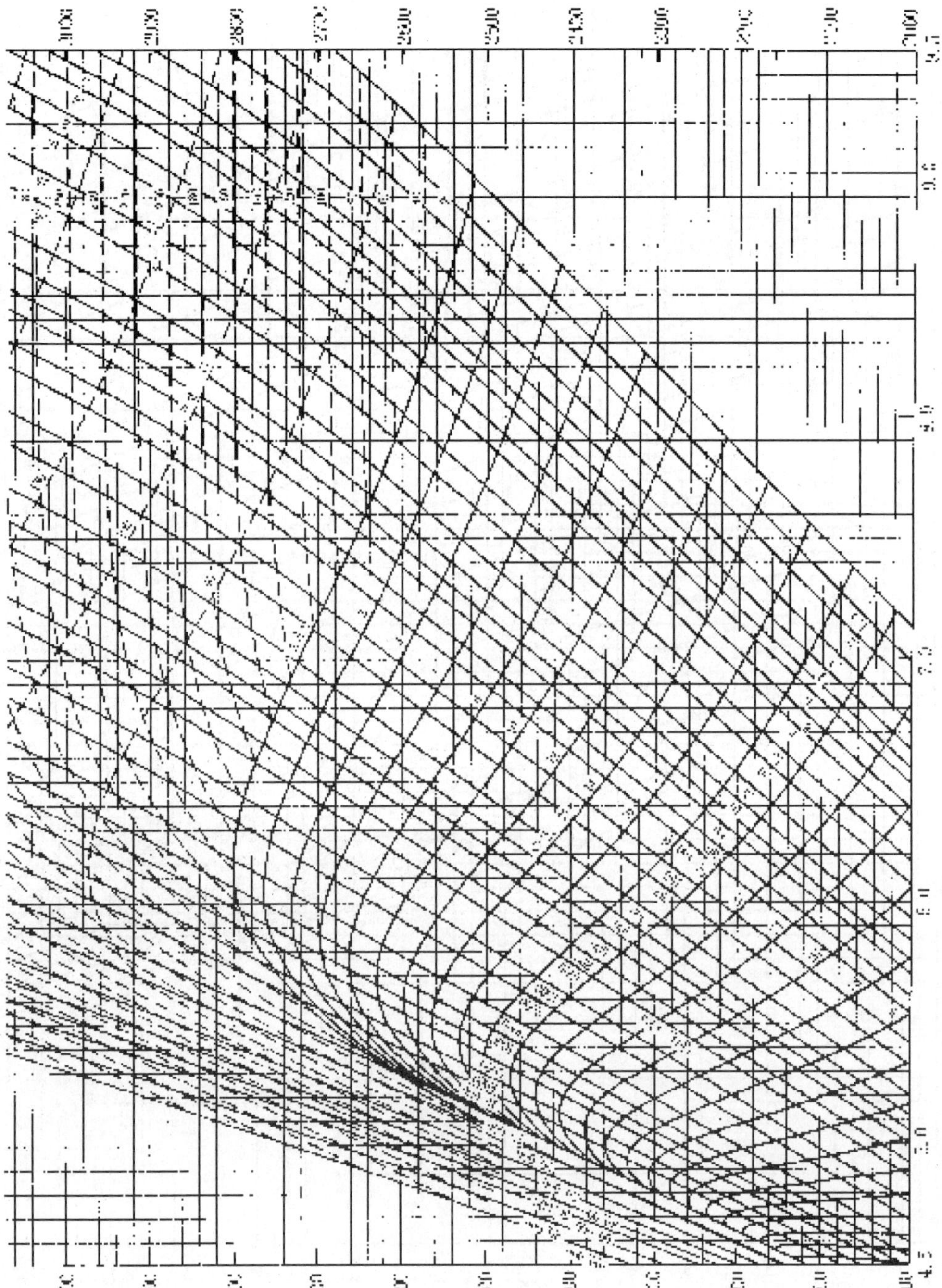

〈부록 12〉 선(line) 적분

지금, 그림과 같이 시점과 종점은 같으나 연결하는 경로가 다른 2개의 경로를 따라 힘 F가 위치의 함수 $F(x, y) = x \cdot y$로 주어질 때 각각의 경로에 따른 일을 구해보면

경로 c_1) $x(\theta) = \cos\theta,\ y(\theta) = \sin\theta$ 이므로

$$\int_c F(x, y)\, d\theta = \int_{c-1} (x \cdot y)\, d\theta = \int_{s=0}^{s=\pi/2} (\cos\theta \cdot \sin\theta)\, d\theta$$

$$= \int_{\theta=0}^{\theta=\pi/2} (\sin\theta) \cos\theta\, d\theta$$

$$= \int_{u=0}^{u=1} (u)\, du = \frac{1}{2} \qquad (\sin\theta = u)$$

경로 c_2) $x(s) = s,\ y(s) = (1 - s)$ 이므로

$$\int_c F(x, y)\, ds = \int_{c-2} (x \cdot y)\, ds = \int_{s-2} (s \cdot (s - s))\, ds$$

$$= \int_{s=0}^{s=1} (s - s^2)\, ds = \frac{1}{6}$$

이다.

이와 같이 일은 경로함수이기 때문에 상태변화의 경로에 따라 그 사이에 한 일은 달라진다.

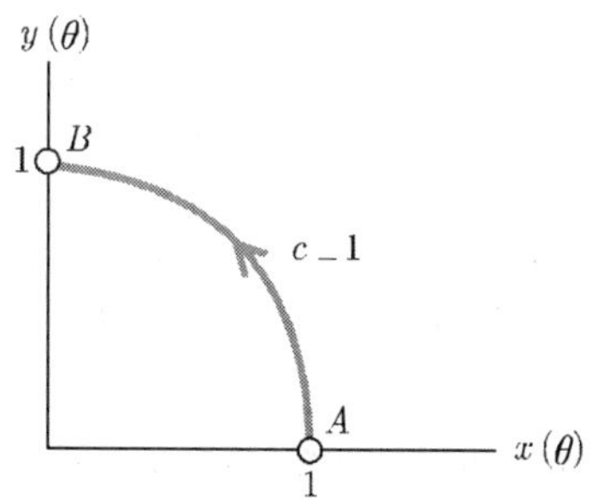

$\boldsymbol{r}(\theta) = \cos\theta \cdot \boldsymbol{i} + \sin\theta \cdot \boldsymbol{j}$
$(0 \leq \theta \leq \pi/2)$

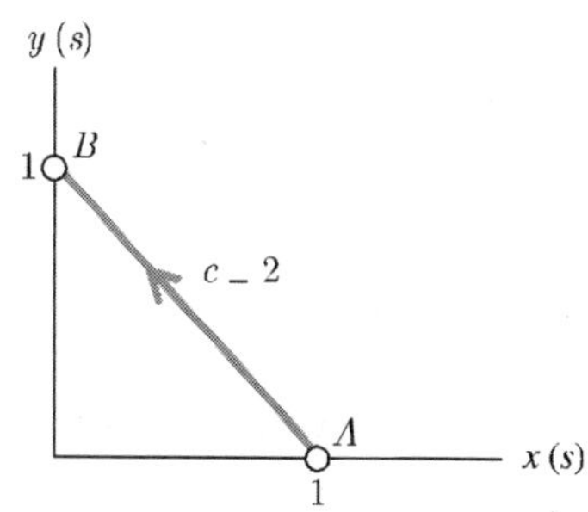

$\boldsymbol{r}(s) = s \cdot \boldsymbol{i} + (1 - s) \cdot \boldsymbol{j}$
$(0 \leq s \leq 1)$

힘이 작용하는 동안 물체가 이동한 경로

(증명)

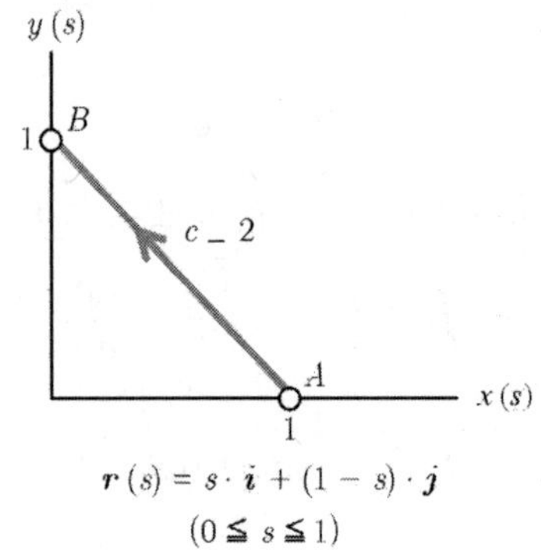

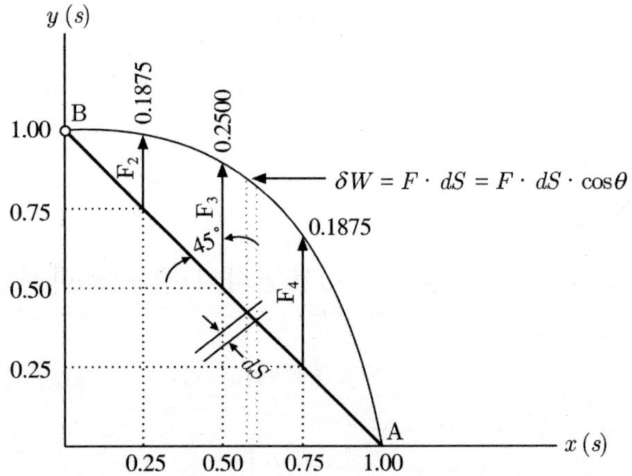

F · S 일

$F_1\ (x,\ y)\ = 0.00\ (1.00,\ 0.00)$

$F_2 \quad = 0.1875/(0.75,\ 0.25)$

$F_3 \quad = 0.25/(0.50,\ 0.50)$

$F_4 \quad = 0.1875/(0.25,\ 0.75)$

$F_5 \quad = 0.00/(0.00,\ 1.00)$

$$Area = \frac{h}{3}\left(F_1 + 4 \cdot F_2 + 2 \cdot F_3 + 4 \cdot F_4 + F_5\right)$$

$$= \frac{0.25}{3}\left(0 + 0.75 + 0.50 + 0.75 + 0\right) = \frac{1}{6}$$

〈부록 13〉 경로함수와 점함수

지면보다 높이 채워진 저수지의 물과 말뚝 박는 기계의 올라간 다짐메는 중력 퍼텐셜 에너지를 갖는다. 올라간 물체가 갖는 중력 퍼텐셜 에너지의 양은 그것을 중력에 거슬러 들어 올리는 데 한 일과 같다. 행해진 일은 위로 움직이는 데 필요했던 힘과 움직인 수직 거리를 곱한 것과 같다($W=F \times d$). 위 방향 힘은 물체의 무게와 같아서, 들어 올리는 데 행한 일은 '무게 × 높이'이다.

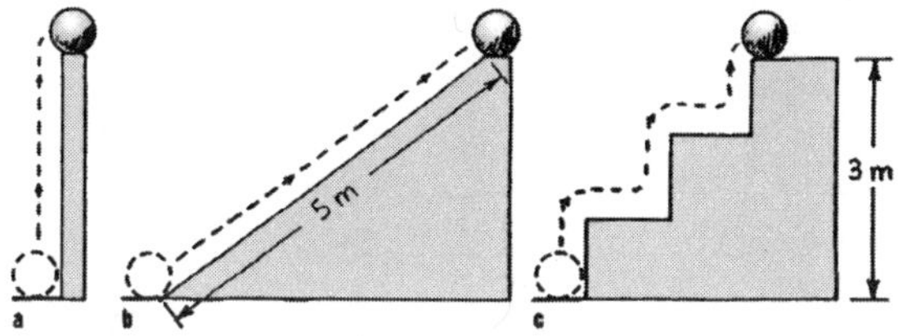

퍼텐셜 에너지는 기준면에 따라 상대적이며 단지 무게와 수직 높이에 관계된다. 다음 그림에서 세 가지 구조의 꼭대기에 있는 공의 퍼텐셜 에너지는 올라온 수직 높이가 같기 때문에 동일하다.

<u>중력 퍼텐셜 에너지는 수직 변위에만 관계되지 그곳까지의 도달 경로와는 무관하다.</u>

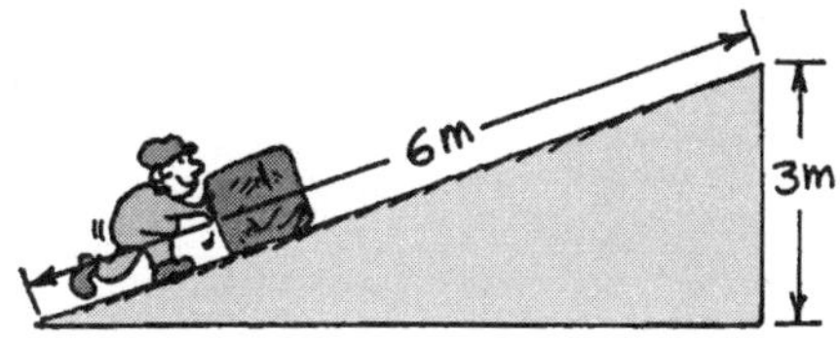

경사면을 따라 밀어 올리는 데 드는 힘은 블록의 무게보다는 작다. 그러나 경사면을 따라 올라가는 거리는 늘어난다. '적어진 힘 × 늘어난 거리'는 그냥 수직으로 단순하게 들어 올리는 것과 일의 양은 동일하다. 예를 들어, 무게 100 N의 매우 미끄러운 얼음조각을 경사각 30°, 길이가 6 m인 경사면을 따라 밀어 올린다고 하자. 경사면에서 밀어 올리는 데 한 일은 50 N × 6 m = 3000 J이다. 블록을 들어 올리는 데는 100 N × 3 m = 300 J의 일을 한 것이다. 경사면은 단순히 일을 쉽게 하도록 도와주는 역할을 한다.

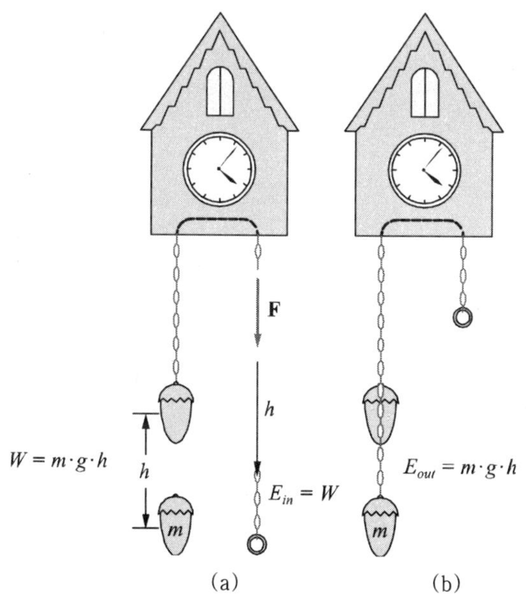

그림 (a)에서는 질량을 위로 올리기 위해 하여진 일은 중력 퍼텐셜 에너지로 저장된다. 그림 (b)에서는 질량이 아래로 이동할 때, 중력 퍼텐셜 에너지는 뻐꾸기 시계가 돌아가는 데 쓰여진다.

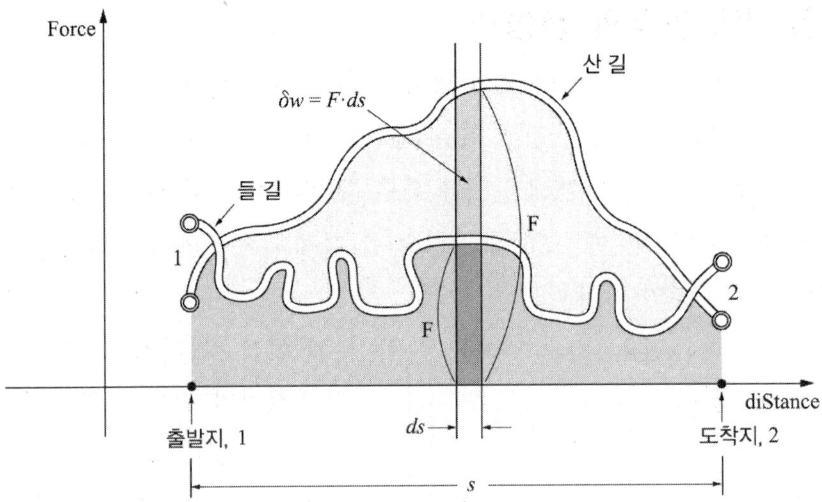

$$경로함수,\ W_{1\sim2} = \int_1^2 \delta w = \int_{s=s_1}^{s=s_2} F \cdot ds$$

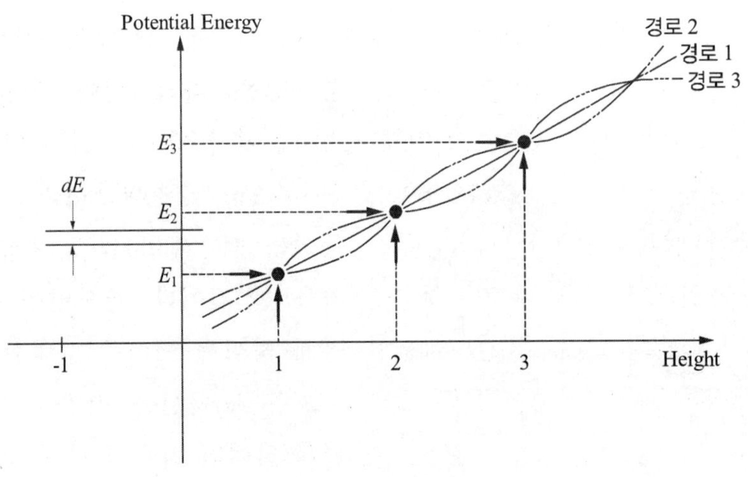

$$점함수,\ E_{1,\,2} = \int_{E=E_1}^{E=E_2} dE = E_2 - E_1$$

〈부록 14〉 비/준평형 팽창과 압축

준평형과정은 계가 과정 동안에 평형상태에 매우 가깝게 유지되는 과정으로 정의한다. 마찰이 없고 단열되어 있으며 가스가 들어 있는 피스톤-실린더 장치를 예로 들어 보자. 실린더로 피스톤을 밀어 넣을 때, 피스톤의 속도가 매우 크지 않으면 압력과 온도는 가스에 균일한 분포를 가지면서 증가할 것이다. 계가 평형상태에 가까운 상태를 유지하므로 이 상태는 준평형상태이다.

피스톤에 작용하고 있는 외력을 아주 조금 감소시켜 기체가 팽창하도록 하면, 팽창과정은 준평형상태가 된다. 피스톤이 초기위치에 도달하면, 압축할 때 기체에 한 경계일 ($P \cdot dV$)은 팽창할 때에 주위로 되돌려진다. 다시 말하면 두 과정 동안의 순 일은 영이다. 또한 이 과정 중에 열전달은 없으므로 계와 주위는 과정의 끝에서는 초기상태로 된다. 그러므로 매우 느리고 마찰이 없는 기체의 단열압축과 팽창은 가역과정이다.

이제 그림과 같이 비평형으로 단열과정을 반복해 본다. 만약 피스톤이 매우 빠르게 밀린다면 피스톤 가까이 있는 기체 분자는 이동할 시간이 없으므로 피스톤의 앞에 쌓일 것이다. 즉, 피스톤 표면 부근의 압력이 실린더의 다른 부분보다 높게 될 것이다. 압력의 불균일성은 과정을 비평형이 되게 한다. 실제의 경계일은 피스톤 표면에서 측정된 압력의 함수이며, 피스톤 표면의 압력은 높으므로 비평형 압축 과정에서는 대응하는 준평형 압축과정보다 더 많은 일 입력이 필요하게 된다. 피스톤을 빠르게 움직여 기체가 급격히 팽창되도록 하는 과정에서, 실린더 안의 기체 분자는 피스톤을 빠르게 따르지 못하므로 피스톤의 면에 낮은 압력의 영역을 형성한다. 피스톤 표면의 낮은 압력 때문에 비평형 압축과정에서는 대응하는 준평형 팽창과정보다 더 적은 일을 하게 된다. 결론적으로 팽창 중에 기체가 한 일은 압축 동안에 주위가 기체에 한 일보다 적으므로 주위에 대한 순 일은 손실이 된다. 피스톤이 초기상태로 돌아갈 때 주위에 대한 순 일 손실만큼 기체의 내부에너지는 많아진다.

비평형 팽창과정의 다른 예로 그림 (c) 와 같은 막에 의하여 진공과 분리된 기체의 구속 없는 팽창을 들 수 있다. 막을 터뜨리면 기체가 용기 전체에 채워진다. 이 계를 초기상태로 되돌리려면 기체를 초기의 체적으로 압축하고 초기온도가 되도록 기체로부터 열방출이 있어야 한다. 에너지보존을 고려하면 기체로부터 전달된 열량은 주위가 기체에 한 일의 양과 같다. 주위를 초기상태로 되돌리려면 이 열을 완전히 일로 변환해야 하는데 이것은 열역학 제 2 법칙의 위반이 된다. 그러므로 구속 없는 가스의 팽창은 비가역과정이다.

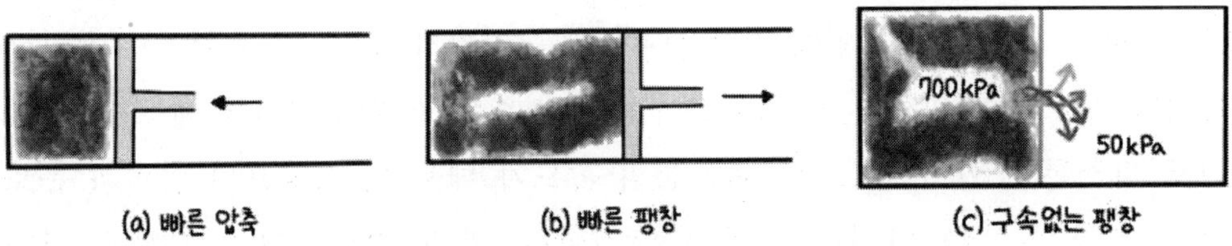

비가역 압축과 팽창 과정

계는 주위에 과잉의 내부에너지를 열로 전달하여 쉽게 초기상태로 돌아갈 수 있다. 그러나 주위가 초기상태로 돌아가기 위해서는 이 열을 일로 완전히 변환하여야 하는데 이것은 열효율이 100 % 인 열기관으로만 가능하나 열역학 제 2 법칙을 위반하므로 불가능하다. 계와 주위 모두가 아니고, 단지 계 혼자만 초기상태로 돌아갈 수 있으므로 가스의 비평형 압축 또는 팽창은 비가역적이다.

〈부록 15〉 불완전미분

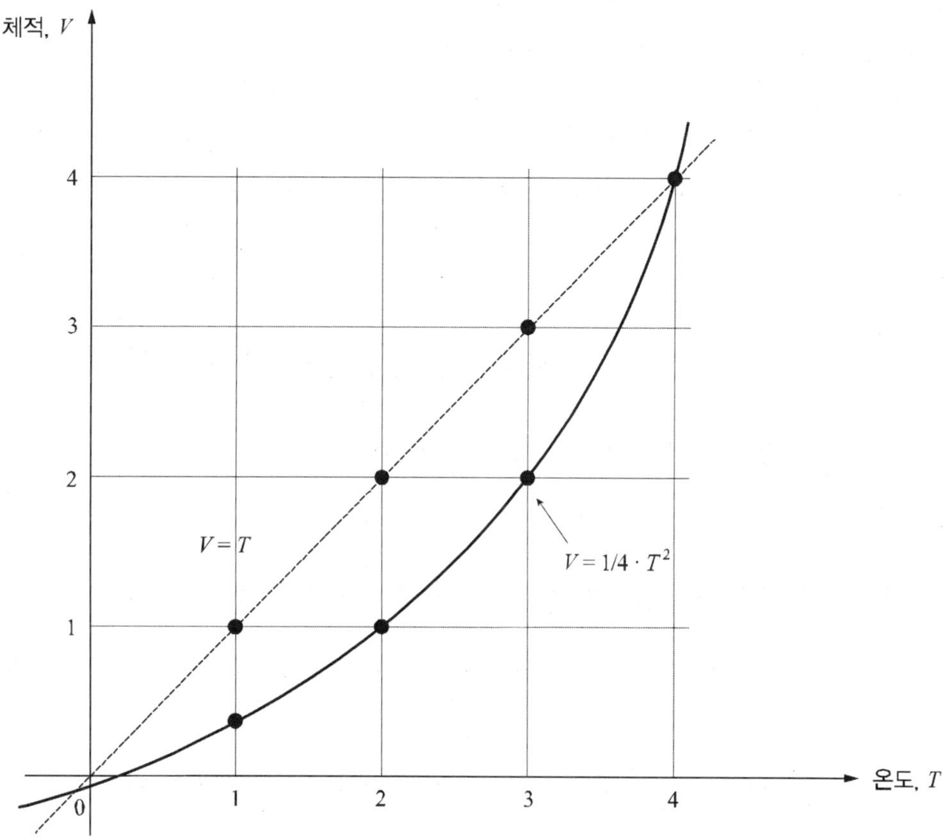

$$\int_0^4 V \cdot dT = \int_0^4 T \cdot dT \quad = 1/2 \times \mid T^2 \mid_0^4$$

$$= 1/2 \times (4^2 - 0^2)$$

$$= 1\boxed{/2 \times 16}$$

$$\int_0^4 V \cdot dT = \int_0^4 1/4 \cdot T^2 \cdot dT = 1/4 \times \frac{1}{3} \times \mid T^3 \mid_0^4$$

$$= \frac{1}{12} \times (4^3 - 0^3)$$

$$= 1/12 \times (64)$$

$$= 1\boxed{/3 \times 16}$$

〈부록 16〉 완전미분

내부에너지 U가 P(혹은 T)의 함수로서,

$U = a \cdot P^{-1} \cdot T\,(T = P^{0.5}/T^2 = P)$ 라고 하면,

$$U = a \cdot P^{-1} \cdot P^{0.5} \Rightarrow \left| a \cdot P^{-0.5} \right|_A^B = U_A^B$$

$$U = a \cdot T^{-2} \cdot T \Rightarrow \left| a \cdot T^{-1} \right|_A^B = U_A^B$$

이고,

$$\frac{\partial U}{\partial P} = a \cdot (-1)P^{-2} \cdot T, \qquad \frac{\partial}{\partial T}\left(\frac{\partial U}{\partial P}\right) = a \cdot (-1) \cdot P^{-2}$$

$$\frac{\partial U}{\partial T} = a \cdot P^{-1}, \qquad \frac{\partial}{\partial P}\left(\frac{\partial U}{\partial T}\right) = a \cdot (-1) \cdot P^{-2}$$

이므로,

$$dU = \frac{\partial U}{\partial T} \cdot dT + \frac{\partial U}{\partial P} \cdot dP = a \cdot P^{-1} \cdot dT + a \cdot (-1)P^{-2} \cdot T \cdot dP$$

$$= a \cdot P^{-1} \cdot 0.5\,P^{-0.5} \cdot dP + a \cdot (-1)P^{-2} \cdot P^{0.5} \cdot dP = -0.5 \cdot a \cdot P^{-1.5} \cdot dP$$

$$dU = \frac{\partial U}{\partial T} \cdot dT + \frac{\partial U}{\partial p} \cdot dP = a \cdot P^{-1} \cdot dT + a \cdot (-1)P^{-2} \cdot T \cdot dP$$

$$= a \cdot T^{-2} \cdot dT - a \cdot T^{-4} \cdot 2T \cdot dT = -a \cdot T^{-2} \cdot dT$$

$$U_{A-B} = U_B - U_A = \int_A^B dU = \int_A^B -0.5 \cdot a \cdot P^{-1.5} \cdot dP = \left| a \cdot P^{-0.5} \right|_A^B$$

$$= a \cdot P_B^{-0.5} - a \cdot P_A^{-0.5} = a \cdot T_B^{\ -1} - a \cdot T_A^{\ -1}$$

$$U_{A-B} = U_B - U_A = \int_A^B dU = \int_A^B a \cdot T^{-2} \cdot dT = \left| a \cdot T^{-1} \right|_A^B$$

$$= a \cdot T_B^{\ -1} - a \cdot T_A^{\ -1} = a \cdot P_B^{-0.5} - a \cdot P_A^{-0.5}$$

$$U_{A-A} = U_A - U_A = \oint dU = 0$$

〈부록 17〉 순환 적분

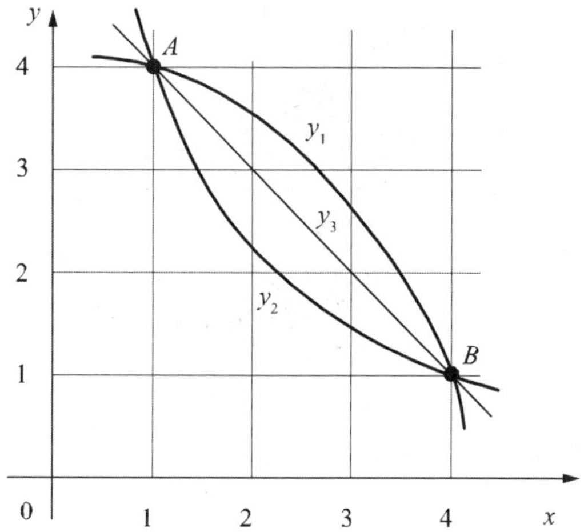

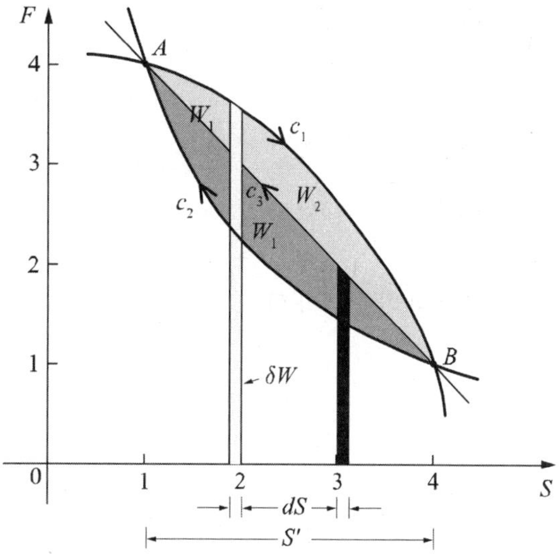

$c_1 = y_1 = -0.33 \cdot x^2 + 0.66 \cdot x + 3.64$

$c_2 = y_2 = 0.39 \cdot x^2 - 3.00 \cdot x + 6.66$

$c_3 = y_3 = -x + 5$

$$W_1 = \oint \delta W = \int_{c_1} \delta W + \int_{c_2} \delta W = 3.27$$

$$\int_1^4 (-0.33 \cdot x^2 + 0.66 \cdot x + 3.64)\, dx$$
$$+ \int_4^1 (0.39 \cdot x^2 - 3.00 \cdot x + 6.66)\, dx$$
$$= 8.94 + (-)5.67 = 3.27$$

$$W_2 = \oint \delta W = \int_{c_1} \delta W + \int_{c_3} \delta W = 1.44$$

$$\int_1^4 (-0.33 \cdot x^2 + 0.66 \cdot x + 3.64)\, dx$$
$$+ \int_4^1 (-x+5)\, dx$$
$$= 8.94 + (-)7.50 = 1.44$$

〈부록 18〉 Clausius 적분

카르노사이클이므로,

$$(+)\ \frac{dQ_1}{T_1} = (-)\ \frac{dQ_2}{T_2}$$

$$(+)\ \frac{dQ_3}{T_2} = (-)\ \frac{dQ_4}{T_4}$$

$$(+)\ \frac{dQ_5}{T_5} = (-)\ \frac{dQ_6}{T_6}$$

이 성립한다. 따라서,

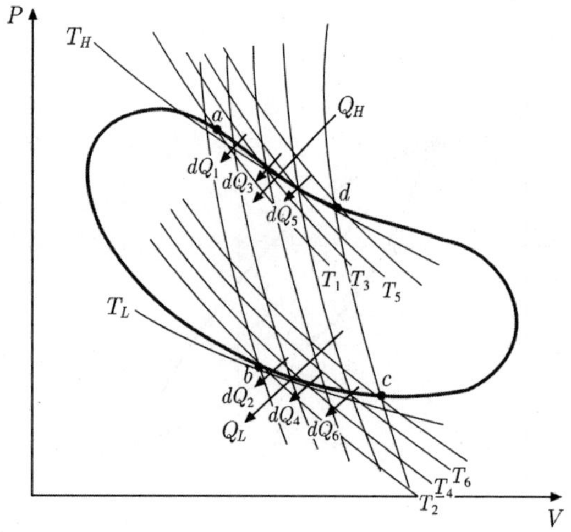

$$\frac{dQ_1}{T_1} + \frac{dQ_2}{T_2} = 0 = \frac{dQ_3}{T_2} + \frac{dQ_4}{T_4} = 0 = \frac{dQ_5}{T_5} + \frac{dQ_6}{T_6} = 0$$

$$\frac{dQ_1}{T_1} + \frac{dQ_2}{T_2} + \frac{dQ_3}{T_3} + \frac{dQ_4}{T_4} + \frac{dQ_5}{T_5} + \frac{dQ_6}{T_6} = \left(\frac{dQ_1}{T_1} + \frac{dQ_3}{T_3} + \frac{dQ_5}{T_5}\right) + \left(\frac{dQ_2}{T_2} + \frac{dQ_4}{T_4} + \frac{dQ_6}{T_6}\right)$$

$$= \left(\frac{Q_A}{T_H}\right) + \left(\frac{Q_L}{T_L}\right)$$

$$= \sum_{m=1.3.5}\left(\frac{dQ_n}{T_n}\right) + \sum_{m=2.4.6}\left(\frac{dQ_n}{T_n}\right) = \sum_{n=1.2.3}^{4.5.6}\left(\frac{1}{T_n}dQ_n\right)$$

$$= \int \frac{1}{T}dQ = \oint_{abcda}\frac{dQ}{T} = 0$$

$$*)\ \frac{dQ_1}{T_1} + \frac{dQ_3}{T_3} + \frac{dQ_5}{T_5} = \frac{Q_H}{T_H}$$

$$A = (dA_1 + dA_3 + dA_5) + (dA_2 + dA_4 + dA_6)$$

$$= \sum_{m=1.3.5}(dA_n) \qquad + \sum_{m=2.4.6}(dA_n)$$

$$= \sum_{m=1.2.3}^{4.5.6}(dA_n)$$

$$= \int dA = \oint_{abcda}(y - y_c)\cdot dx$$

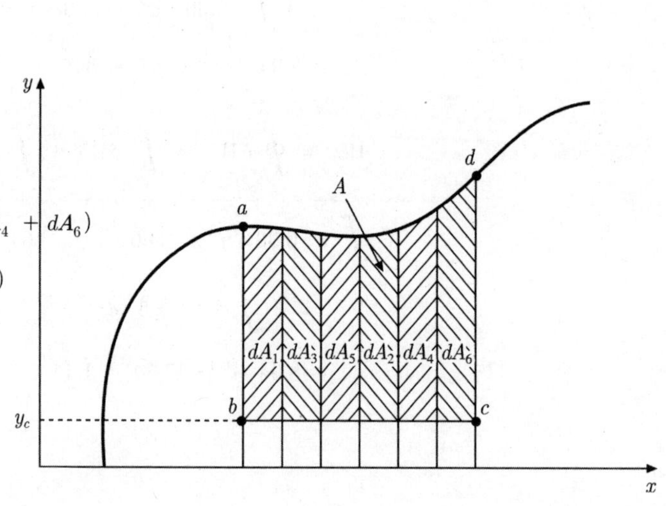

<부록 19> 이상기체의 엔트로피를 구하는 2개의 step

이상기체가 그림과 같이 상태 A 로부터 B 까지 변화할 때의 엔트로피의 차를 계산한다.

이를 위해서 2개의 step으로 나누어 구하기로 한다. 제1 step 으로, 그림 (b) 에서는 출발점 A 를 통하는 단열선과 종점 B 를 통하는 온도 T_B 의 등온선을 그린다. 다음 제2 step 으로, C 점의 상태량 V_C 를 A 와 B 의 상태량 P_A, V_A, P_B, V_B 를 사용하여 나타낸다.

C 점은 계산의 편의상 도입한 상태량이므로 등온변화와 단열변화의 상태식을 이용 하여 소거한다.

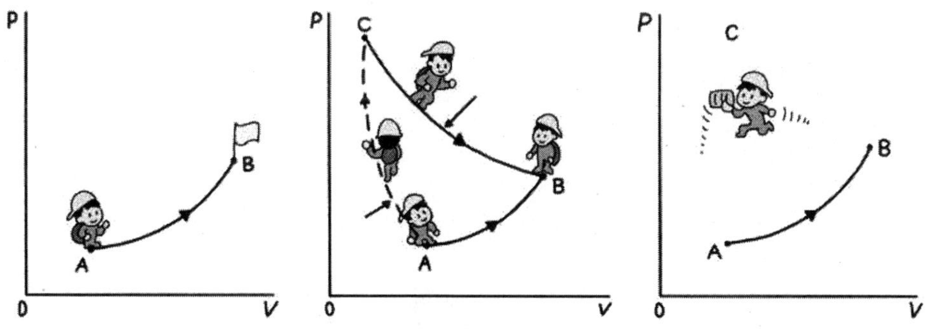

(a) A 로부터 B 까지의 엔트로피를 구하자.

(b) A 에서 단열선, B 에서 등온선을 긋고 교점 C 를 정한다. 경로 ACB 를 따라 엔트로피를 구한다.

(c) 상태방정식으로부터 C 를 소개하고, 엔트로피를 A 와 B 만으로 나타낸다.

엔트로피는 상태량이므로 경로 AB 나 경로 ABC 나 어느 경로를 따라 구하든지 점 A 와 점 B 사이의 엔트로피의 차는 같아야 한다. 지금 경로 ACB 를 택하면, 등온변화 CB 에서만 열을 흡수하므로 엔트로피의 차 $S(B) - S(A)$는 식 (4-53) 에 의해서

$$S(B) - S(A) = \frac{Q_{CB}}{T_B} = \frac{1}{T_B} \cdot R \cdot T_B \cdot l_n(\frac{V_B}{V_C}) = R \cdot l_n(\frac{V_B}{V_C}) \cdots (1)$$

이다.

식 중의 V_C 를 A 와 B 의 상태량으로 변환시키자.

단열선 CA 의 양단에서, $P_C \cdot V_C = P_A \cdot V_A \cdots (2)$

단열선 CB 의 양단에서, $P_C \cdot V_C = P_B \cdot V_B \cdots (3)$

가 성립한다.

식 (2) ÷ 식 (3)에 의해, $V_C{}^{-1} = (P_A \cdot V_A) / (P_B \cdot V_B)$

가 되므로 양변에 로그를 취하면

$$l_n(V_C) = \frac{1}{k-1}[l_n(P_A \bullet P_A^k - l_n(P_B \bullet P_B)] \cdots (4)$$

가 된다. 식 (4) 를 식 (1) 에 대입하면,

$$S(B) - S(A) = R\left[l_n(V_B) - \frac{1}{k-1} \cdot l_n(P_A \cdot V_A^k) + \frac{1}{k-1} \cdot l_n(P_B \cdot V_B)\right] \quad \cdots (5)$$

$$= \frac{R}{k-1}\left[(k-1) \cdot l_n(V_B) - l_n(P_A \cdot V_A^k) + l_n(P_B) + l_n(V_B)\right]$$

여기서, $k \cdot l_n(V_B) = l_n(V_B^k)$

이것과 $l_n(P_B)$를 더하면,

$l_n(P_B) + l_n(V_B^k) = l_n(P_B \cdot V_B^k)$가 되어 식 (5) 는

$$S(B) - S(A) = \frac{R}{k-1}\left[l_n(P_B \cdot V_B^k) - l_n(P_A \cdot V_A^k)\right] \cdots (5)$$

가 된다. 이 결과로부터 이상기체의 엔트로피 $S(P, V)$ 는

$$S(P, V) = \frac{R}{k-1}\left[l_n(P \cdot V^k) + Const\right.$$

로 나타낼 수 있다.

찾아보기

■ 영문 ■

■ 한글 ■

그림으로 배우는
열 · 에너지 공학

초판 인쇄 | 2023년 2월 20일
초판 발행 | 2023년 2월 25일

지은이 | 김동진 · 김부기 · 박용완
펴낸이 | 조 승 식
펴낸곳 | (주)도서출판 북스힐

등 록 | 1998년 7월 28일 제22-457호
주 소 | 서울시 강북구 한천로 153길 17
전 화 | (02) 994-0071
팩 스 | (02) 994-0073

홈페이지 | www.bookshill.com
이메일 | bookshill@bookshill.com

정가 30,000원

ISBN 979-11-5971-493-1

Published by bookshill, Inc. Printed in Korea.